DEUTSCHE DEMOKRATISCHE REPUBLIK
DEUTSCHE AKADEMIE DER LANDWIRTSCHAFTSWISSENSCHAFTEN ZU BERLIN
INSTITUT FÜR LANDWIRTSCHAFTLICHE INFORMATION UND DOKUMENTATION

Landwirtschaftliches Zentralblatt

ABTEILUNG II

PFLANZLICHE PRODUKTION

SACHREGISTER 1967/2

AKADEMIE-VERLAG · BERLIN

LZ. II PFLANZLICHE PRODUKTION · JG. 1967 · SACHREGISTER/2 · BERLIN · JANUAR 1969

LANDWIRTSCHAFTLICHES ZENTRALBLATT

ABTEILUNG PFLANZLICHE PRODUKTION

LANDWIRTSCHAFTLICHES ZENTRALBLATT

ABTEILUNG II

PFLANZLICHE PRODUKTION

SACHREGISTER

1967/2

Zweites Halbjahresregister

(Hefte 7–12)

BEARBEITET VON DIPLOM-GÄRTNER HILTRUD ERFURTH
UND DIPLOM-LANDWIRT MARIANNE FINGERHUT

LANDWIRTSCHAFTLICHES ZENTRALBLATT

ABTEILUNG LANDTECHNIK

14. JAHRGANG 1968

Seitenzahlen der Hefte

Herausgeber: Deutsche Demokratische Republik · Deutsche Akademie der Landwirtschaftswissenschaften zu Berlin, Institut für Landwirtschaftliche Information und Dokumentation, 108 Berlin, Krausenstraße 38/39; Fernsprecher 225161. Chefredakteur: Dr Werner Kleeberg, 108 Berlin, Krausenstraße 38/39; Fernsprecher: 225161. Redaktion der Abteilung I – Landtechnik: Dr. Joachim Güssefeldt. Verlag Akademie-Verlag GmbH, 108 Berlin, Leipziger Straße 3 – 4; Fernsprecher 220441. Telex-Nr 112020, Postscheckkonto Berlin 35021. Bestellnummer dieser Hefte: 1030 I – XIV/1 – 4. Das Landwirtschaftliche Zentralblatt, Abt. Landtechnik, erscheint jährlich in 9 Heften. Einzelheft 25,– M; einseitig bedruckte Ausgabe 29,– M. Jahresbezugspreis 225,– M; einseitig bedruckte Ausgabe 261,– M. Sonderpreis für die DDR Einzelheft 20,– M, einseitig bedruckte Ausgabe 24,– M. Jahresbezugspreis 180,– M; einseitig bedruckte Ausgabe 216,– M. Preise einschließlich Register zuzüglich Porto und Versandkosten. Offsetdruck und buchbinderische Weiterverarbeitung: VEB Druckerei „Thomas Müntzer", 582 Bad Langensalza. Veröffentlicht unter der Lizenznummer 1289 des Presseamtes beim Vorsitzenden des Ministerrates der Deutschen Demokratischen Republik.

DEUTSCHE DEMOKRATISCHE REPUBLIK
DEUTSCHE AKADEMIE DER LANDWIRTSCHAFTSWISSENSCHAFTEN ZU BERLIN
INSTITUT FÜR LANDWIRTSCHAFTLICHE INFORMATION UND DOKUMENTATION

Landwirtschaftliches Zentralblatt

ABTEILUNG II

PFLANZLICHE PRODUKTION

AUTORENREGISTER 1967

AKADEMIE-VERLAG · BERLIN

LZ. II. PFLANZLICHE PRODUKTION JG. 1967 AUTORENREGISTER BERLIN, MAI 1968

LANDWIRTSCHAFTLICHES ZENTRALBLATT

ABTEILUNG PFLANZLICHE PRODUKTION

DEUTSCHE DEMOKRATISCHE REPUBLIK
DEUTSCHE AKADEMIE DER LANDWIRTSCHAFTSWISSENSCHAFTEN ZU BERLIN
INSTITUT FÜR LANDWIRTSCHAFTLICHE INFORMATION UND DOKUMENTATION

Landwirtschaftliches Zentralblatt

ABTEILUNG II

PFLANZLICHE PRODUKTION

AUTOREN- UND SACHREGISTER 1967

AKADEMIE-VERLAG · BERLIN

LZ. II. PFLANZLICHE PRODUKTION · JG. 1967 · AUTOREN- UND SACHREGISTER · BERLIN, 1968

1967

Seitenzahlen der Hefte

Nr. 1	1– 276	Nr. 7	1649–1912
Nr. 2	277– 552	Nr. 8	1913–2168
Nr. 3	553– 832	Nr. 9	2169–2440
Nr. 4	833–1104	Nr. 10	2441–2696
Nr. 5	1105–1368	Nr. 11	2697–2964
Nr. 6	1369–1648	Nr. 12	2965–3284

Inhaltsübersicht

DEUTSCHE DEMOKRATISCHE REPUBLIK
DEUTSCHE AKADEMIE DER LANDWIRTSCHAFTSWISSENSCHAFTEN ZU BERLIN
INSTITUT FÜR LANDWIRTSCHAFTLICHE INFORMATION UND DOKUMENTATION

Landwirtschaftliches Zentralblatt

ABTEILUNG II

PFLANZLICHE PRODUKTION

SACHREGISTER 1967/2

Zweites Halbjahresregister
(Hefte 7—12)

AKADEMIE-VERLAG · BERLIN

LZ. II. PFLANZLICHE PRODUKTION · JG 1967 SACHREGISTER/2 BERLIN, JANUAR 1969

Landwirtschaftliches Zentralblatt

Abteilung II: Pflanzliche Produktion

SACHREGISTER 1967/2

11-0882; Bek. v. Nematoden in Zuchtbeeten 09-0997; Wirk. mikrophag-saprober Nematoden auf d. Champignonkultur 12-1123; Bek. mykophager Nematoden in Kulturen mit Bemerk. über ihr Schwärmen 10-0934; Methylbromid z. Schutz gegen Nematoden in Kulturen 10-0966.

Ageratum houstonianum, F_1-Hybrid-Zücht. 08-0828.

Agrarmeteorologie s. auch Bodenphysik - Wärmehaushalt und Wasserhaushalt; Frosteinwirkung; Kälteeinwirkung; Resistenz (gegen Dürre, Frost und Hitze); Temperatur; Transpiration; Windschutz.

Allgemeines

Kolloquium über Meth. d. Agrarklimatol. in Reading 11-0142; landwirtsch. Meteorologie in Polen 10-0098; agrarmeteorol. Probleme in d. Republik Ghana 07-0093; Bedeut. meteorol. Datensamml. im Feldversuch 10-0381; mathemat.-statist. Lös. d. Problems d. Prognose v. Epidemien mit Hilfe meteorol. Parameter, dargestellt am Beispiel d. Kartoffelkrautfäule 09-0119.

P h ä n o l o g i e: Meth. phänol. Beobacht. bei botan. Untersuch. 12-0022; Untersuch. d. Verhaltens v. Obstgehölzen an Standorten über 800 m ü. NN 08-0664; Einfl. v. Höhe u. Exposition auf phänol. Phasen bei d. Haselnuß 12-0900; Phänol. d. Rebenblüte 07-0105.

Untersuchungsmethodik

Anwend. d. Funktionals 12-0143; automat. Bearbeit. meteorol. Informat. mit Rechenautomaten 11-0147; Bestimm. d. Wärmeforder. d. Pflanzen nach chem. u. thermometr. Verfahren (theoret. Grundlagen, Methodik u. Ergebnisse d. Temp.-Mess. nach chem. Verfahren) 09-0120; (Frage d. Isophototherme) 12-0142; Anmerk. z. Gebrauch d. Gunn-Bellani-Strahlungsmessers 07-0111; Meßfühler z. Messen d. für d. Photosynth. verfügbaren Lichtes 08-0131; Verfahren z. Dürrebestimm. aus Niederschlagsdaten 07-0107; Feldmess. potentieller Evapotranspiration auf Malta 07-0108; Abschätz. potentieller Evaporation mit austauschbaren Größen in Penman's Formel 07-0109; Verdunstungsformel 07-0110; Radar u. Hagelvorhersage 12-0144; Untersuch. d. Windschutzwirk. mit geschützten [in d. Hütte] befindl. meteorol. Meßfühlern 07-0106.

Klima

Agrarklimatologie u. ihre gegenwärt. Aufgabe 08-0127; Klima-Diagramme z. Charakterisier. unterschiedl. Witter., als Hilfsmittel d. Zücht. u. Auslese sowie z. Erkennen d. Bewegungsbedürftigk., veranschaulicht anhand d. Witter. d. J. 1964 07-0677; Mikroklimatologie 09-0117; Nutzen d. Aufzeichn. v. Klimastationen 3. Ordn. für landwirtsch. Zwecke 09-0115; klimat. Gleich. d. Entwickl. Landwirtsch. Gesichtspunkte 09-0515; Begrenz. d. Temp. durch Verdunst. in heißen Klimaten 07-0094.

K l i m a u n d P f l a n z e: Berechnungsmeth. für photosynthet. Reaktion v. Feldpflanzen auf Lichtintensität u. Blattemp. durch eine Energiestromanalyse mittels meteorol. Parameter 10-0102; Auswirk.

jahreszeitl. bedingter Variation d. Strahl. u. Temp. auf Netto-Assimilation u. Zuwachsraten in aridem Klima 12-0138; Wirk. d. Temp. auf Nettoassimilationsrate 07-0101; Variation d. Transpirationskoeffizienten unter kontroll. klimat. Beding. 08-0129; mikroklimat. Lichtverhältnisse in Pflanzenbeständen 07-0095; Qualitätsmerkmale d. Produkte in Abhängigk. v. natürl. u. ackerbaul. Faktoren 12-0019; Ernteerträge typ. Ackerflächen in Thür. in Bezieh. z. d. durch Boden u. Klima bedingten natürl. Standortunterschieden 08-0122; bodenklimat. Rolle d. Schutzwaldanpflanz. bei schneelosem Winter 11-0144; Einfl. meteorol. Beding. auf Düngerwirk. 11-0146; Gestalt. v. Höhe, Zuwachs u. Ertrag v. Getreidepflanzen in Abhängigk. v. Bodenfeuchtigk. u. einigen meteorol. Faktoren 07-0099; Klima u. Winterfestigk. d. Wi-Weizens in d. UdSSR 07-0443; Einfl. v. Klimafaktoren auf Wachstums- u. Entwicklungsverlauf sowie Ertrags- u. Qualitätsleist. d. Braugerste 08-0130; Abhängigk. d. Stoffproduktion landwirtsch. Kulturpflanzen, bes. Kartoffel u. Mais, v. meteorol. Faktoren 12-0137; Abschätz. agrarmeteorol. Möglichk. für Wachstum d. Kartoffel 11-0145; Einfl. v. Klima, Düng., Alter u. genet. Herkunft auf chem. Zusammensetz. v. Gras 08-0094; Beimpf. v. Leguminosen unter d. Einfl. v. Boden u. klimat. Beding. 08-0209; hohe Nettoassimilationsraten bei Sonnenblumenpflanzen in einem ariden Klima 07-0100; diurnale Variation d. Blatt- u. Samenkapseltemp. bewässerter Baumwolle, d. unter 2 verschied. Bodenfeuchtebeding. in einem semiariden Klima aufwuchs 07-0103; Klima u. berechneter Wasserverbrauch v. Orangengärten 07-0104; Rentabilität v. Freilandgurken in Abhängigk. v. Klimabeding. 12-0761; Düngungsprogramm für Obstbäume u. Reben im Winterregengeb. 12-0840.

M i k r o k l i m a: Mikroklimatologie 09-0117; Thermoklima d. Südhanges im Licht d. Forder. einiger Pflanzen 08-0128; Gestalt. v. Höhe, Zuwachs u. Ertrag v. Getreidepflanzen in Abhängigk. v. Bodenfeuchtigk. u. einigen meteorol. Faktoren 07-0099; Gewächshaus aus freitragenden glasfaserverstärkten Polyesterschalen; mikroklimat. Untersuch. 12-0725; Mikroklima, Luftaustausch u. physiol. Regulation d. Transpiration unter d. Einfl. eines Windschutzes auf bewässertem Bohnenfeld 07-0098; Phytoklima d. Tomaten beim frühen Freilandanbau 07-0587; reaktionskinet. Temperaturmess. in d. weinbaul. Ökol. 07-0102; Winter-Phytoklima u. Frostfestigk. d. Rebtriebe 07-0665.

Witterung

Einfl. v. Witter. auf d. Wirk. v. N-Düng. 08-0432; Wetter u. Bodenfruchtbark. 11-0252.

W i t t e r u n g u n d P f l a n z e: Klima-Diagramme z. Charakterisier. unterschiedl. Witter., als Hilfsmittel d. Zücht. u. Auslese sowie z. Erkennen d. Beregnungsbedürftigk., veranschaulicht anhand d. Witter. d. J. 1964 07-0677; Einfl. d. Ernähr. auf d. Gesamtgeh. an S u. Sulfat im Reinprotein bei Kartoffeln 10-0291; Einfl. d. Witter.

auf Ertragsbild. bei Zuckerrüben 11-0525; Einfl. d. Witter. nach d. Schnitt d. Samenklees auf Rotklee-Saatgutqualität 10-0480; Witter. u. Weinbau in d. DBR (1964-66) 09-0667; Anwendbark. d. Rebenhochkultur unter günst. Umweltbeding. 11-0702.

W i t t e r u n g u n d P h y t o p a t h o l o g i e: Wetterkriterium für Infektionsperioden d. Kartoffelkrautfäule 08-0842; Bezieh. jährl. Auftretens d. Rübenvergilbungsviren in Zuckerrüben zu Witterungsabweich. 10-0791; Einfl. d. Witter. auf d. Auftreten v. Apfelschorf - Bericht d. Kommission für landwirtsch. Meteorologie 08-0843.

Niederschläge

Verfahren z. Dürrebestimm. aus Niederschlagsdaten 07-0107; Nebelniederschlag u. Bedeut. für d. norddt. Flachland 12-0136; Auswasch. d. Nährstoffelemente aus d. Boden bei Infiltration d. Niederschläge in d. Zone ausreichender Feuchtigk. 07-0123; Verfügbark. d. N in kaliforn. Böden im Verhältnis zum Niederschlag u. Urgestein 11-0157; Wasserhaushalt als begrenzender Faktor beim Anbau trop. Nutzpflanzen 12-0434; Einfl. d. Niederschläge auf d. Lebensdauer d. Maulwurfsdrän. 07-0261; Wechselwirk. v. Niederschlägen u. Wirksamk. v. Vorauflaufherbiziden 10-0982.

H a g e l: Erkennen v. Hagelschäden an Kulturpflanzen 07-0853; Vorhersage 12-0144; Einfl. d. Düng. auf Regeneration d. Rebe u. Ertrag nach Beschädig. durch Hagel 12-0936.

T a u: Agrarmet. Betracht. d. Taues 09-0118.

Verdunstung

Verdunstungsformel 07-0110; Begrenz. d. Temp. durch Verdunst. in heißen Klimaten 07-0094; Feldmess. potentieller Evapotranspiration auf Malta 07-0108; aufnehmbares Wasser, Evaporationspotential u. Umfang d. Bewässer. 09-0116; potentielle Verdunst. auf verschied. feuchten Oberflächen 10-0101; Einfl. v. Windschutz auf Produktivität v. Grünland u. Feldfrüchten 12-0141; Wirk. eines Windschutzes auf Windström., Verdunst. u. Weizenertrag 12-0139.

Luft

Einfl. v. Bodenwasserpotential u. atmosphär. Saugkraft auf d. Transpiration u. d. Energiezustand d. Wassers in Pflanzen 10-0269.

L u f t t e m p e r a t u r: Bestimm. d. Wärmeanforder. d. Pflanzen nach chem. u. thermometr. Verfahren (theoret. Grundlagen, Methodik u. Ergebnisse d. Temp.-Mess. nach chem. Verfahren) 09-0120; (Frage d. Isophototherme) 12-0142; Thermoklima d. Südhanges im Licht d. Forder. einiger Pflanzen 08-0128; Wirk. d. Temp. auf Nettoassimilationsrate 07-0101; Einfl. d. Tempos d. Lufterwärm. u. -abkühl. auf d. zeitl. Verlauf d. Photosynth. 09-0046; Begrenz. d. Temp. durch Verdunst. in heißen Klimaten 07-0094; Nachwirk. v. atmosphär. Zusammensetz. auf d. Wachstum v. Wi-Weizen 09-0033; Knollenbild. bei Kartoffeln in Abhängigk. v. Boden- u. Lufttemp. bei verschied. Höhen über d. Meeresspiegel

11-0133; Anwend. v. Wärmesummen z. Erntezeitbestimm. bei Erbsen 10-0568; wachsende Blütenanzahl bei eintraub. Tomaten 12-0777; Einfl. d. Höhe d. Bodentemp. auf Wärmeabgabe oder -aufnahme d. Bodens in luftbeheizten Gewächshäusern 12-0724.

L u f t f e u c h t i g k e i t: Abgrenz. d. Geb. d. CSSR nach d. natürl. Austrocknungseigensch. d. Luft 11-0143; Ertragsbild. bei frühem Weißkohl in Abhängigk. v. d. Luftfeuchtigk. 10-0543; Langlebigk. v. Gemüsesamen bei hoher Temp. u. hoher Feuchtigk. 10-0538; Wirk. v. Temp. u. Feuchtigk. auf d. Lebensfähigk. v. gelagerten Salat-, Zwiebel- u. Tomatensamen 10-0539; Veränder. d. Mikroflora u. d. Keim. d. Samen v. Gemüsepflanzen bei Lager. 12-0742; Wirk. v. Temp. u. Feuchtigk. auf d. Entwickl. v. Erysiphe polygoni an Rotklee 12-1203; Echter Mehltau bei Tabak (Wirk. v. Luftfeuchtigk. auf Konidienkeim. u. Hyphenwachstum auf Blättern) 08-0945; Einfl. unterschiedl. Luftfeuchtigk. auf d. Sporenausbreit. v. Peronospora tabacina 11-0953; quaternäre Bipyridyliumsalze; Einfl. v. Luft- u. Bodenfeuchtigk. auf d. Aufnahme u. Leit. v. Diquat u. Paraquat in Pflanzen 08-1028; Einfl. d. Feuchtigk. auf d. Aktivität v. Phytoseiulus persimilis u. Tetranychus urticae 09-0971.

W i n d: Agrarmet. Studien über d. Hangabwind 10-0099, 10-0100; Einfl. v. Windschutz auf Produktivität v. Grünland u. Feldfrüchten 12-0141; Wirk. eines Windschutzes auf Windström., Verdunst. u. Weizenertrag 12-0139; Transpiration u. Wachstum v. Bohnen unter Einfl. v. Windgeschwindigk. 08-0360; Windschäden an Narzissenblüten 09-0703.

Sonneneinstrahlung

Energie-Umwelt d. Pflanzen 12-0140; Netto- u. Sonnenstrahlungsverhältnisse über beregneten Feldbeständen 07-0096; für Pflanzen verfügbare Lichtzusammensetz. v. Sonnen- u. Himmelsspektren 07-0097; Impulswirk. d. Sonnenenergie u. Steiger. d. Gemüseerträge 09-0580; Impulsbestrahl. v. Samen u. Knollen mit konz. Licht 12-0067.

Agrarplanung, Kleinmaßstäbl. Bodenkarten u. ihre Bedeut. für d. landwirtschaftl. Plan. u. Berat. 11-0229.

Agrobacterium s. auch Bodenbiologie - Bakterien (Eubacteria).

gypsophilae, Wirtspflanzen 07-0968.

tumefaciens (Wurzelkropf), Bek. d. Wurzelkropfes d. Obstkulturen 08-0976; Hemm. d. Tumorinzept. bei d. Wurzelkropferkrank. durch Verwend. v. Ribonuklease A 11-0855.

Agropyron (syn. Agropyrum; Quecke)

cristatum (Kammquecke), genet. u. landwirtsch. Bedeut. d. Ährenfarbe d. 'Fairway'-Schopf-Quecke A. cristatum 08-0798.

desertorum (Wheatgras), Wirk. d. Beschatt. auf Überleben junger Pflanzen 07-0012.

glaucum, Morphol. u. Zelldimensionen v. sporenbild. Gewebe u. Tapetum in d. frühen Periode d. Mikrogenese bei Weizen-Queckenbastarden 12-0997; Inkonstanz d. Chromosomenzahl, untersucht in d. Meiose bei

Weizen-Roggen- u. unvollständ. Weizen-Quecken-Amphidiploiden 09-0737.
spec., Genomanalyse d. Weizen-Quecken-Hybride 10-0703; Wirk. ionisierender Strahlen auf konst. intermediäre Weizen-Quecken-Hybriden 09-0736; Differenzier. d. Agropyron-Mosaikvirus d. Strichelmosaikvirus d. Weizens u. eines bis dahin unbekannten Mosaikvirus d. Gerste in Kanada 07-0909.

Agropyrum s. Agropyron.

Agrostis (Straußgras)
alba s. Agrostis stolonifera.
canina, P-Gabe u. Wuchsrate 12-0706.
palustris, Reaktion auf Siduron 12-1313; Infekt d. Primärwurzeln durch Zoosporen v. Pythium aphanidermatum 11-0948; Veränder. im Gesamt-N, im Nichtprotein-N u. im Amid-N-Geh. d. Blätter in Bezieh. z. verschied. Umweltfaktoren 12-0102.
stolonifera (syn. Agrostis alba; Fioringras, Flechtstraußgras, Weißes Straußgras), P-Gabe u. Wuchsrate 12-0706.
tenuis (syn. A. vulgaris; Gemeines Straußgras, Rotes Straußgras), Anfälligk. gegenüber Sclerotinia homoeocarpa u. Wirk. d. Fungizide in Abhängigk. v. d. Art 09-0937.
vulgaris s. Agrostis tenuis.

Agrotis
c-nigrum, exclamationis, Wirksamk. neuer Insektizide aus d. Gruppe d. phosphororg. Präp. u. d. Karbaminsäure-Derivate auf Raupen 10-0939.
segetum (Wintersaateule), Wirksamk. neuer Insektizide aus d. Gruppe d. phosphororg. Präp. u. d. Karbaminsäure-Derivate auf Raupen 10-0939.

Agrumen s. Citrus spec.

Ahorn s. Acer.

Akarizide, Blattscheiben-Techn. f. Teste 10-0903; Prüf. einiger Akarizide im Freiland gegen d. Spinnmilbe Tetranychus atlanticus an Baumwolle 11-1029; Faktoren, d. d. Bek. d. Bohnenspinnmilbe an Gewächshausgurken beeinfl. 09-0987; Toleranz d. Champignon-Myzels gegenüber einigen Insektiziden u. Akariziden 11-0994; Bek. v. Obstbaumspinnmilben mit verdünnten u. konzentrierten Spritz. 09-0986; Tetranychus atlanticus, als Pfefferminzschädling u. Bekämpfungsmöglichk. 12-1125; Bek. resistenter Spinnmilbenstämme im Hopfenbau 09-0988.

Spezielle Akarizide

A z o d r i n: Bek. v. Tetranychus urticae an Kartoffeln mit Azodrin 08-0996.

B i 5 8: Auftreten u. chem. Bek. d. Acarose d. Kartoffel im Bez. Leipzig 07-0879.

B i n a p a c r y l: Resistenz d. McDaniel-Spinnmilbe gegen Binapacryl u. Union Carbid 19786 07-1021.

D e m e t o n: Pestizide z. Bek. d. Spinnmilbe Tetranychus urticae u. d.

portes bei Scenedesmus unter P-Mangel auf Readdition v. P in Licht u. Dunkelh. (Aufnahme u. Abgabe v. Cl u. Mess. d. O_2-Verbrauchs) 08-0366; Einfl. d. Hydroxamsäure-Derivate auf d. Wachstum d. Alge Scenedesmus obliquus 10-0160.

B l a u g r ü n a l g e n: Bedeut. für d. Anreicher. d. Bodens mit N 07-0194; N-Bindungsvermögen 12-0271; Bind. d. atmosphär. N durch Blaualgen 12-0272.

Alginate s. unter Bodenphysik - Bodenverbesserungsmittel.

Alipur s. unter Herbizide.

Alkaliböden s. unter Bodensystematik - Bodentypen.

Alkaloide, phytochem. Untersuch. an Pflanzen d. einheim. Flora u. d. Gaterslebener Sortiments 09-0100; Untersuch d. Lupinenalkaloide 12-0117; Alkaloide v. Lupinus diffusus 08-0112; Regeneration d. Biosynth. in Lupinenpflanzen bei Sortenkreuz. alkaloidfreier Futter-Sorten 09-0774; neues Gen für Alkaloidarmut bei Lupinus angustifolius 10-0737; Einfl. d. Spurenelemente auf d. Entwickl. d. Lupine sowie auf d. Speicher. v. Alkaloide 08-0564; Tryptophanstoffwechsel u. Alkaloidbild. bei Mutterkorn in saprophyt. Submerskultur (Änder. d. Tryptophanstoffwechsels u. d. Alkaloidbild. mit d. Entwicklungszustand d. Mutterkornmyzels) 11-0057; Alkaloidgeh. d. Alkaloidtyp auxotropher UV-Mutanten d. Mutterkorns bei parasit. Kultur 11-0114; Ursachen d. virusinduzierten Veränder. d. Alkaloidgeh. d. Blätter verschied. Nicotiana-Arten u. -Sorten 09-0900; Einfl. v. [2-chloroethyl] trimethyl-Ammonium-Chlorid auf Wachstum u. Alkaloid-Synthese bei Gemeinem Stechapfel 12-0656; Taxonomie d. Gatt. Galanthus 09-0709.

Spezielle Alkaloide

A t r o p i n: Aufnahme u. Speicher. in Gewebekulturen v. Stechapfelarten 12-0052.

C h i n i n: Aufnahme u. Speicher. in Gewebekulturen v. Stechapfelarten 12-0052.

E r g o m e t r i n: Ertrag produzierender Mutterkornstämme 12-0116.

E r g o t a m i n: Ertrag produzierender Mutterkornstämme 12-0116.

G a l e g i n: Variabilität in d. Geißraute 12-0111.

G l y k o a l k a l o i d e: Rolle bei d. Resistenz d. Kartoffel gegen d. bakterielle Ringfäule 09-0930.

G r a m i n i n: Bedeut. allelopath. Subst. bei Gerste als "ausscheidender Pflanze" 07-0388.

K o d e i n: Aufnahme u. Speicher. in Gewebekulturen v. Stechapfelarten 12-0052.

K o l c h i z i n: Chromosomenverteil. in Reduktionsgruppen, erzeugt durch Kolchizinbehandl. 08-0726; Gewinn. tetraploiden Maises mit Hilfe v. Kolchizin 08-0759; Meth. z. Induzier. v. Autopolyploidie bei Zuckerrüben durch Saatgutbehandl. 09-0803; Kolchizininduzierte Polyploide bei Weidelgras 12-1062; Wechselwirk. mit Gibberellsäure bei Kontrolle d.

Amaurosoma flavipes (Lieschgrasfliege), Kenntnis d. Lieschgrasfliege in Frankreich 12-1128.

Amberbaum s. Liquidambar styraciflua.

Ameisensäuredehydrase s. unter Enzyme - Dehydrasen.

Amerizium, Bodenfeuchtemess. mit einer ^{241}Am-Be Neutronenquelle u. ihre Anwendungsmöglichk. in d. Evaporimetrie 12-0312.

Amiben s. unter Herbizide.

Amide, Veränder. im Gesamt-N, im Nichtprotein-N u. im Amid-N-Geh. d. Blätter v. Straußgras in Bezieh. z. verschied. Umweltfaktoren 12-0102; Komplexe von Montmorillonit mit primären, sekundären und tertiären Amiden. (Protonenbeleg. v. Amiden an d. Oberfläche v. Montmorillonit) 10-0124; (Anord. d. Amide auf d. Montmorillonit-Oberfläche) 12-0178.

A s p a r a g i n: Bestimm. in Extrakten v. Pflanzengeweben 09-0108; N-Ernähr. d. Pfirsichbaumes (Stoffwechsel u. Verlager. d. L-[U-^{14}C]-Asparagins in jungen Bäumen, während d. Vegetationsruhe) 12-0450.

G l u t a m i n: Bestimm. v. Glutamin-Amid-N in Extrakten v. Pflanzengeweben 09-0108; Absorption v. N durch mykorrhizabesiedelte Wurzeln d. Buche (Ammoniak und Nitrat als N-Quelle) 10-0166.

Amine,

S p e r m i d i n: Verteil. in Weizen in verschied. Entwicklungsstadien 09-0103.

S p e r m i n: Verteil. in Weizen in verschied. Entwicklungsstadien 09-0103.

α-Aminobuttersäure s. unter Aminosäuren.

3-Amino-2.5-dichlorbenzoesäure s. unter Herbizide - Amiben.

4-Amino-5-chlor-1-phenylpyridazon-6 s. unter Herbizide - Pyramin.

1-Amino-2-nitrozyklopentan-1-karboxylsäure, Wirk. auf blühende Pflanzen 07-0060.

Aminosäuren, Differenzier. d. Aminosäuren in diploiden Pflanzen unter d. Aspekt d. Pflanzenzücht. 10-0683; Aufnahme durch verschied. Organismen 12-0103; Bodenbakt. u. Aktinomyzeten als Produzenten biol. aktiver Stoffe 11-0195; Einfl. v. Aminosäuren u. organ. Säuren auf d. geschlechtl. Vermehrung v. Phytophthora- u. Pythium-Arten 11-0862.

B e s t i m m u n g: Chromatograph.-elektrophoret. Meth. z. Bestimm. v. Aminosäuren in pflanzl. Material 11-0126; vergl. Untersuch. über d. Proportionen u. Bestände an Aminosäuren d. Eiweißfraktionen v. Maiskörnern u. Maismutanten 10-0081; Bestimm. d. relativen Konz. an Gesamt-Aminosäuren in Zuckerrüben-Preßsaft 12-0120; Erhöh. d. Geh. in Futterpflanzen 10-0083; Beschaffenh. v. Aminosäureverbind. im Boden (Isolier. u. Fraktionier.) 10-0129.

G e h a l t i m B o d e n: Beschaffenh. von Aminosäureverbind. im Boden (Isolier. u. Fraktionier.) 10-0129; Beschaffenh. d. aminosäurehalt. Verbind. im Boden (Aminosäuren u. Peptide, gebildet nach partieller Hydrolyse) 11-0171; Vorkommen in d. Säurehydrolysaten aus

Rajasthan-Böden isoliert. Fulvosäuren 07-0139; Aminosäuren in subtrop. Bodenhydrolysaten 12-0197; Abbau einiger Aminosäuren im Boden u. ihr Einfl. auf d. Zusammensetz. d. Mikroflora 08-0234; N-Zusammensetz. d. Humus v. mit Tabak bebauten Böden 08-0160.

B i l d u n g: Bild. durch Mikroorganismen in Kulturflüssigk. u. im Boden 09-0178; Biosynthese v. Protein-Aminosäuren in Pflanzengewebekultur (Isotopenkonkurrenz unter Anwend. v. Protein-Aminosäuren) 10-0084.

S t o f f w e c h s e l: Tryptophanstoffwechsel u. Alkaloidbild. bei Mutterkorn in saprophyt. Submerskultur (Änder. d. Tryptophanstoffwechsels u. d. Alkaloidbild. mit d. Entwicklungszustand d. Mutterkornmyzels) 11-0057; Änder. d. freien Aminosäuren im Zusammenhang mit d. Vernalisation v. Weizen 09-0051; Translokation in Zuckerrüben 08-0049; Veränder. im Geh. u. im quantitativen Verhältnis d. freien Aminosäuren in d. Wurzeln, im Wurzelsaft u. in d. Blättern v. Mais innerhalb 24 Std. 10-0040; Veränder. im Bestand durch Amitrol 10-0041.

Z u s a m m e n s e t z u n g: Bezieh. d. Aminosäurezusammensetz. einiger pflanzl. Eiweiße zu ihrem biol. Wert 07-0076; Aminosäurezusammensetz. v. reifendem Weizen 07-0078; Zusammensetz. freier Aminosäuren v. Mehl aus Weizen verschied. Reifegrades 11-0102; Zusammensetz. im Maisextrakt 07-0077; Aminosäurezusammensetz. d. Bohnen- u. Kundebohnenstämme d. Südl. Bohnenmosaikvirus 08-0917.

G e h a l t i n P f l a n z e n: Geh. u. biol. Wertigk. v. Körnern, Samen u. Früchten 10-0085; biochem. u. genet. Untersuch. an Wirt-Parasit-Bezieh. Aminosäureveränder. u. Amidsynth. bei anfäll. u. resistenten Wirt-Parasit-Wechselbezieh. 07-0850; Gesetzmäßigk. d. Variabilität d. Aminosäuregeh. im Weizenkorn 08-0104; Änder. d. freien Aminosäuren im Zusammenhang mit d. Vernalisation v. Weizen 09-0051; Aminosäurezusammensetz. v. Wi-Weizenkörnern, d. unter dauernder Düngeranwend. gewachsen sind 10-0258; Einfl.: verschied. Düng. auf Aminosäuren v. Weizenkorn u. Mohrrübe 08-0370; d. N-Düng. auf Aminosäuregeh. d. Weizenkorns 09-0326; Dynamik d. Geh. an N-Verbind. in Blättern einheim. Maissorten 12-0100; Aminosäureumsatz bei Mais in Abhängigk. v. d. Stimulier. d. Wachstums 08-0048; Bedeut. d. Einquellens v. Maissaatgut u. d. Kopfdüng. v. wachsendem Mais mit Spurenelementen für d. Erhöh. d. Geh. an Eiweißstoffen u. essentiellen Aminosäuren 08-0504; Aminosäuren im Wurzelexsudat v. Reissäml. 08-0354; Eiweiß, freie Aminosäuren u. Peptide vegetativer Organe einiger Leguminosen 07-0007; Veränder. d. N-Konz. u. d. Konz. d. freien u. gebundenen Aminosäuren in durch Ditylenchus dipsaci infizierten Luzerne- u. Erbsenpflanzen 07-0873; Einfl. d. Schäden, d. durch Larven d. Graurüsselkäfers verursacht werden, auf Wachstum d. Leguminosenkulturen sowie auf Anreicher. v. N u. Aminosäuren im Boden u. in d. Pflanzen 09-0881; Proteinstoffwechsel d. Blätter höherer Pflanzen (Aminosäurezusammensetz. d. Proteine v. Tabakblättern in verschied. Stadien) 09-0052; (Variation d. Aminosäurezusammensetz. d. Proteins bei Autolyse d. Tabakblätter) 09-0053; Auftreten in wildwachsenden Arten d. Gatt. Nicotiana sowie bei Sorten v. N. tabacum u. N. rustica 12-0101; Geh. in Blättern einiger Zuchtstämme d. Maulbeerbaumes u. ihr Nährwert 08-0103; d. Wurzelsystems d. Baumwolle bei Welkekrankh. 12-0054; Fraktionen u. Aminosäurezusammensetz. v. Bohneneiweiß bei verschied. Aussaatterminen 08-0102; Variationen im Geh. an freien Aminosäuren, bes. im Geh. an Homoserin während Blüten- u. Fruchtbild. bei d. Erbse 07-0079; Einfl. einer unterschiedl. N-Düng. auf Aminosäuregeh. v. Spinatblättern 11-0341; vergleich. Prüf. d. Aminosäuregeh. mit Kolchizin behandelter polyploider Paprikapflanze 09-0836; Schwank. bei Aminosäuren d. Kulturchampignons in Abhängigk. v. Nährstoffnachliefer. d. Substrates während d. Wachstumsperiode 08-0372; jährl. Schwank. d. Prolingeh. beim Pfirsichbaum 09-0054; Veränder. im Aminosäuregeh. v. Blättern v. Amaranthus tricolor, d. durch Alternaria sp. infiziert sind 11-0932.

G e h a l t i n M i k r o o r g a n i s m e n: N-Stoffwechsel v. Verticillium-Arten (Aminosäuren-Ernähr. v. Verticillium-Isolaten, d. an Tabak u. Hopfen pathogen sind) 10-0797; Aminosäurezusammensetz. eines kristallinenwirtsspez. Toxins 07-0864.

Spezielle Aminosäuren

γ- A m i n o b u t t e r s ä u r e: Zellwandforsch. in d. pflanzl. Gewebekultur (Betracht. über d. auf d. Zellwandontogenese wirk. Bestandteile d. Kokosnuß) 08-0025.

A r g i n i n: N-Ernähr. d. Pfirsichbaumes (Stoffwechsel und Verlager. d. L-[guanido-^{14}C]-Arginin-hydrochlorids in jungen Bäumen, während d. Vegetationsruhe) 12-0450; Bild. v. freien Arginin in d. Erdnuß bei S-halt. u. S-freier Ernähr. 12-0455.

G l u t a m i n s ä u r e: Einfl. d. Dürre auf d. Menge v. freier u. gebundener Glutaminsäure im Kürbis 09-0055.

H o m o s e r i n: Variationen im Geh. an freien Aminosäuren, bes. im Geh. an Homoserin während Blüten- u. Fruchtbild. bei d. Erbse 07-0079.

L e u z i n: Einwirk. auf Sonnenblume 11-0320.

L y s i n: Regulier. d. Betazyanineffluxes aus d. Rübenwurzel durch Poly-L-Lysin 10-0048.

M e t h i o n i n: Schäden an Wurzeln d. Zuckerrübe, insbes. durch Aphanomyces u. ihre Verhüt. (Hemm. eines Aphanomyces-Befalls durch spezif. wirkende Chemotherapeutika) 09-0976; Einfl. v. B-Mangel auf d. Einbau v. ^{35}S-Methionin in d. Protein d. zytoplasmat. Strukturen bei Sonnenblumen 12-0424.

P r o l i n: Einfl.: auf Dürreresistenz v. Weizen 09-0311; d. Dürre auf d. Menge v. Prolin im Kürbis 09-0055; jährl. Schwank. d. Geh. beim Pfirsichbaum 09-0054.

T r y p t o p h a n: Tryptophanabbau bei Rhizobium leguminosarum 12-0230; Tryptophanstoffwechsel u. Alkaloidbild. bei Mutterkorn in saprophyt. Submerskultur (Änder. d. Tryptophanstoffwechsels u. d. Alkaloidbild. mit d. Entwicklungszustand d. Mutterkornmyzels 11-0057.

T y r o s i n: Hemm. d. durch Tyrosinoxydation verursachten enzymat. Verfärb. durch Bisulfit 09-0087.

3-Amino-triazol s. unter Herbizide.

3-Amino-1.2.4-triazol s. unter Herbizide - Amitrol .

4-Amino-3.5.6-trichlorpikolinsäure s. unter Herbizide - Picloram .

Amitrol s. unter Herbizide.

Ammoniak s. auch Düngung - Stickstoffdüngung.

B e s t i m m u n g: Bestimm. in Extrakten v. Pflanzengeweben 09-0108; Bestimm. u. Isotopenverhältnisanalyse verschied. N-Formen in Böden (Analyse v. austauschbarem Ammonium nach d. Extraktions-Destillationsmeth.) 09-0228; (Analyse v. austauschbarem Ammonium nach einer direkten Destillationsmeth.) 09-0229; (fixiert. Ammonium) 09-0230; automat. Analyse d. Lös. v. Pflanzenaschen mit d. Auto-Analyzer (automat. Ammoniakbestimm. in Kjeldahlaufschlüssen) 09-0347.

G e h a l t i m B o d e n: Einfl. v. Düngemittel- u. Stalldunggaben sowie Fruchtfolgen auf d. Geh. v. nicht austauschbarem Ammonium zweier Böden 11-0158; Rückhaltevermögen v. wasserfreiem Ammoniak durch d. Boden. (Verteilungsapparatur und resultierende Ammoniakverteil.) 10-0131; Mikroparzellenmeth. z. Untersuch. v. Verlusten an gasförmigen Ammoniak aus zugegebenen N-Verbind. unter Feldbeding. 08-0399; Wirk. v. Telodrin auf d. Nitrifikation v. Ammoniak im Boden 09-0200; N-Verluste aus dem Boden in Gasform 10-0111; Faktoren, d. die Flüchtigk. d. Ammoniaks im Boden beeinflussen 12-0269.

S o r p t i o n: Bind. v. zugesetzt. Ammonium u. Nitrifikation v. fixiertem Ammonium in Bodentonen 07-0197; Bestimm. u. Isotopenverhältnisanalyse verschied. N-Formen in Böden (fixiertes Ammonium) 09-0230; NH_4-Bind. durch einige Böden d. SU u. d. Verfügbark. dieses Ions für Pflanzen 07-0145; Fixier. in 2 Böden in Saskatchewan in Bezieh. z. Geh. derselben an austauschbarem K u. org. Subst. 09-0149; Einfl. v. CO_2 auf d. Chemisorption durch basengesättigte Tone 10-0130.

A u f n a h m e: N-Aufnahme v. Pflanzen (Verteil. d. anorg. Hauptformen in d. Nährstoffaufnahme verschied. Kulturpflanzen) 08-0350; Aufnahme durch Maispflanzen bei verschied. pH-Werten d. Mediums 09-0327; NH_4-Bind. durch einige Böden d. SU u. d. Verfügbark. dieses Ions für Pflanzen 07-0145; Einfl. v. K auf d. Ausnutz. v. fixiertem Ammonium durch Pflanzen 08-0139; Absorption v. N durch mykorrhizabesiedelte Wurzeln d. Buche (Ammoniak und Nitrat als N-Quelle) 10-0166.

E i n f l u ß v o n NH_3: Experimentalbiologie ammoniakreicher Umweltbeding. Keim. v. Alliumsamen,eine ungewöhnl. Fähigk. unter d. Angiospermen 08-0121.

N P 10: Wirk. v. gewissen Antibiotika auf d. Vermehr. d. Schwarzen Bohnenlaus 11-1034.

P - 9: Reinig. u. Verlänger. d. chemotherapeut. Wirk. auf d. Weizenschwarzrost 09-1027; Vgl. eines getrockneten Rohfiltrats d. d. Antibiotikum P-9 enthält, mit einer Nickel-Zineb-Misch. u. Dichlortetrafluorazeton z. Bek. d. Getreiderostes 07-0994.

P o l y m y x i n: Anwend. für teilweise Inaktivier. v. Denitrifikationsprozessen 12-0226; Wirk. auf pflanzenpathogene Bakterien 10-0967.

P h y t o b a k t e r i o m y z i n: Einfl. einiger Umweltbeding. auf d. Aktivität v. Phytobakteriomyzin 12-1284.

P u r o m y z i n: Hemm. d. phytochrominduzierten Photomorphogenese d. Senfkeiml. durch Puromyzin 08-0086; Einfl. auf d. phytochrominduzierte Wachstumshemm. d. Hypokotyls beim Senfkeiml. 08-0087.

R a d i z i k o l: v. Cylindrocarpon radicicola gebildetes neues Antibiotikum 09-1026.

R a d i z i k o l i n: v. Cylindrocarpon radicicola gebildetes neues Antibiotikum 09-1026.

S t r e p t o m y z i n: Wirk. auf Weizenkeiml. 07-0061; Einfl. v. 2,4-D u. Streptomyzin auf d. N-Stoffwechsel in Keimpflanzen d. Buchweizens u. sein Zusammenhang mit d. Biosynth. d. Anthozyane 11-0053; Anwend. für teilweise Inaktivier. v. Denitrifikationsprozessen 12-0226.

T e r r a m y z i n: Wirk. v. gewissen Antibiotika auf d. Vermehr. d. Schwarzen Bohnenlaus 11-1034.

Z y k l o h e x i m i d: Bek. d. Umfallkrankh. an Erbse 07-1030.

Z y k l o s e r i n: Anwend. für teilweise Inaktivier. v. Denitrifikationsprozessen 12-0226.

Antigramigna s. unter Herbizide.

Antirrhinum majus (Löwenmaul), Kultur unter Glas 07-0695; Reaktion auf Tageslänge in Verbind. mit d. Ort d. Samenherkunft 12-0958; Antirrhinum 'Juliwa' u. 'Bright Butterflies' 07-0833.

spec., neue bakterielle Blattfleckenkrankh. an Sämlingen, verursacht durch eine Subspezies v. Pseudomonas fluorescens 11-0961.

Apatit s. unter Düngung - Phosphorsäuredüngung; unter Minerale (einschl. Tonminerale) - Phosphate.

Apera spica venti, gleichzeit. Bek. v. Samenunkräutern 12-1335.

Apfel s. Malus.

Apfelblattlaus, Grüne s. Aphis pomi.

Apfelkrebs s. Neotria galligena.

Apfelschorf s. Venturia inaequalis.

Apfelsine s. Citrus sinensis.

Apfelwickler s. Carpocapsa pomonella.

Aphanomyces

cochlioides, Chemotaxis d. Zoosporen gegenüber Zuckerrüben-Keimpflanzen 10-0796; parasitogene Schäden an Wurzeln d. Zuckerrübe insbes.

zesse in Pflanzen u. d. Entwickl. v. Blattläusen 12-1276; Anwend. u. Wirkungsdauer v. Disyston 10-0963; Anwend. v. Sulfonamiden 08-1004.

frangulae s. Aphis gossypii.

gossypii (syn. A frangulae; Baumwollblattlaus, Gurkenblattlaus), Wirk. d. Temp. u. d. Länge d. Beladungssaugzeit auf d. Übertrag. nichtpersistenter Viren durch Blattläuse 07-0915; Rolle d. Raubinsekten bei d. Verminder. v. 2 Kartoffelblattlausarten: A. nasturtii u. A. frangulae 11-0981; Einfl. verschied. Ausbring. eines granulierten Insektizides 10-0960.

nasturtii (syn. Aphis rhamni; Kreuzdornblattlaus), Biol. d. Kreuzdorn-Kartoffel-Blattlaus in monograph. Darstell. (Morpholog., Synonymie u. geograph. Verbreit.; mit Anhang über Sammel- u. Präparationstechnik bei Blattläusen) 11-0896; Rolle d. Raubinsekten bei d. Verminder. v. 2 Kartoffelblattlausarten: A. nasturtii u. A. frangulae 11-0981; Einfl. verschied. Ausbring. eines granulierten Insektizides 10-0960.

pomi (Grüne Apfelblattlaus), im Raum Stuttgart-Hohenheim als wichtigste Prädatoren auftretender Arthropoden 10-0916.

rhamni s. Aphis nasturtii.

Aphizide, Auftreten v. Blattläusen bei Feldversuchen z. Bewert. d. Wirksamk. v. Insektiziden 10-0900; analyt. Meth. für o-Isopropoxyphenylmethylkarbamat (Bayer 39007), aphizider Wert u. Persistenz in Kartoffeln u. Zuckerrüben 11-1032; Solvirex zur Blattlausbek. in Hopfenanlagen 09-0995.

Apholate, Sterilisation d. Kohlfliege 07-1004; Chemosterilisation d. Larven u. Imagines d. Ägypt. Baumwollraupe durch Apholate 08-0999.

Aphytis melinus, Giftigk. u. Annahme einiger Schädlingsbekämpfungsmittel, an parasit. Hymenoptera verfüttert 08-1016.

Apion spec. (Spitzmausrüßler), Auftreten in Rotkleesamenbeständen u. Bek. 10-0823.

Apis (Biene)

mellifica (Honigbiene), Einsatz z. Steiger. d. Erträge im Rotkleesamenbau 11-0555; Bestäub. v. 'Montgomery'-Rotklee 07-0492; Arbeitsleist. beim Beflug v. Rotklee u. Luzerne 10-0482; natürl. Umschalt. beim Bereich d. Blüten v. sich gegenseitig. bestäub. Apfelsorten in Weit- u. Dichtpflanz. 07-0630; Einfl. auf Befrucht. u. Ansatz d. Früchte bei Steinobstarten 12-0886.

Apium

graveolens, Selektion v. Sellerie, d. tolerant gegen Schwarzbeinigk. ist, durch Verwend. v. Nährlös. 10-0775; Eigenschaften v. 2 gestreckten Sellerieviren 08-0911.

graveolens var. dulce (Bleichsellerie), Winterfestigk. 11-0836.

graveolens var. rapaceum (Knollensellerie, Wurzelsellerie), Verpflanzen; Resultate v. Orientierungsversuchen 12-0752; Verwend. v. Plastfolie

Systeme d. Photosynth. mit hoher Leist. 08-0064; Wege z. Steiger. d. Intensität u. Produktivität d. Photosynthese 09-0065; Photosynthese u. Ertrag 12-0059.

N a c h w e i s m e t h o d e n: Berechnungsmeth. für photosynthet. Reaktion v. Feldpflanzen auf Lichtintensität u. Blattemp. durch eine Energiestromanalyse mittels meteorol. Parameter 10-0102; Anlage z. Studium d. Zeitverlaufs d. Fluoreszenzintensität u. d. Photosynthesegeschwindigk. an d. intakten Pflanze 10-0075; Untersuch. d. Photosyntheseprodukte mit Hilfe v. ^{14}C bei Pflanzen verschied. Sorten 08-0040; Flüssigkeits-Szintillationsmeth. z. Mess. d. ^{14}C-Aufnahme bei Photosynth. 09-0110; Meßfühler z. Messen des für d. Photosynth. verfügbaren Lichtes 08-0131; theoret. Untersuch. d. Brutto-Assimilation d. Blattes 08-0055; Gasaustausch d. Pflanzen in Verbind. mit ihrer Anpass. an Existenzbeding. 08-0044; apparente Photosynthese in Freiland-Sojabohnenbeständen 10-0034; Einfl. d. Tempos d. Lufterwärm. u. -abkühl. auf d. zeitl. Verlauf d. Photosynth. 09-0046.

C h e m i s m u s: Wirk. v. Chlorcholinchlorid auf Wachstum u. Entwickl. v. Weizenkeiml. 12-0075; Photosynthese v. Zuckerrohrblättern (neue Karboxylierungsreaktion u. d. Weg d. Zuckerbild.) 08-0057; photosynthet. u. Dunkelfixier. v. $^{14}CO_2$ an abgetrennten Sojabohnenkotyledonen 10-0035; Einfl. v. Heteroauxin auf Bild. org. Säuren in Sonnenblumenpflanzen unter verschied. Belichtungsbeding. 11-0054; Einfl. einiger Phosphatinsektizide auf d. Photosynth. v. Apfelblättern d. Sorte 'Red Delicious' 09-1020.

A s s i m i l a t e: Untersuch. d. Photosyntheseprodukte mit Hilfe v. ^{14}C bei Pflanzen verschied. Sorten 08-0040; Transport v. Photosyntheseprodukten unter Verwend. tritiummarkierten Wassers 08-0056; Eintritt "plastischer" Stoffe in sich entwickelnden Weizensamen 09-0044; Verteil. v. Stengelzucker in Weizen während d. Kornentwickl. 12-0049; Wander. u. Einbau v. Blattassimilaten in vegetativen Pflanzen v. Dt. Weidelgras 09-0325; Assimilation u. Translokation v. $^{14}CO_2$ in Ladinoklee (Verteil. v. ^{14}C in verschied. Assimilationsfraktionen in Pflanzen) 09-0062; Meth. "Boden-Pflanze" mit Bananen. Funktion verschied. Organe bei d. Assimilation v. P, K, Ca, Mg 07-0514; Transport v. Photosyntheseprodukten bei d. Tomate während d. Fruktifikation 08-0041; Intensität d. Gesamtverbrauchs v. ^{14}C-Assimilaten auf Atm. u. Abfluß aus d. Blättern verschied. Rüben- u. Tomatensorten 12-0056; Beteilig. d. Rebblätter an d. Versorg. d. Trauben mit Assimilaten 10-0637.

A s s i m i l a t i o n u n d i n n e r e F a k t o r e n: Stoffproduktion u. Assimilationsleist. in d. Evolution d. Kulturpflanzen (Versuchsergebn. u. zusammenfassende Diskussionen) 08-0037; photosynth. Heterogenität d. Pflanze 08-0038; Heterogenität anatom. Merkmale u. Kennwerte d. Wasserbilanz d. Pflanze in bezug auf Photosynthese 10-0033; Aktivität u. Produktivität d. Photosynth. bei So-Weizenpflanzen in d. Zeit vor u. nach d. Ährenschieben 11-0044; Bedeut. d. Grannen für d. Kornentwickl. (Photosyntheseintensität d. Ähren verschied. Gersten- u. Weizensorten) 09-0048; Wirk. d. Lichtintensität auf Enzyme d. Karboxylierungsphase d. Photosynth. u. Chlorophyllsynth. in ergrünenden Blättern v. Gerste 07-0014; Intensität d. Photosynth. v. Wi-Gerste im Herbst 09-0047; Pigmentgeh., Struktur u. photosynth. Leist. d. Chloroplasten in Blättern v. Maismutanten 11-0030; photosynth. Tätigk. v. Sorten d. Weißen Lupine 08-0058; Bezieh. zw. d. Blattflächenindex u. d. apparenten Photosynth. bei Luzerne u. Weißklee 11-0046; Meth. "Boden-Pflanze" mit Bananen. Funktion d. verschied. Organe bei d. Assimilation v. P, K, Ca, Mg 07-0514; Zusammenhang zwizwischen photosynthet. Tätigk. sowie Ertrag u. d. Absorptionsfähigk. d. Wurzelsystems bei d. Erbse 12-0421; photochem. Aktivität d. aus unterschiedl. frostresistenten Apfelsorten isolierten Plastiden 09-0024; Veränder. d. N- u. K-Geh. sowie d. N- u. K-Verteil. im Apfelbaum im Zusammenhang mit d. Beding. d. Wachstums u. d. Photosyntheseintensität 10-0278.

A s s i m i l a t i o n u n d U m w e l t f a k t o r e n: Nichtexistenz eines optimalen Blattflächenindexes für d. Produktionsrate v. unter konstanten Beding. gewachsenem Weißklee 12-0033; hohe Nettoassimilationsraten bei Sonnenblumenpflanzen in einem ariden Klima 07-0100; Auswirk. jahreszeitl. bedingter Variation d. Strahl. u. Temp. auf Netto-Assimilation in aridem Klima 12-0138; potentielle Intensität d. Photosynthese v. Erbse verschied. ökol. Herkünfte 12-0045; Photosyntheseaktivität bei sich in d. metameren Stell. unterscheid. Rebblättern 07-0667; Größenzunahme u. Zuckeranreicher. v. Weinbeeren in Abhängigk. v. d. Photosyntheseleist. u. d. sie beeinfluss. Faktoren 08-0691; Einfl. d. Gaszusammensetz. d. Atmosphäre auf Frostresistenz v. Wi-Weizenpflanzen 11-0031; photosynthet. C-Metabolismus bei CO_2-Defizit 12-0447.

Temperatur: Wirk. d. Temp. auf d. Nettoassimilationsrate 07-0101; Einfl. d. Tempos d. Lufterwärm. u. -abkühl. auf d. zeitl. Verlauf d. Photosynthese 09-0046; Berechnungsmeth. für photosynthet. Reaktion v. Feldpflanzen auf Blattemp. durch eine Energiestromanalyse mittels meteorol. Parameter 10-0102; Intensität d. Photosynth. v. Wi-Gerste im Herbst 09-0047; Besonderh. v. Tages- u. Saisonveränder. d. Photosyntheseintensität v. Hirse in Abhängigk. v. Bewässerungsregime 11-0045; Größen d. Photosynth. u. Atm. in Blättern d. Moosbeere mit bes. Berücksichtig. d. Größen bei niedrigeren Temp. 11-0048.

Belichtung: Berechnungsmeth. für photosynthet. Reaktion v. Feldpflanzen auf Lichtintensität durch eine Energiestromanalyse mittels meteorol. Parameter 10-0102; Vorhersage d. Wachstumsrate bei verschied. Lichtintensitäten aus gemessenen Photosynth.- u. Atmungsraten 07-0037; Wirk. d. Tageslänge auf d. Wachstum v. Weizen 10-0051; Entwickl. d. Photosynth. in Keimpflanzen v. Baumwolle 11-0047; Wirk. d. Beschatt. u. d. Jahreszeit auf d. Nettoassimilationsraten junger Gewächshaustomatenpflanzen 10-0573.

Boden: Physiol. Besonderh. d. Assimilationsapp. u. d. Wurzelsysteme verschied., gegenüber saurem pH-Wert unterschiedl. resistenter Maissorten 08-0039; Wirk. v. Wassermangel auf Translokation in Bezieh. z. Photosynthese u. Wachstum (Wirk. während d. Kornentwickl. bei Weizen) 10-0036; Besonderh. v. Tages- u. Saisonveränder. d. Photosyntheseintensität v. Hirse in Abhängigk. v. Bewässerungsregime 11-0045.

Düngung: Einfl. einer Misch. d. Mikroelemente auf einige Prozesse d. Zuckerrübe im Verlauf d. Vegetation (Änder. d. Intensität d. Photosynth. u. d. Wasserhaushaltes in Pflanzen 08-0336; Untersuch. z. Photosynth. u. Atmung d. Blätter v. S-Mangelpflanzen 08-0377; Einfl. v. Co auf Akkumulation v. Chlorophyll, d. Intensität d. Photosynth. u. d. Kornertrag v. Buchweizen 11-0355.

Sonstige agrotechnische Maßnahmen: Besonderh. d. Bild. u. Tätigk. d. photosynth. App. v. Mais- u. Sojabohnenpflanzen bei künstl. Mischanbau 11-0141; Bezieh. zw. Restassimilationsfläche u. Nachschnittwachstum bei Gramineen 11-0575; Einfl. einer abgestuften Wasserversorg. auf CO_2Assimilation, Transpiration, Substanzproduktion u. Wasserverbrauch v. Hafer 09-0043.

Aster

savatieri Makino var. hortorum Makino, Treiben v. A. savatieri Makino var. hortorum Makino. (Wirk. v. Nachttemp., Tageslänge, Lichtintensität u. Lichtqualität auf Treiben, Wachstum u. Blüte.) 11-0716; Kultur (Wirk. v. Temp., Tageslänge u. verschied. Wachstums- u. Blühregulatoren) 07-0699.

spec., Reaktion auf Tageslänge in Verbind. mit d. Ort d. Samenherkunft 12-0958; Wirk. v. Phorat auf d. Eier d. Zikade Macrosteles fascifrons 12-1275.

ATA s. unter Herbizide - Amitrol.

Athalia rosae (Rübsenblattwespe), Wirk. d. Behandl. d. Strunkgemüsesaatgutes mit Dieldrin u. Lindan auf Rübsenblattwespe 08-1003.

Atmung s. auch Bodenbiologie - Bodenatmung; Kohlensäure.

N a c h w e i s m e t h o d e n: Gasaustausch d. Pflanzen in Verbind. mit ihrer Anpass. an Existenzbeding. 08-0044; Bestimm. d. Respirationsquotienten an Vegetationskegeln v. Weizenpflanzen auf verschied. Entwicklungsstufen d. Pflanzen 11-0049.

A t m u n g u n d i n n e r e F a k t o r e n: Bestimm. d. Respirationsquotienten an Vegetationskegeln v. Weizenpflanzen auf verschied. Entwicklungsstufen d. Pflanzen 11-0049; Intensität d. Gesamtverbrauchs v. ^{14}C-Assimilaten auf Atm. u. Abfluß aus d. Blättern verschied. Rüben- u. Tomatensorten 12-0056; photosynthet. u. Dunkelfixier. v. $^{14}CO_2$ an abgetrennten Sojabohnenkotyledonen 10-0035; Respirationsklimakterium in Apfelfrüchten - Wirk. hydrolyt. Enzyme im Schalengewebe während d. Klimakteriums in d. geernteten Frucht 10-0044; was beeinflußt d. Reifeprozeß bei 'Williams Christ' 12-0882.

Atmung und Krankheiten: Veränder. d. Atm. v. Gerstenpflanzen d. mit dem Trespenmosaikvirus infiziert waren 07-0911; Wirk. d. Auslaugens auf d. durch Viktorin beeinflußte Respiration v. Hafergewebe 07-0942; Atmungsverteil. in Rhizoctonia-infizierten Bohnenhypokotylen in Bezieh. z. Läsionsentwickl. 12-0192; Veränder. physiol. u. biochem. Prozesse in v. Mehltau befallenen Pfirsichen (Einfl. auf d. Atmungsintensität u. Aktivität einiger Atmungsfermente) 12-1219.

Atmung und Außenfaktoren: Atmungsverluste bei d. Stecklingszuckerrübe während d. Überwinter. bei unterschiedl. Meth. d. Einmietens 08-0456; Nichtexistenz eines optimalen Blattflächenindexes für d. Produktionsrate v. unter konstanten Beding. gewachsenem Weißklee 12-0033.

Temperatur: Gaswechselprobleme: Beweisführ. zur gravierenden Bedeut. d. Temp. für Transpiration u. Respiration 08-0054; Größen d.Photosynth.u.Atm. in Blättern d. Moosbeere mit bes. Berücksichtig. d. Größen bei niedrigeren Temp. 11-0048; Einfl. d. Lagerbeding. auf d. Atm. v. Äpfeln. (Wirk. v. Temp., CO_2- u. O_2-Konz. auf d. Prod. v. CO_2 u. d. Verbrauch v. O_2) 11-0672.

Strahlen: Vorhersage d. Wachstumsrate bei verschied.Lichtintensitäten aus gemessenen Photosynth.- u. Atmungsraten 07-0037; durch Strahl. induzierte Änder. d. Respiration v. Mais-, Weizen-, Hirse- u. Rettichsamen während d. Anfangsstadien d. Keim. in Bezieh. z. folgenden Sämlingswachstum 11-0035.

Düngung: Untersuch. z. Photosynth. u. Atmung d. Blätter v. S-Mangelpflanzen 08-0377.

Chemikalien: Hemm. d. Alterns u. d. Atm. durch Wachstumshemmstoffe u. N^6-Benzyladenin 09-0037; Klär. d. Funktionsmechanism. d. Maleinsäurehydrazids auf Pflanzen 08-0077; Wirk. v. Chlorcholinchlorid auf Wachstum u. Entwickl. v. Weizenkeiml. 12-0075.

Atomabsorptionsflammenphotometrie s. unter Photometrie.

Atomabsorptions-Spektrophotometrie s. unter Photometrie.

Atomabsorptionsspektroskopie s. unter Spektroskopie.

ATP s. unter Nukleotide - Adenosintriphosphorsäure.

Atrazin s. unter Herbizide.

Atropa belladonna (Belladonna, Tollkirsche), aus verschied. Geb. Bulgariens stammende Tollkirsche 10-0455.

festleg. in Koleoptilen durch Trijodbenzoesäure 12-0058; Gerbstoffe u. Wachstum (Analyse d. IES/Tannin-Antagonismus bei Koleoptilzylindern) 12-0071; reparative Regeneration 07-0448; Ultraschallbehandl. v. Koleoptilen 12-0069; Wirk. d. Gravitation auf Wachstum u. Entwickl. 11-0080; Einfl. einer abgestuften Wasserversorg. auf CO_2-Assimilation, Transpiration, Substanzproduktion u. Wasserverbrauch 09-0043.

C h e m i e: Menge d. chem. Zusammensetz. d. Wurzeln in gemischten Beständen u. Reinsaat 10-0320; Ertrag, chem. u. botan. Zusammensetz. d. Wickhafers bei Harnstoffdüng. 12-0673; Ca-Beweg. in Blättern, gemessen durch Halbleiterdetektoren 11-0362; Einfl. v. Reifegrad u. N-Düng. auf Fettbild. u. Fettsäurezusammensetz. in Körnern 07-0075; Veränderlichk. v. chem. Subst. in d. Körnern 08-0091; P-Metabolismus in keimenden Samen 10-0287.

H a f e r u n d B o d e n e i g e n s c h a f t e n: Wirk. v. applizierten Al auf bodenmikrobiol. Prozesse u. auf Wachstum v. Hafer 12-0223; relative Unwichtigk. v. Bodeneigenschaften als best. Faktoren für d. Wachstum 08-0571.

S o r t e n , S a a t g u t: Anbau u. Sortenstruktur im Weltausmaß 11-0472; Sortenversuche (1951-64) 07-0450; Sortenempfehl. für 1967 10-0407; Haupt-, Kontroll- u. Vorprüf. 08-0501; Sortenempfehl. in Viktoria 10-0409; Einfl. d. Wachstumsbeding. vor u. nach d. Bestrahl. auf d. Empfindlichk. v. Samen gegenüber Neutronen 07-0766.

E r n ä h r u n g , D ü n g u n g: Fähigk. z. Nährstoff-Aufnahme aus synth. Adsorbentien u. mit Polyäthylen umhüllten Granulen 07-0352; relative Wachstumsrate unter d. Beding. einer durch Polyäthylenglykol erzeugten Wasserspann. 08-0359; Standort u. Düng. beim Qualitätsbau 11-0473; Wirk. v. Herbiziden, flüss. Ammoniak u. Aussaatstärke auf d. Winterertrag v. Hafer, d. in eine vorwiegend aus Gräsern bestehende Weidenarbe eingesät wurde 08-0605; Ertrag, chem. und botan. Zusammensetz. d. Wickhafers bei Harnstoffdüng. 12-0673; Wirk. gesteigerter N-Gaben mit ausgeglichenem Verhältnis v. P u. K auf den Ertrag ausländ. Sorten 07-0449; Wirk. v. Kalkstein sowie v. N-, K- u. Mg-Düngern auf Mg-Absorption 09-0315.

U n k r a u t b e k ä m p f u n g: Konkurrenzwirk. v. Kulturpflanzen u. Unkräutern aufeinander (Schadwirk. v. Samenunkräutern auf Getreide) 10-0991.

P h y t o p a t h o l o g i e: Entwickl. d. Flugbrandes in d. Pflanze u. Sporenbild. 09-0927; Infektion v. Cercosporella herpotrichoides 12-1175; Mehltau d. Winterhafers 12-1180; Wirk. d. Pathotoxins Viktorin auf d. Ultrastruktur v. Wurzel- u. Blattgewebe v. Avena-Arten 07-0941; Wirk. d. Auslaugens auf d. durch Viktorin beeinflußte Respiration v. Gewebe 07-0942; Rolle d. Zytokinins bei d. durch Corynebacterium fascians verursachten Verbänder. 09-0921; Vorkommen leerer, v. Larven d. Fritfliege befallener Körner bei in Gemenge mit Gerste u.

Roggen angebauten Hafer 11-0890; Biol. d. Haferzystenälchens in Kanada (Nematodenentwickl. u. damit in Bezieh. stehende anatom. Veränder. in d. Wurzeln) 11-0873.

S o n s t i g e E r t r a g s f a k t o r e n: Ertrag, chem. u. botan. Zusammensetz. d. Wickhafers bei Harnstoffdüng. 12-0673; Wirk. v. Herbiziden, flüss. Ammoniak u. Aussaatstärke auf d. Winterertrag v. Hafer, d. in eine vorwiegend aus Gräsern bestehende Weidenarbe eingesät wurde 08-0605.

Z ü c h t u n g:Erblichkeitsanteile quantitativer Merkmale bei verschiedenart. Gestalt. d. Umwelteinflüsse 11-0778; hypoploide Variabilität bei hexaploidem Hafer 08-0754; Variabilität d. Merkmale durch Versetz. v. Embryonen auf fremdes Endosperm 09-0766; Fremdbestäub. v. Haferpflanzen d. aus Saatgut, d. mit Mutagenen behandelt wurde, aufwuchsen 07-0772; Vererb. d. virescens-Albinismus bei Hafer Sorte 'Sun II' 07-0773; Heterosis 11-0781; Standfestigk. bestimmter Auslesen u. ihrer Kreuzungsnachkommensch. 10-0721; Isolation v. Komplementärgenen bei d. Sorte 'Bond', d. Kronenrost bedingen 08-0753; Ursprung d. C-Genoms bei hexaploidem Hafer 10-0719; Suche nach super-winterhartem Hafer 11-0780; Resistenz gegen Getreidemehltau u. Selektion 09-0767.

spec., Verwandtschaftsverhältnisse bei d. Arten 09-0764; Futterhaferproduktion in Kolumbien 11-0562.

strigosa, Vererb. d. Schwarzrostresistenz u.a. Merkmale bei diploidem Hafer 07-0771; Erblichkeitsanteile quantitativer Merkmale bei verschiedenart. Gestalt. d. Umwelteinflüsse 11-0778; Vererb. d. Kronenrostresistenz, d. v. der diploiden Sorte C.I. 3815 auf hexaploiden Hafer übertragen wurde 11-0779; zytol. Untersuch. v. autotetraploiden Hybriden 07-0770; zytogenet. Untersuch. (Chlorophyllbild. unter best. Kulturbeding.) 09-0765.

ventricosa sp. bruhnsiana, Ursprung d. C-Genoms bei hexaploidem Hafer 10-0719.

Azalea pontica s. Rhododendron luteum.

Azalee s. Rhododendron simsii.

6-Azauridin, Wirk. stoffwechselhemmender Substanzen auf d. Wachstum v. Meloidogyne javanica 11-0880.

Azetylen, Kosten einer Wirkstoffbehandl. z. Blütenverfrüh. v. Vriesea splendens 10-0658.

Azinophosmethyl s. unter Insektizide - Organische Phosphorverbindungen.

Azinphosäthyl s. unter Insektizide - Organische Phosphorverbindungen.

Azodrin s. unter Akarizide; unter Insektizide - Organische Phosphorverbindungen.

Azotobacter s. unter Bodenbiologie - Bakterien (Eubacteria).

Azotobakterin s. unter Düngung - Organische Düngung (Bakteriendünger).

Azotogen s. unter Düngung - Organische Düngung (Bakteriendünger).

A-1458 s. unter Insektizide - Organische Phosphorverbindungen.

Entwickl. u. Wachstum 12-0068; Pflanzenwachstum unter neuen Leuchtröhren (Frisch- u. Trockenmasse-Ertrag v. Tomatensäml.) 09-0074; Treiben v. Aster savatieri Makino var. hortorum Makino (Wirk. v. Nachttemp., Tageslänge, Lichtintensität u. Lichtqualität auf Treiben, Wachstum u. Blüte) 11-0716.

B e l i c h t u n g u n d S t o f f w e c h s e l: Einfl. d. Lichtes auf d. Katalaseaktivität d. Blätter 11-0062; Wirk. d. Lichtintensität auf Enzyme d. Karboxylierungsphase d. Photosynth. u. Chlorophyllsynth. in ergrünenden Blättern v. Gerste 07-0014; Einwirk. v. Licht verschied. Intensität auf d. Metabolismus d. Chlorophylls in d. Blättern v. Pelargonium 11-0064; Einfl. v. Heteroauxin auf Bild. org. Säuren in Sonnenblumenpflanzen unter verschied. Belichtungsbeding. 11-0054; C-Haush. v. Weizenkeimpflanzen in Abhängigk. v. Belicht. 09-0324; Verteil. v. Stengelzucker in Weizen während d. Kornentwickl. 12-0049; Impulsbestrahl. v. Samen u. Knollen mit konz. Licht 12-0067; d. Leist. d. Pflanzen bei verschied. Beding. d. Mineralernähr. u. Belicht. charakterisierende Größen d. Stoffaustausches 07-0282; Einfl. d. Ionentransportes bei Scenedesmus unter P-Mangel auf Readdition v. P in Licht u. Dunkelh. (Aufn. u. Abgabe v. Cl u. Mess. d. O_2-Verbrauchs) 08-0366; (Aufn. v. Rb^+, Cs^+, Ca^{2+} u. Sr^{2+}) 08-0367; Einfl. v. Lichtintensität auf d. Aufnahme v. ^{32}P durch Chrysanthemum u. Pelargonium 10-0261; Reaktion v. Lemna pausicostata auf B in Abhängigk. v. d. Lichtintensität 07-0334; Physiol. d. Knöllchenbild. (Einfl. v. Lichtintensität u. Tageslänge auf d. Wurzelhaarinfektion v. Klee) 09-0038; Prüf. d. Einfl. v. Licht u. Dunkelh. auf den Transport v. Diquat in Tomaten über lange Entfern. 08-1027; Eindringen v. Lindan in Pflanzen verschied. photoperiod. Gruppen u. biol. Aktivität in Abhängigk. v. d. Lichtbeding. 12-1291.

B e l i c h t u n g u n d W a c h s t u m: Korrelation d. Reaktionen d. Photomorphogenese als Faktor d. generativen Entwickl. bei Pflanzen 10-0050; Samenkeim. in d. Temperaturkammer mit hoher Lichtintensität 12-0548; Anwend. v. CO_2 u. Licht in Gewächshäusern 10-0526; weißes Licht, Hauptprüfungsanlaß u. Versuchsmeth. im Avena-Segmenttest 12-0082; Impulsbestrahl. v. Samen u. Knollen mit konz. Licht 12-0067; Einfl. d. Temp. u. d. Lichts auf Keimen d. Samen einiger Pflanzen z. Gewinn. äther. Öle 10-0452; Einfl. v. Kulturbeding. auf Wachstum isolierter Getreideembryonen in vitro 09-0084; Wirk. d. Tageslänge auf d. Wachstum v. Weizen 10-0051; Photoperiode-Temp.-Licht-Bezieh. bei d. Entwickl. v. Weizen u. Steinbrand 12-1178; Einfl. d. Samenbestrahl. v. Gerste mit Licht verschied. Spektralbereiche auf Entwickl. u. Wachstum 12-0068; Wirk. v. Tageslänge u. Lichtintensität auf d. Wachstum v. Gerste (Reaktion v. Pflanzen im Freiland auf eine Unterbrech. d. Nacht) 08-0067; Wechselwirk. Licht/Gibberellin auf Keim. v. Kartoffelsamen 10-0063; Stärke d.

Lichthemm., Pflanzenmorphol. u. Schnittzeit als Kriterium für d. Ernte v. Wiesenlieschgras, Wehrloser Trespe u. Knaulgras 07-0487; Einfl. v. Farblicht auf Wachstum u. Zusammensetz. pflanzl. Gewebekulturen (Tabak) 06-0038; Einfl. d. Infrarot-Strahl. auf Entwickl. u. Wachstum v. Tomaten 07-0039; Pflanzenwachstum unter neuen Leuchtröhren (Frisch- u. Trockenmasse-Ertrag v. Tomatensäml.) 09-0074; Pflanzenmorphol. u. Vernalisierbark. bei Markstammkohl 10-0054; Licht u. Ertrag v. Hausrosen 09-0674.

B e l i c h t u n g u n d B l ü t e: Wirk. v. Tageslänge, Vernalisation u. Gibberellsäure auf d. Blühen v. Weißer Lupine 11-0083; Förder. d. Blütenanlage bei Hausnelken durch kontinuierl. Licht 07-0689; Treiben v. Aster savatieri Makino var. hortorum Makino (Wirk. v. Nachttemp., Tageslänge, Lichtintensität u. Lichtqualität auf Treiben, Wachstum u. Blüte) 11-0716; Zusammenhang zw. Licht u. Temp. beim Wachsen u. Blühen d. Aphelandra 12-0968; Rosenkultur jenseits d. Polarkreises bei künstl. Beleucht. 09-0712.

B e l i c h t u n g u n d I n h a l t s s t o f f e: Wirk. v. exogenen Faktoren auf d. Fettsäurebild. in reifenden Leinsamen 11-0100; physiol. u. ökol. Untersuch. über östrogene Isoflavone in Bodenfrücht. Klee (Einfl. v. Licht) 09-0059.

B e l i c h t u n g b e i d e r P f l a n z e n a n z u c h t: Eign. v. Hg-Dampf-Hochdrucklampen für Zusatzbeleucht. v. Gemüsejungpflanzen 08-0615; Einfl. d. Temp. auf d. Wirksamk. d. Zusatzbeleucht. bei d. Paprikajungpflanzenanzucht 11-0634; Wirk. d. Anbaus in Behältern u. d. Zusatzbelicht. auf Ertrag v. frühen Tomaten 12-0779; Zusatzbelecht. zur Stecklingsbewurzel. unter Sprühnebel im Winter 11-0708; Belicht. v. Gloxinien mit Leuchtstofflampen 09-0696.

B e l i c h t u n g s p e z i e l l e r P f l a n z e n: Pflanzenbau bei künstl. Beleucht. 08-0616; Wirk. v. blauem, rotem u. grünem Licht auf Eiweiß-, Nukleinsäure- u. Chlorophyllgeh. in jungen Gerstenpflanzen 11-0042; Wirk. d. Anbaus in Behältern u. d. Zusatzbelicht. auf Ertrag v. frühen Tomaten 12-0779; Beleucht. während d. ganzen Nacht ist wirksam 11-0711; Blühsteuerung v. Nelken durch Beleucht. 11-0710; Treiben v. Aster savatieri Makino var. hortorum Makino (Wirk. v. Nachttemp., Tageslänge, Lichtintensität u. Lichtqualität auf Treiben, Wachstum u. Blüte) 11-0716; Rosenkultur jenseits d. Polarkreises bei künstl. Beleucht. 09-0712.

B e l i c h t u n g v o n M i k r o o r g a n i s m e n u n d S c h ä d l i n g e n: gegenseitig. Einwirken niedr. Temp. u. nächtl. Belicht. auf Bek. d. Dörrfleckenkrankh. d. Tomate 10-0879; Wirk. v. Licht auf d. Keim. v. Uromyces-phaseoli-Uredosporen 11-0940; Einfl. UV-Lichtes auf Echten Gerstenmehltau 10-0801.

<u>Belladonna</u> s. Atropa belladonna.

<u>Bemisia tabaci</u> (Weiße Fliege), Auftreten eines Faktors im Körper, d.

08-0639; Bestäubungsverhältnisse bei Cucurbitaceen 10-0776; künstl. Bestäub. d. Wassermelone 09-0831; Einfl. d. Termins u. d. Alters d. Blüte auf Samenansatz u. Vererb. v. Merkmalen bei d. Küchenzwiebel 12-1075; natürl. Umschalt. d. Biene beim Bereich d. Blüten v. sich gegenseitig bestäubenden Apfelsorten in Weit- u. Dichtpflanz. 07-0630; Bestäub. d. 'Golden Delicious' 11-0669; Einfl. d. Bienen auf Befrucht. u. Ansatz d. Früchte bei Steinobstarten 12-0886; Einfl. bestäubender Insekten auf d. Erträge d. Schwarzen Johannisbeere 10-0636; Bestäub. bei Reben 08-0824; Probleme d. Samenansatzes bei Narzissen 09-0705.

Beta

saccharifera s. Beta vulgaris var. altissima.

spec., Intensität d. Gesamtverbrauchs v. ^{14}C-Assimilaten auf Atm. u. Abfluß aus d. Blättern 12-0056.

trigyna (Wildrübe), biochem. Natur vegetativer Annäher.bei Artbastardier. 09-0805.

vulgaris (syn. B. vulgaris var. crassa; Futterrübe, Runkelrübe), Veröffentlich. aus d. Inst. für Rübenforsch. Kleinwanzleben zu Problemen d. Monokarpie 09-0806; Pigmentbild. in Kalluskulturen 12-0112; Technol. d. Anbaus v. Steckl. 09-0482; technol. Verfahren d. Anbaues 09-0493; Vereinfach. d. Futterrübenanbaus 12-0651; Anbau v. Getreide nach Rüben 09-0411; Silostoppelrüben 08-0573; Einfl. d. Frosteinwirk. - ihre Lager. u. ihren Verarbeitungswert 09-0484; Sortenversuche 08-0545, 09-0494; Entwickl. d. monogermen tetraploiden u. diploiden Rübe 10-0432; Wirk. v. Vit. B_{12} auf Wachstum, Entwickl. u. Ertrag 09-0076; Blattdüng. mit Harnstoff 07-0476; Anwend. v. Erdölwuchsstoffen u. Mikrodüngemittel 09-0357; Unkrautbek. im Anbau 10-0441; Unkrautflora in Beständen d. Börde u.a. Standorte 10-0995; Einfl. d. Striegelns auf Unkrautvernicht. u. Phytotoxizität verschied. Herbizide 10-0996; Leit. u. Abbau v. Pyrazon in toleranten u. empfindl. Arten 10-0979; Geh. an Phenolverbind. als Indikator d. Empfindlichk. d. Rüben geg. d. Vergilbungsvirus 12-1241; Rübenfliege 12-1148; Einfl. einer massenhaften Verwend. v. Insektiziden auf d. nützl. Entomofauna d. Felder 07-1028; Mechanisier. d. Ernte 10-0445; Einfl. d. Frosteinwirk. - d. Lager. u. Verarbeitungswert 09-0484; Sektion techn. u. Futterkulturen 11-0811; Vererb.-untersuch. bei Hybriden v. Provarietäten gleicher u. verschied. Polyploidiestufen (Morph. d. Blätter) 11-0810; Verwend. v. pollensterilen Pflanzen in d. Zücht. 12-1052; Heterosis 12-1055; Heterosis u. Polyploidie bei d. Zücht. v. Futterrüben 08-0784; zytoplasmat. Pollensterilität in d. Rübenzücht. 08-0783.

vulgaris var. altissima (syn. B. saccharifera; B. vulgaris var. saccharifera; Futterzuckerrübe, Zuckerrübe), handarbeitsfreie Industriefrucht 11-0511; Arbeitsaufwand für Produktion 09-0485; ökon. Produktion 09-0480; Konzentrationsgrad u. Kostenstruktur d. Erzeug. 09-0476; Zusammenfass. 1966 mehrjähr. Versuchsergebnisse 12-0578; d. Pionier d.

Rübenzuckerind. Leonhard Mohr z. Gedenken 07-0002; Achard, Cunern u. Hirschberg 08-0002; schwed. Zuckerind., Entwickl. u. Stand v. heute 08-0008; krit. Betracht. d. zuckertechnol. Fachsprache 07-0068.

A n b a u: Anbau u. Ernte; Ertragsprüf. 1965 in d. östl. Ländern 11-0524; Saatgut u. moderne Anbaumeth. 10-0440; Leist. monokarper Sorten in Großbritannien 09-0479; Anbau nach Futtergräsern (Wirk. eingepflügter Grasrückstände auf Wachstum) 10-0434; Anbau auf leichten Böden 09-0492.

M o r p h o l o g i e , P h y s i o l o g i e: Asymmetrie d. Früchte 10-0760; physiol. Grundlagen für Steiger. d. Zuckergeh. 12-0043; Atmungsverluste bei d. Stecklingszuckerrübe während d. Überwinter. bei unterschiedl. Meth. d. Einmietens 08-0456; Einfl. einer Mischung d. Mikroelemente auf einige Prozesse d. Zuckerrüben im Verlauf d. Vegetation (Änder. d. Intensität d. Photosynth. u. d. Wasserhaushaltes in Pflanzen) 08-0336; Jungpflanzen trockenresistenter u. nicht-trockenresistenter Sorten bei unterschiedl. Wasserversorg. 10-0759; Verdunst. bei hohem Grundwasserstand 12-0649; Einfl. d. Bodentox. auf Produktivität 11-0520; Gasaustausch in Verbind. mit Anpass. an Existenzbeding. 08-0044; physiol. Bedeut. d. K im Kohlenhydratstoffwechsel d. Pflanzen (Wirk. d. K auf Umwandl. u. Abbau v. Zucker) 11-0344; Regulier. d. Betazyanineffluxes aus d. Wurzel durch Poly-L-Lysin, Ca-Ionen u.a. Subst. 10-0048; Translokation v. Aminosäuren 08-0049; Keim. bei hohen Temp. 08-0535; Einfl. v. Spurenelementen u. Ultraschall auf Keimenergie u. Keimfähigk. v. Saatgut 11-0351; Förder. v. Aufgang, Jugendwachstum u. Ertragsbild. 11-0526; Korr. d. Fläche u. Lebensdauer v. Blättern mit Dickenwachstum d. Zuckerrübenkörpers 11-0519; Einfl. umweltbedingter Faktoren auf d. Schossen monokarper u. polykarper Sorten 09-0478; Schossen frühgesäter Sorten 11-0510; Wirk. einer z. verschied. Zeiten vorgenommenen Temp.-Variation auf Wachstum u. Ertrag 12-0032; C- u. N-Quellen für Proteinsynth. u. Wachstum v. Blättern 11-0051; Zuckereinlager. als Funktion d. Wachstumsprozesse 09-0049; Einfl. v. Wuchsstoffen: auf Zuckerrüben 08-0543; auf Leist. landwirtsch. Kulturen 07-0040; Wirk. v. Wachstumsstimulatoren u. Spurenelementen auf Wachstum, physiol. Prozesse u. Leist. v. Jungpflanzen 12-0070; Besonderh. d. Gibberellinwirk. 08-0050; Klär. d. Funktionsmechanism. d. Maleinsäurehydrazids 08-0077; Einfl. d. Präp. 2.3-DN und MG-T auf d. Wachstum generativer Organe 11-0807; Anwendbark. d. Präparates H-60 im Anbau 12-0643.

C h e m i e: Bestimm. d. relativen Konz. an Gesamt-Aminosäuren im Preßsaft 12-0120; histochem. Charakteristik d. Samen 08-0096; Katalase-, Peroxydase- u. Polyphenoloxydase-Aktivität 12-0108; Invertaseaktivität in frischen u. gelagerten Zuckerrüben 12-0109; Verteil., Entwickl. u. Natur v. Phenoloxydasen 07-0084; Riechstoffbestandteile 11-0117; Geh. an reduzierenden Stoffen 12-0090; Erntemeth. u. Nährstoffgeh. d. Blattes 10-0442; Einfl. v. N-Düng. auf Rohproteingeh. u. -ertrag sowie andere Qualitätseigensch. d. Ernteprodukte 11-0396; reaktionsfähiger N u. sein Einfluß auf Kristallisation d. Saccharose 12-0091; Einfl.: v. Mikroelementen auf Erhöh. d. Zuckergeh. u. auf technol. Qualität 10-0437; v. Mn-Düngemitteln auf Ertrag u. Zuckergeh. 08-0541; Vererb. d. Zuckergeh. v. Autopolyploiden 10-0758.

A g r a r m e t e o r o l o g i e: Einfl. d. Witter. auf Ertragsbild. 11-0525; Abhängigk. d. Zuckerbild. - charakterisiert durch d. Refraktometerwert - v. d. Witter. 10-0103.

Z u c k e r r ü b e u n d B o d e n e i g e n s c h a f t e n: Verdunst. bei hohem Grundwasserstand 12-0649; Einfl. d. Toxizität d. Bodens auf d. Lebensfähigk. d. Bodenmikroorganismen und d. Leistung v. Zuckerrüben 11-0189; Einfl. d. Meth. d. Hauptbodenbearbeit. auf d. Ertrag 12-0638; territoriale Bodenbeschreib. für Pflanzenproduktion (Bezieh. zw. "Bodenserien" u. Zuckerrübenerträgen) 09-0253.

S o r t e n: Benütz. d. Kovarianzanalyse bei Sortenversuchen 10-0385; monokarpe Sorten in d. DBR 09-0473; Leist. monokarper Sorten in Großbritannien 09-0479; Sorten im Bereich d. RGW-Länder (1964) 11-0523; Eigensch. d. Sorten 07-0471; Rolle d. Sorten u. Vegetationsfläche im Anbau mit Bewässer. 11-0507; v. d. Zuckerindustrie in d. Jahren 1910-1964 durchgeführte Feldvergleichsversuche mit Sorten 08-0527; Aufnahme grundsätzl. Makro- u. Mikronährstoffe durch 3 Sorten 09-0491; Entwickl. diploider u. polyploider Sorten im 1. Vegetationsjahr 11-0512; Toleranz d. Stämme d. Sorte 'Dobrovická C' gegen Rübenmosaik unter Berücksichtig. d. Leist. d. Nachkommensch. 09-0897; Empfindlichk. di- u. polyploider Sorten gegenüber Befall durch Peronospora schachtii 12-1187.

S a a t g u t: Terminol. "Beta-Rüben-Saatgut" 09-0415; Erzeug. v. Saatgut durch Frühjahrsaussaat d. Elitesaatgutes unter Deckfrucht u. Überwinter. d. "Pflanzlinge" auf ihrem Standort 09-0494; Schneiden d. Steckl. bei Saatguterzeug. 09-0474; direkter Saatgutanbau in Grusinien 11-0521; Einfl. d. blattlausübertragenen Vergilbungskrankh. d. Rübe u. d. westl. Rübenvergilb. auf d. Zuckerrüben-Saatgutprod. bei verschied. Düng. 12-1159; Samenbau bei monogermen Zuckerrüben 11-0518; meth. Keimprüf. monokarpen Zuckerrübensaatgutes 11-0411; Einfl. d. Vorhandenseins bigermer Knäuel bei Samenträgern auf Keimfähigk. u. Produktivität monogermer Sorten 11-0509; genet. einkeim. Saatgut für vollmechan. Anbau 10-0433; Saatgut mit verringerter Keimzahl im Anbau 12-0641; Saatguteigensch. di- u. tetraploider monokarper Sorten 09-0477; monokarpes Saatgut 11-0804; Auswirk. monokarper Sorten auf d. nationalen u. internat. Saaguthandel 09-0414; Saatgutqualität u. Leist. monokarper Zuckerrüben 11-0805; Wert d. polierten Saatgutes in biol. u. pflanzenhygien. Hinsicht 11-0415; Einfl. d. Polierens auf Knäuelgröße u. Anteil an triploiden hybriden Samen 11-0416; Wert d. Knäuel d. Größe

2,5...3 mm v. diploiden Zuckerrüben 12-0642; Saatnormen 08-0449; Saatgut, Formen u. Anwend. in d. Praxis 07-0392; Saatgut u. moderne Anbaumeth. 10-0440; meth. Hinweise z. Erziel. unterschiedl. Feldaufgänge mit einem einzelnen Saatgutposten 11-0421; Anwendbark. d. Präparates H-60 im Anbau 12-0643; Einfl. verschied. Meth. d. Saatgutbehandl. vor d. Aussaat auf Ertrag u. Qualität 08-0534; pillierte Samen 10-0444; Einfl. einer Infektion auf Keim. v. Saatgut 09-0934.

B e s t e l l u n g: Einfl.: verschied. Meth. d. Bodenbearbeit. vor d. Saat 08-0529; d. Bodenvorbereit., Drillmeth. u.a. Faktoren auf Fähigk. d. Aufganges auf d. Feld 11-0508; d. Pflugtiefe auf physikal. Eigenschaften u. Ertrag 08-0528; d. Stoppelbearbeit. auf d. Ertrag nachfolgender Zuckerrüben 07-0474; Frühjahrsarbeiten beim Anbau 12-0639; Einfl. d. Meth. d. Aussaat u. Ausdünnens auf d. Wachstum 12-0640; Einfl. unterschiedl. Aussaatzeiten u. Saatmengen auf Wert u. Vermehrungskoeffizienten d. Stecklinge 08-0533; Aussaat z. Endabstand 11-0440; Bestandesdichte u. Standraumverteil. im Anbau d. mitteldt. Trockengeb. 09-0481; Ausbild. d. Merkmals Monokarpie unter verschied. Standraumbeding. 11-0517; optimale Entfern. d. Rübensamenknäuel d. Aussaat 08-0532; Ertragsbeeinfluss. durch unterschiedl. Bestandesdichten beim vereinzelungslosen Anbau 09-0483.

P f l e g e: Einfl. d. Meth. d. Aussaat und Ausdünnens auf d. Wachstum 12-0640; maschinelle Ausdünn. d. Bestandes sowie d. Aussaat zum Endabstand 10-0438; handarbeitsarme Verfahren z. Pflege v. Futterrüben 11-0522; Wirksamk. d. Eggens beim Anbau 08-0530; Einsatz d Ackerbürste im Rübenbau z. Einspar. v. Maschinen- u. Handarb. 07-0473; blindmechan. Vereinzeln 12-0650; Einspar. maschineller Hackarb. 09-0475; kann man im Anbau auf sämtl. Hackarb. verzichten? 10-0997; Rolle d. Sorte u. Vegetationsfläche im Anbau mit Bewässer. 11-0507; 5-jähr. Beregnungsversuche unter Berücksichtig. d. Bodenfeuchtigk. als Kriterium für d. Einsatz d. Feldberegn. 10-0439; Gebietsverbreit. und Bewässer. in Ungarn 12-0648; Eigensch. d. Sofioter Abwasser u. d. Grundwassers u. Verwend. für Bewässer. 12-0501; Zuckerrübenbewässer. im Waldsteppengeb. der Ukraine 12-0382.

E r n ä h r u n g , D ü n g u n g: Prüf. d. Nährstoffversorg. d. Bodens v. Nebraska für d. Rübenproduktion 09-0320; Verteil. v. Nitrat-N in Blättern u. Stielen nach schwacher u. nach ausreichender N-Düng. 11-0340; Aufnahme v. N, P, K, Na, Ca u. Mg durch 3 Sorten 11-0333; physiol. Bedeut. d. K im Kohlenhydratstoffwechsel d. Pflanzen (Wirk. d. K auf Umwandl. u. Abbau v. Zuckern) 11-0344; Einfl. d. K auf d. P-Stoffwechsel bei unterschiedl. P-Ernähr. 12-0444; Aufnahme grundsätzl. Makro- u. Mikronährstoffe durch 3 Sorten 09-0491; Einfl. v. Spurenelementen: u. Ultraschall auf Keimenergie u. Keimfähigk. 11-0351; auf Erhöh. d. Zuckergeh. u. auf technol. Qualität 10-0437; auf Ertrag u. Qualität 11-0515; auf Ertrag im Geb. Nowosibirsk auf ausgelaugten

Schwarzerdeböden 09-0489; Einfl. einer Misch. d. Mikroelemente auf einige Prozesse d. Zuckerrübe im Verlauf d. Vegetation (Änder. d. Intensität d. Photosynth. u. d. Wasserhaushaltes in Pflanzen) 08-0336; (Änder. in d. quant. Zusammensetz. d. freien Saccharide) 08-0339; Aufnahme v. B, Mn, Cu u. Zn durch 3 Sorten 11-0350; Einfl.: v. Cu u. Co auf d. Leist. 08-0539; d. Co auf Ertrag u. einige biochem. Eigensch. 07-0336; v. Na auf Wachstum, Ertrag u. Zuckergeh. v. Rüben auf Rasenpodsolböden 10-0295; Bewert. v. Glasfritten als Mikronährstoffdüngemittel (Mn-Fritten) 10-0350; Düngungsmaßnahmen beim Anbau 07-0477; Düng., Überdüng. u. Qualität 10-0436; Vererb. d. Monokarpie bei F_1-Hybriden 07-0472; Anbau auf leichten Böden 09-0492; Einfl. einer langjähr. unterschiedl. Düng. auf Qualität d. Ernteprodukte 07-0351; Nährstoffbilanz in d. Fruchtfolge bei verschied. Düngemittelgaben auf mächtigem Tschernosem mit mittlerem Auswaschungsgrad 10-0321; Einfl. d. intensiven Düng. und Vegetationslänge auf d. Produktionswert ertragreicher Zuckerrüben 12-0644; Aufwandmenge u. Zusammensetz. d. Mineraldüng. in d. Anbauzone d. Versuchs- u. Zuchtstation Belaja Zerkow 11-0378; mineral. Kopfdüng. v. 2 Sorten 12-0647; Düngereinsatz bei Bewässer. 09-0356; Düngungstermine unter Bewässerungsbeding. Armeniens 10-0435; Einfl. d. Zeitpunktes d. Mineraldüng. auf d. Erträge in Schwarzerde in Kujavien 12-0645; Einfl. d. N-Ernähr. auf Samenertrag 09-0488; über d. Einfl. d. N-Düng. auf Rohproteingeh. u. -ertrag sowie andere Qualitätseigensch. d. Ernteprodukte 11-0396; Nährstoffaufnahme nach Kopfdüng. mit verschied. N-Formen 07-0383; Einfl. geringer, mittlerer u. hoher N-Gaben auf Lager. bei hohen u. niedr. Temp. 11-0434; Wirksamk. d. Ammoniakwassers bei verschied. Einbringungsterminen 08-0536; NH_3 - ein sehr geschätzter Dünger für d. Produktion im Westen 11-0395; Effektivität d. Nitrat- u. Ammoniumform d. N-Düng. auf mächt. Schwarzerdeboden 07-0377; Naßkopfdüng. mit Harnstoff 08-0537; Einfl. unterschiedl. Gaben von Harnstoff und Ammoniumsalpeter unter Berücksichtig. verschied. Meth. d. Anwend. dieser Dünger 12-0646; Wirk. verschied. N-Dünger bei unterschiedl. Meth. ihrer Anwend. (Eign. d. Harnstoffs u. Ammonsalpeters im Vgl. mit Kalksalpeter für Kopfdüng. d. Vermisch. dieser Dünger mit d. Boden auf d. Effektivität ihrer Wirk.) 11-0514; (Harnstoffwirk. im Vgl. mit anderen N-Düngern als Grunddünger sowie mit Ammon- u. Kalkammonsalpeter als Kopfdünger) 11-0513; Einfl. verschied. P-Düngemittel auf Menge u. Qualität d. Ernte 09-0487; Einfl. steigender P- u. K-Gaben auf d. Ertragsleist. 07-0475; Nährstoffversorg. auf Torfböden im Überschwemmungsgeb. d. Flusses Trubesh mit K u. Na sowie deren Einfl. auf d. Zuckergeh. 11-0379; Einfl. d. Spurenelemente auf Ertrag u. Qualität 08-0538; Steiger. d. Ertrages u. d. Qualität im Zusammenhang mit Anwend. v. Spurenelementen u. Wuchsstoffen 11-0516; Einfl. v. B-Düngemitteln, d. günstig wirken, im vulkan. Tokachi-Oberland auf Hokkaido 10-0303;

Einfl. d. Naßkopfdüng. mit B u. Mn auf Wachstum u. Ertrag 08-0540; Wirk. v. Mn u. Co auf verschied. Böden im Geb. Swerdlowsk 09-0486; Einfl. v. Mn-Düngemitteln auf Ertrag u. Zuckergeh. 08-0541; Steiger. d. Leist. durch Veränder. d. Na-Gaben 08-0542.

S o n s t i g e E r t r a g s f a k t o r e n: Anbau u. Ernte; Ertragsprüf. 1965 in d. östl. Ländern 11-0524; Einfl. d. Witter. auf Ertragsbild. 11-0525; Einfl. d. Stoppelbearbeit. auf d. Ertrag nachfolgender Zuckerrüben 07-0474; Einfl. d. Pflugtiefe auf physikal. Eigenschaften u. Ertrag 08-0528; Förder. v. Aufgang, Jugendwachstum u. Ertragsbild. 11-0526; Einfl. verschied. Meth. d. Saatgutbehandl. vor d. Aussaat auf Ertrag u. Qualität 08-0534; Einfl. d. Eintauchens v. Samen in eine H_2O_2-Lös. auf Ertrag 09-0490; Bezieh. zw. Aussaatterminen u. Ertrag 08-0531; Ertragsbeeinfluss. durch unterschiedl. Bestandesdichten beim vereinzelungslosen Anbau 09-0483; Einfl. v. Wachstumsregulatoren auf Ertrag u. Qualität 08-0544; Steiger. d. Ertrages u. d. Qualität im Zusammenhang mit Anwend. v. Spurenelementen u. Wuchsstoffen 11-0516; Endopolyploidie u. Ertrag bei diploiden u. tetraploiden Zuckerrüben 08-0782; Einfl. v. Herbiziden auf Ertrag u. Qualität v. Saatgut 08-1038; Einfl. d. Populat. v. Grüner Pfirsichblattlaus, Südlicher Gartenblattzikade u. Roter Spinnmilbe auf d. Ertrag im Imperial-Tal, Kalifornien 11-0895.

U n k r a u t b e k ä m p f u n g: Einsatz v. Ackerbürste im Rübenbau z. Einspar. v. Maschinen- u. Handarb. 07-0473; kann man im Anbau auf sämtl. Hackarb. verzichten? 10-0997; wirksame Unkrautbek. im Anbau 09-1048; chem. Unkrautbek. für d. Anbau 09-1034; selekt. chem. Unkrautbek. 12-1331; Rückstände v. grasvernichtenden Herbiziden in Zuckerrüben 11-1047; Herbizide für Zuckerrüben 12-1329; Schäden bei Misch. verschied. Rübenherbizide 12-1330; Einfl. v. Herbiziden auf Ertrag u. Qualität v. Saatgut 08-1038; Dalapon u. Natriumtrichlorazetat bei d. Unkrautbek. 08-1037; Aufnahme u. Adsorption v. Diquat u. Paraquat 10-0978; chem. Unkrautbek. u. Pyramin-Einsatz 1966 im Bez. Rostock 08-1036.

P h y t o p a t h o l o g i e: Farbtafelatlas d. Krankh. u. Schädig. 08-0939; Wert d. polierten Saatgutes in biol. u. pflanzenhygien. Hinsicht 11-0415; Zücht. auf Widerstandsfähigk. geg. d. schädlichsten Krankheiten 12-1057; Bezieh. jährl. Auftretens d. Vergilbungsviren zur Witterungsabweich. 10-0791; Wechselbezieh. zwischen d. Auftreten d. Zuckerrübenvergilb. u. Sonnenfleckenaktivität 11-0913; ökol. Grundlagen z. Bek. d. Viruskrankh. u. ihrer Vektoren 09-0899; Wirk. d. Inokulation mit Vergilbungsviren auf Anfälligk. gegenüber pilzl. Schaderregern 09-0896; Schädlichk. d. Virosen bei Diploidie u. Tetraploidie 10-0841; Einfl. d. blattlausübertragenen Vergilbungskrankh. d. Rübe u. d. westl. Rübenvergilb. auf d. Zuckerrüben-Saatgutprod. bei verschied. Düng. 12-1159; Geh. an Phenolverbind. als Indikator

d. Empfindlichk. d. Rüben gegen d. Vergilbungsvirus 12-1241; Toleranz d. Stämme d. Sorte 'Dobrovická C' gegen Rübenmosaik unter Berücksichtig. d. Leist. d. Nachkommensch. 09-0897; Maleinsäurehydrazid u. Köpfen d. überwinternden Zuckerrüben - Verminder. d. Reservoirs d. Rübenviren 11-1003; schwere nekrot. Erkrank., verursacht durch einen Stamm Rübenmosaikvirus 12-1163; Beta Virus 4 09-0898; Bek. v. Viruskrankh. 12-1280; Blattlausbekämpf. u. Aussaatzeit z. Bekämpf. d. Vergilbungskrankh. 11-1002; Einfl. einer Infektion auf Keim. v. Saatgut 09-0934; Einfl. d. Infektion mit Peronospora farinosa auf d. Anfälligk. gegenüber Erysiphe betae 07-0953; Wirk. d. Inokulation mit Vergilbungsviren auf d. Anfälligk. gegenüber pilzl. Schaderregern (Anfälligk. gegenüber Peronospora farinosa) 08-0888; Empfindlichk. di- u. polyploider Zuckerrübensorten gegenüber Befall durch Peronospora schachtii 12-1187; Wirksamk. neuer Zn-halt. Fungizide bei Peronospora-Bek. 10-0922; Wirk. v. Bodenbehandl. mit Fungiziden auf Infektionspotentiale samennaher Pilze u. d. Nachauflauf-Umfallkrankh. 10-0924; Sanier. v. Wurzelbrand 11-0987; Einfl. 6 verschied. Bodentemp. auf Infekt. u. Entwickl. v. Nacobbus batatiformis 11-0871; Bek. d. Cercospora-Blattfleckenkrankh. durch Luft- u. Bodenausbring. d. Fungizids 11-0986; Zinntriphenylazetat z. Bek. d. Cercospora bei Rübensamenträgern 11-1009; Chemotaxis d. Zoosporen v. Aphanomyces cochlioides gegenüber Keimpflanzen 10-0796; parasitogene Schäden an Wurzeln insbes. durch Aphanomyces u. Verhüt. (diagnost. Untersuch. in Feldkulturen) 07-0952; parasitogene Schäden an Wurzeln, insbes. durch Aphanomyces, u. ihre Verhüt. (Infektionsversuche mit Pythium u. Aphanomyces in Gefäßen) 08-0938; (Hemm. eines Aphanomyces-Befalls durch spezif. wirkende Chemotherapeutika) 09-0976; Ansiedlungsverhalten v. Blattläusen an Zuckerrübenpflanzen im Gewächshaus 12-1142; Populationsdynamik d. Schwarzen Rübenblattlaus als Grundlage d. Schadensprognose 08-0874; Einfl. d. Populat. v. Grüner Pfirsichblattlaus, Südlicher Gartenblattzikade u. Roter Spinnmilbe auf d. Zuckerrübenertrag im Imperial-Tal, Kalifornien 11-0895; Prognose d. Zuckerrüben-Großschädlinge in Ungarn 12-1297; Rübenerdfloh, einer d. gefährlichsten Keimschädlinge d. Zuckerrübe in Ungarn 12-1136; Kohlerdflöhe 10-0822; Rübenfliege 12-1148; Psilopa leucostoma, neuer Blattminierer in d. USA 11-0891; analyt. Meth. für o-Isopropoxyphenylmethylkarbamat (Bayer 39007), aphizider Wert u. Persistenz in Zuckerrüben 11-1032; Auftreten u. Schadwirk. v. Heterodera schachtii im Rhein. Anbau 12-1119; chem. Bek. d. Rübenkopfälchens, vorläufige Lös. d. Problems d. Rübenkopffäule 12-1264.

E r n t e: Anbau u. Ernte; Ertragsprüf. 1965 in d. östl. Ländern 11-0524; Erntemeth. u. Nährstoffgeh. d. Blattes 10-0442; Komplexeinsatz z. Ernten mit 2 Ernteketten in Kooperationsgemeinsch. d. LPG Halberstadt 10-0443.

L a g e r u n g: 10-0379; Lager. mit Blattstielresten 11-0433; Einfl.

geringer, mittlerer u. hoher N-Gaben auf Lager. bei hohen u. niedr. Temp. 11-0434; Naßentlad. mit fast vollkommener Schwemmwasserrücknahme u. Auswirk. auf belüftete Rübenlager 10-0378; Atmungsverluste bei d. Stecklingszuckerrübe während d. Überwinter. bei unterschiedl. Meth. d. Einmietens 08-0456; Änder. d. technol. Eigensch. während d. Lager. 07-0413; Geh. an reduzierenden Stoffen 12-0090; Invertaseaktivität in frischen u. gelagerten Zuckerrüben 12-0109.

V e r w e r t u n g: v. d. Zuckerrübenindustrie in d. Jahren 1910-1964 durchgeführte Feldversuche mit Sorten 08-0527.

Z ü c h t u n g: Züchtungsfortschritte u. -probleme 09-0791; biomathemat. Modell für d. Häufigkeitsverteil. v. Euploiden in einer diploid-tetraploiden Population bei zufälliger Bestäub. 08-0779; genet. Grundlagen d. Einzelfrüchtigk. 09-0797; Sektion techn. u. Futterkulturen 11-0811; Vorprüf. d. Futterwertes neuer Formen 11-0808; Bestimm. d. Chromosomenzahl 11-0802; gepaarte Chromosomen in 2 mitot. Metaphasen diploider Sorten 10-0753; Heterosis 12-1055; Ausnutz. d. Heterosis bei di- u. tetraploiden Rüben 09-0800; Hybriden auf steriler Basis 08-0781; biochem. Natur vegetativer Annäher. bei Artbastardier. 09-0805; Ausnutz. v. Zwischensortenkreuz. bei d. Zücht., Kreuz. mit ausländ. Sorten 07-0800; Genetik monokarper Zuckerrüben auf Grund einer Kreuz. monokarp x dikarp 12-1051; Zücht. durch Ausnutz. natürl. Monogermie 09-0798; genet. Grundlagen d. Einzelfrüchtigk. sowie Stand u. Aussichten d. Zücht. monokarper Zuckerrüben 11-0803; Leist. monokarper Zuckerrüben 11-0805; Leist. u. Schoßresistenz monokarper Zuckerrüben 09-0792: Zücht. monokarper AJ-Sorte 09-0794; Meth. z. Induzier. v. Autopolyploidie durch Saatgutbehandl. 09-0803; Vererb. d. Zuckergeh. v. Autopolyploiden 10-0758; Bestimm. d. Ploidiestufe 07-0799; selbstfertile polyhaploide Pflanze in einer autotetraploiden Sorte 10-0752; homozygote diploide Sorten 09-0804; selektive Befrucht. bei Tetraploidie u. Diploidie 10-0755; Endopolyploidie u. Ertrag bei diploiden u. tetraploiden Zuckerrüben 08-0782; Ursprung u. Bedeut. d. Aneuploidie bei triploiden u. tetraploiden Zuckerrüben 08-0778; Zücht. triploider Hybriden 09-0807; Zücht. polyploider monokarper Sorten in d. UdSSR 09-0793; polyploide Zuckerrübe, Genetik u. Zücht. 08-0785; Vererb. d. Form d. Stecklings u. d. Frucht bei monokarpen di- u. tetraploiden Rüben 12-1056; Verwend. v. pollensterilen Pflanzen in d. Zücht. 12-1052; Monogermsorte mit zytoplasmat. männl. Sterilität nach d. Meth. wiederholter sättigender Kreuz. 10-0757; Pollensterilität u. Bedeut. bei Gewinn. v. Hybridsaatgut (Zuckerrübe u. Gemüsearten) 10-0754; Ausnutz. männl. Sterilität beim Erhalten polyploider Hybriden 10-0756; O-Typen bei Zücht. pollensteriler monokarper Sorten 09-0801; Zücht. pollensteriler monokarper Sorten: 09-0802; - in Ungarn 09-0799; Fixatoren-Linien für zytoplasmatisch bedingte Pollensterilität 08-0780; Anwend. d. selektiven Gametozides FW-450 zur Herbeiführ. männl. Sterilität

wässerungsprojektion 11-0281; Verbesser. d. Betriebes v. Bewässerungssystemen 07-0263; Rolle d. Bewässer. in d. Entwickl. d. landwirtsch. Produktion 07-0264; Bestimm. d. Bewässerungsnormen durch berechnete Versorg. 08-0320; Probleme d. Bewässer. 08-0315; Sicher. d. Bewässerungsprogrammes im Bez. Erfurt 12-0363; Entwickl. d. Bewässer. in Ungarn 08-0313; Grundwasserprobleme d. Großen Ung. Tiefebene 08-0317; Entwickl. d. Bewässer. in d. Arménischen SSR 12-0362; Bewässer. im Bassin d. Euphrat 10-0232; Entwicklungsricht. d. Bewässer. in d. Landwirtsch. Australiens 11-0280; Aufteil. d. bewässerten Böden 11-0282; ebenes "Pfannen"-System für d. Verbreit. u. Speicher. d. Stromgebietsabflusses 07-0268; Organisation planvoller Wassernutz. 12-0364; Meth. zur Bestimm. d. Wasserverbrauchs und d. Bewässerungshaushaltes landwirtsch. Kulturpflanzen 12-0440; Meliorat. versalzter Böden auf d. VI. Kongreß über Bodenbewässer. u. Dränage in Indien 10-0228; Möglichk. d. Grabenein- u. -anstaues auf flach- u. tiefgründ. Niedermoorstandorten mit u. ohne Drän. 09-0279; Vorkommen großer Nematodenpopulat. in Bewässerungskanälen im südl. Zentral-Washington 11-0866; Biol. d. Grabenflora als Grundlage d. chem. Entkraut. von Ent- u. Bewässerungsgräben 12-0353.

Bewässerungszeiten und Wassermengen

Bestimm. d. Bewässerungstermins beim Apfel nach d. Saugkraft d. Blätter 07-0638; rationeller Einsatz d. Beregn. im Feldgemüsebau auf d. Grundlage v. Tensiometern 07-0546; Bestimm. von Bewässerungsnormen 12-0372; aufnehmbares Wasser, Evaporationspotential u. Umfang d. Bewässer. 09-0116; Wassermengenmess. bei Abwasserverregnungsanlagen 12-0371.

Bewässerungswasser

Wirk. boden- und pflanzenschädigender Inhaltsstoffe d. Wassers im Hinblick auf d. Bewässer. 12-0388; Entwickl. u. Verbreit. v. Unkräutern auf Bewässerungsflächen in Abhängigk. v. d. Herkunft d. Bewässerungswassers 10-0992; Nutz. v. Meerwasser für d. Bewässer. 07-0266; Bestimm. d. Salzgeh. v. Böden sowie v. Grund- u. Bewässerungswasser nach chromatograph. Ionenaustauschmeth. 12-0306; Entsteh. von Solonetzböden bei Bewässer. mit mineralisiertem Wasser 12-0366; Nutz. örtl. Wasserreserven im Gebiet Rostow 07-0265; komplexe Bodenmelioration in d. Niederlausitz mittels Verregn. Fe-halt. Rohwassers u. mittels Tiefumbruches nach d. Egerszegi-Verfahren im Grundwasserentzugsgeb. d. NL 09-0281; Wassermengenmess. bei Abwasserverregnungsanlagen 12-0371; Unterflurbewässer. mit Abwässern 11-0300; Luzerne als führende Futterpflanze bei Bewässer. mit Abwässern 09-0500; Einfl. v. Beriesel. durch Abwässer auf Ertrag, bot. u. chem. Zusammensetz. v. Dauergrünland 09-0540; Eigensch. d. Sofioter Abwässer u. d. Grundwasser u. Verwend. für Zuckerrüben 12-0501; Bewässer. v. Feldkulturen mit städt. Abwässern 11-0299; Einfl. d. Bewässer. mit städt. Abwässern auf Ertragsleist. u. bot. Zusammensetz. v. Wiesengrünland bei bandart. Bewässerungssystem 09-0282; Einfl. v. Molkereiabwässern auf d. Boden u. d. Zusammensetz. v. Pflanzen 08-0138; ganzjähr. Bewässer. d. Felder mit Abwässern einer Feintuchfabrik 08-0327; Resistenz d. Herbizide u. Abwässer chem. Betriebe im Boden d. Bewässerungskanäle 11-0301; Verwend. v. Kieselgur z. Dekontamination ^{137}Cs-halt. Abwässer 08-0328; Gartenbau u. Wasserverunreinig. 12-0726; Forder. an Gießwasserqualität im Gemüsebau unter Glas 08-0614; Gießwasserqualität im Gemüsebau unter Glas 12-0732; Na-Schaden bei Chrysanthemensteckl. 08-0704; Einfl. v. intermittier. Besprühen mit kohlensäurehalt. Wasser auf d. Wachstum von Chrysanthemen u. Salat unter Glas 10-0528.

Bewässerungsmethoden

Bedeut. d. Infiltration d. Wassers in Theorie u. Praxis 11-0285; agronom. Bewert. d. Beriesel.- u. Beregnungsmeth. 12-0378; Bewässer. und Bewässerungstech. in d. SU 12-0361; Kosten d. für d. Bewässer. erforderl. Arbeitskräfte in bezug auf Wassermenge u. Bewässerungsmeth. 08-0314; Wasserverteil. im Boden bei Streifenbewässer. u. bei Beregn. 08-0321; Einfl. d. Bewässer. mit städt. Abwässern auf Ertragsleist. u. bot. Zusammensetz. v. Wiesengrünland bei bandart. Bewässerungssystem 09-0282; Rinnennetz auf Sackungsböden 11-0288; Bodenhydrolog. Grundlagen d. Vorratsbewässer. 12-0376; effektive Wasservorräte im Boden bei Vorratsbewässer. 12-0375; künstl. Grundwasseranreicher. 11-0284; künstl. Grundwasseranreicher. durch Schluckbrunnen 12-0367; künstl. Vermehr. d. Grundwasservorräte in Flußtälern 12-0369; Reaktion einiger Gemüsearten auf atmosphär. Beding. 12-0753; Salzanhäuf. in Abhängigk. v. d. Bewässerungsmeth. 11-0283; Pflanzenernähr. in Böden (Verteil. einiger Nährstoffelemente in einem durch eine Tropfbewässerungsanordn. gedüngten Boden) 09-0127.

U n t e r g r u n d b e w ä s s e r u n g: Oberflächen- u. Untergrundbewässerungsmeth. u. Wirtschaftlichk. 07-0269; Untergrundbewässer. 12-0374; Wirk. d. Unterflurbewässer. auf mittl. Lehmboden in Abhängigk. v. Bodenstruktur, Pflanzenbestand und standortgebundenem Wasserhaush. 12-0373; Unterflurbewässer. mit Abwässern 11-0300.

B e w ä s s e r u n g d u r c h W a s s e r s t a u: Einstaubewässer. bei Aueböden mittels Tonrohrdrän. 09-0280; Bewässerungsbeding. d. Kulturen bei Bewässer. über große Stauabteil. 11-0287.

F u r c h e n b e w ä s s e r u n g: Bestand, Wachstumsrate und Reife von Gemüsekulturen in Bezieh. z. Bodenversalz. und -textur bei Beregnung und Furchenbewässerung 12-0379; Leist. v. Vorlaufherbiziden unter Petroleummulch für Gemüse mit Furchenbewässerung 10-0983.

B e w ä s s e r u n g d u r c h B e r e g n u n g: Steuer. d. Beregn. nach d. Beregnungsdiagramm 11-0291; Beregnungsversuche an d. Versuchsstation Fuchsenbigl (Marchfeld) 07-0270; Leit. u. Plan. d. Beregnungstechn. 08-0323; Wirk. eines Beregnungsplanes auf d. Bewässerungshäufigk.

07-0267; Feldberegn. 1966 11-0289; qualitat. Bewässer. landwirt. Kulturen durch Beregnung 12-0385; Bedeut. v. Wasservorratsbehältern bei d. Bewässer. durch Beregn. 10-0234; Anwend. v. Beregnungsanlagen für Untersuch. d. Wassererosion d. Böden 07-0278; ortsfeste Beregnungsanlagen auf d. Grundlage künstl. Druckes 08-0322; Beregnungstechn. in d. Provinz Bozen (Feste Anlagen d. "langsamen" Beregn.) 08-0324; techn. u. wirtsch. Begriffe für d. Verwirklich. u. d. Betrieb d. Beregnungsanlagen 11-0294; Wege z. Selbstkostensenk. bei d. Beregn. 11-0290; räuml. Reaktion bei Einführ. d. Beregn. in ein schon durch Riesel. bewässertes Geb. 11-0293; Agromeliorationsversuche unter d. Beding. einer Beregnungsanlage 11-0295; komplexe Bodenmelioration in d. Niederlausitz mittels Verregn. Fe-halt. Rohwassers u. mittels Tiefumbruches nach d. Egerszegi-Verfahren im Grundwasserentzugsgeb. d. NL 09-0281; ganzjähr. Verregn. v. Abwasser aus Viehzuchtbetrieben 12-0387; direkte Kontamination d. Pflanzen u. Beregn. 08-0098.

Beregnung und Boden: Wasserverteil. im Boden bei Streifenbewässer. u. bei Beregn. 08-0321; Einfl. d. Bestandeshöhe landw. Kulturpflanzen auf d. Verringer. d. mit DDA-100 M verregneten Wasserschicht auf d. Boden 12-0383.

Beregnung und Düngung: Entwickl. d. Bewässerungstechn. im Obstbau - Zusatzbewässer. unter Einbezieh. v. Düng. u. Pflanzenschutz sowie Frostschutzbewässer. 08-0661.

Beregnung und Frostschutz: Entwickl. d. Bewässerungstechnik im Obstbau - Zusatzbewässer. unter Einbezieh. v. Düng. u. Pflanzenschutz sowie Frostschutzbewässer. 08-0661.

Verregnung von Pflanzenschutzmitteln: Herbizideinsatz u. Feldberegn. 09-1038; Entwickl. d. Bewässerungstechnik im Obstbau - Zusatzbewässer. unter Einbezieh. v. Düng. u. Pflanzenschutz sowie Frostschutzbewässer. 08-0661.

Beregnung bei speziellen Kulturen: 5-jähr. Beregnungsversuche mit Zuckerrüben unter Berücksichtigung der Bodenfeuchtigkeit als Kriterium für den Einsatz d. Feldberegnung 10-0439; rationeller Einsatz der Beregnung im Feldgemüsebau auf der Grundlage von Tensiometern 07-0546; Einfluß der Beregnung auf Bewirtschaftung von Gemüsefeldern 12-0734; Bestand, Wachstumsrate und Reife von Gemüsekulturen in Beziehung zur Bodenversalzung und -textur bei Beregnung und Furchenbewässer. 12-0379; Möhrenwachstum u. Möhrenqualität, beeinflußt durch Beregn. u. Umweltfaktoren 10-0547; Einfl. unterschiedl. Wasserversorg. auf Ertrag v. Salat u.a. Gemüsepflanzen unter Glas 12-0741; Wirk. ungleichmäß. Wassergaben auf Bodenfeuchtigkeitsgeh., Austrockn. und Bewässerungswirksamk. 12-0365; Streifenbewässer. beim Apfel 12-0863; Auswirk. unterschiedl. Beregnungshäufigk. auf d. Bodenfeuchte u. Rasenqualität 11-0292.

Bewässerung und Bodeneigenschaften

Einfl. differenzierter Feuchtigkeits- u. Kalkgaben auf Mn-Löslichk. in Wasser u. in 0,05n Schwefelsäure eines alluvialen Talsandes 09-0133; Bestimm. v. bewegl. P in bewässerten Böden 09-0232; Einfl. v. Superphosphat auf Maisertrag in Abhängigk. v. d. Versorg. bewässerter Böden mit bewegl. P 09-0370; Veränder.: d. Böden unter d. Einfl. d. Bewässer. 09-0278; d. phys.-chem. Eigensch. d. Bodens unter d. Einfl. langfristig. Bewässer. 08-0316; v. Tiefenlage u. Mineralgeh. d. Grundwassers bei Bewässer. v. Neulandboden in d. Hungersteppe 12-0219; Wasserverteil. im Boden bei Streifenbewässer. u. bei Beregn. 08-0321; Einfl. d. Applikationsrate v. Wasser auf d. Auswasch. 09-0164; Bewässer. und Drän. versalzter Böden und ihrer Veränder. bei langfristiger Nutz. 12-0349; Erhöh. d. Fruchtbark. bewässerter schwerer Mineralböden 10-0220; Düng. als Mittel z. Wiederherstell. d. Bodenfruchtbark. auf planierten Bewässerungsflächen 11-0255.

Bewässerung und Pflanzen

Bild. d. Bewässerungshaushaltes landwirtsch. Kulturen auf d. Grundlage d. operativen Berechn. d. summar. Verdampf. 11-0286; Reakt. d. Pflanzen auf Wasserzufuhr in verschied. Entwicklungsstadien 12-0438; Einfl. auf d. Vorkommen v. Krankh. u. Schädlingen landwirtsch. Nutzpflanzen 12-1172.

B e w ä s s e r u n g u n d E r n ä h r u n g: Pflanzenernähr. in Boden (Verteil. einiger Nährstoffelemente in einem durch eine Tropfbewässerungsanordnung gedüngten Boden) 09-0127; Düngereinsatz zu Feldfrüchten bei Bewässer. 09-0356; Nachwirk. v. Gründüng. u. Stalldung auf Maisertrag bei Bewässer. auf hellkastanienfarbigen Böden 08-0420; Einfl. örtl. Einbringens mineral. u. org. Düngemittel auf d. Ertrag v. Kartoffeln bei Bewässer. 11-0375.

B e w ä s s e r u n g u n d s o n s t i g e a g r o t e c h n i s c h e M a ß n a h m e n: Zweitfruchtanbau bei Bewässer. 09-0514; Meth. z. Prüf. v. herbiziden Subst. im Voraussaat- u. Vorauflaufverfahren in Plastgefäßen mit Untergrundbewässer. 07-1034; Einfl. d. Bewässer. u. Formulier. auf d. Aktivität v. NPS, Amiben u. DCPS 07-1036.

B e w ä s s e r u n g s p e z i e l l e r P f l a n z e n:

Getreide

So-Weizensorten für d. Bewässer. 11-0459; Einfl. v. Kopfdüng. auf Ertrag u. Qualität d. Wi-Weizens bei Bewässer. 09-0442; Einfl. d. Bewässer. auf Ertragsqualität d. So-Weizensaatgutes 11-0460; Lagerfestigk. v. Weizensorten unter Bewässerungsbeding. 11-0465; Bewässer. zu Weizen im Süden der Ukraine 12-0384; Bewässerungshaushalt v. Mais bei Beregn. 08-0503; Versuch, Bewässer. v. Mais nach d. Konz. d. Zellsaftes zu bemessen 11-0477; Dichte d. Maispflanzen beim Anbau mit Bewässer. 08-0502; optimale Reihenentfern. u. Bestandesdichte v.

Maispflanzen auf Bewässerungsböden 12-0601; Einfl. d. Entfernens d. oberen Teils d. Maisstengels auf d. Kornertrag in einer bewässerten Kultur 12-0604; Maisdüng. bei Bewässer. im Wolgadelta 11-0297; Standraum d. Maises bei weitreih. Aussaat auf bewässerten Flächen d. Vorgebirgszone d. Geb. Ošsk 12-0600; Bewässerungsverhältnisse bei Mais im Geb. Lugansk 11-0296; Anforder. an d. Beregn. v. Frühmais u. günstigste Beregnungshäufigk. mit Prüf. d. Pflanzenansprüche v. Früh- u. Spätmais in Mittelägypten 12-0603; Verbesser. v. mit Regen bewässertem Reis in Indien 07-0507; Einfl. d. Temp. d. Bewässerungswassers auf d. Wachstum v. Sumpfreis im wärmeren Gebiet (Einfl. d. Tag-Nacht-Wasser-Temp. auf d. vegetative Wachstum in Bezieh. z. Änder. d. Lufttemp. mit fortschreitender Vegetationsperiode) 08-0582; Besonderh. v. Tages- u. Saisonveränder. d. Photosyntheseintensität v. Hirse in Abhängigk. v. Bewässerungsregime 11-0045.

Hackfrüchte

Plastabdeck. u. Bewässer. v. Frühkartoffeln 08-0525; Rolle d. Sorte u. Vegetationsfläche im Rübenanbau mit Bewässer. 11-0507; Gebietsverbreit. und Bewässer. d. Zuckerrübe in Ungarn 12-0648; Eigensch. d. Sofioter Abwasser u. d. Grundwassers u. Verwend. für Zuckerrüben 12-0501; Zuckerrübenbewässer. im Waldsteppengeb. der Ukraine 12-0382; Düngungstermine zu Zuckerrüben unter Bewässerungsbeding. Armeniens 10-0435.

Futterpflanzen, Grünland

Klarwasserberegn. im Feldfutterbau 12-0381; Weißklee-Untersuch. (Wirk. d. Bewässer. auf Samenproduktion) 09-0505; Haupt- u. Wechselwirk. v. Nährstoffen auf d. Wachstum v. bewässerter Luzerne 07-0271; Luzernesorten unter Bewässerungsverhältnissen 07-0490; Bewässerungshäufigk. für Luzerne auf flachgründigem Granitsand Rhodesiens 08-0559; Luzerne als führende Futterpflanze bei Bewässer. mit Abwässern 09-0500; Gemische aus perennierenden Feldfutterpflanzen unter Bewässerungsverhältnissen 10-0461; Einfl. kurz- u. langfrist. Wiesenbewässer. auf O_2-Geh. u. Durchlüft. d. Bodens sowie auf Ertragsleist. u. bot. Zusammensetz. 09-0539; Wirk. d. N-Düng., d. Bewässer. u. ihres Zusammenwirkens auf d. Weide 07-0527; Bewässer. v. Kulturweiden u. Organisation ihrer Flächen 09-0548; Futterwert sowie Produktivität v. intensiv gedüngten u. beregneten Weidegrünlandflächen 12-0716; Zusatzberegn. in Milchviehfarmen 12-0377.

Sonstige Kulturen

Einfl. d. Bewässer. auf Ertrag u. Qualität bei Pfefferminz 07-0483; Ermittl. d. Bewässer.-haushaltes v. Baumwolle, d. auf zimtfarbenen Wiesenböden Bulgariens angebaut wird 11-0569; Bewässer. v. Rizinusstauden im südöstl. Teil d. Stawropoler Region 12-0658.

Gemüse

Zusammenhänge d. Wasser- u. Nährstoffversorg. bei Gemüsekulturen 12-0733; Auswirk. d. Bewässer. auf d. Zunahme d. Erbsenerträge bei unterschiedl. Pflanzenabständen 10-0569.

Einfl. hoher P-Ernähr. 07-0313; Mineralsalze und Oxalatgehalt in Spinatblättern als Funktion d. Entwicklungsstadiums 12-0420; Veränder. d. Aschezusammensetz. v. Blättern d. Süßkirsche in Verbind. mit d. Chloroseerkrank. 09-0322; (Einfl. d. Augenzahl auf Ertrag u. Mineralstoffgeh. d. Blätter v. Reben) 09-0664; Anomalien d. S-Verteil. in Pflanzen 09-0331.

Alkaloide: Ursachen virusinduzierter Veränder. d. Alkaloidgeh. d. Blätter verschied. Nicotiana-Arten u. -Sorten 09-0900.

Enzyme: Einfl. v. Metallkationen auf Aldolase in Blättern v. Maissäml. 08-0340; Katalase-, Peroxydase- u. Polyphenoloxydase-Aktivität in Zuckerrüben 12-0108; Dynamik d. Askorbinsäure bei im Reifetermin unterschiedl. Mohnsorten 12-0115; Bestimm. v. Peroxydase-Isozymen in Bohnenblättern durch präparative Scheibenelektrophorese 09-0099.

Farbstoffe: Chlorophyllgeh. u. Wasserhaush. d. Blattes 08-0063; Pigmentgeh., Struktur u. photosynth. Leist. d. Chloroplasten in Blättern v. Maismutanten 11-0030; Einfl. d. Cu auf Chlorophyllgeh. in Kartoffelblättern 07-0332; Einfl. d. Pflanzenknollenalters u. d. Kulturbeding. auf phenol. Bestandteile bei Kartoffeln 12-0114; physiol. u. ökol. Untersuch. über östrogene Isoflavone in bodenfrüchtigem Klee (Einfl. v. Licht) 09-0059.

Kohlenhydrate: Lokalisier. verschied. lösl. Zucker in Weizenblättern durch Mikroautoradiographie 07-0086.

Proteine: Blattprotein als menschl. Nahrungsmittel 08-0100; Dynamik d. Geh. an N-Verbind. in Blättern einheim. Maissorten 12-0100; Veränder. im Geh. u. im quantitativen Verhältnis d. freien Aminosäuren in d. Wurzeln, im Wurzelsaft u. in d. Blättern v. Mais innerhalb 24 Std. 10-0040; Veränder. im Gesamt-N, im Nichtprotein-N u. im Amid-N-Geh. d. Blätter v. Straußgras in Bezieh. z. verschied. Umweltfaktoren 12-0102; Einfl. einer unterschiedl. N-Düng. auf Aminosäuregeh. v. Spinatblättern 11-0341; Proteinstoffwechsel d. Blätter höherer Pflanzen (Aminosäurezusammensetz. d. Proteine v. Tabakblättern in verschied. Stadien) 09-0052; Aminosäuregeh. in Blättern einiger Zuchtstämme d. Maulbeerbaumes u. ihr Nährwert 08-0103.

Wasser: Wurzeldruck u. Wasserpotential d. Blätter 08-0358; Bestimm. d. Blattwasserpotentials 09-0313; Geh. an Chlorophyll u. d. Wasserhaush. d. Blattes 08-0063; Verhältnis zw. Geh. an gebundenem u. freiem Wasser bei früh-, mittelfrüh- u. spätreifenden Tafeltraubensorten 11-0699.

Blattdüngung

Absorpt. durch d. Blatt. Durchdring. d. Kutikulamembran u. Nährstoffaufnahme durch isolierte Blattzellen 08-0345; Blattdüng. mit Harnstoff bei Knollensellerie 08-0631; Blattdüng. d. Birne mit Harnstoff im Frühjahr 09-0651; Aufnahme v. ^{32}P: durch Wurzeln u. Blätter v. Tomatenpflanzen 08-0352; - durch Blätter v. Tomatenpflanzen 09-0309; PK-

Blattdüng. bei d. Rebe 07-0670; Ca-Auslaugungsmechanismus aus Blättern 07-0326; Ca-Beweg. in Haferblättern, gemessen durch Halbleiterdetektoren 11-0362; Ernähr. von Apfelunterlagen. Wirk. auf Wachstum und Mineralstoffzus. durch Mg 12-0419; Blattdüng. d. Erdbeere mit Spurenelementen 11-0694; Einfl. einer Blattapplikation v. Mo u. Co auf d. Wachstum v. Kopfkohl 08-0627; Translokation v. trägerfreiem ^{85}Sr nach Aufbringen auf Blätter v. Gehölzpflanzen 11-0359.

Morphologie des Blattes

Getreidetypen mit aufrechter Blattstell. 08-0479; photosynth. tätige Gewebe in d. Blättern v. Getreidepfl. (Einfl. d. Beschatt. auf d. Mesophyllstruktur d. Weizenblätter) 08-0030; Einfl. v. CCC auf Länge u. Breite v. Weizenblättern 11-0076; Wirk. d. Temp. in d. Wurzelzone auf d. Morphologie d. Maisblattes 08-0066; Wirk. v. 2,4-D u. Metallionen auf d. Morphol. d. Kartoffelblattes 08-0081; Vererb.-untersuch. bei Hybriden v. Provarietäten gleicher u. verschied. Polyploidiestufen d. Rübe (Morph. d. Blätter) 11-0810; Koppl. zw. d. Genen für Behaarung d. jungen Blattes u. für Chlorophylldefizienz bei Brassica oleracea 12-1038; glänzendes Blatt bei Grünkohl, unvollständig dominantes Merkmal 08-0816; "Kleinblättrigkeit" d. Apfelbaumes 08-0845; Ultrastruktur d. Sproß-Apices u. d. Blätter normaler u. physiol. verzweigter Pfirsichsäml. 11-0024; Blatt- u. Verzweigungsmerkmale für Unterscheid. v. Schwarzpappel-Hybridklonen 10-0786.

B l a t t f l ä c h e n: Photoelektr. Ausrüst. z. schnellen Bestimm. v. Blattflächen 07-0065; Abhängigk. d. Höhe d. Kornertrages v. d. Größe d. Blattoberfläche u. d. Akkumulation d. Trockenmasse während Ontogenese v. So-Saatweizen 09-0032; Bezieh. zw. d. Blattflächenindex u. d. apparenten Photosynth. bei Luzerne u. Weißklee 11-0046; Nichtexistenz eines optimalen Blattflächenindexes für d. Produktionsrate v. unter konstanten Beding. gewachsenem Weißklee 12-0033; Wachstum subtrop. Gräser (Verhältnis zw. Kohlenhydratspeicher. u. Blattfläche während d. Wachstums) 10-0056; Lichtverteil. in Sojabohnenbelaub. im Freiland 10-0097; Bestimm. d. Blattfläche bei Obstbäumen 10-0608; optimales Verhältnis zw. Laub u. Früchten beim Ausdünnen v. Pfirsichbäumen d. Sorten 'Redhaven' u. 'Dixired' 11-0690; Blattflächenbestimm. an Rebtrieben 12-0911; Blattgröße bei Reben in Abhängigk. verschied. Triebhandl. 09-0663; Struktur d. Rebstockes in Bezieh. z. seiner Produktivität 12-0916; Wirk. v. Nacht-Unterbrech. auf Blattfläche u. Blatt-Trockenmasse bei d. Sommeraster 07-0698.

Physiologie des Blattes

Theoret. Untersuch. d. Brutto-Assimilation 08-0055; experiment. u. theoret. Vergl. d. viskosen u. diffusiven Widerstandes eines Gasflusses durch amphistomatöse Blätter 08-0031; Photosynthese v. Zuckerrohrblättern (neue Karboxylierungsreaktion u. d. Weg d. Zuckerbild.) 08-0057; photosynth. tätige Gewebe in d. Blättern v. Getreidepfl. (Einfl. d. Beschatt. auf d. Mesophyllstruktur d. Weizenblätter)

08-0030; Einfl. d. Lichtes auf Katalaseaktivität d. Blätter 11-0062; Korr. d. Fläche u. Lebensdauer v. Blättern mit Dickenwachstum d. Zukkerrübenkörpers 11-0519; Gesetzmäßigk. d. Wachstums d. Blätter u. vegetativen Triebe v. Wiesengräsern 09-0068; Nichtexistenz eines optimalen Blattflächenindexes für d. Produktionsrate v. unter konstanten Beding. gewachsenem Weißklee 12-0033; Einfl. d. Blätter auf d. Wachstum d. Früchte bei 'Passa Crassana' 11-0683; diurnale Variation d. Blatt- u. Samenkapseltemp. bewässerter Baumwolle, d. unter 2 verschied. Bodenfeuchtebeding. in einem semiariden Klima aufwuchs 07-0103; anatom. Veränder. im Weizenblatt auf Grund inneren Wassermangels 10-0026; Einfl. v. Co auf Wassergeh., Wasserhaltevermögen u. Transpiration v. Kartoffelblättern 11-0356; Bestimm. d. Bewässerungstermins beim Apfel nach d. Saugkraft d. Blätter 07-0638; Permeabilität d. Protoplasmas d. Blattgewebes als Kennzahl d. Spätfrostresistenz d. Pflanzen 10-0749; Verlager. v. ^{14}C in d. Blütenständen v. verschied. Blättern in Abhängigk. v. ihrer Anordn. zum Stengel bei Tomaten 08-0043; Reaktion isolierter Blätter v. knollenbild. Solanum-Spez. auf Auxine 08-0079; Rolle d. Auxins bei UV-bedingter Ausdehn. etiolierter Blattstücke v. Bohnen 08-0080; Wirk. v. Maleinsäurehydrazid auf d. Kohlenhydratstoffw. verkümmerter u. saccharose-ernährter etiolierter Gerstenblätter 08-0045; durch CCC beschleunigte Blattstielabtrenn. an Baumwollpflanzen 09-0083.

S t o f f w e c h s e l: Kammer z. kontrollierten Umwelt für Untersuch. d. Gasaustausches jeder Oberfläche eines Blattes 11-0089; Untersuch. z. Photosynth. u. Atmung d. Blätter v. S-Mangelpflanzen 08-0377; Verzöger. d. Alterns v. Weizenblättern durch Zytokinine, Ni u.a. Subst. 09-0075; Wander. u. Einbau v. Blattassimilaten in vegetativen Pflanzen v. Dt. Weidelgras 09-0325; Veränder. im Gesamt-N, im Nichtprotein-N u. im Amid-N-Geh. d. Blätter v. Straußgras in Bezieh. z. verschied. Umweltfaktoren 12-0102; Aufnahme u. Wiederabgabe v. Mineralstoffen durch Laubblätter d. Sojabohne (Beweis d. gleichzeitigen Aufnahme u. Wiederabgabe v. P, K, Ca u. N sowie d. Wirk. d. Köpfens auf d. Abgabe dieser Mineralstoffe durch d. Blätter) 10-0275; Proteinstoffwechsel d. Blätter höherer Pflanzen (Aminosäurezusammensetz. d. Proteine v. Tabakblättern in verschied. Stadien) 09-0052; (Variation d. Aminosäurezusammensetz. d. Proteins bei Autolyse d. Tabakblätter) 09-0053; Einfl. v. Mg-Mangel auf d. N-Metabolismus d. Blätter v. Buschbohnen 08-0380; Einfl. v. Wassermangel auf d. Beweg. v. ^{14}C-Saccharose u. v. ^{3}H-Wasser innerhalb d. Applikationsblattes v. jungen Bohnenpflanzen 11-0063; Einfl. unterschiedl. Wurzeltemp. auf Tr.-Subst.- u. Kohlenhydrat-Veränder. in bewurzelten Blättern d. Bohne 12-0047; Intensität d. Gesamtverbrauchs v. ^{14}C-Assimilaten auf Atm. u. Abfluß aus d. Blättern verschied. Rüben- u. Tomatensorten 12-0056; Vertrockn. d. Triebe u. einige Besonderh. d. Wasserhaush. beim Apfel 12-0671; Größen d. Photosynth. u. Atm. in

Blättern d. Moosbeere mit bes. Berücksichtig. d. Größen bei niedrigeren Temp. 11-0048; Photosyntheseaktivität bei sich in metameren Stell. unterscheid. Rebblättern 07-0667; Beteilig. d. Rebblätter an d. Versorg. d. Trauben mit Assimilaten 10-0637; Einwirk. v. Licht verschied. Intensität auf d. Metabolismus d. Chlorophylls in d. Blättern v. Pelargonium 11-0064.

W a c h s t u m:. Keimwachstum an Kartoffelknollen (Modell d. Sproßwachstums) 11-0066; Wirk. v. 2,4-D u. Metallionen auf d. Morphol. d. Kartoffelblattes 08-0081; C- u. N-Quellen für Proteinsynth. u. Wachstum v. Zuckerrübenblättern 11-0051; Wachstum v. Kleeblättern nach vollständ. oder teilweiser Entfern. d. Blätter 07-0032; merikline Chlorophyllchimäre u. Blattontogenese bei Tabak 12-0064; morphol.-anatom. Besonderh. d. Kallusbild. u. somat. Embryogenese bei Blätterexplantaten v. Kohl 12-0065; Bewurzel. d. Blätter v. Bohnen- u. Tomatenpflanzen unter Einfl. v. β-Indolylessigsäure u. mineral. N-Verbind. 09-0077.

Entblätterung

Defoliation bei Kartoffeln u. Leguminosen 09-0424; Verbesser. d. Pflankartoffelqualität durch Krautabtöt., Zusammenstell. v. Chemikalien u. deren Wirk. 09-0459; Wirk. d. Krautabtötens auf Dichte v. Knollen d. Sorten 'Kennebec' u. 'Sebago' 09-0460; späte Krautabtöt. z. Ernte 10-0429; frühzeit. Krautabtöt. bei starkem Krautfäulebefall 11-0504; Wirksamk. d. Präparates Reglone zur Defoliation d. Kartoffeln 12-0628; Wachstum v. Kleeblättern nach vollständ. oder teilweiser Entfern. d. Blätter 07-0032; Vormahdtrockn. (Defoliation) als Voraussetz. für d. Mähdrusch bei kleeart. Futterpflanzen 10-0369; Einfl. d. Anbaumeth. u. d. Defoliation auf Saatgutqualität d. So-Wicke 10-0481; Häufigk. d. Entblätter. d. einzelnen Bestockungstriebe in einer ständig beweideten Narbe 08-0599; IES-Oxydase bei Kontrolle d. Blattabwurfes bei Baumwolle 10-0032; Defoliation d. Rizinusstaude vor d. Ernte 07-0486, 11-0529; Wirk. d. Entfern. d. Kotyledonen, d. apikalen Wachstumsregion oder dreigeteilter Blätter auf Wachstum u. Wuchsstoffgeh. v. Buschbohnen 07-0033; Einfl. d. Entlaub. auf vegetative u. Blüten- u. Fruchtentwickl. bei d. Tomate 11-0641; Einfl. v. Tomatenpflanzenschäden auf Entwickl. u. Fruchtertrag 11-0642; Anwend. v. Chemikalien für d. Defoliation v. Erdbeerpflanzen nach d. Ernte 09-0660; Steuer. d. Hemm. d. Seitenknospen, d. Entfalt. d. Blütenknospen u. d. Ruheperiode bei Schwarzen Johannisbeeren 10-0635.

Blattschäden

Entwicklungsstör. d. Tomatenblattes 08-0807; wirtsch. Bedeut. d. Blattschädig. bei Säzwiebeln 09-0868; Bewert. d. Blattbesprüh. z. Verhüt. v. Wetterflecken bei Heißlufttabak 11-0532; Psilopa leucostoma, neuer Blattminierer d. Zuckerrüben in d. USA 11-0891.

Blattanalysen s. Blatt (und Blattanalysen.

Blattdüngung s. Blatt (und Blattanalysen).

Veränder. d. Kohlenhydrate in Luzernewurzeln zw. Blütenanlage u. Samenbild. 09-0092; Blüte u. Fruchtbild. bei Futterbohnen u. ihre Anwend. in d. Zücht. 07-0790; Blühreaktion v. Futter- u. Weidepflanzen in Australien. Faktoren, welche d. Entwickl. v. Loliumarten auf d. Feld beeinfl. 09-0512; Verlager. v. ^{14}C in d. Blütenständen v. verschied. Blättern in Abhängigk. v. ihrer Anordn. zum Stengel bei Tomaten 08-0043; biol. Besonderh. in d. Entwickl. d. Zwiebelsamenträger 12-0804; Einfl. d. Bestäubungstermins und d. Alterns auf Samenansatz und Vererb. von Merkmalen bei d. Küchenzwiebel 12-1075; Einfl. d. Alters auf d. Erfolg d. Befrucht. u. d. Nachkommensch. bei Obst 12-1078; Einfl. d. Entfern. d. Blütenstände, Blüten u. Fruchtknoten auf Geh. an N-Verbind. kurzstämm. Apfelbäume 11-0040; Korrelation zw. Zuckergeh. d. Pollens u. d. Stempels v. Süßkirschen u. d. Winterfestigk. ihrer Blütenknospen 08-0681; Resistenz d. Knospen gegen Fröste u. Spätfröste bei Sauerkirschsorten 12-0888; Blüte bei Reben 08-0824.

Blütenbildung, -differenzierung, -entwicklung: Einfl. v. Pfropf. u. Solanum-Unterlagen auf Blütenbild. u. Abwerfen v. Blüten u. Früchten bei 'Russet-Burbank'-Kartoffeln 11-0797; Formvariabilität u. Biol. d. Blütenbild. bei Glatthafer (Variabilität einiger physiol. u. morphol. Merkmale) 08-0797; Physiol. d. Bild. bei Futtergräsern 10-0057; Blühen bei Weisser Lupine 12-0061; Einfl. v. 'Verfrühung' auf Zitronenpflanzen 08-0590; Zeit- u. Temp.-Faktoren bei Blütenbild. v. Kohl (Ort d. Vernalisation u. Natur d. Vernalisationsempfindlichk.) 08-0071; Fälle anormaler Bild. einer hybriden Erbsenform 12-0028; Einfl. d. Auslichtens u. frühen Erntens auf Blüte u. Fruchtansatz bei 'Flat White Boer' Kürbis 10-0777; physiol.-biochem. Untersuch. über stoffl. Grundlagen d. Ertragsbild., insbes. d. Blütenbild. bei Obstgehölzen 07-0017; Phytohormone u. Hormonpräparate z. Steuer. d. Blütenbild. bei Obstbäumen 12-0827; Anlage u. Differenzier. d. Blütenknospen bei Apfelsorten mit verschied. Neig. z. jährl. Fruchten 09-0635; Jahreszeitl. Rhythmus v. Blütenbild. beim Apfelbaum 12-0848; Intensität d. Inflореszenzbild. an einjähr. Okulaten verschied. Edelsorten-Unterlagen-Kombinationen d. Apfels 12-0869; Termine d. Anlage d. Blütenknospen bei Birnensorten 09-0649; Blühen bei Margeriten 11-0722. Morphol. Differenzier. d. peripheren zungenart. Blüten bei d. Sonnenblume 11-0021; Blütenknospendifferenzier. beim Apfel 07-0628; Blütenknospendifferenzier. beim 'Jonathan'-Apfel 10-0620; Anlage u. Differenzier. d. Blütenknospen bei Apfelsorten mit verschied. Neig. z. jährl. Fruchten 09-0635; Differenzier. d. Blütenknospen beim Apfel in Zusammenhang mit d. Alternanz 10-0614; Einfl. v. α-Naphthylessigsäure u. Maleinsäurehydrazid auf Entwickl. v. Blütenknospen u. d. Blühen beim Apfel 08-0675; Differentiation d. Blütenknospen bei Birnensorten 09-0649; Termin d. Blütenknospendifferenzier. bei Süßkirsche

u. Aprikose 07-0647; Differenzier. d. Blütenknospen bei einigen Aprikosensorten 07-0649; Steuer. d. Hemm. d. Seitenknospen, d. Entfalt. d. Blütenknospen u. d. Ruheperiode bei Schwarzen Johannisbeeren 10-0635. Entwickl. d. männl. Sporangiums bei Anwesenh. v. B 08-0390; durch Infloreszenztyp u. Düngerzustand beeinflußte Blütenentwickl. bei Orangen d. Sorte 'Valencia Late' 08-0588; Einfl. d. Umweltfaktoren u. d. Saatgutqualität auf d. Entwickl. d. generativen Organe v. Zuckermelonen 09-0589; Einfl. d. Entlaub. auf vegetative u. Blüten- u. Fruchtentwickl. bei d. Tomate 11-0641; Steuer. d. Hemm. d. Seitenknospen, d. Entfalt. d. Blütenknospen u. d. Ruheperiode bei Schwarzen Johannisbeeren 10-0635.

B l ü t e u n d P h o t o p e r i o d e bzw. B e l i c h t u n g: Wirk. v. Tageslänge, Vernalisation u. Gibberellsäure auf d. Blühen v. Weißer Lupine 11-0083; Einfl. v. Umweltfaktoren auf Ausbild. d. Sexualität d. monözischen Hanfs (Wechselwirk. zw. photoperiod. Zyklus u. N-Ernähr.) 08-0076; Physiol. d. Blütenbild. bei Futtergräsern 10-0057; 2jähr. Anbau männchenfreier Hausgurken 10-0555; Wirk. d. Anbaus in Behältern u. d. Zusatzbelicht. auf Ertrag v. frühen Tomaten 12-0779; Einfl. auf Wachstum u. Entwickl. v. Spinatsorten 12-0799; durch Photoperiode beeinflußte Blühreaktion v. Azaleen 10-0644; Förder. d. Blütenanlage bei Hausnelken durch kontinuierl. Licht 07-0689; Blühsteuer. v. Nelken durch Beleucht. 11-0710; Beleucht. während d. ganzen Nacht ist wirksam 11-0711; Treiben v. Aster savatieri Makino var. hortorum Makino. (Wirk. v. Nachttemp. Tageslänge, Lichtintensität u. Lichtqualität auf Treiben, Wachstum u. Blüte.) 11-0716; Kurztagbehandl. durch Dunkeltage unterbrechen? Weitere Versuchserfahr. mit Topfchrysanthemen 07-0704; Kalanchoe nach nicht unterbrochener u. unterbrochener Kurztagsperiode 09-0699; Zusammenhang zw. Licht u. Temp. beim Wachsen u. Blühen d. Aphelandra 12-0968; Blühkontrolle bei Dahlien (Wirk. d. Tageslänge auf Bild. u. Entwickl. d. Blütenknospe) 07-0708; Blühbeeinfluss. v. Dahlia (Wirk. v. Tageslänge im Frühstadium d. Sproßwachstums auf d. Blütezeit u. Qualität d. Schnittblumen) 11-0728.

B l ü t e u n d T e m p e r a t u r: Erkältungsschäden bei Weizenpflanzen (Frostschäden im Stadium d. Ährenschiebens) 09-0022; Physiol. d. Blütenbild. bei Futtergräsern 10-0057; Zeit- u. Temp.-Faktoren bei Blütenbild. v. Kohl (Ort d. Vernalisation u. Natur d. Vernalisationsempfindlichk.) 08-0071; 2jähr. Anbau männchenfreier Hausgurken 10-0555; Wirk. verschied. Temp. auf Blütensproßentwickl., Blühverhalten u. Geschlechtsauspräg. bei Möhren 11-0835; Phänol. d. Rebenblüte 07-0105; Verhältnis v. Tages- u. Nachttemp., Auxin u. Hemmstoffen auf d. vegetative Wachstum u. d. Blühen v. Chrysanthemum 10-0646; Treiben v. Aster savatieri Makino var. hortorum Makino (Wirk. v. Nachtemp., Tageslänge, Lichtintensität u. Lichtqualität auf Treiben, Wachstum u. Blüte) 11-0716; Kultur v. Aster savatieri var. hort. (Wirk. v.

Temp., Tageslänge u. verschied. Wachstums- u. Blühregulatoren) 07-0699; Zusammenhang zw. Licht u. Temp. beim Wachsen u. Blühen d. Aphelandra 12-0968.

B l ü t e u n d c h e m i s c h e S u b s t a n z e n: Wirk. v. Tageslänge, Vernalisation u. Gibberellsäure auf d. Blühen v. Weißer Lupine 11-0083; durch Abszisin hervorgerufene Blühstimulier. bei einigen Kurztagpflanzen 07-0058; auxininduzierte Äthylenbild.: ihre Bezieh. z. Blühen bei d. Ananas 07-0063; Determination d. Geschlechter bei Gurken (Einfl. d. 1-Naphthylsäure u. d. Gibberellins auf d. Differenzier. d. Geschlechter d. Blüten bei einhäusigen Gurkenpflanzen) 08-0812; Einfl. v. Gibreskol auf d. Ausbild. männl. Blüten bei d. Gurke 08-0814, 10-0554; Einfl. wuchshemmender Mittel auf Blüten v. Tomaten 09-0596; Faktoren, die d. Frühzeitigk. u. Art d. Vererb. bei Tomaten beeinflussen 09-0597; Wirk. blühhemmender Substanzen auf Tomate 11-0640; chem. Regulier. bei Tomaten 12-0771; Phytohormone u. Hormonpräparate z. Steuer. d. Blütenbild. bei Obstbäumen 12-0827; Einfl. v.α-Naphthylessigsäure u. Maleinsäurehydrazid auf Entwickl. v. Blütenknospen u. d. Blühen beim Apfel 08-0675; Beeinfluss. d. Blühens d. Erdbeere (Rolle d. Gibberelline) 07-0658; Geschlechtsumwandl. bei einer männl. Rebpflanze durch Kinine 08-0083; Verhältnis v. Tages- u. Nachttemp., Auxin u. Hemmstoffen auf d. vegetative Wachstum u. d. Blühen v. Chrysanthemum 10-0646; Einfl. v. Äthylen in d. Luft auf photoperiod. Reaktion d. Chrysanthemen 12-0950; chem. Ausbrechen v. Chrysanthemen 12-0947, 12-0948; Verkürz. d. Jugendphase für d. Blühen bei Kalanchoe primata 09-0698; Poinsettien unter Höhenkontrolle 10-0655; Kosten einer Wirkstoffbehandl. z. Blütenverfrüh. v. Vriesea splendens 10-0658.

B l ü t e u n d a g r o t e c h n i s c h e M a ß n a h m e n: Einfl. v. Umweltfaktoren auf Ausbild. d. Sexualität d. monözischen Hanfs (Wechselwirk. zw. photoperiod. Zyklus u. N-Ernähr.) 08-0076; Verbesser. d. Blüte u. d. Fruchtbild. v. Luzerne durch Laubdüng. u. Bespritz. mit kombinierten Lös. 07-0497; Einfl. d. Schnittart auf Produktivität u. Periodizität d. Fruktifikation beim Apfelbaum 09-0639; Einfl. d. Nitratversorgung z. verschied. Jahreszeiten auf d. Blühen junger Apfelbäume in Sandkultur 12-0861; Wirk. v. Abstand u. Schneiden auf d. Blühen v. Wicken 08-0707; Zweigtreiberei v. Blütengehölzen 11-0717.

B l ü t e n a u s d ü n n u n g: 2-jährl. Fruchtbark. bei Obstbäumen 12-0847.

Blütenmorphologie

Farbe u. Behaar. d. Weizenähre als ökol. Faktoren 12-0127; Bedeut. d. Griffellänge auf Befrucht. u. Kornbild. bei Mais 07-0777; di- u. tetraploider 'Alike'-Klee (Blütenmorphol. u. Fertilität) 07-0811; Einfl. v. Umweltfaktoren auf Ausbild. d. Sexualität d. monözischen Hanfs (Wechselwirk. zw. photoperiod. Zyklus u. N-Ernähr.) 08-0076; morphol.

Differenzier. d. peripheren zungenart. Blüten bei d. Sonnenblume 11-0021; Fälle anormaler Bild. einer hybriden Erbsenform 12-0028; Einfl. v. Gibreskol auf d. Ausbild. männl. Blüten bei d. Gurke 10-0554; Geschlechtsumwandl. bei einer männl. Rebpflanze durch Kinine 08-0083.

B l ü t e n z a h l: wachsende Blütenanzahl bei eintraub. Tomaten 12-0777.

Blütezeit

Kraftmess. bei d. Auslös. v. Luzerneblüten im Hinblick auf Steiger. d. Samenertrages 08-0789; jährl. Blührhythmus einiger Sorten v. Eierfrüchten 10-0553; Faktoren, die d. Frühzeitigk. u. Art d. Vererb. bei Tomaten beeinflussen 09-0597; Vorselektion auf Jugendperiode, Blüte u. Pflücktermin bei Apfelsäml. 12-1079; Verlauf d. Blüte u. Reife bei Weintrauben 07-0666; Erzeug. v. Hausrosen im Winter 08-0701; Kosten einer Wirkstoffbehandl. z. Blütenverfrüh. v. Vriesea splendens 10-0658; Blühbeeinfluss. v. Dahlie (Wirk. v. Tageslänge im Frühstadium d. Sproßwachstums auf Blütezeit u. Qualität d. Schnittblumen) 11-0728.

Blütenfarbe

Farbe d. Weizenähre als ökol. Faktor 12-0127; rote Wurzel bei Luzerne: Vererb. u. Bezieh. z. Blütenfarbe 09-0809; spontane Vielfarbigk. bei d. Perianthfärb. d. wilden Anemone coronaria 07-0838; genet. u. histogene Determination d. rosa Hochblattfarbe bei Poinsettia 09-0851; Viruskrankh. d. Rosen: Rosenfarbbrech. 10-0851.

Blüteninhaltsstoffe

Kohlenwasserstoffe v. Blüten einiger Solanumarten u. ihre mögl. taxonom. Bedeut. 09-0013; histochem. Charakteristik d. generativen Organe v. Wi-Weichweizen u. -Hartweizen 09-0030; Variationen im Geh. an freien Aminosäuren, bes. im Geh. an Homoserin während Blüten- u. Fruchtbild. bei d. Erbse 07-0079; Akkumulation v. Tr.-Subst., N, P, K u. Ca in Blütenknospen, Blüten u. Früchten verschied. Alters, verschied. Lage u. verschied. Fruchtzweige v. Baumwolle 08-0368; Daten z. Stoffw. v. P, Ca u. N in Endknospen d. Apfelbaumes z. Zt. d. floralen Induktionsperiode 12-0050; Auftreten v. Lipiden im Verlauf d. Entwickl. d. reproduktiven Organe beim Apfel 12-0096; Korrelation zw. Zuckergeh. d. Pollens u. d. Stempels v. Süßkirschen u. d. Winterfestigk. ihrer Blütenknospen 08-0681.

Blütenschäden

Einfl. v. Pfropf. u. Solanum-Unterlagen auf Blütenbild. u. Abwerfen v. Blüten u. Früchten bei 'Russet-Burbank'-Kartoffeln 11-0797; Verkümmern d. Blütenstände bei d. Tomate u. Möglichk. d. Vorbeug. 12-0774; Traubenverkümmer. bei d. Tomate u. Wege zur Verhinder. 11-0644; kann d. Platzen d. Nelken vermieden werden? 11-0712; Windschäden an Narzissenblüten 09-0703; Blütenmißbild. bei Vinca rosea unter d. Einfl. eines Virus 09-0914; Symptomauspräg. u. Virusvermehr.

über Bodenzoologie in Braunschweig 12-0149; amorphe u. kristalline Bestandteile einiger typ. Bodenbild. Skandinaviens 07-0203; Zugänglichk. u. Eigensch. v. absorbiertem C in biogenet. Opal 11-0154; Herkunft u. Entwickl. d. Feuersteintons u. damit verbundener Bodenhorizonte 12-0278; Grundeigensch. v. Böden mit Illimerisierungsprozeß 09-0212; Mo-Geh. verschied. bodenbildender Gesteine 09-0123; Mineralverwitter. und K-Fixier. in Anfangsstadien d. Bodenbild. 10-0107; Besonderh. d. Bodenbildung auf Kalkgesteinen und Grundlagen ihrer Klassifizier. 10-0108; agrophys. Charakteristik d. wichtigsten Bodenbild. in d. CSSR (mech. u. technolog. Eigensch.) 08-0247; mech. Zusammensetz. d. Böden in d. Tschetscheno-Inguschsker Vorgebirgen im Zusammenhang mit d. Besonderh. d. Bodenbild. 12-0286; Böden Hollands u. ihre landwirtsch. Nutz. 09-0203; Plaggenböden und Plaggenmattböden in d. Altmark 10-0177; Natur d. Humusstoffe d. Taigaböden auf bas. Gestein in Mittelsibirien 07-0204; Rolle höherer u. niederer Pflanzen bei d. Bild. v. Salzböden 12-0297; Eigensch. u. Entsteh. d. Böden auf Sandlöß in d. Dalkauer Bergen im Katzengebirge 08-0245; Braunerde-, Pseudopodsol- u. Podsolbild. 09-0214; ein in Belgien selten beobachteter Bodentyp, d. unter Wald entstandene hydromorphe Humuspodsol 07-0210; Abhängigk. d. Struktur u. Eigensch. d. Schwarzerde v. bodenbildenden Faktoren 12-0290; agrophys. Charakteristik schwerer Schwarzerden auf Kreidemergeln 12-0291; Vergleichung als Charakteristikum d. Luft-Wasser-Haushaltes d. Böden 11-0227; dunkle staunässefreie Böden aus d. Tundrageb. Westalaskas 08-0253; Einfl. wasserwirtsch. Maßnahmen auf Bodenverhältnisse d. Zitný ostrov (Schüttinsel) in d. Slowakei 08-0249.

Bodenchemie

Siehe auch Bodenuntersuchung - Chemische Bodenuntersuchung; Fulvosäuren; Gesteine; Huminsäuren; Humus (bzw. Organische Substanz); Minerale (einschl. Tonminerale).

A l l g e m e i n e s: Wirk. v. Gleichstrom auf Eigensch. d. Bodens 09-0132; synthet. Detergentien. Aspekte ihrer Bezieh. z. Landwirtsch. 08-0137; Bestimm. d. freien Energie d. Gibbsit- und $Al(OH)_4$-Bild. durch Löslichkeitsmess. 10-0109; Untersuch. auf überschlickten Flächen einer Moormarsch 11-0167; chem. Eigensch. eines New Jersey-Podsols in Abhängigk. v. Durchwasch. mit verschied. Agenzien 12-0152; Hydrolyse v. Boden-N durch starke Säuren 11-0156; Ernähr.-untersuch. an Tulpen (Auswasch. dreier Hauptnährstoffelemente aus d. Boden während Wachstumsperiode) 12-0170; jahreszeitl. Schwank. d. physiko-chem. Eigensch. eines vulkan. Bodens in Kamerun 07-0212; Humus- u. N-Dynamik zwecks Charakterisier. d. bodenbiochem. Schwellenwertes 12-0167; Korr. zw. Oberfläche u. a. Eigensch. v. 19 britischen Tonböden 12-0151; Oxydations-Regenerationsbeding. für Böden mit leichter mech. Zusammensetz. 12-0171; Verteil. d. Metalle in Böden über Kieslagern u. Erzvorkommen am östl. Abhang d. südl. Uralgebirges 12-0172; Komposte zur Sämlingsanzucht v. Gemüsepflanzen in Warmbeeten.(Chem. Eigensch. v. verschied. Gemischen aus Boden u. organ. Stoffen) 11-0605.

B o d e n c h e m i e u n d a g r o t e c h n i s c h e M a ß n a h m e n: Veränder. d. agrochem. Eigensch. v. grauen u. hellgrauen Waldböden 12-0153; Veränder. d. phys.-chem. Eigensch. d. Bodens unter dem Einfl. langfristiger Bewässer. 08-0316; Salzgleichgewicht bewässerter Böden 08-0150; Einfl. differenzierter Feuchtigkeits- u. Kalkgaben auf Mn-Löslichk. in Wasser u. in 0,05n Schwefelsäure eines alluvialen Talsandes 09-0133; Veränder. agrochem. Eigensch. eines Rasenpodsolbodens unter Einfl. v. Düngemitteln 09-0258; Einfl. v. Düng. auf Dynamik d. bewegl. Formen d. Nährelemente v. Torf-Sumpfböden 12-0154; Veränder. d. chem. Zusammensetz. d. Bodenlös. bei Düng. von Karbonatschwarzerde 10-0110; Untersuch. d. N-Verbind. auf gedränten Rasengleipodsolböden 08-0140; lösl. P im Boden in Abhängigk. v. d. Geschichte d. Schlages 08-0143; Bestimm. v. bewegl. P in bewässerten Böden 09-0232; P-Nachliefer. eines Wiesenbodens unter Berücksichtig. der übrigen Nährstoffe 11-0159; Einfl. v. K auf d. Ausnutz. v. fixiertem Ammonium durch Pflanzen 08-0139; Illitverwitter.-produkte in Aue- u. Lößböden Südwestdeutschl. unter Einwirk. v. K-Düngern (Mineralumwandl. in geköpften Parabraunerden u. einer Pararendzina) 12-0160; Einfl. regelmäß. Stallmistdüng. auf einige chem. Bodeneigensch. 07-0368; Einfl. v. Molkereiabwässern auf d. Boden u. d. Zusammensetz. v. Pflanzen 08-0138.

B o d e n c h e m i e u n d P f l a n z e n: Veränder. im Boden unter Einfl. einer Dauervegetation 08-0242; Nährstoffpotential u. -kapazität (Minimum d. K-Potentials für d. Verfügbark. z. Bodenfrücht. Klee in Boden u. Hydrokulturen) 08-0383.

B o d e n c h e m i e u n d P f l a n z e n s c h u t z m i t t e l: Faktoren, welche d. Wirksamk. v. Bodenfungiziden beeinflussen 07-1015; Entseuch. d. Bodens mit org. Präparaten, dessen mikrobiol. Aktivität u. chem. Zusammensetz. 08-1007.

N ä h r s t o f f g e h a l t u n d -z u s a m m e n s e t z u n g

Siehe auch Bodenbiologie - Mineralstoffumsatz; Düngung; Pflanzenernährung.

A l l g e m e i n e s: Verbesser. d. Nährstoffzustandes d. Böden in Verbind. mit d. Auswert. d. systemat. Bodenuntersuch. 10-0214; Vergl. v. Labor- u. Gewächshaus-Indizes d. Nährstoffverfügbark. in Böden 07-0221; Fehlerquellen bei Beratungs-Bodenuntersuch. (zeitl. bedingte Schwank. auf d. Feld) 10-0112; Prüf. d. Nährstoffversorg. d. Bodens v. Nebraska für d. Zuckerrübenproduktion 09-0320; Nährstoffpotentiale u. chem. Faktoren d. Bodenfruchtbark. (Theorie d. Bodennährstoffpotentiale) 08-0169; (Anwend. in einigen Bodenfruchtbarkeitsuntersuch.) 09-0255; Nährstoffpotential u. -kapazität (Bezieh. zw. K-Potential u. Pufferkapazität sowie K-Zuführ. zu Pflanzen) 08-0171; Veränder. d.

Geh. an aufnehmbaren Nährstoffen in Feinerden 08-0145; Nährstoffhaush. wichtiger Böden d. humiden Tropen (Hauptmerkmale u. Klassifizier. d. untersuchten Böden) 11-0161; Pflanzenernähr. in Böden (Verteil. einiger Nährstoffelemente in einem durch eine Tropfbewässerungsanordn. gedüngten Boden) 09-0127; Auswasch. d. Nährstoffelemente aus d. Boden bei Infiltration d. Niederschläge in d. Zone ausreichender Feuchtigk. 07-0123; Probleme bei d. Düng. v. Gewächshauskulturen 10-0529; Verhältnis d. Häufigk. d. Düng. auf Nährstoffgeh. im Boden 12-0951; Einfl. v. Düng. auf Dynamik d. bewegl. Formen d. Nährelemente v. Torf-Sumpfböden 12-0154; mehrjähr. u. einjähr. Düngungsversuche mit gesteigerten Gaben an P u. K z. Nachprüf. d. Grenzwerte bei chem. Bodenuntersuch. 09-0368; Einfl. d. Kalk. auf d. Beweglichk. d. Nährstoffe im Boden u. d. Veränder. d. natürl. N-, P-, K-, Mn u. B-Geh. 10-0339; Einfl. v. S-Gaben auf d. Verfügbark. v. Bodennährstoffen für d. Ernähr. d. Maises 10-0349; Wirk. verschied. gelagerter Stallmiste auf Pflanzenertrag und Bodeneigensch. (Veränder. einiger Bodeneigensch.) 12-0498; Fähigk. verschied. Bodenschichten, d. Nährstoffe städt. Abwässer festzuhalten 11-0181; Kationenaustauschkapazität d. Wurzeln u. Nährstoffpotential d. Bodens in psammophilen u. halophilen Pflanzenges. d. niederländ. Meeresküste 07-0091; Einfl. v. Gräsern unter natürl. Beding. auf d. Verbesser. d. Bodenfruchtbark. 10-0218; Leist. d. Knöllchenbakterien unter Berücksichtig. d. natürl. Nährstoffvorrates u. d. Einfl. d. Mineraldüng. 07-0186, 10-0163; Einfl. einiger Pilzarten auf d. Nährstoffhaushalt v. Torf- u. Rasenpodsolböden 10-0165.

S a l z e: Nachweis versalzter oberer Bodenhorizonte durch d. Vegetation 07-0205; Bestimm. d. Salzgeh. v. Böden sowie v. Grund- u. Bewässerungswasser nach chromatograph. Ionenaustauschmeth. 12-0306; Bestimm. d. Salzkonzentrationsschadgrenze nach d. Schnelltestmeth. 08-0613; Ermittl. d. Salzschadgrenze für einige unter Glas angebaute Gemüsearten 10-0537; lösl. Salze in Gewächshausböden 07-0125; Richtlinien für d. mineral. Düng. v. Gewächshauskulturen 10-0530; Gesetzmäßigk. d. Verbreit. von Salzen im Boden bei kapillarer Beweg. von Lös. 10-0113; Salzgleichgewicht bewässerter Böden 08-0150; Einfl. d. Wechselbezieh. zw. Salzen u. Tonen auf ungesättigte Wasserbeweg. 09-0168; Versuch d. Auswasch. d. Ton-Sulfat-Salzbodens d. Terek-Deltas 07-0130; Versuch d. Auswasch. d. Wiesensalzböden d. Terek-Deltas 07-0131; natürl. Radioaktivität u. chem. Zusammensetz. d. Fe-Mn-Konkretionen in versalzten Böden 08-0149; Einfl. steigender Salzkonz. d. Bodenlös. auf Wachstum, Ertrag u. Stoffgeh. v. 6 Gräsern 11-0322; Salztoleranz v. Rhizobium trifolii 08-0208.

S t i c k s t o f f: Siehe auch Bodenbiologie - Stickstoffumsatz. N-Verluste aus dem Boden in Gasform 10-0111; Berechn. d. N-Verlustes aus d. Boden auf Grund d. Reaktion zw. Ammonium-Ionen u. salpetr. Säure 09-0126; Dynamik d. Mineral-N-Geh. im gedüngten u. ungedüngten Boden 08-0154; Rückstandseffekte v. N-Düngemitteln in Bezieh. z. d.

im Bodenprofil zurückgewonnenen Mengen an mineral. N 08-0427; Rückgewinn. v. Düngemittel-N unter Feldbeding. bei Verwend. v. ^{15}N 12-0155; Bernburger Dauerdüngungsversuch (N-Verhältnisse) 10-0317; Hydrolyse v. Boden-N durch starke Säuren 11-0156; N in d. Fruchtbark. d. Rasenpodsolböden 12-0327; Untersuch. d. N-Verbind. auf gedränten Rasengleipodsolböden 08-0140; Einfl. v. Düngemittel- u. Stalldunggaben sowie Fruchtfolgen auf d. Geh. v. nicht austauschbarem Ammonium zweier Böden 11-0158; Einfl. v. Torf u. Gründünger auf d. N-Haush. v. Grauerde-Podsolböden 09-0380; Ausnutz. d. Boden- u. Dünger-N durch Pflanzen 07-0115; Chem. Index d. verfügbaren Boden-N 11-0235; Verfügbark. d. N in kaliforn. Böden im Verhältnis zum Niederschlag u. Urgestein 11-0157.

P h o s p h o r: Phosphat-Bezieh. in Böden 09-0314; Oberflächenaktivität v. anorg. Boden-P 08-0142; Pyrophosphat im Boden; physikochem. Aspekte 09-0151; P-Nachliefer. eines Wiesenbodens unter Berücksichtig. d. übrigen Nährstoffe 11-0159; Bezieh. zw. Geh. an Gesamt- u. zitronenlösl. P u. K in alluvialen u. Lateritböden 08-0144; Kapazität d. P-Angebots v. Sumpfreisböden 07-0354; P-Fixier. und-freisetz. sowie P-Formen in österreich. Salz- und Steppenböden 10-0115; Einfl. v. Boden-P auf d. Nitrifizier. in Mysore-Roterden 07-0199; chem. Zusammensetz. u. Beweglichk. v. P in Böden Armeniens unter Verwend. v. ^{32}P 09-0130; P-Haushalt nigerian. Böden 10-0116; chem. Eigensch. eines New Jersey-Podsols in Abhängigk. v. Durchwasch. mit verschied. Agenzien 12-0152; org. P in kalkhalt. Böden v. Colorado 12-0158; P in Böden d. Tambower Geb. 12-0168; Bestimm. d. P-Potentials in Böden 07-0116; Bestimm. d. P in Bodenextrakten mit Askorbinsäure-Zinnchlorür als Reduktionsmittel 10-0198; Einfl. d. Dampfbehandl. v. Boden auf P-Verfügbark. 09-0128; Bezieh. zw. Intensitätsspiegel u. Menge d. Boden-P u. seiner Verfügbark. 08-0141; Verfügbark. u. Fraktionier. v. Rückstands-P in Böden mit hohem Al- u. Fe-Geh. 07-0118; Pflanzenverfügbark. u. Form v. Rückstands-P in Davidson-Tonlehm 07-0133; Wirk. einer 30jähr. Mineral- u. Stallmistdüng. auf d. P-Bindungszustand eines Filderlehmbodens 07-0121; P-Geh. im Boden d. "Ewigen Roggenbaues" 07-0357, 08-0155; lösl. P im Boden in Abhängigk. v. d. Geschichte d. Schlages 08-0143; P-Diffusion im Boden u. seine Aufnahme durch Pflanzen (Selbstdiffusion in Böden) 10-0285; (P-Aufnahme durch Weizenpflanzen) 10-0286; Einfl. v. Nährstoffintensität u. Nährstoffpufferungsvermögen eines Bodens sowie d. Absorptionsvermögens, d. Größe u. d. Wurzelhaare einer Wurzel auf d. Nährstoffabsorption durch Diffusion 07-0122; Gleichgew. zw. Böden u. Lös. bestimmter P-Verbind. 12-0156; Herabsetzen d. hohen P-Fixier. hawaiischer Latosols 07-0132; Einfl. d. Trockn. an d. Luft auf d. Löslichk. d. Boden-P 07-0117; Beschreib. d. Physikochemie d. Systems P-Düngemittel-Boden-Pflanze 07-0119; Nachwirk. hoher P-Gaben auf Böden mit starker P-Festlegung 11-0160; Wechsel d. anorg. P-Formen

d. Bodens in einem stein., schluff. Lehm nach Düng. d. Weide mit Superphosphat 07-0120; Rolle d. anorg. Phosphate im Boden bei P-Zufuhr z. Weizenpflanze 07-0311; Einfl. v. Superphosphat auf Maisertrag in Abhängigk. v. d. Versorg. bewässerter Böden mit bewegl. P 09-0370; Wirk. v. P-Gaben auf Küstenbermudagras in Abhängigk. v. P-Geh. d. Bodens 08-0415; Bodenfaktoren, die d. Aufnahme v. P durch Pflanzen beeinflussen 12-0157; P-Versorg. d. Böden im intensiven Gemüsebau 07-0237; Einfl. v. Boden-P-Geh. auf P-Fraktionen in Tomatenblättern 10-0288; Löslichk. d. Bodenphosphate in Abhängigk. v. d. Zusammensetz. d. absorbierten Alkalien u. d. Aufnehmbark. verschied. Phosphate durch Baumwollstauden 09-0369; Boden-P u. seine Rolle bei Form. v. Segmenten in austral. Flora u. Vegetation mit bes. Berücksichtig. d. Xeromorphie u. Sklerophyllie 11-0134; Einfl. natürl. Drän. auf Verteil. u. Formen v. P in einigen Prärieböden 09-0129.

K a t i o n e n: Kationenbelag in Böden 12-0174; Ionenverhältnisse in d. Pedogenese v. Böden auf Hawai 11-0162; Wirk. v. Oberflächenhüllen auf Löslichkeitsrate v. Kalksteinpartikeln 09-0131; Beweg. v. ^{45}Ca u. ^{89}Sr in Böden u. d. Aufnahme durch Gerstenpflanzen, beeinflußt durch eine Kalziumazetat- u. Strontiumazetat-Behandl. d. Bodens 08-0146; Wechselbezieh. zw. Wirksamk. v. Mg u. Ca auf leichten Rasenpodsolböden 08-0147; kapillare Wander. v. Na-Salzlös. in Bodensäulen 12-0169; Einfl. d. Geh. an adsorbiertem Na u. Gips auf d. Permeabilität glazialer Ackerböden 12-0204.

K a l i u m: Boden-K (Stabilität v. Q/I-Bezieh.) 08-0172; Einfl. 50jähr. Anwend. v. Düngemitteln auf Vorräte u. Formen v. K in Tschernosemboden 12-0159; Bernburger Dauerdüngungsversuch (Sorptions- u. Nährstoffverhältnisse) 10-0318; K-Geh. im Boden d. "Ewigen Roggenbaues" 07-0357, 08-0155; K-Haushalt u. Verhalten d. K in tonhalt. Boden 12-0175; Bezieh. zw. Geh. an Gesamt- u. -zitronensäurelösl. P u. K in alluvialen u. Lateritböden 08-0144; Einfl. v. Nährstoffintensität u. Nährstoffpufferungsvermögen eines Bodens sowie d. Absorptionsvermögens d. Größe u. d. Wurzelhaare einer Wurzel auf d. Nährstoffabsorption durch Diffusion 07-0122; Geh. an Gesamt- u. austauschbarem K in mech. Fraktion eines dunklen Serosems 07-0134; K-Zustand u. K-Verhalten in typ. Böden Ostslawoniens u. Baranjas (chem. Eigensch. u. Tonmineralbestand) 09-0136; Geh. an K, Ra u. Th in d. oberen Bodenschichten d. Kaukasus 08-0151; Untersuch. über K-Haushalt einiger Bodentypen d. hum. Tropen (Vietnam u. Nigeria) 07-0135; K-Verhältnisse in Böden Britisch-Kolumbiens 10-0117; Wirk. v. K-Gaben auf Küstenbermudagras in Abhängigk. v. K-Geh. d. Bodens 08-0415.

M a g n e s i u m: Mg-Problem in d. österreich. Landwirtsch. 07-0327; Mg-Versorg. gemüsebaul. genutzter Erden unter Glas 12-0731; Einfl. v. Düng. u. Fruchtfolge auf Mg-Geh. d. Bodens 08-0416, 10-0322.

S c h w e f e l: Versuche d. Auswasch. d. Ton-Sulfat-Salzbodens d.

Terek-Deltas 07-0130; quant. Bestimm. d. verfügbaren u. d. Reserve-Sulfatfrakt. u. d. Geschwindigk. ihrer Umwandl. 07-0124.

S p u r e n e l e m e n t e: Spurenelementgeh. in Böden 12-0174; Einfl. hydrotherm. Aktivität auf d. Geh. an Elementen von Böden und Pflanzen 12-0457; Geh. u. Verteil. v. Mikroelementen in Böden d. Kusnezker Waldsteppe 08-0152; Ionennachliefer. in nordpersischen Böden 07-0127; Migration radioaktiver Elemente unter natürl. Beding. u. ihre Verteil. in biot. u. abiot. Komponenten d. Milieus 11-0360; Neutronenaktivierungsprodukte d. Sedan-Projektes in Böden 10-0308; Versorg. d. Ackerböden d. Bez. Dresden, Leipzig, Karl-Marx-Stadt mit B, Cu, Mn u. Mo 10-0316; B- u. Mn-Geh. in kastanienfarb. Böden d. Wolgograder Geb. 12-0173; Beweg. v. ^{45}Ca u. ^{89}Sr in Böden u. d. Aufnahme durch Gerstenpflanzen, beeinflußt durch eine Kalziumazetat- u. Strontiumazetat-Behandl. d. Bodens 08-0146; Chelatisier. v. Mikronährstoffen in Bodenlös. (Chelatisier. v. Zn u. Cu in verdrängten Bodenlös. v. kalkhalt. Böden) 11-0164; Verbreit. v. Cu u. Zn in einigen Bodentypen 12-0162; Mn- u. Cu-Versorg. v. Böden u. Pflanzen in d. Nordbezirken d. DDR 10-0215; Verteil. v. Mo, Fe u. Na in einigen Böden 08-0148; Geh. an K, Ra u. Th in d. oberen Bodenschichten d. Kaukasus 08-0151; Dynamik d. Al in sauren Böden u. ihre Nutzbarmach. 07-0126; Verfügbark. u. Fraktionier. v. Rückstands-P in Böden mit hohem Al- u. Fe-Geh. 07-0118; B-Status einiger arider Böden West-Rajasthans 10-0114; Nachwirk. einzelner B-Gaben auf Böden West-Washingtons 09-0134; Mikronährstoffversorg. d. Böden d. Bez. Rostock, Schwerin u. Neubrandenburg (Cu-Versorg.) 10-0315; Einfl. v. Cu-Zustand d. Bodens auf Cu-Geh. v. Gras u. Klee 07-0331; Chemie d. Cu u. Zn 08-0179; Verhalten v. ^{137}Cs in Böden u. Futterpflanzen 07-0129; F-Festleg. im Boden 10-0134; Natur, Eigensch. u. Rolle Fe-org. Verbind. d. Bodens in d. Pflanzenernähr. 09-0344; Fe-Reduktion bei Verdicht. in umlagertem Löß 11-0163; Verteil. v. Fe in Braunerdeböden Georgiens 08-0153; Wirksamk. d. Fe-Komplexes d. Diäthylentriaminpentaessigsäure auf Karbonatböden d. SU 12-0166; Mikronährstoffversorg. d. Böden d. Bez. Rostock, Schwerin u. Neubrandenburg (Mn-Versorg.) 10-0315; Bindungsverhältn. u. Dynamik v. Mn in typ. mitteldt. Böden als Grundlage für d. Bodenuntersuch. auf pflanzenverfügbares Mn 08-0156; tox. Mn in neutralen Böden 07-0128; Umwandl. d. Mn-Verbind. bei Durchfeucht. u. Austrockn. v. Böden 12-0163; Mo- u. Mn-Geh. in Feinschlufffraktion verschied. Böden 12-0164; Mo-Phasengleichgew. im Boden 12-0165; lösl. Si im Boden 12-0161; ^{90}Sr-Gehalt in Pflanzen d. DDR 12-0461; Untersuch. über ^{90}Sr-Niederschlag in d. Niederlanden (1958-65) 11-0166; Aufnahme v. ^{90}Sr durch Getreidekulturen 11-0165; Einfl. einer unterschiedl. langjähr. Düng. auf Zn-Geh. d. Bodens 10-0323; Zn in Böden d. Oranje-Freistaates (Einschätz. d. Zn-Haushaltes v. Oberflächenböden) 09-0135.

S o n s t i g e S t o f f e: Bernburger Dauerdüngungsversuch (C-Verhältnisse) 10-0317; Geh. d. Bodens an Methoxylgruppen als ein Maß für d. Humifizier. 07-0138; Vorkommen v. Aminosäuren u. reduzier. Zuckern in d. Säurehydrolysaten aus Rajasthan-Böden isolierter Fulvosäuren 07-0139.

S o r p t i o n   u n d   I o n e n a u s t a u s c h

S o r p t i o n

Sorptionskapazität im Boden mit bes. Berücksichtig. d. unter dem Einfl. v. Ab-, Um- u. Aufbauvorgängen während d. Zersetz. v. Stoppel- u. Wurzelrückständen eintretenden Änder. 12-0198; Charakteristik d. Zustandes d. Sorptionskomplexes d. Böden auf Pleistozändecken 08-0166; Bernburger Dauerdüngungsversuch (Sorptions- u. Nährstoffverhältnisse) 10-0318; Bestimmte Ionengleichgewichtsverhältn. bei einem solonetzartigen Boden 07-0146; Absorption- u. Aggregatbildungsreaktionen v. Bodenpolysacchariden mit Kaolinit 11-0177; Fähigk. verschied. Bodenschichten, d. Nährstoffe städt. Abwässer festzuhalten 11-0181; Ionenfixier. durch Vermikulit (beteiligte Kräfte) 10-0138; Bentonitwirk. auf mikrobieller Zersetz. d. Eiweißstoffe im Boden 12-0270; Bild. u. Bind. v. Mikroaggregaten in Böden 07-0152; Oberflächenchemie d. Hämatits. Anionendurchdringungseffekt bei d. Wasseradsorption 08-0177; Einfl. v. CO_2 auf d. Chemisorption v. Ammoniak durch basengesättigte Tone 10-0130; Rückhaltevermögen von wasserfreiem Ammoniak durch d. Boden (Verteilungsapparatur und resultierende Ammoniakverteil.) 10-0131; NH_4-Bind. durch einige Böden d. SU u. d. Verfügbark. dieses Ions für Pflanzen 07-0145; Fixier. v. Ammonium in 2 Böden in Saskatchewan in Bezieh. z. Geh. derselben an austauschbarem K u. org. Subst. 09-0149; Absorption v. Phosphaten bei verschied. Bodenfeuchtigk. 12-0201; Bestimm. d. P-Adsorption durch Bodenbestandteile einschl. Korrektur für d. Anionenabgabe 08-0168; Pyrophosphat im Boden; physikochem. Aspekte 09-0151; effektive Bodenvol. um Pflanzenwurzeln, bestimmt durch P-Diffusion 09-0150; K-Fixier. in einem ausgelaugten Tschernosem 08-0173; Ionengleichgew. in einem ferrallit. Ton: spezif. Adsorptionsplätze für K 10-0139; K-Nachliefer., K-Festleg. u. Tonmineralbestand schleswig-holstein. Böden 07-0142; Adsorption v. H_2 u. K-Ionen durch Montmorillonit: 08-0174; Einfl. d. mineralog. Substrats u. d. bodengenet. Faktoren auf d. K-Beweglichk. in einigen auf Löß entstandenen Böden 10-0136; Hydratationszustand adsorbierter Kationen 11-0176; Beitrag d. org. u. mineral. Anteile d. Bodenadsorptionskomplexes an d. Kationenadsorptionskapazität d. Bodens 12-0202; Wechselwirk. zwischen Montmorillonit-Ton u. Spurenelement-Kationen (Fixier. u. Freisetz. v. Kationen aus ihren"Tonsalzen") 07-0148; Leitvermögen adsorbierter Alkalikationen in wäßr. und alkohol. Bentonitpasten 10-0140; Adsorption u. Desorption v. Sulfationen durch Bodenbestandteile 11-0179; Festigk. d. H^+- und Al^{3+}-Ionenbind. d. Sorptionskomplexes d. sauren Böden 10-0132; Kinetik d. Cs-Sorption durch Tonminerale 08-0176; ungewöhnl. Sorption von Cs durch Vermikulit 10-0135; F-Festleg. im Boden 10-0134; Ni-Ba-Austauschselektivitätskoeffizienten für Montmorillonit 10-0133; Adsorption d. Ionen v. Li, Na, K, Rb u. Cs an Schwarzerde, Hydrobiotit u. Montmorillonit 12-0203; Aktivitäten v. Na- und Cl-Ionen in einfachen Donnan-Tonsystemen 10-0141; Adsorption v. linearen Alkylsulfonaten durch d. Boden 11-0180.

I o n e n a u s t a u s c h

Ionenbezieh. v. Boden u. Pflanze 08-0344; best. Ionengleichgewichtsverhältn. bei einem solonetzartigen Boden 07-0146; Nährstoffpotentiale u. chem. Faktoren d. Bodenfruchtbark. (Theorie d. Bodennährstoffpotentiale) 08-0169; Hydrolyse u. Salzrückhaltefehler bei konventionellen Kationenaustauschbestimm. 09-0237; Untersuch. d. Kationenaustausch-Eigensch. v. Mineralböden mittels Methylenblau-Adsorptionsmeth. u. d. Ammoniumazetat-Meth. 10-0196; Aspekte zu d. Bezieh. Boden-P 08-0167; Nährstoffpotential u. -kapazität (Bezieh. zw. K-Potential u. Pufferkapazität sowie K-Zuführ. zu Pflanzen) 08-0171; Boden-K (Stabilität v. Q/I-Bezieh.) 08-0172; Einfl. d. spez. Oberfläche d. Glimmer auf d. austauschbare K in einigen Böden d. USA 11-0178; Ionenaustausch in Böden durch d. Ionenpaare K-Ca, K-Rb u. K-Na 12-0199; Thermodynamik d. K-Ca-Ionenaustausches in Böden 12-0200; Kationenaustausch-Gleichgewicht in Böden 07-0144; Bilanz d. austauschbaren Kationen in verschied. sauren Bodentypen 08-0178; Kationenaustausch, spezif. Oberfläche u. adsorbierte H_2O-Moleküle 09-0148; Kationenaustauschkapazität als eine Funktion d. Geh. an organ. Substanz, Gesamtton u. verschied. Tonfraktionen in einer Bodentoposequenz 10-0137; Oberflächenbeweglichk. v. Kationen in Tonen 08-0175; Isokonduktivitätswert u. Kationenaustauschkapazität v. Böden u. Tonen 09-0152; Wechselwirk. zwischen Montmorillonit-Ton u. Spurenelement-Kationen (Fixier. u. Freisetz. v. Kationen aus ihren "Tonsalzen") 07-0148; Anomalien d. Kationenaustausches bei Vermikuliten 07-0141; Einfl. v. Tonmineralen auf Mikroorganismen (Wirk. v. Partikelgröße, Kationenumtauschkapazität u. Oberflächenbeschaffenheit auf Bakterien) 09-0187; Beeinfl. d. Festigk. v. verdichtetem, feinsandigem Amarillo-Lehm durch Feuchtigkeit, Tongehalt u. austauschbare Kationen 11-0183; Indizes für d. Ca-Verfügbark. u. d. Dispersionsgrad d. Böden 08-0170; Isotopenaustausch v. ^{45}Ca in $CaCO_3$, $Ca_3(PO_4)_2$ und $CaSO_4 \cdot 2H_2O$ 11-0174; Einfl. verschied. Anionen auf d. Kationenaustausch v. Ca-Na in Böden 11-0175; Verteilungskoeffizient d. Ca- u. Mg-Austausches an Wyoming-Bentonit 07-0143; Aktivitäten v. Na- und Cl-Ionen in einfachen Donnan-Tonsystemen 10-0141; Na-Austauschgleichgewichte in britischen Böden 10-0142; Ni-Ba-Austauschselektivitätskoeffizienten für Montmorillonit 10-0133; Chemie d. 3 verschied. Böden zugeführten Cu u. Zn 08-0179; Counter-Diffusion v. ^{86}Rb u. ^{89}Sr in verdicht. Boden 07-0147.

B o d e n r e a k t i o n

Aziditätsformen im Elektrolytextrakt saurer Böden 07-0149; Dynamik d. Al in sauren Böden u. ihre Nutzbarmach. 07-0126; Festigk. d. H^+- u. Al^3-Ionenbind. d. Soprtionskomplexes d. sauren Böden 10-0132; N-Stoffwechsel d. Pflanzen bei starker Azidität d. Nährmediums 07-0304; Bezieh. zw. Toleranz v. Früchten z. Bodenkapazität u. d. für sie zu niedr. pH (Beschaffenh. v. Fraktion I u. Fraktion II des aus Wurzeln isolierten Zytoplasmaproteins) 09-0303; (Untersuch. über d. Ursache für d. Nichtauflaufen v. in ungepflügtes Grünland eingesäten Futterpflanzen) 09-0304; Wirk. verschiedenart. staubförm. Ölschieferasche u. d. Flugstaubes d. Zementwerkes auf sauren Böden 07-0374; Einfl. d. Bodenreaktion auf d. Wachstum v. jungen Zitruspflanzen (Formen d. N- u. K-Dünger) 08-0587.

pH - W e r t

Fehlerquellen bei Beratungs-Bodenuntersuch. (zeitl. bedingte Schwank. auf d. Feld) 10-0112; Bewert. d. Kalkbedarfs durch pH-Mess. v. NH_4-Azetatsuspension d. Bodens 09-0238; Aziditätsformen im Elektrolytextrakt 07-0149; Bilanz d. austauschbaren Kationen in verschied. sauren Bodentypen 08-0178; Einfl. d. Redoxpotentials u. d. CO_2-Partialdruckes auf pH-Werte u. Suspensionseffekt überfluteter Böden 08-0180; Bezieh. zw. Toleranz v. Früchten z. Bodenkapazität u. d. für sie zu niedr. pH (Beschaffenh. v. Fraktion I u. Fraktion II des aus Wurzeln isolierten Zytoplasmaproteins) 09-0303; (Untersuch. über d. Ursache für d. Nichtauflaufen v. in ungepflügtes Grünland eingesäten Futterpflanzen) 09-0304; physiol. Besonderh. d. Assimilationsapp. u. d. Wurzelsysteme verschied., gegenüber saurem pH-Wert unterschiedl. resistenter Maissorten 08-0039; Bedeut. d. pH-Wertes im Champignonsubstrat 10-0596; pH-Wert im Aussaat- u. Stecklingssubstrat 12-0965; Meth. d. Erhalt. beständ. pH-Werte in Kulturen v. Mikroorganismen 10-0211; Stimulation d. Nitrifikation durch zeitweilige Ansäuer. d. Bodens 07-0198; Einfl. v. Ca-Ionen auf Wachstum u. N-Bind. in Kulturen eines N-bindenden Azotobacter chroococcum-Stammes bei verschied. pH-Werten 08-0214; Serogruppen v. Rhizobium japonicum in Sojaknöllchen unter d. Einfl. v. Bodenvarietäten 11-0198.

Bodenphysik

Siehe auch Bodenuntersuchung - Physikalische Bodenuntersuchung.

A l l g e m e i n e s

Wirk. v. Gleichstrom auf Eigensch. d. Bodens 09-0132; quantitative Gesetzmäßigk. d. Lichtreflexion durch Böden (Einfl. d. Teilchengröße auf Reflexionskapazität) 11-0182; Festigk., Plastizitätswert u. pF-Wert im Erdbau. Bezieh. zw. Erdbaueigensch. d. Bodens u. pF-Wert 07-0150; Verhalten d. pF-Wertes beim Lockern u. Verfestigen d. Bodens. Bezieh. zw. Erdbaueigensch. d. Bodens u. pF-Wert 07-0151; Einfach- u. Mehrfachkorrelationen zw. d. verschied. Fraktionen d. Bodenkörnung und einigen physikal. Eigensch. d. Bodens 10-0143; physikal. Eigensch. d. grundwasserfeuchten Tschernosemböden 10-0186; Untersuch. auf überschlickten Flächen einer Moormarsch 11-0167; jahreszeitl. Schwank. d. physiko-chem. Eigensch. eines vulkan. Bodens in Kamerun 07-0212; Einfl. d. Geh. an adsorbierten Na u. Gips auf d. Permeabilität glazialer Ackerböden 12-0204; wo beginnt d. Mißhandl. unserer Ackerböden? 09-0153; Einfl. d. unterschiedl. Termins und Meth. d. Einpflügens mehrjähr. Futterpflanzen auf einige physikal. und biol. Eigensch. und auf d. Ertrag d. Nachfrucht 12-0495; relative Unwichtigk. v. Bodeneigenschaften als bestimmende Faktoren für d. Wachstum v. Futterhafer 08-0571; Veränder. d. phys.-chem. Eigensch. d. Bodens unter d. Einfl. langfristig. Bewässer. 08-0316; Abhängigk. d. Ausmaßes d. Erosion v. bodenphys. Faktoren im Fall d. braunen Waldbodens mit Toneinwasch. 10-0242; d. d. Winderosion beeinflussenden veränderl. phys. Bodeneigensch. 11-0311.

B o d e n t e x t u r

Einfl. d. Körn. auf Merkmale d. Bodenfeuchte (Meth. z. Bestimm. d. nutzbaren Wasserkapazität v. Freilandprofilen) 12-0218; Einfach- u. Mehrfachkorrelationen zw. d. verschied. Fraktionen d. Bodenkörn. u. einigen physikal. Eigensch. d. Bodens 10-0143; selbsttätige Probenahme bei granulometr. Analyse d. Bodenschichten 09-0247; Vergl. v. mit Aräometer- u. Pipettmeth. bestimmt. Tongeh. unter Verwend. d. reduzierten Großachsenanalyse 10-0210; Einfl. d. Körn. d. Böden auf Strukturstabilität 08-0182; prozentuale Sättig. als ein Maßstab für d. Körn. d. Böden im unteren Indus-Becken 08-0280; Ursprung d. Bodenmaterials u. Korngrößenverteil. in d. Ackerkrume in Ostflandern 09-0154.

B o d e n s t r u k t u r

Einfl. d. Körn. d. Böden auf Strukturstabilität 08-0182; mikropedol. Untersuch. eluvialer Bodenhorizonte 08-0244; statist. Untersuch. v. Blindversuchen auf großen Versuchsfeldern z. Beurteil. d. Homogenität d. Bodens als Wachstumsmilieu 07-0418; Bodenstruktur u. Winderosion 07-0279.

B e s t i m m u n g: Horizontalsonde, neues Gerät zur kontinuierl. Mess. d. Durchdringungswiderstandes d. Bodens 11-0248; neue Meth. u. Gerät für dynam. Untersuch. d. Struktur v. Böden 09-0158; hydraul. Leitfähigk. als Index d. Bodenstruktur 12-0206; Garezustand u. -fähigk. v. Ackerböden 08-0184; Einfl. d. mineral. Bestandteile einiger Bodentypen auf ihre phys. Eigensch. u. ihre Nutzungsmöglichk. 08-0185.

B o d e n s t r u k t u r u n d b e e i n f l u s s e n d e F a k t o r e n: Wirk. v. Bodenverbesserungsmittel auf Aggregation u. phys. Eigensch. 07-0153; Wirk. künstl. Strukturbildner bei d. Erschließ. v. Solonetzböden 09-0156; Anwend. d. Polymers "Verdick. AN" für d. Verbesser. d. phys. Eigensch. d. Bodens 08-0186; Verbesser. d. phys. Eigensch. gepflügter Waldböden durch Polymere 09-0162; Verbesser. d. Bodenstruktur unter Einfl. v. Polymeren 12-0207.

Bodenstruktur und Pflanzen:

Dynamik d. Aggregatbild. im Boden 10-0144; Ermittl. der für d. Pflanzenwachstum optimalen Lagerungsdichte d. Bodens 08-0183; Veränder. im Boden unter Einfl. einer Dauervegetation 08-0242; Versuche mit unterschiedl. Bodendichten in d. Kulturschicht u. im oberen Teil d. Untergrundes 09-0171; Fruchtbarkeitsentwickl. unter Gräsern 11-0253.

Bodenstruktur und Mikroorganismen:

Größenverteil. v. Bodenaggregaten unter Einfl. v. Mikroorganismen 12-0209.

Bodenstruktur und andere Bodeneigenschaften:

Gefügebild. in Pelosolen 08-0188; Versuche mit unterschiedl. Bodendichten in d. Kulturschicht u. im oberen Teil d. Untergrundes 09-0171; Einfl. v. Trocknungsbeding. auf nichtkapillaren Bodenhohlraum 09-0160; Verteil. v. Poren in Bezieh. z. ihrer Größe u. z. einigen Wassereigensch. v. Aggregatfraktionen eines schweren Lehmtschernosems 09-0161; Bedeut. d. verschied. Bodenbestandteile für d. Wasserbeständigk. d. Bodenstruktur 07-0154; jahreszeitl. Dynamik d. Wasserbeständigk. d. Bodenstruktur 07-0232; Dynamik d. Wasserbeständigk. d. Bodenaggregate bei unterschiedl. Feuchtigk. und d. Nitrifikationsvermögens d. Bodens 10-0145; enzymat. Aktivität d. Bodens in bezug auf seine Struktur 12-0224.

Bodenstruktur und agrotechnische Maßnahmen:

Bodenphys. Untersuch. im Kulturland (Strukturdynamik in d. Ackerkrume) 09-0157; wo beginnt d. Mißhandl. unserer Ackerböden? 09-0153; Bodenbearbeitungsgeräte u. Bodenabtrag 12-0928; Entsteh. u. Wiederauflocker. v. Pflugsohlen 12-0211; Schaff. einer künstl. wasserdurchläss. Struktur auf erodierten dunkelgrauen Waldböden 12-0210; Einfl. langjähr. Düng. v. Gemüse ausschließl. mit mineral. Düngemitteln oder mit Stalldung auf einige phys. Eigensch. d. Bodens 07-0548; jahreszeitl. Veränder. d. Bodenstruktur in herbizidbehandelten Weinbergsböden auf Tonschiefer- u. Muschelkalkverwitter. 12-0205.

B o d e n a g g r e g a t e: Bild. u. Bind. v. Mikroaggregaten in Böden 07-0152; Dynamik d. Aggregatbild. im Boden 10-0144; Dynamik d. Bodenaggregate u. deren Beeinfluss. durch org. Subst. 12-0208; Verwend. d. nephelometr. Messens bei Verfolg. d. Dynamik d. Mikroaggregatzusammensetz. 12-0309; Verbesser. d. Bodenstruktur unter Einfl. v. Polymeren 12-0207; Wirk. v. Bodenverbesserungsmittel auf Aggregation u. phys. Eigensch. 07-0153; Garezustand u. -fähigk. v. Ackerböden 08-0184; Einfl. d. Tontyps u. d. austauschbaren Kationen auf d. Krümelstruktur u. Durchlässigk. v. Solonetzböden 08-0258; Bedeut. d. verschied. Bodenbestandteile für d. Wasserbeständigk. d. Bodenstruktur 07-0154; Verteil. v. Poren in Bezieh. z. ihrer Größe u. z. einigen Wassereigensch. v. Aggregatfraktionen eines schweren Lehmtschernosems 09-0161; Dynamik d. Wasserbeständigk. d. Bodenaggregate bei unterschiedl. Feuchtigk.

12-0391; Einfl. v. Krilium auf Infiltration u. Wasserbeweg. in Böden 12-0216; Einfl. v. Polyvinylalkohol auf Infiltration u. Wasserbeweg. in Böden 12-0216; bietet Styromull Möglichk. als Abdeckmaterial für Dränrohre? 08-0610.

W ä r m e h a u s h a l t

Bestimm. d. Wärmeanforder. d. Pflanzen nach chem. u. thermometr. Verfahren (Frage d. Isophototherme) 12-0142; Einfl. d. Höhe d. Bodentemp. auf Wärmeabgabe oder -aufnahme d. Bodens in luftbeheizten Gewächshäusern 12-0724.

B e s t i m m u n g s m e t h o d e n: Beurteil. d. Evaporationszone im Boden durch Mess. d. Wärmeström. 08-0282; Temperatureigenheiten eines Bodens nahe d. Oberfläche 08-0283; Charakterisier. eines Torfprofils durch Thermometh. 08-0284.

W ä r m e h a u s h a l t u n d a n d e r e B o d e n e i g e n s c h a f t e n: Temp. d. grauen Waldböden im Vorgebirge d. nordwestl. Kaukasus 12-0220; Frostböden 11-0225; Luftdurchlässigk. d. Frostböden - ein Anzeiger für Prognose d. Aufsaugens u. Ablaufs v. Tauwasser 09-0172; Gefrieren d. Bodenwassers u. Bodenfeuchtigkeitscharakteristik-Kurven 11-0187; Berechn. d. Wasservorräte im gefrorenen Boden 09-0166; Beweg. d. Bodenwassers in Unterdrucklysimetern unter Einfl. v. Verdunst. u. Frostwirk. bei verschied. Bodenzustand 12-0217; Wechselwirk. v. Wärme u. Feuchtigk. in d. Oberflächenschicht d. Bodens 08-0199; Transp. v. Bodenfeuchte unter Einfl. therm. Gradienten, prakt. Gesichtspunkte 08-0198; Wasserdurchlässigk. v. gefrorenen Böden in Überschwemmungsgeb. d. Wolga 07-0160; Wirk. d. Gefrierens auf d. freien Zucker im Boden 12-0264; tox. Wirk. v. Heptachlor u. Hexachloran auf Drahtwürmer in Abhängigk. v. Temp. u. pH d. Bodens 12-1273.

W ä r m e h a u s h a l t u n d a g r o t e c h n i s c h e M a ß n a h m e n: Wärmehaushalt v. durch Drän. trockengelegten Böden 08-0200; Mulchen d. Bodens beim Anbau v. Gurken unter Folie 11-0632.

W ä r m e h a u s h a l t u n d M i k r o o r g a n i s m e n: Abhängigk. d. mikrobiellen Besiedl. v. Bodenaggregaten v. d. Temp. 08-0216.

W ä r m e h a u s h a l t u n d P f l a n z e n: Korr. zw. Aufgang u. Wachstum v. Mais einerseits u. d. Bodentemp. andererseits 12-0597; Knollenbild. bei Kartoffeln in Abhängigk. v. Boden- u. Lufttemp. bei verschied. Höhen über d. Meeresspiegel 11-0133; Bodentemp. u. Aufnahme v. N aus d. Atmosphäre durch Leguminosen 09-0109; CO_2-Entwickl. u. Temp. im Anfangswachstum plastgemulchter Pflanzen 10-0536; Einfl. d. Boden- u. Lufttemp. auf d. Auflaufen v. Paprika 11-0635; Aufnahme u. Verlager. v. Fe durch Tomatenpflanzen in Abhängigk. v. Wurzeltemp. u. Mn-Ernähr. 08-0388; Treibgladiolenkultur auf Bodenheiz. 09-0681.

W a s s e r h a u s h a l t

Wasserwirtsch. Bodenkunde 12-0147; Potential d. Bodenfeuchtigk. 12-0212; Feuchtigkeitskapazität d. Bodens 10-0152; Gefrieren d. Bodenwassers u.

Bodenfeuchtigkeitscharakteristik-Kurven 11-0187; berechnete Tageswerte d. Wasserbilanz u. d. Bodenfeuchtigk. 08-0194; Gesetzmäßigk. d. Schlagwasserhaushaltes auf sand. Boden 08-0189; theoret. Untersuch. d. Diffusionsgleich. für d. Ström. in ungesättigtem Boden 08-0197; Boden als poröses Mehrphasensystem u. Entwässerbark. 09-0271; "Das Wasser in d. nichtgesättigten Zone." Symposium in Holland (1966) 08-0203; Aufn. v. Kartogrammen d. hydrophys. Eigensch. d. Böden 11-0184; Festigk., Plastizitätswert u. pF-Wert im Erdbau. Bezieh. zw. Erdbaueigensch. d. Bodens u. pF-Wert 07-0150; Verhalten d. pF-Wertes beim Lockern u. Verfestigen d. Bodens. Bezieh. zw. Erdbaueigensch. d. Bodens u. pF-Wert 07-0151; Abhängigk. d. Wasseraufnahme u. -abgabe d. Bodens v. d. angewandten Spannungserhöh. 07-0158; Einfl. d. Bodenfeuchtigk. auf d. Infiltration 10-0156; Wasserdampfbeweg. im Boden in Abhängigk. v. Luftbeweg. 12-0215; Bodenwasser u. -fauna 12-0257; Typen d. Wasserhaushaltes d. Böden in Südbulgarien 07-0161; Kennwert für pflanzenverfügbares Wasser für überflutete Böden d. Beloruss. SSR 09-0176; Wasserhaushalt d. Bodens Usbekistans 08-0482; Feuchterückhalt. in Böden d. Sudans 10-0157; Bedeut. d. Bodenfeuchtigk. bei d. Winderosion 08-0330; Einfl. d. Feuchtigk. auf Bodenerosion durch Wind 09-0294; Einfl. d. Bodenfeuchtigk. auf d. Toxizität v. Insektiziden im Boden 12-1293.

B e s t i m m u n g s m e t h o d e n: Mess. d. Bodenfeuchte mit Ultraschallenergie 09-0245; Gammastrahl. z. Mess. v. Änder. d. Bodenwassergeh. 09-0243; tensiometr. Mess. d. Bodenfeuchtigk. 10-0207; registrierendes Feldtensiometer mit schneller Reaktionsfähigk. 12-0315; Ermittl. d. Eigensch. v. Böden, d. d. Wasserhaush. bestimmen, mit Hilfe einer Vorricht. zur künstl. Beregn. 11-0246; Einschätz. d. Wasserversorg. d. Pflanzen mit d. Wärmebilanz-Meth. 11-0186; Vergl. v. Wasserpotential-Messungen mittels zweier Typen von thermogekoppelten Psychrometern 11-0247; Wirk. v. Fe auf Wassergehaltsmess. mittels Neutronen 08-0278; Mess. d. Bodenfeuchtigk. mit Hilfe v. Neutronen 12-0310; Verfahren z. schnellen u. genauen Einortung v. Neutronentiefensonden 12-0313; Bodenfeuchtebestimm. mittels Neutronensonden in Britannien 08-0277; volumetr. Kalibrier. v. Neutronen-Feuchtigkeitssonden 09-0244; Mess. d. Bodenfeuchte im Freiland mit Hilfe v. Neutronenbrems. 12-0311; Bodenfeuchtemess. mit einer ^{241}Am-Be-Neutronenquelle u. ihre Anwendungsmöglichk. in d. Evaporimetrie 12-0312; Bodenwasserpotential: direkte Mess. nach einer neuen Meth. 07-0230; Erfass. d. Bodenfeuchte mit Hilfe einer gammaskop. Meßmeth. 07-0231; einfache Bohrlochmeth. z. Bestimm. d. Grundwasserströmungsricht. mit einer Neutronenstromquelle 08-0279; billige Meth. z. Mess. d. Bodenfeuchte 10-0206; Vorhersage d. Feuchtigkeitsvorräte im Boden 09-0246; Modalitäten d. Austrockn. v. Böden durch Silikagel 09-0170; Einfl. d. Membran-Impedanz, d. Befeuchtungs-Meth. u. Alter. auf d. Wasserkapazität d. Bodens 10-0209; Einfl. d. Körn. auf Merkmale d. Bodenfeuchte (Meth. z. Bestimm. d. nutzbaren

Wasserkapazität v. Freilandprofilen) 12-0218; Einfl. d. Bodenfeuchtigk. auf d. Bodeninfiltration 10-0156; rechner. Best. d. Feuchtigkeitsprofils d. Bodens bei Infiltration 11-0245; numerische Meth. z. Bestimm. d. hysteresisbehafteten Post-Infiltrations-Verteil. d. Bodenfeuchtigk. 12-0317; Infiltrationsrate in Abhängigk. v. Fallenergie d. Regens 12-0214; Berechn. d. Wasservorräte im gefrorenen Boden 09-0166; Abhängigk. d. Wasseraufnahme u. -abgabe d. Bodens v. d. angewandten Spannungserhöh. 07-0158; Einfl. d. Applikationsrate v. Wasser auf d. Auswasch. 09-0164; thermodynam. Meth. z. Untersuch. d. Bodenwassers im System Boden-Pflanze 07-0295; Charakteristik d. pF-Wertes zweier Böden: Schwarzerde u. sand. Podsolboden 08-0195; prozentuale Sättig. als ein Maßstab für d. Körn. d. Böden im unteren Indus-Becken 08-0280; Versicker. v. nicht gesättigtem Wasser in einem vorher feuchten Boden 12-0213; Hygroskopizität beim rel.Feuchtegeh. v. 50% als ein Maßstab für d. Tongeh. d. VAR-Böden 12-0316; Feuchtigkeitsbestimm. in d. Zone d. Kapillarstreifen für Böden in Bulgarien 12-0318; Durchlässigkeitsmess. u. Untersuch. v. Böden; Auswert. d. Durchlässigkeitsdiagramme - Theorie u. Praxis 12-0319.

K a p i l l a r w a s s e r: Mess. d. geschlossenen u. offenen Kapillarsaumes in natürl. gelagerten Böden 07-0233; Entwässerungsspann. d. gesättigten idealen Bodens: Analyse d. Kurve d. Kapillarfeuchtigkeitsverteil. 10-0150; Veränder. d. kapillaren Flüssigkeitsaufstieges in Sand in Abhängigk. von d. Benetzbark. 10-0153; O_2-Diffusion durch Sande in Abhängigk. v. kapillaren Hysteres (Diffusion bei scheinbarem Gleichgew. durch teilweise gesättigte Sande) 08-0202; Feuchtigkeitskapazität d. Bodens 10-0152; Abhängigk. d. Wasseraufnahme u. -abgabe d. Bodens v. d. angewandten Spannungserhöh. 07-0158; Verhalten d. pF-Wertes beim Lockern u. Verfestigen d. Bodens. Bezieh. zw. Erdbaueigensch. d. Bodens u. pF-Wert 07-0151; Gesetzmäßigk. d. Verbreit. von Salzen im Boden bei kapillarer Beweg. von Lös. 10-0113.

S i c k e r w a s s e r: Versicker. v. nicht gesättigtem Wasser in einem vorher feuchten Boden 12-0213; Abhängigk. d. Wasserversicker. v. d. Vertikaldurchporung, d. Porenvolumen, d. Porengrößenverteil. u. d. Tonanteil d. Bodens 12-0222.

H y g r o s k o p i s c h e s W a s s e r: Hygroskopizität beim rel. Feuchtegeh. v. 50% als ein Maßstab für d. Tongeh. d. VAR-Böden 12-0316; Kationenaustausch, spezif. Oberfläche u. adsorbierte H_2O-Moleküle 09-0148.

G r u n d w a s s e r: Erfahr. mit d. elektron. Datenverarbeit. im Grundwasserdienst in Bayern 12-0410; Grundwasserkarte von Bayern 12-0408; Grundwasserbeobachtungsdienst, Erforsch. d. Grundwasserhaush. und Grundwasserkartier. in Ungarn 12-0407; Grundwasserprobleme d. Großen Ungarischen Tiefebene 08-0317; Typen d. Wasserhaushaltes d. Böden in Südbulgarien 07-0161; künstl. Grundwasseranreicher. durch Schluckbrunnen 12-0367; künstl. Vermehr. d. Grundwasservorräte in Flußtälern 12-0369; Gefährd. d. Grundwassers durch Mineralölprodukte 09-0296; Mikroelemente in Grundsedimentationen v. Grundwässern 08-0384; Abfluß- und Grundwasserbeobacht. auf unberührter bzw. kultivierter Hochmoorfläche in Chiemseemooren 09-0268; Humusuntersuch. in Grundwässern 08-0165; einfache Bohrlochmeth. z. Bestimm. d. Grundwasserströmungsricht. mit einer Neutronenstromquelle 08-0279; Beurteil. d. Meth. zur Bestimm. d. Infiltrationsspeisung d. Grundwassers 12-0370; Ursachen d. Versalz. und Einsalz. d. Böden u. d. Grundwassers in d. Karaboas-Nieder. 10-0176; Bestimm. d. Salzgeh. v. Grund- u. Bewässerungswasser nach chromatograph. Ionenaustauschmeth. 12-0306; Verdunst. u. Grundwasserneubild. in diluvialen Sandböden mit intensiver landwirtsch. Zwischennutz. mit wägbaren Lysimetern 09-0277; Einfl. d. Pflanzenbewuchses auf Versicker. und Grundwassererneuer. 12-0368; Bedeut. d. Grundwassers für d. Wachstum landwirtsch. Nutzpflanzen 11-0271; Veränder. d. Tiefenlage u. Mineralgeh. d. Grundwassers bei Bewässer. v. Neulandboden in d. Hungersteppe 12-0219; Grundwasserabsenk. auf Torfböden beim Kohlanbau 12-0380; Eigensch. d. Sofioter Abwässer u. d. Grundwassers u. Verwend. für Bewässer. v. Zuckerrüben 12-0501; Verdunst. durch d. Zuckerrübe bei hohem Grundwasserstand 12-0649; Reaktion v. 3 Gräsern auf 2 Bodenarten u. verschied. Entfern. v. Grundwasser 08-0120; Düng. v. Futterpflanzen auf Hochmoorboden in Bibai (Wirk. verschied. Grundwasserstände u. Düngermengen auf Ertragsfähigk. d. Futterpflanzen auf nicht drainiertem Hochmoorboden) 10-0463.

O b e r f l ä c h e n w a s s e r: Größe d. Bodenauswasch. in Vorgebirgs- u. Gebirgsgeb. bei verschied. Bodenbedeck. 09-0165; Luftdurchlässigk. d. Frostböden - ein Anzeiger für Prognose d. Aufsaugens u. Ablaufs v. Tauwasser 09-0172.

W a s s e r k a p a z i t ä t: Feuchtigkeitskapazität d. Bodens 10-0152; minimale Wasserkapazität 09-0163; Einfl. d. Körn. auf Merkmale d. Bodenfeuchte (Meth. z. Bestimm. d. nutzbaren Wasserkapazität v. Freilandprofilen) 12-0218; Einfl. d. Membran-Impedanz, d. Befeuchtungs-Meth. u. Alter. auf d. Wasserkapazität d. Bodens 10-0209; Charakteristik d. pF-Wertes zweier Böden: Schwarzerde u. sand. Podsolboden 08-0195; Wasserhaush. eines ostholstein. Jungmoränenbodens zw. Feldkapazität u. voller Sättig. 12-0221.

W a s s e r b e w e g u n g: Tracer z. Feststell. d. Bodenfeuchtigkeitsbeweg. u. Evapotranspiration 09-0167; theoret. Untersuch. d. Diffusionsgleich. für d. Ström. in ungesättigtem Boden 08-0197; Verhalten d. Bodenwassers, dargestellt durch Transportkoeffizienten u. Funkt. 10-0151; Transp. v. Bodenfeuchte unter Einfl. therm. Gradienten, prakt. Gesichtspunkte 08-0198; Beweg. d. Bodenwassers in Unterdrucklysimetern unter Einfl. v. Verdunst. u. Frostwirk. bei verschied. Bodenzustand 12-0217; Gefrieren d. Bodenwassers u. Bodenfeuchtigkeitscharakteristik-Kurven 11-0187; Bedingth. d. Wasserbeweg. in flüss. Phase unterhalb d. Sättig. im Falle d. Austrockn. eines Bodens 10-0154; Einfl. d. Wechselbezieh. zw. Salzen u. Tonen auf ungesättigte Wasserbeweg. 09-0168; Modalitäten d. Austrockn. v. Böden durch Silikagel 09-0170; Einfl. v. Bodenverbesserungsmitteln auf d. Wasserbeweg. in Böden 12-0216; Einfl. d. Applikationsrate v. Wasser auf d. Auswasch. 09-0164; Wasserbeweg. in Parabraunerden aus Löß 07-0157; Größe d. Bodenauswasch. in Vorgebirgs- u. Gebirgsgeb. bei verschied. Bodenbedeck. 09-0165.

P e r m e a b i l i t ä t: Einfl. einer Vorbefeucht. d. Oberfläche auf d. Wasserdurchlässigk. von hellkastanienfarb. Böden 10-0155; Einfl. d. Geh. an adsorbiertem Na u. Gips auf d. Permeabilität glazialer Ackerböden 12-0204; Wasserdurchlässigk. v. gefrorenen Böden im Überschwemmungsgeb. d. Wolga 07-0160; Wasserdurchlässigk. v. gärtner. Erden 09-0558.

Verdunstung: Bewegung des Bodenwassers in Unterdrucklysimetern unter Einfluß von Verdunstung bei verschiedenem Bodenzustand 12-0217; Abschätzung potentieller Evaporation mit austauschbaren Größen in Penman's Formel 07-0109; windgetriebener automatischer Pulververteiler zur Verminderung der Evaporation 12-0314; Tracer zur Feststellung der Bodenfeuchtigkeitsbewegung und Evapotranspiration 09-0167; berechnete Tageswerte der Wasserbilanz und der Bodenfeuchtigkeit 08-0194; Verdunst. u. Grundwasserneubild. in diluvialen Sandböden mit intensiver landwirtsch. Zwischennutz. mit wägbaren Lysimetern 09-0277; Beurteil. d. Evaporationszone im Boden durch Mess. d. Wärmeström. 08-0282; Einschätz. d. Wasserversorg. d. Pflanzen mit d. Wärmebilanz-Meth. 11-0186; Bedingth. d. Wasserbeweg. in flüss. Phase unterhalb d. Sättig. im Falle d. Austrockn. eines Bodens 10-0154; Bewässerungsuntersuch. in Otago, Neuseeland(Anwendbark.v.Penmans u. Thornthwaites Meth. z. Bestimm. d. Verdunstungsgröße auf d. Ermittl. d. Feuchtigkeitsdefizits dreier Böden in Zentral-Otago) 10-0235; aufnehmbares Wasser, Evaporationspotential u. Umfang d. Bewässer. 09-0116; Wirk. oberflächl. ausgebrachten Weizenstrohes auf d. Wasserverluste durch solare Verdunst. 10-0222; Wasserdampfbeweg. im Boden in Abhängigk. v. Luftbeweg. 12-0215.

Infiltration: Infiltration in homogenen und geschichteten Säulen v. aggregiertem Lehm, Schlufflehm und Tonboden 08-0196; Infiltration und Redistribution von Wasser in vertikalen Säulen eines Lehmbodens 09-0169; Infiltrationsrate in Abhängigkeit von Fallenergie des Regens 12-0214; Einfluß der Bodenfeuchtigkeit auf die Infiltration 10-0156; bestimmte Durchflußarten von Wasser in Sanden während der Infiltration 08-0201; numerische Methode zur Bestimmung der hysteresisbehafteten Post-Infiltrations-Verteilung der Bodenfeuchtigkeit 12-0317; rechnerische Bestimmung des Feuchtigkeitsprofils d.

Bodens bei Infiltration 11-0245; Beurteil. d. Meth. zur Bestimm. d. Infiltrationsspeisung d. Grundwassers 12-0370; Wasserbeweg. in Parabraunerden aus Löß 07-0157; Auswasch. d. Nährstoffelemente aus d. Boden bei Infiltration d. Niederschläge in d. Zone ausreichender Feuchtigk. 07-0123; Einfl. v. Bodenverbesserungsmitteln auf d. Infiltration in Böden 12-0216.

Wasserhaushalt und andere Bodeneigenschaften: Wasserhaushalt u. Boden 07-0156; Einfl. d. Trockn. an d. Luft auf d. Löslichk. d. Boden-P 07-0117; Einfl. differenzierter Feuchtigkeits- u. Kalkgaben auf Mn-Löslichk. in Wasser u. in 0,05 n Schwefelsäure eines alluvialen Talsandes 09-0133; Absorption v. Phosphaten bei verschied. Bodenfeuchtigk. 12-0201; jahreszeitl. Dynamik d. Wasserbeständigk. d. Bodenstruktur 07-0232; Dynamik d. Wasserbeständigk. d. Bodenaggregate bei unterschiedl. Feuchtigk. u. d. Nitrifikationsvermögens d. Bodens 10-0145; Einfl. v. Trocknungsbeding. auf nicht kapillaren Bodenhohlraum 09-0160; Abhängigk. d. Wasserversicker. v. d. Vertikaldurchporung, d. Porenvolumen, d. Porengrößenverteil. u. d. Tonanteil d. Bodens 12-0222; Beeinfluss. d. Festigk. v. verdichtetem, feinsandigem Amarillo-Lehm durch Feuchtigkeit, Tongehalt u. austauschbare Kationen 11-0183; Transp. v. Bodenfeuchte unter Einfl. therm. Gradienten, prakt. Gesichtspunkte 08-0198; Berechn. d. Wasservorräte im gefrorenen Boden 09-0166; Gefrieren d. Bodenwassers u. Bodenfeuchtigkeitscharakteristik-Kurven 11-0187; Wechselwirk. v. Wärme u. Feuchtigk. in d. Oberflächenschicht d. Bodens 08-0199; Luftdurchlässigk. d. Frostböden - ein Anzeiger für Prognose d. Aufsaugens u. Ablaufs v. Tauwasser 09-0172; Einfl. d. eingeschloss. Bodenluft u. d. Luftdruckes auf d. Matrix-Saugkraft 10-0148; Wasser- und Lufthaush. d. oberen vererdeten Schicht d. Klenzer Niedermoors 11-0188; Wasserhaushalt v. Schwarzerden auf Hängen unterschiedl. Exposition 11-0228; hydrol. Eigensch. u. Wasserhaushalt d. Böden auf Lößdecken 08-0193; Wasserhaushalt d. Karbonat- u. Auenschwarzerden auf Lößdecken 08-0257; hydrophys. Eigensch. d. Karbonat- u. Auenschwarzerde auf Lößschichten 07-0155; Wasser- u. Lufthaushalt d. oberen vererdeten Schicht d. Klenzer Niedermoores u. Einfl. auf d. Ertrag 10-0149; Vergleiung als Charakteristikum d. Luft-Wasserhaushaltes d. Böden 11-0227; wasserphys. Eigensch. d. kompakten Grauböden Kubas 09-0175; Wasserhaushalt v. Getreide u. Gras auf Kreideboden 07-0159; Feuchtigkeitshaushalt d. Böden in Tannenwäldern 09-0174; Einfl. v. Bentonitbeimisch. auf einige grundlegende Hydrokonstanten d. Sanderden 08-0191; Infiltration in homogenen u. geschichteten Säulen v. aggregiertem Lehm, Schlufflehm u. Tonboden 08-0196; Einfl. d. Befeuchtungsgrades auf d. Zahl d. Mikroorganismen, d. sich im Boden entwickeln 07-0179; Einfl. v. Tiergängen auf wasserphys. Eigensch. v. Rasenpodsolböden 09-0173; CO_2-Abgabe in Abhängigk. v. Bodenfeuchtezustand 07-0190; Wirk. zugegebener Pflanzensubst. auf

d. Abbau org. Bodensubst. bei verschied. Befeuchtungs- u. Trocknungsprozessen 07-0191.

W a s s e r h a u s h a l t u n d a g r o t e c h n i s c h e M a ß n a h m e n: Wasserhaushalt u. Boden 07-0156; Einfl. d. flachen u. tiefen Bodenbearbeit. auf d. Wassergeh. v. Tschernosemböden 11-0260; Veränder. hydrphysik. Eigensch. d. Torfbodens durch verbessernde Bodenbearbeit. 12-0345; Einfl. d. Bodenbearbeitungsmeth. auf d. Veränder. d. Wasser- u. Lufthaushaltes d. Ackerkrume unterschiedl. entwässerter Böden 12-0346; Wirk. d. P-Düng. auf phys. Bodeneigensch. (Wasserbind.) 08-0192; Wirk. oberflächl. ausgebrachten Weizenstrohes auf d. Wasserverluste durch solare Verdunst. 10-0222; Verwend. v. schwarzer Polyäthylenfolie z. Mulchen v. Gladiolen: Einfl. auf Bodenfeuchtigk. u. Kulturergebnis 07-0710; Einfl. v. Bodenverbesserungsmitteln auf Infiltration u. Wasserbeweg. in Böden 12-0216; effektive Wasservorräte im Boden bei Vorratsbewässer. 12-0375; Wirk. ungleichmäß. Wassergaben auf Bodenfeuchtigkeitsgeh., Austrockn. und Bewässerungswirksamk. 12-0365; Veränder. d. Tiefenlage u. d. Mineralgeh. d. Grundwassers bei Bewässer. v. Neulandboden in d. Hungersteppe 12-0219; 5-jähr. Beregnungsversuche mit Zuckerrüben unter Berücksichtig. d. Bodenfeuchtigk. als Kriterium für d. Einsatz d. Feldberegn. 10-0439; Auswirk. unterschiedl. Beregnungshäufigk. auf d. Bodenfeuchte u. Rasenqualität 11-0292; Wirk. d. Unterflurbewässer. auf mittl. Lehmboden in Abhängigk. von Bodenstruktur, Pflanzenbestand und standortgebundenem Wasserhaush. 12-0373.

W a s s e r h a u s h a l t u n d M i k r o o r g a n i s m e n: Wirk. d. Bodenfeuchte z.Z. d. Knollenansatzes auf d. Befall mit gewöhnl. Schorf 09-0931; Chlamydosporenkeim. u. Überleben d. Keimhyphen v. Fusarium solani f. pisi im Boden in Abhängigk. v. Bodenfeuchtigk. u. Erbsensamenexsudation 12-1100.

W a s s e r h a u s h a l t u n d P f l a n z e n: Einfl. v. Bodenwasserpotential u. atmosphär. Saugkraft auf d. Transpiration u. d. Energiezustand d. Wassers in Pflanzen 10-0269; Auswirk. landwirtsch. Fruchtfolgesysteme auf Wasserdurchlässigk. v. Säulen dunklen Houston-Tons 08-0190; Zusammenhänge zwischen Feuchtigk. und Nährstoffversorg. bei d. Ackerpflanzen 12-0441; Überstauungstoleranz v. Winterfrüchten in Süd-Queensland 10-0387.

Getreide: Gestalt. v. Höhe, Zuwachs u. Ertrag v. Getreidepflanzen in Abhängigk. v. Bodenfeuchtigk. u. einigen meteorol. Faktoren 07-0098; Wasserhaushalt d. Bodens u. Weizenertrag Usbekistans 08-0482; Einfl. v. Bodenfeuchte auf Ertrag u. Proteingehalt bei Weizen d. Sorte "Thatcher" 08-0483; Reaktion v. Gerstensorten auf d. Bodenwasserspann. 08-0498; Einfl. einer abgestuften Wasserversorg. auf CO_2-Assimilation, Transpiration, Substanzproduktion u. Wasserverbrauch v. Hafer 09-0043.

Hackfrüchte: Widerstandsfähigk. d. Kartoffel gegen Feuchtigk. u. Ertragssteiger. auf zu feuchten Böden 09-0462.

Futterpflanzen: Reaktion der Luzerne auf verschiedene Bodenfeuchte 08-0560; Wirkung der Bodenfeuchte-Bedingung auf Futterqualität im Gewächshaus 10-0464.

Sonstige Kulturen: Einfluß der Partikelgröße und des Wassergehaltes des Bodens auf die Zahl der Gefäßbündel in den Wurzeln von Tabaksäml. 09-0020; Beziehung zwischen Bodenfeuchte und Wachstum der Tabakpflanze (Änderung der Transpirationsrate der Sorte 'Brigth Yellow') 10-0271; Wasserhaushalt des Tabaks (Einfluß des konstanten Feuchtigkeitsspiegels auf Ertragsleist. des Virginia-Tabaks) 12-0661; Einfluß der Vorfrucht auf den Wasser- und Nährstoffhaushalt des Bodens für die Sonnenblume 07-0390; Beeinflussung des Gesamthabitus der Leinpflanze bei verschiedener Bodenfeuchtigkeit 10-0447; diurnale Variation der Blatt- u. Samenkapseltemperatur bewässerter Baumwolle, d. unter 2 verschied. Bodenfeuchtebeding. in einem semiariden Klima aufwuchs 07-0103.

Gemüse: Feuchtigkeitsmenge zur Wachstumsstockung und Welkeerscheinung bei Kohl in Torfböden 11-0620; Wasserdefizit und Wachstum junger Kulturpflanzen. Einfluß der Bodenwassergehaltsänderung auf Keimpflanzen von Kohl 12-0437; Wachstum von Blumenkohl im Verhältnis zur Marktverfärbung und Marktzersetzung 10-0541; Einfluß des Wasserhaushalts- und der Mineraldünger auf den Speisemohrrübenertrag 12-0347; Einfluß unterschiedlicher Wasserversorgung auf Ertrag von Salat u. a. Gemüsepflanzen unter Glas 12-0741; Einfluß von Feuchtigkeit auf Wachstum sowie N- und P-Aufnahme durch Paprika 12-0766.

Obstgehölze: Einfl. v. Unterkulturen auf d. Wasserhaush. d. Bodens in einem jungen Obstbaumbestand bei dichter Pflanz. d. Bäume 09-0646; übermäß. Trockenh. u. Feuchtigk. bearbeit. Pseudogleyschichten als ein Faktor bei d. Stör. d. physiol. Gleichgew. bei Obstbäumen 10-0607; Einteil d. Bodens u. Einfl. auf d. Ernähr. v. Pfirsich u. Birne 08-0660.

Wasserhaushalt und Pflanzenschutzmittel: quaternäre Bipyridyliumsalze; Einfl. v. Luft- u. Bodenfeuchtigk. auf d. Aufnahme u. Leit. v. Diquat u. Paraquat in Pflanzen 08-1028.

Lufthaushalt

Vergleichsmess. der Luftdurchlässigkeit des Bodens im Freiland und Labor 10-0205; Gasaustausch des Bodens durch Verwendung von ^{14}C 07-0163; O_2-Diffusion durch Sande in Abhängigkeit von kapillaren Hysteres (Diffusion bei scheinbarem Gleichgew. durch teilweise gesättigte Sande) 08-0202; Faktoren, v. denen d. Mess. d. O_2-Diffusionsrate mit blanken Platin-Mikroelektroden beeinflußt werden 08-0281; Fließzustand d. O_2-Diffusion im Boden (Änder. der Geschwindigk. d.

O_2-Verbrauchs mit d. Zeit) 11-0185; Durchlüft. d. Bodens und Pflanzenwachstum 10-0147; Reaktion d. Pflanze auf O_2-Zufuhr u. Bodenverdicht. im Wurzelbereich 07-0164; Einfl. d. org. Düng. auf Respirationsaktivität d. Bodens unter Gerste mit Luzerneuntersaat 07-0162; Einfl. d. Bodenbearbeitungsmeth. auf d. Veränder. d. Wasser- und Lufthaushaltes d. Ackerkrume unterschiedl. entwäss. Böden 12-0346; Wirk. d. Unterflurbewässer. auf mittl. Lehmboden in Abhängigk. von Bodenstruktur, Pflanzenbestand und standortgebundenem Wasserhaush. 12-0373; •Luftdurchlässigk. d. Frostböden - ein Anzeiger für Prognose d. Aufsaugens u. Ablaufs v. Tauwasser 09-0172; Entwässerungsspann. d. gesättigten idealen Bodens: Analyse d. Kurve d. Kapillarfeuchtigkeitsverteil. 10-0150; Wasserdampfbeweg. im Boden in Abhängigk. v. Luftbeweg. 12-0215; Einfl. d. eingeschloss. Bodenluft u. d. Luftdruckes auf d. Matrix-Saugkraft 10-0148; bestimmte Durchflußarten v. Wasser in Sanden während d. Infiltration 08-0201; Vergleiung als Charakteristikum d. Luft-Wasser-Haushaltes d. Böden 11-0227; Wasser- u. Lufthaushalt d. oberen vererdeten Schicht d. Klenzer Niedermoores u. Einfl. auf d. Ertrag 10-0149, 11-0188.

Bodenbiologie

Siehe auch Bodenuntersuchung; unter Wurzelsysteme - Rhizosphäre.

A l l g e m e i n e s

Wege d. Entwickl. d. landwirtsch. Mikrobiol. in Polen 10-0158; bodenmikrobiol. Probleme d. Bodenfruchtbark. 11-0257; mikrobiol. Charakterisier. d. lothring. Stationen. R.C.P. 40 08-0133; sekundäre Produktivität im Boden. Arbeitstag d. P.B.I. (Warschau 1966) 08-0135; statist. Arbeitsmittel in d. Bodenbiol. (Indizes v. ökol. Interesse) 09-0251; mikrobiol. Charakterisier. v. 4 Bodenprofilen auf Grund d. Atmungsaktivität 09-0177; mikrobiol. u. chem. Eigensch. eines Reisbodens 09-0179; Mikrobiologie d. Gleiprozesses 10-0187; Wachstumsaktivität u. chem. Bau (Bedeut. d. richtigen Auswahl d. Tests bei Beurteil. wachstumsstimulierender Verbind.) 12-0227; Verwend. v. Tracer-Meth., bes. d. Autoradiographie, z. Untersuch. v. Bezieh. d. Herbizide z. Bodenbiol. 07-1049; Verteil. u. Verbleib v. Diazinon, angewandt auf Pflanze u. Boden u. sein Einfl. auf Rhizosphäre u. Bodenmikroflora 08-0204; Anwend. v. Antibiotika für teilweise Inaktivier. v. Denitrifikationsprozessen 12-0226; bakterielle Synth. v. Wuchsstoffen, d. in d. Pflanzenstoffwechsel eingreifen 07-0170; bakterieller Abbau von Indol-3-Essigsäure und Gibberellin A_3 im Boden 10-0159; Bild. v. Aminosäuren durch Mikroorganismen in Kulturflüssigk. u. im Boden 09-0178; stimulier. Wirk. d. Siderite auf biol. Aktivität d. Bodens in d. Zwischenräumen d. Reihenpflanzen im Obstgarten 07-0173; Bestimm. d. Komponenten, die d. biol. Aktivität eines Flachmoortorfes erhöhen, durch Fermentreaktion 12-0228; enzymat. Aktivität d. Bodens in bezug auf seine Struktur 12-0224; Dehydrogenaseaktivität zur Untersuch. v.

Böden u. Flußablager. 07-0234; Dehydrogenaseaktivität v. Knöllchenbakterien verschied. Effektivität bei Symbiose 08-0207; Ursachen d. differenzierten Vorkommens v. Proteasen 12-0225; bakterizide Eigensch. eines hitzesterilis. Fichtenwaldbodens 07-0167; bakterizide Wirk. sterilis. Kiefernwaldbodens 07-0168; Wirk. v. Mikroorganismen auf d. Pflanzenwachstum (Entgift. hitzesterilis. Böden durch Pilze u. Bakterien) 07-0169; Beeinfluss. v. Torulopsis utilis durch Huminstoffe aus d. Zersetz. v. Zellulose u. Pflanzenwurzeln 07-0171; Einfl. d. unterschiedl. Termins und Meth. d. Einpflügens mehrjähr. Futterpflanzen auf einige physikal. und biol. Eigensch. und auf d. Ertrag d. Nachfrucht 12-0495; biol. Aktivität d. Böden d. Kulturweiden u. ihre Produktivität in Abhängigk. v. d. Nutzungsdauer 11-0254; Wirk. v. appliziertem Al auf bodenmikrobiol. Prozesse u. auf Wachstum v. Hafer 12-0223.

B o d e n m i k r o o r g a n i s m e n

A l l g e m e i n e s: Mikroorganism. im Boden 07-0187; Ökol. d. Mikroben 12-0242; Ökol. d. Mikroorganism. auf Chitin, d. im Boden bebrütet wird 07-0180; Ökol. d. Mikroorganismen auf u. d. Zersetz. v. Insektenflügeln im Boden 08-0228; Mikroben u. d. Überleben d. Menschen auf d. Erde 08-0134; Bezieh. zw. Regenwürmern u. Mikroben 09-0182; seltene Formen 09-0192; Sortierapp. z. automat. Zähl. für d. Mikrofauna d. Bodens 12-0320; doppelseitiger Träger (Lochplatte) für d. Anwend. v. Zellulosenährböden u. z. Stud. gegenständig aufgeimpfter Mikrobenkulturen (Antipodenkulturen) 08-0286; amylolyt. Mikroflora v. Waldböden 09-0188; Mikroflora u. -fauna v. Böden im südl. Wienerwald 12-0256; zoolog. Charakteristik v. Kompost 08-0227; Veränder. d. Mikroflora eines Waldbodens durch eingedrung. Heizöl 11-0196; Phasen während d. Pflanzenkutin-Abbaus durch Bodenmikroorganismen 07-0193; Intensität d. Zersetz. herabfallender Pflanzenteile durch zellulosezerstörende Mikroorganismen 12-0261; Abbau einiger Aminosäuren im Boden u. ihr Einfl. auf d. Zusammensetz. d. Mikroflora 08-0234; Inaktivier. d. TMV im Boden 07-0916; Resistenz v. Hartfolie aus PVC gegen Einwirk. v. Mikroorganismen d. Bodens 09-0195.

B o d e n m i k r o o r g a n i s m e n u n d B o d e n e i g e n s c h a f t e n: Wirk. zw. natürl. Phosphaten u. Bodenmikroflora 08-0240; Nutz. d. N v. Humusverbind. durch Bodenmikroorganismen 08-0229; Einfl. d. Toxizität d. Bodens auf d. Lebensfähigk. d. Bodenmikroorganismen und d. Leistung v. Zuckerrüben 11-0189; Größenverteil. v. Bodenaggregaten unter Einfl. v. Mikroorganismen 12-0209; Bodenwasser u. -fauna 12-0257.

B o d e n m i k r o o r g a n i s m e n u n d a g r o t e c h n i s c h e M a ß n a h m e n: Einfl. v. Rekultivierungsmaßnahmen auf Entwickl. mikrobiol. Prozesse in abgebauten Torflagern 09-0189; biol. Aktivität v. Boden unter Reis in Abhängigk. v. Düngereinbring. 08-0206; Wirk. d. Einbring. org. Stoffe auf N-Haush., Zusammensetz.

d. Mikroflora eines Torfbodens u. Pflanzenertrag 12-0268; Desinfekt. und Sterilisat. von Boden, Müll und Klärschlamm mit Äthylenoxid 10-0168.

B o d e n m i k r o o r g a n i s m e n u n d P f l a n z e n: Einfl. v. Mikroorganismen auf d. Absorption anorg. Nährstoffe durch lebende Pflanzen (Apparatur u. Kultivierungstechnik) 11-0191; (Aufn. u. Verwert. v. P durch Gerstenpflanzen, d. unter sterilen u. unsterilen Beding. gewachsen sind) 11-0192; mikrobiol. Faktoren bei Kurzzeit-P-Aufnahme-Untersuch. mit Pflanzenwurzeln 12-0453; auf Leinwurzeln lebende Bodenmikroorganismen 11-0193.

B o d e n m i k r o o r g a n i s m e n u n d P f l a n z e n s c h u t z m i t t e l: Wege d. Entwickl. d. landwirtsch. Mikrobiol. in Polen 10-0158; Einfl. v. Schutzmaßnahmen u. d. Mikroflora d. Bodens auf Wurzelkrankh. bei Gemüse 10-0880; Abbau v. ^{14}C-markiert. Atrazin in Bodenproben 11-0209; Entseuch. d. Bodens mit org. Präparaten, dessen mikrobiol. Aktivität u. chem. Zusammensetz. 08-1007; Rückstände chlorhalt. org. Insektizide in wirbellosen Bodentieren 11-0204; Beeinfluss. d. Bodenbiozönose durch Insektizidbehandl. v. Flugzeug aus, im Forst und auf landwirtsch. genutzten Flächen 11-0205; Wirk. d. Bodeneigensch. auf d. Toxizität v. Dieldrin gegenüber Drosophila melanogaster 11-0207; Wirk. v. Triazin- u. Harnstoffderivaten auf d. Bodenmikroflora 11-1049; Wirk. d. Gamma-Isomers v. Benzolhexachlorid auf d. Mikroflora überflut. Reisböden 11-0190; Einfl. d. Herbizide auf d. Mikroorganismen d. Bodens 07-1047; Einfl. verschied. Herbizidaufwandmengen auf Bodenmikroflora 09-0190; Einfl. einiger Herbizide auf d. Entwickl. v. Bodenalgen 10-0167; Verteil. u. Verbleib. v. Diazinon, angewandt auf Pflanze u. Boden u. sein Einfl. auf Rhizosphäre u. Bodenmikroflora 08-0204.

Bakterien

A l l g e m e i n e s: Bakteriengeh. d. Bodens verschied. Standorte 08-0215; Modell für d. Identifizier. v. Bakterien 11-0250; Meth. zur Bestimm. v. sich im Pflanzengewebe entwickelnden epiphyt. Bakterien 07-0236; Untersuch. mikrobieller Bodenlandschaften als Mittel z. Erkenn. v. Bodenprozessen 12-0241; kontinuierl. Kultur anaerober Bakterien 12-0325; geomikrobiol. Untersuch. (Verhalten v. Bakterien auf d. Oberfläche v. Gesteinen u. Mineralien u. ihre Rolle bei d. Verwitter.) 11-0155; Wirk. zw. natürl. Phosphaten u. Bodenmikroflora 09-0202; phosphatlösende Bakterien d. Rhizosphäre u. ihre Bedeut. für P-Ernähr. v. Pflanzen 12-0247; Einfl. P abbauender Bakterien auf Wuchs u. Entwickl. v. Rebsetzl. 07-0676; harnstoffzersetzende Mikroflora in Humus v. Schwarzfichten 12-0243; Dynamik d. Nitrifikanten kastanienfarb. Böden in Abhängigk. v. Wirk. u. Nachwirk. v. Spurenelementen 12-0244; bakterizide Eigensch. eines hitzesterilis. Fichtenwaldbodens 07-0167; Bild. v. Aminosäuren durch Mikroorganismen in Kulturflüssigk. u. im

Boden 09-0178; Vorkommen v. Mikroorganismen, welche Rhizobium trifolii im Boden u. in d. Wurzelregion v. Klee stimulieren 07-0178; antagonist. Wechselbezieh. zw. Bodenbakterien u. -pilzen u. phytopathogenen Pilzen 12-1089; Einfl. d. Befeuchtungsgrades auf d. Zahl d. Mikroorganismen, d. sich im Boden entwickeln 07-0179; Dynamik d. Zahl u. Biomasse d. bakteriellen Flora d. Wassers u. Untergrundes v. gedüngten, eingedämmten Flußstellen 12-0246; Abhängigk. d. mikrobiellen Besiedl. v. Bodenaggregaten v. d. Temp. 08-0216; bakterielle Synth. v. Wuchsstoffen, d. in d. Pflanzenstoffwechsel eingreifen 07-0170; Wirk. v. Mikroorganismen auf d. Pflanzenwachstum (Entgift. hitzesterilis. Böden durch Bakterien) 07-0169; Einfl. d. Atrazins auf d. Bodenbakterien in Abhängigk. v. Nährsubstrat 07-1044; Anwend. v. Silikatbakterien in d. SU 09-0254.

E u b a c t e r i a

A c h r o m o b a c t e r: Meth. d. Isolier. u. Kultivier. N-bindender Mikrobenassoziationen 12-0322; Dynamik d. Zahl d. denitrifizierenden Bakterien d. Wassers u. Untergrundes gedüngter, eingedämmter Flußstellen 12-0245.

A g r o b a c t e r i u m r a d i o b a c t e r: Einfl. v. Tonmineralen auf Mikroorganismen (Wirk. v. Partikelgröße, Kationenumtauschkapazität u. Oberflächenbeschaffenheit auf Bakterien) 09-0187.

A z o t o b a c t e r: Vorkommen in d. Böden der zentralwestlichen Atlantikküste Frankreichs 08-0224; Bodenbakterien und Aktinomyzeten als Produzenten biologisch aktiver Stoffe 11-0195; Wirkung des Humus von Tankschlamm auf N-Bindung von Azotobacter 08-0236.

A. chroococcum: Möglichkeit der Nutzbarmachung von Azotobacter chroococcum in der Landwirtschaft 08-0440; Einfluß von Ca-Ionen auf Wachstum und N-Bindung in Kulturen eines N-bindenden Azotobacter chroococcum-Stammes bei verschiedenen pH-Werten 08-0214.

B a c i l l u s: Wirkung der engen Rhizosphäre von Kultur- und Wildpflanzen auf Zahl und Spektrum der Bacillusarten 08-0217; Methoden der Isolierung und Kultivierung N-bindender Mikrobenassoziationen 12-0322; Freisetzung von Phosphorsäure aus Apatit durch Silikatbakterien 12-0274.

B. megaterium: Bodenbakterien und Aktinomyzeten als Produzenten biologisch aktiver Stoffe 11-0195; bakterieller Abbau von Indol-3-Essigsäure und Gibberellin A_3 im Boden 10-0159.

B e i j e r i n c k i a: Verbreitung freilebender N-Binder in Roterden Grusiniens 08-0213.

F l a v o b a c t e r i u m: Methode der Isolierung und Kultivierung N-bindender Mikrobenassoziationen 12-0322; auf Leinwurzeln lebende Bodenmikroorganismen 11-0193.

M y c o b a c t e r i u m: Mykobakterien der Rhizosphäre von Wi-Weizen 12-0248.

P s e u d o m o n a s: Meth. der Isolierung und Kultivierung N-bindender Mikrobenassoziationen 12-0322; Meth. der Erhaltung beständiger pH-Werte in Kulturen 10-0211; Bodenbakterien und Aktinomyzeten als Produzenten biologisch aktiver Stoffe 11-0195; Dynamik der Zahl der denitrifizierenden Bakterien des Wassers und Untergrundes gedüngter, eingedämmter Flußstellen 12-0245; auf Leinwurzeln lebende Bodenmikroorganismen 11-0193.

P. fluorescens: bakterieller Abbau von Indol-3-Essigsäure und Gibberellin A_3 im Boden 10-0159.

P. solanacearum: Vergleich von Methoden zur Bestimmung von Pseudomonas solanacearum in künstlich infizierten Böden 12-1234.

R h i z o b i u m (K n ö l l c h e n b a k t e r i e n): Meth. der Ermittlung und Bestimmung im Boden 12-0323; unterschiedliches Wachstum und Überleben von Rhizobium-Arten in der Rhizosphäre verschiedener Pflanzen und Bodenarten (ökologische Untersuch. auf Wurzelknöllchenbakterien im Boden) 08-0210; Bacteriozinbildung bei Rhizobien 12-0232; Rhizobien von Lupinus densiflorus mit einigen Bemerkungen über Klassifikation der Wurzelknöllchenbakterien 08-0211; elektronenmikroskopische Untersuch. einiger Bakteriophagen von Knöllchenbakterien 10-0161; elektrophoretische Eigenschaft schnell und langsam wachsender Rhizobium-Arten 12-0238; Sr als ein substit. Strukturelement in Zellwänden 11-0203; Bacteriophagen von Knöllchenbakterien 12-0236; Überleben von Rhizobien auf pelletiertem Samen von Bodenfrüchtigem Klee 11-0202; Wirkung hoher Temperaturen auf bestimmte Wurzelknöllchenbakterien 12-0239; symbiotische N-Bindung bei Bohnen (Vergleich der Bindungsaktivität verschiedener Rhizobium-Stämme) 12-0273; zur Erzeugung von Impfstoffen in der ČSSR benutzte Rhizobiengruppe und ihre teilweise Charakteristik (Aktivität der N-Fixation und Wirkung der Inokulation) 07-0175; Beimpfung von Leguminosen unter dem Einfluß von Boden und klimatischen Bedingungen 08-0209; Bildung von organischen Säuren beim Umsatz der Kohlenhydrate durch Knöllchenbakterien 12-0267; Dehydrogenase-Aktivität von Knöllchenbakterien verschiedener Effektivität bei Symbiose 08-0207; Fähigkeit der Knöllchenbakterien, sich schwerlösl. Kalziumphosphate anzueigenen 09-0201; Leist. d. Knöllchenbakterien unter Berücksichtig. d. natürl. Nährstofformates und d. Einfl. d. Mineraldüng. 10-0163; Leist. d. Knöllchenbakterien unter Berücksichtig. d. natürl. Nährstoffvorrates u. d. Einfl. d. Mineraldüng. 07-0186; Einfl. v. Beizmitteln auf d. Knöllchenbakterien d. Leguminosen 11-0208; H_2-Aufnahme u. Austausch durch Erbsenwurzelknöllchen 12-0229; symbiot. Charakteristika (effektive Knöllchenbild. in Feldbeständen v. Lotus hispidus) 09-0184; Wirk. v. Cu

u. Co auf Hämoglobingeh. d. Knöllchen v. Lupinen u. Futterpflanzen 12-0233; Wirtseinfl. auf d. Ultrastrukt. d. Wurzelknöllchen v. Gelber Lupine u. Serradella 07-0176; Wirk. v. 2-Chloräthyl-trimethylammoniumchlorid u. Gibberellsäure auf d. Knöllchenbild. bei Alexandrinerklee 12-0234; Knöllchenbild. u. Wachstum bei Bodenfrücht. Klee 11-0079; Ursprung d. d. Bakterien u. Bakteroiden umgebenden Membran u. d. Anwesenheit v. Glykogen in Kleewurzelknöllchen 11-0201; Einfl. v. chlorierten Kohlenwasserstoff-Insektiziden auf Knöllchenbild. v. Luzerne u. Glycine javanica 09-0185; stammspezif. ineffektive Knöllchenbildungsreaktion bei Soja 08-0212; Verteil. d. Knöllchenbakterien d. Sojabohne in meeresnahen Böden u. d. Einfl. d. Düng. 10-0162; Knöllchenbild. an isolierten Wurzeln d. Robinie 12-0235; Knöllchenbild. durch Sanddorn im Freiland 12-0240.

R. japonicum: Korrelation der physiologischen Eigenschaft mit der Knöllchenbildungsfähigkeit bei Rhizobium japonicum 11-0197; Serogruppen in Sojaknöllchen unter d. Einfluß von Bodenvarietäten 11-0198; Veränderung der Soja-Wurzelkultur, induziert durch Rhizobium japonicum 11-0199.

R. leguminosarum: Tryptophanabbau 12-0230.

R. meliloti: Transduktion bei Rh. meliloti 12-0237; extrazelluläre Polysaccharide von R. meliloti 12-0231; symbiotische Eigenschaft: systematische Einteilung nach der Beziehung in der Knöllchenbildung u. N-Bindung zwischen Wirtspflanzen und Rhizobien verschiedener Herkunft 09-0186.

R. trifolii: Salztoleranz von R. trifolii 08-0208; Säurebildung durch Rhizobien von der Gattung Trifolium und Lotus 11-0200; mikrobieller Antagonismus bei der Anlage von Kleeweide (Wirkung von saprophytischen Bodenpilzen auf Rh. trifolii und subterranen Klee) 08-0219; Physiologie der Knöllchenbildung (Einfluß von kombinierten Gaben v. N, Glukose, Lichtintensität und Tageslänge auf die Wurzelhaarinfektion von Klee) 09-0038; Vorkommen von Mikroorganismen, welche Rh. trifolii im Boden und in der Wurzelregion von Kleestimulieren 07-0178.

Salmonella: Hygiene der Schnellkompostierung nach dem Multibacto-Verfahren. Verhalten von Salmonellen beim Rottevorgang 12-0500; bakterizide Wirkung sterilisierenden Kiefernwaldbodens 07-0168.

Actinomycetes

Bodenbakt. u. Aktinomyzeten als Produzenten biol. aktiver Stoffe 11-0195; Zunahme d. Actinomycetes.Population in gelagerten Böden 11-0194; Synth. v. Vit. d. B-Gruppe durch Bodenaktinomyzeten 12-0249; Cholesterinoxydation durch Boden-Aktinomyzeten 09-0180; Wirk. d. Wurzelexkret. v. Weizen u. Mais auf Actinomycetes im Boden 07-0172;

Wirk. d. engen Rhizosphäre v. Kultur- u. Wildpflanzen auf Zahl u. Spektrum v. Actinomycetes 08-0217; ernährungsmäß. Wechselbezieh. zw. Pflanzen u. Actinomycetes 07-0174; Wechselbezieh. zwischen Bodenaktinomycetes u. Pflanzen 10-0164.

Streptomyces: Charakterisierung eines Streptomyces spec., isoliert aus Wurzelknöllchen von Ceanthus velutinus 07-0177; Strahlenpilze aus der Gattung Streptomyces, die aus Schwarzerde isoliert wurden, und Einfluß auf die Entwicklung einiger phytopythogener Bodenpilze 10-0807; höhere Champignonerträge durch mikrobiologische Umsetzung im Substrat? 09-0620.

Pilze

Allgemeines

Ökol. u. Physiol. v. Bodenpilzen, d. am Abbau v. Lignin u. verwandten aromat. Verbind. beteiligt sind 12-0263; Nachweis v. Sukzessionen niederer Pilze beim Abbau v. Pflanzenmaterialien in einem Modellversuch 12-0251; automat. Bodenwaschapparatur z. Pilzisolier. 08-0287; Schätz. d. Dichte einer Population 12-0321; zellulosezersetzende Mikroorganismen in Böden d. Solonetz-Komplexes 09-0191; harnstoffzersetzende Mikroflora in Humus v. Schwarzfichten 12-0243; Bild. v. Aminosäuren durch Mikroorganismen in Kulturflüssigk. u. im Boden 09-0178; mikrobiol. Antagonismus bei d. Anlage v. Kleeweide (Zahl d. Arten u. d. prozentuale Häufigk. d. Vorkommens d. wichtigsten Pilze) 08-0218; (Wirk. v. saprophyt. Bodenpilzen auf Rhizobium trifolii u. subterranen Klee) 08-0219; Abhängigk. d. mikrobiellen Besiedl. v. Bodenaggregaten v. d. Temp. 08-0216; Einfl. d. Befeuchtungsgrades auf d. Zahl d. Mikroorganism., d. sich im Boden entwickeln 07-0179; Wirk. v. Mikroorganism. auf d. Pflanzenwachstum (Entgift. hitzesterilis. Böden durch Pilze) 07-0169; Rhizosphärebodenpilze d. Weizens 12-0252; Systematik sowie geograph. Verbreit. mikroskop. Bodenpilze 12-0250; Einfl. v. Kulturfiltraten einiger Rhizosphärenpilze auf Wachstum v. Tomatenpflanzen 07-0062; Wirk. einiger Pilze auf d. Keim. v. Luzerne u. Rotklee 07-0183; Einfl. einiger Pilze auf Kollembolen u. Milben 08-0221; Fungistasis einiger Böden-Saskatchewans unter bes. Bezugnahme auf Cochliobolus sativus 12-1095; antagonist. Wechselbezieh. zw. Bodenbakterien u. -pilzen, u. phytopath. Pilzen 12-1089.

Phycomycetes

Ökol. Bedeut. d. Phykomyzeten-Mykorrhizen 12-0253.

Phytophthora: Ph. megasperma, isoliert aus d. Boden 08-0922.

Ascomycetes

Aspergillus: Aufnahme v. Sr durch Aspergillus 08-0225; Einfl. einiger Arten auf d. Nährstoffhaushalt von Torf- u. Rasenpodsolböden 10-0165.

Plicaria fulva: rasenbildender Pilz auf gedämpften Erden u. Böden unter Glas 12-1222.

S a c c h a r o m y c e s c e r e v i s i a e: Zerstör. d. zytoplasmat. Membran durch methylisothiozyanatnalt. Bodenentseuchungsmittel 07-0165.

P e n i c i l l i u m: Aufnahme v. Sr durch Penicillium 08-0225; Einfl. einiger Arten auf d. Nährstoffhaushalt v. Torf- u. Rasenpodsolböden 10-0165.

T r i c h o d e r m a: Einfl. einiger Arten auf d. Nährstoffhaushalt v. Torf- u. Rasenpodsolböden 10-0165.

Fungi imperfecti

C y l i n d r o c a r p o n r a d i c i c o l a: Pilze in d. Wurzelregion (antibiot. Wirk. v. Wurzelextrakten v. Allium auf einige Pilze d. Wurzeloberfläche) 07-0166.

F u s a r i u m: Wirk. d. Kohlenhydratfraktion d. Wurzelausscheid. v. Rotklee auf Fusarium spp. d. Kleewurzel u. Rhizosphäre 08-0205; Pilze in d. Wurzelregion (antibiot. Wirk. v. Wurzelextrakten v. Allium auf einige Pilze d. Wurzeloberfläche) 07-0166; auf Leinwurzeln lebende F. oxysporum 11-0193.

Mykorrhiza

Absorption v. N durch mykorrhizabesiedelte Wurzeln d. Buche. (Ammoniak und Nitrat als N-Quelle) 10-0166; Versuche zur Übertrag. v. Mykorrhiza auf Pinus radiata 07-0182; ökol. Bedeut. d. Phykomyzeten-Mykorrhizen 12-0253; Faktoren, d. d. Keimung v. Orchideensamen beeinflussen 11-0718; Einfl. vesikular-arbuskularer Mykorrhizen auf ^{32}P-Aufnahme durch Tulpenbaum u. Amberbaum 12-0254; Einfl. v. Bodenentseuchungsmitteln auf d. Mykorrhiza v. Forstpflanzen 08-1009.

Sonstige Bodenorganismen

Bodenprobenahme auf Platten z. Untersuch. d. Mikroarthropoden 09-0248; vorläuf. Untersuch. d. Fauna v. Tschernosem 08-0220; quantitative Beobacht. über d. Bodenfauna bei Padova 08-0222; Anzucht v. kleinen Bodentieren u. Massenzucht v. Collembolen 09-0250; Beschreib. einer neuen Art entomobryomorph. Collembola: Microfalculinae 07-0185; Wachsausscheid. bei Neelidae-Kollembolen 12-0258; Wirk. verschied. chlor. Kohlenwasserstoff-Insektizide auf d. Springschwänze u. Milben im Boden v. Weideland 12-1267; Einfl. einiger Pilze auf Kollembolen u. Milben 08-0221; jahreszeitl. Fluktuation u. Verteil. v. Milbenpopulationen in "Moorland"-Böden mit einer Notiz über d. Biomasse 07-0184; ökol. Untersuch. an nützl. u. schädl. Bodenmilben in landwirtsch. genutzt. Flächen sowie bei gärtner. Kulturen unter Glas 11-0206; Bezieh. zw. höherer Pflanze u. endophyt. Amöbe (Oryza sativa u. Rizamoeba camariae) 07-0181; Einfl. einiger Herbizide auf d. Entwickl. v. Bodenalgen 10-0167; Färb. v. Chlorellazellen durch Tetrazoliumsalze 12-0255; Einfl. d. Hydroxamsäure-Derivate auf d. Wachstum d. Alge Scenedesmus obliquus 10-0160; Bind. v. atmosphär. N durch Blaualgen 12-0272; N-Bindungsvermögen einiger blaugrüner Algen 12-0271; Giftwirk. v. granul. Disulfoton auf Bodenarthropoden 12-1292; Bezieh. zw. Anzahl v. Helicotylenchus microlobus u. N-Düng. 09-0181; Cu u. d. Rolle d. Isopoden beim Abbau

v. org. Substanz 10-0169; Wirk. v. 5 Herbiziden auf Oligochaeta Arten 12-0259; Rückstände chlorhalt. org. Insektizide in wirbellosen Bodentieren 11-0204; Bezieh. zw. Regenwürmern u. Mikroben 09-0182; Einfl. v. Regenwürmern auf Streuschicht u. Humushorizont d. Waldböden 09-0183; Bek. v. Regenwürmern in Fichtenboden u. in vitro 08-0223; räuber. Strudelwurm an freilebenden u. pflanzenparasit. Nematoden 11-0884; Einfl. d. Umwelt auf Entwickl. u. Geschlechtsdifferenzier. v. Wurzelgallennematoden. (Einfl. v. Infektionsdichte, Alter d. Wirtspflanzen u. Bodentemp.) 11-0877; Verteil. v. Nematoden im Boden 11-0865; Meth. z. Gewinn. v. Nematoden aus d. Boden 12-1237; schnelle Abtöt. v. Nematoden in überflutetem Boden 07-0869.

Umsatz organischer Stoffe

Mikroben u. d. Überleben d. Menschen auf d. Erde 08-0134; Nachweis v. Sukzessionen niederer Pilze beim Abbau v. Pflanzenmaterialien in einem Modellversuch 12-0251; Veränder. d. Bodenlös. bei Zerleg. org. Stoffe in rezenten Bodenablager. 12-0262; biol. gesteuerte Abbauvorgänge im Boden 07-0189; Einfl. d. Mineraldüng. auf biol. Kreislauf d. Stoffe landwirtsch. genutzter Böden 09-0354; CO_2-Abgabe in Abhängigk. v. Bodenfeuchtezustand 07-0190; Cu u. d. Rolle d. Isopoden beim Abbau v. org. Substanz 10-0169; exp. Untersuch. d. biol. Zersetz. zweier org. Fe-Komplexe in einem "Mor"- u. einem "Mull"-Boden 11-0210; Bedeut. d. Verhältnisses C/org. P bei d. Mineralisier. d. org. Boden-P 12-0266; Rückführ. mineral. Elemente mit Bestandsabfall u. Zusammensetz. d. Bodenhumus in vorherrschenden Parzellen eines Linden-Eichenwaldes 12-0260; Sorptionskapazität im Boden mit bes. Berücksichtig. der unter d. Einfl. v. Ab-, Um u. Aufbauvorgängen während d. Zersetz. v. Stoppel- u. Wurzelrückständen eintretenden Änder. 12-0198; Wechselbezieh. zwischen d. Zersetz. v. Pflanzenrückständen und Anhäuf. von Vitaminen 10-0170; Zersetz. v. pflanzl. Material im Boden (partielle Sterilisation d. Bodens u. d. Bodenbiomasse) 07-0188; Wirk. zugegebener Pflanzensubst. auf d. Abbau org. Bodensubst. bei verschied. Befeuchtungs- u. Trocknungsprozessen 07-0191;Intensität d. Zersetz. herabfallender Pflanzenteile durch zellulosezerstörende Mikroorganismen 12-0261; Phasen während d. Pflanzenkutin-Abbaus durch Bodenmikroorganism. 07-0193; Bestimm. d. Chitinzersetz. im Boden über CO_2-Freisetz. 09-0194; Ökol. d. Mikroorganismen auf u. d. Zersetz. v. Insektenflügeln im Boden 08-0228; mikrobiol. Umwandl. d. Lignine 10-0171; Ökol. u. Physiol. v. Bodenpilzen, d. am Abbau v. Lignin u. verwandten aromat. Verbind. beteiligt sind 12-0263; Verlauf d. Zelluloserotte unter biot. verschied. Versuchsbeding. 09-0193; Beeinfl. v. Torulopsis utilis durch Huminstoffe aus d. Zersetz. v. Zellulose u. Pflanzenwurzeln 07-0171; S-Bedarf für d. Zersetz. v. Zellulose u. Glukose im Boden 07-0192; Bild. v. org. Säuren beim Umsatz d. Kohlenhydrate durch Knöllchenbakterien 12-0267; Wirk. d. Gefrierens auf d. freien

Zucker im Boden 12-0264; Abbau v. ^{14}C-markiert. Atrazin in Bodenproben 11-0209; Hydrolyse v. Atrazin im Boden 12-0265; Resistenz v. Hartfolie aus PVC gegen Einwirk. v. Mikroorganismen d. Bodens 09-0195.

S t i c k s t o f f u m s a t z

Charakterisier. d. mineralisierbaren N in Böden 11-0215; N-Dynamik zur Ermittl. d. günstigsten bodenbiochem. Schwellenwertes bei d. Bodenmelior. 11-0218; Fähigk. org. N-Verbind., d. Pflanzen als allein. N-Quelle für d. Wachstum zu dienen 08-0230; Nutz. d. N v. Humusverbind. durch Bodenmikroorganismen 08-0229; Effekt period. Trockn. u. Wiederbefeucht. v. kalkhalt. Böden auf die C- und N-Mineralisation 11-0214; N-Mineralisation in Böden v. Whakatane, Neuseeland, in Hinsicht auf ihre Eignung für d. Anbau v. Tabak 11-0216; N-Mineralisation u. Umsetz. d. Ammoniumsulfats in Böden d. Insel Nine 11-0217; Faktoren, d. die Hydrolyse d. Harnstoffs u. d. Flüchtigk. d. Ammoniaks im Boden beeinflussen 12-0269; Fixier. d. mineral. N-Formen im Boden in für d. Pflanzen nicht verfügbaren Verbind. 08-0231; Festleg. u. Mineralisier. v. N im Boden bei Zugabe v. Stroh 09-0371; Verbleib v. d. Böden zugegebenem N 09-0196; Dynamik v. Mineral-N-Geh. im ungedüngten u. gedüngten Boden 09-0197; Einfl. v. unter d. Wirk. v. Erle angereichert. N-Verbind. u. v. Ammoniumnitrat-Gaben auf andere Pflanzenarten 07-0200; mikrobiol. Abbau v. Biuret 08-0232; N-Haushalt grauer Waldböden beim Anbau von Mais 11-0213; Abbau v. Proteinen im Boden 08-0233; Bentonitwirk. auf mikrobielle Zersetz. d. Eiweißstoffe im Boden 12-0270; Abbau einiger Aminosäuren im Boden u. ihr Einfl. auf d. Zusammensetz. d. Mikroflora 08-0234; Zerfall u. Wander. v. Ammoniumsulfamat 10-0173.

A m m o n i f i k a t i o n: Bind. v. zugesetzt. Ammonium u. Nitrifikation v. fixiert. Ammonium in Bodentonen 07-0197.

N i t r i f i k a t i o n: Bind. v. zugesetzt. Ammonium u. Nitrifikation v. fixiert. Ammonium in Bodentonen 07-0197; Stimulation d. Nitrifikation durch zeitweilige Ansäuer. d. Bodens 07-0198; Wirk. v. Telodrin auf d. Nitrifikation v. Ammoniak im Boden u. auf d. N-Ernähr. v. Zuckerrohr 09-0200; Hemm. d. Nitrifizier. durch einige chem. Präparate 08-0235; Einfl. v. Boden-P auf d. Nitrifizier. in Mysore-Roterden 07-0199; Einfl. chem. Hemm. d. Nitrifikation auf P-Aufnahme durch Weizen 11-0321; Dynamik d. Wasserbeständigk. d. Bodenaggregate bei unterschiedl. Feuchtigk. und d. Nitrifikationsvermögen d. Bodens 10-0145; Einfl. v. org. Düngern auf d. Maisertrag u. d. nitrifizierenden Prozesse in ausgelaugten Schwarzerden d. Kaukasusvorlandes 10-0330; N-Haushalt grauer Waldböden beim Anbau von Mais 11-0213; Wirk. v. applizierten Al auf bodenmikrobiol. Prozesse u. auf Wachstum v. Hafer 12-0223; Dynamik d. Nitrifikanten kastanienfarb. Böden in Abhängigk. v. Wirk. u. Nachwirk. v. Spurenelementen 12-0244; Wirk. d. Einbring. org. Stoffe auf N-Haush., Zusammensetz. d. Mikroflora eines Torfbodens u. Pflanzenertrag 12-0268.

D e n i t r i f i k a t i o n: Nitrier. d. org. Bodensubst. (gaschromatograph. Trenn. v. gasförm. Produkten) 09-0241; Anwend. v. Antibiotika für teilweise Inaktivier. v. Denitrifikationsprozessen 12-0226.

N - B i n d u n g: Best. d. tatsächl. N-Bind. durch Leguminosen 11-0211; Bodentemp. u. Aufnahme v. N aus d. Atmosphäre durch Leguminosen 09-0199; biochem. Aspekte bei d. biol. Bind. molekularen N 10-0172; N-Bind. durch d. Lupine aus d. Luft unter Verwend. v. molekularem ^{15}N 07-0195; Wirk. d. Humus v. Tankschlamm auf N-Bind. v. Azotobacter 08-0236; symbiot. N-Bind. bei Bohnen (Vergl. d. Bindungsaktivität verschied. Rhizobiumstämme) 12-0273; Einfl. v. Hypokotoyl u. Vit. B_{12} auf N-Bind. isolierter Bohnenwurzeln 08-0237; Wirk. d. Ca-Mangels auf d. symbiot. N-Bind. 07-0196; Verteil. v. in Wüsten-Algenkrusten fixiertem N 09-0198; Bedeut. d. Blaugrünalgen für d. Anreicher. d. Bodens mit N 07-0194; N-Bindungsvermögen einiger blaugrüner Algen 12-0271; Bind. v. atmosphär. N durch Blaualgen 12-0272; N-Bind. durch Sanddorn im Freiland 12-0240; N-Fixier. in Wurzelknöllchen d. Erle 08-0238; N-Bind. durch knöllchentragende Alnus rugosa 11-0212.

M i n e r a l s t o f f u m s a t z

N-Mineralisation u. Umsetz. d. Ammoniumsulfats in Böden d. Insel Nine 11-0217; Wirk. zw. natürl. Phosphaten u. Bodenmikroflora 08-0240, 09-0202; Fähigk. d. Knöllchenbakterien, sich schwerlösl. Kalziumphosphate anzueignen 09-0201; Freisetz. v. Phosphorsäure aus Apatit durch Silikatbakterien 12-0274; Einfl. P abbauender Bakterien auf Wuchs u. Entwickl. v. Rebsetzl. 07-0676; biol. Umwandl. v. P während d. Inkubation eines mit lösl. anorg. P u. frischen sowie gerotteten org. Subst. versorgten Bodens 08-0239.

B o d e n a t m u n g

Mikrobiol. Charakterisier. v. 4 Bodenprofilen auf Grund d. Atmungsaktivität 09-0177; CO_2-Abgabe in Abhängigk. v. Bodenfeuchtezustand 07-0190; Polyäthylengefäß zur interferometr. Bestimm. d. Respirationskurven v. Böden, org. Düngemitteln u. Abfallstoffen 07-0235; Einfl. d. org. Düng. auf Respirationsaktivität d. Bodens unter Gerste mit Luzerneuntersaat 07-0162.

<u>Bodenmüdigkeit</u>

Spezif. Bodenmüdigkeitskrankh., d. Wurzelnekrose u. Wachstumsdepression bei Obst- u. Plantagenkulturen verursachen 08-0848; Bodenmüdigk. bei Apfel u. Kirsche u. Bek. durch Bodenbegas. 08-0985; Phlorizingeh. v. Apfelsäml. bei Mangel an mineral. Nährstoffen unter Berücksichtig. d. Bodenmüdigkeitsproblems beim Apfel 10-0792.

<u>Bodenfruchtbarkeit</u>

Anlage u. Auswert. v. Serienversuchen zwecks Prüf. d. Bodenfruchtbark. 08-0262; Konferenz "Wissenschaftl. Grundlagen d. rationellen Ausnutz. d. Böden im Schwarzerdegeb. d. SU u. Wege z. Erhöh. ihrer Fruchtbark." 08-0292; Bodenfruchtbarkeit 10-0221; Bodenfruchtbark. als vielschicht.

Problem 11-0151; Bodenfruchtbarkeit u. Ertrag 12-0330; Wetter u. Bodenfruchtbark. 11-0252; beeinflußbare u. nicht beeinflußbare Faktoren d. Bodenfruchtbark. 07-0242; Kenntnis d. Bodenbild. 07-0244.

B o d e n f r u c h t b a r k e i t u n d a n d e r e B o d e n - e i g e n s c h a f t e n: Nährstoffpotentiale u. chem. Faktoren d. Bodenfruchtbark. (Theorie d. Bodennährstoffpotentiale) 08-0169; (Anwend. in einigen Bodenfruchtbarkeitsuntersuchungen) 09-0255; N in d. Fruchtbark. d. Rasenpodsolböden 12-0327; Wasser- u. Lufthaushalt d. oberen vererdeten Schicht d. Klenzer Niedermoores u. Einfl. auf d. Ertrag 10-0149; bodenmikrobiol. Probleme d. Bodenfruchtbark. 11-0257.

B o d e n f r u c h t b a r k e i t u n d a g r o t e c h n i s c h e M a ß n a h m e n: Thyrower Bodenfruchtbarkeitsversuch 07-0241; Bodenverbesser. (Meth. z. Nutz. unterer Horizonte z. Erhöh. d. Bodenfruchtbark. (Feldversuche) 09-0256; Heb. d. Bodenfruchtbark. 07-0240; Chemisier. d. Landwirtsch. in d. Nicht-Schwarzerdezone 07-0243; Fruchtbark. eines Steppenschwarzerde-Tonbodens nach 50jähr. Kultur mit u. ohne Futterpflanzen in d. Rotation 08-0288; Meth. für d. Wiederherstell. d. Bodenfruchtbark. bei Gewächshausproduktion im Hinblick auf d. Steiger. ihres ökonom. Nutzeffektes 08-0611; Steiger. d. Bodenfruchtbark. bei natürl. Erden u. Böden unter Glas 08-0612; Erhalt. d. Bodenfruchtbark. im Weinbau 12-0926; Veränder. v. Eigensch. d. grauen Waldböden unter Einfl. d. landwirtsch. Nutz. 08-0289; Verbesser. d. Rasenpodsolböden 10-0217; Erhöh. d. Fruchtbark. bewässerter schwerer Mineralböden 10-0220; Beseit. v. Bodenschäden durch Fruchtfolge, Zwischenfruchtbau u. Düng. 08-0291; Melioration, Fruchtbark., Ackerbaukultur 09-0266; Einfl. herkömml. Bodenbearbeitungsverfahren auf Bodenfruchtbark. u. Ertrag v. Gemüsesorten in einer Jungpflanzenzuchtstätte 08-0620; theoret. Fragen d. Bearbeit. u. d. Fruchtbark. v. Wiesen u. versteppenden Wiesensolonetzböden 08-0295; Meth. d. Ackerkrumenvertief. in Podsolgeb. 08-0290; Einfl. d. Ackerkrumentieflocker. bei degradierter Schwarzerde auf d. Veränder. einiger Bodeneigensch. 09-0257; Untersuch. d. Vertief. d. Ackerkrume auf ausgelaugtem Schwarzerde-Boden 11-0256; Steiger. d. Fruchtbark. schwerer Böden d. Schwarzerdetyps durch Tieflocker. d. Ackerkrume 11-0261; Möglichk. d. Getreidestoppelumbruchs für nachfolg. So-Getreide 11-0263; Düng. u. Bodenfruchtbark. 09-0259; Veränder. agrochem. Eigensch. eines Rasenpodsolbodens unter Einfl. v. Düngemitteln 09-0258; Düng. als Mittel z. Wiederherstell. d. Bodenfruchtbark. auf planierten Bewässerungsflächen 11-0255; Bestimm. d. Fruchtbark. v. Rasenpodsolböden aus d. Wirk. d. Düng. 12-0329; Einfl. von Bodenkatena u. P auf d. Weizenertrag 10-0219; Mg-Düng., wichtige Maßnahme z. Erhalt. d. Bodenfruchtbark. im Feldgemüsebau 08-0623; Einfl. org. Düng. auf Nährstoffaufnahme d. Kulturpflanzen u. einige Komponenten d. Bodenfruchtbark. 11-0372; Humusversorg. im viehlosen Betrieb 12-0328; Anwend. v. Silikatbakterien in d. SU 09-0254.

B o d e n f r u c h t b a r k e i t u n d P f l a n z e n: Einfl. d. Saatguterzeug. auf d. Bodenfruchtbark. 07-0389; Einfl. mehrjähr. Pflanzen auf Bodenfruchtbark. sowie auf Erträge d. Folgepflanzen 10-0356; Fruchtbarkeitsentwickl. unter Gräsern 11-0253; Einfl. v. Gräsern unter natürl. Beding. auf d. Verbesser. d. Bodenfruchtbark. 10-0218; biol. Aktivität d. Böden d. Kulturweiden u. ihre Produktivität in Abhängigk. v. d. Nutzungsdauer 11-0254; Düng. als Mittel z. Wiederherstell. d. Bodenfruchtbark. auf planierten Bewässerungsflächen 11-0255.

Bodensystematik und Bodengenese

B o d e n g e n e s e

Mißverständnis d. wiss. Bodenbeurteil. 10-0175. Stud. d. Genese Mg-reicher Böden; experiment. Untersuch. über chem. Verwitter. ultrabas. Gesteine (Serpentinite) 09-0124; anthropogen bedingte Bodenveränder. - ein Umriß d. Metapedogenese 10-0174; Zugänglichk. u. Eigensch. v. absorbiertem C in biogenet. Opal 11-0154; Rhizo- u. Phyllosphärenprodukte d. Pflanzen u. ihr Anteil an bodengenet. Prozessen 12-0183; Beiträge zur Kenntnis d. Pseudogleidynamik 08-0255; wasserwirtsch. Bodenkunde 12-0147; Genese v. Sandböden in d. Waldbodenzone 08-0248; granulometr. Differenzier. d. auf Lehm anstehenden Böden 12-0277; Bodenformen u. ihre Eigensch. im nördl. Teil d. Mittelsächs. Lößlehmhügellandes 11-0226; pedochem. u. kryoklast. Verlehm. (Tonbild.) in Böden aus kalkreichen Lockersedimenten (Beispiel Löß) 07-0114; Beschaffenh. d. Allophans in Böden (Bedeut. struktureller Ungleichmäßigk. in d. Pedogenese) 10-0121; Einfl. d. mineralog. Substrats u. d. bodengenet. Faktoren auf d. K-Beweglichk. in einigen auf Löß entstandenen Böden 10-0136; Ursprung d. Bodenmaterials u. Korngrößenverteil. in d. Ackerkrume in Ostflandern 09-0154; Merkmaluntersuch. v. Böden, d. sich auf Sedimenten d. Weichselvereis. in Irland entwickelten 08-0250; Genese d. hydrogenen Böden Polens 12-0279; Entwicklungsgeschichte v. Böden d. russ. Ebene 09-0205; Genese v. Halbwüstenböden in d. SU 09-0218; genet. Besonderh. d. zimt-farbig-roten, roten u. schwarzen kompakten hydromorph. Böden Indiens 09-0211; Genese, Mineralogie u. Eigensch. westindischer Böden. (lauxit. Böden) 10-0179; asymmetr. Entwickl. d. Böden auf nördl. u. südl. Abhängen d. westl. Tien-schan 09-0207; Kennzeichn. u. Genese einer Sharpsburg-Wymore-Bodensequenz in Südost-Nebraska 12-0284; Erfahr. beim Aufbau d. genet. Klassifikat. d. Böden in Kuba 07-0202.

B o d e n p r o f i l e

Kartenvorlage für d. quant. Bestimm. v. Fleck. u. Konkretionen in Bodenprofilen 08-0264; Herkunft u. Entwickl. d. Feuersteintons u. damit verbundener Bodenhorizonte 12-0278; Korr. zw. Differenzier. d. mech. Zusammensetz. im Bodenprofil u. d. Typ sowie landwirtsch. Eigensch. d. Bodens 12-0276; Einfl. d. verschiedenartigen landwirtsch. Nutz. auf quantitative Veränder. d. Humus im Bodenprofil 12-0193;

mikropedol. Untersuch. eluvialer Bodenhorizonte 08-0244; Merkmalsuntersuch. v. Böden, d. sich auf Sedimenten d. Weichselvereis. in Irland entwickelten 08-0250; Boden u. Verwitterungskruste im genet. Profil d. Roterde im westl. Georgien 12-0287; mikrobiol. Charakterisier. v. 4 Bodenprofilen auf Grund d. Atmungsaktivität 09-0177; Tonminerale d. wichtigsten Bodentypen Mitteleuropas (Tonminerale in Bodentypen aus Löß) 10-0118; Kennzeichn. verbreit. anhydromorph. Bodenformen d. norddt. Jungmoränengeb. 07-0207; Eigensch. u. Entsteh. d. Böden auf Sandlöß in d. Dalkauer Bergen im Katzengebirge 08-0245; amorphe u. kristalline Bestandteile einiger typ. Bodenbild. Skandinaviens 07-0203; Morphol. v. Böden mit Fragipan-Horizonten in Gebietsteilen v. Wilson County, Nordkarolina 08-0252; Herkunft d. Bänder in sand. Böden d. Stony Plain Geb. 08-0243; Cambic- u. gewisse Nichtcambic-Horizonte in Wüstenböden 09-0216.

B o d e n t y p e n

A l l g e m e i n e s: Erkenntnisse über hydromorphe Böden 07-0211; Mitteil. z. Entwickl. kalzimorpher Böden in d. humiden Gebirgsregion 10-0180; Plaggenböden und Plaggenmattböden in d. Altmark 10-0177; Serogruppen v. Rhizobium japonicum in Sojaknöllchen unter d. Einfl. v. Bodenvarietäten 11-0198; Korr. zw. Differenzier. d. mech. Zusammensetz. im Bodenprofil u. d. Typ sowie landwirtsch. Eigensch. d. Bodens 12-0276; Untersuch. über K-Haushalt einiger Bodentypen d. hum. Tropen (Vietnam u. Nigeria) 07-0135.

Unterwasserböden

N i e d e r m o o r b ö d e n: Wirk. d. intensiven Walzens einer auf Niederungsmoor v. geringer Mächtigk. gelegenen Sauerwiese 07-0521; Möglichk. d. Grabenein- u. -anstaues auf flach- u. tiefgründ. Niedermoorstandorten mit u. ohne Drän. 09-0279; Wasser- u. Lufthaushalt d. oberen vererdeten Schicht d. Klenzer Niedermoores u. Einfl. auf d. Ertrag 10-0149, 11-0188.

T o r f b ö d e n: Meth. z. Demonstrat. d. Verteil. v. Sulfiden in Torfböden 10-0199; Geh. an Huminstoffen als Faktor d. agrochem. Charakteristik v. Torfen 12-0195; Einfl. v. Rekultivierungsmaßnahmen auf Entwickl. mikrobiol. Prozesse in abgebauten Torflagern 09-0189; Einfl. einiger Pilzarten auf d. Nährstoffhaushalt von Torf- und Rasenpodsolböden 10-0165; Nährstoffversorg. v. Zuckerrüben auf Torfböden im Überschwemmungsgeb. d. Flusses Trubesh mit K u. Na sowie deren Einfl. auf d. Zuckergeh. 11-0379; Feuchtigkeitsmenge zur Wachstumsstock. u. Welkeerschein. bei Kohl in Torfböden 11-0620; Unterschiede in d. Empfindlichk. gegenüber Eisenchlorose bei Grasarten, d. auf Torfauflagen wuchsen 11-0353; Cu-Mangel v. Weiden auf Hochmoortorf 07-0526; Cu- u. Mo-Ernähr. v. auf saurem Sphagnumtorfboden gewachsenen Kulturpflanzen 10-0299; Einfl. d. Düng. auf Dynamik d. bewegl. Formen d. Nährelemente v. Torf-Sumpfböden 12-0154; Wirk. d.

Einbring. org. Stoffe auf N-Haush., Zusammensetz. d. Mikroflora eines Torfbodens u. Pflanzenertrag 12-0268.

Überflutungs- u. Grundwasser-Böden

Einfl. d. Redoxpotentials u. d. CO_2-Partialdruckes auf pH-Werte u. Suspensionseffekt überfluteter Böden 08-0180; Kennwert für pflanzenverfügbares Wasser für überflutete Böden d. Beloruss. SSR 09-0176; Böden d. Donau-Überschwemmungsgeb. u. Fragen ihrer Versalz., Alkalisier. u. Melioration 12-0283.

A u e b ö d e n: Systematik 07-0201; Illitverwitter.-produkte in Aueböden Südwestdeutschl. unter Einwirk. v. K-Düngern (Mineralumwandl. in geköpften Parabraunerden u. einer Pararendzina) 12-0160; Einstaubewässer. bei Aueböden mittels Tonrohrdrän. 09-0280.

M a r s c h b ö d e n: Bodenchem. u. bodenphys. Untersuch. auf überschlickten Flächen einer alten Moormarsch 11-0167; Verteil. d. Knöllchenbakterien d. Sojabohne in meeresnahen Böden und d. Einfl. d. Düng. 10-0162.

M o o r b ö d e n: Sumpf- u. Moorböden d. osteurop. Tundra 09-0208; Abfluß- u. Grundwasserbeobacht. auf unberührter bzw. kultivierter Hochmoorfläche in Chiemseemooren 09-0268; bodenchem. u. bodenphys. Untersuch. auf überschlickten Flächen einer alten Moormarsch 11-0167; Einfl. d. Düng. v. Dauerwiesengrünland auf Ertragsleist. u. N-Verwert. auf Moorboden 10-0515; Einfl. steigender K-Düngergaben auf Ertragsleist. v. Wiesengrünland auf Moorböden 09-0547; Applikation d. Mo auf Moorböden 11-0400; Düng. v. Futterpflanzen auf Hochmoorboden in Bibai. (Wirk. verschied. Grundwasserstände u. Düngermengen auf Ertragsfähigk. d. Futterpflanzen auf nicht drainiertem Hochmoorboden) 10-0463; Besonderh. d. hydrotechn. Melior. d. Moor- u. Anmoorböden 12-0344; Wirk. d. Tonrohrdrän. in Moorböden in Abhängig. v. d. Verfüll. d. Dräne 07-0257; tiefe Drän. v. Moorböden 07-0258; ökon. Nutzeffekt d. geschlossenen Dränage auf Torfmoorböden 08-0309; Maulwurfdrän. in Moorböden mit pressenden u. schneidenden Werkzeugen 09-0275.

S a l z- u n d A l k a l i b ö d e n: Mess. d. elektr. Leitfähigk. bei hydropedolog. Feststell. 08-0325; Rolle höherer u. niederer Pflanzen bei d. Bild. v. Salzböden 12-0297; natürl. Radioaktivität u. chem. Zusammensetz. d. Fe-Mn-Konkretionen in versalzten Böden 08-0149; Systematik d. Salzböden d. Seewinkelgeb. in Österr. 09-0213; Böden d. Donau-Überschwemmungsgeb. u. Fragen ihrer Versalz. 12-0283; Areale jetziger Salzakkumulationen in d. Böden d. SU 12-0281; Besonderh. d. Versalz. d. Wolgaböden 12-0282; Ursachen d. Versalz. und Einsalz. d. Böden u. d. Grundwassers in d. Karaboas-Nieder. 10-0176; Salzanomalien im Steppen-Solonetzbodenprofil 12-0295; Salzhaush. d. Solonetzböden unter Reis 12-0296; Stimulation d. Nitrifikation durch zeitweilige Ansäuer. d. Bodens 07-0198; Versuch d. Auswasch. d. Wiesensalzböden

d. Terek-Deltas 07-0131; Bewässer. und Drän. versalzter Böden und ihre Veränder. bei langfristiger Nutz. 12-0349; Wirk. v. Superphosphat u. Ammonsalpeter auf Ertrag u. Ölgeh. d. Sonnenblumensamen auf versalzten Böden 07-0361; P-Fixier. und -freisetz. sowie P-Formen in österreich. Salz- u. Steppenböden 10-0115; Entwickl. d. Wurzelsystems beim Honigklee auf versalzten Böden Zentral-Jakutiens 11-0553.

Solontschakböden (Szik): Nachweis versalzter oberer Bodenhorizonte durch die Vegetation 07-0205; Ursachen der Versalzung und Einsalzung der Böden und des Grundwassers in der Karaboas-Nieder. 10-0176.

Solonetzböden: Salzanomalien im Steppen-Solonetzbodenprofil 12-0295; bestimmte Ionengleichgewichtsverhältnisse bei einem solonetzartigen Boden 07-0146; Urbarmachungskriterien nördlicher Kolunda-Solonetze 12-0285; Kenntnis eines solonetzartigen Mg-reichen alluvialen, schluffigen Tons 09-0210; Entstehung von Solonetzböden bei Bewässerung mit mineralisiertem Wasser 12-0366; Einfl. d. Tontyps u. d. austauschbaren Kationen auf d. Krümelstruktur u. Durchlässigk. v. Solonetzböden 08-0258; Wirk. künstl. Strukturbildner bei d. Erschließ. v. Solonetzböden 09-0156; zellulosezersetzende Mikroorganismen in Böden d. Solonetz-Komplexes 09-0191; Salzhaush. d. Solonetzböden unter Reis 12-0296; Beeinfluss. d. Erträge v. Gerste u. Luzerne durch Kalk. auf Solonetzböden im Geb. d. Peaceflusses, Kanada 10-0341; Bedeut. d. Steinklees in Verbind. mit d. Gipsen bei d. Melioration v. Soda-Solonetz-Böden 08-0303; theoret. Fragen d. Bearbeit. u. d. Fruchtbark. v. Wiesen u. versteppenden Wiesensolonetzböden 08-0295; Einfl. d. N-Düng. v. Trespe bei Anbau auf Solonetzboden 11-0561.

G l e i b ö d e n: Vergleiung als Charakteristikum d. Luft-Wasser-Haushaltes d. Böden 11-0227; Mikrobiologie d. Gleiprozesses 10-0187; Untersuch. d. N-Verbind. auf gedränten Rasengleipodsolböden 08-0140; Beeinfluss. d. Gersten- u. Luzerneerträge durch Kalk. auf Gleiboden im Geb. d. Peaceflusses, Kanada 10-0341.

W i e s e n b ö d e n: Theoret. Fragen d. Bearbeit. u. d. Fruchtbark. v. Wiesen u. versteppenden Wiesensolonetzböden 08-0295; P-Nachliefer. eines Wiesenbodens unter Berücksichtigung d. übrigen Nährstoffe 11-0159; org. C in irischen Weideböden 09-0144; Verteil. d. Knöllchenbakterien d. Sojabohne in meeresnahen Böden und d. Einfl. d. Düng. 10-0162; Versuch d. Auswasch. d. Wiesensalzböden d. Terek-Deltas 07-0131.

S m o n i t z a (S m o l n i t z a): Vertief. d. Ackerkrume d. Bodens vor d. Anbau v. Baumwolle auf Schwarzerde-Smolnitza-Böden 11-0262; Untersuch. d. Vertief. d. Ackerkrume auf ausgelaugtem Schwarzerde-Boden 11-0256; Wirksamk. einer Düng. v. Erdbeeren auf ausgelaugtem Smolnitzaboden 09-0657; Verteil. v. Mo, Fe u. Na in Smolnitzaböden

08-0148.

A l l u v i a l b ö d e n: Bezieh. zw. Geh. an Gesamt- u. -zitronensäurelösl. P u. K in alluvialen Böden 08-0144; schwere Mangelerschein. in Richared-Apfelplantagen auf sand. Alluvialboden 09-0647; chem. Eigensch. d. alluvialen Küstenböden d. Republik Guinea 10-0184.

Landböden

V u l k a n a s c h e b ö d e n: Vorkommen v. Gibbsit beim Verwittern vulkan. Materials 12-0182; Festigk., Plastizitätswert u. pF-Wert im Erdbau. Bezieh. zw. Erdbaueigensch. d. Bodens u. pF-Wert 07-0150.

K a r b o n a t b ö d e n: Veränder. d. chem. Zusammensetz. d. Bodenlös. bei Düng. von Karbonatschwarzerde 10-0110; Wasserhaushalt d. Karbonatböden auf Lößdecken 08-0257; Best. v. bewegl. P in Rasenkarbonatböden durch d. Meth. v. Mačigin u. Kirsanov 11-0242; hydrophys. Eigensch. d. Karbonat- u. Auenschwarzerde auf Lößschichten 07-0155.

L ö ß b ö d e n: Tonminerale d. wichtigsten Bodentypen Mitteleuropas (Tonminerale in Bodentypen aus Löß) 10-0118; pedochem. u. kryoklast. Verlehm. (Tonbild.) in Böden aus kalkreichen Lockersedimenten (Beispiel Löß) 07-0114; Zwischenschichtbeleg. u. Expansionsverhalten v. Dreischicht-Tonmin. im $CaCO_3$-gepufferten Hydrogenkarbonatmilieu kalkreicher Lockersedimentböden (Beispiel Löß) 07-0136; Illitverwitter.-produkte in Lößböden Südwestdeutschl. unter Einwirk. v. K-Düngern (Mineralumwandl. in geköpften Parabraunerden u. einer Paraendzina) 12-0160; agrophys. Charakteristik d. Böden in d. CSSR 08-0246; Fe-Reduktion bei Verdicht. in umlagertem Löß 11-0163; Einfl. d. mineralog. Substrats und d. bodengenet. Faktoren auf d. K-Beweglichk. in einigen auf Löß entstandenen Böden 10-0136; hydrophys. Eigensch. d. Karbonat- u. Auenschwarzerde auf Lößschichten 07-0155; Wasserbeweg. in Parabraunerden aus Löß 07-0157; hydrol. Eigensch. u. Wasserhaushalt d. Böden auf Lößdecken 08-0193.

P a r a r e n d z i n a: Illitverwitter.-produkte in Löß- u. Aueböden Südwestdeutschl. unter Einwirk. v. K-Düngern (Mineralumwandl. in einer Pararendzina) 12-0160.

S t e p p e n b ö d e n: Einfl. natürl. Drän. auf Verteil. u. Formen v. P in einigen Prärieböden 09-0129; P-Fixier. und -freisetz. sowie P-Formen in österreich. Salz- und Steppenböden 10-0115.

T a i g a b ö d e n: Natur d. Humusstoffe d. Taigaböden auf bas. Gestein in Mittelsibirien 07-0204.

K a s t a n i e n f a r b i g e B ö d e n (K a s t a n o s e m): Einfl. einer Vorbefeucht. d. Oberfläche auf d. Wasserdurchlässigk. von hellkastanienfarbigen Böden 10-0155; Gruppenzusammensetz. d. Humus u. d. Verhältn. d. C zum Gesamt-N in dunklen Kastanienböden in verschied. Geb. 07-0137; Dynamik d. Nitrifikanten kastanienfarb. Böden in Abhängigk. v. Wirk. u. Nachwirk. v. Spurenelementen 12-0244; Nachwirk. v. Gründüng. u. Stalldung auf Maisertrag bei Bewässer. auf hellkasta-

nienfarbigen Böden 08-0420.
S c h w a r z e r d e n (T s c h e r n o s e m): Abhängigk. d. Struktur u. Eigensch. d. Schwarzerde v. bodenbildenden Faktoren 12-0290; genet. Besonderh. d. an d. Nordküste d. Asow. Meeres gelegenen Schwarzerden 12-0292; agrophys. Charakteristik schwerer Schwarzerden auf Kreidemergeln 12-0291; Meth. zur Bestimm. v. beweg1. P in nicht karbonat. Schwarzerden 07-0229; Konferenz "Wissenschaftl. Grundlagen d. rationellen Ausnutz. d. Böden im Schwarzerdegeb. d. SU u. Wege z. Erhöh. ihrer Fruchtbark." 08-0292; Fruchtbark. eines Steppenschwarzerde-Tonbodens nach 50jähr. Kultur mit u. ohne Futterpflanzen in d. Rotation 08-0288; Veränder. d. chem. Zusammensetz. d. Bodenlös. bei Düng. von Karbonatschwarzerde 10-0110; Verteil. v. Mo, Fe u. Na 08-0148; Gruppen- u. Fraktionszusammensetz. d. Humus in Schwarzerdeböden sowj. Waldsteppe 08-0159; K-Fixier. in einem ausgelaugten Tschernosem 08-0173; Chemie d. Cu u. Zn 08-0179; Adsorption d. Ionen v. Li, Na, K, Rb u. Cs an Schwarzerde 12-0203; physikal. Eigensch. d. grundwasserfeuchten Tschernosemböden 10-0186; Verteil. v. Poren in Bezieh. z. ihrer Größe u. z. einigen Wassereigensch. v. Aggregatfraktionen eines schweren Lehmtschernosems 09-0161; hydrophys. Eigensch. d. Karbonat- u. Auenschwarzerde auf Lößschichten 07-0155; Wasserhaushalt d. Auenschwarzerden auf Lößdecken 08-0257; Charakteristik d. pF-Wertes v. Schwarzerde 08-0195; Wasserhaushalt auf Hängen unterschiedl. Exposition 11-0228; Wasserhaush. d. gemeinen Kiefer unter d. Beding. Sewaner Böden 09-0312; vorläuf. Untersuch. d. Fauna v. Tschernosem 08-0220; Einfl. d. flachen u. tiefen Bodenbearbeit. auf d. Wasserhaush. v. Tschernosemböden 11-0260; Einfl. d. Ackerkrumentieflocker. bei degradierter Schwarzerde auf d. Veränder. einiger Bodeneigensch. 09-0257; Untersuch. d. Vertief. d. Ackerkrume auf ausgelaugtem Schwarzerde-Boden 11-0256; Steiger. d. Fruchtbark. schwerer Böden d. Schwarzerdetyps durch Tieflocker. d. Ackerkrume 11-0261; Vertief. d. Ackerkrume d. Bodens vor d. Anbau v. Baumwolle auf Schwarzerde-Smolnitza-Böden 11-0262; Nährstoffbilanz in d. Fruchtfolge bei verschied. Düngemittelgaben auf mächtigem Tschernosem mit mittlerem Auswaschungsgrad 10-0321; Einfl. 50jähr. Anwend. v. Düngemitteln auf Vorräte u. Formen v. K in Tschernosemboden 12-0159; Wirksamk. einer Düng. v. Erdbeeren auf ausgelaugtem Schwarzerdeboden 09-0657; Effektivität d. Nitrat- u. Ammoniumform d. N-Düng. auf mächt. Schwarzerdeboden 07-0377; Dynamik bewegl. Phosphate in karbonatreicher, schwerster Schwarzerde beim Einbringen v. gepulverten Superphosphaten 11-0399; Möglichk. d. Grunddüng. mit P u. K auf Schwarzerdeböden 07-0363; Einfl. d. Spurenelemente auf Zuckerrübenertrag im Geb. Nowosibirsk auf ausgelaugten Schwarzerdeböden 09-0489; richtige Ausnutz. org. u. mineral. Dünger bei Wi-Roggen auf ausgelaugten Schwarzerden 10-0325; Einfl. v. org. Düngern auf d. Maisertrag u. d. nitrifizierenden Prozesse in ausgelaugten

Schwarzerden d. Kaukasusvorlandes 10-0330; Metabolik mächtiger Tschernoseme unter Gras u. Baumgesellsch. 09-0215; biol. Wirk. u. Rückstandswirk. v. Herbiziden auf d. Basis v. Triazin u. Phenoxyessigsäure auf Unkräuter in Mais auf Tschernosem in Südbačka (Einfl. v. Herbiziden auf d. Basis v. 2,4-D- u. Chloraminotriazin auf Unkräuter in Mais) 07-1061.

G r a u e W a l d b ö d e n: graue Waldböden Rumäniens 10-0178; auf Opoka bildende graue Waldböden 12-0294; Veränder. d. agrochem. Eigensch. v. grauen u. hellgrauen Waldböden 12-0153; Veränder. v. Eigensch. d. grauen Waldböden unter Einfl. d. landwirtsch. Nutz. 08-0289; Geh. u. Zusammensetz. d. Humus v. erodierten grauen Waldböden 11-0169; Temp. d. grauen Waldböden im Vorgebirge d. nordwestl. Kaukasus 12-0220; Schaff. einer künstl. wasserdurchläss. Struktur auf erodierten dunkelgrauen Waldböden 12-0210; Veränder. d. Mikroflora eines Waldbodens durch eingedrungenes Heizöl 11-0196; N-Haushalt grauer Waldböden beim Anbau von Mais 11-0213.

L a t o s o l e: Herabsetzen d. hohen P-Fixier. hawaiischer Latosols 07-0132.

P e l o s o l e: Gefügebild. in Pelosolen 08-0188.

Z i m t f a r b e n e B ö d e n: Genet. Besonderh. d. zimtfarbig-roten Böden Indiens 09-0211.

R o t e r d e n: Boden u. Verwitterungskruste im genet. Profil d. Roterde im westl. Georgien 12-0287; genet. Besonderh. d. roten u. schwarzen kompakten hydromorph. Böden Indiens 09-0211; Chemie d. Cu u. Zn in Roterden 08-0179; Einfl. v. Boden-P auf d. Nitrifizier. in Mysore-Roterden 07-0199; Verbreit. freilebender N-Binder in Roterden Grusiniens 08-0213.

R o t l e h m e (K r a s n o s e m): Mikrostruktur v. Krasnosemen auf zebraartig gebänderten Tonen 09-0217.

L a t e r i t b ö d e n: Bezieh. zw. Geh. an Gesamt- u. -zitronensäurelösl. P u. K in Lateritböden 08-0144.

B r a u n e r d e n: Braunerdebild. 09-0214; Verlager. v. Sesquioxiden in sauren Braunerden 07-0209; Braunerden in Nordhessen 07-0208; Korr. zw. Differenzier. d. mech. Zusammensetz. im Bodenprofil u. d. Typ sowie landwirtsch. Eigensch. d. Bodens 12-0276; Verteil. v. Fe in Braunerdeböden Georgiens 08-0153.

P a r a b r a u n e r d e n: Verlager. v. Sesquioxiden in Parabraunerden 07-0209; Illitverwitter.-produkte in Löß- u. Aueböden Südwestdeutschl. unter Einwirk. v. K-Düngern (Mineralumwandl. in geköpften Parabraunerden) 12-0160; Parabraunerden in Nordhessen 07-0208; Porenvolumen u. Porengrößenverteil. in Löß-Parabraunerden im südl. Niedersachsen 10-0146; Wasserbeweg. in Parabraunerden aus Löß 07-0157; Exp. Untersuch. d. biol. Zersetz. zweier org. Fe-Komplexe in einem "Mor"- u. einem "Mull"-Boden 11-0210.

P s e u d o g l e i: Beiträge zur Kenntnis d. Pseudogleidynamik 08-0255; Bilanz d. austauschbaren Kationen in verschied. sauren Bodentypen 08-0178; übermäßige Trockenh. u. Feuchtigk. bearbeiteter Pseudogleischichten als ein Faktor bei d. Stör. d. physiol. Gleichgew. bei Obstbäumen 10-0607.

W a l d b ö d e n (b r a u n e W a l d b ö d e n): Entwickl. d. analyt. Charakteristik einiger Waldböden in d. Basses-Vosges im Verlaufe d. Podsolier. 10-0181; Verbesser. d. phys. Eigensch. gepflügter Waldböden durch Polymere 09-0162; Verhalten brauner Waldbodentypen gegenüber d. Erosion 10-0241; Abhängigk. d. Ausmaßes d. Erosion v. bodenphys. Faktoren im Fall d. braunen Waldbodens mit Toneinwasch. bei Kisgörbö 10-0242; Verteil. v. Mo, Fe u. Na 08-0148; amylolyt. Mikroflora 09-0188; Einfl. v. Regenwürmern auf Streuschicht u. Humushorizont d. Waldböden 09-0183; Mineraldüng. auf stark erodiertem zimtfarbenen Waldboden 12-0488.

P o d s o l e (B l e i c h e r d e n): Pseudopodsol- u. Podsolbild. 09-0214; Verlager. v. Sesquioxiden in Podsolen 07-0209; ein in Belgien selten beobachteter Bodentyp,d. unter Wald entstandene hydromorphe Humuspodsol 07-0210; subtrop. Podsole Abchasiens 12-0288; Korr. zw. Differenzier. d. mech. Zusammensetz. im Bodenprofil u. d. Typ sowie landwirtsch. Eigensch. d. Bodens 12-0276; chem. Eigensch. eines New Jersey-Podsols in Abhängigk. v. Durchwasch. mit verschied. Agenzien 12-0152; Untersuch. d. N-Verbind. auf gedränten Rasengleipodsolböden 08-0140; natürl. Radioaktivität u. chem. Zusammensetz. d. Fe-Mn-Konkretionen in podsolierten Böden 08-0149; Bind. zw. Cu u. org. Material in einem auf Sand entwickelten u. mit Cu angereicherten Podsol 12-0187; Eigensch. eines Ortstein-Humuspodsol v. Neufundland 12-0191; Charakteristik d. pF-Wertes v. Podsolboden 08-0195; exp. Untersuch. d. biol. Zersetz. zweier org. Fe-Komplexe in einem "Mor"- u. einem "Mull"-Boden 11-0210; Meth. d. Ackerkrumenvertief. in Podsolgeb. 08-0290; Einfl. mehrjähr. Leguminosen u. d. Tiefenlocker. auf Kultivier. leichtlehm., mittl. Podsolböden im Leningrader Geb. 11-0554; Beeinfluss. d. Erträge v. Gerste u. Luzerne durch Kalk. auf Podsolboden im Geb. d. Peaceflusses, Kanada 10-0341; Einfl. v. Torf u. Gründünger auf d. N-Haush. v. Podsolböden 09-0380; Anbau von Doppel-Maishybriden auf braunem Waldpodsol 12-0606.

R a s e n p o d s o l b ö d e n: Dechiffrierung der Bodendecke der Unterzone nach Luftaufnahmen 09-0222; Veränderung der Mikrostruktur von Rasenpodsolböden unter Einfluß der Versumpfung 08-0256; Wechselbeziehung zwischen Wirksamkeit von Mg und Ca auf leichten Rasenpodsolböden 08-0147; Einfluß von Tiergängen auf wasserphys. Eigenschaften v. Rasenpodsolböden 09-0173; Einfl. einiger Pilzarten auf d. Nährstoffhaushalt v. Rasenpodsolböden 10-0165; Rolle d. mech. Bearbeit. bei d. Verbess. d. Rasenpodsol-Eigensch. 07-0249; Verbesser. d. Rasenpodsolböden 10-0217; Bestimm. d. Fruchtbark. aus d. Wirk. d. Düng. 12-0329;

N in d. Fruchtbark. d. Rasenpodsolböden 12-0327; Veränder. agrochem. Eigensch. unter d. Einfl. v. Düngemitteln 09-0258; Einfl. v. Na auf Wachstum, Ertrag u. Zuckergeh. v. Zuckerrüben auf Rasenpodsolböden 10-0195; Verbesser. d. Qualität d. Pflanzkartoffelknollen beim Anbau v. Kartoffeln auf lehm. Rasen-Podsolböden durch Anwend. mineral. Düngemittel 10-0424.

G r a u e r d e n (S e r o s e m): Gipshalt. Seroseme auf südwestl. Hängen d. Piedmontflächen v. Nord-Karatau 09-0206; Geh. an Gesamt- u. austauschbarem K in mech. Fraktionen eines dunklen Serosems 07-0134; wasserphys. Eigensch. d. kompakten Grauböden Kubas 09-0175; Einfl. v. Humophos u. Huminsäure auf d. Kartoffeln beim Anbau auf Grauerden 08-0518; Einfl. v. Torf u. Gründünger auf d. N-Haush. v. Grauerden 09-0380.

B ö d e n b e s t i m m t e r G e g e n d e n

Europäische Böden

Tonminerale d. wichtigsten Bodentypen Mitteleuropas (Tonminerale in Bodentypen aus Löß) 10-0118; Sumpf- u. Moorböden d. osteurop. Tundra 09-0208; Böden d. Donau-Überschwemmungsgeb. u. Fragen ihrer Versalz., Alkalisier. u. Melioration 12-0283.

B e l g i s c h e B ö d e n: Ein in Belgien selten beobachteter Bodentyp, d. unter Wald entstandene hydromorphe Humuspodsol 07-0210; Ursprung d. Bodenmaterials u. Korngrößenverteil. in d. Ackerkrume in Ostflandern 09-0154.

B u l g a r i s c h e B ö d e n: Formen d. Huminstoffe in einigen Böden 12-0196; Ursachen d. Versalz. u. Einsalz. d. Böden u. d. Grundwassers in d. Karaboas-Nieder. 10-0176; Typen d. Wasserhaushaltes d. Böden in Südbulgarien 07-0161; Feuchtigkeitsbestimm. in d. Zone d. Kapillarstreifen 12-0318; bewegl. Fe-Formen, d. nach verschied. Meth. (in einigen d. wichtigsten Bodentypen Bulgariens) bestimmt wurden 10-0201.

D e u t s c h e B ö d e n: Erfass. d. Standortverhältnisse d. DDR u. ihre Auswert. 08-0259; Syst. d. Böden d. DDR als Grundlage der land- u. forstwirtsch. Standortkartier. 11-0222; Bodenform d. landwirtsch. genutzten Standorte in d. DDR 11-0223; für d. Bodensyst. wicht. Ergebnisse d. forstl. Standortserkund. im Hügelland u. Mittelgebirge d. DDR 11-0224; Bodenformen u. ihre Eigensch. im nördl. Teil d. Mittelsächs. Lößlehmhügellandes 11-0226; Kennzeichn. verbreit. anhydromorph. Bodenformen d. nordostdt. Jungmoränengeb. 07-0207; Plaggenböden und Plaggenmattböden in d. Altmark 10-0177; Braunerden u. Parabraunerden in Nordhessen 07-0208; Bindungsverhältn. u. Dynamik v. Mn in typ. mitteldt. Böden als Grundlage für d. Bodenuntersuch. auf pflanzenverfügbares Mn 08-0156; Illitverwitter.-produkte in Löß- u. Aueböden Südwestdeutschl. unter Einwirk. v. K-Düngern (Mineralumwandl. in geköpfter Parabraunerde und einer Pararendzina) 12-0160; K-Nachliefer., K-Festleg. u. Tonmineralbestand schleswig-holstein. Böden 07-0142; Porenvolumen u. Porengrößenverteil. in Löß-Parabraunerden im südl. Niedersachsen 10-0146; Wasserhaush. eines ostholstein. Jungmoränenbodens zw. Feldkapazität u. voller Sättig. 12-0221; Leistungspotential u. Erosionsdisposition abtragsgeschädigter Böden in Thüringen sowie Verbesser. 09-0293.

E n g l i s c h e B ö d e n: Korr. zw. Oberfläche u.a. Eigensch. v. 19 brit. Tonböden 12-0151; Na-Austauschgleichgewichte in brit. Böden 10-0142.

F r a n z ö s i s c h e B ö d e n: Prinzipien zur regionalen Klassifizier. d. Böden 11-0220; Entwickl. d. analyt. Charakteristik einiger Waldböden in d. Basses-Vosges im Verlaufe d. Podsolier. 10-0181; Untersuch. d. auf Zweiglimmergranit u. Biotit-Glimmerschiefer ruhenden Böden im Geb. v. Bessines-Laurière 09-0204; Vorkommen v. Azotobacter in d. Böden d. zentralwestl. Atlantikküste Frankreichs 08-0224.

I r i s c h e B ö d e n: Merkmalsuntersuch. v. Böden, d. sich auf Sedimenten d. Weichselvereis. in Irland entwickelten 08-0250; org. C in Weideböden 09-0144.

J u g o s l a w i s c h e B ö d e n: K-Zustand u. K-Verhalten in typ. Böden Ostslawoniens u. Baranjas (chem. Eigensch. u. Tonmineralbestand) 09-0136.

N i e d e r l ä n d i s c h e B ö d e n: landwirtsch. Nutz. 09-0203;

Ö s t e r r e i c h i s c h e B ö d e n: Systematik d. Salzböden d. Seewinkelgeb. 09-0213; P-Fixier. und -freisetz. sowie P-Formen in österreich. Salz- und Steppenböden 10-0115; Untersuch. über labiles Phosphat in niederösterr. Böden 09-0231.

P o l n i s c h e B ö d e n: Klassifizier. u. Genese hydrogener Böden 12-0279; Eigensch. u. Entsteh. d. Böden auf Sandlöß in d. Dalkauer Bergen im Katzengebirge 08-0245.

R u m ä n i s c h e B ö d e n: Graue Waldböden Rumäniens 10-0178.

S c h w e i z e r i s c h e B ö d e n: Bodenkarte d. Schweiz 1:1000 000. Erläuter. z. Karte u. z. Systematik d. Böden 09-0220.

S k a n d i n a v i s c h e B ö d e n: Amorphe u. kristalline Bestandteile einiger typ. Bodenbild. Skandinaviens 07-0203.

T s c h e c h i s c h e B ö d e n: Böden d. ostslowak. Nieder. 07-0206; Tonminerale in Böden d. ČSSR 08-0157; agrophys. Charakteristik d. Böden in d. ČSSR 08-0246; agrophys. Charakteristik d. wichtigsten Bodenbild. in d. CSSR (mech. u. technolog. Eigensch.) 08-0247; Humus in d. Böden d. ČSSR 08-0158; Einfl. wasserwirtsch. Maßnahmen auf Bodenverhältnisse d. Žitný ostrov (Schüttinsel) in d. Slowakei 08-0249.

B ö d e n d e r U d S S R: Klassifikation d. Böden 11-0221; Klassifizier. d. Böden; Klassifikationsprinzipien u. Systematik d. Bodentypen 12-0275; Struktur d. Bodendecke d. hauptsächl. Bodenzonen u. -subzonen d. westl. SU 12-0280; Entwicklungsgeschichte v. Böden d. russ. Ebene 09-0205; asymmetr. Entwickl. d. Böden auf nördl. u. südl. Abhängen d. westl. Tien-schan 09-0207; Genese u. Klassifikation v. Halbwüstenböden 09-0218; Boden u. Verwitterungskruste im genet. Profil d. Roterde im westl. Georgien 12-0287; subtrop. Podsole Abchasiens 12-0288; begrabene Böden unter im 16.-17. Jh. v. russ. Staat errichteten Verteidigungsanlagen 09-0209; mech. Zusammensetz. d. Böden in d. Tschetscheno-Inguschsker Vorgebirgen im Zusammenhang mit d. Besonderh. d. Bodenbild. 12-0286; Natur d. Humusstoffe d. Taigaböden auf bas. Gestein in Mittelsibirien 07-0204; gipshalt. Seroseme auf südwestl. Hängen d. Piedmontflächen v. Nord-Karatau 09-0206; Urbarmachungskriterien nördl. Kolunda-Solonetze 12-0285; Besonderh. d. Versalz. d. Wolgaböden 12-0282; Areale jetziger Salzakkumulationen in d. Böden 12-0281; Auewaldböden im Südosten d. Zentralen Schwarzerdegeb. 12-0293; Kartier. in großen Maßstäben nach Luftaufnahmen v. Böden in Regionen mit Meeres-, See- u. Eisablager. d. Taigazone 09-0221; Anwend. d. Luftphotographie in d. bodenmeliorativen Forsch. im Flußgeb. u. Delta d. Dons 09-0223; Entwickl. v. Aerometh. bei d. Bodenkartographier. in d. UdSSR 10-0188; chem. Zusammensetz. u. Beweglichk. v. P in Böden Armeniens unter Verwend. v. ^{32}P 09-0130; P in Böden d. Tambower Geb. 12-0168; Geh. an K, Ra u. Th in d. oberen Bodenschicht d. Kaukasus 08-0151; Geh. u. Verteil. v. Mikroelementen in Böden d. Kusnezker Waldsteppe 08-0152; Verteil. v. Fe in Braunerdeböden Georgiens 08-0153; B- u. Mn-Geh. in kastanienfarb. Böden d. Wolgograder Geb. 12-0173; Verteil. d. Metalle in Böden über Kieslagern u. Erzvorkommen am östl. Abhang d. südl. Uralgebirges 12-0172; Versuch d. Auswasch. d. Wiesensalzböden d. Terek-Deltas 07-0131; Versuch d. Auswasch. d. Ton-Sulfat-Salzbodens d. Terek-Deltas 07-0130; Gruppen- u. Fraktionszusammensetz. d. Humus in Schwarzerdeböden sowjet. Waldsteppe 08-0159; org. Stoffe einzelner granulometr. Fraktionen d. Hauptbodentypen d. Kaukasusvorlandes 11-0168; NH_4-Bind. durch einige Böden d. SU u. d. Verfügbark. dieses Ions für Pflanzen 07-0145; Wasserdurchlässigk. v. gefrorenen Böden im Überschwemmungsgeb. d. Wolga 07-0160; Kennwert für pflanzenverfügbares Wasser für überflutete Böden d. Beloruss. SSR 09-0176; Verbreit. freilebender N-Binder in Roterden Grusiniens 08-0213.

Asiatische Böden außer UdSSR

Ionennachliefer. in nordpersischen Böden 07-0127; Untersuch. über K-Haushalt einiger Bodentypen d. hum. Tropen (Vietnam) 07-0135.

I n d i e n: Genese, Mineralogie und Eigensch. westindischer Böden. (bauxit. Böden) 10-0179; genet. Besonderh. d. zimtfarbig-roten, roten u. schwarzen kompakten hydromorph. Böden Indiens 09-0211; B-Status einiger arider Böden West-Rajasthans 10-0114; Vorkommen v. Aminosäuren u. reduzierenden Zuckern in d. Säurehydrolysaten aus Rajasthan-Böden isoliert. Fulvosäuren 07-0139.

Amerikanische Böden

B ö d e n d e r U S A: Generalbodenkarte d. USA 08-0260; Verwitter. in d. Oberflächenhorizonten v. Böden in Illinois 09-0125; Kennzeichn.

u. Genese einer Sharpsburg-Wymore-Bodensequenz in Südost-Nebraska 12-0284; Morphol. v. Böden mit Fragipan-Horizonten in Gebietsteilen v. Wilson County, Nordkarolina 08-0252; dunkle staunässefreie Böden aus d. Tundrageb. Westalaskas 08-0253; Verfügbark. d. N in kaliforn. Böden im Verhältnis zum Niederschlag u. Urgestein 11-0157; Herabsetzen d. hohen P-Fixier. hawaiischer Latosols 07-0132; Ionenverhältnisse in d. Pedogenese v. Böden aus Hawaii 11-0162; Einfl. natürl. Drän. auf Verteil. u. Formen v. P in einigen Prärieböden 09-0129; org. P in kalkhalt. Böden v. Colorado 12-0158; Nachwirk. einzelner B-Gaben auf Böden West-Washingtons 09-0134; Einfl. d. spez. Oberfläche d. Glimmer auf d. austauschbare K in einigen Böden der USA 11-0178; austauschbare Ca-Geh. d. Böden d. USA 07-0238.

K a n a d i s c h e B ö d e n: Herkunft d. Bänder in sand. Böden d. Stony Plain Geb. 08-0243; chem., phys. u. mineralog. Untersuch. eines auf glazialen, lakustr. Tonen im nördl. Zentrum v. British Columbia gebildeten Bodens 08-0251; neutrale org. Böden im Inneren Britisch-Kolumbiens 10-0182; Böden d. Polarwüste 08-0254; K-Verhältnisse in Böden Britisch-Kolumbiens 10-0117; Eigensch. eines Ortstein-Humuspodsols v. Neufundland 12-0191; Fixier. v. Ammonium in 2 Böden in Saskatchewan in Bezieh. z. Geh. derselben an austauschbarem K u. org. Subst. 09-0149.

B ö d e n v o n K u b a: Erfahr. beim Aufbau d. genet. Klassifikat. d. Böden in Kuba 07-0202; wasserphys. Eigensch. d. kompakten Grauböden Kubas 09-0175.

Afrikanische Böden

Afrikan. Böden 10-0185; Beurteil. d. Sulfatgeh. v. VAR-Böden an Hand ihrer unterschiedl. Anteile an lösl. Kationen u. Anionen 12-0305; Hygroskopizität beim rel. Feuchtegeh. v. 50% als Maßstab für d. Tongeh. d. VAR-Böden 12-0316; Wirk. verschied. Ca-Formen auf P-Fixier. in ägypt. Böden 11-0387; Böden d. Jemen 10-0183; Feuchterückhalt. in Böden d. Sudans 10-0157; chem. Eigensch. d. alluvialen Küstenböden d. Republik Guinea 10-0184; jahreszeitl. Schwank. d. physikochem. Eigensch. eines vulkan. Bodens in Kamerun 07-0212; Untersuch. über K-Haushalt einiger Bodentypen d. hum. Tropen (Nigeria) 07-0135; P-Haushalt nigerian. Böden 10-0116; Zn in Böden d. Oranje-Freistaates (Einschätz. d. Zn-Haushaltes v. Oberflächenböden) 09-0135.

Australische Böden (einschließlich Neuseeland)

Geh. d. Bodens an Methoxylgruppen als ein Maß für d. Humifizier. 07-0138; N-Mineralisation in Böden v. Whakatane, Neuseeland, in Hinsicht auf ihre Eignung für d. Anbau v. Tabak 11-0216; N-Mineralisation u. Umsetz. d. Ammoniumsulfats in Böden d. Insel Nine 11-0217.

Sonstige Böden

Mitteil. z. Entwickl. kalzimorpher Böden in d. humiden Gebirgsregion 10-0180; Cambic- u. gewisse Nichtcambic-Horizonte in Wüstenböden

09-0216; Nährstoffhaush. wichtiger Böden d. humiden Tropen. (Hauptmerkmale u. Klassifizier. d. untersuchten Böden.) 11-0161.

B o d e n a r t e n

Reaktion v. 3 Gräsern auf 2 Bodenarten u. verschied. Entfern. v. Grundwasser 08-0120; Meth. d. Aussaat v. Mais mit Ackerbohnen in Abhängigk. v. d. Bodenart 09-0501; Einfl. d. Bodenart auf d. Aktivität v. Insektiziden im Boden 07-1025.

Bodenarten nach Textur

S a n d b ö d e n: Genese u. Klassifikation v. Sandböden in d. Waldbodenzone 08-0248; Herkunft d. Bänder in sand. Böden d. Stony Plain Geb. 08-0243; geochem.-mineralog. Untersuch. an 2 aus Sandsteinen entstandenen Böden 12-0150; Gesetzmäßigk. d. Schlagwasserhaushaltes auf sand. Boden 08-0189; bestimmte Durchflußarten v. Luft u. Wasser in Sanden während d. Infiltration 08-0201; Krumenvertief. u. differenzierte Düng. auf Sandböden im Grundwasserentzugsgeb. 09-0261; Verdunst. u. Grundwasserneubild. in diluvialen Sandböden mit intensiver landwirtsch. Zwischennutz. mit wägbaren Lysimetern 09-0277; Lysimeterversuche über d. Wirk. verschied. Materialien bei d. Tiefenmelior. sandiger Böden 12-0390; Bewert. v. Harnstoff-Formaldehyd-Düngern unter Verwend. v. ^{15}N-markiertem Material in sand. Böden 10-0344; Pflanzenbau auf Sandböden 12-0572; Einfl. d. Anbaues v. Kartoffeln auf Ertragszustand nordwestdt. Sandböden 11-0406; Bewässerungshäufigk. für Luzerne auf flachgründigem Granitsand Rhodesiens 08-0559; Gemüseanbau auf Sandböden 09-0564; Vorbereit. v. Sandböden z. Obstneupflanz. 07-0616.

L e h m b ö d e n: Granulometr. Differenzier. d. auf Lehm anstehenden Böden 12-0277; Wechsel d. anorg. P-Formen d. Bodens in einem stein., schluff. Lehm nach Düng. d. Weide mit Superphosphat 07-0120; Wirk. einer 30jähr. Mineral- u. Stallmistdüng. auf d. P-Bindungszustand eines Filderlehmbodens 07-0121; Pflanzenverfügbark. u. Form v. Rückstands-P in Davidson-Tonlehm 07-0133; Festigk., Plastizitätswert u. pF-Wert im Erdbau. Bezieh. zw. Erdbaueigensch. d. Bodens u. pF-Wert 07-0150; Verteil. v. Poren in Bezieh. z. ihrer Größe u. z. einigen Wassereigensch. v. Aggregatfraktionen eines schweren Lehmtschernosems 09-0161; Beeinfl. d. Festigk. v. verdichtetem, feinsandigem Amarillo-Lehm durch Feuchtigkeit, Tongehalt u. austauschbare Kationen 11-0183; Infiltration in homogenen u. geschichteten Säulen v. aggregiertem Lehm u. Schlufflehm 08-0196; Infiltration u. Redistribution v. Wasser in vertikalen Säulen eines Lehmbodens 09-0169; Kalk. saurer roter Lehmböden (Dauer d. Kalkwirk.) 11-0389.

T o n b ö d e n: Pedochem. u. kryoklast. Verlehm. (Tonbild.) in Böden aus kalkreichen Lockersedimenten (Beispiel Löß) 07-0114; Herkunft u. Entwickl. d. Feuersteintons u. damit verbundener Bodenhorizonte 12-0278; dunkle Tonböden trop. u. subtrop. Geb. 12-0289; chem., phys. u. mineralog. Untersuch. eines auf glazialen, lakustr. Tonen im nördl.

Zentrum v. British Columbia gebildeten Bodens 08-0251; Kenntnis eines solonetzart. Mg-reichen alluvialen, schluff. Tons 09-0210; Korr. zw. Oberfläche u. a. Eigensch. v. 19 brit. Tonböden 12-0151; Pflanzenverfügbark. u. Form v. Rückstands-P in Davidson-Tonlehm 07-0133; K-Haushalt u. Verhalten d. K in tonhalt. Böden 12-0175; Festigk., Plastizitätswert u. pF-Wert im Erdbau. Bezieh. zw. Erdbaueigensch. d. Bodens u. pF-Wert 07-0150; Beeinfluss. d. Festigk. v. verdichtetem, feinsandigem Amarillo-Lehm durch Feuchtigkeit, Tongeh. u. austauschbare Kationen 11-0183; Infiltration in homogenen u. geschichteten Säulen v. Tonboden 08-0196; Abhängigk. d. Wasserversicker. v. d. Vertikaldurchporung, d. Porenvolumen, d. Porengrößenverteil. u. d. Tonanteil d. Bodens 12-0222; Bind. v. zugesetzt. Ammonium u. Nitrifikation v. fixiert. Ammonium in Bodentonen 07-0197; Meth. z. Entnahme v. Dünnschichtmonolithen auf Tonböden 10-0194; Hygroskopizität beim rel. Feuchtegeh. v. 50% als ein Maßstab für d. Tongeh. d. VAR-Böden 12-0316; Fruchtbark. eines Steppenschwarzerde-Tonbodens nach 50jähr. Kultur mit u. ohne Futterpflanzen in d. Rotation 08-0288; Wirksamk. eines unterird. Dränagesystems mit poröser Füll. in einem Tonboden v. Kapuskasing 10-0230; Einfl. d. N- u. K-Düng. auf Heißluft-Tabak auf schwarzem Tonboden 10-0457.

Bodenarten nach Muttergestein

Untersuch. d. auf Zweiglimmergranit u. Biotit-Glimmerschiefer ruhenden Böden im Geb. v. Bessines-Laurière 09-0204; gipshalt. Seroseme auf südwestl. Hängen d. Piedmontflächen v. Nord-Karatau 09-0206; Genese, Mineralogie u. Eigensch. westindischer Böden. (bauxit. Böden) 10-0179; pedochem. u. kryoklast. Verlehm. (Tonbild.) in Böden aus kalkreichen Lockersedimenten (Beispiel Löß) 07-0114; Zwischenschichtbeleg. u. Expansionsverhalten v. Dreischicht-Tonmin. im $CaCO_3$-gepufferten Hydrogenkarbonatmilieu kalkreicher Lockersedimentböden (Beispiel Löß) 07-0136; Wirksamk. d. Fe-Komplexes d. Diäthylentriaminpentaessigsäure auf Karbonatböden d. SU 12-0166; Wasserhaushalt v. Getreide u. Gras auf Kreideboden 07-0159; Chelatisier. v. Mikronährstoffen in Bodenlös. (Chelatisier. v. Zn u. Cu in verdrängten Bodenlös. v. kalkhalt. Böden.) 11-0164; org. P in kalkhalt. Böden v. Colorado 12-0158; jahreszeitl. Veränder. d. Bodenstruktur in herbizidbehandelten Weinbergsböden auf Tonschiefer- u. Muschelkalkverwitter. 12-0205; Effekt period. Trockn. u. Wiederbefeucht. v. kalkhalt. Böden auf d. C- und N-Mineralisation 11-0214; kumulative Wirk. einer mineral. oder org. Düng. sowie d. Kombination beider auf Ertrag u. Inhaltsstoffe v. Weizen auf Kalkboden 07-0359; Fe-Mn-Bezieh. bei chlorot. Zuckerrohrpflanzen bei Anbau auf einem kalkreichen Boden 08-0386; Einfl. gemahlener Ölschieferasche u. Zementofenflugasche auf Pflanzenertrag bei Böden aus kalkhalt. Moräne 07-0376.

Bodenarten nach der Nutzung

Feststell. d. Humusvorräte in Ackerböden 12-0194; Teilergebnisse d. 50jähr. Bearbeit. eines Nichttschernosems u. d. Dynamik d. Humusfonds 09-0146.

Bodenarten nach Pflanzen

Veränder. im Boden unter Einfl. einer Dauervegetation 08-0242; mikrobiol. u. chem. Eigensch. eines Reisbodens 09-0179; Wirk. d. Gamma-Isomers v. Benzolhexachlorid auf d. Mikroflora überfluteter Reisböden 11-0190; Kapazität d. P-Angebots v. Sumpfreisböden 07-0354; Bestimm. d. aufnehmbaren Mg in Hopfenbeständen d. ČSSR 08-0272; jahreszeitl. Veränder. d. Bodenstruktur in herbizidbehandelten Weinbergsböden auf Tonschiefer- u. Muschelkalkverwitter. 12-0205; Auwaldböden im Südosten d. Zentralen Schwarzerdegeb. 12-0293; bakterizide Wirk. sterilis. Kiefernwaldbodens 07-0168; bakterizide Eigensch. eines hitzesterilis. Fichtenwaldbodens 07-0167; Bek. v. Regenwürmern in Fichtenboden und in vitro 08-0223.

B o d e n s c h ä t z u n g, K a r t i e r u n g, K l a s s i f i k a t i o n

Kriterien d. Bodenbonitier. 09-0219; Meth. z. ökon. Bewert. d. landwirtsch. Nutzflächen 10-0190; Meth. d. pedoklimat. Rayonier. d. landwirtsch. Nutzflächen 10-0191; territoriale Bodenbeschreib. für Pflanzenproduktion (Bezieh. zw. "Bodenserien" u. Zuckerrübenerträgen) 09-0253; Erfass. d. Standortverhältnisse d. DDR u. ihre Auswert. 08-0259; Bonitier. d. Böden d. ackerbaul. genutz. Gebietes Polens 11-0231; kleinmaßstäbl. Bodenkarten u. ihre Bedeut. für d. landwirtsch. Plan. u. Berat. 11-0229; Organisat. d. bodenkartograph. Arbeiten in Polen 11-0230; Radiowellen-Profilaufnahme für Boden- u. agrochem. großmaßstäbl. Kartier. 11-0232; Entwickl. v. Aerometh. bei d. Bodenkartographier. in d. UdSSR 10-0188; Methodik für genet. Bodenkartier. 10-0192; Anwend. d. Prinzipien d. genet. Bodenkunde bei d. Entscheid. einiger Fragen d. Bodenmelior. u. Agrochemie 10-0189.

K a r t i e r u n g: Bodenwertkarten 12-0300; internat. Tag. über Klassifizier. v. Böden u. d. Weltbodenkarte 08-0261; analyt. Arb., d. für Bodenkarten im Maßstab 1:5000 u.a. Karten ausgeführt werden, sowie Ausnutz. dieser Dokumentation für Problemsynthesen 12-0299; Inhalt u. Meth. d. Anfertig. großmaßstäbl. landwirtsch. Bodenkarten 12-0298; Methodik für genet. Bodenkartier. 10-0192; Anwend. d. Prinzipien d. genet. Bodenkunde bei d. Entscheid. einiger Fragen d. Bodenmelior. u. Agrochemie 10-0189; kleinmaßstäbl. Bodenkarten u. ihre Bedeut. für d. landwirtsch. Plan. u. Berat. 11-0229; statist. Analyse einiger Daten d. agrochem. Bodenkartier. 10-0213; Boden, Pflanzen u. landwirtsch. Bodenkarten 12-0145; Aufn. v. Kartogrammen d. hydrophys. Eigensch. d. Böden 11-0184; Kartier. in großen Maßstäben nach Luftaufnahmen v. Böden in Regionen mit Meeres-, See- u. Eisablager.

d. Taigazone 09-0221; Dechiffrier. d. Bodendecke d. Unterzone d. Rasenpodsolböden nach Luftaufnahme 09-0222; Entwickl. v. Aerometh. bei d. Bodenkartographier. in d. UdSSR 10-0188; Anwend. v. Luftphotographie in d. bodenmeliorativen Forsch. im Flußgeb. u. Delta d. Dons 09-0223; Radiowellen-Profilaufnahme für Boden- u. agrochem. großmaßstäbl. Kartier. 11-0232; Anwend. d. Luftaufnahme bei Bodenmeliorationsuntersuch. 11-0233; Kennzeichn. verbreit. anhydromorph. Bodenformen d. nordostdt. Jungmoränengeb. 07-0207; Bodenform d. landwirtsch. genutzten Standorte in d. DDR 11-0223; für d. Bodensystematik wicht. Ergebnisse d. forstl. Standortserkund. im Hügelland u. Mittelgebirge d. DDR 11-0224; Organisat. d. bodenkartograph. Arb. in Polen 11-0230; Bodenkarte d. Schweiz 1:1000 000. Erläuter. z. Karte u. z. Systematik d. Böden d. Schweiz 09-0220; Generalbodenkarte d. USA 08-0260; Feststell. d. Humusvorräte in Ackerböden 12-0194; Betracht. z. kartograph. Darstell. d. Bodenwiderstandes beim Pflügen 10-0224; aktuelle Fragen d. Pflanzenernähr. - Versuchsresultate v. Kristianstad 10-0251.

K l a s s i f i k a t i o n: Prinzipien d. Klassifikation d. Böden d. Erde 11-0219; Auswahl v. Merkmalen für eine numer. Bodenklassifikation 08-0241; Prinzipien zur regionalen Klassifizier. d. Böden 11-0220; internat. Tag. über Klassifizier. v. Böden u. d. Weltbodenkarte 08-0261; Besonderh. d. Bodenbild. auf Kalkgesteinen und Grundlagen ihrer Klassifizier. 10-0108; Frostböden 11-0225; Klassifikation v. Sandböden in d. Waldbodenzone 08-0248; Syst. d. Böden d. DDR als Grundlage d. land- u. forstwirtsch. Standortkartier. 11-0222; Klassifizier. hydrogener Böden Polens 12-0279; Klassifikation d. Böden d. UdSSR 11-0221; Klassifizier. d. Böden in d. UdSSR; Klassifikationsprinzipien u. Systematik d. Bodentypen 12-0275; Klassifikation v. Halbwüstenböden in d. SU 09-0218; Erfahr. beim Aufbau d. genet. Klassifikat. d. Böden in Kuba 07-0202; Nährstoffhaush. wichtiger Böden d. humiden Tropen. (Hauptmerkmale u. Klassifizier. d. untersuchten Böden) 11-0161.

Bodenuntersuchung

A l l g e m e i n e s

Bodenuntersuch.-Computerprogramme 09-0227; Samml. u. Systematisier. v. Materialien aus Bodenuntersuch. auf Lochkarten 11-0251; Anweis. z. Bodenprobennahme für Analysen 08-0263; Bodenprobenahme im Hinblick auf d. chem. Analyse 10-0193; Meth. z. Entnahme v. Dünnschichtmonolithen auf Tonböden 10-0194; Anwend. d. Meth. d. integralen Spektrophotometrie zur Untersuch. d. Böden 11-0234; Pflanzengemeinsch. als Bodenindikatoren. Methodik d. Indikationsbot. bei Bodenuntersuch. 11-0130; Einfl. verschied. Meth. d. Zerkleiner. v. Bodenproben auf d. mech. Zusammensetz. u. einige chem. Eigensch. 09-0226; Veränder. d. agrochem. Eigensch. v. Bodenproben unter Einfl. verschied. Lagerungsbeding. 09-0224; Veränder., d. in Bodenproben während deren Lager.

im lufttrockenen Zustand ablaufen 09-0225; Anwend. d. Prinzipien d. genet. Bodenkunde bei d. Entscheid. einiger Fragen d. Bodenmelioration u. Agrochemie 10-0189; Deionisier.-Laborapparatur mit gemischter Schicht zur Sekundärreinig. v. destill. Wasser 07-0213; Kartenvorlage für d. quant. Bestimm. v. Fleck. u. Konkretionen in Bodenprofilen 08-0264; statist. Analyse einiger Daten d. agrochem. Bodenkartier. 10-0213; Anlage u. Auswert. v. Serienversuchen zwecks Prüf. d. Bodenfruchtbark. 08-0262; Ergebn. d. systemat. Bodenuntersuch. (1960 bis 65, - III. Turnus -) im Bez. Potsdam 07-0239; Schlußfolger. aus d. Ergebnissen d. III. Turnus d. systemat. Bodenuntersuch. 09-0252; Ergebnisse d. III Turnus d. syst. Untersuch. im Bez. Suhl 10-0216; Mn- u. Cu-Versorg. von Böden u. Pflanzen in d. Nordbezirken d. DDR 10-0215; Untersuch. im Bundesgeb. 1955-65 u. ihre Auswirk. auf Düngeranwend. 12-0326; Bedeut. für d. österreich. Landwirtsch. unter bes. Berücksichtig. d. Kaliphosphatdüng. 10-0212; Verbesser. d. Nährstoffzustandes in Verbind. mit d. Auswert. d. systemat. Bodenuntersuch. 10-0214; territoriale Bodenbeschreib. für Pflanzenproduktion (Bezieh. zw. "Bodenserien" u. Zuckerrübenerträgen) 09-0253; Analyse v. Pflanzengewebe u. Boden ermöglicht Vorhersage d. Blumenertrages v. Rosen im Gewächshaus 07-0715; Bodenverunreinig. u. ihr Einfl. auf d. Pflanzenqualität 11-1011.

C h e m i s c h e B o d e n u n t e r s u c h u n g

Bodenprobenahme im Hinblick auf d. chem. Analyse 10-0193; Fehlerquellen bei Beratungs-Bodenuntersuch. (zeitl. bedingte Schwank. auf d. Feld) 10-0112; Labormeth. z. Feststell. v. wurzelwachstumsbegrenzenden Reduktionszonen in Böden 10-0195; Nitrier. d. org. Bodensubst. (gaschromatograph. Trenn. v. gasförm. Produkten) 09-0241; automatisierte Bodenanalyse 12-0301.

B o d e n a z i d i t ä t: Bewert. d. Kalkbedarfs durch pH-Mess. v. NH_4-Azetatsuspension d. Bodens 09-0238.

I o n e n a u s t a u s c h, S o r p t i o n: Hydrolyse u. Salzrückhaltefehler bei konventionellen Kationenaustauschbestimm. 09-0237; Kationenaustauschkapazität als eine Funktion d. Geh. an organ. Substanz, Gesamtton u. verschied. Tonfraktionen in einer Bodentoposequenz 10-0137; Untersuch. d. Kationenaustausch-Eigensch. v. Mineralböden mittels Methylenblau-Adsorptionsmeth. u. d. Ammoniumazetat-Meth. 10-0196; Bestimm. d. P-Adsorption durch Bodenbestandteile einschl. Korrektur für d. Anionenabgabe 08-0168.

T o n m i n e r a l e: Diffusion v. Salzen in Ton-Wasser-Systemen 09-0137; osmot. Wirkungskoeffizient für verfestigte Tone 09-0138; Bestimm. d. Tonoberflächenazidität durch Infrarotspektroskopie 12-0304.

O r g a n i s c h e S u b s t a n z: Humusuntersuch. in Grundwässern 08-0165; Huminstoffe als Bodenkolloide 09-0139; Gewinn. u. Stabilisier.

v. Huminstofffraktionen 07-0216; Oxydation v. aus einem Danish Illuvialboden isoliertem org. Material mit Salpetersäure 12-0192; Permanganatoxydation dän. illuvialer org. Subst. im alkal. Medium 11-0170; reduktive Spalt. v. Huminsäuren mit Hilfe v. Natriumamalgam 09-0142; Fraktionier. d. Humusverbind. d. Böden nach d. Verfahren v. I.W. Tiurin u. nach Pyrophosphat-Verfahren 12-0303; Extraktion org. Bodensubst. durch Base u. Chelataustauscherharz 12-0302; Soxhlet-Extraktion v. Simazin aus Böden 11-0173; Kationenaustauschkapazität als eine Funktion d. Geh. an organ. Substanz, Gesamtton u. verschied. Tonfraktionen in einer Bodentoposequenz 10-0137; hydrolyt. Extraktion v. Kohlenhydraten mittels Schwefelsäure 07-0217; O_2-haltige funktionelle Gruppen in org. Böden u. ihre Bezieh. zum Humifizierungsgrad, d. über d. Löslichk. in einer Natriumpyrophosphatlös. bestimmt wurde 08-0161; Polarographie u. Koulometrie d. salpetersauren Oxydationsprodukte v. Bodenhuminsäuren in Dimethylsulfoxid 07-0215; spektrophotometr. Analyse v. Humussubst. 08-0265; spektrophotometr. Bestimm. d. Humusgeh. 10-0197; Meth. d. Huminsäuretrenn. durch Ausfrieren 08-0266; Meth. d. biol. u. chem. Beurteil. d. Humusqualität 07-0214; biochem. Untersuch. v. Humus u. mikrobiell synthetisierten humusähnl. Subst. in Abhängigk. v. deren Molekulargew. 09-0145.

S a l z e: Bestimm. d. Salzgeh. d. Böden sowie v. Grund- u. Bewässerungswasser nach chromatograph. Ionenaustauschmeth. 12-0306; Bestimm. d. Salzkonzentrationsschadgrenze nach d. Schnelltestmeth. 08-0613; lösl. Salze in Gewächshausböden 07-0125.

N ä h r s t o f f e: Vergl. v. Labor- u. Gewächshaus-Indizes d. Nährstoffverfügbark. in Böden 07-0221; Nährstoffgeh. in gärtner. Erden 09-0557; mehrjähr. u. einjähr. Düngungsversuche mit gesteigerten Gaben an P u. K z.Nachprüf. d. Grenzwerte bei chem. Bodenuntersuch. 09-0368; Mais-Mikroparzellen-Meth. z. Bodentest. 12-0308.

K o h l e n s t o f f: Bestimm. v. org. C im Boden 09-0242.

S t i c k s t o f f: Vergl. u. Auswert. v. Labor-Meth. zur Bestimm. eines Index für d. Ausnutzbark. d. Boden-N 07-0219; Vergl. einiger chem. Meth. zur Bestimm. d. verfügbaren Boden-N 07-0218; chem. Index verfügb. Boden-N 11-0235; Best. v. mineral. N im Boden unter bes. Berücksichtig. d. Nitrates 11-0236; Bestimm. u. Analyse d. Isotopenverhältn. v. verschied. N-Formen d. Bodens (Meth. zur Analyse d. Isotopenverhältn. v. Boden-N) 07-0220; Bestimm. u. Isotopenverhältnisanalyse verschied. N-Formen in Böden (Analyse v. austauschbarem Ammonium, Nitrat u. Nitrit nach Extraktions-Destillationsmethode) 09-0228; (Analyse v. austauschbarem Ammonium, Nitrat u. Nitrit nach einer direkten Destillationsmeth.) 09-0229; (fixiertes Ammonium) 09-0230.

P h o s p h o r s ä u r e: Bodenphosphatpotential 11-0239; Bestimm. v. bewegl. P in bewässerten Böden 09-0232; Meth. zur Bestimm. v. bewegl. P: in nicht karbonat. Schwarzerden 07-0229; in Rasenkarbonatböden

(Meth. v. Mačigin u. Kirsanov) 11-0242; Untersuch. über labiles Phosphat in niederösterr. Böden 09-0231; Titration v. P-Säure allein u. im Gemisch mit Phosphaten in nichtwäßr. Medien 09-0233; Bestimm. d. P in Bodenextrakten mit Askorbinsäure-Zinnchlorür als Reduktionsmittel 10-0198; Fraktionier. d. anorg. P im Boden 07-0222; Modifikation d. Chang-Jackson-Meth. z. serienmäß. Fraktionier. anorg. Bodenphosphate 08-0269; Meth.-Vergl. zur Bestimm. d. org. P 11-0238; bodenorg. P (Fraktionier. d. org. P in alkal. Bodenextrakten u. d. Identifizier. d. Inositphosphate 08-0268; Vorkommen hochmolekularer org. P-Verbind. im Boden 11-0237; Erträge v. Einlegegurken im Verhältnis z. NPK-Düng. u. P-Bodentest 12-0759.

K a t i o n e n (K, Ca, Mg): Beurteil. d. Sulfatgeh. v. VAR-Böden an Hand ihrer unterschiedl. Anteile an lösl. Kationen u. Anionen 12-0305; Bestimm. d. Gesamt-K in Böden unter Verwend. d. Strahl. v. ^{40}K 08-0270; flammenphotometr. K-Bestimmung 07-0224; turbidimetr. Schnellbestimm. v. K 08-0271; extrahierbares K in Grundit-Illit (Extraktionsmeth.) 09-0234; Erträge v. Einlegegurken im Verhältnis z. NPK-Düng. u. K-Bodentest 12-0759; Bestimm. bewegl. K-Formen in Böden unter Obstkulturen 09-0235; quant. Bestimm. v. Kalzit u. Dolomit in Böden 07-0223; Bestimm. d. austauschbaren Mg d. Böden durch Flammenphotometrie. Untersuch. d. Fe, Mn, Ca, K u. Na-Störungen 10-0200; atomabsorptionsflammenphotometr. Mg-Bestimm. in Lös. v. Pflanzenaschen u. Doppellaktat- sowie Ammoniumlaktatessigsäureextrakt aus Böden 07-0225; Best. v. Mg in Bodenextrakten durch Atomabsorptionsspektroskopie u. chem. Meth. 11-0241; Vergl. zw. komplexometr. u. atomabsorptionsspektrometr. Mg-Bestimm. im Boden 11-0244; Routine-Bodenuntersuch. z. Bestimm. v. Mg mittels eines Atomabsorptions-Spektrophotometers 09-0236; Bestimm. v. Mg mit 1-Azo-hydroxy-3-(2,4.dimethylkarboxanilido)-naphthalin-1-(2-hydroxybenzol) 07-0226; fluorometr. Best. v. Mg in Bodenextrakten 11-0240; Bestimm. d. aufnehmbaren Mg in Hopfenbeständen d. ČSSR 08-0272.

S c h w e f e l: Sulfidbestimm. in nassen Böden 08-0267; Meth. z. Demonstrat. d. Verteil. v. Sulfiden in Torfböden 10-0199; Beurteil. d. Sulfatgeh. v. VAR-Böden an Hand ihrer unterschiedl. Anteile an lösl. Kationen u. Anionen 12-0305.

S p u r e n e l e m e n t e: Schnellbestimm. v. Pb, Cu, Ni, Zn, Mn, Fe in Pflanzen, Torf u. Böden mit d. Meth. d. oszillograph. Polarographie 12-0307; Ionennachliefer. in nordpersischen Böden 07-0127; Bestimm. v. Gesamt-B aus mit Natriumkarbonat aufgeschlossenem Boden 08-0273; Bestimm. v. Spuren v. Cu in Bodenlös. mit 1,5-Diphenylkarbazon 08-0274; Genauigkeitserhöh. d. v. Pejve entwickelten Meth. d. Cu-Bestimm. 08-0275; photometr. Bestimm. v. Cu in Böden mit Nickel-Diäthyldithiophosphat 10-0202; Boden- u. Wurzel-Cu. Feststell. d. Cu-Düngebedarfs durch Boden- u. Zitruswurzel-Analysen 11-0243; kolorimetr. Bestimm.

v. Fe gemischter Wertigk. durch Orthophenanthrolin 08-0276; Bestimm. d. austauschbaren Mg durch Flammenphotometrie. Untersuch. d. Fe, Mn, Ca, K u. Na-Stör. 10-0200; bewegl. Fe-Formen, d. nach verschied. Meth. (in einigen d. wichtigsten Bodentypen Bulgariens) bestimmt wurden 10-0201; kinet. Rhodanid-Nitrit-Meth. zur Bestimm. v. Mikromengen J im Boden 07-0228; Methodenvergl. z. Bestimm. v. Mo in Böden 09-0239; kolorimetr. Bestimm. v. Mo mittels Dithiol in Bodenextrakten 07-0227; polarograph. Bestimm. von Mikromengen Pb 10-0203; Bestimm. v. Se in Boden u. biol. Material 09-0240.

P h y s i k a l i s c h e B o d e n u n t e r s u c h u n g
Gerät z. Bestimm. v. Volumenänder. v. Bodenproben 10-0204.

S t r u k t u r: Horizonatalsonde, neues Gerät zur kontinuierl. Mess. d. Durchdringungswiderstandes d. Bodens 11-0248; bodenphys. Untersuch. im Kulturland (Strukturdynamik in d. Ackerkrume) 09-0157; neue Meth. u. Gerät für dynam. Untersuch. d. Struktur v. Böden 09-0158; Verwend. d. nephelometr. Messens bei Verfolg. d. Dynamik d. Mikroaggregatzusammensetz. 12-0309; Grunddaten bei d. Untersuch. d. Kompressibilität v. ungesättigten Ackerböden 09-0159; Vorhersage d. Quellpotentials u. Kompressionsindexes v. Böden durch Farbstoffabsorption 10-0208; jahreszeitl. Dynamik d. Wasserbeständigk. d. Bodenstruktur 07-0232.

T e x t u r: Vgl. v. mit Aräometer- u. Pipettmeth. bestimmt. Tongeh. unter Verwend. d. reduzierten Großachsenanalyse 10-0210; prozentuale Sättig. als ein Maßstab für d. Körn. d. Böden im unteren Indus-Becken 08-0280; selbsttätige Probenahme bei granulometr. Analyse d. Bodenschichten 09-0247.

W a s s e r: Bodenwasserpotential: direkte Mess. nach einer neuen Meth. 07-0230; billige Meth. z. Mess. d. Bodenfeuchte 10-0206; Erfass. d. Bodenfeuchte mit Hilfe einer gammaskop. Meßmeth. 07-0231; Gammastrahl. z. Mess. v. Änder. d. Bodenwassergeh. 09-0243; Mess. d. Bodenfeuchte mit Ultraschallenergie 09-0245; Vorhersage d. Feuchtigkeitsvorräte im Boden 09-0246; tensiometr. Mess. d. Bodenfeuchtigk. 10-0207; Ermittl. d. Eigensch. v. Böden, die d. Wasserhaush. bestimmen, mit Hilfe einer Vorricht. zur künstl. Beregn. 11-0246; registrierendes Feldtensiometer mit schneller Reaktionsfähigk. 12-0315; windgetriebener automat. Pulververteiler z. Vermind. d. Evaporation 12-0314; rechner. Best. d. Feuchtigkeitsprofils d. Bodens bei Infiltration 11-0245; numerische Meth. z. Bestimm. d. hysteresisbehafteten Post-Infiltrations-Verteil. d. Bodenfeuchtigk. 12-0317; Durchlässigkeitsmess. u. Untersuch. v. Böden; Auswert. d. Durchlässigkeitsdiagramme - Theorie u. Praxis 12-0319; jahreszeitl. Dynamik d. Wasserbeständigk. d. Bodenstruktur 07-0232; Mess. d. geschlossenen u. offenen Kapillarsaumes in natürl. gelagerten Böden 07-0233; Modalitäten d. Austrockn. v. Böden durch Silikagel 09-0170; prozentuale Sättig. als ein Maßstab für d. Körn. d. Böden im unteren Indus-Becken 08-0280; Hygroskopizität beim rel.

Feuchtegeh. v. 50% als ein Maßstab für d. Tongeh. d. VAR-Böden 12-0316; Vorhersage d. Quellpotentials u. Kompressionsindexes durch Farbstoffabsorption 10-0208; Einfl. d. Membran-Impedanz, d. Befeuchtungs-Meth. u. Alter. auf d. Wasserkapazität 10-0209; Feuchtigkeitsbestimm. in d. Zone d. Kapillarstreifen für Böden in Bulgarien 12-0318; Vergl. v. Wasserpotential-Messungen mittels zweier Typen von thermogekoppelten Psychrometern 11-0247; Wirk. v. Fe auf Wassergehaltsmess. mittels Neutronen 08-0278; Mess. d. Bodenfeuchtigk. mit Hilfe v. Neutronen 12-0310; Bodenfeuchtebestimm. mittels Neutronensonden in Britannien 08-0277; volumetr. Kalibrier. v. Neutronen-Feuchtigkeitssonden 09-0244; Verfahren z. schnellen u. genauen Einortung v. Neutronentiefensonden 12-0313; einfache Bohrlochmeth. z. Bestimm. d. Grundwasserströmungsricht. mit einer Neutronenstromquelle 08-0279; Mess. d. Bodenfeuchte im Freiland mit Hilfe v. Neutronenbrems. 12-0311; Bodenfeuchtemess. mit einer ^{241}Am-Be-Neutronenquelle u. ihre Anwendungsmöglichk. in d. Evaporimetrie 12-0312.

T e m p e r a t u r: Beurteil. d. Evaporationszone im Boden durch Mess. d. Wärmeström. 08-0282; Temperatureigenheiten eines Bodens nahe d. Oberfläche 08-0283.

L u f t: Vergleichsmess. d. Luftdurchlässigk. im Freiland u. im Labor 10-0205; Gasaustausch d. Bodens durch Verwend. v. ^{14}C 07-0163; Faktoren, v. denen d. Mess. d. O_2-Diffusionsrate beeinflußt werden mit blanken Platin-Mikroelektroden 08-0281; Einfl. d. eingeschloss. Bodenluft u. d. Luftdruckes auf d. Matrix-Saugkraft 10-0148.

T o n m i n e r a l e: Meth. z. Best. feindisperser Minerale 11-0249; Vgl. v. mit Aräometer- u. Pipettmeth. bestimmt. Tongeh. unter Verwend. d. reduzierten Großachsenanalyse 10-0210; Klär. v. tonhaltigen Bodensuspensionen mit Hilfe d. Superzentrifuge mit Spezialeinricht. 08-0285; Aufbau u. Bindungsform d. Ton-Huminsäurekomplexe. (Hydrothermalsynthese v. Ton-Huminsäure- sowie anderen organomineral. Komplexen: Untersuch. am Röntgengerät, IR-Spektrometer u. Elektronenmikroskop) 10-0127.

B i o l o g i s c h e B o d e n u n t e r s u c h u n g

Trägheitsfallen für mikrobiol. Untersuch. d. Atmosphäre 09-0249; Untersuch. mikrobieller Bodenlandschaften als Mittel z. Erkenn. v. Bodenprozessen 12-0241; statist. Arbeitsmittel in d. Bodenbiol. (Indizes v. ökol. Interesse) 09-0251; Sortierapp. z. automat. Zähl. für d. Mikrofauna d. Bodens 12-0320; Meth. d. Erhalt. beständ. pH-Werte in Kulturen von Mikroorganismen 10-0211; doppelseitiger Träger (Lochplatte) für d. Anwend. v. Zellulosenährböden u. z. Stud. gegenständig aufgeimpfter Mikrobenkulturen (Antipodenkulturen) 08-0286; Meth. d. Isolier. u. Kultivier. N-bindender Mikrobenassoziationen 12-0322; Erzeug. v. $^{13}N_2$ durch 50-MeV-Protonen z. Anwend. bei biol. N-Fixier. 12-0324; Dehydrogenaseaktivität zur Untersuch. v. Böden u. Flußablager.

07-0234; Polyäthylengefäß zur interferometr. Bestimm. d. Respirationskurven v. Böden, org. Düngemitteln u. Abfallstoffen 07-0235; Modell für d. Identifizier. v. Bakterien 11-0250; kontinuierl. Kultur anaerober Bakterien 12-0325; Meth. zur Bestimm. v. sich im Pflanzengewebe entwickelnden epiphyt. Bakterien 07-0236; Meth. d. Ermittl. u. Bestimm. v. Rhizobien im Boden 12-0323; automat. Bodenwaschapparatur z. Pilzisolier. 08-0287; Schätz. d. Dichte einer Bodenpilzpopulation 12-0321; Bodenprobenahme auf Platten z. Untersuch. d. Mikroarthropoden 09-0248; Anzucht v. kleinen Bodentieren u. Massenzucht v. Collembolen 09-0250.

Bodenerosion

Untersuch. d. Bodenerosion 11-0309; Boden- u. Vegetationseinfl. auf Überschwemm. u. Erosionen beim Unwetter v. 16. 7. 1965 im Geb. d. Paderborner Hochfläche 11-0310; Erosionsprobleme in Griechenland 09-0291; Verhalten brauner Waldbodentypen gegenüber d. Erosion 10-0241; Abhängigk. d. Ausmaßes d. Erosion v. bodenphys. Faktoren im Fall d. braunen Waldbodens mit Toneinwasch. bei Kisgörbö 10-0242; Fliegeraufnahmen bei Bestimm. d. Bodenerosion u. in d. Bodenschutzplan. 11-0308.

W a s s e r e r o s i o n: Größe d. Bodenauswasch. in Vorgebirgs- u. Gebirgsgeb. bei verschied. Bodenbedeck. 09-0165; Anwend. v. Beregnungsanlagen für Untersuch. d. Wassererosion d. Böden 07-0278; Erosionsschutz in Obstanlagen am Hang 09-0292.

W i n d e r o s i o n: Bodenstruktur u. Winderosion 07-0279; Bedeut. d. Bodenfeuchtigk. bei d. Winderosion 08-0330; Einfl. d. Feuchtigk. auf Bodenerosion durch Wind 09-0294; d. d. Winderosion beeinflussenden veränderl. phys. Bodeneigensch. 11-0311; Einfl. d. Winderosion auf d. Veränder. d. Zusammensetz. d. org. Subst. auf leichten Böden 09-0147; Schutz gegen Winderosion mit Hilfe v. Feldschutz-Waldstreifen 10-0244.

B e k ä m p f u n g s m a ß n a h m e n

Siehe auch Bodenmelioration; Landschaftsgestaltung (und Landschaftsschutz); Windschutz.

Bodenerosion und ihre Bek. 12-0405; Entwickl., Leistungspotential u. Erosionsdisposition abtragsgeschädigter Böden in Thüringen sowie Verbesser. 09-0293; Erosionsbek. in Weizenanbaugeb. d. Nordwestens am Pazifik 10-0240; Auffanggräben für d. Erosionsschutz 07-0276; Maßnahmen gegen d. Erosion bei d. Nutzbarmach. v. Flächen mit einem Gefälle v. 6-8° für d. Obstbau 11-0305; Wertbestimm. v. Mulch-Meth. für d. Erosionsbek. nach Vorbehandl. v. Landstraßenbösch. auf neue Art 11-0307.

B e k ä m p f u n g d u r c h a g r o t e c h n i s c h e M a ß n a h m e n: Bek. d. Bodenerosion u. die Ernteerträge 08-0329.

B e k ä m p f u n g d u r c h P f l a n z e n: Schutz gegen Winderosion mit Hilfe v. Feldschutz-Waldstreifen 10-0244.

Bodenmelioration
Siehe auch Abfallverwertung; Abwasser; Bewässerung; Bodenerosion: Landschaftsgestaltung (und Landschaftsschutz); Moorkultur; unter Wasser (Gewässer).

A l l g e m e i n e s: Grundlagen d. Melioration 10-0227; Meliorationsbodenkunde 12-0341; Anwend. d. Prinzipien d. genet. Bodenkunde bei d. Entscheid. einiger Fragen d. Bodenmelior. u. Agrochemie 10-0189; Inform. und Dokum. im Inst. für Landesforsch. Halle 12-0340; Ausbildungsmöglichk. im Meliorationswesen 11-0266; Hydrotechn. u. Melioration 11-0267; internat. Kommiss. für Be- u. Entwässer. (I.C.I.D.) 4. Regionaltag. auf d. Kanar. Inseln (November 1966) 09-0264; Probleme d. Melioration. Maiplenum d. ZK d. KPdSU über Melioration v. Ländereien 09-0267; IV. Eur. Regionaltag. d. ICID 1966 auf d. Kanar. Inseln 11-0265; Melioration, Fruchtbark., Ackerbaukultur 09-0266; Bewirtschaft. u. Lager. d. Mutterbodens 07-0255; Wirkungsgrad vorgenommener Melior. und Düng. 12-0415; N-Dynamik zur Ermittl. d. günstigsten bodenbiochem. Schwellenwertes bei d. Bodenmelior. 11-0218; Kalk. verockerungsgefährdeter Böden 11-0278; Bedeut. d. Steinklees in Verbind. mit d. Gipsen bei d. Melioration v. Soda-Solonetz-Böden 08-0303; Verwitterungsböden u. ihre Umgestalt. unter d. Einfl. d. Bearbeit. mit d. Pflug 12-0146; wiss.-prakt. Erfahr. bei landwirtsch. Melior. in d. feuchten Zone 12-0336; leistungsschwache Thüringer Standorte im Buntsandstein u. Schieferverwitterungsgeb. u. standortspez. Meliorationsverfahren zu ihrer Leistungssteiger. 11-0268; Probleme der Melior. im Bez. Dresden 12-0339; landwirtsch. Melior. in Dänemark 12-0335; Meliorationstätigk. in d. Ostslowak. Niederung 12-0338; Böden d. Donau-Überschwemmungsgeb. u. Fragen ihrer Alkalisier. u. Melioration 12-0283; Gesamtgeb. d. Meliorationswesens (Bodenmelioration in d: UdSSR) 07-0252; Melioration v. Böden in d. UdSSR 09-0265; Melioration d. Bodens auf Kuba 07-0253; Vorbereit. v. Sandböden z. Obstneupflanz. 07-0616; Wirk. d. senkrechten Schlitzens d. Bodens in Obstanlagen d.Kamaraerdö 11-0306.

P l a n u n g u n d N u t z u n g v o n M e l i o r a t i o n s m a ß n a h m e n: Perspektivplanung von Meliorationsarbeiten 12-0413; Leitfaden für Meliorationsprojekte 12-0416; Regionalplan. 09-0300; komplexe Flur- u. Meliorationsplan. im Einzugsgeb. d. Rappbodetalsperre/Harz 09-0298; schnelle Bestimm. d. Leistungsfähigk. eines Einzugsgeb. 12-0414; Bodenform d. landwirtsch. genutzten Standorte in d. DDR 11-0223; Rekonstruktion v. Hydromeliorationsobjekten u. strukturelle Eigensch. 10-0248; agromeliorat. Untersuch. 10-0249; Anwend. d. Luftaufnahme bei Bodenmeliorationsuntersuch. 11-0233; Mess. d. ökon. Meliorationsnutzeffektes 07-0281; ökon. u. organisator. Probleme d. Meliorationswesens 10-0247; Landwirtsch. im Sinne d. Landschaftsplanung in Afrika 12-0392; Landschaftsplan. und landwirtsch. Entwickl. in d. Land Planning Areas Nordost-Ghanas 12-0393.

S t a n d o r t d i a g n o s e: Schnelle Bestimm. d. Leistungsfähigk. eines Einzugsgeb. 12-0414; Vortrocknen steigert d. anfängl. Leistungsvermögen von 2 Seggentorf-Böden 12-0348; Anwend. d. Maulwurfausschnittdrän. bei d. Hydromelior. tiefgründ. Niedermoorstandorte 12-0359; Syst. d. Böden d. DDR als Grundlage der land- und forstwirtsch. Standortkartier. 11-0222; für d. Bodensyst. wicht. Ergebnisse d. forstl. Standortserkund. im Hügelland u. Mittelgebirge d. DDR 11-0224.

K o m p l e x m e l i o r a t i o n: Anwend. maschineller Rechenverfahren bei Komplexmeliorationen auf spez. Standorten 07-0254, 08-0302; Wahrnehm. d. Hauptinvestitionsträgersch. bei d. komplexen Durchführ. v. Meliorationen 11-0313; Durchführ. v. Komplexmelior. 12-0342; komplexe Bodenmelioration in d. Niederlausitz mittels Verregn. Fe-halt. Rohwassers u. mittels Tiefumbruches nach d. Egerszegi-Verfahren im Grundwasserentzugsgeb. d. NL 09-0281.

U r b a r m a c h u n g: Urbarmachungskriterien nördl. Kolundra-Solonetze 12-0285.

Ö d l a n d k u l t i v i e r u n g: Abfluß- u. Grundwasserbeobacht. auf unberührter bzw. kultivierter Hochmoorfläche in Chiemseemooren 09-0268; Urbarmach. von Moorböden und ihre landwirtschaftl. Nutz.in d. ČSSR 12-0343; Besonderh. d. hydrotechn. Melior. d. Moor- u. Anmoorböden 12-0344; Veränder. hydrophysik. Eigenschaften d. Torfbodens durch verbessernde Bodenbearbeit. 12-0345; Wüstenkultivier. in Ägypten 12-0350; Nutzbarmach. v. mit Unholz bewachsenen Grundstücken durch Fräsen 10-0246.

R e k u l t i v i e r u n g: Richtlinien für d. Rekultivier. u. landwirtsch. Eineglieder. v. Baggergruben u. Stein- u. Mergelbrüchen 08-0305; Wiederurbarmach. d. v. Bergbau in Anspruch genommenen Flächen 09-0269.

E n t w ä s s e r u n g: Boden als poröses Mehrphasensystem u. Entwässerbark. 09-0271; Saugentwässer. eines idealen Bodens 12-0358; Agromeliorationsmaßnahmen u. Einfl. auf d. Feuchtigkeitsdynamik schwerer Böden 08-0301; Analyse d. Abflußverlaufs aus Geb. mit überwiegendem Grundwasserabfluß 07-0256; Entwässer. und Nutz. entwässerter Ländereien in d. Ukraine 12-0352.

Durch Gräben:
Entwässer. d. Nieder. d. Tiefebene 08-0306; Biol. d. Grabenflora als Grundlage d. chem. Entkraut. von Ent- und Bewässerungsgräben 12-0353; aviochem. Applikat. v. Herbiziden auf Entwässerungsgräben bei Abdriftwirk. 07-1067; chem. Grabenkrautung 12-0354.

Dränung: Dränage landwirtschaftlicher Flächen 07-0262; Entwässerung in Großbritannien 12-0351; Lösung nicht-stationärer Strömungsprobleme gedränter Böden durch stetige Analogienmodellversuche 09-0272; Dränage landwirtschaftlich genutzter Flächen, Bibliographie 08-0307; Rationalisierung in der Dränung 09-0270;

Rationalisier. d. Pflugarbeiten für d. Drän. 08-0312; Einfl. bautechn. Faktoren auf d. Drän. 08-0308, 10-0229; Eintrittsbereich an Drainagerohren 09-0273; tiefe Drän. v. Moorböden 07-0258; ökon. Nutzeffekt d. geschlossenen Dränage auf Torfmoorböden 08-0309; Vertikaldrän. auf Bewässerungsböden 11-0277; Richtlinien für d. Drän. überfeuchter Mineralböden 12-0355; Wärmehaushalt v. durch Drän. trockengelegten Böden 08-0200; Bewässer. und Drän. versalzter Böden und ihre Veränder. bei langfristiger Nutz. 12-0349; Untersuch. d. N-Verbind, auf gedränten Rasengleipodsolböden 08-0140; Möglichk. d. Grabenein- u. -anstaues auf flach- u. tiefgründ. Niedermoorstandorten mit u. ohne Drän. 09-0279; Bemess. d. Wassereintrittsöffn. bei Dränrohren u. Umhüll. mit Filterstoff 09-0274; Steinwollefilter für d. Röhrendrän. 11-0276; Wasseraufnahmefähigk. d. Dränrohre. Vgl. v. Ton- u. Kunststoffrohrdränen 07-0259; Bau einer Tonrohrdränage in Torfmoorböden 11-0274; ökon. Nutzeffekt einer Entwässer. mittels einer Tonrohrdränage 11-0275; Wirk. d. Tonrohrdrän. in Moorböden in Abhängigk. von d. Verfüll. d. Dräne 07-0257; Einstaubewässer. bei Aueböden mittels Tonrohrdrän. 09-0280; Laboruntersuch. von Polyäthylenrohren, d. in d. Erde verlegt worden waren 12-0360; mechanisierte Verleg. von Plastrohrdränen 12-0356; Wandstärke von Plastdränrohren und ihre Perforation 12-0357; Verwend. v. Dränrohren aus Kunststoff (Hart-PVC) 08-0310; Dränrohre mit porösen Wänden 11-0272; Schieferasche für Produktion v. Dränagerohren 11-0273; Wirksamk. eines unterird. Dränagesystems mit poröser Füll. in einem Tonboden v. Kapuskasing 10-0230; Verstopf. d. Dränage mit Eisen-(III)-hydroxyd u. seine Verhüt. 08-0311; Fe-Ausfäll. in Dränleit. u. Gegenwirk. 09-0276; Weiterentwickl. d. Auffass. hinsichtl. d. Drän. v. Obstanlagen in d. Niederlanden 07-0617; Drän. v. Obstanlagen in d. Niederlanden 10-0231.

Maulwurfdränung: Objekte mit Maulwurfsdrän. 07-0206; Anwendung d. Maulwurfausschnittdrän. bei d. Hydromelior. tiefgründ. Niedermoorstandorte 12-0259; Maulwurfdrän. in Moorböden mit pressenden und schneidenden Werkzeugen 09-0275; Einfl. d. Niederschläge auf die Lebensdauer der Maulwurfdrän. 07-0261; Bodenverbesserung durch Maulwurdrän. im Vogelsberg 11-0279.

M e l i o r a t i o n d e s B o d e n g e f ü g e s: Dynamik d. Al in sauren Böden u. ihre Nutzbarmach. 07-0126; Lysimeterversuche über d. Wirk. verschied. Materialien bei d. Tiefenmelior. sandiger Böden 12-0390; Gipsanwend. auf schwer bearbeitbaren tonigen Weizenböden 12-0391.

L a n d w i r t s c h a f t l i c h e F o l g e m a ß n a h m e n: Stand u. Entwickl. d. Wirtschaftswegebaus in Europa 07-0272; Stand d. landwirtsch. Wegebaues in d. DBR 09-0285; Anforder. an d. Untergrund im landwirtsch. Wegebau 09-0287; Verdingungsunterlagen für d. landwirtsch. Wegebau 09-0286; wirtsch. Anwend. v. Beton im landwirtsch.

Wegebau 09-0288; Straßenbepflanz. in den Niederlanden u. Bedeut. für d. Landschaftspflege 07-0274; Entwässer. und Nutz. entwässerter Ländereien in d. Ukraine 12-0352.

M e l i o r a t i v e r F l u r h o l z a n b a u: Pflanzen z. Böschungsbefestig. d. Halden im Ostrava-Geb. 08-0304; Standortansprüche einiger Holzarten u. ihre Eign. für Bepflanz. v. Ödlandflächen 11-0269; Pflege und Unkrautbek. in Schutzpflanz. und Feldgehölzen in Flurbereinig. in Bayern 12-0399.

W a s s e r w i r t s c h a f t: Wasservorräte d. Erde und ihre optimale Ausnutz. 12-0334; wasserwirtschaftl. Forsch. 08-0297; dringende Forsch. im Bereich d. Wasserwirtsch. bei d. pflanzl. Produkt. für d. nächsten Jahre 12-0337; techn. Fernsehen im Dienste d. Wasserwirtsch. 09-0263; Heranbild. v. Fachleuten für d. Wasserwirtsch. 08-0298; Frischwasser aus d. Meer, Verfahren für Leitungswasser-Versorgungseinricht., Industriekühlanlagen, fahrbare Anlagen u. kleine Haushaltanlagen 08-0319; Organisation planvoller Wassernutz. 12-0364; Bodenschutzaspekte in d. regionalen Wasserhaushalts-Rahmenplan. 10-0239; Schutz u. rationelle Ausnutz. d. Wasserressourcen u. Schutz d. Luft vor Verschmutz. 09-0295; Bedeut. d. Wasserhaushalts d. Schneedecke für d. Gebietswasserhaushalt 08-0318; Wasserressourcen-Gesetz v. 1963 u. d. Landwirtsch. in England u. Wales 10-0226; Probleme d. Luft- u. Wasserreinhalt. in d. USA 12-0402; Hochwasserschutz u. Hochwasserabwehr 08-0299; Grundlagen d. Wasserwirtsch. Ungarns 08-0296; Wasserwirtsch. in Ungarn 08-0300; synthet. Detergentien. Aspekte ihrer Bezieh. z. Landwirtsch. 08-0137.

Bodendesinfektion

Steiger. d. Bodenfruchtbark. natürl. Erden u. Böden unter Glas 08-0612; Zersetz. v. pflanzl. Material im Boden (partielle Sterilisation d. Bodens u. d. Bodenbiomasse) 07-0188; Techn. u. ökon. Aspekte bei d. Sterilisation d. Saatbeete 12-0660; Bek. d. Phytophthora-Welke bei Erica gracilis 07-1000; Bodenbegas. z. Bek. d. Verticillium-Welke an Eierfrucht 11-0990.

D ä m p f e n: Einfl. d. Dampfbehandl. v. Boden auf P-Verfügbark. 09-0128; Entwickl. einer Verseuch. mit Wurzelgallenälchen im Gewächshaus vor u. nach einer Bodendämpf. 08-0880; rasenbildender Pilz auf gedämpften Erden u. Böden unter Glas 12-1222.

C h e m i s c h e D e s i n f e k t i o n: Einfl. v. Bodenentseuchungsmitteln auf d. Mykorrhiza v. Forstpflanzen 08-1009; Einfl. v. keimenden Samen u. sich entwickelnden Wurzeln auf d. Rekolonisation v. Mikroorganismen in begastem Boden 08-0992; Entseuch. d. Bodens mit org. Präparaten, dessen mikrobiol. Aktivität u. chem. Zusammensetz. 08-1007; Desinfekt. und Sterilisat. von Boden, Müll und Klärschlamm mit Äthylenoxid 10-0168; Zerstör. d. zytoplasmat. Membran v. Saccharomyces cerevisiae durch methylisothiozyanathalt. Bodenentseuchungsmittel

07-0165; Ernähr. u. Desinfekt. mit Kalziumzyanamid gegen Gemüsekrankh. im Gewächshaus, d. durch d. Boden übertragen werden 12-1262; Bodenmüdigk. bei Apfel u. Kirsche u. Bek. durch Bodenbegas. 08-0985.

Bodenbedeckung

Größe d. Bodenauswasch. in Vorgebirgs- u. Gebirgsgeb. bei verschied. Bodenbedeck. 09-0165; sommerl. Abdeckungsversuche auf trockenen Hangweiden 09-0546; Bodenbedeck. für Erdbeeren 08-0686; reflektierende Oberflächen z. Abschreck. v. Aphiden u. verminderten Ausbreit. d. blattlausübertragbaren Gurkenmosaikvirus in Gladiolenbeständen 11-1005.

M u l c h e n: Wertbestimm. v. Mulch-Meth. für d. Erosionsbek. nach Vorbehandl. v. Landstraßenbösch. auf neue Art 11-0307; Wirk. oberflächl. ausgebrachten Weizenstrohes auf d. Wasserverluste durch solare Verdunst. 10-0222; Einfl. v. Standweite, Pflanzenknollengröße, Dammkultur u. Mulchen auf Entwickl. u. Ertrag v. Cocoyam 09-0522; Leist. v. Vorauflaufherbiziden unter Petroleummulch für Gemüse mit Furchenbewässer. 10-0983.

M i t P l a s t i k f o l i e n: CO_2-Entwickl. u. Temp. im Anfangswachstum plastgemulchter Pflanzen 10-0536; Verwend. v. Plastfolie z. Mulchen v. Sellerie 07-0571; Mulchen d. Bodens beim Anbau v. Gurken unter Folie 11-0632; Plastfolie bei Freilandgurken 11-0633; Resultate d. Verwend. v. Polyäthylenfolie z. Mulchen d. Tomate 07-0594; Verwend. schwarzer Folien beim Erdbeeranbau 08-0685; Verwend. schwarzer Polyäthylenfolie z. Mulchen v. Gladiolen: Einfl. auf Bodenfeuchtigk. u. Kulturergebnis 07-0710.

Bodenbearbeitung

Entwicklungstendenzen bei d. Bodenbearbeitungstechn. 08-0293; techn., technol. u. ökon. Untersuch. über Bodenbearb.-verfahren unter industriemäßigen Produktionsbeding. 12-0333; Effekte d. Bodenbearbeit. 07-0247; rationelle Bodenbearbeit. 09-0260; Bodenbearbeit. 12-0331; Probleme d. Vibrationsbodenbearbeit. 11-0258; Bestell. ohne ständ. Pflügen 10-0223; Landwirtsch. ohne Pflügen 11-0259; Minimalbearbeit. 07-0246; Bodenbearbeit. im Frühjahr 07-0248; Bodenbearbeitungsgeräte u. Bodenabtrag 12-0928; Boden unter Glas bearbeiten? 07-0538; Einfl. mehrjähr. Leguminosen u. d. Tiefenlocker. auf Kultivier. leichtlehm., mittl. Podsolböden im Leningrader Geb. 11-0554; Bearb. landwirtsch. Böden unter Berücksichtig. d. Wurzelentwickl. v. Nutzpflanzen 12-0332; Bodenbearbeit. in d. Rebschule 12-0927.

B o d e n b e a r b e i t u n g u n d B o d e n e i g e n s c h a f t e n: Bearbeit. trockengelegter Böden in d. ersten Jahren d. Kultivier. 08-0294; theoret. Fragen d. Bearbeit. u. d. Fruchtbark. v. Wiesen u. versteppenden Wiesensolonetzböden 08-0295.

W i r k u n g a u f d e n B o d e n

Rolle d. mech. Bearbeit. bei d. Verbess. d. Rasenpodsol-Eigensch. 07-0249; Einfl. d. Ackerkrumentieflocker. bei degradierter Schwarzerde auf d. Veränder. einiger Bodeneigensch. 09-0257; Einfl. herkömml. Verfahren auf Bodenfruchtbark. u. Ertrag v. Gemüsesorten in einer Jungpflanzenanzuchtstätte 08-0620; Einfl. d. flachen u. tiefen Bodenbearbeit. auf d. Wasserhaush. v. Tschernosemböden 11-0260; Veränder. hydrophysik. Eigensch. d. Torfbodens durch verbessernde Bodenbearb. 12-0345; Einfluß d. Bodenbearbeitungsmeth. auf d. Veränder. d. Wasser- u. Lufthaushalts d. Ackerkrume unterschiedl. entwäss. Torfböden 12-0346; wo beginnt d. Mißhandl. unserer Ackerböden? 09-0153; Bodenbearbeit.- u. Fruchtfolgeprobleme beim Einsatz schwerer Schlepper 11-0264; Bearbeit. mit erhöhter Geschwindigk. 09-0262; Verdicht. d. Bodens durch d. Räder d. Maisvollerntemaschine 10-0225.

W i r k u n g a u f P f l a n z e n

Effekt d. Tiefe d. Bodenbearbeit. zu Wi-Weizen in Abhängigk. v. d. Düng. u. d. Vorfrucht 08-0485; theoret. Fragen d. Bodenbearbeit. (Einfl. d. Bodenverdicht. auf d. Wachstum u. d. Ertrag d. So-Gerste) 07-0245; Einfl. d. Zustandes und d. Agrotechnik auf Ertrag d. Buchweizens, chem. Zusammensetz. und Nährstoffaufnahme 12-0485; Bodenbearbeit. für Anbau v. Kartoffeln 10-0428; Bodenbearbeit. zu Kartoffeln 11-0495; Einfl. verschied. Meth. d. Bodenbearbeit. vor d. Saat d. Zuckerrübe 08-0529; Einfl. d. Meth. d. Hauptbodenbearb. auf d. Zuckerrübenertrag 12-0638; Zusammenh. zw. Bodenbearbeit. u. Düng. hinsichtl. Luzerneertrag auf verschlämmtem Lehm 12-0676; Einfl. herkömml. Verfahren auf Bodenfruchtbark. u. Ertrag v. Gemüsesorten in einer Jungpflanzenzuchtstätte 08-0620; Wirk. d. senkrechten Schlitzens d. Bodens in Obstanlagen d. Kamaraerdö 11-0306; Bodenbearbeit. für d. Anlage v. Obstplantagen 11-0677.

S p e z i e l l e B o d e n b e a r b e i t u n g s m a ß n a h m e n

B o d e n p f l e g e: Kulturfolge u. Bodenpflege im Gemüseanbau unter Glas 10-0540; Einfl. v. Bodenpflegemaßn. u. v. N-Düng. auf Straßenobstgehölze 11-0664; Eign. verschied. Bodenpflegesysteme z. Leistungssteiger. v. Apfelniederstämmen 07-0637; Ertragsverlauf v. Süßkirschen in Abhängigk. v. d. Bodenverhältnissen u. d. Pflegeintensität 11-0686.

P f l ü g e n: Charakterisier. guten Pflügens (Beurteil. d. Pflügens) 07-0250; Verwitterungsböden u. ihre Umgestalt. unter d. Einfl. d. Bearbeit. mit d. Pflug 12-0146; Betracht. z. kartograph. Darstell. d. Bodenwiderstandes beim Pflügen 10-0224; Rationalisier. d. Pflugarbeiten für d. Drän. 08-0312; Tiefes u. flaches Pflügen in d. Fruchtfolge 07-0251; Wirk. d. Pflugtiefe auf Schwarzbeinigk. u. Wurzelfäule bei So-Weizen 12-0584; Einfl. d. Pflugtiefe auf physikal. Eigenschaften u. Ertrag d. Zuckerrübe 08-0528; Meth. d. Ackerkrumenvertief. in Podsolgeb. 08-0290; Krumenvertief. u. differenzierte Düng. auf Sandböden im Grundwasserentzugsgeb. 09-0261; Bodenverbesser. (Meth. z. Nutz. unterer Horizonte z. Erhöh. d. Bodenfruchtbark. [Feldversuche])

Entwickl.) 10-0763; Anzucht unter Polyäthylenfolie 12-0744; rationeller Anbau auf großen Flächen 10-0544; anbautechn. Meth. beim Samenbau 11-0559; Unkrautbek. mit Topusyn im gedrillten Futterkohl 12-1333; Kühl. v. Lagerkohl bei Minustemp. 08-0628; Resistenz v. Sorten geg. Falschen Mehltau 12-1209; Zücht. 09-0507, 11-0818; Anbau u. Zücht. 11-0527; tetraploide Form bei Futterkohl 12-1066; genet. Analyse bei Kohl unter Verwend. v. 9 Genen v. Brokkoli 07-0824; Koppl. zw. d. Genen für Behaar. d. jungen Blattes u. für Chlorophylldefizienz 12-1038; Koppl. d. genet. bedingten Pollensterilität mit einem Sämlingssignalfaktor u. deren Ausnutz. bei d. Erzeug. v. F_1-Saatgut 08-0815; Zusammenbruch d. Parasterilität bei Kulturformen 11-0819; Resistenzzücht. gegen physiol. Rassen v. Plasmodiophora brassicae 08-0771.

<u>oleracea</u> convar. <u>acephala</u> (Blattkohl), synergist. Hemm. d. Samenkeim. durch Kumarin u. 2-Chloräthyl-trimethylammoniumchlorid u. ihre Aufheb. durch Kinetin u. Gibberellsäure 09-0081.

<u>oleracea</u> convar. <u>acephala</u> var. <u>gongylodes</u> (syn. B. oleracea var. gongylodes; Kohlrabi), Ertragsbild. u. Nährstoffaufnahme in Abhängigk. v. Jahreszeit u. Nährlös. 12-0739.

<u>oleracea</u> convar. <u>acephala</u> var. <u>medullosa</u> (syn. B. oleracea var. medullosa; Markstammkohl, Markkohl), Grünfutterpflanze Markstammkohl 08-0573; Pflanzenmorph.u. Vernalisierbark. 10-0054; Markstammkohl (Wirk. d. Vereinzelns auf d. Inhaltsstoffzusammensetz.) 07-0550; (Wirk. d. Vereinzelns auf d. Verdaulichk. u. Schmackhaftigk.) 07-0501; Höhe d. N-Düng. in ihrer Wirk. auf d. Ertrag u. Trockensubstanzgeh. bei verschied. Aussaatterminen 08-0574; Einfl. v. Unkrautbek. u. Höhe d. N-Gabe auf Ertrag u. N-Geh. 10-0998; Topusyn, neues Mittel z. Unkrautbek. in Vermehrungsbeständen 12-1332.

<u>oleracea</u> convar. <u>acephala</u> var. <u>sabellica</u> (Grünkohl, Krauskohl), Glänzendes Blatt bei Grünkohl, unvollständig dominantes Merkmal 08-0816.

<u>oleracea</u> convar. <u>botrytis</u> var. <u>botrytis</u> (syn. B. oleracea var. botrytis ssp. cauliflora; Blumenkohl), geplante Produktion 07-0555; Für und Wider bei Direktaussaat 11-0617; Kalibrier. d. Saatgutes 12-0747; Einfl. v. Temp., Wachstum, Sorte u. N-Düng. auf Frühzeitigk. u. Qualität 07-0554; chem. Zusammensetz. 09-0561; Wachstum im Verhältnis z. Markverfärb. u. Markzersetz. 10-0541; Sortenprüf. (1966, Sommeranbau) 07-0557; (1966, Herbstanbau) 07-0558; Sortenfrage 12-0749; Schnitt d. Samenträger 11-0619; Kühllagerfestigk. 07-0556; Lager. 12-0748; Probeentnahmen z. Verwend. bei d. Bek. v. Trichoplusia ni 08-1000.

<u>oleracea</u> convar. <u>botrytis</u> var. <u>italica</u> (syn. B. oleracea var. botrytis ssp. cymosa; B. oleracea var. italica; Winterblumenkohl, Brokkoli, Spargelkohl), Hemm. d. Alterns u. Atm. durch Wachstumshemmstoffe u. N^6-Benzyladenin 09-0037; genet. Analyse bei Kohl unter Verwend. v. 9 Genen v. Brokkoli 07-0824.

oleracea convar. capitata var. capitata (syn. B. oleracea var. capitata alba; B. oleracea var. capitata rubra; Kabbes, Kappus, Kopfkohl, Kumst, Rotkohl, Rotkraut, Weißkohl, Weißkraut), morphol.-anatom. Besonderh. d. Kallusbild. u. somat. Embryogenese bei Blätter- u. Stengelexplantaten 12-0065; Einfl. einer Blattapplikation v. Mo u. Co auf d. Wachstum v. Kopfkohl 08-0627; Einfl. v. ^{6}N-Benzyladenin auf Lager., Marktwert u. Chlorophyllgeh. v. Kopfkohl nach d. Ernte 12-0750; chem. Unkrautbek. in Kopfkohlbeständen 12-1338; Resistenz d. Pflanzen gegen Insektenbefall bei Handelssorten v. Kopfkohl 07-0887; Resistenz gegen Insektenbefall bei 3 Kopfkohlsorten in verschied. Wachstumsstadien 10-0817; jahreszeitl. Veränder. in d. rel. Resistenz gegen Insektenbefall bei 8 Handelssorten 09-0878; Mosaik- u. fusariumresistente ingezüchtete Kopfkohlsorten 11-0834.
Ertragsbild. bei frühem Weißkohl in Abhängigk. v. Boden- u. Luftfeuchtigk. 10-0543; Wirk. verschied. Düngungsbehandl. auf Ertrag u. Mineralstoffzusammensetz. v. Weißkohl 08-0626; Einfl. d. Düng. auf Haltbark. v. Weißkohl 09-0567; Fragen d. N- u. K-Wirk. auf Flächenertrag u. Haltbark. v. Weißkohl 10-0542; Weißkohl-Sortenprüf. (1966, Frühanbau) 07-0559; Versuch mit Sorten u. Stämmen v. Weißkohl mit Frühjahrsaussaat (1965-66) 09-0572; 'Inter' - eine neue Weißkohlsorte für d. Sommeranbau 10-0546; neues Verfahren z. Saatguterzeug. bei Weißkohl 09-0571; Samenproduktion v. Weißkohl im Banater Geb. 12-0751; innerer Spitzenbrand bei Weißkohl; Kontrolle d. Zücht. 11-0833.
Rotkohl-Sortenprüf. (1966, Frühanbau) 07-0562.
oleracea convar. capitata var. sabauda (syn. B. oleracea var. bullata ssp. sabauda; Wirsingkohl, Welschkohl, Savoyerkohl), Sortenprüf. (1966, Frühanbau) 07-0561.
oleracea convar. oleracea var. gemmifera (syn. B. oleracea var. bullata ssp. gemmifera; Rosenkohl), Fragen d. Rohstoffproduktion für d. Industrie 11-0621; Ansprüche an Standort u. Düng. 07-0563; Ca-Düng. in Relation z. inneren Braunfärb. 08-0378; Für und Wider bei Direktaussaat 11-0617; Wirk. d. Selektionsintensität während aufeinanderfolgender Generationen d. Samenvermehr. auf Anbauleist. 09-0832; Bezieh. zw. Insekt u. Wirtspflanze. Vermehr. v. Brevicoryne brassicae u. Myzus persicae an Rosenkohlpflanzen, d. mit verschied. Mengen N u. K versorgt wurden 07-0897.
oleracea var. acephala, Nichtlineare Dominanzbezieh. zwischen S-Allelen 08-0800.
oleracea var. botrytis ssp. cauliflora s. Brassica oleracea convar. botrytis var. botrytis.
oleracea var. botrytis ssp. cymosa s. Brassica oleracea convar. botrytis var. italica.
oleracea var. bullata ssp. gemmifera s. Brassica oleracea convar. oleracea var. gemmifera.

oleracea var. bullata ssp. sabauda s. Brassica oleracea convar. capitata var. sabauda.
oleracea var. capitata alba s. Brassica oleracea convar. capitata var. capitata.
oleracea var. capitata rubra s. Brassica oleracea convar. capitata var. capitata.
oleracea var. fruticosa, Wasserdefizit und Wachstum junger Kulturpflanzen. Einfl. d. Bodenwassergehaltsänder. auf Keimpflanzen 12-0437.
oleracea var. gongylodes s. Brassica oleracea convar. acephala var. gongylodes.
oleracea var. italica s. Brassica oleracea convar. botrytis var. italica.
oleracea var. medullosa s. Brassica oleracea convar. acephala var. medullosa.
pekinensis (Chinakohl, Pekingkohl), chem. Zusammensetz. 09-0561; Vererb. v. Kohlhernieresistenz 11-0838; Rekonstitution d. RNS d. Wasserrübengelbmosaikvirus mit TMV-Proteinuntereinheiten 08-0895.
rapa var. rapa (syn. B. campestris var. rapa; Mairübe, Speiserübe, Stoppelrübe, Turnips, Wasserrübe, Weiße Rübe), künstl. Windschutz u. Verteil. d. milden Vergilbungsvirus sowie v. Scaptomyza apicalis in einem Bestand 10-0844; Wasser- u. Kohlrübenmosaik 12-1166; Namenia - ein neues Gemüse? 09-0608; Namenia, " d. besseren Rübstiele" 09-0609.
rapa var. silvestris (syn. B. campestris; Rübsen, Futterrübsen, Sommerrübsen, Winterrübsen), Einfl. d. Befalls durch Lipaphis erysimi auf Wachstum u. Ertrag zweier Sorten 09-0887; Variabilität v. Fettsäure-Bausteinen einiger Cruciferen-Ölsamen 08-0770; Zücht. auf Fettsäurezusammensetz. in den Ölen 07-0794.
spec., Anbau v. Arten u. Futterwurzelfrüchten 10-0490; Grundwasserabsenk. beim Anbau 12-0380; elektrophoret. Untersuch. d. Samenproteine 10-0007; Wirk. verschied. P-Düngerformen auf Kulturen 12-0524; Sortiment 09-0570; Unkrautbek. z. Brassica-Arten in Nord-Irland 11-1075; Erreger d. Bakterienfäule u. seine Biol. 07-0959; Einfl. d. Infektion durch Botrytis cinerea auf verschied. Eigensch. d. Protoplasmas u. seine Strukturkomponenten 07-0960; Bek. d. Kohlfliege bei ausgesäten Kohlpflanzen mit Diazinon 08-1001.

Braugerste s. Hordeum vulgare.
Braunerden s. unter Bodensystematik - Bodentypen (Landböden).
Braunrost s. Puccinia triticina.
Brechbohne s. Phaseolus vulgaris.
Brennfleckenkrankheit der Erbse s. Ascochyta pisi.
Brevicoryne
brassicae (Kohlblattlaus), Bezieh. zw. Insekt u. Wirtspflanze. Vermehr. an Rosenkohlpflanzen, d. mit verschied. Mengen N u. K versorgt

B 995 s. unter Wuchsstoffe (und Hemmstoffe) - N-Dimethylbernsteinamidsäure.

Cactaceae (und Sukkulente), Anzucht u. Kultur sukkulenter Pflanzen mit Ausnahme d. Kakteen 07-0683.

Cajanus

cajan s. Cajanus indicus.

indicus (syn. Cajanus cajan; Indische Straucherbse, Kongoerbse, Pigeonerbse, Rahar, Taubenerbse, Taubenerbsenbaum, Taubenbohne), Vererb. d. Zwergwuchses 09-0852.

Calandra (syn. Sitophilus)

oryzae (Reiskäfer), Wirk. d. Gammabestrahl. 09-1028.

Calliphora vicina, Einfl. d. Häutungshormons Eedyson auf d. Organentwickl. während d. Verpupp. 12-1134.

Callistephus chinensis (Sommeraster), wertvolle Sommeraster für d. Schnitt 11-0720; vorläufige Ergebnisse v. CO_2-Versuchen 12-0942; Wirk. v. Nacht-Unterbrech. auf Blattfläche u. Blatt-Trockenmasse 07-0698; Reaktion auf Tageslänge in Verbind. mit d. Ort d. Samenherkunft 12-0958.

Calo-Chlor s. unter Fungizide.

Calo-Gran s. unter Fungizide.

Calymnia trapezina (Trapezeule), ungewöhnl. Schädl. an Apfelbäumen 10-0815.

Camellia japonica (Kamelie), Rhododendron- u. Kamelien-Jahrbuch (1967) 11-0734.

Campanula isophylla (Glockenblume), Aufbinden bei C. isophylla 11-0726.

Cannabis sativa (Hanf), Einfl. d. Umweltfaktoren: auf d. Auspräg. d. Geschlechts bei monözischem Hanf (Wirk. d. N-Düng.) 07-0812; auf Ausbild. d. Sexualität d. monözischen Hanfs (Wechselwirk. zw. photoperiod. Zyklus u. N-Ernähr.) 08-0076; Reaktion v. Pflanzen auf photoperiod. Einflüsse 11-0077; Einfl. v. Wachstumsregulatoren auf Leist. 07-0040; Einfl. d. Gibberellins auf anatom. Stengelaufbau 07-0052; Einfl. v. Gibberellin auf N-, P- u. K-Geh. 08-0365; Einfl. v. Gibberellin auf Wachstum, Entwickl. u. Geschlechtsausbild. 10-0065; Einfl. d. Behandl. d. Samen vor d. Aussaat durch Mikroelemente auf d. Ertrag 08-0546; Haupt- u. Kontrollprüf. (1964) 10-0451; (1965) 10-0450; Vererb. d. Geschlechts u. d. Wuchstyps 10-0765.

Cantaloupmelone s. Cucumis melo.

Capsicum

annuum (Chilli, Gemüsepaprika, Gewürzpaprika, Spanischer Pfeffer, Paprika), Paprika 10-0563; Anbau unter Hochglas 12-0767; Einfl. v. Sorte u. Pflanztermin auf Wirtschaftlichk. d. Anbaues im Gewächshaus 12-0768.

P h y s i o l o g i e , C h e m i e: Verhältnis zwischen Wurzel- u. Sproßwachstum 10-0552; chem. Zusammensetz. in Abhängigk. v. Reifegrad d. Früchte ausländ. Herkunft 09-0592.
S o r t e n: Sortenversuch unter Glas 10-0561; Untersuch. d. frühen großfrücht. Sorten im Nordosten Bulg. 08-0635; Tafelpaprika 12-0769; Überlegenh. d. Heterosishybriden im Vergl. z. Standardsorten in Versuchen in ČSSR, DDR u. Polen 09-0590.
S a a t g u t , A n z u c h t: unterschiedl. Samenqualität 07-0581; Einfl. d. Boden- u. Lufttemp. auf d. Auflaufen 11-0635; Einfl. d. Temp. auf d. Wirksamk. d. Zusatzbeleucht. bei d. Paprikajungpflanzenanzucht 11-0634.
P f l a n z u n g , E r n ä h r u n g , D ü n g u n g: Pflanzen mit oder ohne Ballen 07-0580; Bezieh. zw. Mineralstoff- u. Kohlenhydraternähr. u. ihr Einfl. auf Leist. d. Pflanzen 07-0579; Einfl. v. Feuchtigk. u. Düng. auf Wachstum sowie N- u. P-Aufnahme 12-0766; Termine d. Einbringens mineral. Düngemittel beim Anbau als Freiland-Frühkultur 09-0591; Mg- u. P-Düng. 10-0562.
P h y t o p a t h o l o g i e: Welke in Serbien 07-0962; Resistenz v. 'Italian El' gegen Infektion mit d. Kartoffel-Y-Virus 10-0838; Einfl. d. Blattlaus auf Auftreten u. Verbreit. d. Gurkenmosaikvirus 11-0928.
Z ü c h t u n g: Heterosiseffekt in Abhängigk. v. d. Entwicklungsphase d. Elternsorte d. Paprikas u. d. Eierfrucht 10-0779; Bastardier. mit C. pubescens 10-0778; vergleich. Prüf. d. N-, P- u. Aminosäuregeh. mit Kolchizin behandelter polyploider Pflanzen 09-0836.
frutescens (Pfefferschoten), Reinig. u. Eigenschaften zweier Isolate d. Tabakrattlevirus v. Paprika in Kalifornien 08-0893.
pubescens, Bastardier. mit Capsicum annuum 10-0778.
Carbaryl s. auch Insektizide - Urethane.
Fruchtausdünn. beim Apfel 11-0670, 12-0854; Wirk. bei 'Golden Delicious' auf Berost., Fruchtansatz u. Qualität 12-0851; als Mittel z. Ausdünn. d. Fruchtbehanges (Ergebnisse mit 'Bramley Seedling', 'Cox Orange Pippin' u. 'Laxton Superb' 1962-64) 12-0852.
Carbetamid s. unter Herbizide.
Carbyne s. unter Herbizide (Barban).
Cardiazol, Wirk. mutagener Subst. auf d. Prophase 10-0671.
Carex
ebenea, egglestonii, phaeocephala, vegetative Apomixis 07-0810.
spec., Vortrocknen steigert d. anfängl. Leistungsvermögen von 2 Seggentorf-Böden 12-0348.
Carpocapsa pomonella (syn. Cydia pomonella, Enarmonia pomonella, Laspeyresia pomonella; Apfelwickler, Obstmade), Biol. u. Bek. 10-0813; Trichogramma minutum als Parasit 09-0968; Bek. d. Apfelwicklers u. Schutz v. Obstgärten 11-0999; Wirksamk. chem. Präp., d. Fenthion, Fenitrothion u. Dimethoat als Wirkstoffe enthalten, bei Bek. v. Schädl.

09-0012; chem. Analyse v. Samen (Öl- u. Eiweißgeh. v. 759 Arten) 12-0094; direkte Kontamination d. Pflanzen u. Beregn. 08-0098; ^{90}Sr-Geh. in Pflanzen d. DDR 12-0461; Untersuch. d. Urangeh. d. Vegetation Großbritanniens 07-0072; Freigabe flücht. Selenverbind. durch Pflanzen. Verfahren z. Auffangen u. vorläuf. Beobacht. 07-0073; Stand u. Zukunft pflanzl. Regulierungsstoffe 11-0111: Phytohormone: Geschichte, chem. Analyse, Rolle in d. Physiol. 12-0110; Produktion d. Erdölwuchsstoffes 08-0110; Kininwirk. verschied. Benzimidazolderivate 11-0107; Zuckerchemie - Einführ. 09-0093; krit. Betracht. d. zuckertechnol. Fachsprache 07-0068; Stärke-Atlas 07-0074; Stärke 12-0093; Bezieh. d. Aminosäurezusammensetz. einiger pflanzl. Eiweiße zu ihrem biol. Wert 07-0076; Biosynthese v. Protein-Aminosäuren in Pflanzengewebekultur (Isotopenkonkurrenz unter Anwend. v. Protein-Aminosäuren) 10-0084; Anwend. d. Biochemie in d. Genetik z. Qualitätsverbesser. u. bei d. Pflanzenernähr. (Vererb. d. Aufnahme chem. Elemente bei Mais) 07-0774; Entsteh. v. Säuren während d. Lager. v. Ölpflanzensamen 11-0119; biochem. Erklär. d. Fleischbräune beim 'Jonathan' 09-0865; Vergl. v. Antioxydantien bei primär. u. sekundär. Oxydationen 08-0095; Rückstände aus org. Lösungsmitteln, d. gibberellinähnl. biol. Aktivität aufweisen 08-0106; Hemm. d. durch Tyrosinoxydation verursachten enzymat. Verfärb. durch Bisulfit 09-0087.

U n t e r s u c h u n g s m e t h o d e n: Säulenchromatographie an Zellulose-Ionenaustauschern 08-0117; Absorption v. Äthylen durch indikatorhalt. Natronkalk 09-0109; Bezieh. zw. rel. Molekularmasse u. d. Elutionsverhalten bei Chromatographie v. Proteinen 07-0087; scheibenelektrophoret. Meth. z. Trenn. d. wasserlösl. Eiweiße 11-0127; chromatograph.-elektrophoret. Meth. z. Bestimm. v. Aminosäuren in pflanzl. Material 11-0126; Bestimm. v. freiem Ammoniak u. Asparagin- u. Glutamin-Amid-N in Extrakten v. Pflanzengeweben 09-0108; method. Untersuch. über Nukleinsäuren u. deren Spurenelementgeh. bei Pflanzen 11-0105; quantitative Bestimm. v. ATP, ADP u. AMP in grünen Pflanzenorganen 12-0121; Prinzipien u. Elemente automat. Zuckerpolarimeter 09-0107; Anwend. v. Diazourazil für d. quantitative Bestimm. v. Zuckern (Bestimm. d. Fruktose, Maltose, Melezytose, Raffinose, Saccharose) 10-0093; Standardisier. d. polarimetr. Stärkebestimm. in verdünnter Salzsäure: Fehlerbestimm. d. Ewers-Meth. u. Reproduzierbark. d. Säureaufschlusses d. Stärke 10-0094; gefahrlose Beheiz. brennbarer Lösungsmittel z. Fettextraktion 08-0114; Spezifität d. "TEE-Meth" z. quant. Bestimm. v. Askorbinsäure u. Gesamt-Vit.-C im frischen Pflanzenmaterial 08-0115; Bestimm. einiger Karotinoide mit Hilfe d. Dünnschichtchromatographie 11-0129; dünnschichtchromatograph. Untersuch. bas. u. neutraler Sapogenine d. Solanum-Arten 11-0116: Dünnschichtchromatographie bei Untersuch. natürl. Wachse u. ihrer Bestandteile 07-0089; Pflanzenhormone (Dünnschicht- u. Gas-Flüssigkeitschromato-

weizenkeimpflanzen 11-0115; chromatograph. Abtrenn. d. Karotins in Tomaten 12-0123; "Fingerabdruckmuster" d. Globulinfraktionen aus Samen verschied. Spez. v. Fabaceae 09-0016; Chromatographie eines Gemisches v. TMV u. Ribonuklease 09-0965; Differenzier. in Ökotypen bei 4 nordamerikan. Präriegräsern (chromatograph. Unterschiede) 10-0096; chromatograph. Techn. z. Bestimm. v. Pestizid-Rückständen 10-0901.

D ü n n s c h i c h t c h r o m a t o g r a p h i e: Dünnschichtchromatographie in ihrer Anwend. auf Serienanalysen in d. Pflanzenzücht. 08-0730; Dünnschichtchromatographie bei Untersuch. natürl. Wachse u. ihrer Bestandteile 07-0089; dünnschichtchromatograph. Untersuch. bas. u. neutraler Sapogenine d. Solanum-Arten 11-0116; Bestimm. v. Tokopherolen in Getreide durch Dünnschichtchromatographie 07-0090; Bestimm. einiger Karotinoide mit Hilfe d. Dünnschichtchromatographie 11-0129; Pflanzenhormone (Dünnschichtchromatographie d. Gibberelline) 12-0122; Dünnschichtchromatographie v. Auxin u. Hemmstoffen in Nicotiana glauca, N. langsdorffii u. 3 ihrer tumorbild. Hybriden 08-0108; Säulen- u. Dünnschichtchromatographie z. Bestimm. v. Pestizid-Rückständen 11-0973; Bestimm. v. Mikromengen an DDT u. Heptachlor im Boden u. in d. Nahrungsprodukten durch Dünnschichtchromatographie mit Fluoreszein 10-0911; dünnschichtchromatograph. Trennungsgang für insektizid-wirksame P-Säureester 11-0975; Nachweis v. N-enthaltenden Herbiziden in Dünnschichtchromatogrammen 12-1317.

G a s c h r o m a t o g r a p h i e: Pflanzenhormone (Gas-Flüssigkeitschromatographie: direkte Identifizier. d. Gibberelline im rohen Pflanzenextrakt durch Gas-Flüssigkeitschromatographie) 12-0122; Nitrier. d. org. Bodensubst. (gaschromatograph. Trenn. v. gasförm. Produkten) 09-0241; gaschromatograph. Analysen v. mit O_2-Kontrolleuren ausgestatteten Lagern mit kontrollierter Atmosphäre 10-0601; gaschromatograph. Untersuch. an feld-, gewächshaus- u. künstl. gereiften Tomaten 09-0105.

I o n e n a u s t a u s c h c h r o m a t o g r a p h i e: Simultanbestimm. von Cd, Co, Zn, Ni, Cu durch Verdrängungschromatographie an Ionenaustauscherharzen: Untersuch. d. durch einige Ionen verursachten Störungen 12-0466.

P a p i e r c h r o m a t o g r a p h i e: Papierchromatographie d. Isoflavon-Phytoöstrogene 10-0089; papierchromatograph. Trenn., Identifizier. u. Bestimm. v. Pb 09-0106.

S ä u l e n c h r o m a t o g r a p h i e: Säulenchromatographie an Zellulose-Ionenaustauschern 08-0117.

<u>Chromosomen</u> s. auch Genetik; Meiose: Mitose; Mutation (und Mutationszüchtung); Polyploidie (bzw. Polyploidiezüchtung).

A l l g e m e i n e s: Chromosomen-Manipulationen u. Pflanzengenetik. 10. Internat. Bot. Kongreß (Edinburg 1964) 09-0721; Evolution d. Chromosomensysteme 10-0669; extrachromosomale Vererb. 12-0981; quantitative Modelle d. Radioempfindlichk. d. Pflanzen 11-0034: Chromosomenverteil. in Reduktionsgruppen, erzeugt durch Kolchizinbehandl. 08-0726; mutagener Effekt v. Pyrogallol in bezug auf verschied. Frequenzen natürl.-mutierender Zellen 08-0727; Chromosomensubstitution- u. Monosomen-Meth. für Untersuch. z. Qualität d. Weizens 07-0749; Chromosomen-Translokationen, d. bei Weichweizensorten festgestellt wurden 07-0752; Koppl. d. Mehltauresistenz u. Spelzenbehaar. auf d. Weizenchromosom 1 A 09-0741; durch ein Aegilops umbellulata-Chromosomensegment, d. in Weizen eingelagert wurde, induzierte Variation 10-0687; chromosomale Lokalisation d. Feldresistenz gegen Braunrost bei dem Weizen 'Chinese spring' 07-0744; Lage genet. Faktoren für Mehltauresistenz u. Zeitpunkt d. Ährenschiebens auf Chromosom 7B bei Weizen 07-0745; chromosomale Verteil. d. Resistenz d. Roggens gegen Pathogene d. Weizens 10-0692; zytoembryol. Untersuch. bei d. Roggensorte 'Borkowski Tetra' 11-0773; Ertragsreaktionen u. Anteil d. Entstehens v. Chromosomen-Rearrangements u. Gen-Mutationen bei Gerste 10-0706; Vererb. d. virescens-Albinismus bei Hafer Sorte "Sun II" 07-0773; Meth. d. Pachytän-Analyse bei Mais-Chromosomen 08-0755; Doppelproduktion bei autotetraploidem Mais 08-0756; Genorte, d. Resistenz gegen Blattfraß d. Maiszünslers bedingen 10-0729; B-Chromosomen, ihre Entsteh. u. Bezieh. z. Meiose in Lolium-Artbastarden 10-0762; hat Ackerbohne vielsträngige Chromosomen? 11-0790; chromosomale Umbauten u. ihre Induktion durch Chemomutagentien, insbesondere bei d. Ackerbohne als Modellobjekt 11-0740; Synthese v. heteromorphen Geschlechtschromosomen bei Spinat 08-0817.

A b e r r a t i o n e n , B r ü c h e: Abhängigk. d. Zahl d. Doppelbruch-Chromosomenaberrationen v. d. Größe d. Dosis d. ionisierenden Bestrahl. 07-0727; Temp. als Ursache spontaner Chromosomenaberrationen 10-0673; Mechanismus d. durch physiol. aktive Subst. in einem Extrakt aus Viscum album induzierten Zellteil. 11-0741; Schutz- u. Erholungseffekte v. Chemikalien hinsichtl. Pflanzenwachstum, Chromosomenaberration u. Mutation bei bestrahltem Saatgut v. Getreidepflanzen 08-0737; durch Pestizide bei Gerste induzierte morpholog. u. somat. Chromosomenaberrationen 07-0763; unterschiedl. Reaktion d. Chromosomen d. Sproß- u. Wurzelmeristems v. Gerste gegenüber mutagener Behandl. 09-0761; Wirk. v. Adeninnukleosiden auf Chromosomen, Zellteil. u. Nukleinsäuresynthese bei Ackerbohne 08-0769; Aberrationen, hervorgerufen durch Ultraschall in Meristemzellen d. Ackerbohne 11-0752; zytogenet. Effekte v. Fluorwasserstoff auf Tomatenchromosomen 07-0818; induzierte Chromosomenaberrationen u. a. Abnormalitäten im Embryosack nach Pollenbestrahl. bei Melandrium rubrum 08-0829.

Auslös. v. Chromosomenbrüchen durch Röntgenstrahlen 09-0723; Faktoren, d. Reunion v. durch Röntgenstrahlen verursachten Chromosomenbrüchen beeinfl. (Wirk. v. Mitomycin C, Chloramphenikol, ATP u. Nukleosiden auf d. Ausmaß v. röntgenstrahleninduzierten Chromosomenaberrationen) 09-0724; (Wirksamk. v. Resoxyribonukleosid-Triphosphaten für Reduktion v. röntgenstrahleninduzierten Chromosomenaberrationen) 09-0725; Bestrahlungsreparatur bewirkt durch Bestandteile d. Nukleinsäure 10-0674.

S t r u k t u r: Verwandtschaft d. Chromosomen d. gemeinen Weizens u. verwandter Gatt. 11-0757; physiol. Eigensch., d. mit d. chromosomalen Struktur bei Chrysanthemum carinatum verbunden sind 12-1084.

P a a r u n g , K o p p e l u n g: Wirk. v. induzierter Mutation auf d. Verhalten bei d. meiot. Chromosomenpaar. bei Triticum aestivum 08-0742; somat. Paar. bei Triticum aestivum 08-0745: Paaren v. Triticum aestivum- u. Haynoldia villosa-Chromosomen 09-0735; gepaarte Chromosomen in 2 mitot. Metaphasen diploider Zuckerrüben 10-0753. Koppl.-untersuch. an verschied. Gerstenmutanten 11-0774; Vererbungs- u. Kopplungsuntersuch. bei Gerste (Kopplungsuntersuch. bei d. Gen für brüch. Stroh-2 u. Aufstell. d. Kopplungskarte d. Gersten-Chromosomen 5) 12-1020; Koppl. d. Rf_1-Gens im T-Zytoplasma v. Mais mit Genen d. 3. Chromosoms 10-0723; Koppl. v. 2 Eigensch. bei Tabak, d. durch Doppelgene kontrolliert werden 12-1067; Kopplungsuntersuch. bei Pisum. (Koppl. d. Mutante $aurea_{R3}$) 12-1029; (Koppl. d. Mutante $aurea_{R5}$) 12-1030; (Mutante $chlorina_{E01}$ und d. Koppl. d. determinierenden Gens Ch3) 12-1031; (Mutante $albina_{R2}$) 12-1032; (Mutante luteo-maculata) 12-1033.

C h r o m o s o m e n z a h l: Kontrolle d. Glutensynthese bei Weizen bei gleichen Genom- u. Chromosomenzahlen 12-0999; Inkonstanz d. Chromosomenzahl, untersucht in d. Meiose bei Weizen-Roggen- u. unvollständ. Weizen-Quecken-Amphidiploiden 09-0737; Chromosomenzahlverdoppel. bei ausgewählten Solanum-Genotypen 12-1048; Bestimm. d. Zahl bei Rüben 11-0802; Zählen d. Chromosomen in d. Gräserzücht. 08-0793; Chromosomenreduktion in d. Nachkommensch. v. autopolyploidem Rohrschwingel 07-0809; zytolog. Unterscuh. bei Ericaceae (Chromosomenzahl u. Karyotypen d. Subgenus Rhododendron) 07-0841.

Chrysantheme s. Chrysanthemum.

Chrysanthemum (Chrysantheme)

carinatum, physiol. Eigensch.,d. mit d. chromosomalen Struktur verbunden sind 12-1084.

frutescens, Blühen bei Margeriten 11-0722.

morifolium, Einfl. v. Photoperiode u. Lichtintensität auf d. Aufnahme v. ^{32}P 10-0261.

segetum, Morfamquat, neues selekt. Bipyridylium-Herbizid mit bes. Wirk. gegen Saatwucherblume 12-1302.

spec., alternativer Anbau 12-0952; gesteuerte Topfchrysanthemen u. B-9-Behandl. 08-0715; Chrysanthemum-Topfterminkultur. (Ausnutz. v. Frühbeetkästen im Sommer u. Herbst.) 11-0724; Kurztagbehandl. durch Dunkeltage unterbrechen? Weitere Versuchserfahr. mit Topfsorten

07-0704; Verhältnis v. Tages- u. Nachttemp., Auxin u. Hemmstoffen auf d. vegetative Wachstum u. d. Blühen 10-0646; Einfl. v. Äthylen in d. Luft auf d. photoperiod. Reaktion 12-0950; Beeinfluss. d. Mutterpflanzen z. Steiger. d. Stecklingsproduktion 09-0670; Wirk. unterschiedl. N:K-Relat. in d. Nährlös. 11-0707; Verhältnis d. Häufigk. d. Düng. auf Nährstoffgeh. im Boden, im Laub u. auf d. Chrysanthemenertrag 12-0951; Na-Schaden bei Steckl. 08-0704; Einfl. v. intermittier. Besprühen mit kohlensäurehalt. Wasser auf d. Wachstum unter Glas 10-0528; Einfl. v. CO_2-Begas. bei Chrysanthemen, d. in England u. Wales unter Produktionsbeding. angebaut wurden 11-0611; vorläufige Ergebnisse v. CO_2-Versuchen 12-0942; CO_2-Begas. bei verschied. Stadien d. Wachstums 12-0949; chem. Ausbrechen 12-0947, 12-0948; Neuheitenprüf. (1966) 07-0696; Sortenversuche mit Winterastern (1965 in Kentucky) 08-0713; neue Sorten helfen ein schnelles Winterprogramm z. entwickeln 10-0647; Überleben epiphyt. Myzels v. Mycosphaerella ligulicola an Wurzeln 07-0969.

Cicer arietinum (Kichererbse), Inhalt u. qualitative Zusammensetz. d. Eiweißstoffe verschied. Sorten in Abhängigk. v. verschied. Reifephasen 10-0082.

Cichorium (Wegwarte)

endivia (Endivie, Winterendivie), CO_2-Dosier. 07-0552.

intybus var. foliosum (Salatzichorie, Chicorée), Anbau 12-0793; Anbau in Poona 07-0598; Einfl. d. Saattermins auf d. Ertrag 09-0610; schnelle vegetative Vermehr. durch Schößl., Wurzel- u. Blattsteckl. 07-0597; Jarowisation zweier Zichoriensorten 12-0549; auxininduziertes Expansionswachstum in Scheiben d. Zichorienwurzel 10-0068; Minierfliege an Chicorée. Wechselseit. Beeinfl. d. verschied. Arten 07-0884.

CIPC s. unter Herbizide.

Circaea intermedia, morphogenet. Interaktion zw. angewandtem Gibberellin, Chlorcholinchlorid u. Kinetin 08-0089.

Cirsium

arvense (Ackerdistel), Wuchsstoffe u. d. Rost d. Ackerkratzdistel 12-1230; durch Picloram indizierte histolog. Abnormitäten an Wurzeln 12-1314.

setosum (Kratzdistel), vegetative Vermehr. 07-1052.

Citrullus

lanatus var. citroides, künstl. Bestäub. 09-0831.

vulgaris (Angurie, Arbuse, Wassermelone), vegetative Vermehr. 09-0587.

Citrus (Agrumen)

grandis s. Citrus maxima.

limon (Zitrone, Limone, Sauerzitrone), Einfl. d. 'Verfrühung' auf Pflanzen 08-0590.

maxima (syn. Citrus grandis; Pummelo, Pampelmuse), Keimfähigkeitstoleranz gegenüber EPTC, TOK-E25 u. Simazin bei Samen v. Zitrone u. Pampelmuse 07-0513.

natsudaidai, Einfl. v. Pb-Arsenspritz. auf Wachstum sowie Zucker- u. Säuregeh. 12-0113.

paradisi (Grapefruit), Anwend. eines biochem. Indikators z. Diagnostizier. v. Mikronährstoffmangel bei Bäumen auf d. Felde 11-0364.

sinensis (Apfelsine, Orange), Bezieh. zw. vegetativem u. reproduktivem Wachstum v. Steckl. d. 'Washington-Navel'-Orange 09-0528; Klima u. berechneter Wasserverbrauch v. Gärten 07-0104; Kälteschäden an Bäumen (Bezieh. zw. Frosthärte u. osmot. Konz. sowie Elementgeh. in Blättern u. Stengeln v. 'Satsuma'-Orangenbäumen unter Einfl. v. Kältebehandl.) 12-0038; Stichprobenentnahme bei Früchten für d. Blattdiagnostik. Einfl. fruchtender oder nicht fruchtender Zweige, ihrer Höhe u. Beschatt. 09-0526; Ursachen u. Bek. v. alternierend tragenden 'Unshu'-Apfelsinenbäumen (jährl. Veränder. d. N-, P- u. K-Absorption in alternierend u. jährlich tragenden Bäumen 08-0589; durch Infloreszenztyp u. Düngerzustand beeinflußte Blüten- u. Fruchtentwickl. bei Orangen d. Sorte 'Valencia Late' 08-0588; Veränder. d. Wuchsstoffhaushaltes in Citrus-Bäumen nach Befall durch Radopholus similis 08-0860.

spec. (Agrumen, Clementine), Frostbeständigk. bei Früchten 09-0527; Einfl. d. Bodenreaktion auf d. Wachstum v. jungen Zitruspflanzen (Formen d. N- u. K-Dünger) 08-0587; Boden- u. Wurzel-Cu. Feststell. d. Cu-Düngebedarfs durch Boden- u. Wurzelanalyse 11-0243; Keimfähigkeitstoleranz gegenüber EPTC, TOK-E25 u. Simazin bei Samen 07-0513; Prüf. v. Thiabendazol in Resin-lösl. u. Wachsemulsions-Belägen z. Bek. v. Penicillum digitatum 09-0981; Biphenyl z. Bek. d. Fruchtfäulen 09-0982; Überkreuz-Übertragungsversuche mit Viren 09-0909; Chimären zw. Arten u. ihr Selektionswert 08-0836.

Cladosporium

fulvum, Identifizier. neuer Rassen u. Selekt. auf Resistenz bei Tomaten 11-0956.

herbarum, Myzelwachstum u. Sporulation in einer Atmosphäre mit niedrigem O_2-Gehalt 07-0866.

Clasterosporium carpophilum (Schrotschußkrankheit), Schaden durch d. Schrotschußkrankh. d. Steinobstes 07-0965.

Claviceps

cyperi, neue Claviceps-Art auf Cyperaceae 12-1199.

purpurea (Mutterkorn), Fund einer Wildform auf Paspalum 12-0657; Alkaloidgeh. u. Alkaloidtyp auxotropher UV-Mutanten bei parasit. Kultur auf Roggen 11-0114; Tryptophanstoffwechsel u. Alkaloidbild. bei Mutterkorn in saprophyt. Submerskultur (Änder. d. Tryptophanstoffwechsels u. d. Alkaloidbild. mit d. Entwicklungszustand d. Mutterkornmycels 11-0057; Ertrag Ergotamin produzierender Mutterkornstämme 12-0116; Bek. d. Mutterkorns in Vermehrungsbeständen d. Wiesenrispe 11-1007.

<u>Cucumis</u>

<u>melo</u>, (Melone, Cantaloupmelone, Zuckermelone), Einfl. v. Ultraschall auf Veränder. d. physiol. Kennwerte u. Ertragsfähigk. 09-0588; physiol. Untersuch. gepfropfter Pflanzen (Untersuch. einiger Erschein. d. Unvereinbark. d. Wachstums) 11-0038; (P-Geh., Aufnahme u. Fortbeweg. v. ^{32}P) 11-0039; Einfl. d. Umweltfaktoren u. d. Saatgutqualität auf d. Entwickl. d. generativen Organe 09-0589; Reaktion auf atmosphär. Beding. 12-0753; Wechselwirk. zw. Kolchizin u. Gibberellsäure bei Kontrolle d. Streck. d. Hypokotyls 07-0056; vegetative Vermehr. 09-0587; Bestäub. v. Kulturen unter Glas 10-0560; Nährstoffaufnahme (Wuchsschäden) 07-0578; Rückwirk. d. Mangels an Hauptnährstoffen S, Mg, P, K auf d. N-Haush. junger Pflanzen 09-0321; Düng. im Gewächshaus 11-0612; Einfl. v. Wuchsstoffen aus Erdöl u. komplexer Mikronährstoffdünger auf Ertragsfähigk. v. Melonen 08-0624; Wirk. v. Trizone-Begas. auf Ertrag 09-0984; Wirk. v. Fungizidspritz. auf Krankheitsbek. u. Ertrag in Maryland 10-0931.

<u>melo</u> var. <u>reticulatus</u>, Anpass. d. Kulturmeth. bei mech. Ernte 12-0765; CO_2-Entwickl. u. Temp. im Anfangswachstum plastgemulchter Pflanzen 10-0536.

<u>sativus</u> (Gurke), Rhein. Lehr- u. Versuchsanstalt für Gemüse- u. Obstbau Straelen/Niederrhein 09-0552; Gurkenfabrik 10-0557; Beetkultur bei Treibgurken 07-0573; Anbau in Gewächshäusern auf Strohballen 07-0577; Anbau auf Strohballen 11-0629; Reihenabstand u. Pflanzenhöhe im Gewächshaus 10-0556; Einlegegurken an Spalieren 10-0558; Winteranbau mit 3 Trieben 09-0584; 30 kg/m^2 Gurkenproduktion (1966) 07-0574; Lehren aus d. Kultur in Kalthäusern 11-0630; Sortiment, Technol. u. ökon. Nutzen d. Produktion im Frühbeet 11-0631; Mulchen d. Bodens beim Anbau unter Folie 11-0632; Polystyrol z. Pflanzenhygiene 08-0634; Plastfolie bei Freilandgruken 11-0633; Anbautechn. v. Einlegern für einmalige masch. Ernte 12-0762.

P h y s i o l o g i e , C h e m i e: Verhältnis zwischen Wurzel- u. Sproßwachstum 10-0552; Wurzelwachstum 12-0755; Ökol. u. Physiol. d. Kältefestigk. beim Auflaufen d. Gurken. (Physiol. Reaktion d. Gurkensamen u. -sämlinge auf niedr. Temp.) 11-0627; (Variabilität d. Kältefestigk. v. Saatgutproben verschied. Sorten, Herkunft u. Alters, im Labor u. unter natürl. Beding. 11-0628; tägl. Periodizität d. Guttationsgeschwindigk. bei Hydrokultur 08-0059; Einfl.: d. -Naphthylessigsäure u. d. 2,3,5-Trijodbenzoesäure auf Erträge v. Freilandgurken 07-0575; v. L-NES u. 2,3,5-Trijodbenzoesäure auf Ertragsleist. 09-0586; v. Gibreskol auf d. Ausbild. männl. Blüten bei d. Gurke 10-0554; Erfahr. mit weibl. blühenden Gurken 07-0572; 2jähr. Anbau männchenfreier Hausgurken 10-0555; chem. Zusammensetz. 09-0561.

A g r a r m e t e o r o l o g i e: Reaktion auf atmosphär, Beding. 12-0753; Rentabilität in Abhängigk. v. Klimabeding. 12-0761.

G u r k e u n d B o d e n: Einfl. unterschiedl. Wasserversorg. auf d. Ertrag 12-0741; Torfmull in Gewächshäusern 09-0581; Eign. abgetragener Champignonsubstrate für d. Anbau 12-0756.

S o r t e n: Sortenprüf. mit Einlegegurken (1966) 07-0567; Anbau unter Glas; Sortenproblem 11-0832.

S a a t g u t: Erhöh. d. Lebensfähigk. d. Saatgutes für d. Anbau unter Glas 08-0632; Vorbereit. d. Samen vor d. Aussaat 11-0626; Ökol. u. Physiol. d. Kältefestigk. beim Auflaufen d. Gurken 11-0627; Impulswirk. d. Sonnenergie u. Steiger. d. Erträge 09-0580; Einfl. v. Spurenelementen u. d. Fungizid TMTD auf d. Ertrag 09-0582.

A n z u c h t: Anzuchtmeth. 12-0760; mineral. Zusammensetz. d. Substrates für Torftöpfe 09-0566; Nährlös. u. Mn-Mengen bei Hydrokultur z. Anzucht 09-0583.

E r n ä h r u n g , D ü n g u n g: Ontogenese d. Mineralnährstoffaufnahme 10-0551; Ernähr. d. Pflanzen bei Hydroponik 11-0371; Nährlös. u. Mn-Mengen bei Hydrokultur z. Anzucht 09-0583; Pflanzenernähr. in Böden (Verteil. einiger Nährstoffelemente in einem durch eine Tropfbewässerungsanordn. gedüngten Boden) 09-0127; Düng. 12-0757; Düng. im Gewächshaus 11-0612; faktorieller NPK-Düngungsversuch für einmalige mech. Ernte v. Einlegegurken 10-0559; Erträge v. Einlegern im Verhältnis z. NPK-Düng. u. P-K-Bodentests 12-0759.

P h y t o p a t h o l o g i e: Beeinfluss. v. Gesundheitszustand u. Ertrag bei Gemüsesämereien (Gurken u. Möhren) 10-0930; Viruspartikel im Siebröhrensaft nach Infektion durch d. Cucumis virus 2 A 09-0911; Übertrag. d. Mosaikvirus 10-0846; Milch als Infektionshemmstoff mechan. übertragbarer Viren in Kulturen 08-0900; Synergismus zw. Pythium ultimum u. d. Gurkenmosaikvirus 09-0910; Mycosphaerella-Stengelfäule im Lea Valley 08-0948; Wirkungsweise v. 1-Threo-β-phenylserin als Chemotherapeutikum für Gurkenkrätze 08-0989; Wirk. v. Fungizidspritz. auf Krankheitsbek. u. Ertrag in Maryland 10-0931; Spinnmilbenbek. 07-1001; Faktoren, d. d. Bek. d. Bohnenspinnmilbe beeinfl. 09-0987; Schutzmaßnahmen gegen Spinnmilben 11-0998.

E r n t e , L a g e r u n g: Qualitätsschwierigk. 09-0585; faktorieller NPK-Düngungsversuch für einmal. mech. Ernte v. Einlegegurken 10-0559; Anbautechn. v. Einlegern für einmalige masch. Ernte 12-0762; Lager. 12-0758.

Z ü c h t u n g: Apogamie 07-0822; Anwend. verschiedener Geschlechtstypen bei d. Zücht. 08-0811; Determination d. Geschlechter (Einfl. d. 1-Naphthylsäure u. d. Gibberellins auf d. Differenzier. d. Geschlechter d. Blüten bei einhäusigen Gurkenpflanzen) 08-0812; (Einfl. d. Polyploidie auf d. Expression d. Geschlechter bei einhäusigen u. weibl. Gurkenpflanzen) 08-0813; Einfl. v. Gibreskol auf d. Ausbild. männl. Blüten bei d. Gurke 'MSU 713-5' 08-0814; Weiblichk. bei d. Zücht. 11-0831; Inzucht 09-0830; Anbau unter Glas; Sortenproblem 11-0832;

Virusinfekt. 11-0925.

Cylindrocladium scoparium, Zusammenh. zw. d. Sterben in einem 27 Jahre alten Tulpenbaumbestand u. d. Vorhandensein v. Cylindrocladium scoparium 12-1227.

Cylindrocarpon radicicola s. unter Bodenbiologie - Pilze (Fungi imperfecti).

Cymbidium gottianum, Viruskrankh., verursacht durch d. Odontoglossum-Ringfleckenvirus 08-0913.

Cynodon dactylon (Bermudagras, Küstenbermudagras, Fingerhundszahngras), Protein-, P- u. K-Geh. 07-0302; Bestimm. d. Kohlenhydratreserven bei 'Midland'-Bermudagras 12-0092; Wirk. v. P- u. K-Gaben auf Küstenbermudagras in Abhängigk. v. P- u. K-Geh. d. Bodens 08-0415.

Cynosurus cristatus, Asche- u. Energiegeh. in Material 09-0814.

Cyperaceae, neue Claviceps-Art 12-1199.

Cyperus esculentus (Erdmandel), Einfl. d. Einbring. v. Thiokarbamatherbiziden in den Boden auf d. Wirk. gegn C. esculentus 08-1035.

Cyprex A s. unter Fungizide.

Cyrtanthus spec., zytogenet. Untersuch. bei Cyrtanthus Spalt. in einen Allotetraploiden 07-0840.

Dachtrespe s. Bromus tectorum.

Daconil 2787 s. unter Fungizide.

Dactylis glomerata (Knaulgras, Orchardgras), Bestandesdichte u. Ertrag 10-0494; Bezieh. zw. Wachstumsrate v. Säml. u. geograph. Breite d. Herkunftsortes 09-0111; Wirk. d. Temp. auf vegetatives Wachstum bei klimat. Var. unter kontrollierten Beding. 12-0128; Reaktion einiger Populationen auf Temp. u. Tageslänge 09-0070; Stärke d. Lichthemm., Pflanzenmorphol. u. Schnittzeit als Kriterium für d. Ernte 07-0487; Morphogenese bei Trieben in Abhängigk. v. d. Höhe d. N-Gaben 09-0510; Ertrag u. Nährstoffaufnahme in Abhängigk. v. N-, P- u. K-Gaben 10-0502; Einfl. d. K- u. P-Düngemittel auf d. Gehalt an Spurenelementen 12-0443; umhüllter Harnstoff, Thioharnstoff, Ureaform, Hexamin, Oxamid, Glykoluril u. oxydierte, mit N-angereicherte Kohle als langsam verfügbare N-Quellen 12-0507; Veränder. im N-Metabolismus unter Einfl. v. K- u. S-Ernähr. 08-0363; Wirk. d. Schnittnutz. auf Futterertrag u. Auftreten d. Blattstreifenkrankh. bei 5 Knaulgrassorten in Reinsaat u. im Gemisch mit Luzerne 10-0462; Eigensch. d. Knaulgrasscheckungsvirus 11-0909; Aufnahme u. Adsorption v. Diquat u. Paraquat 10-0978.

Dacus oleae (Olivenfliege), biol. Bek.-Versuche in Isole Eolie (1965) u. auf Sizilien (1966) 12-1254.

Dämpfen s. unter Bodendesinfektion.

Dänemark, landwirtsch. Melior. 12-0335; Anwend. v. flüss. Ammoniak

09-0382; Pflanzenkrankh. 1965 - Jahresübersicht d. staatl. Pflanzenpathol. Versuchsanstalt Lyngby 08-0924.

Dahlia (Dahlie)

spec., Viruskrankh., Diagnose u. Bek. 10-0852.

variabilis, 12-0969; Dahlienjahrbuch (1967) 10-0660; Ontogenese 10-0069; Blühkontrolle (Wirk. d. Tageslänge auf Bild. u. Entwickl. d. Blütenknospe) 07-0708; Blühbeeinfluss. v. Dahlia. (Wirk. v. Tageslänge im Frühstadium d. Sproßwachstums auf Blütezeit u. Qualität d. Schnittblumen) 11-0728.

Dahlie s. Dahlia.

Dalapon s. unter Herbizide.

Darluca filum, Hyperparasist d. Uredinales 12-1097.

Dasyneura

brassicae (syn. Perrisia brassicae, Kohlenschotengallmücke), Ermittl. d. Schadens u. Schätz. d. Rapsernte 08-0968; Auftreten u. Bek. an Raps in Österreich 09-0879.

pyri, Wirksamk. chem. Präp., d. Fenthion, Fenitrothion u. Dimethoat als Wirkstoffe enthalten, bei Bek. v. Schädl. d. Obstbaues 10-0942.

Datenverarbeitung, Einführung 12-0409; Lehrschau - masch. Datenverarbeit. 08-0013; kleines Lexikon d. Rechentechn. u. Datenverarbeit. 11-0015; graph. u. tabellar. Wissensspeicher 12-0009; maschinelle Rechenverfahren bei d. Untersuch. v. Komplexmeliorationen auf spez. Standorten 08-0302; Zusammenstell. d. Anbauplanes mittels d. Simplexmeth. 12-0539; Samml. u. Systematisier. v. Materialien aus Bodenuntersuch. auf Lochkarten 11-0251; Wasserstandsregistrier. auf Lochstreifen u. deren automat. Verarbeit. 12-0412; Sortenbeschreib. mit Hilfe v. Lochkarten 12-0825.

E D V: Elektron. Datenverarbeit. (EDV) in d. Landwirtsch. d. DDR 09-0005; Bodenuntersuch. - Computerprogramme 09-0227; Erfahr. mit d. elektron. Datenverarbeit. im Grundwasserdienst in Bayern 12-0410; Mehrfachregressionsrechnung, Beisp. für d. Verwend. elektron. Rechenanlagen in d. Gewässerkunde, bes. zur Prognose hydrolog. Größen 12-0411.

P r o g r a m m i e r u n g: Programm für d. Analyse faktorieller Versuche 07-0430; multiple lineare Regression u. lineare Programmier. bei d. Analyse sich erneuernder Resourcen 07-0516; Programmier.-Sprache für d. Auswert. v. Erheb., Versuchen u. Daten für mehrfaktorielle Analysen 07-0427; ALGOL 60 - eine Sprache für Rechenautomaten 11-0009.

Datura (Stechapfel)

ferox, Samenschaleneffekt in Bezieh. z. Photoinduktion d. Keim. 11-0081; Bezieh. zw. Samenschale u. Gibberellsäure bei d. Keim. 11-0084.

innoxia, Zellteil. u. Differenzier. v. Embryonen in Pollenkörnern 11-0069.

metel, Aufnahme u. Speicher. v. Alkaloiden in Gewebekulturen 12-0052.
stramonium, Einfl. v. [2-chloroethyl] trimethyl-Ammonium-Chlorid auf Wachstum u. Alkaloid-Synthese 12-0656; Läsionenentwickl. u. Verteil. d. TMV 09-0901.
tatula, Aufnahme u. Speicher. v. Alkaloiden in Gewebekulturen 12-0052.
Daucus carota (Karotte, Mohrrübe, Möhre, Speisemöhre), Moderner Anbau - moderner Absatz. Beispiel aus d. niedersächs. Feldgemüsebau 07-0564; Anbau auf Furchenbeeten 11-0623; Vorkommen petayloider Stamina in Schweden 11-0023; Abstand zw. d. Pflanzen in d. Reihe bei Möhrensamenträgern 07-0566; Verfahren zur Gesund. v. Saatgut 12-1258; Jarowisation und Herbstaussaaat einiger Sorten d. Futtermöhre 12-0652; Einfl. d. Aussaat- u. Erntetermins auf Qualität u. Lagerfähigk. 08-0629; Spätherbstaussaat 11-0618; Wachstum u. Qualität, beeinflußt durch Beregn. u. Umweltfaktoren 10-0547; Einfl. d. Wasserhaush.- und d. Mineraldünger auf d. Ertrag 12-0347; Sortenprüf. (1966, Herbsternte) 07-0565; Versuch mit Sorten u. Stämmen (1965-66) 09-0574; Einfl. verschied. Düng. auf Aminosäuren d. Mohrrübe 08-0370; Einfl. d. Wasserhaush. und d. Mineraldünger auf d. Speisemohrrübenertrag 12-0347; Einfl. d. K-Düng. auf Haltbark. u. Qualitätserhalt. bei d. Lager. 10-0548; Unkrautbek. 11-1078; chem. Unkrautbek. in Beständen auf torf. Marschböden 12-1339; Wirk. u. Nachwirk. v. Herbiziden 07-1073; Beeinfluss. v. Gesundheitszustand u. Ertrag bei Gemüsesämereien (Gurken u. Möhren) 10-0930; Verfahren zur Gesund. v. Saatgut 12-1258; Rückstände einiger Insektizide in Mohrrüben 09-1019; Restmengen v. Aldrin u. Dieldrin in dän. Feldfrüchten, bes. in Wurzelfrüchten, nach Behandl. mit Aldrin 07-1023; integrierte Bek. d. Zyklodienresistenten Möhrenfliege 08-1002; reifeabhängige Lager. 08-0630; Einfl. d. Aussaat- u. Erntetermins auf Qualität u. Lagerfähigk. 08-0629; Einfl. d. K-Düng. auf Haltbark. u. Qualitätserhalt. bei d. Lager. 10-0548; Haltbark. bei Lager. in nassem Torf 11-0622; Wirk. verschied. Temp. auf Blütensproßenentwickl., Blühverhalten u. Geschlechtsauspräg. 11-0835.
spec., Wirk. v. Beweid. u. Mähen auf d. Bek. d. wilden Möhre 07-1066.
DBR (Deutsche Bundesrepublik), Landwirtsch. 09-0009; Produktion u. Anwend. v. Mineraldünger 11-0368; Karte d. landwirtsch. Bodennutzungssysteme 1960 08-0443; Stand d. landwirtsch. Wegebaues 09-0285; Erfass. städt. Abfälle u. Ausnütz. d. Kläranlagenschlammes, einschließl. d. Problematik d. Industrieexhalate 10-0336; Tabakbau 08-0549.
2,4-DB s. unter Herbizide.
DCMU s. unter Herbizide - Diuron.
DCPS s. unter Herbizide.
DD s. unter Nematizide.
DDCB s. unter Fungizide.
DDR (Deutsche Demokratische Republik), Ermittl. d. Wasserbedarfs bei d. perspektiv. Standortverteil. d. Produktion 09-0299; Aufg. d. landwirtsch.

2-(2,4-Dichlorphenoxy)-propionsäure s. unter Herbizide - Dichlorprop.
3-(3,4-Dichlorphenyl)-1,1-dimethylharnstoff s. unter Herbizide - Diuron.
3.4-Dichlorphenylmethoxylharnstoff s. unter Herbizide - Afalon.
N-(3.4-dichlorphenyl)-N-methoxy-N-methylharnstoff s. unter Herbizide (Linuron).
N-(3,4-Dichlorphenyl-propanamid) s. unter Herbizide- Propanil .
Dichlorprop s. unter Herbizide.
2.2-Dichlorpropionsäure s. unter Herbizide- Dalapon .
Dichlortetrafluorazeton s. unter Fungizide.
Dichlorthiobenzamid s. unter Herbizide- Prefix .
2,6-Dichlorthiobenzamid s. unter Herbizide- Chlorthiamid .
Dicofol s. unter Akarizide.
Didymella spec., Didymella-Anfälligk. v. Himbeersorten u. Wild-Himbeerarten in d. Resistenzzücht. 07-0829.
Dieldrin s. unter Insektizide - Chlorierte Kohlenwasserstoffe (Hexamittel).
Dieselöl s. unter Herbizide.
Difolatan s. unter Fungizide.
Digitalis lanata (Wolliger Fingerhut), Anhäuf. v. herzwirksamen Glykosiden in d. Blättern u. Veränder. ihrer biol. Aktivität 10-0092.
Digitaria decumbens (Pangola-Gras), N-Bezieh. v. 3. Futterleguminosen in Reinsaat u. Gräsergemischen 11-0572.
Dihydrohelminthosporsäure s. unter Wuchsstoffe (und Hemmstoffe).
2,3-Dihydro-5-karboxanilido-6-methyl-1,4-oxathiin s. unter Fungizide - Oxathiin.
Dikotex s. unter Herbizide.
Dikotyledonen, Galaktoside d. Saccharose 10-0009.
Dill s. Anethum graveolens.
Dimethoat s. unter Akarizide; unter Insektizide - Organische Phosphorverbindungen.
N-Dimethylamino-bernsteinamidsäure s. unter Wuchsstoffe (und Hemmstoffe).
N-Dimethylaminobernsteinsäure s. unter Wuchsstoffe (und Hemmstoffe).
Dimethylarsensäure s. unter Herbizide.
N.N-Dimethyl-2.2-diphenylazetamid s. unter Herbizide - Diphenamid.
1,1-Dimethyl-4,4-dipyridyliumdichlorid s. unter Herbizide - Paraquat.
Dimethyl-dithiokarbamylkarbinylbenzoat s. unter Fungizide - DDCB.
o.o-Dimethyl-S-(N-methylkarbamoylmethyl)-dithiophosphat s. unter Insektizide - Organische Phosphorverbindungen (Dimethoate).
O.O-Dimethyl-S-(4-oxy-1.2.3-benzotriazinyl)-3-methyl-phosphordithioat s. unter Insektizide - Organische Phosphorverbindungen (Guthion).
Dimethylsulfat, mutagene Wirk. bei Pflanzen 07-0746.
Dinitrooktylphenylkrotonat s. Fungizide - DNOPC .
Dinkelweizen s. Triticum spelta.
Dinoben s. unter Herbizide.
Dioscorea floribunda, Erblichk. d. Erträge 09-0854.

Diphenamid s. unter Herbizide.

Diphenylamin s. unter Fungizide.

Diphenylsäure s. unter Herbizide.

Diplocarpon rosae, Rosen u. Schwarzfleckenkrankh. (Pathogenität v. Diplocarpon rosae für abgetrennte Teilblättchen) 08-0958; (jahreszeitl. Schwank. d. Empfindlichk. d. Wirtes u. Rückgang d. Virulenz d. Konidien in Kulturen v. D. rosae) 08-0959.

Diptera (Zweiflügler), Auftreten und Schadwirk. d. Larven an Gramineen 12-1129.

Dipterex s. unter Fungizide.

Dipterocarpaceae, chemotaxonom. Untersuch. 10-0015.

Diquat s. unter Herbizide.

Disulfoton s. unter Insektizide - Organische Phosphorverbindungen.

Disyston s. unter Insektizide - Organische Phosphorverbindungen.

Dithane M 22 s. unter Insektizide - Sonstige Mittel.

Dithane-ultra s. unter Fungizide.

Dithiokarbamat s. unter Fungizide.

Ditylenchus s. unter Nematodes.

Diuron s. unter Herbizide.

2,4,5-DM s. unter Herbizide.

DMPA s. unter Herbizide.

DMU s. unter Herbizide - Diuron.

2.3-DN (2.3-Natrium-Dichlorisobutyrat), Einfl. auf d. Wachstum d. generativen Organe bei Zuckerrüben 11-0807.

DNOC s. unter Fungizide.

DNOPC s. unter Fungizide.

DNS s. unter Nukleinsäuren - Desoxyribonukleinsäure.

Dodezenyl-Bernsteinsäure (DSA), Einwirk. auf d. Transpiration u. d. Wachstum v. Gras 12-0435.

Dodine s. unter Fungizide.

Dokumentation, Internat. Dok. über Landwirtsch. 07-0005; Sachkatalogisier. auf neuen Wegen. V. d. Facettenklassifikat. zu Deskriptor u. Thesaurus 08-0012; Schlagwörterverzeichnisse - Deskriptorsysteme - Thesauri 09-0007; Katalog systemat. Bücher 12-0018; graph. u. tabellar. Wissenspeicher. 12-0009; Bibliotheken im System d. wiss. u. techn. Information 11-0010; Systematik d. Landwirtsch. Zentralbibliothek d. DAL (Ausgabe 1966) 09-0010; Publikationsliste 08-0015; Verzeichn. d. in d. Universitätsbibliothek Rostock laufend gehaltenen Bibliographien 08-0014; Grundlagen u. Meth. d. Bereitstell. landwirtsch. Fachlit. für d. Praxis d. soz. Landwirtsch. in d. allg. öffentl. Bibliotheken 08-0010; Inform. und Dokum. im Inst. für Landesforsch. Halle 12-0340; Neuerungen dokumentieren, anbieten, nachnutzen 08-0011; wiss. Dokumentat. bei d. Durchführ. v. Feldversuchen mit Düngemitteln 12-0563; analyt. Arb., d. für Bodenkarten im Maßstab 1:5000 u.a. Karten ausgeführt werden, sowie Ausnutz. dieser Dokumentation für Problemsynthesen

sam u. anhaltend wirkender Mittel 12-0494; Transport-Expansion 12-0468; geeignete Verpackungstypen für Mineraldüngemittel 10-0328; geograph. Gesetzmäßigk. d. Wirk. v. Mineraldüngern in d. UdSSR 08-0407; Anwend. v. Düngemitteln in d. USA 08-0408; Düngemittelanwend. in d. USA. Ökonom. Position u. Ausblick 08-0409; Angebot und Nachfrage in Südkorea 12-0472; System d. Düng. in d. Fruchtfolge 12-0478; Fähigk. v. Hafer z. Nährstoff-Aufnahme aus synth. Adsorbentien u. mit Polyäthylen umhüllten Granulen 07-0352; Zusammensetz. v. Düngerkörnern und ihre vom Boden zurückgewonnenen Rückstände 12-0489; Einfl. auf biol. Kreislauf d. Stoffe landwirtsch. genutzter Böden 09-0354; org. Subst., Definit. und Rolle, ihre Bilanz im Mittelmeergeb. für Freiland-Marktkulturen 12-0481; rationelle Erdnutz. u. Düng. bei verschied. Kulturfolge in Frühbeeten 07-0540; rationelle Erdnutz. u. Düng. bei verschied. Kulturfolgen im Gewächshaus 07-0536; Einfl. d. Düng. auf d. Samenkeim. einiger Unkräuter 08-1034.

B e s t i m m u n g d e r D ü n g u n g: Bestimm. u. Vergl. optimaler Düngergaben mit Hilfe systemat. Varianten u. d. statist. Analysen mit mehreren Variablen 10-0313; "Meth. d. syst. Variationen nach Homès" z. Ermittl. eines optimalen Nährstoffverhältnisses für d. Düng. d. Pflanzen 07-0300; Bodenuntersuch. im Bundesgeb. 1955-65 u. ihre Auswirk. auf Düngeranwend. 12-0326; Bestimm. v. Optimalgaben eines quantitativen Faktors zu Pflanzen in einer Fruchtfolge 07-0349; harmon. Düng. sichert Höchstleist. 10-0638; unser Acker 12-0148; Anwend. d. Produktionsfunktionsanalyse z. Abschätz. d. Düngemittelbedarfs v. Weizen in Neu-Süd-Wales 08-0410; Prüf. d. Nährstoffversorg. d. Bodens v. Nebraska für d. Zuckerrübenproduktion 09-0320; Boden- u. Wurzel-Cu. Feststell. d. Cu-Düngebedarfs durch Boden- u. Zitruswurzel-Analysen 11-0243; Versorg. d. Rebe mit Hauptnährstoffen 12-0921.

D ü n g u n g u n d P h y t o p a t h o l o g i e: Kombination v. Pestiziden (außer Herbiziden) mit Düngemitteln (T.2-4) 11-1023; Einfl. d. Düng. auf d. Befall mit parasitären Krankh. d. Kartoffelkrautes 07-0954; Ausbring. v. Fungiziden u. Düngemitteln z. Bek. d. durch Typhula hervorgerufenen Schneeschimmels auf Rasen 09-0973.

D ü n g u n g s t e r m i n e: Düngungstermine zu Zuckerrüben unter Bewässerungsbeding. Armeniens 10-0435.

D ü n g e m i t t e l p l a z i e r u n g: Vgl. d. lokalen Art bei Verwend. von Handelsdünger mit d. Ackerkrumenprofildüng. auf Grund mehrjähr. Versuche mit 3 Feldfrüchten 12-0490; Wirk. d. Nitrophoskadünger in Versuchen mit Getreidekulturen im mittl. Ural 10-0329; Verfahren d. rationellen Düng. v. Gemüsepflanzen 09-0569; Probleme bei d. Düng. v. Gewächshauskulturen 10-0529.

D ü n g u n g u n d s o n s t i g e a g r o t e c h n. M a ß n a h m e n: Zusammenh. zw. Bodenbearbeit. u. Düng. hinsichtl. Luzerneertrag auf verschlämmtem Lehm 12-0676; Wirkungsgrad vorgenommener

Melior. und Düng. 12-0415; Maisdüng. bei Bewässer. im Wolgadelta 11-0297.

W i r k u n g a u f d e n B o d e n: Teilergebnisse d. 50jähr. Bearbeit. eines Nichttschernosems u. d. Dynamik d. Humusfonds 09-0146; Veränder. agrochem. Eigensch. eines Rasenpodsolbodens unter Einfl. v. Düngemitteln 09-0258; Bestimm. d. Fruchtbark. v. Rasenpodsolböden aus d. Wirk. d. Düng. 12-0329; Dynamik d. Mineral-N-Geh. im gedüngten u. ungedüngten Boden 08-0154; Düng. u. Bodenfruchtbark. 09-0259; Düng. als Mittel z. Wiederherstell. d. Bodenfruchtbark. auf planierten Bewässerungsflächen 11-0255; Beseit. v. Bodenschäden durch Düng. 08-0291; Verhältnis d. Häufigk. d. Düng. auf Nährstoffgeh. im Boden, im Laub u. auf d. Chrysanthemenertrag 12-0951; Gesetz v. abnehmenden Ertragszuwachs 10-0267.

W i r k u n g a u f P f l a n z e n

Statistik d. Ertrages im Verhältnis z. Düng. 12-0575; Einfl. d. Düng. auf Ansamml. org. Stoffe in Boden u. Erntegut 10-0319.

D ü n g u n g s p e z i e l l e r P f l a n z e n

Getreide: Winterfestigk. v. Wi-Weizen in Abhängigk. v. d. Düng. nach reiner Brache 09-0444; quantitatives Nährstoffverhältnis bei d. Düng. d. Weizens 07-0439; Effekt d. Tiefe d. Bodenbearbeit. zu Wi-Weizen in Abhängigk. v. d. Düng. 08-0485; Wirk. d. Düng. und Hybridform auf d. Dynamik d. Ansamml. von Karotinoiden im gelben Maiskorn 12-0423; Einfl. v. Saatdichte auf Erzeug.v. Silo-Doppelhybridmais auf nassem Tonboden 12-0608; Reaktion v. Reis auf Düng. 11-0567.

Hackfrüchte: Düng. d. Kartoffel unter Berücksichtig. ihrer Nutzungsricht. 10-0423; Stärkespeicher. u. Tätigk. einiger Fermente bei d. Kartoffel 11-0050; Einfl. v. Düng. u. Anbaubeding. auf d. Größe d. Stärkekörner in Kartoffeln 11-0094; Düngungsmaßnahmen beim Zuckerrübenanbau 07-0477; Düng., Überdüng. u. Qualität d. Zuckerrübe 10-0436; Einfl. d. blattlausübertragenen Vergilbungskrankh. d. Rübe u. d. westl. Rübenvergilb. auf d. Zuckerrüben-Saatgutprod. bei verschied. Düng. 12-1159.

Futterpflanzen, Grünland: Düng. v. Futterpflanzen auf Hochmoorboden in Bibai.(Wirk. verschied. Grundwasserstände u. Düngermengen auf Ertragsfähigk. d. Futterpflanzen auf nicht drainiertem Hochmoorboden)10-0463; Erhöh. d. Erträge u. d. Qualität v. Futterpflanzen durch Düngungsmaßnahmen 10-0465; Verbesser. d. Blüte u. d. Fruchtbild. v. Luzerne durch Laubdüng. u. Bespritz. mit kombinierten Lös. 07-0497; Düng. d. Luzerne 08-0566; Nektarsekretion bei Rotklee in Abhängigk. v. d. Düng. 10-0475; Einfl. auf d. Ertrag v. Ackerbohnen 12-0486; Beeinfluss. d. Pflanzenbestandes verschied. Grünlandstandorte durch Herbizide u. Düngemittel 10-1004; Ertrag u. Nährstoffaufnahme v. Knaulgras in Abhängigk. v. N-, P- u. K-Gaben 10-0502; Einfl. v. Düng. auf Ertrag u. Pflanzenbestand einer feuchten Fromentalwiese 08-0593.

Sonstige Kulturen: Einfl. d. Düng. bei Aussaat auf Wachstum u. Chemismus einiger Organe d. Sonnenblume 09-0457; positive Reaktion d. Sonnenblume auf Düngemittel 07-0456; Konkurrenz zw. verschied. Baumarten in einem Beschattungs- u. Düngungsversuch zu Kakao 09-0523.

Gemüse: Verfahren d. rationellen Düng. v. Gemüsepflanzen 09-0569; Zusammenhänge d. Wasser- u. Nährstoffversorg. bei Gemüsekulturen 12-0733; Wurzelsystem u. Ertrag d. Erbsen bei Einbring. d. Düngemittel unter d. Beding. d. Wolga-Achtubiner Aue 11-0486; Einfl. auf d. chem. Zusammensetz. u. Höhe d. Nährstoffentzuges bei Erbsen 12-0487.

Obstgehölze: Düngungsprogramm für Obstbäume u. Reben im Winterregengeb. 12-0840; horizontale Saugwurzelverteil. u. Düngerausbring. in Apfelanlagen 07-0635; Versuch mit 7-14-21 in d. Erdbeeranlage am Kirchfeld in Hetzendorf 12-0903; Untersuch. v. Düng.-Normen bei d. Rebe 08-0692; Einfl. auf Regeneration d. Rebe u. Ertrag nach Beschädig. durch Hagel 12-0936.

Zierpflanzen: Verhältnis d. Häufigk. d. Düng. auf Nährstoffgeh. im Boden, im Laub u. auf d. Chrysanthemenertrag 12-0951; Düng. v. Bäumen 07-0711.

D ü n g u n g u n d I n h a l t s s t o f f e: Zusammensetz. u. Eigensch. d. Eiweißkomplexes v. Weizenkörnern in Abhängigk. v. Wachstumsbeding. 10-0079; Einfl. v. Düng. u. Anbaubeding. auf d. Größe d. Stärkekörner in Kartoffeln 11-0094; Einfl. v. Klima, Düng., Alter u. genet. Herkunft auf chem. Zusammensetz. v. Gras 08-0094; Einfl. d. Düngemittel auf Geh. an mineral. u. org. Stoffen in Grün- u. Wurzelmasse blaublühender Luzerne u. Rotklees 09-0503; Einfl. auf d. chem. Zusammensetz. u. Höhe d. Nährstoffentzuges bei Erbsen 12-0487.

Kohlensäuredüngung

Anwend. v. CO_2 u. Licht in Gewächshäusern 10-0526; zusätzl. CO_2-Gaben bei gestörten Wachstumsbeding. 10-0527; prakt. Erfahr. mit CO_2 beim Gemüseanbau unter Glas 10-0535; CO_2-Entwickl. u. Temp. im Anfangswachstum plastgemulchter Pflanzen 10-0536; CO_2-Dosier. bei Tomate, Kopfsalat, Endivie u. Spinat 07-0552; Einfl. v. intermittier. Besprühen mit kohlensäurehalt. Wasser auf d. Wachstum v. Chrysanthemen u. Salat unter Glas 10-0528; Einfl. v. CO_2-Begas. bei Tomate, Salat u. Chrysantheme, d. in England u. Wales unter Produktionsbeding. angebaut wurden 11-0611; CO_2-Anwend. bei Tomaten 08-0640; Wechselbezieh. v. Temp. u. CO_2-Begas. auf verschied. Qualitätsmerkmale v. Gewächshaustomaten 10-0574; Einfl. v. CO_2-Anreicher. im Verhältnis z. Temp. 10-0575; Einfl. d. CO_2-Begas. auf Tomatenerträge 10-0576; zusätzl. CO_2-Gaben z. Treibkopfsalat 08-0648; Einfl. d. CO_2-Konz. auf Kopfsalat (Reaktion d. Sorten) 10-0586; Analyse d. Salatwachstums in geregelter Umwelt mit zusätzl. CO_2 10-0587; Einfl. auf Zierpflanzen im Gewächshaus 07-0686; Anwend. d. CO_2-Begas. im Zierpflanzenbau unter Glas 08-0697; vorläufige Ergebnisse v. CO_2-Versuchen mit Sommeraster u. Chrysanthemum 12-0942; Problem d. Begas. bei Edelnelken 07-0686;

CO_2-Begas. bei verschied. Stadien d. Pflanzenwachstums 12-0949; Nelkenqualität, beeinflußt durch CO_2-angereicherte Atmosphäre 12-0953.

Volldüngung

Siehe auch Düngung - Mehrnährstoffdünger.

O r g a n i s c h - m i n e r a l i s c h e D ü n g u n g

Bernburger Dauerdüngungsversuch (C- u. N-Verhältnisse) 10-0317; Einfl. d. org. Düngers auf Ausnutz. d. Nährstoffe d. Mineraldüngemittel 07-0358; Wirksamk. v. Erdmistkompost im Vergl. z. org. u. mineral. Düng. 09-0379; Granulier. v. Torfmineralgemischen als Meth. z. Steiger. d. Wirksamk. d. Düngemittel 09-0394; Anwend. v. Mikrodüngern auf Böden, d. im Verlauf v. 30-50 Jahren mit org. u. min. Düngern gedüngt wurden 10-0351.

W i r k u n g a u f d e n B o d e n: Einfl. v. Düngemittel- u. Stalldunggaben sowie Fruchtfolgen auf d. Geh. v. nicht austauschbarem Ammonium zweier Böden 11-0158; Wirk. einer 30jähr. Mineral- u. Stallmistdüng. auf d. P-Bindungszustand eines Filderlehmbodens 07-0121; Wirk. einer Düng. mit Stroh bzw. Stalldung auf Ertrag u. Humusgeh. d. Bodens im Fruchtfolgedüngungsversuch Seehausen 09-0358; Krumenvertief. u. differenzierte Düng. auf Sandböden im Grundwasserentzugsgeb. 09-0261.

W i r k u n g a u f P f l a n z e n: Bernburger Dauerdüngungsversuch (Ertragsentwickl.) 09-0355; Wirk. einer Düng. mit Stroh bzw. Stalldung auf Ertrag u. Humusgeh. d. Bodens im Fruchtfolgedüngungsversuch Seehausen 09-0358; Einfl. v. org. Düngern auf d. Ertrag v. Mais u. d. nitrifizierenden Prozesse in ausgelaugten Schwarzerden d. Kaukasusvorlandes 10-0330.

D ü n g u n g s p e z i e l l e r P f l a n z e n

Getreide: Ertrag u. Qualität in Abhängigk. v. d. Düngemittel- u. Kalknorm 08-0411; kumulative Wirk. einer mineral. oder org. Düng. sowie d. Kombination beider auf Ertrag u. Inhaltsstoffe v. Weizen auf Kalkboden 07-0359; Aminosäurezusammensetz. v. Wi-Weizenkörnern, d. unter dauernder Düngeranwend. gewachsen sind 10-0258.

Hackfrüchte: Einfl. örtl. Einbringens mineral. u. org. Düngemittel auf d. Ertrag v. Kartoffeln bei Bewässer. 11-0375.

Gemüse: org. u. mineral. Düng. in Gemüsefruchtfolgen 07-0550; (Düngewert d. Sommernachfrüchte u. d. Winterzwischenfrüchte) 07-0549; Wirk. verschied. Düngungsbehandl. auf Ertrag u. Mineralstoffzusammensetz. bei frühem Weißkohl 08-0626; Düng. v. Gurken 12-0757.

Obstgehölze: Einfl. verschied. Ernährungsbeding. auf Wachstum u. Ertrag v. Obstbäumen 11-0663; Wirk. d. Tiefendüng. auf Wurzelsystem d. Apfelbäume 07-0636; Einfl. v. Düng. u. Bewässer. auf Ertrag d. Erdbeere 11-0695.

D ü n g u n g u n d I n h a l t s s t o f f e: Ertrag u. Qualität in Abhängigk. v. d. Düngemittel- u. Kalknorm 08-0411; Einfl. einer langjähr. unterschiedl. Düng. auf Qualität d. Ernteprodukte 07-0351; kumulative Wirk. einer mineral. oder org. Düng. sowie d. Kombination beider auf Ertrag u. Inhaltsstoffe v. Weizen auf Kalkboden 07-0359; Zuckerzusammensetz. d. Embryos u. Endosperms v. Weizensamen unter Beding. langjähr. Düngeranwend. 09-0089.

M i n e r a l i s c h e V o l l d ü n g u n g

Notwendigk. d. Mineraldüngeranwend. 10-0312; Düngerstoffe u. Erhöh. d. landwirtsch. Erträge 09-0365; gegenwärt. Wirksamk. hoher Handelsdüngergaben u. d. zu erwartenden Ergebnisse in d. einzelnen Geb. 09-0363; Einfl. auf biol. Kreislauf d. Stoffe landwirtsch. genutzter Böden 09-0354; internat. Symposium über ökon. Nutzeffekt d. Einsatzes mineral. Düngemittel 10-0252; internat. Entwicklungstendenzen d. Mineraldüng.-Industriemäß. Organisat. in zwischenbetriebl. Gemeinschaftseinricht. oder Dienstleistungsbetrieben 12-0471; Mineraldünger 11-0380; Aufbereit. u. Einbringen v. Düngern auf industrieller Grundlage 07-0360; Trend u. Neuheiten in d. Produktion v. Kunstdüngemitteln 08-0417; Entwickl.-tendenz in d. Düngemittelind. u. ihre Bezieh. z. d. Forder. d. Landwirtsch. 09-0359; Entwickl.-tendenz d. mineral. Düng. in d. DDR 09-0360; Produktion u. Anwend. in d. DBR 11-0368; Wirk. hoher Mineraldüngergaben in verschied. Produktionsgeb. d. ČSSR 09-0364; Mineraldüng. in Ungarn 09-0362; Entwickl.-tendenz d. Mineraldüngeranwend. in d. UdSSR unter bes. Berücksichtig. d. Flüssigdüng. 09-0361; Gesetzmäßigk. d. Pflanzenernähr. während d. Intensivier. d. landwirtsch. Produktion durch Mineraldünger 11-0369; Richtlinien für d. mineral. Düng. v. Gewächshauskulturen 10-0530; Ladegerät für Mineraldünger "PSM-30" 08-0413; Veränder. d. phys.-mech. Eigensch. v. Mineraldüngemitteln beim Streuen 08-0412.

D ü n g u n g s t e r m i n e: Zeitpunkt u. Verfahren d. Düngemittelgabe in d. Boden 09-0366; Einfl. d. Zeitpunktes d. Mineraldüng. auf d. Erträge d. Zuckerrüben auf Schwarzerde in Kujavien 12-0645; rationelle Anwend. v. Düngern zu Mais 10-0331; Termine d. Einbringens mineral. Düngemittel beim Anbau v. Paprika als Freilandfrühkultur 09-0591; Nährstoffverhältnis bei Freilandtomaten 11-0651.

D ü n g e m i t t e l p l a z i e r u n g: Einfl. unterschiedl. Einbring. mineral. Düngemittel bei d. Bodenbearbeit. auf Eigensch. d. Bodens u. auf Erträge einiger Feldfrüchte 08-0414; Mineraldüng. in Ungarn 09-0362; Verfahren rationeller Düng. v. Gemüsepflanzen 07-0547; Zwiebelkultur mit Flüssigdünger 11-0658; Vermehr. unter Nährstoffnebel 09-0710.

D ü n g u n g u n d s o n s t i g e a g r o t e c h n. M a ß n a h m e n: Einbringen v. Mineraldüngern beim Pflügen 11-0377; Düngereinsatz zu Feldfrüchten bei Bewässer. 09-0356; Einfl. v. Düng. u. Bewässer. auf d. Ertrag d. Erdbeere 11-0695.

W i r k u n g a u f d e n B o d e n: Einfl. unterschiedl. Einbring. mineral. Düngemittel bei d. Bodenbearbeit. auf Eigensch. d. Bodens ü. auf Erträge einiger Feldfrüchte 08-0414; Mineraldüng. auf stark erodiertem zimtfarbenen Waldboden 12-0488; Bernburger Dauerdüngungsversuch (Sorptions- u. Nährstoffverhältnisse) 10-0318; Veränder. d. chem. Zusammensetz. d. Bodenlös. bei Düng. von Karbonatschwarzerde 10-0110; Einfl.: auf Dynamik d. bewegl. Formen d. Nährelemente v. Torf-Sumpf-Böden 12-0154; einer 30jähr. Mineral- u. Stallmistdüng. auf d. P-Bindungszustand eines Filderlehmbodens 07-0121; 50jähr. Anwend. v. Düngemitteln auf Vorräte u. Formen v. K in Tschernosemboden 12-0159; auf Mg-Geh. im Boden 08-0416; v. Düng. u. Fruchtfolge auf Mg-Geh. d. Bodens 10-0322; einer unterschiedl. langjähr. Düng. auf Zn-Geh. d. Bodens 10-0323; langjähr. Düng. v. Gemüse ausschließl. mit mineral. Düngemitteln oder mit Stalldung auf einige phys. Eigensch. d. Bodens 07-0548; Einfl. d. Düng. auf Ansamml. org. Stoffe in Boden u. Erntegut 10-0319; Leist. d. Knöllchenbakterien unter Berücksichtig. d. natürl. Nährstofformates u. d. Einfl. d. Mineraldüng. 07-0186, 10-0163; Verteil. d. Knöllchenbakterien d. Sojabohne in meeresnahen Böden und d. Einfl. d. Düng. 10-0162.

W i r k u n g a u f P f l a n z e n: Bernburger Dauerdüngungsversuch (Ertragsentwickl.) 09-0355; Einfl. d. Fruchtwechsels auf Erträge in Abhängigk. v. gesteigerter Mineraldüng. 11-0407; Einfl. auf Absorptionsfähigk. d. Wurzeln 07-0291; d. Leist. d. Pflanzen bei verschied. Beding. d. Mineralernähr. u. Belicht. charakterisierende Größen d. Stoffaustausches 07-0282.

D ü n g u n g s p e z i e l l e r P f l a n z e n

Getreide: Reaktion verschied. Getreidesorten auf Mineraldüng. 07-0350; Nutz. v. Mineraldünger durch So-Weizen unter d. Beding. eines trokkenen Sommers 07-0440; Ährenausbild. bei unterschiedl. gedüngtem Weizen 07-0441; Einfl. mineral. Düngemittel auf Entwickl. d. Wurzelsystems u. Ertrag v. Wi-Weizen 11-0457; Anwend. zu verschied. Wi-Weizensorten 12-0585; richtige Ausnutz. org. u. mineral. Dünger bei Wi-Roggen auf ausgelaugten Schwarzerden 10-0325; Wirk. gesteigerter N-Gaben mit ausgeglichenem Verhältnis v. P u. K auf den Ertrag ausländ. Hafersorten 07-0449; Einfl. auf Ertrag u. Qualität v. Mais 07-0365; Düng. d. Maises in Monokultur 07-0451; Zusammensetz. d. Startdüng. zu Mais in d. Zone unzureichender Feuchtigk. 11-0370.

Hackfrüchte: Kartoffeldüng. nach Verwendungszweck 09-0468; Einfl. mineral. Düngemittel auf Qualitätsmerkmale d. Kartoffel 07-0467; Einfl. d. Düng. auf Ertrag u. Qualität bei frühen u. späten Kartoffelsorten 07-0463; Düng. in d. Kartoffelproduktion 08-0517; Düngungsversuche mit Kartoffeln in d. Geb. Troms u. Finnmark 07-0462; Effektivität verschied. Formen d. Düngerausbring. zu Kartoffeln 12-0626; Einfl. d. Mineraldüng. auf d. Korngröße d. Kartoffelstärke 12-0418; mineral. Kopfdüng. v. 2 Sorten Zuckerrüben 12-0647; Einfl. d. intensiven Düng. und d. Vegetationslänge auf d. Produktionswert ertragreicher Zuckerrüben 12-0644; Aufwandmenge u. Zusammensetz. d. Mineraldüng. zu Zuckerrüben in d. Anbauzone d. Versuchs- u. Zuchtstation Belaja Zerkow 11-0378.

Futterpflanzen, Grünland: Einfl. hoher NPK-Nährstoffgaben auf natürl. Grasbestände unter unterschiedl. Beding. 12-0708; Menge d. chem. Zusammensetz. d. Wurzeln v. Wicke u. Hafer in gemischten Beständen u. Reinsaat 10-0320.

Sonstige Kulturen: Düng. u. gleichmäßiger Lein 12-0654; Saatkoriander in d. Lit. SSR (Einfl. mineral. Dünger auf Geh. u. Qualität äther. Öls) 07-0482; Kultur d. Wintergrüns u. Wirk. d. Mineraldüngers 10-0454.

Gemüse: Mineraldüng. im Feldgemüsebau 09-0568; Düng. d. Gemüsekulturen im Gewächshaus 11-0612; Einfl. langjähr. Düng. v. Gemüse ausschließl. mit mineral. Düngemitteln oder mit Stalldung auf einige phys. Eigensch. d. Bodens 07-0548; Einfl. mineral. Düng. auf Haltbark. u. Verluste während d. Lager. v. Obst u. Gemüse 07-0534; Wirk. verschied. Düngungsbehandl. auf Ertrag u. Mineralstoffzusammensetz. bei frühem Weißkohl 08-0626; Einfl. d. Wasserhaush. und d. Mineraldünger auf d. Speisemohrrübenertrag 12-0347; faktorieller NPK-Düngungsversuch für einmal. mech. Ernte v. Einlegegurken 10-0559; Erträge v. Einlegegurken im Verhältnis z. NPK-Düng. u. P-K-Bodentests 12-0759; Beeinfluss. v. Wachstum u. Mineralstoffzusammensetz. d. Kürbis durch N, P. K 12-0763; Termine d. Einbringens mineral. Düngemittel beim Anbau v. Paprika als Freilandfrühkultur 09-0591; Bezieh. zw. Mineralstoff- u. Kohlenhydraternähr. u. ihr Einfl. auf Leist. d. Pflanzen 07-0579; Einfl. d. Düng. auf Flächenertrag, Qualität u. Verluste bei d. Lager. v. grünen Buschbohnen 11-0637; Ertrag u. Einheitlichk. im Wuchs v. Tomatenpflanzen im Verhältnis z. Nährstoffangebot 10-0580; mineral. Zusammensetz. marktfäh. Tomatenpflanzen im Verhältnis z. Nährstoffangebot 10-0581; Einfl. v. Menge u. Verhältnis v. N, P u. K auf Reife u. Ertrag v. Frühtomaten 11-0650; Nährstoffverhältnis bei Freilandtomaten 11-0651; Auswirk. verschied. Düngungsversuche auf Ertrag u. Mineralstoffzusammensetz. v. Wintersalat 09-0611; Mineraldüng. im Spargelbau 11-0656; Zwiebelkultur mit Flüssigdüng. 11-0658.

Obstgehölze: Einfl. mineral. Düng. auf Haltbark. u. Verluste während d. Lager. v. Obst u. Gemüse 07-0534; Einfl. verschied. Ernährungsbeding. auf Wachstum u. Ertrag v. Obstbäumen 11-0663; Unterschiede d. P-Ernähr. im Zusammenhang mit d. Fruchten d. Apfels 10-0615; Wirksamk. einer Düng. v. Erdbeeren auf ausgelaugtem Schwarzerde-Smolnitzaboden 09-0657; Blattanalyse in Bezieh. z. Ernähr. d. Schwarzen Johannisbeere (Haupteinflüsse u. Wechselbezieh. v. N, P, K u. Mg auf Wachstum u. Ertrag) 12-0909; Versorg. d. Rebe mit Hauptnährstoffen 12-0921; Einfl. mineral. Ernähr. auf Größe d. Weinbeeren bei Kultivier. in Nährlös. 07-0669; Einfl. mineral. Ernähr. auf Fruchtbark.

d. Knospen bei d. Sorte 'Merlau' in Nährlös. 07-0678.

Zierpflanzen: Boden- u. Nährstoffansprüche v. Schnittrosen 07-0687; Düng. v. Gewächshausrosen 11-0714; Vermehr. unter Nährstoffnebel 09-0710; mehr Schlitze u. Löcher beim Monsterablatt durch erhöhte Mineralsalzgaben 08-0714; Dünger für Narzissen 09-0704; Einfl. v. Mineraldüng. auf Wachstum u. Fluorwasserstoffempfindlichk. v. Gladiolen 09-0707.

Düngung und Inhaltsstoffe: Einfl. v. Nährstoffen auf d. Salztoleranz v. Feldfrüchten 10-0257; Einfl. verschied. Düng. auf Aminosäuren v. Weizenkorn u. Mohrrübe 08-0370; Abhängigk. zw. Geh. an Wuchsstoffen im Maisgewebe u. d. Reaktion verschied. Sorten auf d. Düng. 09-0305; Einfl. auf Ertrag u. Qualität v. Mais 07-0365; Einfl. v. Düng. auf P-Geh. d. Kartoffelstärke 09-0318; Einfl. d. Düng. auf Amylose-Amylopektion-Verhältnis d. Kartoffelstärke 09-0319; Stärkespeicher. u. Tätigk. einiger Fermente bei d. Kartoffel 11-0050; Veränder. im N- u. Eiweißstoffwechsel ausgereifter Kürbissamen 09-0056; Beeinfluss. v. Wachstum u. Mineralstoffzusammensetz. d. Kürbis durch N, P, K 12-0763; Einfl. d. Düng. auf Flächenertrag, Qualität u. Verluste bei d. Lager. v. grünen Buschbohnen 11-0637; Auswirk. verschied. Düngungsversuche auf Ertrag u. Mineralstoffzusammensetz. v. Wintersalat 09-0611; Einfl. v. Mineraldünger auf Ertrag u. chem. Zusammensetz. wildwachsender Moosbeere 10-0456; Abhängigk. d. chem. Zusammensetz. v. Rosenöl v. d. mineral. Düng. 10-0091; Verhältnis d. Häufigk. d. Düng. auf Nährstoffgeh. im Boden, im Laub u. auf d. Chrysanthemenertrag 12-0951.

Stickstoffdüngung

Entwickl. d. N-Düngerverbrauches in d. Welt und in Österreich 12-0506; neuere Entwickl. in d. griech. N-Industrie 12-0517; Stand u. Perspektiven d. N-Flüssigdüng. in d. DDR 09-0383; Anwend. v. N-Düngerlös. (Versuche auf Acker- u. Grünland) 11-0391; Umwandl. v. N-Düngern im Boden u. ihre Verwert. durch d. Pflanze mittels ^{15}N 10-0281; Rückgewinn. v. Düngemittel-N unter Feldbeding. bei Verwend. v. ^{15}N 12-0155; Einfl. v. Boden u. Witter. auf d. Wirk. d. N-Düng. 08-0432; techn. Durchführ. zusätzl. N-Spätdüng. im LVG Gülzow 09-0440; Ausnutz. d. Boden- u. Dünger-N durch Pflanzen 07-0115; Wechselwirk. zw. Stallmist- u. N-Düng. 07-0369; Mikroparzellenmeth. z. Untersuch. v. Verlusten an gasförmigem Ammoniak aus zugegebenen N-Verbind. unter Feldbeding. 08-0399.

Spezielle Stickstoffdüngemittel

Ausnutz. d. im Vermikulit fixierten Ammoniums durch d. Pflanzen 07-0381; hochprozentige N-Düngemittel u. Materialien mit hohem N-Gehalt 12-0509; umhüllter Harnstoff, Thioharnstoff, Ureaform, Hexamin, Oxamid, Glykoluril u. oxydierte, mit N-angereicherte Kohle als langsam verfügbare N-Quellen für Knaulgras 12-0507.

A m m o n i a k: Ökonomik d. Anwend. d. Mehrnährstoffdüngers u. d. wasserfreien Ammoniaks in d. landwirtsch. Produktion 11-0376; wasserfreies Ammoniak in d. Landwirtsch. 07-0378; Aussichten d. Anwend. von wasserfreiem Ammoniak im Bundesgeb. 12-0510; Rückhaltevermögen v. wasserfreiem Ammoniak durch d. Boden. (Verteilungsapparatur und resultierende Ammoniakverteil.) 10-0131; Verteilungsweise im Boden 11-0390; 2jähr. Versuche mit Ammoniakdüng. 07-0380; Anwend. in Dänemark 09-0382; flüssiges Ammoniak als N-Dünger 08-0428; Ammoniakinjektion als Meth. d. N-Düng. (Einfl. d. Düngetermins im Herbst u. im zeit. Frühjahr auf d. Ertrag v. So-Getreide u. Hackfrüchten) 11-0392; (gleichzeit. Anwend. v. NH_3 u. Kalkammonsalpeter bei d. Saatbettbereit.) 11-0393; Prärlekartoffeln mögen Ammoniak und flüssigen Dünger 12-0514; NH_3 - ein sehr geschätzter Dünger für d. Zuckerrübenproduktion im Westen 11-0395; Wirksamk. d. Ammoniakwassers bei verschied. Einbringungsterminen zu Zuckerrüben 08-0536; Wirk. v. Herbiziden, flüss. Ammoniak u. Aussaatstärke auf d. Winterertrag v. Hafer, d. in eine vorwiegend aus Gräsern bestehende Weidenarbe eingesät wurde 08-0605; Düng. v. Acker- und Grünland mit flüssigem Ammoniak 12-0513; Probleme bei Einführ. d. Düng. mit Ammoniakwasser 07-0379; wäßriges Ammoniak für direkten Gebrauch 12-0512; Verfahren zur Anwend. von Ammoniakwasser zu verschied. Kulturen und d. Wirksamk. von Nitrophoska 12-0511; Stand und Perspektiven d. N-Flüssigdüng. in d. DDR 09-0383; Flüssigdüng. in d. ČSSR 09-0381; Entwickl.-tendenz d. Mineraldüngeranwend. in d. UdSSR unter bes. Berücksichtig. d. Flüssigdüng. 09-0361; ammonisierter Torf als N-Träger 12-0502; Untersuch. an stoffwechseldefekten Mutanten d. Kulturtomate (Wirk. v. Ammonium- u. Nitrat-N auf d. Chlorophyllgeh.) 11-0061; Ernährungszustand von Tomatenpflanzen,deren Stengel durch Ammonium verletzt wurden 12-0445.

A m m o n i u m n i t r a t (Ammonsalpeter): Wirksamkeit v. Harnstoff im Vergl. z. einigen N-Düngemitteln 08-0430; Wirk. d. Einbring. org. Stoffe auf N-Haush., Zusammensetz. d. Mikroflora eines Torfbodens u. Pflanzenertrag 12-0268; Einfl. unterschiedl. Gaben v. Ammonsalpeter auf Zuckerrüben unter Berücksichtig. verschied. Meth. d. Anwend. 12-0646; Metabolismus d. aus Ammoniumnitrat u. Ammoniumsulfat absorbierten Nitrat- u. Ammonium-N in d. Tabakpflanze 07-0308; Verwert. v. anorg. oder org. N durch Leguminosen bei unterschiedl. C:N-Verhältnis in Pflanzen (Einfl. d. N-Ernähr. auf d. Verhältnis d. Kohlenhydrate z. N bei Erbsen u. Lupinen) 09-0329; Wirk. auf d. Ertrag u. Ölgeh. d. Sonnenblumensamen auf versalzten Böden 07-0361; Einfl. v. unter d. Wirk. v. Erle angereichert. N-Verbind. u. v. Ammoniumnitrat-Gaben auf andere Pflanzenarten 07-0200.

A m m o n i u m s u l f a t (schwefelsaures Ammoniak): Effektivität d. Nitrat- u. Ammoniumform d. N-Düng. auf mächt. Schwarzerdeboden 07-0377; N-Mineralisation u. Umsetz. d. Ammoniumsulfats in Böden d.

D ü n g u n g s t e r m i n e
Flüssigdüng. in d. ČSSR 09-0381; Zeitpunkt d. N-Düng. z. Reis (Einfl. v. Gaben im Hochsommer auf Leist. verschied. Sorten) 11-0565; Ammoniakinjektion als Meth. d. N-Düng. (Einfl. d. Düngetermins im Herbst u. im zeit. Frühjahr auf d. Ertrag v. So-Getreide u. Hackfrüchten) 11-0392; Nachwirk. verschied. Raten v. im Frühjahr ausgebrachtem N u. d. Termins d. ersten Schnittes auf Ertrag u. botan. Zusammensetz. einer Kleegrasnarbe 08-0555; bestes Datum für 1. N-Düng. auf Grünland 11-0588; N-Düng. im Frühjahr; Einfl. d. Zeitpunktes d. N-Anwend. auf Ertrag u. Roheiweißgeh. v. Weidegras im Frühjahr 11-0598; Harnstoffspritz. nach d. Ernte u. im Winter bei Kernobst 09-0631; Einfl. d. Nitratversorg. z. verschied. Jahreszeiten auf Wuchs, Blühen u. N-Geh. junger Apfelbäume in Sandkultur 12-0861; Reaktion junger Apfelbäume v. unterschiedl. N-Ernährungszustand auf eine Harnstoffspritz. im Herbst 12-0862; Blattdüng. d. Birne mit Harnstoff im Frühjahr 09-0651.

D ü n g e m i t t e l p l a z i e r u n g
Wirk. d. NP- und P-Reihendüng. auf Wachstumsverlauf, Mineralstoffernähr. und Ertrag von Mais 12-0491; Einfl. v. Kopfdüng. auf Ertrag u. Qualität d. Wi-Weizens bei Bewässer. 09-0442; Wirk. d. Blattdüng. mit Karbamid auf Nährstoffhaush., Ertrag u. Qualität v. Silomais 11-0563; Ausnutzungsgrad v. boden- u. blattappliziertem N u. P, gemessen an d. Knollenproduktion u. Nährstoffaufnahme d. Kartoffel 11-0332; Nährstoffaufnahme v. Zuckerrüben nach Kopfdüng. mit verschied. N-Formen 07-0383; Naßkopfdüng. d. Zuckerrübe mit Harnstoff 08-0537; Wirk. verschied. N-Dünger bei unterschiedl. Meth. ihrer Anwend. für Zuckerrüben (Harnstoffwirk. im Vgl. mit anderen N-Düngern als Grunddünger sowie mit Ammon- u. Kalkammonsalpeter als Kopfdünger für Zuckerrüben) 11-0513; (Eign. d. Harnstoffs u. Ammonsalpeters im Vgl. mit Kalksalpeter für Kopfdüng. d. Vermisch. dieser Dünger mit d. Boden auf Effektivität ihrer Wirk.) 11-0514; Blattdüng. mit Harnstoff: bei Futterrüben 07-0476; bei Knollensellerie 08-0631; im Frühjahr bei Birnen 09-0651; Verwert. v. anorg. oder org. N durch Leguminosen bei unterschiedl. C:N-Verhältnis in Pflanzen (Einfl. d. N-Ernähr. auf d. Verhältnis d. Kohlenhydrate z. N bei Erbsen u. Lupinen) 09-0329.

D ü n g u n g u n d s o n s t i g e a g r o t e c h n. M a ß n a h m e n: Kombinationsmöglichk. d. Halmverkürzers CCC mit Herbiziden u. N-Düngemitteln 10-0324; Einfl. v. Schnitt u. N auf Ertrag, Proteingeh. u. morpholog. Merkmale v. Wiesenlieschgras u. Wehrloser Trespe 12-0689; Wirk. v. Schnittiefe u. N auf d. Wachstum v. Phalaris tuberosa 12-0690.

W i r k u n g a u f d e n B o d e n
Dynamik v. Mineral-N-Geh. im ungedüngten u. gedüngten Boden 09-0197; Rückstandseffekte v. N-Düngemitteln in Bezieh. z. d. im Bodenprofil zurückgewonnenen Mengen an mineral. N 08-0427; Verbleib. v. d. Böden

zugegebenem N 09-0196; Wirk. d. Einbring. org. Stoffe auf N-Haush., Zusammensetz. d. Mikroflora eines Torfbodens u. Pflanzenertrag 12-0268; harnstoffzersetzende Mikroflora in Humus v. Schwarzfichten 12-0243; Bezieh. zw. Anzahl v. Helicotylenchus microlobus u. N-Düng. 09-0181.

W i r k u n g a u f P f l a n z e n

Wechselwirk. zw. N u. P in d. Landwirtsch. (Einfl. auf Pflanzen u. Tiere) 11-0331; Wirk. v. granuliertem Harnstoff mit verschied. Biuretgeh. auf d. Ertrag landwirtsch. Kulturen in Feldversuchen 08-0431; Einfl. d. N-Düng. auf Erntequalität 09-0384.

D ü n g u n g s p e z i e l l e r P f l a n z e n

Getreide:N-haltige Düngemittel für austral. Getreidearten (prakt. Anwend.) 10-0343; Düngungsmaßnahmen z. Ertragssteiger, u. Verhüt. v. Lagerfrucht im Getreidebau 11-0448; N und CCC-Anwend. im Getreidebau 12-0515; Einfl. geteilter N-Düng. u. Anwend. v. CCC auf Ertrag bei Getreide im Östl. Flevoland 11-0449; Bedeut. d. N-Düng. für Süd-Australien 10-0388; C-Haushalt v. Weizenkeimpflanzen in Abhängigk. v. Düng. 09-0324; N-Düng. bei Getreide (Einfl. d. Spritztermins v. CCC auf Standfestigk. u. Ertrag v. Wi-Weizen bei steigenden N-Mengen) 11-0454; Einfl. einer N- u. P-Düng. auf biol. u. technol. Eigensch. d. Weizens d. Sorte 'Bezostaja 1' 10-0400; Einfl. d. N-Düng. auf Eiweißzusammensetz. u. Aminosäuregeh. d. Weizenkorns 09-0326; Ammoniakinjektion als Meth. d. N-Düng. (Ergebnisse v. Versuchen mit Wi-Weizen) 11-0394; Einfl. d. Formen d. N-Düngemittel auf d. Resorption v. Nährstoffen bei Braugerste 08-0362; Wirk. v. N-Dünger auf Mg-Absorption durch Hafer u. Gerste 09-0315; Einfl. d. Höhe d. N-Düng. auf d. Empfindlichk. d. Maises gegen 2,4-D in verschied. Wachstumsphasen 10-0259; Reaktion v. Mais auf Zn in Abhängigk. v. Plazier. u. N-Quelle 10-0332; N- u. P-Düng. v. Hybridmais (Reaktion v. 'Texas 26' auf N- u. P-Düng.) 11-0478; Zeitpunkt d. N-Düng. z. Reis (Einfl. v. Gaben im Hochsommer auf Leist. verschied. Sorten) 11-0565.

Hackfrüchte: Einfl. d. N-Düng. auf Rohproteingeh. u. -ertrag sowie andere Qualitätseigensch. v. Hackfrüchten 11-0396; Wirk. differenzierter N-Düng. zu Kartoffeln in Gefäß- u. Feldversuchen 07-0305; Einfl. d. N-Düng. auf d. Proteingeh. d. Kartoffeln 11-0315; Wirk. d. Rapsgründüng. auf d. Kartoffelertrag in Abhängigk. v. d. mineral. N-Düng. 08-0519; Nährstoffaufnahme v. Zuckerrüben nach Kopfdüng. mit verschied. N-Formen 07-0383; Einfl. d. N-Ernähr. auf Samenertrag d. Zuckerrübe 09-0488; Verteil. v. Nitrat-N in Blättern u. Stielen v. Zuckerrüben nach schwacher u. nach ausreichender N-Düng. 11-0340; Einfl. geringer, mittlerer u. hoher N-Gaben auf Lager. v. Zuckerrüben bei hohen u. niedr. Temp. 11-0434; Wirk. verschied. N-Dünger bei unterschiedl. Meth. ihrer Anwend. für Zuckerrüben (Harnstoffwirk. im Vgl. mit anderen N-Düngern als Grunddünger sowie mit Ammon- u. Kalkammonsalpeter als Kopfdünger für Zuckerrüben) 11-0513; (Eign. d. Harnstoffs u.

Ammonsalpeters im Vgl. mit Kalksalpeter für Kopfdüng. d. Vermisch. dieser Dünger mit d. Boden auf Effektivität ihrer Wirk.) 11-0514.

Futterpflanzen, Grünland: Wirk. d. Aussaatmenge, d. Scheibeneggens im Herbst u.d. N-Gabe auf Standetablier. v. Inkarnatklee in einer Grasnarbe 10-0468; N-Ernähr. bei Futtergerste (Gefäßversuche mit verschied. So-Gerstengenotypen) 08-0371; Wirk. unterschiedl. geteilter N-Gaben zu Futterroggen u. Zweitfruchtmais 09-0508; Ertrag u. Entwicklungsverschieb. bei Futterroggen in Abhängigk. v. Saatzeit u. Höhe d. N-Düng. 09-0509; Höhe d. N-Düng. in ihrer Wirk. auf d. Ertrag u. Trockensubstanzgeh. v. Markstammkohl bei verschied. Aussaatterminen 08-0574; Einfl. v. Unkrautbek. u. Höhe d. N-Gabe auf Ertrag u. N-Geh. v. Markstammkohl 10-0998; Wirk. v. N-Düngern auf Ertrag sowie N-Gehalt v. Weidegras 08-0604; Ertrag, Zuwachs u. Inhaltsstoffe d. Weidegrases bei unterschiedl. Nachwuchszeiten u. differenzierten N-Gaben 08-0606; Einfl. d. N-Düng. auf Mg-, Cu- u. Mn-Geh. im Weidelgras 11-0334; N-Düng. im Frühjahr; Einfl. d. Zeitpunktes d. N-Anwend. auf Ertrag u. Roheiweißgeh. v. Weidegras im Frühjahr 11-0598; Reaktion verschied. Grasarten auf N-Dünger u. d. Wachstum in Gemeinsch. mit Weißklee. (Ertrag d. N) 12-0672; Einfl. gesteigerter N-Gaben unterschiedl. Reihenabstände auf Futterertrag, Futterqualität u. Wurzelrückstände verschied. Feldfuttergräser 12-0693; Wert v. flüss. anaerob ausgefaultem Abwasserschlamm (Versuch mit Weidelgras in Südostengland, bei denen d. Schlamm mit äquivalenten N-Mengen liefernden Düngemitteln u. mit Wasser verglichen wurde) 08-0423; Morphogenese bei Trieben d. Knaulgrases in Abhängigk. v. d. Höhe d. N-Gaben 09-0510; Verbesser. d. Vorfruchtwirk. v. Sudangras durch verschied. N-Gaben 11-0405; Einfl. d. N-Düng. v. Trespe bei Anbau auf Solonetzboden 11-0561; Wirk. v. N-Düng. u. Standraum auf Ertrag u. Zusammensetz. v. Napiergras in trop. Trockenzonen 09-0521; Anwend. auf Grünland 11-0578; N-Anwend. auf Grünland. (Einfl. d. angewendeten N auf d. tier. Produktion auf alten Dauerweiden 12-0718; bestes Datum für 1. N-Düng. auf Grünland 11-0588; mit Mineraldüng. erzielte Erfolge auf natürl. Grünlandflächen 11-0589; N-Düng. im Frühjahr auf Grünland; Wirk. v. Kalkammonsalpeter, schwefelsaurem Ammoniak u. Harnstoff im zeitigen Frühjahr 11-0590; Rückstandwirk. v. Ammoniumnitrat u. Ammoniumphosphat auf natürl. Graslandflächen v. Britisch-Columbia 11-0597; N auf Wiesen 10-0514; Einfl. d. Düng. v. Dauerwiesengrünland auf Ertragsleist. u. N-Verwert. auf Moorboden 10-0515; Wirk. d. N-Düng., d. Bewässer. u. ihres Zusammenwirkens auf d. Weide 07-0527; N-Düng. auf trockenen Hangweiden 09-0545.

Sonstige Kulturen: Wachstum, Ertrag u. Ertragskomponenten v. Saflor unter d. Einfl. v. Art, Menge u. Zeitpunkt d. Anwend. d. N 11-0493; Einfl. d. N- u. K-Düng auf Heißluft-Tabak auf schwarzem Tonboden 10-0457; steigende Mengen bei So-Raps 09-0456; Wirk. S-halt. Düngemittel auf Ertrag u. Qualität v. Lein in Abhängigk. v. N-Quelle 09-0399; Einfl. d. Umweltfaktoren auf d. Auspräg. d. Geschlechts bei monözischem Hanf

versuche mit gesteigerten P-Gaben z. Nachprüf. d. Grenzwerte bei chem. Bodenuntersuch. 09-0368; Bedeut. d. Bodenuntersuch. für d. österreich. Landwirtsch. unter bes. Berücksichtig. d. K-P-Düng. 10-0212; Verbesser. d. Nährstoffzustandes d. Böden in Verbind. mit d. Auswert. d. systemat. Bodenuntersuch. 10-0214; P- u. K-Bedürfnis d. Zuckerrohrs in Bezieh. z. chem. Bodenanalyse u. z. Bodentyp 07-0355.

S p e z i e l l e P h o s p h o r s ä u r e d ü n g e m i t t e l
Neues P-Düngemittel aus Thomasmehl, Salzsäure u. Rohphosphat 08-0434.

A m m o n i u m p h o s p h a t: Produktion von Monoammoniumphosphat in einem Ammoniumphosphat-Granulationssystem vom TVA-Typ 12-0518; Mehrstoffdüngemittel u. ihre Wirksamk. Ammonium-Phosphate u. Ammoniumpoly-Phosphate (Amer. Lit.) 12-0529; Löslichk. d. Bodenphosphate in Abhängigk. v. d. Zusammensetz. d. absorbierten Alkalien u. d. Aufnehmbark. verschied. Phosphate durch Baumwollstauden 09-0369.

A p a t i t: Beschreib. d. Physikochemie d. Systems P-Düngemittel-Boden-Pflanze 07-0119.

K a l z i u m p h o s p h a t: Harnstoff-Monokalziumphosphat eine Komponente v. Mischdünger 12-0526; Verwend. v. rotem P als Düngemittel. (Ertrag an Weißklee sowie d. P-Aufnahme aus rotem P u. Monokalziumphosphat in 3 Jahren) 12-0521; Rolle d. anorg. Phosphate im Boden bei d. P-Zufuhr z. Weizenpflanze 07-0311; Wirk. verschied. Ca-Formen auf P-Fixier. in ägypt. Böden 11-0387.

M a g n e s i u m p h o s p h a t: Löslichk. d. Bodenphosphate in Abhängigk. v. d. Zusammensetz. d. absorbierten Alkalien u. d. Aufnehmbark. verschied. Phosphate durch Baumwollstauden 09-0369.

P h o s p h o r i t e: vergleich. Versuche mit unterschiedl. P- u. K-Düngern 07-0364; Vergleichsuntersuch. d. für Futterbohnen zugängl. P aus Phosphoritmehl mit Hilfe v. ^{32}P 09-0390.

P o l y p h o s p h a t: Wirksamk. als P-Dünger 10-0346.

R h e n a n i a p h o s p h a t: Rhenania-Dünger 12-0493.

R o h p h o s p h a t e: Löslichk. v. Rohphosphat 08-0433; Wirk. zw. natürl. Phosphaten u. Bodenmikroflora 09-0202; PK-Vorausdüng. u. Wirk. weicherdiger Rohphosphate auf Grünland 08-0435.

S u p e r p h o s p h a t: Fe und Al-Verbind. im handelsübl. Superphosphat 12-0519; P-Verteil. bei Düng. mit Superphosphat 11-0397; P-Verteil. in d. Kornfraktionen v. Böden bei Düng. mit Superphosphat 11-0398; Dynamik bewegl. Phosphate in karbonatreicher, schwerster Schwarzerde beim Einbringen v. gepulvertem Superphosphat 11-0399; Gebrauch v. normalem Superphosphat 09-0386; verrotteter Kompost mit Superphosphat (Wirk. d. Bebrüt. v. Pflanzenrückständen mit Superphosphat 07-0371; Bedeut. d. Anreicherungstechnol. v. betriebseigenen Düngern 09-0372; vergleich. Versuche mit unterschiedl. P- u. K-Düngern 07-0364; direkte Wirk. granulierten u. pulverförm. Superphosphats bei Weizen u. Nachwirk. bei Wicke 09-0388; Einfl. v. Superphosphat auf

Maisertrag in Abhängigk. v. d. Versorg. bewässerter Böden mit bewegl. P 09-0370; Anwend. v. Mikrodüngemitteln bei Kartoffeln, Rüben u. Gemüsepflanzen 09-0357; Aufnahme v. P durch d. Kartoffelpflanze in Abhängigk. v. d. Einbringungsmeth. d. Düngemittel 09-0330; Vergleichsuntersuch. d. für Futterbohnen zugängl. P aus Superphosphat mit Hilfe v. ^{32}P 09-0390; Wechsel d. anorg. P-Formen d. Bodens in einem stein., schluff. Lehm nach Düng. d. Weide mit Superphosphat 07-0120; Wirk. auf Ertrag u. Ölgeh. d. Sonnenblumensamen auf versalzten Böden 07-0361.

T h o m a s p h o s p h a t: P-Verteil. bei Düng. mit Thomasphosphat 11-0397; P-Verteil. in d. Kornfraktionen v. Böden bei Düng. 11-0398; Versuche mit hohen Thomas-P-Gaben 12-0523; Steigerungs- u. Vorausdüngungsversuch auf Ackerland 09-0387; P-Nachliefer. eines Wiesenbodens unter Berücksichtig. d. übrigen Nährstoffe 11-0159.

Z e m e n t s t a u b: Einwirk. v. Stäuben, spez. v. Zementofenstaub auf Pflanzen 08-0847.

D ü n g u n g s t e r m i n e

Vorratsdüng. 09-0367; einmal. Einbring. einer P-K-Düng. in mehreren Jahren 07-0362.

D ü n g e m i t t e l p l a z i e r u n g

Möglichk. d. Grunddüng. mit P u. K auf Schwarzerdeböden 07-0363; Einfl. v. Kopfdüng. auf Ertrag u. Qualität d. Wi-Weizens bei Bewässer. 09-0442; Wirk. d. NP- u. P-Reihendüng. auf Wachstumsverlauf, Mineralstoffernähr. und Ertrag von Mais 12-0491; Aufnahme v. P durch d. Kartoffelpflanze in Abhängigk. v. d. Einbringungsmeth. d. Düngemittel 09-0330; Ausnutzungsgrad v. boden- u. blattapplizierter N u. P, gemessen an d. Knollenproduktion u. Nährstoffaufnahme d. Kartoffel 11-0332; PK-Blattdüng. bei d. Rebe 07-0670.

D ü n g u n g u n d s o n s t i g e a g r o t e c h n. M a ß n a h m e n: Rolle v. Phosphaten z. Erhöh. d. Wirksamk. v. Herbiziden 08-1025.

W i r k u n g a u f d e n B o d e n

Steigerungs- u. Vorausdüngungsversuch auf Ackerland 09-0387; Bestimm. d. P-Potentials in Böden 07-0116; Verfügbark. u. Fraktionier. v. Rückstands-P in Böden mit hohem Al- u. Fe-Geh. 07-0118; Wechsel d. anorg. P-Formen d. Bodens in einem stein., schluff. Lehm nach Düng. d. Weide mit Superphosphat 07-0120; K- u. P-Geh. d. Bodens d. "Ewigen Roggenbaues" 07-0357; P-Nachliefer. eines Wiesenbodens unter Berücksichtig. d. übrigen Nährstoffe 11-0159; Nachwirk. hoher P-Gaben auf Böden mit starker P-Festlegung 11-0160; P-Verteil. in Böden bei Düng. mit Superphosphat u. Thomasphosphat 11-0397; P-Verteil. in d. Kornfraktionen v. Böden bei Düng. mit Superphosphat u. Thomasphosphat 11-0398; Wirk. d. P-Düng. auf phys. Bodeneigensch. (Wasserbind.) 08-0192; Einfl. v. Boden-P auf d. Nitrifizier. in Mysore-Roterden 07-0199; biol. Aktivität v. Boden unter Reis in Abhängigk. v. Düngereinbring. 08-0206.

W i r k u n g   a u f   P f l a n z e n

Wechselwirk. zw. N u. P in d. Landwirtsch. (Einfl. auf Pflanzen u. Tiere) 11-0331; Einfl. v. P-Düng. auf Wuchs u. Anteil d. verschied. Holzarten in Mischkulturen 09-0391; Silikat-Phosphat-Bezieh. in Böden 09-0314.

D ü n g u n g   s p e z i e l l e r   P f l a n z e n

Getreide: Rel. Wirkungsgrad v. breitwürfiger- gegenüber Reihen-P-Düng. zu Getreide 08-0480; mehrjähr. u. einjähr. Düngungsversuche mit gesteigerten Gaben an P z. Nachprüf. d. Grenzwerte bei chem. Bodenuntersuch. 09-0368; Einfl. v. Bodenkatena u. P auf d. Weizenertrag 10-0219; Einfl. einer Düng. auf biol. u. technol. Eigensch. d. Weizens 'Bezostaja 1' 10-0400; Einfl. v. Superphosphat auf Maisertrag in Abhängigk. v. d. Versorg. bewässerter Böden mit bewegl. P 09-0370; P-Düng. v. Hybridmais (Reaktion v. 'Texas 26' auf P-Düng.) 11-0478.

Hackfrüchte: Mehrjähr. u. einjähr. Düngungsversuche mit gesteigerten Gaben an P z. Nachprüf. d. Grenzwerte bei chem. Bodenuntersuch. 09-0368; Einfl. steigender P- u. K-Gaben auf d. Ertragsleist. v. Zuckerrüben 07-0475; Einfl. verschied. P-Düngemittel auf Menge u. Qualität d. Zuckerrübenernte 09-0487.

Futterpflanzen, Grünland: P-Düng. 09-0389; Bewertungsmeth. d. v. Wiesen an P- u. K-Düng. gestellten Ansprüche 12-0709; Einfl. v. K und P auf d. Gehalt an Spurenelementen 12-0443; P-Düng. d. Luzerne 11-0548; K u. d. Gräser-Leguminosengesellsch. in Neuseeland 10-0314; Wechselwirk. v. Mo u. P auf Höhe u. Qualität d. Ertrages v. Futterbohnen 07-0353; P-Gabe u. Wuchsrate bei Arten v. Agrostis 12-0706; Wirk. v. P-Gaben auf Küstenbermudagras in Abhängigk. v. P-Geh. d. Bodens 08-0415; Wert v. flüss., anaerob ausgefaultem Abwasserschlamm (Versuch mit Weidelgras in Südostengland, bei denen d. Schlamm äquivalente P-Mengen liefernden Düngemitteln u. mit Wasser verglichen wurde) 08-0423; Wirk. v. P-Düngern auf Ertrag sowie P- u. K-Gehalt v. Weidegras 08-0604; Wechsel d. anorg. P-Formen d. Bodens in einem stein., schluff. Lehm nach Düng. d. Weide mit Superphosphat 07-0120; Wirk. langjähr. Düng. d. Wiesen mit P u. K 07-0522; PK-Vorausdüng. u. Wirk. weicherdiger Rohphosphate auf Grünland 08-0435; Einfl. steigender Gaben v. P-Düngemitteln auf Ertragsleist. v. Moorwiesengrünland 09-0541; Rückstandwirk. v. Ammoniumnitrat u. Ammoniumphosphat auf natürl. Graslandflächen v. Britisch-Columbia 11-0597; Problem d. P-Düng., Versuche mit 2 neuen Typen von P-Düngern auf natürl. Grünland 12-0525.

Sonstige Kulturen: Düng. v. Jute (Wirk. auf Weiße Jute) 09-0518; Rolle bei d. Erhöh. d. Peronospora-Resistenz d. Tabakpflanze 10-0873.

Gemüse: Wirk. verschied. P-Düngerformen auf Gemüsekulturen 12-0524; P-Düng., Ertrag u. Qualität im Gemüsebau 12-0730; Mg- u. P-Düng. zu Paprika 10-0562; Einfl. auf Wachstum u. P-Aufnahme durch Paprika 12-0766; mehr Kopfsalat unter Folien anbauen 09-0612.

Obstgehölze: Unterschiede d. P-Ernähr. in Zusammenhang mit d. Fruchten d. Apfels 10-0615; Dynamik d. P-Aufnahme bei Düng. z. Pflanz. v. Quittenbäumen 11-0335; Einfl. auf d. Erdbeerertrag 09-0658; PK-Blattdüng. bei d. Rebe 07-0670.

D ü n g u n g u n d I n h a l t s s t o f f e: Einfl. v. Düng. auf P-Geh. d. Kartoffelstärke 09-0318; Wirk. v. Superphosphat u. Ammonsalpeter auf Ertrag u. Ölgeh. d. Sonnenblumensamen auf versalzten Böden 07-0361; Einfl. v. P auf d. Konz. verschied. Pflanzennährstoffe beim Kürbis 12-0764; Wirk. mineral. Ernähr. auf Geh. auf kontrollierter Lös. kultivierter Weinrebe an org. Säuren 07-0284.

Kalidüngung

Agrochem. Beurteil. verschied. Formen v. K-Düngemitteln 09-0392.

B e s t i m m u n g d e r D ü n g u n g: Verbesser. d. Nährstoffzustandes d. Böden in Verbind. mit d. Auswert. d. systemat. Bodenuntersuch. 10-0214; mehrjähr. u. einjähr. Düngungsversuche mit gesteigerten K-Gaben z. Nachprüf. d. Grenzwerte bei chem. Bodenuntersuch. 09-0368; Bedeut. d. Bodenuntersuch. für d. österreich. Landwirtsch. unter bes. Berücksichtig. d. K-P-Düng. 10-0212; P- u. K-Bedürfnis d. Zuckerrohrs in Bezieh. z. chem. Bodenanalyse u. z. Bodentyp 07-0355.

S p e z i e l l e K a l i d ü n g e m i t t e l

Aufnahme v. K d. Vermikulits durch d. Pflanzen 07-0385; vergleich. Versuche mit unterschiedl. P- u. K-Düngern 07-0364.

K a l i u m m e t a p h o s p h a t: Ermittl. d. Wertes v. Kaliummetaphosphat als K-Quelle für Kartoffeln mit bes. Bezugnahme auf Blattdiagnose, Ertrag u. Qualität d. Knollen 09-0335.

D ü n g u n g s t e r m i n e

Vorratsdüng. 09-0367; einmal. Einbring. einer P-K-Düng. in mehreren Jahren 07-0362.

D ü n g e m i t t e l p l a z i e r u n g

Möglichk. d. Grunddüng. mit P u. K auf Schwarzerdeböden 07-0363; Pk-Blattdüng. bei d. Rebe 07-0670.

W i r k u n g a u f d e n B o d e n

K- u. P-Geh. d. Bodens d. "Ewigen Roggenbaues" 07-0357; Illitverwitter.-produkte in Aue- u. Lößböden Südwestdeutschl. unter Einwirk. v. K-Düngern (Mineralumwandl. in geköpften Parabraunerden u. einer Pararendzina) 12-0160.

W i r k u n g a u f P f l a n z e n

Einfl. verschied. K-Dosen auf Aufnahme v. ^{137}Cs durch d. Pflanzen 07-0321.

D ü n g u n g s p e z i e l l e r P f l a n z e n

Getreide: Einfl. v. K-Düng. auf d. Frosthärte v. Wi-Weizen 08-0496; Wirk. v. K-Dünger auf Mg-Absorption durch Hafer u. Gerste 09-0315; Kali u. 'Japonica-Reis'; 25jähr. Untersuch. - Wirk. v. K auf Wachstum, Ertrag, histol. Struktur u. Stoffwechsel v. Reispflanzen 11-0568.

Hackfrüchte: Mehrjähr. u. einjähr. Düngungsversuche mit gesteigerten K-Gaben z. Nachprüf. d. Grenzwerte bei chem. Bodenuntersuch. 09-0368; K-Düng. d. Kartoffel 07-0468; Einfl. steigender P- u. K-Gaben auf d. Ertragsleist. v. Zuckerrüben 07-0475; Nährstoffversorg. v. Zuckerrüben auf Torfböden im Überschwemmungsgeb. d. Flusses Trubesh mit K u. Na sowie deren Einfl. auf d. Zuckergeh. 11-0379.

Futterpflanzen, Grünland: Wechselbezieh. zw. K u. Mg 09-0336; Einfl. v. K u. P auf d. Gehalt an Spurenelementen 12-0443; K-Düng. d. Luzerne 11-0548; Veränder. im N-Metabolismus bei Luzerne u. Knaulgras unter Einfl. v. K-Ernähr. 08-0363; K u. d. Gräser-Leguminosengesellsch. in Neuseeland 10-0314; Wirk. v. K-Gaben auf Küstenbermudagras in Abhängigk. v. K-Geh. d. Bodens 08-0415; Wert v. flüss., anaerob ausgefaultem Abwasserschlamm (Versuch mit Weidelgras in Südostengland, bei denen d. Schlamm mit äquivalente K-Mengen liefernden Düngemitteln u. mit Wasser verglichen wurde) 08-0423; Wirk. v. K-Düngern auf Ertrag sowie N-, P- u. K-Gehalt v. Weidegras 08-0604; K-Düng. u. Nutzungsweise v. Grünland. Einfl. v. K-Düng. u. Nutz. auf Ertrag u. K-Zustand d. Grünlandes 07-0524; PK-Vorausdüng. u. Wirk. weicherdiger Rohphosphate auf Grünland 08-0435; Einfl. steigender K-Düngergaben auf Ertragsleist. v. Wiesengrünland auf Moorböden 09-0547; Wirk. langjähr. Düng. d. Wiesen mit P u. K 07-0522; Bewertungsmeth. d. v. Wiesen an P- u. K-Düng. gestellten Ansprüche 12-0709.

Sonstige Kulturen: Düng. v. Jute (Wirk. auf Weiße Jute) 09-0518; Einfl. d. N- u. K-Düng. auf Heißluft-Tabak auf schwarzem Tonboden 10-0457; Einfl. d. Bodenreaktion auf d. Wachstum v. jungen Zitruspflanzen (Formen d. K-Dünger) 08-0587.

Gemüse: Einfl. auf Haltbark. verschied. Gemüse 09-0567; Fragen d. N- u. K-Wirk. auf Flächenertrag u. Haltbark. v. Weißkohl 10-0542; Einfl. d. K-Düng. auf Haltbark. u. Qualitätserhalt. bei d. Lager. v. Möhren 10-0548; Bezieh. zw. Insekt u. Wirtspflanze. Vermehr. v. Brevicoryne brassicae u. Myzus persicae an Rosenkohlpflanzen, d. mit verschied. Mengen N u. K versorgt worden waren 07-0897; K u. Ertrag v. Erbsen 07-0452.

Obst: Düngungsversuche mit K u. N an Pflaumenbäumen 07-0655; PK-Blattdüng. bei d. Rebe 07-0670.

D ü n g u n g u n d I n h a l t s s t o f f e: Einfl. d. K-Düng. auf Haltbark. u. Qualitätserhalt. bei d. Lager. v. Möhren 10-0548; Wirk. mineral. Ernähr. auf Geh. auf kontrollierter Lös. kultivierter Weinrebe an org. Säuren 07-0284.

Kalkdüngung

Chemisier. d. Landwirtsch. in d. Nicht-Schwarzerdezone 07-0243; Verbrauch 10-0326.

B e s t i m m u n g d e r D ü n g u n g: Bewert. d. Kalkbedarfs durch pH-Mess. v. NH_4-Azetatsuspension d. Bodens 09-0238.

S p e z i e l l e D ü n g e k a l k e
Wirk. verschied. Kalkdünger in Abhängigk. v. d. Düng. 07-0373; Anwend. verschied. Formen v. Kalkdüngern 11-0388; Kalkdünger in d. UdSSR 10-0342.

D o l o m i t k a l k s t e i n: Ertrag u. Einheitlichk. im Wuchs v. Tomatenpflanzen im Verhältnis z. Nährstoffangebot 10-0580.

K a l k s t e i n (K a l z i u m k a r b o n a t): Wirk. v. Kalkstein auf Mg-Absorption durch Hafer u. Gerste 09-0315; Löslichk. einiger Kalksteine u. z. Kalk. verwendeter Industrieabfälle 10-0338; Entwickl. u. Mineralstoffversorg. v. Obstunterlagen unter d. Einfl. v. Hydrogenkarbonaten, Karbonaten u. CO_2 im Substrat (Wirk. v. Karbonat im Vgl. zu Sulfat) 07-0323.

Ö l s c h i e f e r a s c h e: Wirk. verschied. Kalkdünger in Abhängigk. v. d. Düng. 07-0373; Wirk. verschiedenart. staubförm. Ölschieferasche u. d. Flugstaubes d. Zementwerkes auf sauren Böden 07-0374; granulierte staubförm. Ölschieferasche als Kalkdünger 07-0375; Einfl. gemahlener Ölschieferasche u. Zementofenflugasche auf Pflanzenertrag bei Böden aus kalkhalt. Moräne 07-0376.

Z e m e n t f l u g s t a u b: Wirk. d. Flugstaubes d. Zementwerkes auf sauren Böden 07-0374; Einfl. v. Zementofenflugasche auf Pflanzenertrag bei Böden aus kalkhalt. Moräne 07-0376.

W i r k u n g a u f d e n B o d e n
Einfl. d. Kalk. auf d. Beweglichk. d. Nährstoffe im Boden u. d. Veränder. d. natürl. N-, P-, K-, Mn- u. B-Geh. 10-0339; Einfl. differenzierter Feuchtigkeits- u. Kalkgaben auf Mn-Löslichk. in Wasser u. in 0,05 n Schwefelsäure eines alluvialen Talsandes 09-0133; Kalk. verockerungsgefährdeter Böden 11-0278; Wirk. verschied. Ca-Formen auf P-Fixier. in ägypt. Böden 11-0387; Kalk. saurer roter Lehmböden (Dauer d. Kalkwirk.) 11-0389; N-Dynamik zur Ermittl. d. günstigsten bodenbiochem. Schwellenwertes bei d. Bodenmelioration 11-0218.

W i r k u n g a u f P f l a n z e n
Einfl. d. Kalk. saurer Böden auf Ertrag, Ca-, Mg-, Mn- u. Mo-Gehalt v. Kulturpflanzen sowie verfügbare Menge dieser Nährst. im Boden 12-0505; Wechselbezieh. zw. Wirksamk. v. Mg u. Ca auf leichten Rasenpodsolböden 08-0147; Einfl. v. Meliorationskalk. auf d. Qualität d. Erntegutes 08-0426; Wirk. v. K-Dünger auf Mg-Absorption durch Hafer u. Gerste 09-0315; Einfl. v. in verschied. Tiefen eingebrachtem $CaCO_3$ auf d. Ertrag v. Mais u. Klee 10-0340; Beeinfluss. d. Gersten- u. Luzerneerträge durch Kalk. auf Solonetz-, Podsol- u. Gleyböden im Geb. d. Peaceflusses, Kanada 10-0341; Ca-Düng. in Relation z. inneren Braunfärb. v. Rosenkohl 08-0378; Auswirk. v. Bestandskalk. auf Bodenvegetation in Fichtenforsten 09-0112.

Magnesiumdüngung

Wirksamk. v. Vermikulit als Mg-Dünger 09-0396; Wechselbezieh. zw. K

u. Mg 09-0336; Mg-Problem in d. österreich. Landwirtsch. 07-0327; Wechselbezieh. zw. Wirksamk. v. Mg u. Ca auf leichten Rasenpodsolböden 08-0147; Wirk. v. Mg-Dünger auf Mg-Absorption durch Hafer u. Gerste 09-0315; Mg-Versorg. im Gemüsebau unter Glas 08-0622; Mg-Düng., wichtige Maßnahme z. Erhalt. d. Bodenfruchtbark. im Feldgemüsebau 08-0623; hohe Ertragssteiger. im Feldgemüsebau durch regelmäß. Mg-Düng. 11-0614; Mg-Düng. zu Paprika 10-0562; Ernähr. v. Apfelunterlagen (Einfl. d. Niveaus d. Mg-Ernähr. auf Wuchs, Form u. Mineralzusammensetz.) 08-0668; (Wirk. auf Wachstum und Mineralstoffzus. durch Mg-Gabe über d. Blätter) 12-0419.

Schwefeldüngung

Frage d. S in d. landwirtsch. Weltlit. (S in Düngemitteln) 09-0333; Einfl. d. S-Düng. auf d. Höhe und d. chem. Zusammensetz. d. Pflanzenertrages 12-0454; Einfl. v. S-Gaben auf Verfügbark. v. Bodennährstoffen für d. Ernähr. d. Maises 10-0349; Veränder. im N-Metabolismus bei Luzerne u. Knaulgras unter Einfl. v. S-Ernähr. 08-0363; Wirk. S-halt. Düngemittel auf Ertrag u. Qualität v. Lein in Abhängigk. v. N-Quelle 09-0399; Entwickl. u. Mineralstoffversorg. v. Obstunterlagen unter d. Einfl. v. Hydrogenkarbonaten , Karbonaten u. CO_2 im Substrat (Wirk. v. Karbonat im Vgl. zu Sulfat) 07-0323.

Spurenelementdüngung

Untersuch. v. Mikrodüngemitteln im geograph. Netz d. Versuche 09-0395; Mikronährstoffbedarf in d. USA und Quellen für Flüssig- und Suspensionsdüngemittel 12-0531; Dynamik d. Nitrifikanten kastanienfarb. Böden in Abhängigk. v. Wirk. u. Nachwirk. v. Spurenelementen 12-0244; Nachwirk. v. Mikrodüngern auf äußere Saatqualität 11-0570; Bedeut. d. Einquellens v. Maissaatgut u. d. Kopfdüng. v. wachsendem Mais mit Spurenelementen für d. Erhöh. d. Geh. an Eiweißstoffen u. essentiellen Aminosäuren 08-0504; Spurenelemente auf Reisbestände 11-0566; Einfl. v. Polymikrodüngern auf Entwickl. u. Ertäge v. Reis 08-0580; Anwend. v. Mikrodüngemitteln bei Kartoffeln, Rüben u. Gemüsepflanzen 09-0357; Einfl. d. Naßkopfdüng. auf Stoffwechsel u. Ertrag bei Kartoffeln 11-0497; Einfl. v. Spurenelementen auf: Ertrag u. Qualität d. Kartoffeln 12-0627; Ertrag u. Qualität d. Zuckerrübe 08-0538, 11-0515; Einfl. einer Misch. d. Mikroelemente auf einige Prozesse d. Zuckerrübe im Verlauf d. Vegetation (Änder. d. Intensität d. Photosynth. u. d. Wasserhaushaltes in d. Pflanze 08-0336; (Änder. in d. quant. Zusammensetz. d. freien Saccharide) 08-0339; Steiger. d. Ertrages u. d. Qualität d. Zuckerrüben im Zusammenhang mit Anwend. v. Spurenelementen u. Wuchsstoffen 11-0516; komplexe Weidedüngungsversuche; Einfl. d. Versorg. mit Mikroelementen auf Menge u. Zusammensetz. d. Ernte 11-0595; Einfl. einiger Spurenelemente auf d. Leistung v. Milchviehweiden 12-0717; Einfl. v. Mikrodüngemitteln auf Wachstum d. Tabaksetzlinge u. d. Tabakertrag 08-0551; Einfl. v.

Wuchsstoffen aus Erdöl u. komplexer Mikronährstoffdünger auf Ertragsfähigk. v. Melonen u. Gemüsearten 08-0624; Einfl. v. Spurenelementen auf d. Gurkenertrag 09-0582; Ionenaustauscher als Nährstoffquellen; Reaktion d. Tomate auf unterschiedl. Versorg. mit Spurenelementen 09-0342; Einfl. v. Spurenelementen auf Wachstum, Entwickl. u. Erträge d. Zwiebel 08-0652; Blattdüng. d. Erdbeere mit Spurenelementen 11-0694.

B-D ü n g u n g: Nachwirk. einzelner B-Gaben auf Böden West-Washingtons 09-0134; Anwend. v. Mikrodüngern auf Böden, d. im Verlauf v. 30-50 Jahren mit org. u. min. Düngern gedüngt wurden 10-0351; Einfl. d. Naßkopfdüng. mit B u. Mn auf Wachstum u. Ertrag d. Zuckerrübe 08-0540; Einfl. v. B-Düngemitteln, d. günstig auf Zuckerrüben u. tox. auf Bohnen wirken, im vulkan. Tokachi-Oberland auf Hokkaido 10-0303; schwere Mangelerschein. in Richared-Apfelplantagen auf sand. Alluvialboden 09-0647.

Co-D ü n g u n g: Wirk. d. Co auf Ertrag u. einige biochem. Eigensch. bei Zuckerrüben u. Mais 07-0336; Einfl. einer Blattapplikation v. Co auf d. Wachstum v. Kopfkohl 08-0627; Rolle d. Co bei d. N-Akkumulation durch Hülsenfrüchte 08-0391; Wirk. von Co auf Hülsenfrüchte 12-0460.

Cu-D ü n g u n g: Cu-Mangel v. Kulturpflanzen in Ostanglia 07-0330; Cu-Mangel bei Weizen im Rift Valley, Kenya 12-0458; Einfl. v. Cu u. Co auf d. Leist. d. Zuckerrübe 08-0539; Boden- u. Wurzel-Cu. Feststell. d. Cu-Düngebedarfs durch Boden- u. Zitruswurzel-Analysen 11-0243.

Fe-D ü n g u n g: Wirksamk. Fe-halt. Düngemittel 09-0397.

Mn-D ü n g u n g: Bewert. v. Glasfritten als Mikronährstoffdüngemittel (Mn-Fritten) 10-0350; Anwend. v. Mikrodüngern auf Böden, d. im Verlauf v. 30-50 Jahren mit org. u. min. Düngern gedüngt wurden 10-0351; Düngewert Mn-halt. Bekämpfungsmittel 09-0398; Einfl. v. Mn-Düngemitteln auf Ertrag u. Zuckergehalt d. Zuckerrüben 08-0541.

Mo-D ü n g u n g: Applikation d. Mo auf Moorböden 11-0400; Anwend. v. Mikrodüngern auf Böden, d. im Verlauf v. 30-50 Jahren mit org. u. min. Düngern gedüngt wurden 10-0351; Einfl. d. Mo auf d. Heuertrag d. Rotklees 12-0679; Ertrag u. Eiweißstoffwechsel d. Sojabohne bei verschied. Arten d. Einbringens v. Mo-Dünger 11-0401; Wechselwirk. v. Mo u. P auf Höhe u. Qualität d. Ertrages v. Futterbohnen 07-0353; Einfl. einer Blattapplikation v. Mo auf d. Wachstum v. Kopfkohl 08-0627; Wirk. v. Mo auf Ertrag u. Qualität d. Erbse 12-0616.

Na-D ü n g u n g: Steiger. d. Zuckerrübenleist. durch Veränder. d. Na-Gaben 08-0542; Einfl. v. Na auf Wachstum, Ertrag u. Zuckergeh. v. Zuckerrüben auf Rasenpodsolböden 10-0295; Nährstoffversorg. v. Zuckerrüben auf Torfböden im Überschwemmungsgeb. d. Flusses Trubesh mit K u. Na sowie deren Einfl. auf d. Zuckergeh. 11-0379.

Se-D ü n g u n g: Silikat-Phosphat-Bezieh. in Böden 09-0314; Reaktionen v. zugeführtem Se als Selenit in Böden, d. Futter mit niedr. Se-Gehalt produzieren 12-0534.

Zn-D ü n g u n g: Wirk. v. Zinkoxid in flüssigen und granul. Düngemitteln 12-0532; Zn - notwend. Pflanzennährstoff 11-0357; Verfügbark. v. Zn für Mais in Abhängigk. v. d. Quelle u. Konzentration in Makronährstoffträgern 08-0436; Reaktion v. Mais auf Zn in Abhängigk. v. Plazier. u. N-Quelle 10-0332; Reakt. v. Kopfsalat auf eine Zn-Anwend. z. Boden 10-0589.

Mehrnährstoffdünger

Bedeut. im Rahmen d. zukünft. mineral. Düng. 09-0393; Preisvergl. zw. Einzel- u. Mehrnährstoffdünger 12-0923; Ökonomik d. Anwend. d. Mehrnährstoffdüngers u. d. wasserfreien Ammoniaks in d. landwirtsch. Produktion 11-0376; Wirksamk. flüss. zusammengesetzter Dünger 10-0348; flüssiger 11-37-0-Dünger v. Oxy 12-0528.

S p e z i e l l e M e h r n ä h r s t o f f d ü n g e r

Einfl. v. Butylurethan-Spurenelementverbind. auf Entwickl. u. Stoffw. v. Pflanzen 08-0438; Harnstoff-Monokalzium-Phosphat, eine Komponente von Mischdünger 12-0526; gefällte Verunreinig. in aus Naßprozeßphosphorsäure hergestellten Düngemitteln 08-0437.

A m m o n i u m p h o s p h a t: Mehrnährstoffdüngemittel u. ihre Wirksamk. Ammonium-Phosphate u. Ammoniumpoly-Phosphate. Amer. Lit. 12-0529; Produktion von Monoammoniumphosphat in einem Ammoniumphosphat-Granulationssystem vom TVA-Typ 12-0518.

D i a m m o p h o s: Wirk. v. Diammophos auf d. Erträge landwirtsch. Kulturen 12-0527.

N i t r o p h o s k a: 12-0530; Besonderh. d. Haushaltes d. P-Ernähr. v. Pflanzen bei Verwend. v. Nitrophoska 08-0375; Verfahren zur Anwend. von Ammoniakwasser zu verschied. Kulturen und d. Wirksamk. von Nitrophoska 12-0511; Wirk. d. Nitrophoskadünger in Versuchen mit Getreidekulturen im Mittl. Ural 10-0329; optimale Meth. z. Düng. d. Kartoffel mit Nitrophoska 08-0524.

Organische Düngung

Siehe auch Abfallverwertung; unter Düngung - Volldüngung (Organisch-mineralische Düngung); Ernterückstände.

Polyäthylengefäß zur interferometr. Bestimm. d. Respirationskurven v. Böden, org. Düngemitteln u. Abfallstoffen 07-0235; Einfl. d. org. Düngers auf Ausnutz. d. Nährstoffe d. Mineraldüngemittel 07-0358; Untersuch. über Bodeneigensch. und Qualität d. Ernteprodukte an langjähr. Dauerdüngungsversuchen in Thyrow bei Berlin 12-0477; Mechanismus d. Wirk. flücht. Subst. aus sich zersetzender Pflanzensubst. 11-0317; Schwierigk. d. viehlosen Wirtsch. unter d. Gesichtspunkt d. organ. Substanz 12-0479; Problem d. org. Subst. in einem viehlos wirtsch. Betrieb 12-0480; Nutzbarmach. organogener Abfälle für Humus- u. Erdwirtsch. d. Gartenbaus durch Dienstleistungsbetriebe 07-0542; Möglichk. z. Deck. d. Humusbedarfs in LPG mit Feldgemüsebau 08-0618.

S p e z i e l l e o r g a n i s c h e D ü n g e m i t t e l

A b w a s s e r: Dünger aus Abwässern d. Futtereiweißerzeug. 09-0378.

A b w a s s e r s c h l a m m: Wert v. flüss., anaerob ausgefaultem Abwasserschlamm (Versuch mit Weidelgras in Südostengland, bei denen d. Schlamm mit äquivalente N- P- u. K-Mengen liefernden Düngemitteln u. mit Wasser verglichen wurde) 08-0423; (Ergebnis eines Versuchs mit Gerste) 08-0424; (Wirk. d. flüss. Abwasserschlamms auf Wachstum u. Zusammensetz. v. Kleegrasgemischen) 09-0375.

B a k t e r i e n d ü n g e r: Ökon. Nutzeffekt d. Anwend. bakterieller Düngemittel zu Mais 11-0481.

Azotobakterin: phosphatlösende Bakterien d. Rhizosphäre u. ihre Bedeut. für P-Ernähr. v. Pflanzen 12-0247; Möglichk. d. Nutzbarmach. v. Azotobacter chroococcum in d. Landwirtsch. 08-0440.

Azotogen: Azotogen, ein Impfpräp. für Leguminosen 08-0439.

Phosphorbakterin: Wirksamk. bakterieller Düngemittel in d. unzureichend feuchten Zone 08-0488; P-Geh. in Pflanzen bei Inokulation mit P-haltige Materialien mineralisierenden Mikroorganismen 10-0284.

Silikatbakterin: Anwend. in d. SU 09-0254.

E r d m i s t k o m p o s t: Wirksamk. v. Erdmistkompost im Vgl. z. org. u. mineral. Düng. 09-0379.

F ä k a l i e n: flüss. org. Dünger als Grünland-Dünger. Wirk. v. Kot-Harn-Gemischen 12-0701.

G r ü n d ü n g u n g: Gründüngung u. org. Subst. im Boden 10-0333; Wirk. zugegebener Pflanzensubst. auf d. Abbau org. Bodensubst. bei verschied. Befeuchtungs- u. Trocknungsprozessen 07-0191; Einfl. v. Gründünger auf d. N-Haush. v. Grauerde-Podsolböden 09-0380; Lupinen als Gründüng. 11-0381; Einfl. d. unterschiedl. Termins und Meth. d. Einpflügens mehrjähr. Futterpflanzen auf einige physikal. und biol. Eigensch. d. Bodens und auf d. Ertrag d. Nachfrucht 12-0495; Nachwirk. v. Gründüng. u. Stalldung auf d. Maisertrag bei Bewässer. auf hell-kastanienfarbigen Böden 08-0420; Gründüng. zu Kartoffeln 07-0464; Wirk. d. Rapsgründüng. auf d. Kartoffelertrag in Abhängigk. v. d. mineral. N-Düng. 08-0519; Gründüng. in Baumschul- u. Obstbaubetrieben 07-0624; Wasserverbrauch d. Apfels u. Fragen d. Anbaus v. Gründüngungspflanzen als Zwischenfrucht 07-0639; Ersatz v. Stalldünger durch Gründünger in Reb- u. Obstanlagen 10-0604; Versuch z. Gründüng. im Weinbau 10-0642.

G ü l l e: Leist. u. Wandl. d. Güllewirtsch. 11-0382; Flüssigmistverfahren in d. Rindvieh- u. Schweinehalt. 08-0422; Gewinn., Lager. u. Anwend. v. Gülle 08-0421; Gülledüng. beeinflußt d. Humusspiegel d. Grünlandböden 12-0699.

H u m u s: Einfl. v. Humophos u. Huminsäure auf d. Kartoffel beim Anbau auf Grauerden 08-0518.

K l ä r s c h l a m m: Erfass. städt. Abfälle u. Ausnütz. d. Kläranlagenschlammes, einschließl. d. Problematik d. Industrieexhalate in d. DBR 10-0336; anreichernde u. Nachwirk. v. Düngern aus Klärschlamm 09-0376; Desinfekt. und Sterilisation von Boden, Müll und Klärschlamm mit Äthylenoxid 10-0168; Vergl. v. Klärschlamm u. a. zu Kartoffeln u. einer nachfolgenden Getreidefrucht geprüften org. Düngemitteln 09-0377.

K o m p o s t: N-halt. Verbind. und Kohlenhydrate in Kompostdüngern 12-0504; zoolog. Charakteristik v. Kompost 08-0227; Mikroflora u. biot. Stoffe bei Lager. 08-0419; Kriterien für Aktivität d. Mikroorganismen bei d. Kompostier. 11-0386; verrotteter Kompost mit Superphosphat (Wirk. d. Bebrüt. v. Pflanzenrückständen mit Superphosphat) 07-0371; Hygiene d. Schnellkompostier. nach d. Multibacto-Verfahren. Verhalten v. Salmonellen beim Rottevorgang 12-0500; Stand d. hygien. einwandfreien Beseitig. fester u. flüss. Siedlungsabfälle - unter bes. Berücksichtig. d. Kompostier. 10-0334; anreichernde u. Nachwirk. v. Düngern aus städt. Abfällen u. Klärschlamm 09-0376.

M ü l l: Beseitig. fester Abfallstoffe u. v. Abwasserschlamm. Grundsätzl. z. Müllproblem 07-0370; Desinfekt. und Sterilisat. von Boden, Müll und Klärschlamm mit Äthylenoxid 10-0168; anreichernde u. Nachwirk. v. Düngern aus städt. Abfällen 09-0376; Müllklärschlammkompost u. seine Bedeut. für d. Weinbau 12-0922.

S e e s c h l a m m: als Düngemittel 11-0385.

S t a l l d u n g: Qualität u. Produktion animal. Düngemittel im Mittelpunkt tier. Produktion 07-0367; Fließmist - ein hochwert. wirtschaftseigenes Düngemittel 12-0499; N- u. C-Verluste im Schweinekot bei verschied. Trocknungsverfahren 09-0374; Bedeut. d. Anreicherungstechnol. v. betriebseigenen Düngern 09-0372; Einfl. unterschiedl. Verfahren v. Stalldunglager. auf N- u. Substanzverluste 08-0418; Mikroflora u. biot. Stoffe bei Lager. 08-0419; Wechselwirk. zw. Stallmist- u. N-Düng. 07-0369; Einfl. regelmäß. Stallmistdüng. auf einige chem. Bodeneigensch. 07-0368; Einfl. auf Mg-Geh. im Boden 08-0416; Einfl. v. Düng. u. Fruchtfolge auf Mg-Geh. d. Bodens 10-0322; Einfl. einer unterschiedl. langjähr. Düng. auf Zn-Geh. d. Bodens 10-0323; Krumenvertief. u. differenzierte Düng. auf Sandböden im Grundwasserentzugsgeb. 09-0261; Wirk. d. Einbring. org. Stoffe auf N-Haush., Zusammensetz. d. Mikroflora eines Torfbodens u. Pflanzenertrag 12-0268; Thyrower Bodenfruchtbarkeitsversuch 07-0241; Wirk. einer Düng. mit Stalldung auf Ertrag u. Humusgeh. d. Bodens im Fruchtfolgedüngungsversuch Seehausen 09-0358; Wirk. verschied. gelagerten Stalldungs auf d. Pflanzenertrag 09-0373; Wirk. verschied. gelagerter Stallmiste auf Pflanzenertrag und Bodeneigensch. (Ertäge und N-Entzüge) 12-0497; (Veränder. einiger wichtiger Bodeneigensch.) 12-0498; Einfl. verschied. Düng. auf Aminosäuren v. Weizenkorn u. Mohrrübe 08-0370; richtige Ausnutz. org. u. mineral. Dünger bei Wi-Roggen auf ausgelaugten Schwarzerden 10-0325; Vergl. v. Stalldung u. a. zu Kartoffeln u. einer nachfolgenden Getreidefrucht geprüften org. Düngemitteln 09-0377; Nachwirk. v. Stalldung auf d. Maisertrag bei Bewässer. auf hell-kastanienfarbigen Böden 08-0420; Erdnuß u. org. Düng. 09-0520; Einfl. langjähr. Düng. v. Gemüse ausschließl. mit mineral. Düngemitteln oder mit Stalldung auf einige phys. Eigensch. d. Bodens 07-0548; biotherm. Verfahren z. Herstell. eines Substrats für Champignons aus Stalldung 10-0598; Einfl. d. Schwemmistes auf Unkrautverbreit. u. Anwend. d. Tetrazolium-Meth. bei Unkrautsamen 07-1054.

S t r o h: Wirk. einer Strohdüng. auf Ertrag u. Humusgeh. d. Bodens im Fruchtfolgedüngungsversuch 09-0358; Festleg. u. Mineralisier. v. N im Boden bei Zugabe v. Stroh 09-0371; Einfl. v. Stroh, Rübenblatt u. Zuckerrohr-Bagasse auf N-Versorg. in Gefäßdüngungsversuchen 07-0366.

T o r f: "Salzgeh." d. Torfes 08-0425; Mikroflora u. biot. Stoffe bei Lager. 08-0419; vollautomat. App. z. Kontrolle d. vorschriftsmäß. Herstell. v. Torf-Mineral-Mischprodukten 07-0372; Einfl. v. Torf auf d. N-Haush. v. Grauerde-Podsolböden 09-0380.

D ü n g u n g s t e r m i n e

Einfl. d. unterschiedl. Termins u. Meth. d. Einpflügens mehrjähr. Futterpflanzen auf einige physikal. u. biol. Eigensch. d. Bodens u. auf d. Ertrag d. Nachfrucht 12-0495.

W i r k u n g a u f d e n B o d e n

Einfl. regelmäß. Stallmistdüng. auf chem. Bodeneigensch. 07-0368; Einfl. langjähr. Düng. v. Gemüse mit mineral. Düngemitteln oder mit Stalldung auf phys. Eigensch. d. Bodens 07-0548; Einfl. auf Respirationsaktivität d. Bodens unter Gerste mit Luzerneuntersaat 07-0162.

W i r k u n g a u f P f l a n z e n

Einfl. org. Düng. auf Nährstoffaufnahme u. Bodenfruchtbark. 11-0372.

Sonstige Düngemittel

Sorptionseigensch. d. Flugasche v. Kraftwerken 10-0335; Granulier. v. Torfmineralgemischen 09-0394; Arten d. Sapropel-Düng. 11-0383; Anwend. d. Sapropels als Düngemittel 11-0384.

Düngemitteluntersuchung

Laboratoriumsschwank. bei Analyse v. Düngemitteln 07-0386; qualitative Analyse v. Mineraldüngern in fester Phase 08-0441; Bestimm. d. mech. Festigk. v. granuliert. Düngemitteln 09-0400; Wasserbestimm. in Mineraldüngemitteln 09-0401; Schnellmeth. z. Analyse v. P-Düngern 07-0387; Bestimm. d. verfügbaren P in Düngemitteln 09-0402; photometr. A.O.A.C.-Phosphomolybdovanadatmeth. z. Bestimm. d. direkt verfügbaren P 09-0403; alkalimetr. Chimociacmeth. z. P-Bestimm. 09-0404; Bestimm. v. P durch d. Differential-Spektrophotometrie-Meth. 12-0537; Vergl. d. K-Geh. v. Düngemitteln, ermittelt durch Atomabsorption u. Natriumtetraphenylborat 10-0352; polarograph. Bestimm. d. Löslichk. v. Mo u. Zn in einem Polymikrodüngemittel 08-0442; N- u. C-Verluste im Schweinekot bei verschied. Trocknungsverfahren 09-0374.

Dünnschichtchromatographie s. unter Chromatographie.

Dürreresistenz s. unter Resistenz (und Resistenzzüchtung).

Duron s. unter Herbizide.

2,4-D s. unter Herbizide; unter Insektizide - Sonstige Mittel: unter Wuchsstoffe (und Hemmstoffe).

Echinochloa crus-galli (syn. Panicum crus-galli; Hühnerhirse), Keimungsbiol. u. Bek. 10-0989; selektive Phytotoxizität v. N-Methyl-2-Methoxy-3,6 Dichlorbenzanilid 10-0976; neues Herbizid für Reisfelder 11-1069.

Edelnelke s. Dianthus caryophyllus.

Edelwicke s. Lathyrus odoratus.

EDV s. unter Datenverarbeitung.

Efeu s. Hedera.

Eggen s. unter Bodenbearbeitung.

Eibisch s. Hibiscus; Eßbarer Eibisch s. Hibiscus esculentus.

Eiche s. Quercus.

Eichenwickler, Grüner s. Tortrix viridana.

Eierfrucht s. Solanum melongena.

Einsäuern s. unter Konservierung - Silage.

Eisen s. auch Düngung - Spurenelementdüngung.

Fe und Al-Verbind. im handelsübl. Superphosphat 12-0519; komplexe Bodenmelioration in d. Niederlausitz mittels Verregn. Fe-halt. Rohwassers u. mittels Tiefumbruches nach d. Egerszegi-Verfahren im Grundwasserentzugsgeb. d. NL 09-0281.

B e s t i m m u n g : Schnellbest. in Pflanzen, Torf u. Böden mit d. Meth. d. oszillograph. Polarographie 12-0307; kolorimetr. Bestimm. v. Fe gemischter Wertigk. durch Orthophenanthrolin 08-0276; bewegl. Formen, d. nach verschied. Meth. (in einigen d. wichtigsten Bodentypen Bulgariens) bestimmt wurden 10-0201; Fe-Ausfäll. in Dränleit. u. Gegenwirk. 09-0276; Ionennachliefer. in nordpersischen Böden 07-0127.

G e h a l t i m B o d e n : Verteil. in einigen Böden 08-0148; Verteil. in Braunerdeböden Georgiens 08-0153; Fe-Reduktion bei Verdicht. in umgelagertem Löß 11-0163; Verfügbarkeit u. Fraktionier. v. Rückstands-P in Böden mit hohem Fe-Geh. 07-0118; natürl. Radioaktivität u. chem. Zusammensetz. d. Fe-Konkretionen in versalzten u. podsolierten Böden 08-0149.

A u f n a h m e : Mechanismen für Beweg. aus einem Boden z. Oberfläche v. Sojabohnenwurzeln 07-0290; Aufnahme in Bezieh. zu Wurzelsaft- u. Stengelexsudat-Zitrat bei Sojabohnen 07-0294; Aufnahme u. Verlager. v. Fe durch Tomatenpflanzen in Abhängigkeit v. Wurzeltemp. u. Mn-Ernähr. 08-0388.

E r n ä h r u n g : Natur, Eigensch. u. Rolle Fe-org. Verbind. d. Bodens in Pflanzenernähr. 09-0344; Oxydationsmetabolismus d. Erbsen- und Maiswurzeln unter d. Beding. unterschiedl. Fe-Versorg. 07-0342; Ionenaustauscher als Nährstoffquellen; Reaktion d. Tomate auf unterschiedl. Versorg. mit Fe 03-0342.

M a n g e l : Fe-Bezieh. bei chlorot. Zuckerrohrpflanzen bei Anbau auf einem kalkreichen Boden 08-0386; Unterschiede in d. Empfindlichk. gegenüber Fe-Chlorose bei Grasarten, d. auf Torfauflagen wuchsen 11-0353.

G e h a l t i n P f l a n z e n : Verteilung in unreifen Tomaten 08-0638; interzellulare Verteil. im Tomatenpflanzengewebe 12-0084; Veränder. d. Aschezusammensetz. v. Blättern d. Süßkirsche in Verbind. mit d. Chlorose-

teine v. Leguminosensamen mittels Scheibenelektrophorese u. Bezieh. z. ihrer Systematik 09-0014; elektrophoret. Beweglichk. v. Ameisensäure- u. Glutaminsäuredehydrase in Fabaceae: ein system. Überblick 09-0015; Bestimm. v. Peroxydase-Isozymen in Bohnenblättern 09-0099; Untersuch. d. Legoglobine aus Soja-Futterbohnen- u. Lupinenknöllchen durch Scheibenelektrophorese in Polyakrylamid-Gel 11-0103.

Elymus junceus (Russischer Wildroggen), Wirk. d. Alters auf Keim. u. Triebkraft v. 'Russian Wild Ryegrass' Samen, geerntet in verschied. Reifestadien 12-0688.

Embryo, Einfl. v. Kulturbeding. auf Wachstum isolierter Getreideembryonen in vitro 09-0084; Zuckerzusammensetz. d. Embryos v. Weizensamen unter Beding. langjähr. Düngeranwend. 09-0089; Produktion gibberellinähnl. Subst. im Gerstenembryo während d. Keim. 07-0026; Bestrahl. bei aufeinanderfolgenden Generationen (Wirk. auf sich entwickelnde Embryonen bei Gerste) 10-0707; (Wirk. auf ruhende Embryonen bei Gerste) 10-0708; Variabilität d. Merkmale bei Hafer durch Versetz. v. Embryonen auf fremdes Endosperm 09-0766; schwache Samenbild. bei tetraploidem Rotklee im Blickpunkt zytolog.-embryolog. Analysen 08-0790; embryol. Untersuch. über d. Entwickl. triploider Samen bei Gelbem Steinklee 08-0801; Zellteil. u. Differenzier. v. Embryonen in Pollenkörnern v. Stechapfel 11-0069; "in vitro"-Kultur v. Embryonen d. Ölpalme (Wirk. v. Größe u. Alter d. Samen) 07-0511; induzierte Chromosomenaberrationen u.a. Abnormalitäten im Embryosack nach Pollenbestrahl. bei Melandrium rubrum 08-0829; somat. Embryogenese bei Blätter- u. Stengelexplantaten v. Kohl 12-0065; Apogamie bei Gurken 07-0822; Embryosack-Entwickl. im Verhältnis zu Pollenfertilität u. Samenansatz bei Apfelklonen, deren ruhende Knospen mit ^{60}Co bestrahlt wurden 08-0819; Entwickl. v. Embryo u. Endosperm, produziert nach Pollenbestrahl. bei Tradescantia 07-0842; Induzier. haploider Embryonen u. tetraploider Endospermkerne durch bestrahlten Pollen bei Lilium 08-0827.

Emmer s. Triticum dicoccum.

Empoasca

fabae (Kartoffelzikade), Ernähr. auf Kallus v. Ackerbohne in Gewebekultur 07-0892.

solana, Einfl. d. Populat. auf d. Zuckerrübenertrag im Imperial-Tal, Kalifornien 11-0895.

Endivie s. Cichorium endivia.

Endopolygalakturonase s. unter Enzyme.

Endosperm, Zuckerzusammensetz. d. Endosperms v. Weizensamen unter Beding. langjähr. Düngeranwend. 09-0089; Glykogenbild. in genet. verschied. Maisendospermen 09-0090; Einfluß d. Reife auf Amylosegeh. d. Endosperms v. Zuckermais 09-0091; Vorkommen v. gibberellinart. Subst. in Pflanzen, welche d. Synth. v. α-Amylase im Reisendosperm fördern 11-0106.

Endosulfan s. unter Insektizide - Chlorierte Kohlenwasserstoffe.

Endria inimica, Zikade als Vektor d. streif. Mosaiks d. Weizens in Manitoba 07-0908.

Endrin s. unter Insektizide - Chlorierte Kohlenwasserstoffe.

Entblätterung s. unter Blatt (und Blattanalysen).

Entomophthora pyriformis, zu Entomophthora gehör. Blattlausparasit 12-1235.

Enzyme (Fermente), Bodenbakt. u. Aktinomyzeten als Produzenten biol. aktiver Stoffe 11-0195; Rolle v. Metall-Mikroelementen in d. durch Fermente katalysierten biochem. Prozessen 08-0396; Indolylessigsäure umwandelndes Enzym v. Erbsenwurzeln u. seine Bezieh. z. Geotropismus, Streckungswachstum u. Zellwandeigensch. 09-0085; Bestimm. d. Zellwandkomplexes v. Gemüsearten durch enzymat. Aufschluß 12-0124; Regulier. d. Aktivität d. bei Nitratassimilation durch höhere Pflanzen beteiligten Enzyme 07-0309; Bestimm. d. Komponenten, die d. biol. Aktivität eines Flachmoortorfes erhöhen, durch Fermentreaktion 12-0228; Beeinfl. v. ernährungsphysiol. bedeutsamen Inhaltsstoffen u. Pflanzenenzymen durch Pestizide 11-1021; Wirk. v. Trichoderma viride, Fusarium oxysporum u. pilzl. Enzyme auf d. Eindringen v. Pratylenchus penetrans in Luzernewurzeln 07-0872; Modell für Entstehungsweise chem. Rassen 09-0821; Einfluß exogener Enzyme auf Wurzelgewebe v. Kartoffelpflanzen, d. gegen d. Kartoffelnematoden anfällig u. resistent sind 10-0826.

B e s t i m m u n g : histochem. Nachweis d. nichtspezif. Esterase in Weizenwurzeln 10-0087.

S t o f f w e c h s e l : Anomale Enzymtätigkeit als ein zeitiger Anzeiger v. Nährstoffmangel in Pflanzen 10-0255; Veränder. d. Aktivität einiger oxydierender Fermente in Weizenkeiml. bei ihrer Abhärt. gegen niedr. Temp. 12-0035; Stärkespeicher. u. Tätigkeit einiger Fermente bei d. Kartoffel 11-0050; Einfl. d. Lichtes auf d. Katalaseaktivität d. Blätter 11-0062.

G e h a l t i m B o d e n : Enzymat. Aktivität d. Bodens in bezug auf seine Struktur 12-0224; Dehydrogenaseaktivität v. Knöllchenbakterien verschied. Effektivität bei Symbiose 08-0207; Ursachen d. differenzierten Vorkommens v. Proteasen in Böden 12-0225.

G e h a l t i n P f l a n z e n : Enzyme u. Proteinverteil. in Uredosporen von Weizenschwarzrost 12-1096; lösl. Proteine u. mannigfalt. Enzymformen im frühen Wachstumsstadium v. Weizen 11-0091; Veränder. in Gerstenblättern, d. mit Echtem Gerstenmehltau infiziert waren 10-0861.

Spezielle Enzyme

A l d o l a s e : Einfl. v. Metallkationen auf Aldolase in Blättern v. Maissäml. 08-0340.

A m y l a s e n : Hemm. d. durch Gibberellsäure induzierten Bild. v. -Amylase durch Abszisin 11-0059; Vorkommen v. gibberellinart. Subst. in Pflanzen, welche d. Synth. v. -Amylase im Reisendosperm fördern 11-0106; biol. Wirk. v. Schallschwing. auf Amylaseaktivität v. Maiskeimpflanzen 10-0055; Mahleigensch. u. Kohlenhydrat-Amylase-Komplex d. Roggensorten d. 'VIR'-Kollektion 11-0467; Stärkespeicher. u. Tätigk. einiger Fermente bei d. Kartoffel 11-0050.

C h l o r o p h y l l a s e : Respirationsklimakterium in Apfelfrüchten - Wirk. hydrolyt. Enzyme im Schalengewebe während d. Klimakteriums in d. geernteten Frucht 10-0044.

D e h y d r a s e n (D e h y d r o g e n a s e n , R e d u k t a s e n) : Dehydrogenaseaktivität: zur Untersuchung v. Böden u. Flußablager. 07-0234; - v. Knöllchenbakterien verschied. Effektivität bei Symbiose 08-0207.

Ameisensäuredehydrase: Elektrophoretische Beweglichkeit von Ameisensäuredehydrase in Fabaceae: system. Überblick 09-0015.

Chinonreduktase: Physiol. d. Mg-Mangels bei Reben (Aktivität d. Chinonreduktase bei Mg-Mangelchlorose) 10-0296.

Glutaminsäurehydrase: Elektrophoret. Beweglichk. v. Glutaminsäuredehydrase in Fabaceae: systemat. Überblick 09-0015.

Maleindehydrogenase: Hitzestabilität aus hitze-abgehärteten Pflanzen 11-0110.

Nitratreduktasen: Einfluß von V und Mo auf Aktivität der Nitratreduktasen in pflanzlichen Zellstrukturen 07-0335; Niederbusch. Heidelbeere: Beweis für Abwesenheit eines Nitrat reduzierenden Systems 07-0283.

E n d o p o l y g a l a k t u r o n a s e : Genetische Eigenschaften pflanzenpathogener Pilze. Pektolyt. Enzyme virulenter und avirulenter Stämme von 3 pflanzenpathogenen Penicillium-Arten 11-0857.

E s t e r a s e n : Histochem. Nachweis d. nichtspezif. Esterase in Weizenwurzeln 10-0087.

Arylesterase: Wirkung von Gammastrahlen und Maleinsäurehydrazid auf Enzymsystem v. Maiskörnern 09-0058.

Pektinmethylesterase: Bildung durch Phytophthora infestans 10-0795.

G l u k o s i d a s e : Elektrophoret. Untersuchung d. Samenproteine v. Brassica- u. Sinapis-Spezies 10-0007.

H e x o k i n a s e : Wirk. einer Rostinfektion auf Hexokinaseaktivität und Kohlenhydratabbau in Primärblättern von Weizen 10-0859.

H y d r o g e n a s e : Rolle v. Co, Cu u. Mo bei d. Erhöh. d. Hydrogenaseaktivität in Knöllchen v. Futterbohnen 08-0385; H_2-Aufnahme u. Austausch durch Erbsenwurzelknöllchen 12-0229.

I n v e r t a s e n : Invertaseaktivität bei in d. Frostresistenz unterschiedl. Kartoffelproben 08-0027; Aktivität in frischen u. gelagerten Zuckerrüben 12-0109.

K a r b o x y l a s e n : Reaktion v. Enzymen in vitro,die an der CO_2-Fixierung beteiligt sind und die Salzaufnahme durch Gerstenwurzeln begleiten 09-0308.

Ribulose-1,5-diphosphat-Karboxylase: Wirk. d. Lichtintensität auf Enzyme d. Karboxylierungsphase d. Photosynth. und Chlorophyllsynth. in ergrünenden Blättern von Gerste 07-0014.

K a t a l a s e n : Zustand d. Katalase beim Weizen im Zusammenhang mit Frostresistenz 07-0010; Einfl. d. Lichtes auf d. Katalaseaktivität d. Blätter 11-0062; Aktivität in Zuckerrüben 12-0108; interzellulare Verteil. im Tomatenpflanzengewebe 12-0084.

L i p a s e n : Respirationsklimakterium in Apfelfrüchten - Wirk. hydrolyt.

Enzyme im Schalengewebe während d. Klimakteriums in d. geernteten Frucht 10-0044.

N u k l e a s e n (R i b o n u k l e a s e n) : "Anlaß"-Mechanismus d. keimenden Samen (Ribonuklease-Aktivität während d. Erwachens) 08-0060; Einfluß v. Amitrol, Simazin u. d. Virus d. Zwergmosaikkrankh. auf d. Geh. an Zn, Ribonuklease, Eiweißstoffen u. RNS in d. Pflanzen v. Mais 11-0058; Respirationsklimakterium in Apfelfrüchten - Wirk. hydrolyt. Enzyme im Schalengewebe während d. Klimakteriums in d. geernteten Frucht 10-0044; Hemm. d. Tumorinzept. bei d. Wurzelkropfkrankh. durch Verwend. v. Ribonuklease A 11-0855; Chromatographie eines Gemisches v. TMV u. Ribonuklease 09-0965.

O x y d a s e n : Rolle d. oxydativen Enzyme in d. Physiol. d. v. Mycena citricolor verursachten Blattfleckenkrankh. d. Kaffeebaumes 11-0859; Aktivitätsänder. einiger Oxydasen in Extrakten v. Rhizoctonia-infizierten Bohnenhypokotylen in Bezieh. z. Entwickl. d. Läsionen 12-1193.

Indolylessigsäureoxydase: Wirkungsweise v. 1-Threo-β-phenylserin als Chemotherapeutikum für Gurkenkrätze 08-0989; IES-Oxydase bei Kontrolle des Blattabwurfes bei Baumwolle 10-0032.

P e p t i d a s e n : Reinig. u. Charakterisier. zweier Aminopeptidasen aus Kotyledonen 11-0108.

P e r o x y d a s e n : Veränder. einiger physiol.-biochem. Merkmale v. Wi-Weizen bei Frühjahrsaussaat 12-0030; Wirk. v. Gammastrahlen u. Maleinsäurehydrazid auf d. Enzymsystem v. Maiskörnern 09-0058; Aktivität in Zuckerrüben 12-0108; Bestimm. v. Peroxydase-Isozymen in Bohnenblättern durch präparative Scheibenelektrophorese 09-0099; Steiger. d. Aktivität u. d. Resistenz bei d. Batate gegen Ceratocystis durch flücht. Stoffe 09-0953.

P h e n o l a s e n (P h e n o l o x y d a s e n) : Verteil., Entwickl. u. Natur d. Phenoloxydase in Zuckerrüben 07-0084.

Polyphenoloxydase: Aktivität in Zuckerrüben 12-0108; Physiologie des Mg-Mangels bei Reben (Aktivität der Polyphenoloxydase bei Mg-Mangelchlorose) 10-0296.

P h o s p h a t a s e n : Respirationsklimakterium in Apfelfrüchten - Wirk. hydrolyt. Enzyme im Schalengewebe während d. Klimakteriums in d. geernteten Frucht 10-0044.

Adenosintriphosphatase: biochemische Charakteristik der Aktivität in den Wurzeln v. Weizenkeiml. 11-0109.

P h o s p h o r i b o i s o m e r a s e : Wirk. d. Lichtintensität auf Enzyme d. Karboxylierungsphase d. Photosynth. u. Chlorophyllsynth. in ergrünenden Blättern v. Gerste 07-0014.

P h o s p h o r i b u l o k i n a s e : Wirk. d. Lichtintensität auf d. Enzyme d. Karboxylierungsphase d. Photosynth. u. Chlorophyllsynth. in ergrünenden Blättern v. Gerste 07-0014.

P h y t a s e : Phytaseaktivität bei Zuchtmaterial v. Roggen 08-0749.

P o l y g a l a k t u r o n a s e : Läsionsentwickl., Pilzwachstum u. Verteil. v. Endopolygalakturonase u. Zellulase in Rhizoctonia-infizierten Hypo-

d. Ernte 07-0486.

G e m ü s e : Einfl. d. Erntetermins auf Qualität u. Lagerfähigk. d. Möhre 08-0629; Qualitätsschwierigk. bei Gurken 09-0585; faktorieller NPK-Düngungsversuch für einmal. mech. Ernte v. Einlegegurken 10-0559; Anbautechn. v. Einlegegurken für einmal. masch. Ernte 12-0762; Anpass. d. Kulturmeth. bei mech. Ernte v. Kantaloupen 12-0765; Wachstum d. Hülsen v. Buschbohnen, ein wichtiger Faktor für d. Grünpflücke 10-0565; Mähdrusch v. Erbsen 07-0406; Anbau v. Tomatensorten, d. z. masch. Ernte geeignet sind 12-0785; gestutzte Tomatenpflanzen unterstützen d. Reife u. Gleichmäßigk. für eine mech. Ernte 08-0647; kombinierte Wirk. v. Gammastrahl., Kälteschaden u./od. Wachstumsregulatoren auf d. Nachernteraekt. v. Tomatenfrüchten 10-0572; Wirk. d. Erntemeth. auf Ertrag, Reifestadium u. Zahl d. Ernten beim Kulturchampignon 12-0814; Ursachen d. Champignonwellen 07-0611.

O b s t : Ernte d. Früchte u. ihre Behandl. in d. Obstanlage 07-0619; Verlauf d. Obstanliefer. unter d. Beding. d. Havelobstbaugeb. 12-0836; Bezieh. zw. Ernte termin u. Lagerverhalten bei 'Cox's Orange Pippin' 09-0648; Standraum, Unterlagen, Sorten u. Schnitt für masch. Ernte 12-0878; Nachwirk. d. mech. Ernte auf Wachstum u. Fruchtbark. bei Pflaumen 12-0899.

Z i e r p f l a n z e n : Untersuch. über Reife, verschied. Aufnahmetermine u. hohe Lagertemp. bei d. Tulpe 10-0661.

<u>Ernterückstände</u>, Einfl. d. Wurzelsubst. auf Krümelbild. 09-0155; Sorptionskapazität im Boden mit bes. Berücksicht. der unter d. Einfl. v. Ab-, Um- u. Aufbauvorgängen während d. Zersetz. v. Stoppel- u. Wurzelrückständen eintretenden Änder. 12-0198; verrotteter Kompost mit Superphosphat (Wirk. d. Bebrüt. v. Pflanzenrückständen mit Superphosphat) 07-0371; Einfl. v. Getreidestroh, Rübenblatt u. Zuckerrohr-Bagasse auf N-Versorgung in Gefäßdüngungsversuchen 07-0366; Einfl. mehrjähr. Pflanzen auf Bodenfruchtbarkeit sowie auf Erträge d. Folgepflanzen (Wert d. Erntereste u. Ertragsleist. d. Folgepflanzenarten) 10-0355; Zuckerrübenanbau nach Futtergräsern (Wirk. eingepflügter Grasrückstände auf Zuckerrübenwachstum) 10-0434; Pflügen u. Behandl. d. Ernterückstände bei Sojaproduktion in einer Soja-Getreide-Fruchtfolge 11-0490.

<u>Ertrag (und Ertragsgesetze)</u>, Gesetz v. abnehmenden Ertragszuwachs 10-0267; internat. Zusammenarb. bei d. Standardisier. v. Verfahren z. Ertragsforsch. nach Rekorddaten 12-0541; multiple lineare Regression u. lineare Programmierung bei d. Analyse sich erneuernder Resourcen 07-0516; Entsteh. eines zunehmenden Ertragszuwachses 12-0433; Ansteigen d. Erträge 12-0573; Ertragsaufbau bei Getreide 09-0441; Ertragssteiger. im Getreideanbau 10-0389; Ertragsbild. d. Wi-Gerste 07-0444; Erträge, Sortenstatistik u. -eigensch. v. So-Gerste 07-0446; Ertragsfähigk. von Grünland 12-0704; biol. u. wirtschaftl. Ertragsfähigk. v. Wiesen u. Weiden 07-0420; Voraussage d. Erträge aus miteinander in Bezieh. stehenden Faktoren bei Luzerne 07-0489; Bezieh. zw. Ertrag u. Fettgeh. bei Sonnenblumenkernen 11-0101; Einfl. v. Tomatenpflanzenschäden auf Entwickl. u. Fruchtertrag 11-0642; Entwickl. d. Obsterträge in

d. DDR 10-0600; Meth. z. Obstertragsschätz. 08-0662; Typen d. Fruchtens u. Regelmäßigk. d. Erträge bei verschied. Apfelsorten 09-0636; Rolle d. "Abweichung" beim Ertragsrhythmus d. Äpfel 10-0613; Struktur d. Ertragskapazität v. Pflaumensorten als Grundlage d. Anbaugestalt. 08-0683; Hausrosenerträge 08-0702.

E r t r a g u n d U m w e l t e i n f l ü s s e : Umwelteinfl. auf d. erbl. bedingte Ertragspotential 12-0126; Ernteerträge typ. Ackerflächen in Thür. in Bezieh. z. d. durch Boden u. Klima bedingten natürl. Standortunterschieden 08-0122; Einfl. d. Industrieabgase und -abfälle auf d. Bodeneigensch. und Ertragsfähigk. 12-0401.

E r t r a g u n d P h y s i o l o g i e : Photosynthese u. Ertrag 12-0059; Abhängigk. d. Höhe d. Kornertrages v. d. Größe d. Blattoberfläche u. d. Akkumulation d. Trockenmasse während Ontogenese v. So-Saatweizen 09-0032; physiol. Ursachen v. Ertragsdifferenzen (Änder. d. Tr.-Subst.-Verteil. in oberird. Organen bei einigen Bohnensorten) 09-0034; physiol.-biochem. Untersuch. über stoffl. Grundlagen d. Ertragsbild., insbes. d. Blütenbild. bei Obstgehölzen 07-0017; Alternanz u. Rhythmus im Rahmen d. Vorstell. über d. Ertragsverlauf bei Äpfeln 09-0634; Struktur d. Rebstockes in Bezieh. z. seiner Produktivität 12-0916; korr. Bezieh. zw. Triebzahl, Ertrag, Mostgew. u. Gesamtsäure bei Geisenheimer Rieslingsklonen 64, 198, 237 u. 239 12-0915.

E r t r a g u n d E r n ä h r u n g : Statistik d. Ertrages im Verhältnis z. Düng. 12-0575; Bestimm. d. Wirksamk. d. Düng. 09-0353; Einfl. d. Fruchtwechsels auf Erträge in Abhängigk. gesteigerter Mineraldüng. 11-0407; Einfl. v. in verschied. Tiefen eingebrachtem $CaCO_3$ auf d. Ertrag 10-0340; Wachstum, chem. Zusammensetz. u. Ertrag v. Saflor unter d. Einfl. v. austauschbarem Na 07-0457.

E r t r a g u n d a g r o t e c h n i s c h e M a ß n a h m e n : Bestimm. d. Zunahme d. Hektarerträge unter dem Einfl. agrotechn. Maßnahmen 07-0432; landwirtsch. Nutzpflanzen und Grad d. Bodenkultivier. 12-0538; Bek. d. Bodenerosion u. die Ernteerträge 08-0329; Einfl. mehrjähr. Pflanzen auf Bodenfruchtbark. sowie auf Erträge d. Folgepflanzen 10-0356; Nachwirk. d. Wi-Zwischenfrüchte auf Erträge verschied. Hauptfrüchte 11-0404; Anwend. v. Mikroorganismen für d. Steigerung d. Ertrages landwirtsch. Kulturen 12-0536; Einfluß eines aus Erdöl gewonnenen Wuchsstoffes auf Erträge 08-0477; Einfl. v. 2,4-D u. MH auf Wasserhaushalt u. Pflanzenertrag bei verschied. Bodenfeuchten 10-0975; Ertrag v. Apfelsorten auf Malus baccata/prunifolia-Unterlagen (Dab-Klone) im Zeitraum d. ansteigenden Ertrages 12-0870; Ertragsverlauf in älteren Kernobstanlagen u. Faktoren, d. ihn beeinflussen 11-0667; Einfl. d. Anbausystems auf d. Ertragsverlauf bei Apfel 11-0679; Wirk. phytosanitärer Maßnahmen auf d. Erträge 10-0887.

E r t r a g u n d Z ü c h t u n g : Verbesser. d. Erträge d. Ackerbaues durch Verwend. ertragsfähigerer Sorten 08-0476; Vorhersage d. Ertragsfähigk. v. Doppel-Hybriden bei Mais 07-0780; Einfl. v. Klon-Abweich. auf Ertrags-

mutanten 11-0030; Verzöger. d. Chlorophyllabbaues bei Mais durch Kumarin, Phosfon D u. CCC 12-0044; Einfl. v. Wachstumsregulatoren bei Pflanzen auf Virusausbreit. u. Chlorophyllgeh. in Kartoffelblättern 10-0028; merikline Chlorophyllchimären u. Blattontogenese bei Tabak 12-0064; Einfl.: v. Co auf Akkumulation v. Chlorophyll, d. Intensität d. Photosynth. u. d. Kornertrag v. Buchweizen 11-0355; - v. ^{6}N-Benzyladenin auf Chlorophyllgeh. v. Kopfkohl nach d. Ernte 12-0750; Koppl. zw. d. Genen für Behaar. d. jungen Blattes u. für Chlorophylldefizienz bei Brassica oleracea 12-1038; Untersuch. an stoffwechseldefekten Mutanten d. Kulturtomate (Wirk. v. Ammonium- u. Nitrat-N auf Chlorophyllgeh.) 11-0061; Vit. B_1-bedürft. Chlorophyllmangelmutanten d. Tomate (Genetik u. Physiol.) 09-0826; photochem. Aktivität d. aus unterschiedl. frostresistenten Apfelsorten isolierten Plastiden 09-0024; Einfl. auf Kallusbild. u. Bewurzel. bei Rebveredel. 07-0674; Einwirk. v. Licht verschied. Intensität auf d. Metabolismus in d. Blättern v. Pelargonium 11-0064.

F l a v o n o i d e : Flavonoidmuster d. Polycarpicae als system. Merkmal (Übersicht über d. Fam.) 09-0018; chemotaxonom. Untersuch. über Gefäßpflanzen (Verteil. d. Flavonoide in d. Gatt. Saxifraga) 10-0014; chromatograph. u. spektrophotometr. Charakteristik d. Flavonoide v. Buchweizenkeimpflanzen 11-0115.

F l a v o n o l e : Einfl. d. Pflanzenknollenalters u. d. Kulturbeding. auf phenol. Bestandteile bei Kartoffeln 12-0114.

H ä m o g l o b i n : Wirk. v. Cu u. Co auf Hämoglobingeh. d. Knöllchen v. Lupinen u. Futterpflanzen 12-0233.

I s o f l a v o n e : Physiol. u. ökol. Untersuch. über östrogene Isoflavone in Bodenfrüchtigem Klee (Einfl. v. Licht) 09-0059.

K a r o t i n : Plastidenstruktur carotinoid-defizienter Mutanten d. Sonnenblume (gelbe Mutante) 08-0773; chromatograph. Abtrennung in Tomaten 12-0123.

K a r o t i n o i d e : Wirk. d. Düng. u. Hybridform auf d. Dynamik d. Ansamml. v. Karotinoiden im gelben Maiskorn 12-0423; Einfl. einer langjähr. unterschiedl. Düng. auf Qualität d. Ernteprodukte 07-0351; Bestimm. einiger Karotinoide mit Hilfe d. Dünnschichtchromatographie 11-0129.

L e u k o z y a n i d i n : Faktoren, d. d. Verfärb. v. konservierten 'Bon Chrétien'-Birnen beeinflussen 10-0625.

L y k o p i n : Untersuch. v. mit Äthylen nachgereiften u. unbehandelten Tomaten 12-0783.

Farne, Geschichte unserer Gartenfarne 10-0652.

Faserlein s. Linum usitatissimum.

Faserpflanzen, Produktionsverfahren 07-0478.

Federähre s. Pennisetum.

Federspargel s. Asparagus plumosus.

Feldbohne s. Vicia faba.

Felderbse s. Pisum arvense.

Feldmaikäfer s. Melolontha melolontha.

S o r t e n : 12-0905; hat 'Glasa' noch Zukunft? 11-0697.

U n k r a u t b e k ä m p f u n g : Stand d. chem. Unkrautbek. 12-1346; Herbizide in Erdbeerplantagen 11-1081.

P h y t o p a t h o l o g i e : Erkrank. d. Früchte, hervorgerufen durch d. Pilz Ramularia tulasnei 09-0947; Bek. d. Graufäulepilzes an Erdbeeren 12-1283; Fauna u. Populationsdynamik d. Nematoden, d. in Plantagen auftreten 11-0867; Nematodenprobleme in d. Anbaugebieten Hessen-Nassaus 12-1107.

Z ü c h t u n g : Forschungen (Vererb. von Eigensch.) 12-1080; Fruchtbark. 11-0845; Erbwert 11-0839.

moschata, Fruchtbark. 11-0845.

spec., Veränder. d. Unkrautflora durch den Einsatz v. W 6658 in Beständen 07-1074; Stoffwechsel v. ^{14}C-markiertem Diphenamid 07-1035; Pasteurisier. z. Bek. v. Verlusten an frisch geernteten Erdbeeren 10-0928; O_2-arme Atmosphäre z. Bek. v. Verlusten an frischgeernteten Erdbeeren 10-0927; Einfl. v. Fungiziden z. Bek. v. Grauschimmel auf d. Geschmack bei Konservier. 10-0929; Erdbeerwelke, verursacht durch neue Form v. Fusarium oxysporum 08-0955; Kräuselkrankh. in Jugoslawien 07-0927; Pflanzengenetik (Potential genet. Variabilität d. Arten) 09-0845; Leistungssteiger. im Anbau durch zielstrebige Klonselektion 08-0822.

viridis, Anbau in d. Kasach. SSR 12-0835.

Frankliniella occidentalis, Bezieh. zw. Blasenfüßen u. d. Entfärb. d. Fruchtschale bei Äpfeln 08-0865.

Fraxinus (Esche)

excelsior, Dynamik d. gibberellinähnl. Subst. u. Wachstumsinhibitoren im Entwicklungsprozeß d. Samen 09-0095; Ausgleich d. Wurzelsaugkräfte innerhalb eines Wurzelsystems 11-0327.

Freesia (Freesie)

hybrida, M.C. van Staaveren, Aalsmeer, weltbekannt durch Freesienzücht. 09-0684; Züchtungsergebn. in d. DDR 09-0678.

spec., Knollenfreesien (Sortenvergl.) 12-0955; Sortenversuch bei Saatfreesien 07-0692.

Freesie s. Freesia.

Fritfliege s. Oscinella frit.

Frosteinwirkung s. auch Bodenphysik - Wärmehaushalt, Kälteeinwirkung; Konservierung - Gefrieren; Resistenz (Resistenzzüchtung); Temperatur.

Frostböden 11-0225; Beweg. d. Bodenwassers in Unterdrucklysimetern unter Einfl. v. Frostwirk. bei verschied. Bodenzustand 12-0217; Wirk. d. Gefrierens auf d. freien Zucker im Boden 12-0264; Veränder. d. Aktivität einiger oxydierender Fermente in Weizenkeiml. bei ihrer Abhärt. gegen niedr. Temp. 12-0035; Einfl. auf Rüben - ihre Lager. u. ihren Verarbeitungswert 09-0484; Faktoren, d. Überleben v. Rot- u. Weißkleepflanzen im Gefrierraum bei niedr-Temp. beeinfl. 07-0011; Pflanztermine u. d. Wahrscheinlichk. v. Frühjahrs- u. Herbstfrösten in Bezieh. z. Tabakanbau im Westen v. North Carolina 12-0669;

gasstoffwechselphysiol. u. biochem. Verhalten v. Prunus laurocerasus, Ledum palustre u. Ilex aquifolium bei Frostbelast. unter Freilandbeding. 09-0036; Frosttrocknis bei Nadelgehölzen 10-0031; Tomaten vertragen Spätfröste 09-0605; Anwendbark. d. Rebenhochkultur unter günst. Umweltbeding. 11-0702; Temp.-Verhältnis für d. 2. Schnittphase d. Weinrebe u. d. Veränder. d. Kohlenhydratgeh. bei negativ. Temp. 08-0034.

F r o s t s c h ä d e n : Erkältungsschäden bei Weizenpflanzen (Frostschäd. im Stad. d. Ährenschiebens) 09-0022; Frostschädig. v. Weizenpflanzen. Meth. z. zeit. Auffind. v. Sterilität durch Frostschäden u. Maßnahmen z. Verhüt. v. Frostschäden 09-0749; frostempfindl. Stadien bei Luzerne 08-0028.

F r o s t s c h u t z m a ß n a h m e n : Verwend. v. Proteinschaum z. Schutze v. Pflanzen gegen Frost 10-0532; Schutz v. Kulturen gegen Frost durch Hubschrauber 07-0543.

<u>Frostspanner</u>, Kleiner s. Cheimatobia brumata.

<u>Frucht</u> s. auch Qualität (und Qualitätsbeurteilung); Samen.

M o r p h o l o g i e : Änder. d. Schalenanteils in Bezieh. zu Sorte u. Umwelt 07-0069; gerichtete Kornvergrößer. beim Weizen 08-0065; Vererb. d. Form d. Stecklings u. d. Frucht bei monokarpen di- u. tetraploiden Rüben 12-1056; Variabilität v. Fruchtgröße u. -farbe an einzelnen Bäumen 12-0844; Transplantation eines Teils d. Frucht d. Aubergine 11-0041; wie soll d. ideale Apfel aussehen? 10-0611; Apfel hat 5 Fruchtkammern 08-0672; Ablager. d. Oberflächenwachses d. Äpfel 08-0101; Fruchtgröße bei zeitl. Bestimm. d. chem. Ausdünn. v. Apfelbäumen 12-0849; Bezieh. zw. Kelchberost. bei 'Golden Delicious', Fruchtgröße u. Lage am Baum 12-0846; Einfl. mineral. Ernähr. auf Größe d. Weinbeeren bei Kultivier. in Nährlös. 07-0669; Formstabilität v. Kirschsteinen 09-0654.

P h y s i o l o g i e : Physiol. d. Früchte nach d. Ernte 07-0018; Transport v. Photosyntheseprodukten bei d. Tomate während d. Fruktifikation 08-0041; Fruchtqualitätseigensch. v. 250 fremden u. eigenen Tomatenneuerwerb. 09-0825; diurnale Variation d. Blatt- u. Samenkapseltemp. bewässerter Baumwolle, d. unter 2 verschied. Bodenfeuchtebeding. in einem semiariden Klima aufwuchs 07-0103; Ruheperiode d. Samen v. Obstgehölzen 12-0828; Morphogenese d. Apfelknospen (Wirk. d. Frucht) 10-0058; N-Stoffwechsel während d. Lager. in Bezieh. z. Verfall v. Äpfeln (Veränder. im Protein-N-Geh. in Bezieh. z. Befall) 12-0856; Bezieh. zw. physiol. Verfall u. Masseverlusten während d. Kühllager. v. 'Jonathan' u. 'Delicious' 12-0857.

P a r t h e n o k a r p i e : Eigensch. v. Apfelsorten u. Gibberellinen bei d. Induktion parthenokarper Früchte 09-0633; Resistenz gegen Spätfrost u. Ansatz parthenokarper Früchte in einem Birnensortiment 09-0650; Parthenokarpie bei Heidelbeeren durch Gibberellsäure 10-0633.

F r u c h t b i l d u n g : Probleme d. Samenansatzes 09-0705; Strahlenempfindlichk. v. Pollen im Hinblick auf d. Frucht- u. Samenbild. 08-0738; Abhängigk. d. Höhe d. Kornertrages v. d. Größe d. Blattoberfläche u. d. Akkumulation d. Trockenmasse während Ontogenese v. So-Saatweizen 09-0032;

Veränder. d. Kohlenhydrate in Luzernewurzeln zw. Blütenanlage u. Samenbild. 09-0092; Verbesser. d. Blüte u. d. Fruchtbild. v. Luzerne durch Laubdüng. u. Bespritz. mit kombinierten Lös. 07-0497; Blüte u. Fruchtbild. bei Futterbohnen u. ihre Anwend. in d. Zücht. 07-0790; Variationen im Geh. an freien Aminosäuren, bes. im Geh. an Homoserin während Blüten- u. Fruchtbild. bei d. Erbse 07-0079; Einfl. v. Fruchtmasse u. Fruchtanzahl auf d. Ertrag bei Stabtomate 10-0579; Einfl. verschied. Böden auf vegetative Entwickl., Blüte u. Fruchtbild. v. Tomaten 12-0787; Fruchtbild. bei Aubergine 08-0818; Einfl. d. Auslichtens u. frühen Erntens auf Blüte u. Fruchtansatz bei 'Flat White Boer' Kürbis 10-0777; Einfl. d. Bienen auf Ansatz d. Früchte bei Steinobstarten 12-0886; Einfl. v. Apfelunterlagen auf Blütenprod. u. Fruchtansatz 11-0673; Eigensch. v. Apfelsorten u. Gibberellinen bei d. Induktion parthenokarper Früchte 09-0633; Wirk. chem. Ausdünnungsmittel bei 'Golden Delicious' auf Berost., Fruchtansatz u. Qualität 12-0851; Fruchtansatz v. 'Cox Orange Pippin' in Abhängigk. v. Abstand d. Befruchtersorte 12-0855; Anwend. v. Alar B-9 bei jungen Apfel- u. Birnbäumen 12-0843; Wirk. v. 2.4.5-TP auf Fruchtansatz bei 'Packhams Triumph'-Birnen 12-0879; durch Infloreszenztyp u. Düngerzustand beeinflußte Fruchtentwickl. bei Organen d. Sorte 'Valencia Late' 08-0588; Einfl. verschied. Faktoren auf d. Fruchtansatz bei Reben 12-0914; Faktoren, d. d. Fruchtbark. d. Rebenknospen beeinflussen 11-0700; Traubenverkümmer. u. Wege zur Verhinder. 11-0644.

Entwicklung und Wachstum: Bedeut. d. Grannen für d. Kornentwickl. (Photosyntheseintensität d. Ähren verschied. Gersten- u. Weizensorten) 09-0048; Eintritt "plastischer" Stoffe in sich entwickelnden Weizensamen 09-0044; Einfl. d. Entlaub. auf vegetative u. Blüten- u. Fruchtentwickl. bei d. Tomate 11-0641; Fruchtknospenbild. u. Triebwachstum beim Apfel in Bezieh. z. Schwerkraft 12-0066; Auftreten v. Lipiden im Verlauf d. Entwickl. d. reproduktiven Organe beim Apfel 12-0096; Wirk. v. Alar (B 995) z. Reduzier. d. Fruchtfalles, Verbesser. d. Fruchtfarbe u. d. Festigk. v. Äpfeln 12-0853; wachstumsfördernde Stoffe in d. sich entwickelnden Pfirsichfrucht 07-0043; Wachstum d. Aprikosenfrucht (Wirk. v. Temp. u. Gibberellsäure) 09-0078; Ca-Na-Interaktion bei d. Hülsenentwickl. d. Erdnuß 11-0346; Biol. d. Fruchtentwickl. bei Rhododendron luteum 11-0735.

Inhaltsstoffe: Veränderlichk. v. chem. Subst. in Gersten- u. Haferkörnern 08-0091; chem. Zusammensetz. in Abhängigk. v. Reifegrad d. Früchte bei einigen Paprikasorten ausländ. Herkunft 09-0592; gaschromatograph. Untersuch. an feld-, gewächshaus- u. künstl. gereiften Tomaten 09-0105; Zusammensetz. d. Tomatenschale (Extrahierbare Anteile) 12-0085; Qualität d. Früchte v. Tomaten in Abhängigk. v. d. Ernähr. mit P in verschied. Entwicklungsphasen 07-0315; Wirk. v. Superphosphat u. Ammonsalpeter auf Ertrag u. Ölgeh. d. Sonnenblumensamen auf versalzten Böden 07-0361; physiol. Besonderh. unterschiedl. ölhalt. Sonnenblumen-Sorten 07-0019; Wirk. d. Komposition auf Ölgeh. bei Mais 12-0095; sek. gibberellinart.

Subst. in unreifen Gerstenkörnern 07-0082; Geh. an Aminosäuren u. biol. Wertigk. 10-0085; Gesetzmäßigk. d. Variabilität d. Aminosäuregeh. im Weizenkorn 08-0104; Einfl. verschied. Düng. auf Aminosäuren v. Weizenkorn u. Mohrrübe 08-0370; Variationen im Geh. an freien Aminosäuren, bes. im Geh. an Homoserin während Blüten- u. Fruchtbild. bei d. Erbse 07-0079; Veränder. im Säuregeh. v. Tomatenfrüchten während d. Wachstums 07-0591; Einfl. v. Pb-Arsenatspritz. auf Wachstum sowie Zucker- u. Säuregeh. d. Früchte v. Citrus natsudaidai 12-0113; Akkumulation v. Tr.Subst., N, P, K u. Ca in Blütenknospen, Blüten u. Früchten verschied. Alters, verschied. Lage u. verschied. Fruchtzweige v. Baumwolle 08-0368; Tr.-Subst., Säure- u. Vit.-C-Geh. in Früchten d. Sorten 'Freiherr v. Berlepsch' u. 'Roter Berlepsch' 07-0627; Verteil. v. Ca, Fe, Mn u. B in unreifen Tomaten 08-0638; Vorhersage d. Zuckergeh. v. Weintrauben 12-0912; Größenzunahme u. Zuckeranreicher. v. Weinbeeren in Abhängigk. v. d. Photosyntheseleist. u. d. sie beeinfluss. Faktoren 08-0691.

F r u c h t f a r b e : Variabilität v. Fruchtgröße u. -farbe an einzelnen Bäumen 12-0844; wie soll d. ideale Apfel aussehen? 10-0611; Färb. bei Äpfeln 11-0843; Fakt., d. d. Fruchtfarbe d. Äpfel beeinflussen 11-0681; Veränder. in d. Schalenfärb. während d. Reifens v. 'Golden-Delicious'-Äpfeln in bezug auf d. Ernte zu verschied. Reifestadien 08-0666; Wirk. v. Alar (B995) z. Reduzier. d. Fruchtfalles, Verbesser. d. Fruchtfarbe u. d. Festigk. v. Äpfeln 12-0853; Bezieh. zw. Blasenfüßen u. d. Entfärb. d. Fruchtschale bei Äpfeln 08-0865.

F r u c h t a u s d ü n n u n g : Ergebnisse eines Ausdünnungsversuches 08-0667; 2-jährl. Fruchtbark. bei Obstbäumen 12-0847; Phytohormone u. Hormonpräparate z. Steuer. d. Wachstums u. d. Blütenbild. bei Obstbäumen 12-0827; Ausdünn. beim Apfel 11-0670; Fruchtausdünn. beim Apfel mit Sevin 12-0854; Fruchtgröße bei zeitl. Bestimm. d. chem. Ausdünn. v. Apfelbäumen 12-0849; Carbaryl z. Ausdünn. d. Fruchtbehanges (Ergebnisse mit 'Bramley Seedling', 'Cox Orange Pippin' u. 'Laxton Superb' 1962-64) 12-0852; Handausdünn. bei 'Cox-Orangen-Renette' 12-0850; optimales Verhältnis zw. Laub u. Früchten beim Ausdünnen v. Pfirsichbäumen d. Sorten 'Redhaven' und 'Dixired' 11-0690.

F r u c h t s c h ä d e n : Reduzier. d. Fruchtfalls in Westbengalen 07-0622; Wechselbezieh. v. Temp. u. CO_2-Begas. auf verschied. Qualitätsmerkmale v. Gewächshaustomaten 10-0574; Einfl. verschied. Nährstoffgaben auf d. Vorkommen v. "fleckiger Reife" bei Tomaten 10-0582; Ursachen v. Fruchtbeschäd. an einer Apfelsortiermaschine 08-0671; Bezieh. zw. physiol. Verfall u. Masseverlusten während d. Kühllager. v. 'Jonathan' u. 'Delicious' 12-0857; Berostungen bei 'Golden Delicious' 10-0622; weniger Fruchtberost. bei 'Golden Delicious' 08-0674; Bezieh. zw. Kelchberost. bei 'Golden Delicious', Fruchtgröße u. Lage am Baum 12-0846; Wirk. chem. Ausdünnungsmittel bei 'Golden Delicious' auf Berost., Fruchtansatz u. Qualität 12-0851; Fruchtsterben an Birnbäumen durch Pseudomonas mors-prunorum 07-0963.

R e i f e v o r g ä n g e : Einfl. d. Reifestadiums auf d. äußeren wertbestimm. Merkmale d. Saatgutes v. Getreide 12-0545; ungleichmäß. Reifen d. Getreides an Hängen 07-0435; Nachreifen neuer Sorten v. Hartweizen u. gewöhnl. Weizen nach d. Ernte 10-0396; Kornreife bei Wi-Weizen 12-0588; Saatgutwert von Mais in verschied. Reifestadien 12-0605; Wirk. v. Reifegrad, Lagerungstemp. und Lagerzeit auf d. Ergrünen d. Kartoffeln 12-0552; Wirk. d. Reifestadiums u. d. Lager. auf d. Samenqualität v. Hornklee 08-0446; Einfl. d. Reifegrades z. Zeitpunkt d. Ernte auf Ertrag u. Qualität v. Erbsensamen 11-0487; Wirk. d. Blütenstaubes auf Frühreife u. Ertrag v. Freilandtomaten 12-0786; Einfl. v. Fruchtmasse u. Fruchtanzahl auf d. Ertrag bei Stabtomate 10-0579; Verlauf d. Blüte u. Reife bei Weintrauben 07-0666.

R e i f e u n d S t o f f w e c h s e l : Physiol. d. Früchte nach d. Ernte 07-0018; kombinierte Wirk. v. Gammastrahl., Kälteschaden u./od. Wachstumsregulatoren auf d. Nacherntereakt. v. Tomatenfrüchten 10-0572; physiol. Untersuch. gammabestrahlter Tomatenfrüchte 10-0571; Kohlenhydratstoffwechsel in Apfelsamen während d. Ausreifens nach d. Ernte 09-0050; Respirationsklimakterium in Apfelfrüchten - Wirk. hydrolyt. Enzyme im Schalengewebe während d. Klimakteriums in d. geernteten Frucht 10-0044; was beeinflußt d. Reifeprozeß bei Williams Christ' 12-0882.

R e i f e b e s t i m m u n g : Kornschnitt z. Bestimm. d. Glasigk. d. Weizenkorns 11-0770; Reifegradmess. bei Erbsen 12-0770; Veränder. in d. Schalenfärb. während d. Reifens v. 'Golden-Delicious'- Äpfeln in bezug auf d. Ernte zu verschied. Reifestadien 08-0666; was beeinflußt d. Reifeprozeß bei 'Williams Christ' 12-0882; Beteiligung d. Rebblätter an d. Versorg. d. Trauben mit Assimilaten 10-0637.

R e i f e u n d W a c h s t u m : Wirk. d. Alters auf Keim. u. Triebkraft v. 'Russian Wild Ryegrass'- Samen, geerntet in verschied. Reifestadien 12-0688; jahreszeitl. Rhythmus v. Fruchtentwickl. beim Apfel 12-0848; Samenausbildung v. Sauerkirschsorten 11-0687; Einfl. d. Blätter auf d. Wachstum d. Früchte bei 'Passa Crassana' 11-0683.

R e i f e u n d I n h a l t s s t o f f e : Zusammensetz. freier Aminosäuren v. Mehl aus Weizen verschied. Reifegrades 11-0102; Aminosäurezusammensetz. v. reifendem Weizen 07-0078; Einfl. v. Reifegrad u. N-Düng. auf Fettbild. u. Fettsäurezusammensetz. in Haferkörnern 07-0075; Wirk. v. exogenen Faktoren auf d. Fettsäurebild. in reifenden Leinsamen 11-0100; Veränder. d. Zusammensetz. d. Wi-Rapsöls beim Reifen d. Samen 11-0099; Einfl. d. Reife auf Amylosegeh. d. Endosperms v. Zuckermais 09-0091; Auftreten v. Lipiden im Verlauf d. Entwickl. d. reproduktiven Organe beim Apfel 12-0096; Reifen d. Hopfens v. Gesichtspunkt d. Brauwertes 08-0111; chem. Zusammensetz. in Abhängigk. v. Reifegrad d. Früchte bei einigen Paprikasorten ausländ. Herkunft 09-0592; IES-Bestimm. in Maiskörnern v. 4 Maislinien u. ihren Hybriden 07-0080; Veränder. d. endogenen Gibberellins während d. Entwickl. v. Bohnensamen (Vorhandensein neutraler u. saurer

Subst.) 07-0081; (durch GS_1 hervorgerufene Änder. in sauren u. neutralen Fraktionen) 08-0107; Dynamik d. gibberellinähnl. Subst. u. Wachstumsinhibitoren im Entwicklungsprozeß d. Samen d. Esche 09-0095; wachstumsfördernde Stoffe in d. sich entwickelnden Pfirsichfrucht 07-0043; Faktoren, d. d. Verfärb. v. konservierten 'Bon Chrétien'-Birnen beeinflussen 10-0625.

R e i f e u n d c h e m . S u b s t a n z b z w . B e s t r a h l u n g : Chem. Kontrolle v. vegetativem Wachstum u. Fruchtbark. d. Tomate 08-0073; Wirk. v. N-Dimethylamino-bernsteinamidsäure auf Reife u. Lagerqualität v. Äpfeln 12-0845; Bild. d. Amygdalins während d. Reife d. Früchte v. Mandelbaum 11-0118; kombinierte Wirk. v. Gammastrahl., Kälteschaden u./od. Wachstumsregulatoren auf d. Nacherntereakt. v. Tomatenfrüchten 10-0572; Wirk. ionisierender Strahlen auf Widerstandsfähigk. gegenüber Mikroorganismen u. Veränder. d. Charakters d. Verderbs v. Früchten 08-0656.

R e i f e u n d T e m p e r a t u r : Kombinierte Wirk. v. Gammastrahl., Kälteschaden u./od. Wachstumsregulatoren auf d. Nacherntereakt. v. Tomatenfrüchten 10-0572.

R e i f e u n d a g r o t e c h n . M a ß n a h m e n : Früchtelager. bei subatmosphär. Drücken 09-0625; künstl. Nachreifen v. Tomaten 12-0782; Untersuch. v. mit Äthylen nachgereiften u. unbehandelten Tomaten 12-0783; Einfl. v. Menge u. Verhältnis v. N, P u. K auf Reife u. Ertrag v. Frühtomaten 11-0650; N u. Abstand v. Tomaten in Bezieh. z. Frühzeitigk., Ertrag, Marktqualität u. Konz. v. N, P u. K im Stengel 12-0776.

Fruchtfolgen, Betriebsvereinfach. u. Fruchtfolge 09-0408; standortgerechte Organisation d. Fruchtfolge u. d. Zwischenfruchtanbaues 09-0412, 11-0408; autopath. u. allelopath. Eigensch. v. Kulturpflanzen durch Folgekulturen-Meth. 10-0354; Bodenbearbeit.- u. Fruchtfolgeprobleme beim Einsatz schwerer Schlepper 11-0264; tiefes u. flaches Pflügen in d. Fruchtfolge 07-0251.

V o r f r u c h t w e r t d e r K u l t u r p f l a n z e n : Verträglichk. d. Leguminosen 09-0409; Einfl. mehrjähr. Pflanzen auf Bodenfruchtbark. sowie auf Erträge d. Folgepflanzen (Wert d. Erntereste u. Ertragsleist. d. Folgepflanzenarten) 10-0355, 10-0356; Anbau v. Getreide nach Rüben 09-0411; Wi-Weizenertrag in Abhängigk. v. d. Vorfrüchten 10-0399; geeignete Vorfrüchte für d. Wi-Raps in d. Nordbez. d. DDR 12-0542; Effek d. Tiefe d. Bodenbearbeit. zu Wi-Weizen in Abhängigk. v. d. Vorfrucht 08-0485; N als Ursache v. Vorfruchtwirk. außerhalb d. phytophatolog. Genese 08-0445; Verbesser. d. Vorfruchtwirk. v. Sudangras durch verschied. N-Gaben 11-0405; Einfl. d. Vorfrucht auf d. Wasser- u. Nährstoffhaush. d. Bodens für d. Sonnenblume 07-0390; Einfl. d. Vorfrucht auf d. Wirk. v. Herbiziden in Ölleinkulturen 11-1066.

D ü n g u n g i n d e r F r u c h t f o l g e : Einfl. d. Fruchtwechsels auf Erträge in Abhängigk. v. gesteigerter Mineraldüng. 11-0407; System d. Düng. 12-0478; Nährstoffbilanz in d. Fruchtfolge bei verschied. Düngemittelgaben auf mächtigem Tschernosem mit mittlerem Auswaschungsgrad

10-0321; Einfl. auf Mg-Geh. im Boden 08-0416; Wirk. einer Düng. mit Stroh bzw. Stalldung auf Ertrag u. Humusgeh. d. Bodens im Fruchtfolgedüngungsversuch Seehausen 09-0358; Humusversorgung im viehlosen Betrieb 12-0328; Vgl. v. Stalldung, Klärschlamm u.a. zu Kartoffeln u. einer nachfolgenden Getreidefrucht geprüften org. Düngemitteln 09-0377; futterbaul. Ergebnisse in einem 24jähr. Fruchtfolgedüngungsversuch 08-0554; Einfl. v. Dünger auf Ertrag u. Fruchtbark. v. Saatfolgereihen bei ein- und mehrjähr. Leguminosenkulturen 12-0543; org. u. mineral. Düng. in Gemüsefruchtfolgen (Düngewert d. Sommernachfrüchte u. Winterzwischenfrüchte) 07-0549, 07-0550.

F r u c h t f o l g e u n d B o d e n e i g e n s c h a f t e n : Beseit. v. Bodenschäden durch Fruchtfolge 08-0291; Fruchtbark. eines Steppenschwarzerde-Tonbodens nach 50jähr. Kultur mit u. ohne Futterpflanzen in d. Rotation 08-0288; Auswirk. landwirtsch. Fruchtfolgesysteme auf Wasserdurchlässigk. v. Säulen dunklen Houston-Tons 08-0190; Einfl. v. Düngemittel- u. Stalldunggaben sowie Fruchtfolgen auf d. Geh. v. nicht austauschbarem Ammonium zweier Böden 11-0158.

F r u c h t f o l g e u n d P h y t o p a t h o l o g i e : Einfl. verschied. Fruchtfolgen mit mehrjähr. Futterbau u. einjähr. Kulturpflanzen auf d. Sanierungsprozeß in fußkrankheitsverseuchten Getreideböden mit mehrjähr. Getreidepause 10-0913; Bek. d. Braunstengelfäule d. Sojabohnen durch Mais-Sojabohnen-Rotationen 12-1244.

F r u c h t f o l g e n s p e z i e l l e r P f l a n z e n : Agrotechn. d. Anbaus v. Weizen nach Weizen 12-0582; Möglichk. d. Getreidestoppelumbruchs für nachfolg. So-Getreide 11-0263; Wirk. v. Luzerne-Weizen-Fruchtfolgen auf Ertrag u. Qualität nachfolgender Weizenernten in Queensland 10-0357; Pflügen u Behandl. d. Ernterückstände bei d. Sojaproduktion in einer Soja-Getreide-Fruchtfolge 11-0490; Kartoffel in d. Fruchtfolge 07-0460; Pflügen u. Behandl. d. Ernterückstände bei d. Sojaproduktion in einer Soja-Getreide-Fruchtfolge 11-0490; Knöllchenbild. bei Sojabohnen bei Anbau nach Reis 10-0358; org. u. mineral. Düng. in Gemüsefruchtfolgen (Düngewert d. Sommernachfrüchte u. d. Winterzwischenfrüchte 07-0549, 07-0550.

F r u c h t f o l g e u n t e r G l a s : Rationelle Erdnutz. u. Düng. bei verschied. Kulturfolgen im Gewächshaus 07-0536; rationelle Erdnutz. u. Düng. bei verschied. Kulturfolge in Frühbeeten 07-0540.

Fruchtsäfte, Stand d. Mostobstanbaues in d. Schweiz 07-0625; Einfl. v. Pb-Arsenatspritz. auf Zucker- u. Säuregeh. d. Früchte v. Citrus natsudaidai 12-0113.

Frühbeete, rationelle Erdnutz. u. Düng. bei verschied. Kulturfolge in Frühbeeten 07-0540.

Frühkohl s. Brassica oleracea.

Fruktosane s. unter Kohlenhydrate - Spezielle Zucker.

Fruktose s. unter Kohlenhydrate.

FSP-3,45 s. unter Fungizide.

Fuchsschwanzgras s. Alopecurus.

Fulvosäuren s. auch Humus.
Gruppenzusammensetz. d. Humus u. d. Verhältn. d. C zum Gesamt-N in dunklen Kastanienböden in verschied. Geb. 07-0137; Vorkommen v. Aminosäuren u. reduzierenden Zuckern in d. Säurehydrolysaten aus Rajesthan-Böden isoliert Fulvosäuren 07-0139; Montmorillonit: Wirk. d. pH auf dessen Adsorption einer Bodenhuminverbind. 10-0125.

Fungi imperfecti s. unter Bodenbiologie - Pilze.

Fungizide s. unter Bodendesinfektion; unter Samen - Saatgutbeizung.
Systemische Fungizide 08-1011; z. Bek. v. Pflanzenkrankh. 09-1013; Entwickl. 10-0953; Aufnahme u. Transport system. Fungizide u. Bakterizide 12-1287; Fungizide Wirk. d. Rinde einiger Bäume u. Sträucher 11-1015; Fungizide auf d. Basis v. P-Derivaten u.a. organ. Verbind. 10-0955; Fungizide verringern Arsenschäden 07-1018; Faktoren, welche d. Wirksamk. v. Bodenfungiziden beeinflussen 07-1015; Nebenwirk. verschied. Fungizide in einem Dauerversuch 12-1289; Prüf. v. Systemfungiziden (Sandröhrchenmeth.) 07-0979; Schäden an Wurzeln d. Zuckerrübe, insbes. durch Aphanomyces, u. ihre Verhüt. (Hemm. eines Aphanomyces-Befalls durch spezif. wirkende Chemotherapeutika) 09-0976; Einfl. v. Polieren u. Fungizidanwend. auf d. Leistungsfähigk. d. Saatguts v. Roten Rüben 10-0550; Einfl. d. Behandl. auf physiol. Prozesse in Apfel- u. Pfirsichbäumen 12-1282; Ortsveränder. 12 fungizider Verbind. nach Injektion in Bäume v. Prunus domestica 07-1019; Bek. v. Mn-Mangel bei Apfel u. Birne 10-0926; Wirk. v. Spritz. auf Krankheitsbek. u. Ertrag bei Melonen u. Gurken in Maryland 10-0931; nachteil. Einfl. auf Wachstum u. Ertrag v. Zwiebeln z. Saatgutgewinn. 07-0607; Fungizide z. Bek. d. Curvularia-Blattfleckenkrankh. d. Maises 12-1281; Präp. z. Bek. d. Haferflugbrandes 07-0997; chem. Mittel z. Bek. d. Kohlhernie in d. Anzuchtbeeten 09-1012; Wirk. d. Fungizidbehandl. auf d. Sporenausbreit. v. Peronospora tabacina 11-0989.

Spezielle Fungizide

A a r d i s o n : Chem. Bekämpf. d. Wurzeltöters oder d. Rhizoktoniose u. d. gewöhnl. Kartoffelschorfs an Kartoffelknollen 11-0984.

A r e t a n o l : Chem. Bek. d. Wurzeltöters od. d. Rhizoktoniose und d. gewöhnl. Kartoffelschorfs an Kartoffelknollen 11-0984.

B a s f u n g i n : Organ. Spritzfolge Polyram-Combi-Basfungin 11-1026.

B e i z m i t t e l : Einfl. v. Beizmitteln auf d. Knöllchenbakterien der Leguminosen 11-0208.

B i 5 8 : Spinnmilbenbek. bei Gewächshausgurken 07-1001.

B i p h e n y l : Z. Bek. d. Citrus-Fruchtfäulen 09-0982.

B l a s t i c i d i n : Prim. Bewert. d. fungiziden Wirk. v. Verbind. 07-1017.

C a l o - C h l o r : Anfälligk. d. Straußgräser gegenüber Sclerotinia homoeocarpa u. Wirk. d. Fungizide in Abhängigk. v. d. Art 09-0937; Ausbring. z. Bek. d. durch Typhula hervorgerufenen Schneeschimmels auf Rasen 09-0973.

C a l o - G r a n : Ausbring. z. Bek. d. durch Typhula hervorgerufenen

Schneeschimmels auf Rasen 09-0973.

C a p t a n [Trichlormethylthiotetrahydrophthalimid]: Wirk. v. Bodenbehandl. auf Infektionspotentiale samennaher Pilze u. Nachauflauf-Umfallkrankh. 10-0924; Spritzversuche gegen Apfelschorf u. Apfelmehltau in Long Ashton 07-0998; z. Bek. d. Apfelschorfes 10-0946; Spritzversuche geg. Gloeosporium an Äpfeln 12-1260; Einfl. z. Bek. v. Grauschimmel auf d. Geschmack v. konservierten Erdbeeren 10-0929.

C e r e s a n : Chem. Bek. d. Wurzeltöters oder d. Rhizoktoniose u. d. gewöhnl. Kartoffelschorfs an Kartoffelknollen 11-0984.

C h i n o s o l : Botrytis-Bek. in d. Rebenveredl. 08-0991.

C u O C l : Weiterverteil. auf Pflanzen (Weiterverteil. im Freiland) 09-1009.

C y p r e x A : Bek. v. Krankh. u. Insekten an Äpfeln u. Kirschen mit Bodenfeinsprühgeräten 09-0994.

D a c o n i l : Bewert. v. Tetrachlorisophthalonitril z. Bek. d. Dürrfleckenkrankh. d. Kartoffel 09-0974.

D D C B [Dimethyl-dithiokarbamylkarbinyl-benzoat]: Einfl. z. Bek. v. Grauschimmel auf d. Geschmack v. konservierten Erdbeeren 10-0929.

D i c h l o f l u a n i d : Einfl. z. Bek. v. Grauschimmel auf d. Geschmacl v. konservierten Erdbeeren 10-0929; Spritzversuche gegen Apfelschorf u. Apfelmehltau in Long Ashton 07-0998.

D i c h l o n e : Primäre Bewert. d. fungiziden Wirk. v. Verbind. 07-1017.

D i c h l o r a n [2.6-Dichlor-4-nitro-anilin]: Bestimm. kleinster Mengen 08-0973.

D i c h l o r t e t r a f l u o r a z e t o n : Vgl. eines getrockneten Rohfiltrats d. d. Antibiotikum P-9 enthält, mit einer Nickel-Zineb-Misch. u. Dichlortetrafluorazeton z. Bek. d. Getreiderostes 07-0994.

D i f o l a t a n : Neues organisch-synthet. Fungizid 11-1027.

D i p h e n y l a m i n : Unterdrück. d. Bitterfäule d. Äpfel u. d. Wachstums v. Neofabraea perennans durch Diphenylamin 09-0979.

D i p t e r e x : Kolorimetr. Meth. z. Bestimm. geringer Dipterex-Konz. 07-0980.

D i t h a n e - u l t r a : Schädlingsbek. im Weinbau 10-0944.

D i t h i o k a r b a m a t e : Bek. v. Krankh. wachsender Pflanzen 08-1010.

D N O C : Bek. d. Luzerne-Mykosen 10-0925; Bek. v. Kräuselkrankh. u. Bleiglanz an Pfirsichen 12-1261; Amerikan. Stachelbeermehltau an Schwarzen Johannisbeeren (Bek. durch Spritz.) 08-0990.

D N O P C [Dinitrooktylphenylkrotonat]: Spritzversuche gegen Apfelschorf u. Apfelmehltau in Long Ashton 07-0998.

D o d i n e : Aufnahme u. Bind. v. Dodineazetat durch Pilzsporen 09-1011; z. Bek. d. Apfelschorfes 10-0946.

E t h o x y q u i n : Unterdrück. d. Bitterfäule d. Äpfel u. d. Wachstums v. Neofabraea perennans durch Ethoxyquin 09-0979; z. Bek. d. Schalenbräune bei d. Sorte 'Granny Smith' 10-0945.

F o l p e t : 3 Akarizide in Fungizid-Kombinat. z. Bekämpf. d. Obstbaumspinnmilbe 11-0997.

F S P - 3 , 4 5 : Sanier. d. Zuckerrüben v. Wurzelbrand 11-0987.

G l y o d i n - D o d i n e : Bek. v. Krankh. u. Insekten an Äpfeln u. Kirschen mit Boden-Feinsprühgeräten 09-0994.

G r a n o s a n [Äthylquecksilberchlorid, IUIF -2]: Bek. d. Weizensteinbrandes 10-0919; Sanier. d. Zuckerrüben v. Wurzelbrand 11-0987; Wirk. d. Saatgutbeiz. mit Granosan auf d. Vorherrschen d. Pilze in d. Wurzelzone v. Baumwollpflanzen 12-1263.

H e p t a c h l o r : Bek. d. Weizensteinbrandes 10-0919.

J o z i t e : Jozite, Zn enthaltende Misch. als Beigabe zu Kartoffelspritz. 12-1288.

K a r b a m a t : Wirk. auf Pfirsichschädlinge 08-1012.

K u p f e r (u n d K u p f e r m i t t e l : Wirksamkeit neuer Zn-halt. Fungizide bei Peronospora-Bek. bei Zuckerrüben 10-0922; Wirksamk. v. Kupferkalk geg. Cercospora beticola 12-1257; Wirksamk. v. Vitigran geg. Cercospora beticola 12-1257; Bek. d. Luzerne-Mykosen 10-0925; Wirk. auf Phytophthora infestans 10-0921; Einfl. v. Komplexverbind. v. Cu-Sulfat auf d. Früchte v. Apfelbäumen verschied. Sorten 10-0954; Änder. in d. Verbreitungsart d. Apfelkrebses u. d. hieran angepaßte Bek. 12-1216; Beeinfluss. v. Gesundheitszustand u. Ertrag bei Gemüsesämereien (Gurken u. Möhren) 10-0930.

K u p r o z i n : Wirksamk. neuer Zn-halt. Fungizide bei Peronospora-Bek. bei Zuckerrüben 10-0922.

L F 6 5 1 : Spritzversuche gegen Apfelschorf u. Apfelmehltau in Long Aston 07-0998.

M a l i p u r : Bek. d. Phytophthora-Welke bei Erica gracilis 07-1000.

M a n c o z e b : Chem. Bek. d. durch Itersonilia perplexans hervorgerufenen Blütenfäule d. Chrysantheme 09-0980.

M a n e b [Äthylen-bis-dithiokarbaminsäure-Mn-Salz]: Bek. d. Cercospora-Blattfleckenkrankh. durch Luft- u. Bodenausbring. d. Fungizids 11-0986; Blauschimmelkrankh. u. Bek. 09-0977; z. Bek. d. Apfelschorfes 10-0946; chem. Bek. d. durch Itersonilia perplexans hervorgerufenen Blütenfäule d. Chrysantheme 09-0980; Bek. d. Blattfleckenkrankh. an Pappelwindschutzstreifen 11-0992.

M i l o r g a n i t e : Ausbring. z. Bek. d. durch Typhula hervorgerufenen Schneeschimmels auf Rasen 09-0973.

Ö l e : Amerikan. Stachelbeermehltau an Schwarzen Johannisbeeren (Bek. durch Spritz.) 08-0990.

O x a t h i i n [2,3-Dihydro-5-karboxanilido-6-methyl-1,4-oxathiin]: für Basidiomyzeten selektives Fungizid 09-1008.

P a r a f f i n : Botrytis-Bek. in d. Rebenveredl. 08-0991.

P C N B : Zwiebelfäule d. Lilien, verursacht durch Sclerotium wakkeri 09-0950.

P h e n y l e n d i a m i n e : Aktivität gegen Rost u. Echtem Mehltau 07-1016.

P h e n y l q u e c k s i l b e r a z e t a t : prim. Bewert. d. fungiziden Wirk. v. Verbind. 07-1017.

P o l y k a r b a z i n : Wirksamk. neuer Zn-halt. Fungizide bei Perono-spora-Bek. bei Zuckerrüben 10-0922.

P o l y r a m : Organ. Spritzfolge Polyram-Combi-Basfungin 11-1026.

P o l y r a m - C o m b i : Bek. d. Schwarzfleckenkrankh. 10-0932.

Q u e c k s i l b e r (u n d Q u e c k s i l b e r m i t t e l) : Wirk. v. Bodenbehandl. auf Infektionspotentiale samennaher Pilze u. d. Nachauflauf-Umfallkrankh. 10-0924; Änder. in d. Verbreitungsart d. Apfelkrebses u. d. hieran angepaßte Bek. 12-1216; Fungizide für Apfelmehltau 07-0999.

S a d o p l o n : Einfl. auf Wirksamk. d. Akarizide bei Bek. v. Spinnmilben 10-0938.

S a n t a r M : Wundbehandlungs- u. Krebsbekämpfungsmittel im Obstbau 10-0948.

S c h w e f e l : Bek. d. Mehltaus (S-halt. oder mit S kombinierte Präp.) 09-1010; Phytotoxizität an Schwarzen Johannisbeeren bei Behandl. mit schwefelhalt. Mitteln 11-1024; Schädlingsbek. im Weinbau 10-0944.

T e n y s a n : Spinnmilbenbek. bei Gewächshausgurken 07-1001.

T e r s a n O M (2-Chlor-4[hydroxy-Hg]phenol): Anfälligk. d. Straußgräser gegenüber Sclerotinia homoeocarpa u. Wirk. d. Fungizide in Abhängigk. v. d. Art 09-0937.

T e t r a c h l o r i s o p h t h a l o n i t r i l : Ergebnisse aus Frankreich mit d. neuen Fungizid 11-1025; Bewert. z. Bek. d. Dürrfleckenkrankh. d. Kartoffel 09-0974.

T e t r a c h l o r n i t r o b e n z o l : Lager. v. Kartoffeln mit Befall durch Braunfäule bei Behandl. mit Tetrachlornitrobenzol 11-0985.

T h i a b e n d a z o l : Einfl. v. Thiabendazol auf Cercospora beticola 08-0987; Prüf. in Resin-lösl. u. Wachsemulsions-Belägen z. Bek. v. Penicillium digitatum in Nabelorangen 09-0981.

T h i o a z e t o - h y d r o x a m s ä u r e n : Fungizide Eigensch. 11-1028.

T i n o x : Spinnmilbenbek. bei Gewächshausgurken 07-1001.

T M T D [Tetramethylthiuramdisulfid; Thiram, Thiuram]: Einfl. z. Bek. v. Grauschimmel auf d. Geschmack v. konservierten Erdbeeren 10-0929; Einfl. v. TMTD auf d. Gurkenertrag 09-0582; Verfahren zur Gesund. v. Möhrensaatgut 12-1258; Spritzversuche geg. Gloeosporium an Äpfeln 12-1260.

T r a p e x : Zerstör. d. zytoplasmat. Membran v. Saccharomyces cerevisiae durch methylisothiozyanathalt. Bodenentseuchungsmittel 07-0165.

W e p s y n : Echter Mehltau d. Gerste nach Ausbring. d. system. Verbind. Wepsyn 07-0940.

W N 1 2 : Zerstör. d. zytoplasmat. Membran v. Saccharomyces cerevisiae durch methylisothiozyanathalt. Bodenentseuchungsmittel 07-0165.

Z i n e b (Äthylen-bis-dithiokarbaminsäure-Mn-Salz): Weiterverteil. auf

Pflanzen (Weiterverteil. im Freiland) 09-1009; Vgl. eines getrockneten Rohfiltrats d. d. Antibiotikum P-9 enthält, mit einer Nickel-Zineb-Misch. u. Dichlortetrafluorazeton z. Bek. d. Getreiderostes 07-0994; Sanier. d. Zuckerrüben v. Wurzelbrand 11-0987; Blauschimmelkrankh. u. Bek. 09-0977; nach Applikat. im Frühjahr u. Frühsommer auf Blättern v. Schwarzen Johannisbeeren vorhandene Ablager. 07-1020; chem. Bek. d. durch Itersonilia perplexans hervorgerufenen Blütenfäule d. Chrysantheme 09-0980.

Z i n n t r i p h e n y l a z e t a t : Bek. d. Cercospora bei Rübensamenträgern 11-1009.

Z i n n v e r b i n d u n g : Anwendungsmöglichk. als Pestizide mit breitem Wirkungs-Spektrum 10-0949.

4 - Z y k l o h e x y l - 2 , 6 - d i n i t r o p h e n o l : Fungizide für Apfelmehltau 07-0999.

<u>Funkie</u> s. Hosta.

<u>Furchenbewässerung</u> s. unter Bewässerung.

<u>Fusarium</u> s. auch Bodenbiologie - Pilze.

<u>culmorum</u>, Wi-Weizen-Fusariosen 08-0933; Wandstruktur u. Sporenkeim. 08-0854; Feinstruktur d.Konidie 08-0857; Erreger einer Stengelfäule an reifenden Maispflanzen 07-0947.

<u>martii</u>, Cu, Al u. Fe als krankheitshemmende Faktoren 10-0867.

<u>moniliforme</u>, Wirk. v. Wuchsstoffen auf Stämme 12-1103; wiederkehrende Selektion z. Schaff. synth. Maissorten, d. gegen Fusarium-Stengelfäule resistent sind 08-0765.

<u>nivale</u> (Schneeschimmel), Wi-Weizen-Fusariosen 08-0933; Calonectria nivalis, Hauptfruchtstadium v. F. nivale auf Feldern Nordamerikas 07-0939.

<u>oxysporum</u>, Heterokaryosebild. u. Parasexualzyklus. Paarungsversuche mit auxotrophen Mutanten 11-0860; Wirk. auf d. Eindringen v. Pratylenchus penetrans in Luzernewurzeln 07-0872; Erdbeerwelke, verursacht durch neue Form v. F. oxysporum 08-0955; Vorhandensein einer Subst. in d. weißen Haut d. jungen Tulpenzwiebeln, d. d. Wachstum v. F. oxysporum hemmt 07-0971.

<u>oxysporum var. callistephi</u>, Heterokaryosebild. u. Parasexualzyklus. Paarungsversuche mit auxotrophen Mutanten 11-0860.

<u>oxysporum f. lupini</u>, Empfindlichk. v. Lupinensorten gegen Fusariose in Freilandversuchen 12-1197.

<u>oxysporum f. lycopersici</u>, Unwirksamk. d. Gefäße bei d. Fusarium-Welke d. Tomate 07-0961; Vgl. pathogener Isolate u. verschied. Quellen d. Resistenz in d. Tomate 11-0955.

<u>oxysporum f. vasinfectum</u>, Spezialisierung 11-0943; Gewächshaustest für d. Untersuch. d. Fusarium-Welke an Baumwolle 12-1236.

<u>solani f. phaseoli</u>, Nekrosen d. Hyphen, verursacht durch bodenbürt. Bakterium 10-0805.

<u>solani f. pisi</u>, Chlamydosporenkeim. u. Überleben d. Keimhyphen im Boden in Abhängigk. v. Bodenfeuchtigk. u. Erbsensamenexsudation 12-1100.

<u>spec.</u>, Prämunität bei Fusarium-Welkekrankheiten 12-1102; Vgl. d. Fähigk.

pathogener u. saprophyt. Arten, Primärläsionen zu kolonisieren 12-1101; Fusarium culmorum u.a. Fusariumarten als Erreger einer Stengelfäule an reifenden Maispflanzen 07-0947; Aufn. u. Verteil. v. Nährstoffen in Leinpflanzen, d. empfängl. für u. resistent gegen Fusarium-Welke sind 07-0958; Pathogenität v. Fusarium-Arten für Asparagus officinalis 11-0964.

vasinfectum, Pathogenitätsunterschiede mit verschied. C-Quellen 11-0861; biochem. u. genet. Untersuch. an Wirt-Parasit-Bezieh. Aminosäureveränder. u. Amidsynth. bei anfäll. u. resistenter Wirt-Parasit-Wechselbezieh. 07-0850; Sorbinsäure als Hemmstoff d. Pilzes, einem Welkeerreger bei Baumwolle 12-1229.

Fusicladium dendriticum s. Venturia inaequalis.

Futtererbse s. Pisum arvense.

Futterkohl s. Brassica oleracea.

Futterpflanzenbau s. auch Grünland.

Futterreserven in Afrika 10-0505; Entwickl. im Kunstfutterbau 12-0671; einjähr. Futterkulturen 12-0675; einjähr. zweischür. Gemenge 11-0539; Sommerfütter. mit konserviertem Futter, mit Grünfutter oder in Form v. Weidegang 10-0506; rationelle Gestalt. d. Futterprod. hinsichtl. Ertrag, Aufwand u. Kosten in d. LPG Typ III d. "Lößbodenzone" d. Bez. Dresden 12-0674; Intensivier. d. Bodennutz. 12-0670; Wirk. d. Bodenfeuchte-Beding. auf Futterqualität im Gewächshaus 10-0464; Gemische aus perennierenden Feldfutterpflanzen unter Bewässerungsverhältnissen 10-0461; Qualität v. Rauhfutter 1965 12-0710; Kosten d. Rauhfutters je Stärkeeinheit bei verschied. Konservierungsmeth. 08-0460; futterbaul. Ergebnisse in einem 24jähr. Fruchtfolgedüngungsversuch 08-0554; Prüf. v. 8 Sorten So-Futtererbse z. Grünfutter- u. Körnergewinn. 11-0485; Blühreaktionen v. Futter- u. Weidepflanzen in Australien. Faktoren, welche d. Entwickl. v. Loliumarten auf d. Feld beeinflussen 09-0512; Anbauuntersuch. v. Sonnenblumenfuttergemengen in Gesellsch. v. Hybrid-Hybar-MV-301 u. Sudangras 11-0541; Futter- u. Saatgutproduktion v. 3 Medicago-truncatula-Sorten u. Medicago littoralis in Mallee, Victoria 08-0562.

Chemie: Erhöh. d. Eiweiß- u. Aminosäuregeh. 10-0083; Vorkommen v. trans-Akonitsäure in Weidefutterpflanzen 10-0088; Inhalt u. qualitative Zusammensetz. d. Eiweißstoffe in Samen verschied. Sorten v. Kichererbsen in Abhängigk. v. verschied. Reifephasen 10-0082; Co-Geh. neuseeländ. Futterpflanzen, d. auf ausreichend u. mangelhaft mit Co versorgten Böden wuchsen 10-0519; chem. Zusammensetz. u. Verdaulichk. in vitro v. Hutungs-Futterpflanzen d. Stipa-Bouteloua-Prärie 12-0086.

Futterpflanzenbau und Bodeneigenschaften: Fruchtbark. eines Steppenschwarzerde-Tonbodens nach 50jähr. Kultur mit u. ohne Futterpflanzen in d. Rotation 08-0288; Einfl. d. unterschiedl. Termins u. Meth. d. Einpflügens mehrjähr. Pflanzen auf physik. u. biol. Eigensch. d. Bodens u. auf d. Ertrag d. Nachfrucht 12-0495; Bezieh. zw. Toleranz v. Früchten z. Bodenazidität u. d. für sie z. niedr. pH (Untersuch.

über d. Ursache für d. Nichtauflaufen v. in ungepflügtes Grünland eingesäten Futterpflanzen) 09-0304; Verhalten v. ^{137}Cs in Böden u. Futterpflanzen 07-0129.

S a a t g u t , B e s t e l l u n g : Futterpflanzen-Saatguterzeug. 4. Leipziger Grünlandsymposium 1966 10-0467; Futterpflanzen-Saatgutproduktion in Polen 10-0460; Futterpflanzen-Saatgutproduktion in Österreich 10-0459; Erzeug. v. Futterpflanzensaatgut in Großbritannien 10-0458; Gemengesaaten v. Körnerleguminosen z. Grünfuttergewinn. 10-0466; Aussaatnorm bei d. Gemischen Mais u. Soja sowie Zuckersorghum u. Soja z. Silagegewinn. 11-0540; Saatgutmengen für Weiden, Wiesen, perennierende Ackerfutterpflanzen u. sonst. Grünland sowie d. Organisier. ihrer Saatguterzeug. 07-0488.

E r n ä h r u n g , D ü n g u n g : Erhöh. d. Erträge u. d. Qualität v. Futterpflanzen durch Düngungsmaßnahmen 10-0465; futterbaul. Ergebnisse in einem 24jähr. Fruchtfolgedüngungsversuch 08-0554; Wirk. einer Düng. mit Stroh bzw. Stalldung auf Ertrag u. Humusgeh. d. Bodens im Fruchtfolgedüngungsversuch Seehausen 09-0358; Düng. v. Futterpflanzen auf Hochmoorboden in Bibai (Wirk. verschied. Grundwasserstände u. Düngermengen auf Ertragsfähigk. d. Futterpflanzen auf nicht drainiertem Hochmoorboden) 10-0463; Wirk. unterschiedl. geteilter N-Gaben zu Futterroggen u. Zweitfruchtmais 09-0508; P-Düng. 09-0389; Verhalten v. ^{137}Cs in Böden u. Futterpflanzen 07-0129.

U n k r a u t b e k ä m p f u n g : Unkrautkonkurrenz im Futterleguminosenbestand 12-1320.

E r n t e , E r t r a g : Erhöh. d. Erträge u. d. Qualität v. Futterpflanzen durch Düngungsmaßnahmen 10-0465; Düng. v. Futterpflanzen auf Hochmoorboden in Bibai (Wirk. verschied. Grundwasserstände u. Düngermengen auf Ertragsfähigk. d. Futterpflanzen auf nicht drainiertem Hochmoorboden) 10-0463; rationelle Gestalt. d. Futterproduktion hinsichtl. Ertrag, Aufwand u. Kosten in d. LPG Typ III d. "Lößbodenzone" d. Bezirks Dresden 12-0674; Vormahdtrockn. (Defoliation) als Voraussetz. für d. Mähdrusch bei kleeart. Futterpflanzen 10-0369; Ernte v. Grüngut z. Silier. in Fahrsilos 11-0425; Trockn. v. Grünfutter durch d. Zuckerfabrik Anklam 11-0424.

Z ü c h t u n g : Zücht. auf bessere Qualität bei Futterpflanzen mit Hilfe d. Verdaulichkeitsuntersuch. "in vitro" 08-0786.

Leguminosen

Einjähr. Hülsenfrüchte in d. Tschuwaschischen SSR 12-0685; Ausnutz. d. Kulturen in Futterpflanzengemischen bei Narbenverbesser. v. Wiesen u. Weiden 11-0543; wirtsch. wicht. Krankh. u. Schädl. in Samenbeständen v. Futterleguminosen 10-0872.

Gras-Leguminosengemische

K u. d. Gräser-Leguminosengesellsch. in Neuseeland 10-0314; N-Abgabe d. Leguminosen an d. Gramineen bei Mischanbau u. Beeinfluss. d. Mineralstoffgeh. d. Gramineen durch d. Leguminosenpartner 08-0556.

K l e e g r a s : Kleegrasweide oder Dauerweide? 10-0518; Erträge verschied. Grasarten in Reinkulturen u. in Komb. mit Kleegras 11-0542; Versuche mit

Futterpflanzengemenge 11-0537; Überwindung v. Winterschäden bei Rotklee 11-0551; N-Bezieh. v. 3 trop. Futterleguminosen in Reinsaat u. Gräsergemischen 11-0572; Nachwirk. verschied. Raten v. im Frühjahr ausgebrachten N u. d. Termins d. ersten Schnittes auf Ertrag u. botan. Zusammensetz. einer Kleegrasnarbe 08-0555; Wert. d. flüss., anaerob ausgefaulten Abwasserschlamms (Wirk. d. flüss. Abwasserschlamms auf Wachstum u. Zusammensetz. v. Kleegrasgemischen) 09-0375.

W i c k h a f e r : Menge d. chem. Zusammensetz. d. Wurzeln v. Wicke u. Hafer in gemischten Beständen u. Reinsaat 10-0320.

Zwischenfruchtbau

Anbau v. Zwischenfrüchten als Futter 12-0694; standortgerechte Organisation d. Fruchtfolge u. d. Zw.-fruchtanbaues 11-0408; Zweitfruchtanbau bei Bewäss. 09-0514.

W i n t e r z w i s c h e n f r u c h t b a u : Nachwirk. d. Wi-Zwischenfrüchte auf Erträge verschied. Hauptfrüchte 11-0404; Wi-Zwischenfruchtanbau in Höhenlagen 12-0695.

U n t e r s a a t e n : Untersaaten für Zwischen- u. Hauptfutter 10-0503; Persischer Klee als Untersaat 12-0696.

S t o p p e l f r u c h t b a u : Kruziferen für späten Stoppelfruchtbau auf Grund v. Saatzeitversuchen 10-0504.

Futterpflanzenvirosen s. unter Virus (und Viruskrankheiten).

Futterraps s. Brassica napus var. napus.

Futterroggen s. Secale cereale.

Futterrübe s. Beta vulgaris.

Futterrübsen s. Brassica rapa var. silvestris.

Futterwert, Vorprüf. d. Futterwertes neuer Formen v. Zuckerrüben 11-0808; Futterwert in Pflanzengemeinsch. auf angesäten Wiesen vorkommenden Veränder. 11-0585; Futterwert d. Heues v. verunkrautetem Weidegrünland mit Hilfe v. Wachstumsstimulatoren 11-0596.

Futterwicke s. Vicia sativa.

Futterzuckerrübe s. Beta vulgaris var. altissima.

FW 450 (Dichlorisobuttersäure), Anwend. d. selektiven Gametozides FW-450 zur Herbeiführ. männl. Sterilität bei Zuckerrüben 12-1054; Wirk. v. "Gametocid", Natriumsalz v. FW 450 auf d. Zellen d. Tapetum v. Spinacia oleracea 09-0835.

Gänsefuß s. Chenopodium.

Gajraj s. Pennisetum purpureum.

Galakturonsäure, Natur, Eigensch. u. Rolle Fe-org. Verbind. d. Bodens in d. Pflanzenernähr. 09-0344.

Galega officinalis (Geißraute), Variabilität v. Inhaltsstoffen 12-0111.

Galegin s. unter Alkaloide.

Galium verum (Honigklee), Entwickl. d. Wurzelsystems auf versalzten Böden

Zentral-Jakutiens 11-0553.

Galleria mellonella, Wirk. v. Bacillus-thuringiensis var. thuringiensis-Exotoxin auf Wachsmotten-Raupen 08-0980.

Gamma-Benzolhexachlorid s. unter Insektizide - Chlorierte Kohlenwasserstoffe (Hexamittel).

Gammastrahlen s. unter Strahleneinwirkung.

Gartenbau s. auch Belichtung; Bewässerung; Bodenbedeckung; Bodendesinfektion; Düngung (Kohlensäuredüngung); Erden, gärtnerische; Frosteinwirkung; Frühbeete; Gemüsebau; Heizung; Hydrokultur; Kunststoffe (Folien); Obstbau; Unkraut; Versuchswesen; Ziergehölze; Zierpflanzenbau.

Jahresbericht 1965 09-0551; internat. Gartenbauforsch. (Forschungsinst. u. ihre Tätigk. in 23 Ländern) 09-0553; Forsch. auf d. Geb. d. Gartenbaus in d. Welt 12-0721; Dokument. u. Inform. auf d. Fachgebiet Garten- und Landschaftsarchitektur - gegenwärt. Stand und Perspektive 12-0394; Dokumentationsdienst der Dt. Bauakad. d. Garten- und Landschaftsarchitekten 12-0395; 100 Jahre Samen- und Pflanzenzuchtbetrieb N.L. Chrestensen, Erfurt 11-0602; hess. Lehr- u. Forschungsanstalt für Wein-, Obst- u. Gartenbau, Ing.-Schule Geisenheim (Rheingau) Jahresber. 1965 12-0005; Rhein. Lehr- u. Versuchsanstalt für Gartenbau Straelen/Niederrhein 09-0552; neues Gartenbauzentrum in Südeuropa 09-0669; Jahresversuchsber. 1965/66, Gartenbau-Versuchsstat. Tatura 11-0601; Stockbridge House, Gartenbau-Versuchsstation (Ber. 1965) 07-0531; Pflanzenbewert. in Nordamerika 11-0603; angewandte Pflanzenphysiol. als Grundlage für d. Gartenbau 10-0525, 11-0029; kallushistol. Untersuch. an Steckl. v. gras- u. holzartigen Gartenpflanzen 10-0023; Pflanzenbau bei künstl. Beleucht. 08-0616; welches Kunstlicht entspricht d. Bedürfnissen d. Pflanze? 09-0560; Anwend. v. CO_2 u. Licht in Gewächshäusern 10-0526; Steiger. d. Bodenfruchtbark. natürl. Erden u. Böden unter Glas 08-0612; Meth. für d. Wiederherstell. d. Bodenfruchtbark. bei Gewächshausproduktion im Hinblick auf d. Steiger. ihres ökon. Nutzeffektes 08-0611; Hydro-Sprüh-Verfahren, neue Variante in d. erdelosen Gemüse- u. Topfpflanzenkultur 10-0531; Hydrokultur d. Pflanzen 12-0727; Hydrokultur; Sammelband v. Übersetz. 12-0728; Nutzbarmach. organogener Abfälle für Humus- u. Erdwirtsch. d. Gartenbaus durch Dienstleistungsbetriebe 07-0542; bietet Styromull Möglichk. als Abdeckmaterial für Dränrohre? 08-0610; finnische Torfforsch. auf neuen Wegen 10-0523; Verwend. v. Proteinschaum z. Schutze v. Pflanzen gegen Frost 10-0532; Gartenbau u. Wasserverunreinig. 12-0726; Punktierapp. z. Beurteil. d. phys. Eigensch. v. Obst u. Gemüse 07-0532; Granulatherbizide - Meth. d. Bewert. u. Anwend. bei gärtn. Kulturpflanzen 12-1308; Fauna u. Populationsdichte d. Tortricidae im Gartenbaugebiet v. Gent 11-0903.

T o p f t y p e n : Jiffy-7 08-0698; Anwendungsmöglichk. für Töpfe u. Kistchen aus Styropor 09-0672; mineral. Zusammensetz. d. Substrats für Torftöpfe 09-0566; neuer Torfanzuchttopf unter d. Lupe 10-0524; Bedeut. v. Anzuchtsubstrat u. Topfart für Kulturerfolg v. Freiland-Kopfsalat 07-0599.

auf Ertragsfähigk. v. Melonen u. Gemüsearten 08-0624, Samenkeim. 12-0743; Einfl. v. Wasserextrakten u. Wurzelsekreten d. Tomate auf Keim. u. Wachstum einiger Gemüsearten 10-0067; Evapotranspir. v. beregnetem Gemüse 12-0740.

C h e m i e : Chem. Zusammensetz. v. Gemüse unter Glas 09-0561; Qualitätserzeug. v. Gemüse nach ernährungsphysiol. Gesichtspunkten 09-0562; umwelt- u. sortenbedingte Qualitätsbeeinfluss. v. Gemüsearten u. d. Problem d. Einführ. v. Gemüsesorten mit bestimmten Qualitätseigensch. in d. Praxis 08-0617; Bestimm. d. Zellwandkomplexes v. Gemüsearten durch enzymat. Aufschluß 12-0124; Stud. d. Trocknungsart bei Bestimm. d. Tr.-Subst. einiger Gemüsearten 08-0118.

A g r a r m e t e o r o l o g i e : Reaktion einiger Gemüsearten auf atmosphär. Beding. 12-0753; Schutz v. Kulturen gegen Frost durch Hubschrauber 07-0543.

G e m ü s e b a u u n d B o d e n e i g e n s c h a f t e n : Anbau auf Sandböden 09-0564; Möglichk. z. Deck. d. Humusbedarfs in LPG mit Feldgemüsebau 08-0618; P-Versorgung d. Böden im intensiven Gemüsebau 07-0237; Ermittl. d. Salzschadgrenze für einige unter Glas angebaute Arten 10-0537; Bodenverbesserungsmittel im Gemüseanbau unter Glas u. unter Folien 11-0615.

S o r t e n : Sortenkunde 12-0737; umwelt- u. sortenbedingte Qualitätsbeeinfluss. d. Gemüsearten u. Problem d. Einführ. v. Gemüsesorten mit bestimmten Qualitätseigensch. in d. Praxis 07-0551.

S a a t g u t : Saatgutproduktion 12-0745; Langlebigk. v. Samen bei hoher Temp. u. hoher Feuchtigk. 10-0538; Veränder. d. Eigensch. v. Gemüsesamen bei Lager. 07-0545; Veränder. d. Mikroflora u. d. Keim. d. Samen v. Gemüsekulturen bei Lager. 12-0742; Radiostimulier. d. Wachstums d. Pflanzen 11-0610; Impulswirk. d. Sonnenenergie u. Steiger. d. Erträge 09-0580.

A n z u c h t : Anzucht v. Gemüse- u. Zierpflanzen in Plastgefäßen 07-0533; Für und Wider bei Direktaussaat 11-0617, Komposte zur Sämlingsanzucht v. Gemüsepflanzen in Warmbeeten (Chem. Eigensch. v. verschied. Gemischen aus Boden u. org. Stoffen) 11-0605; Verwend. verschied. Torfe z. Anzucht nichtpikierter Pflanzen mit Wurzelballen 08-0621; mineral. Zusammensetz. d. Substrats für Torftöpfe 09-0566; Eign. v. Hg-Dampf-Hochdrucklampen für Zusatzbeleucht. v. Gemüsejungpflanzen 08-0615.

P f l e g e : Einfl. herkömml. Bodenbearbeitungsverfahren auf Bodenfruchtbark. u. Ertrag v. Gemüsesorten in einer Jungpflanzenanzuchtstätte 08-0620; Zusammenhänge d. Wasser- u. Nährstoffversorgung bei Gemüsekulturen 12-0733; Einfl. d. Bereg. auf Bewirtsch. v. Gemüsefeldern 12-0734; rationeller Einsatz d. Beregn. im Feldgemüsebau auf d. Grundlage v. Tensiometern 07-0546; Bestand, Wachstumsrate und Reife von Gemüsekulturen in Bezieh. z. Bodenversalz. und -textur bei Beregn. und Furchenbewässer. 12-0379; Gießwasserqualität im Gemüsebau unter Glas 08-0614, 12-0732.

E r n ä h r u n g , D ü n g u n g : Mineraldüng. 09-0568; Einfl. langjähr. Düng. v. Gemüse ausschließl. mit mineral. Düngemitteln oder mit Stalldung auf einige phys. Eigensch. d. Bodens 07-0548; Einfl. d. Düng. auf Haltbark.

Z ü c h t u n g : Richtlinien für Versuche 11-0840; Heterosis 11-0829; Pollensterilität u. Bedeut. bei Gewinn. v. Hybridsaatgut (Zuckerrübe u. Gemüsearten) 10-0754; Steiger. d. biol. Wertes v. Gemüsearten 09-0824; Gemüsepflanzen durch Samen- u. Samenträgerbehandl. mit ^{60}Co -Strahlen 09-0823.

Gemüseerbse s. Pisum sativum.

Gemüsefenchel s. Foeniculum vulgare var. azoricum.

Gemüsekohl s. Brassica oleracea.

Gemüsepaprika s. Capsicum annuum.

Gemüsespargel s. Asparagus officinalis.

Gemüsevirosen s. unter Virus (und Viruskrankheiten).

Genetik s. auch Chimäre; Chromosomen; Hybridisation, vegetative; Meiosis; Mitosis; Mutationszüchtung; Pfropfung; Zytologie.
Mendel, Leben, Werk u. Wirk. 12-0004; Ursprung d. Mendelismus 12-0002; hat J.G. Mendel bei seinen Versuchen "zu genau" gearbeitet? Der χ^2-Test u. seine Bedeut. für d. Beurteil. genet. Spaltungsverhältnisse 09-0717; Pawlows Stell. z. Mendel u. z. Genetik 12-0003; Genetik 09-0720, 12-0982; genet. Entwickl. 07-0723; Lage d. Genetik 08-0724; genet. Kode: Aspekte d. Organisation 11-0737; Genetik u. Philosophie 11-0736; Probleme d. Gesellsch. für Genetik u. Zücht. 07-0725; kurze Geschichte d. Genetik.Entwickl. einiger Gedankengänge (1864 bis 1939) 07-0001; Genetik: Bau u. Wirkungsweise d. Gene 09-0718; Züchtung 12-0984; biometr. Züchtungstheorien hinsichtl. d. Parentaleignungstestes autogamer Pflanzen 08-0731; künstl. Autopolyploide für d. landwirtsch. Praxis 09-0730; Anwend. neuer Ergebnisse aus d. genet. Forsch. in d. Pflanzenzücht. 07-0741; genet. Potential für steigende Leist. bei Tieren u. Pflanzen 09-0731; Hauptricht. d. molekulargenet. Forsch. 07-0726; Genetik u. Selektion d. Pflanzen 07-0724; Theorie u. genet. Information; theoret. u. experiment. Abriß 11-0739; Pflanzengenetik (Potential genet. Variabilität d. Arten am Beisp. Fragaria) 09-0845; Umwelt u. Genotyp-Umwelt-Komponenten d. Variabilität (Inzuchtlinien) 08-0732; Umwelt u. Genotyp-Umwelt-Komponenten d. Variabilität (Heterozygoten) 08-0733; Variationen in somatischen Zellen 12-0983; d. Heterosis u. Meth. d. Pflanzenzücht. auf Kombinationseign. 11-0747; modifizierte Meth. "Polycross" u. ihre Wirksamk. im Hinblick auf theoret. Überleg. 08-0734; Chromosomen-Manipulationen u. Pflanzengenetik. 10. Internat. Bot. Kongreß in Edinburg 1964 09-0721; genet. Untersuch. z. Verhältnis v. Parasit und Wirtspflanze 10-0684; Stoffproduktion u. Assimilationsleist. in d. Evolution d. Kulturpflanzen 08-0037; Hibernalisier. und ihre genet. Erklär. 12-1006.

Gene spezieller Pflanzen

G e t r e i d e : Bestimm. d. Genzahl, d. an d. genet. Unterdrück. d. zytol. Diploidisation beteiligt sind 12-0998; genet. Effekte rekurrenter Bestrahl. bei diploiden u. polyploiden Triticum-Arten 10-0688; d. Rostresistenz in tetraploiden Weizen. (Genetik d. Schwarzrostresistenz bei einigen Hartweizen) 12-1005; Genetik d. Roggens (Vererb. d. Selbstfertilität beim diploiden Roggen) 12-1018; Resistenz gegen DDT bei Gerste (Koppl.-untersuch. mit diploider Gerste) 11-0775; Gen für Desynapsis u. Aneuploidie bei tetraploidem Hafer 10-0720; zytogenet. Untersuch. bei Hafer (Chlorophyllbild. bei Albino-Strandhafer unter best. Kulturbeding.) 09-0765; Isolation v. Komplementärgenen bei d. Hafersorte 'Bond', d. Kronenrost bedingen 08-0753; Anwend. d. Biochem. in d. Genetik z. Qualitätsverbesser. u. d. Pflanzenernähr. (Vererb. d. Aufnahme chem. Elemente bei Mais) 07-0774; (Genmutationen beeinfl. d. Kohlenhydratzusammensetz. im Maisendosperm 08-0760; Variation d. Paramutabilität d. R^r-Allels bei Mais nach Extraktion d. Allels v. einer gekoppelten reziproken Translokation 08-0758; genet. Variabilität quantitativer Merkmale in einer Mais-Inzuchtlinie 08-0762; genet. Varianz u. Verwandtschaft v. Merkmalen einer Hybridpopulation v. Mais 08-0761; Paramutabilität v. mutierten R^g- u. r^r-Genen d. R^r-Allels bei Mais 10-0722; Koppl. d. Rf_1-Gens im T-Zytoplasma v. Mais mit Genen d. 3. Chromosoms 10-0723.

H a c k f r ü c h t e : Koppl. mit S-Locus bei diploiden Kartoffeln 09-0784; Rolle d. R-Gene u. Polygene bei Resistenz v. Kartoffelknollen gegenüber Phytophthora 09-0789; polyploide Zuckerrübe, Genetik u. Zücht. 08-0785; monokarper Zuckerrüben auf Grund einer Kreuz. monokarp x dikarp 12-1051; genet. Grundlagen d. Einzelfrüchtigk. bei Zuckerrüben 09-0797; genet. Grundlagen d. Einzelfrüchtigk. sowie Stand u. Aussichten d. Zücht. monokarper Zuckerrüben 11-0803.

F u t t e r p f l a n z e n : Nichtlineare Dominanzbezieh. zwischen S-Allelen 08-0800; neues Gen für Alkaloidarmut bei Lupinus angustifolius 10-0737; Genetik d. Resistenz v. Erysiphe polygoni bei Rotklee 11-0814; Einfl. d. Genomverdoppel. auf Ertragsfähigk. bei Weißklee 09-0811; Einfl. v. Klima, Düng., Alter u. genet. Herkunft auf chem. Zusammensetz. v. Gras 08-0094.

S o n s t i g e K u l t u r e n : Kombinationseign. u. genet. Verschiedenh. bei Sorten v. Lein 09-0819; Koppl. v. 2 Eigensch. bei Tabak, d. durch Doppelgene kontrolliert werden 12-1067.

G e m ü s e : Koppl. zw. d. Genen für Behaarung d. jungen Blattes u. für Chlorophylldefizienz bei Brassica oleracea 12-1038; Chemotaxonomie u. Genese v. Proteinmerkmalen unter Berücksichtig. d. Gatt. Phaseolus 07-0728; physiol. Ursachen v. Ertragsdifferenzen (Änder. d. Tr.-Subst.-Verteil. in oberird. Organen bei einigen Bohnensorten) 09-0034; Pisum-Genetik 11-0789; somat. Konversion am sulfurea Locus v. Tomate. (Somat. Konversion) 10-0770; 3. Liste bekannter Gene bei d. Tomate mit Karte d. Kopplungsgruppen u. zusätzl. Regeln 08-0804.

O b s t g e h ö l z e : Genet. Untersuch. bei Birnen (Rote Mutanten) 08-0820; Erbwert v. Erdbeersorten 11-0839.

Z i e r p f l a n z e n : Genet. u. histogene Determination d. rosa Hochblattfarbe bei Poinsettia 09-0851; genet. Untersuch. bei Petunie (Vererb. d. "Superbissima"-Eigenschaft bei Kreuz. zw. Petunia hybrida multiflora u. P. hybrida grandiflora superbissima) 08-0825.

Vererbung

Verständnis d. Mechanismus d. Vererb. 11-0738; extrachromosomale Vererb. 12-0981; Vererb. v. Dieldrin-Resistenz bei d. Kohlfliege 07-0886, 10-0821.

V e r e r b u n g   b e i   s p e z i e l l e n   P f l a n z e n

G e t r e i d e : Gekoppelte Vererbung v. Reife u. Qualitätsfaktoren in einer Kreuz. v. hartem, rotem Wi-Weizen 11-0762; Vererb. d. Pflanzenhöhe, d. Kornertrages u.a. Pflanzen- u. Kornmerkmale in einer Kreuz. v. hartem rotem Wi-Weizen 07-0758; Vererb. d. Reaktion gegen Weizenschwarzrostrasse 15 B in Abkömml. v. 'Frontana' u. Triticum timopheevi 10-0693; Vererb. d. Resistenz gegen Braunrost bei d. Weizensorten 'Exchange' u. 'Frontana' 10-0694; Vererb. d. Resistenz gegen d. Getreidenematoden beim Weizen 11-0872; Genetik d. Roggens (Vererb. d. Selbstfertilität beim diploiden Roggen) 12-1018; Vererbungs- u. Kopplungsuntersuch. bei Gerste (Zuordn. von mehreren neuen Mutanten-Genen zu ihrer jeweil. Kopplungsgruppe durch d. trisomische Analysenmeth.) 12-1019; (Kopplungsuntersuch. bei d. Gen für brüch. Stroh-2 und Aufstell. d. Kopplungskarte d. Gersten-Chromosomen 5) 12-1020; Untersuch. an erectoides-Mutanten bei Gerste u. ihr Beitrag z. quantitat. Vererb. 12-1021; Vererb. d. Flugbrand-Resistenz (Bezieh. zw. den 'Russian'- u. den 'Jet'-Resistenzgrenzen u. Genen bei Gerstensorten verschied. Herkunft) 07-0768; Vererb. d. virescens-Albinismus bei Hafer Sorte "Sun II" 07-0773; Vererb. d. Grannen in einer Kreuz. zw. Avena byzantina u. Wildhafer 09-0768; Vererb. d. Kronenrostresistenz, d. v. d. diploiden Sorte C.I. 3815 auf hexaploiden Hafer übertragen wurde 11-0779; Vererb. d. Schwarzrostresistenz u.a. Merkmale bei diploidem Hafer 07-0771; Vererbungsforsch. über Einfach- u. Doppellinienhybriden v. Mais im Hinblick auf Auswahl d. Komponenten bei d. Hybridisier. 10-0732.

H a c k f r ü c h t e : Vererb. d. Stärkegeh. bei d. Zücht. v. Kartoffeln auf d. Frühreife 08-0777; Vererb. d. Form d. Stecklings u. d. Frucht bei monokarpen di- u. tetraploiden Rüben 12-1056; Vererb. d. Zuckergeh. v. Autopolyploiden d. Zuckerrübe 10-0758; Vererb.-untersuch. bei Hybriden v. Provarietäten gleicher u. verschied. Polyploidiestufen d. Rübe (Morph. d. Blätter) 11-0810.

F u t t e r p f l a n z e n : Vererb. linienspez. Unterbleibens d. Knöllchenbild. bei Sojabohnen 10-0738; Vererb. d. Verdaulichk. in vitro u. verwandter Eigensch. bei Luzerne 12-1060; Genetik d. Luzerne (Vererb. d. Merkmals Verzwerg. Dw_2) 08-0787; tetrasome Vererb. eines Letalfaktors bei Luzerne 09-0808; Selbstverträglichkeitsuntersuch. bei diploidem Schwedenklee (Vererb. eines Selbstverträglichkeitsfaktors mit gametophyt. u. sporophyt. Merkmalen)08-0792.

S o n s t i g e   K u l t u r e n : Gen-Introgression bei Solanum chacoense 10-0747; Vererb. d. Zwergwuchses bei d. Straucherbse 09-0852; Diallelanalysen d. Vererb. quantitativer Eigensch. bei Körnerhirse (Heterosis u. Inzuchtdepression) 12-0985; Vererb. d. Geschlechts u. d. Wuchstyps beim Hanf 10-0765; Vererb. d. Resistenz gegen Kapselfall u. d. Fruchtstiellänge bei Rizinus 09-0822; Erblichk. d. Erträge bei Dioscorea floribunda 09-0854.

G e m ü s e : Vererbung einiger Merkmale bei Tomaten 08-0805; Einfl. d. Bestäubungstermins u. d. Alters d. Blüte auf Samenansatz u. Vererb. v. Merkmalen bei d. Küchenzwiebel 12-1075; Vererb. v. Kohlhernieresistenz bei Chinakohl 11-0838.

O b s t g e h ö l z e : Vererb. d. Mehltauresistenz bei Apfel 10-0782; Vererb. einiger Merkmale beim Gewöhnl. Pfirsich 09-0847; Vererb. d. Resistenz gegen d. Rotfleckenkrankh. bei d. Kreuz. verschied. Pflaumensorten 07-0828; Forsch. über d. Erdbeeren (Vererb. v. Eigensch.) 12-1080; Eigensch. d. Hybridpopulationen - Grundlage d. Erblichk. bei d. Weinrebe 10-0783.

Z i e r p f l a n z e n : Plasmat. Vererb. beim Weidenröschen. Plasmonanalyse 09-0719.

Geographie der Pflanzen, taxonom.-pflanzengeograph. Handbuch d. ungar. Flora u. Vegetation 12-0024; phys.-geograph. Untersuch. ökol. differenzierter Nutzflächen 12-0135; Bezieh. zw. Wachstumsrate v. Säml. u. geograph. Breite d. Herkunftsortes v. Knaulgraspopulationen 09-0111; geograph. Verteil. der d. Hybridnekrose d. Weizens verursachenden Gene 08-0743.

V e r b r e i t u n g d e r P f l a n z e n : Geographie d. Kulturpflanzen u. N.I. Vavilov 12-0134; Pflanzenressourcen Sibiriens, d. Urals u. d. Fernen Ostens 12-0021.

Geologie s. Gesteine; Minerale (einschließl. Tonminerale).

Geotropismus, Indolylessigsäure umwandelndes Enzym v. Erbsenwurzeln u. seine Bezieh. z. Geotropismus 09-0085.

Geranium spec. (Storchschnabel), bakterielle Stengelfäule u. Blattfleckenkrankh. in Pennsylvania 12-1224.

Gerbera jamesonii, Perspektiven d. Kultur (ökon. Probleme) 11-0715; kulturtechn. u. ökon. Probleme 09-0677; Erfahr. 08-0706; Bedeut. d. Kultur 07-0697; Erhöh. d. Blütenproduktion in schnittblumenarmen Wintermonaten 07-0693; Fragen d. Ertragsbeeinfluss. im Winter 08-0705; Einfl. verschied. N-Arten auf Entwickl. u. Ertrag 12-0957; Zücht. 09-0850; genet.-züchter. Untersuch. 10-0785; Klon- oder Sämlingspflanzen 09-0676.

Gerbstoffe

T a n n i n : (Analyse d. IES-Tannin-Antagonismus bei Haferkoleoptilzylindern) 12-0071; nematizide Wirk. wäßr. Extrakte aus Wurzeln u. Ruten v. Himbeeren 11-0885.

Germanium, Ersatz v. B durch Ge während d. Pflanzenwachstums 08-0389.

Gerste s. Hordeum vulgare.

Gerstenflugbrand s. Ustilago nuda.

Gerstenhartbrand s. Ustilago hordei.

Geruchstoffe, Riechstoffbestandteile d. Zuckerrübe 11-0117.

Gesagard 50 s. unter Herbizide.

Geschmack, Qualität v. Speisekartoffeln (chem. Beigeschmack v. Kartoffeln) 08-0097.

Gesteine s. auch Minerale (einschließl. Tonminerale).
Besonderh. d. Bodenbild. auf Kalkgesteinen und Grundlagen ihrer Klassifizier. 10-0108; Natur d. Humusstoffe d. Taigaböden auf bas. Gestein in Mittelsibirien 07-0204; geomikrobiol. Untersuch. (Verhalten v. Bakterien auf d. Oberfläche v. Gesteinen u. Mineralien u. ihre Rolle bei d. Verwitter.) 11-0155; Verfügbark. d. N in kaliforn. Böden im Verhältnis zum Niederschlag u. Urgestein 11-0157; Mo-Geh. verschied. bodenbildender Gesteine 09-0123.
K a l k s t e i n : Wirk. v. Oberflächenhüllen auf Löslichkeitsrate v. Kalksteinpartikeln 09-0131.
G r a n i t e : Untersuch. d. auf Zweiglimmergranit u. Biotit-Glimmerschiefer ruhenden Böden im Geb. v. Bessines-Laurière 09-0204.
S e r p e n t i n i t : Stud. d. Genese Mg-reicher Böden; experiment. Untersuch. über chem. Verwitter. ultrabas. Gesteine 09-0124.
Getreide s. auch Avena; Hordeum; Panicum; Secale; Setaria; Sorghum; Triticum; Zea.
Organisation d. Produktion 11-0445, 12-0581; Zusammenfass. 1966 mehrjähr. Versuchsergebnisse v. Getreide, Mais, Kartoffeln, Rüben, Luzerne, Rotklee 12-0578; Entwicklung d. Anbaues u. seiner Erträge im Bez. Schwerin (1954 - 1964) 09-0437, 11-0450; Artenwahl beim Getreide im Krs. Stralsund 07-0438; bevorzugte botan. Gatt. innerhalb d. neolith. Zerealien u. vermutl. indischer Ursprung d. Getreidekultur d. trop. Afrikas 08-0001; Überstauungstoleranz v. Winterfrüchten in Süd-Queensland 10-0387; neolith. Getreideabdrücke aus Mitteldeutschl. 09-0001; Gestalt. v. Höhe, Zuwachs u. Ertrag v. Getreidepflanzen in Abhängigk. v. Bodenfeuchtigk. u. einigen meteorol. Faktoren 07-0099; Bezieh. zw. d. Arten im Getreide-Gemengeanbau 11-0403; Spurschachtverfahren im Anbau 09-0438.
M o r p h o l o g i e : Getreidetypen mit aufrechter Blattstell. 08-0479; Einfl. d. Reifestadiums auf d. äußeren wertbestimm. Merkmale d. Saatgutes 11-0545.
P h y s i o l o g i e : Entwickl. d. oberird. Pflanzenteile u. d. Wurzelsystems v. Brotgetreide unter Einbezieh. v. Reservestoffen d. Samen 09-0066; Besonderh. d. unterird. Internodiums bei Hartweizen 10-0025; photosynth. tätige Gewebe in d. Blättern v. Getreidepfl. (Einfl. d. Beschatt. auf d. Mesophyllstruktur d. Weizenblätter) 08-0030; ungleichmäß. Reifen d. Getreides an Hängen 07-0435; Anforder. an d. Qualität 12-0580; Einsatz v. Wachstumsregulatoren im Anbau 11-0453; Behandl. mit CCC 10-0391; Wirk. v. CCC auf Redox-Potential d. Getreides unter Umwelteinflüssen 07-0027; N-Düng. und CCC-Anwend. 12-0515; Einfl. d. Temperatur auf d. Keimfähigk. v. Getreidekörnern bei d. Prüf. im Labor 12-0546.
C h e m i e : Einfl. ionisierender Strahl. auf Eiweißgeh. in Körnern v. Kulturen unter verschied. agrobiol. Beding. 09-0439; Bestimm. v. Tokopherolen in Getreide durch Dünnschichtchromatographie 07-0090; Spurenelementgeh. einzelner Pflanzenteile in unterschiedl. Vegetationsphasen 11-0354.
G e t r e i d e u n d B o d e n e i g e n s c h a f t e n : Gestalt. v.

Höhe, Zuwachs u. Ertrag v. Pflanzen in Abhängigk. v. Bodenfeuchtigk. u. einigen meteorol. Faktoren 07-0099; Wasserhaushalt auf Kreideboden 07-0159.

S o r t e n , S a a t g u t : Handb. z. Sortenanerkennung landwirtsch. Kulturen. Getreide u. Grützekulturen 12-0574; Intensivier. d. Getreideprüf. 07-0391; Sortenwahl bei So-Getreide 10-0390; morphol. Merkmale v. Sorten 07-0405; Getreidetypen mit aufrechter Blattstell. 08-0479; Bestimm. d. Lebensfähigk. v. Getreidesaatgut mit Hilfe v. Tetrazol 11-0413.

E r n ä h r u n g , D ü n g u n g : Rhythmik d. Ausscheid. org. Subst. durch die Wurzeln v. Pflanzen 11-0326; Reaktion verschied. Getreidesorten auf Mineraldüng. 07-0350; Düngungsmaßnahmen z. Ertragssteiger. u. Verhüt. v. Lagerfrucht im Anbau 11-0448; N-Düng. und CCC-Anwend. 12-0515; Einfl. geteilter N-Düng. u. Anwend. v. CCC auf Ertrag im Östl. Flevoland 11-0449; N-Düng. zu Getreide (Bedeut. für Süd-Australien) 10-0388; Ammoniakinjektion als Meth. d. N-Düng. (Einfl. d. Düngetermins im Herbst u. im zeit. Frühjahr auf d. Ertrag v. So-Getreide u. Hackfrüchten) 11-0392; relativer Wirkungsgrad v. breitwürfiger- gegenüber Reihen-P-Düng. zu Getreide 08-0480; P-Toxizität 08-0376; Aufnahme von ^{90}Sr 11-0165; W in pflanzl. Organismen 09-0345.

U n k r a u t b e k ä m p f u n g : Reakt. d. Getreidesorten auf d. bisher verwendeten Herbizide 12-1312; Unkrautbek. in So-Getreide 10-1001; andere Bekämpfungsmittel - neue Unkrautflora. Schwer bekämpfbare Unkräuter im Getreide 11-1059; Anwendungszeit v. Herbiziden 09-1045; Triazine geg. Unkraut 12-1316; Anwendungsmengen v. Paraquat vor Direktaussaat 08-1039.

P h y t o p a t h o l o g i e : Einfl. verschied. Fruchtfolgen mit mehrjähr. Futterbau u. einjähr. Kulturpflanzen auf d. Sanierungsprozeß in fußkrankheitsverseuchten Getreideböden mit mehrjähr. Getreidepause 10-0913; Wirkungsweise v. Cercosporella herpotrichoides, dem Erreger d. Halmbruchkrankheit d. Getreides; Art u. Ausmaß d. Schadens - Bekämpfungsmöglichk. 08-0930; pleomorpher Parasit d. Getreidekörner, Pyrenophora semeniperda 08-0927; Scharfe Augenfleckenkrankh. d. Getreides (Einfl. d. Krankh. auf den Weizenwirt u. Auftreten d. Krankh. im Freiland) 08-0928; Pilze an Körnern u. ihre Bedeut. für Getreidekrankh. in d. VAR 12-1174; Milben im Getreide u. ihre Bek. 07-1032; Freilandpopulationen v. Getreideblattläusen im westl. Oregon 07-0894; Motten u. Zünsler als Schädl. 10-0830.

S t a n d f e s t i g k e i t : Düngungsmaßnahmen z. Ertragssteiger. u. Verhüt. v. Lagerfrucht im Anbau 11-0448; Erhöh. d. Standfestigk. Feldversuche mit CCC 09-0448.

E r n t e , E r t r a g : Durchsetz. d. Planes WTF 1962 (Strohhäckselverfahren) 11-0422; Ertragssteiger. im Anbau 10-0389; Ertragsaufbau 09-0441; Entwickl. d. Anbaues u. seiner Erträge im Bez. Schwerin (1954-1964) 11-0450; Tausendkornmasse u. Veränderlichk. 09-0419; Düngungsmaßnahmen z. Ertragssteiger. u. Verhüt. v. Lagerfrucht im Anbau 11-0448; Einfl. geteilter N-Düng. u. Anwend. v. CCC auf Getreideertrag in Flevoland 11-0449.

L a g e r u n g , V e r w e r t u n g : Trocknungsverhalten d. Getreidearten 07-0409; Trockn. u. Lager. v. Mähdruschgetreide 11-0423; Bek. d. Verluste bei d. Lager. 07-1031; verlustlose Lager. unter techn. u. ökon. Beding. d. DDR 10-0377; langjähr. Aufbewahr. v. Samen 09-0422; Bewert. d. Lindanstaubes als Schutzmittel für Lagergetreide; Wirksamk. u. Rückstände d. verschied. Mischmeth. 08-1022; Silier. v. Feuchtgetreide 12-0555.

Z ü c h t u n g : Zücht. in d. DDR 09-0733; Polyploidie 12-1017; Pollensterilität u. Bedeut. für Gewinn. v. Hybridsaatgut (Getreidearten) 07-0735; Sektion Körnerkulturen 11-0755.

Getreideblattkäfer s. Oulema melanopa.

Getreideblattlaus s. Metopolophium dirhodum.

Getreidehalmwespe s. Cephus cinctus.

Getreidelaus s. Schizaphis graminum; Englische Getreidelaus s. Macrosiphum avenae.

Getreidemehltau, Echter s. Erysiphe graminis.

Getreideviroser s. unter Virus (und Viruskrankheiten).

Gewächshaus, Gewächshaus aus freitragenden glasfaserverstärkten Polyesterschalen; mikroklimat., pflanzenbaul. u. ökon. Untersuch. 12-0725; wirksamere Nutz. v. Polyäthylengewächshäusern 07-0539; Boden unter Glas bearbeiten? 07-0538; Einfl. d. Höhe d. Bodentemp. auf Wärmeabgabe od. -aufn. d. Bodens in luftbeheizten Gewächshäusern 12-0724; lösl. Salze in Gewächshausböden 07-0125; Ermittl. d. Salzschadgrenze für einige angebaute Gemüsearten 10-0537; Anwend. v. CO_2 u. Licht 10-0526; Vergl. v. Labor- u. Gewächshaus-Indizes d. Nährstoffverfügbark. in Böden 07-0221; Richtlinien für mineral. Düng. v. Kulturen 10-0530; rationelle Erdnutz. u. Düng. bei verschied. Kulturfolgen im Gewächshaus 07-0536; Probleme bei d. Düng. v. Gewächshauskulturen 10-0529; Zn-Versorg. d. Böden v. Unterglasflächen 07-0537; Glas im Staudenbetrieb 09-0686; Umweltfaktoren u. Gewächshaus für Orchideenkultur 12-0956; Brunnenkresse unter Rollhäusern 07-0596; ökol. Untersuch. an nützl. u. schädl. Bodenmilben in landwirtsch. genutzt. Flächen sowie bei gärtner. Kulturen unter Glas 11-0206.

Gewürzpaprika s. Capsicum annuum.

Gewürzpflanzen s. Heilpflanzen (und Gewürzpflanzen).

Gibberella zeae, Resistenz v. Weizensorten gegen Schorf, Gibberella zeae (Inokulat. d. Blattes) 11-0968; Bezieh. zw. jahreszeitl. bedingter Beschaffenh. d. Stengelmarkes u. Ausbreit. d. Gibberella-Stengelfäule d. Maises 07-0945.

Gibberellin (Gibberellinsäure), Biotest 08-0116; Einfl. v. Wachstumsregulatoren auf Leist. landwirtsch. Kulturen 07-0040; bakterielle Synth. v. Wuchsstoffen, d. in d. Pflanzenstoffwechsel eingreifen 07-0170; Besonderh. d. Gibberellinwirk. auf Pflanzen 08-0050; Wirk. v. CCC auf Produktion u. Austritt gibberellinähnl. Subst. durch d. Wurzelsyst. 09-0057; Beeinfl. d. Samenkeim. durch Gibberellinsäure 08-0454; Rückstände aus org. Lös.-Mitteln, d. gibberellinähnl. biol. Aktivität aufweisen 08-0106; Hemm. d. durch Gibberellsäure induzierten Bild. v. α-Amylase durch Abszisin 11-0059; Vorkommen v. gibberellinart. Subst. in Pflanzen, welche d. Synth. v. α-Amylase im Reisendosperm fördern 11-0106; Pseudogibberellin A_1 als Inhibitor d. GS_3-induzierten Wachstums v. Reissäml. 11-0082; Wirk. auf d. Knöllchenbild. bei Alexandrinerklee 12-0243; Bodenbakt. u. Aktinomyzeten als Produzenten biol. aktiver Stoffe 11-0195; bakterieller Abbau im Boden 10-0159.

G i b r e s k o l : Einfl. auf d. Ausbild. männl. Blüten bei d. Gurke 10-0554; Einfl. auf d. Ausbild. männl. Blüten bei d. Gurke MSU 713-5 08-0814.

B e s t i m m u n g : Geh. verschied. Pflanzenorgane an natürl. Gibberellinen in Abhängigk. v. Alter 10-0086; Pflanzenhormone (Dünnschicht- u. Gas-Flüssigkeitschromatographie d. Gibberelline; direkte Identifizier. d. Gibberelline im rohen Pflanzenextrakt durch Gas-Flüssigkeitschromatographie) 12-0122.

G e h a l t i n P f l a n z e n : Geh. verschied. Pflanzenorgane an natürl. Gibberellinen in Abhängigk. v. Alter 10-0086; Rolle bei Photoperiodismus u. Jarowisation d. Pflanzen 10-0064; Produktion einer gibberellinähnl. Subst. im Gerstenembryo während d. Keim. 07-0026; sek. gibberellinart. Subst. in unreifen Gerstenkörnern 07-0082; Wirk. v. CCC auf Gibberellingeh. isolierter Sonnenblumenorgane 07-0054; Geh. im Zuckerrohr 08-0109; Veränder. d. endogenen Gibberellins während d. Entwickl. v. Bohnensamen (Vorhandensein neutraler u. saurer Subst.) 07-0081; Wirk. d. Entfern. d. Kotyledonen, d. apikalen Wachstumsregion oder dreigeteilter Blätter auf Wachstum u. Wuchsstoffgeh. v. Buschbohnen 07-0033; Einfl. v. Epikotylamputation auf d. Spiegel d. endogenen Gibberelline in d. Wurzeln v. Erbsenkeimpflanzen 10-0042; Reduktion d. Geh. v. Pharbitis-Samen durch CCC u. Nachwirk. auf Nachzucht 07-0055; gibberellinart. Subst. im Wurzelexsudat d. Weinrebe 11-0113; Dynamik d. gibberellinähnl. Subst. u. Wachstumsinhibitoren im Entwicklungsprozeß d. Samen d. Esche 09-0095.

Wirkung auf spezielle Pflanzen

G e t r e i d e : Wechselwirk. zw. Reaktorstrahl. u. Wuchsstoffgaben bei So-Gerste 11-0071; Wirk. auf Geh. an Nukleinsäuren in Halmen v. Hafer in Verbind. mit d. Veränder. d. Standfestigk. d. Pflanzen 10-0027; Aminosäureumsatz bei Mais in Abhängigk. v. d. Stimulier. d. Wachstums 08-0048.

H a c k f r ü c h t e : Wirk. auf Keim. v. Kartoffelsamen 10-0063; Wirk. d. Blattrollvirus auf d. Knollenbild. v. Kartoffeln 08-0885; Einfl. v. Ultraschall u. Gibberellin auf Samen v. Solanum demissum 09-0420; Veränder. d. Wuchsform v. Kartoffeln d. Sorte 'Majestic' durch Wachstumsregulatoren bei zeitl. differenzierter Anwend. 07-0041.

F u t t e r p f l a n z e n : Wirk. v. Tageslänge, Vernalisation u. Gibberellsäure auf d. Blühen v. Weißer Lupine 11-0083.

S o n s t i g e K u l t u r e n : Wechselwirk. v. Auxin u. Gibberellin in d. Morphogenese 10-0062; Wirk. einiger Wachstumsregulatoren auf Ertrag u. chem. Zusammensetz. v. Ackerbohne 07-0025; Mitwirk. bei Apikaldominanz bei Sojabohne u. Sequoia 07-0047; Einfl.: auf anat. Stengelaufbau bei Hanf

07-0052; - auf N-, P- u. K-Geh. in Hanfpflanzen 08-0365; morphogenet. Interaktion v. angewandtem Gibberellin bei Circaea intermedia 08-0089; Bezieh. zw. Samenschale u. Gibberellsäure bei d. Keim. v. Stechapfel 11-0084; Wuchsstoffe u. d. Rost d. Ackerkratzdistel 12-1230.

G e m ü s e : Synergist. Hemm. d. Samenkeim. v. Kohl durch Kumarin u. 2-Chloräthyl-trimethyl-ammoniumchlorid u. ihre Aufheb. durch Gibberellsäure 09-0081; Determination d. Geschlechter bei Gurken (Einfl. d. Gibberellins auf d. Differenzier. d. Geschlechter d. Blüten bei einhäusigen Gurkenpflanzen)08-0812; Einfl. v. Gibreskol auf d. Ausbild. männl. Blüten bei d. Gurke 10-0554; vergleichende Wirk. v. Indol-3-Essigsäure, Kinetin u. Gibberellsäure auf d. Wachstum isolierter Kotyledonen v. Kürbis 08-0074; Wechselwirk. mit Kolchizin bei Kontrolle d. Streck. d. Hypokotyls bei d. Melone 07-0056; Veränder. d. endogenen Gibberellins während d. Entwickl. v. Bohnensamen (durch GS_1 hervorgerufene Änder. in sauren u. neutralen Fraktionen) 08-0107; morphol. Änder. u. Wasserverlust mit Gibberellin behandelter Buschbohnen 07-0053; Stimulier. d. Blattstielabtrenn. durch Zukker u. Gibberellsäure bei Buschbohne 07-0049; Reaktion v. Erbsen auf Gibberellsäure 08-0082; Einfl. v. Gibberellsäure auf d. Entwickl. v. Erbsenpflanzen, Sorte 'Annonay', d. mit Corynebacterium fascians infiziert waren 08-0941; Einfl.: verschied. Kulturbeding. auf Wachstum, Entwickl., O_2-Verbrauch u. a. Eigensch. d. Wurzeln v. Erbse 10-0029; - d. Nährstoffaktoren auf d. Reaktion v. Erbsen auf Gibberellsäure 08-0338; - auf verzwergte u. normale Erbsenpflanzen 12-0080; - v. CCC in einer nicht inhibierenden Dosis auf Niveau endogener Gibberelline in Erbsenpikotylen 12-0051; Vererb. d. Merkmals 'Gibberellin induzierte Heterostylie' bei d. Tomate 08-0808; chem. Regulier. d. Blüte bei Tomaten 12-0771; Rhabarberstangenfarbe u. -produktion beeinflußt durch Gibberellin 12-0795; Einfl. auf Wachstum u. Entwickl. v. Spinatsorten 12-0799.

O b s t g e h ö l z e : Versuchserfahr. mit Gibberellsäure (1966) 07-0645; Eigensch. v. Apfelsorten u. Gibberellinen bei d. Induktion parthenokarper Früchte 09-0633; Wachstum d. Aprikosenfrucht (Wirk. v. Gibberellsäure) 09-0078; Ausdünn. v. 'Thompson Seedless' vor d. Blüte in Kombination mit Gibberellinspritz. z. Blütezeit 07-0664; Beeinfluss. d. Blühens d. Erdbeere (Rolle d. Gibberelline) 07-0658; Verwend. bei Vermehr. v. Schwarzen Johannisbeeren durch Steckholz, Steckl. u. Abrisse 12-0910; Parthenokarpie bei Heidelbeeren durch Gibberellsäure 10-0633; Einfl. v. Gibberellin u. Heteroauxin auf Wuchs u. Entwickl. v. Rebsetzl. 07-0675.

Z i e r p f l a n z e n : Wachstumsreaktion v. Salvia splendens auf Blattapplikation v. Gibberellsäure 08-0708; Verkürz. d. Jugendphase für d. Blühen bei Kalanchoe primata 09-0698; Wirk. auf ruhende Terminalknospen v. Flieder 10-0662.

<u>Gibbsit</u> s. unter Minerale (einschl. Tonminerale) - Oxyde.

<u>Gibreskol</u> s. unter Gibberellin (Gibberellinsäure).

<u>Gladiole</u> s. Gladiolus.

12-0684; Lichtverteil. im Freiland 10-0097; Aussaatnorm bei d. Gemischen Mais u. Soja sowie Zuckersorghum u. Soja z. Silagegewinn. 11-0540.

P h y s i o l o g i e : Besonderh. d. Bild. u. Tätigk. d. photosynth. App. v. Pflanzen bei künstl. Mischanbau 11-0141; photosynthet. u. Dunkelfixier. v. $^{14}CO_2$ an abgetrennten Sojabohnenkotyledonen 10-0035; apparente Photosynthese in Freilandbeständen 10-0034; N-Metabolismus während früher Entwicklungsstadien 10-0039; Mitwirk. d. Gibberellins bei Apikaldominanz 07-0047; Bezieh. zw. 2,4-D-induzierten Wachstumsabweich. u. Veränder. d. Nukleinsäurebild. bei Säml. 07-0057; Ertrag u. Eiweißstoffwechsel bei verschied. Arten d. Einbringens v. Mo-Dünger 11-0401; Einfl. d. bakteriellen Pustelkrankh. auf nahverwandte Stämme 07-0454.

C h e m i e : Biochem. Charakteristik v. Samen u. Fett einiger Sorten 11-0090; Qualität d. Samen 11-0098; Löslichkeits- u. Ultrazentrifugenuntersuch. an Sojabohnenglobulinen 12-0105; Untersuch. d. Legoglobine aus Knöllchen durch Scheibenelektrophorese in Polyakrylamid-Gel 11-0103.

S o j a b o h n e u n d B o d e n e i g e n s c h a f t e n , K n ö l l c h e n b a k t e r i e n : Stammspezif. ineffektive Knöllchenbildungsreaktion bei Soja 08-0212; Verteil. d. Knöllchenbakterien in meeresnahen Böden u. d. Einfl. d. Düng. 10-0162; Korrelat. d. physiol. Eigensch. mit d. Knöllchenbildungsfähigk. bei Rhizobium japonicum 11-0197; Serogruppen v. Rhizobium japonicum in Knöllchen unter d. Einfl. v. Bodenvarietäten 11-0198; Veränder. d. Soja-Wurzelkultur, induziert durch Rhizobium japonicum 11-0199.

S o r t e n , S a a t g u t : Prüf. einiger Sorten für d. gemeinsamen Anbau mit Mais z. Silagegewinn. 08-0557; Anerkennung d. neuen Sorte 'Rhosa' 12-0618; Vorbehandl. v. Saatgut mit Bernsteinsäure 10-0361; Qualitätsverlust bei Lager. durch Stinkwanzenbefall 10-0367.

E r n ä h r u n g , D ü n g u n g : Aufn. u. Wiedergabe v. Mineralstoffen durch Laubblätter (Beweis d. gleichzeitigen Aufn. u. Wiederabgabe v. P, K, Ca u. N sowie d. Wirk. d. Köpfens auf d. Abgabe dieser Mineralstoffe durch Blätter) 10-0275; RNS, DNS u.a. P-Fraktionen unter Einfl. hoher P-Ernähr. 07-0313; Mechanismen für Beweg. v. Mn, Fe, B, Cu, Zn, Al u. Sr aus einem Boden z. Oberfläche v. Wurzeln 07-0290; Fe- u. Ca-Aufn. in Bezieh. zu Wurzelsaft- u. Stengelexsudat-Zitrat 07-0294; Ertrag u. Eiweißstoffwechsel bei verschied. Arten d. Einbringens v. Mo-Dünger 11-0401; Wirk. v. Ausbringungstiefe u. wurzelhemmenden Chemikalien auf d. Aufn. v. ^{85}Sr 10-0307.

U n k r a u t b e k ä m p f u n g : Chem. Unkrautbekämpf. 11-1061; Erprob. v. Prometryn geg. Unkräuter 12-1334.

P h y t o p a t h o l o g i e : Pentatomiden als Überträger d. yeast-spot-Krankh. 11-0944; Veränder. im Pigment-, ^{32}P- u. Stärke-Anteil auf gleichen Einzelblättern, infiziert mit Cercospora sojina 12-1195; Bek. d. Braunstengelfäule durch Mais-Sojabohnen-Rotationen 12-1244; Bewert. v. fungiziden Saatbeizen 10-0923; Resistenz gegen Nematoden 10-0417; Vgl. d. Populationsanstieges von Pratylenchus brachyurus u. P. zeae u. d. Sojabohnensorten 'Lee' u. 'Peking' 12-1111.

E r n t e : Pflügen u. Behandl. d. Ernterückstände bei d. Produktion in einer Soja-Getreide-Fruchtfolge 11-0490.

Z ü c h t u n g : Vererb. linienspez. Unterbleibens d. Knöllchenbild. 10-0738; Bewert. einer Population v. Sojabohnen-Genotypen in Verbind. mit Leistungssteiger. bei Selbstbefrucht. 12-1037; Wirk. v. Kreuz. u. Bestrahl. mit therm. Neutronen auf quantitative Merkmale 11-0791.

spec., Reaktion auf Versalz. (Unterschiede zw. Glycine-Sorten in Trockensubstanzmasse sowie N- u. Wassergeh.) 07-0285.

Glykoalkaloide s. unter Alkaloide.

Glykogen s. unter Kohlenhydrate- Polysaccharide.

Glykoside, Bezieh. zw. Schwarzrostresistenz u. Konzentration eines Glukosids bei Weizen 07-0937; Vorkommen u. Verbreit. d. Isoflavone als Glykoside bei einigen Trifoliumarten 09-0102; Anhäuf. v. herzwirksamen Glykosiden in Blättern d. Wolligen Fingerhuts u. Veränder. ihrer biol. Aktivität 10-0092; Glykoside aus d. Samen v. Strophantus gratus 11-0122.

A m y g d a l i n : Bild. während d. Reif. d. Früchte v. Mandelbaum 11-0118.

I s o f l a v o n : Papierchromatographie d. Isoflavon-Phytoöstrogene 10-0089.

S c o p o l i n : Identifizier. z. Scopolin in Gewebekulturen v. Tabak u. Veränder. d. Menge im Verlauf d. Wachstums 10-0090.

Glyodin-Dodine s. unter Fungizide.

Gomphrena globosa, Wirk. v. Rotklee-Blütenextrakt u. Glukose auf d. Infektion v. Gomphrena globosa durch d. Rotkleeadernmosaikvirus 08-0897.

Gossypium (Baumwolle)

arboreum, biochem. u. genet. Untersuch. an Wirt-Parasit-Bezieh. Aminosäureveränder. u. Amidsynth. bei anfäll. u. resistenter Wirt-Parasit-Wechselbezieh. 07-0850.

hirsutum, Photoperiodismus in Verbind. mit d. Konstruktion d. Strauches 11-0571; Entwickl. d. Photosynth. in Keimpflanzen 11-0047; IES-Oxydase bei Kontrolle d. Blattabwurfes 10-0032; biochem. u. genet. Untersuch. an Wirt-Parasit-Bezieh. Aminosäureveränder. u. Amidsynth. bei anfäll. u. resistenter Wirt-Parasit-Wechselbezieh. 07-0850.

mexicanum var. nervosum, Photoperiodismus in Verbind. mit d. Konstruktion d. Strauches 11-0571; neue Meth. d. Kurztag-Behandl. 07-0508.

peruvianum, Photoperiodismus in Verbind. mit d. Konstruktion d. Strauches 11-0571; neue Meth. d. Kurztag-Behandl. 07-0508.

spec., Anbau in Spanien 07-0509; klimat. Gleich. d. Entwicklung landwirtsch. Gesichtspunkte 09-0515; diurnale Variation d. Blatt- u. Samenkapseltemp. bei Bewässer. u. Aufwuchs unter 2 verschied. Bodenfeuchtebeding. in einem semiariden Klima 07-0103; Ermittl. d. Bewäss.-haushaltes v. Baumwolle, d. auf zimtfarbenen Wiesenböden Bulgariens angebaut wird 11-0569; Vertief. d. Ackerkrume d. Bodens vor d. Anbau v. Baumwolle auf Schwarzerde-

Smolnitza-Böden 11-0262; Faktoren, d. d. Sensibilität gegen Äthylenimin u. Aethylmethansulfonat beeinflussen 12-1013.

P h y s i o l o g i e : N-Metabolismus u. d. Lebensfähigk. v. Keiml. 08-0061; Wirk. v. Temp. auf quantitative Unterschiede v. Ausscheid. aus keim. Samen 08-0052; Auslese v. Keiml. bei herabgesetzten Temp. 08-0583; wachstumsbeschleunigende Subst. in Fasern 11-0112; durch CCC beschleunigte Blattstielabtrenn. 09-0083; Wirk. d. 1-Naphthyl-n-methylkarbamates "Sevin" auf Keim., Wachstum u. Ertrag v. Pflanzen 07-0059; Einfl. v. Defolientien auf Nukleinsäuregeh. in Blättern 09-0063; Kohlenhydrate u. freie Aminosäuren d. Wurzelsystems bei Welkekrankh. 12-0054.

E r n ä h r u n g , D ü n g u n g : Akkumulation v. Tr.-Subst., N, P, K u. Ca in Blütenknospen, Blüten u. Früchten verschied. Alters, verschied. Lage u. verschied. Fruchtzweige 08-0368; Löslichk. d. Bodenphosphate in Abhängigk. v. d. Zusammensetz. d. absorbierten Alkalien u. d. Aufnehmbark. verschied. Phosphate 09-0369; Nachwirk. v. Mikrodüngern auf äußere Saatqualität 11-0570.

S a a t g u t : Physiol.-biochem. Veränder. in Samen während d. Lager. bei unterschiedl. Luftfeuchtigk. 07-0404; Nachwirk. v. Mikrodüngern auf äußere Saatqualität 11-0570.

U n k r a u t b e k ä m p f u n g : Toxizität v. DSMA-Rückständen 11-1054; Einfl. v. Nachauflaufherbiziden auf d. Faserqualität selektierter Sorten 07-1063.

P h y t o p a t h o l o g i e : Wirk. d. Saatgutbeiz. mit Granosan auf d. Vorherrschen d. Pilze in d. Wurzelzone v. Baumwollpflanzen 12-1263; Sorbinsäure als Hemmstoff d. Pilzes Fusarium vasinfectum, einem Welkeerreger 12-1229; Gewächshaustest für d. Untersuch. d. Fusarium-Welke 12-1236; Eindringen u. Entwickl. v. Verticillium albo-atrum in d. Pflanze 07-0975; Wirtspflanzenkreis u. Differenzier. einer schweren Form v. Verticillium alboatrum 07-0976; Prüf. einiger Akarizide im Freiland gegen d. Spinnmilbe Tetranychus atlanticus an Baumwolle 11-1029; S zur Unterdrück. od. Bek. v. Spinnmilben 12-1266; Testversuche im Gewächshaus u. in Freilandkäfigen mit system. Insektiziden z. Bek. v. Lygus lineolaris 12-1274; Abbau d. o-[Methylkarbamoyl]-oxims d. 2-Methyl-2-[methylthio]-propionaldehyds in d. Pflanze u. im Insekt 09-1017.

Z ü c h t u n g : Verwend. v. Strahlen u. chem. Mutagenen z. Gewinnen neuer wirtsch. wertvoller Formen d. Pflanze 08-0853; Einfl. verschied. Bestäubungsarten u. d. Wurzelernähr. d. Eltern auf Vitalität u. Befruchtungsfähigkeit d. Pollens bei d. Nachkommensch. 10-0787.

<u>Gräser</u> s. auch Futterpflanzenbau - Nichtleguminosen und Gras-Leguminosengemische; Getreide; Grünland; spezielle Gräser s. unter dem betreffenden Stichwort.

Gräserarten für Grünflächen (1957-61) 07-0700; Versuch mit verschied. Arten im Westland 11-0560; Pflanzen z. Böschungsbefestig. d. Halden im Ostrava-Geb. 08-0304; Beschleunig. d. Vermehrungsanbaus mehrjähr. Gräser 10-0497;

N-Abgabe d. Leguminosen an d. Gramineen bei Mischanbau u. Beeinfluss. d. Mineralstoffgeh. d. Gramineen durch d. Leguminosenpartner 08-0556; Einfl. gesteigerter N-Gaben unterschiedl. Reihenabstände auf Futterertrag, Futterqualität u. Wurzelrückstände verschied. Feldfuttergräser 12-0693; Zuckerrübenanbau nach Futtergräsern (Wirk. eingepflügter Grasrückstände auf Zuckerrübenwachstum) 10-0434; Toxizität v. Wurzelrückständen einiger Ungrasarten 12-1319.

Physiologie: Gesetzmäßigk. d. Wachstums d. Blätter u. vegetativen Triebe 09-0068; kausale Zusammenhänge zw. vegetativer Sproßentwickl. im Herbst u. generativer Triebbild. im Frühjahr 10-0495; Gefäßversuche über Zuwachsverlauf nach einer Nutz. 11-0576; Einfl. v. Kulturbeding. auf Wachstum isolierter Embryonen in vitro 09-0084; Physiol. d. Blütenbild. bei Futtergräsern 10-0057; Keim. d. Samen v. Grünlandpflanzen bei alternierenden Temperaturen 12-0715; Zusatzbestäub. in Samenbeständen 10-0491; Unterschiede in d. Empfindlichk. gegenüber Eisenchlorose bei Grasarten, d. auf Torfauflagen wuchsen 11-0353; Einwirk. chem. Antitranspirationsmittel auf Transpiration u. Wachstum 12-0435.

Chemie: Einfl. v. Klima, Düng., Alter u. genet. Herkunft auf chem. Zusammmensetz. 08-0094; Asche- u. Energiegeh. in Material v. 7 Futtergräsern 09-0814; Zuckergeh. v. Wiesenpflanzen 10-0076; Erträge u. Mineralstoffzusammensetz. v. Arten, d. auf sauren Graslandböden wuchsen 12-0700; Einfl. steigender Salzkonz. d. Bodenlös. auf Wachstum, Ertrag u. Stoffgeh. 11-0322.

Ökologie: Reaktion v. 3 Gräsern auf 2 Bodenarten u. verschied. Entfern. v. Grundwasser 08-0120; Differenzier. in Ökotypen bei 4 nordamerik. Präriegräsern (chromatograph. Unterschiede) 10-0096.

Gräser und Bodeneigenschaften: Einfl. unter natürl. Beding. auf d. Verbesser. d. Bodenfruchtbark. 10-0218; Wasserhaushalt auf Kreideboden 07-0159; Fruchtbarkeitsentwickl. unter Gräsern 11-0253.

Saatgut: Erzeug. v. Saatgut 10-0493; rationelle Grassamenerzeug. in d. DBR 10-0500; Bedeut. d. Grassamenbaus für d. Niederländ. Ackerbaubetriebe 10-0492; Erfahr. ungar. Großbetriebe in d. Erzeug. v. Grassaatgut 10-0499; Organisation d. Samenbaues mehrjähr. Gräser u. Erziel. hoher Saatguterträge im nordwestl. Geb. d. RSFSR 10-0498; Saatguterzeug. bei mehrjähr. Gräsern in d. Estn. SSR 10-0489; Einsatz v. CCC im Grassamenbau 12-0691; Wirk. v. Sägemehl auf Keim. u. Sämlingswachstum verschied. Rasengräser 11-0723; Herabsetz. d. Verluste bei d. Ernte v. Samen 10-0368; 10-0370; Kaltlager. v. Grassaatgut 10-0365.

Ernährung, Düngung: Wirk.: d. Wasserversorg. auf Substanzbild. u. Stoffaufnahme bei Futtergräsern 08-0361; -steigender Salzkonz. auf Wachstum, Ertrag u. Stoffgeh. 11-0322; - gesteigerter N-Gaben unterschiedl. Reihenabstände auf Futterertrag, Futterqualität u. Wurzelrückstände verschied. Feldfuttergräser 12-0693; Reakt. verschied. Arten auf N-Dünger u. Wachstum in Gemeinsch. mit Weißklee (Ertrag d. N) 12-0672; Na- u. K-Geh.

Erysiphe cichoracearum u. d. Wirt-Parasit-Wechselbezieh. 11-0951; Feldmeth. d. Infektion mit Falschem Mehltau 12-1040; Virulenz v. Orobanche unterschiedl. Entsteh. u. Resistenz bei Sorten 12-1039.

E r n t e , E r t r a g : Einfluß d. Erntetermine auf Ertrag und Marktwert d. Körner 10-0419.

Z ü c h t u n g : Zwischenartenhybridisierung 11-0795; Komb. v. Linien bei Erzeugung v. Zwischenlinienhybriden 11-0794; zytogenet. Untersuch. d. Artbastarde H. annus x H. ruderalis 08-0772; Kreuz. mit Onopordon acanthium 09-0775; Plastidenstruktur carotinoid-defizienter Mutanten (gelbe Mutante) 08-0773; männl. Sterilität z. Erzeug. einfacher Hybriden 07-0796; zytoembryol. männl. Sterilität 10-0743; chemische Kastration 09-0776; wirtsch. wertvolle Formen durch Bestrahlung mit Röntgenstrahlen 11-0793; morphol. Differenzierung d. peripheren zungenart. Blüten 11-0021; Züchtung auf hohen Ölgehalt 10-0744; Züchtung auf hohen Ölgehalt bei Trockenheit 10-0745; Virulenz v. Orobanche unterschiedl. Entstehung und Resistenz bei Sorten 12-1039.

<u>ruderalis</u>, zytogenet. Untersuch. d. Artbastarde H. annuus x H. ruderalis 08-0772.

<u>tuberosus</u> (Erdartischocke, Erdbirne, Topinambur), Topinambur-Schweineweiden 10-0446; Isolier. u. Charakterisier. v. Uridindiphosphatfruktose aus Knollen 11-0097.

<u>Heliothis</u>

<u>virescens</u> (Knospenwurm), Bek. mit einem Kernpolyeder-Virus, EPN u. 2 neueren Insektiziden 08-0978; Wirk. subletaler Mengen bestimmter Insektizide auf Eier, Larven u. Imagines v. 2 Arten 07-1026.

<u>zeae</u> (Baumwollkapselwurm), Einfl. d. Umwelt auf d. Schaden an Mais 12-1126; Resistenzmechanismus v. Zahnmais gegen d. Maiszünsler 12-1127; Bek. mit einem Kernpolyeder-Virus, EPN u. 2 neueren Insektiziden 08-0978; Wirk. subletaler Mengen best. Insektizide auf Eier, Larven u. Imagines v. 2 Arten 07-1026.

<u>Helleborus niger</u>, Ditylenchus dipsaci-Schaderreger an Helleborus niger 07-0874.

<u>Helminthosporium</u>

<u>atrovirens</u> (Silberschorf der Kartoffel), Fehlen d. Erregers in urbargemachten Böden 09-0933.

<u>bicolor</u>, Hauptfruchtform 07-0867.

<u>papaveris</u>, Einfl. d. Heterosis d. Mohns auf Befall d. Mohnköpfe (Anteil d. gesundheitl. Heterosiseffektes auf d. Ertrag) 07-0795.

<u>pedicellatum</u>, Auftreten einer Wurzelfäule bei Mais 12-1181.

<u>sativum</u> (syn. Cochliobolus sativus; Blattfleckenkrankheit der Gerste), Verhalten v. Gerstenlinien gegenüber Wurzelfäule, Blattfleckenkrankh. u. Ährenfäule 09-0929; Fungistasis einiger Böden Saskatchewans unter bes. Bezugnahme auf Cochliobolus sativus 12-1095.

<u>turcicum</u> (Blattfleckenkrankheit des Maises), lokalisierte Infektion an

Einfl. auf d. Entwickl. v. Bodenalgen 10-0167; Wirk. auf Rhizobium (Empfindlichk. v. Rhizobium gegen Herbizide) 09-1036.

R ü c k s t ä n d e : Herbizidrückstände 12-1310; Rückstände v. grasvernichtenden Herbiziden in Zuckerrüben 11-1047; Schäden durch Herbizide 09-1043; Rotation selektiv wirkender Herbizide bei d. Unkrautbek. 11-1056; Abbau v. Dimethyltetrachlorterephthalat 09-1041.

E i n s a t z b e i s p e z i e l l e n K u l t u r e n : Anwend. gegen monokotyle Unkräuter 10-0999; chem. Mittel u. Unkrautbek. in Vermehrungskulturen 11-1071; Reaktion d. Getreidesorten auf d. bisher verwendeten Herbizide 12-1312; chem. Unkrautkontrolle in Kartoffeln 09-1047; Einfl. d. Applikation auf Kartoffelsorten u. Pflanzgutwert 08-1030; Vorauflauf-Herbizide z. Kartoffeln in d. Ardennen 11-1062; selekt. chem. Unkrautbek. in Zuckerrüben 12-1331; Beeinfluss. d. Pflanzenbestandes verschied. Grünlandstandorte durch Herbizide u. Düngemittel 10-1004; Eigensch. u. Anwendungsbereich selektiv auf Gräser wirkender Herbizide 10-0977; Bek. v. einjähr. Unkräutern in Grasansaaten 07-1065; Anwend. in Weißkleebeständen z. Samengewinn. 11-1067; Herbizide in Kulturen v. Linse u. So-Wicke 07-1059; Anwend. in Krambe 12-1324; biochem. Eigensch. d. Saatguts als Merkmal d. Herbizidresistenz d. Faserflachssorten 11-1050; biochem. Besonderh. d. Saatguts als Kennwert d. Widerstandsfähigk. v. Faserleinsorten gegen Herbizide 08-1029; chem. Unkrautbek. in Tabak 12-1354; Anwend. bei d. Tabakjungpflanzenanzucht 11-1070; Einfl. v. Nachauflaufherbiziden auf d. Faserqualität selektierter Baumwollsorten 07-1063; Herbizidanwend. bei d. Süßkartoffelerzeug. 11-1063; Herbizide bei d. Unkrautbekämpf. in Pfefferminzplantagen 11-1091; Herbizide auf Gemüseplantagen 11-1073, 11-1077; Einsatz im Feldgemüsebau 12-1337; Leist. v. Vorauflaufherbiziden unter Petroleummulch für Gemüse mit Furchenbewässer. 10-0983; Herbizide für Unkrautbek. in Buschbohnen 10-0988; Herbizide z. verschied. Erbsensorten 11-1076; Herbizide bei Tomaten 11-1079; Wirk. u. Nachwirk. in Zwiebeln u. Möhren 07-1073; chem. Unkrautbek. in Möhrenbeständen auf torf. Marschböden 12-1339; Obstanlagen ohne Unkraut 11-1080; kurz- u. langfrist. Einfl. v. Herbiziden auf neugepflanzte u. ertragsfäh. Pfirsich- und Apfelbäume 12-1345; Herbizide in Erdbeerplantagen 11-1081; Wirk. in Kulturen d. Schwarzen Johannisbeere 07-1072; jahreszeitl. Veränder. d. Bodenstruktur in herbizidbehandelten Weinbergsböden auf Tonschiefer- u. Muschelkalkverwitter. 12-0205; verschied. Herbizide im Weinbau in Friuli 12-1344; Unkrautbek. bei Lilien 12-1347; Schadbilder durch Anwend. in Narzissen 09-1037.

Spezielle Herbizide

A f a l o n [3.4-Dichlorphenylmethoxylharnstoff]: Chem. Unkrautbekämpf. in Anis- u. Fenchelbeständen 11-1089.

A l i p u r [BiPC + OMU]: Einfl. auf d. Bodenmikroflora 09-0190; chem. Bek. d. Unkrautes in Gemüsekulturen (Möhre, Sellerie, Petersilie, Rote Rübe) 12-1340; Einbringungsart in d. Boden 07-1043.

A m i b e n (3-Amino-2,5-Dichlorbenzoesäure): Einfl. d. Bewässer. u. Formulier. auf d. Aktivität v. NPS, Amiben u. DCPS 07-1036; Wechselwirk. v. Niederschlägen u. Wirksamk. v. Vorauflaufherbiziden 10-0982.

3 - A m i n o t r i a z o l : Wirk. auf Oligochaeta-Arten 12-0259.

A m i t r o l [3-Amino-1.2.4-triazol; ATA]: Veränder. im Aminosäurebestand durch Amitrol 10-0041; Einfl. auf d. Geh. an Zn, RN-ase, Eiweißstoffen u. RNS in d. Pflanzen v. Mais 11-0058.

A n t i g r a m i g n a : Chem. Unkrautbek. bei Tabak in Süditalien 12-0664.

A t r a z i n [2-Chlor-4-äthylamino-6-isopropylamino-triazin]: Hydrolyse v. Atrazin im Boden 12-0265; Extrakt. u. Bestimm. v. Atrazin im Boden 11-1043; Abbau v. ^{14}C-markiert. Atrazin in Bodenproben 11-0209; Einfl. d. Pflanzen auf d. Inaktivier. v. Bodenherbiziden am Beisp. v. Simazin und Atrazin 12-1306; Toleranztest nach 3-jähr. Laufzeit 09-1039; chem. Unkrautbek. in Mais u. Sorghum u. phytotox. Rückstände im Boden 12-1311; 2-malige Behandl. d. Maisbestände mit Herbiziden 11-1060; gegen Flughafer in Maiskulturen 07-1058; Verlust im Boden durch Mais, Hirse u. Johnsongras 07-1045; chem. Unkrautbek. in Sorghum-Beständen 07-1057; Spritzversuche zu verschiedenen Hirsearten 07-1056; Atrazin-Resistenz bei Lein 11-1051; Unkrautbek. in Himbeerplantagen 11-1083; Wirk. v. appliziertem Atrazin bei d. Unkrautbekämpf. in Himbeeren im Küstengeb. v. Britisch-Golumbia 11-1082; Herbizide bei d. Unkrautbek. in Ölrosenbeständen 11-1088; chem. Unkrautbek. bei Rosen 07-1069; Einfl.: auf d. Bodenbakterien in Abhändigk. v. Nährsubstrat 07-1044; auf d. Wachstum v. Rhizoctonia solani 08-0852; auf Oligochaeta-Arten 12-0259.

A 1 8 1 o (Propazin + Prometryn): Vorauflaufherbizid im Kartoffelbau unter Berücksichtig. d. Pflege bis z. Applikation 09-1046.

B a r b a n [N-(3-Chlorphenyl)-Karbaminsäure-4-chlorbutinylester; Carbyne]: Maßn. z. Bek. d. Wildhafers im Bez. Suhl 12-1323.

B i - 3 4 1 1 : Wirksame Unkrautbek. im Zuckerrübenbau 09-1048; Maßn. z. Bek. d. Wildhafers im Bez. Suhl 12-1323.

B i 3 4 3 1 : Neues Herbizid in Hackfrüchten auf d. Basis v. Trichlorazetaldehyd-Hydrat 12-1301.

B r o m a z i l [5-Brom-3(sec.-butyl)-6-methyluracil]: Bestimmungsmeth. in Böden u. Pflanzengeweben 10-0987.

B r o m o x y n i l : Einfl. d. Temp. u. Bo.-feucht. auf d. Phytotoxizität 07-1038.

B V - 2 0 1 : Eigensch. u. Charakteristika neuer Herbizide auf d. Basis v. N-Aryllaktam 12-1305.

B V - 2 0 7 : Eigensch. u. Charakteristika neuer Herbizide auf d. Basis v. N-Aryllaktam 12-1305.

C a r b e t a m i d [D-2-Phenylcarbamoyloxy-N-äthyl-propionamid]: Persistenz in Böden 10-0981.

C a s o r o n : Wirk. auf d. vegetative Entwickl. v. Obstgehölzen 10-0602.

C D E C [Diäthyldithiokarbaminsäure-2-chlorallylester]: Einfl. d. Temp. u.a. Faktoren auf d. Verlust v. CDEC auf d. Bodenoberfläche 07-1040.

2 - C h l o r - N - i s o p r o p y l a z e t a n i l i d : Unkrautbek. in

Kruziferen-Kulturen mit 2-Chlor-N-isopropylazetanilid 11-1074.

C h l o r t h i a m i d [2,6-Dichlorthiobenzamid]: Chlorthiamid gegen Ackerwinde in Korbweidenkulturen 11-1090.

C I P C [N-(3-Chlorphenyl)-carbaminsäureisopropylester; Chlorpropham; Chloro-IPC]: Verdampfungsverluste 07-1039; Verhalten v. einer Chlorpropham-Spritzemulsion im Boden 09-1042; Anwend. im Weißkleesamenbau 12-1327.

4 - C P A [4-Chlorphenoxyessigsäure]: Analyse v. Rückständen in Tomatenfrüchten 07-1048.

2 . 4 - D [2.4-Dichlorphenoxyessigsäure]: Einfl. auf Wasserhaushalt u. Pflanzenertrag bei verschied. Bodenfeuchten 10-0975; Einfl. auf Aufnahme u. Nutz. v. Nährstoffen durch Pflanzen verschied. system. Gruppen 11-0314; Einfl. d. Temp. u. Bodenfeuchtigk. auf d. Phytotoxizität v. 2,4-D-Ester 07-1038; Rolle v. Phosphaten z. Erhöh. d. Wirksamk. v. Herbiziden 08-1025; brühsparendes Aviospritzen 07-1041; Anwendungszeit im Getreide 09-1045; 2,4-D bei Gerste u. Weizen 08-1026; Wirk. d. Feldapplikat. u. Fe-Gaben auf Ertrag u. Proteingeh. v. Weizen u. Gerste sowie d. Ertrag v. Bonnen 11-0443; ökon. Nutzeffekt d. Anwend. bei Körnermais 08-1041; biol. Wirk. u. Rückstandswirk. auf d. Basis v. Triazin u. Phenoxyessigsäure auf Unkräuter in Mais auf Tschernosem in Südbačka (Einfl. auf Unkräuter in Mais) 07-1061; Reakt. einiger Faserleinsorten auf d. Behandl. mit d. Herbiziden 11-1064; Wirkungserweiter. durch ihren Einsatz in Faserleinkulturen widerstandsfähiger Sorten 11-1065; Einfl.: d. Vorfrucht auf d. Wirk. v. Herbiziden in Ölleinkulturen 11-1066; - und Nachwirkung auf Grünland 07-1064; Beziehung zwischen induzierten Wachstumsabweich. und Veränder. d. Nukleinsäurebildung bei Sojabohnen-Säml. 07-0057; Wirk.: auf geschnittene u. ungeschnittene 'Tokayer'-Reben bei Anwendung während d. Ruheperiode 12-0913; - auf Oligochaeta-Arten 12-0259.

D a l a p o n [2.2-Dichlorpropionsäure]: Aviochem. Applikat. auf Entwässerungsgräben bei Abdriftwirk. 07-1067; Unkrautbek. in Zuckerrübenbeständen 08-1037; Prüf. v. Simazin u. Dalapon in Beerenobst 12-1353.

2 , 4 - D B [2.4-Dichlorphenoxybuttersäure]: Anwend. im Weißkleesamenbau 12-1327.

D C P S [2,3,5,6-Tetrachlorterephthalsäure]: Einfl. d. Bewässer. u. Formulier. auf d. Aktivität 07-1036.

D e s m e t r y n : Einsatz u. Feldberegn. 09-1038.

D i c a m b a [2-Methoxy-3.6-dichlorbenzoesäure]: Einfl. v. Temp. u. Bodenfeuchtigk. auf d. Phytotoxizität 07-1038; Stoffwechsel v. Dicamba in Weizen u. Wiesenrispe 07-1037.

D i c h l o b e n i l [2,6-dichlorbenzonitril]: Bedeut. d. Granulier. für d. Unkrautbek. in mehrjähr. Kulturen 12-1307.

D i c h l o r a l - H a r n s t o f f : Anwend. bei d. Aussaat v. Sonnenblumen 07-1062.

D i c h l o r p r o p [2-(2,4-Dichlorphenoxy)-propionsäure; 2,4 DP]: Unkrautarten d. Gatt. Polygonum (Unterschiede in Samenmasse u. Keimungsverhalten bei P. lapathifolium) 10-0990; Wirk. u. Nachwirk. auf Grünland 07-1064.

Wirk. v. appliziertem Simazin bei d. Unkrautbek. in Himbeeren im Küstengeb. v. Brit. Columbia 11-1082; Anwend. z. Unkrautbek. in Ertragsanlagen d. Rebe 07-1068; Keimfähigkeitstoleranz gegenüber EPTC, TOK-E25 u. Simazin bei Samen d. Zitrone u. Pampelmuse 07-0513; chem. Unkrautbek. bei Rosen 07-1069; Herbizide bei d. Unkrautbek. in Ölrosenbeständen 11-1088; Wirk. auf Oligochaeta-Arten 12-0259.

S o l a n [N-(3-Chlor-4-methylphenyl)-2-methylpentanamid; CMA]: Chem. Bek. d. Unkrautes in Gemüsekulturen (Möhre, Sellerie, Petersilie, Rote Rübe) 12-1340.

T B A [Trichlorbenzoesäure]: Schadenrisiko bei d. Praxisanwend. v. TBA 08-1032.

T C A [Trichloressigsäure]: Schadenrisiko bei d. Praxisanwend. v. TCA 08-1032; Unkrautbek. in Zuckerrübenbeständen 08-1037.

T e n o r a n : Stand d. chem. Unkrautbek. bei Erdbeeren 12-1346.

T H 6 8 5 [N-Methyl-2-Methoxy-3,6 Dichlorbenzanilid]: Selektive Phytotoxizität 10-0976.

T O K - E 2 5 : Keimfähigkeitstoleranz gegenüber EPTC, TOK-E25 u. Simazin bei Samen v. Zitrone u. Pampelmuse 07-0513.

T o p u s y n : Unkrautbek. in Vermehrungsbeständen v. Markstammkohl u. Grobkohlarten 12-1332; Unkrautbek. im gedrillten Futterkohl 12-1333; chem. Unkrautbek. in Kopfkohlbeständen 12-1338.

T r e f l a n : neues Herbizid 12-1304.

T r i a z i n : Schicksal v. 2-Chlor-s-triazin-Herbiziden im Boden 12-1309; Wirk. v. Triazin- u. Harnstoffderivaten auf d. Bodenmikroflora 11-1049; Triazine geg. Unkraut im Getreide 12-1316; biol. Wirk. u. Rückstandswirk. auf Unkräuter in Mais auf Tschernosem in Südbačka (Einfluß auf Unkräuter in Mais) 07-1061.

T r i a z o n : Wirk. auf d. SH-Gruppen in Pflanzen 11-1057.

T r i e t a z i n [2-Chlor-4-äthylamino-6-diäthylamino-s-triazin]: Prüf. in Kartoffelbeständen 12-1328.

2 . 4 . 5 - T [Trichlorphenoxyessigsäure]: Drieschbeseitig. mit 2,4,5-T in Dieselöl 12-1343; Wirk. d. Wassermangels auf Absorption u. Transport v. Picloram u. 2,4,5-T bei Buschbohnen 11-1048.

U v o n : Vorauflaufherbizid im Kartoffelbau unter Berücksichtig. d. Pflege bis z. Applikation 09-1046.

U v o n - K o m b i : Vorauflaufherbizid im Kartoffelbau unter Berücksichtig. d. Pflege bis z. Applikation 09-1046.

V e n z a r : Herbizide für Zuckerrüben 12-1329.

V e r n o l a t e [S-Propyldipropylthiokarbamat]: Einfl. d. Einbring. in d. Boden auf d. Wirk. gegen Cyperus esculentus, Richardia scabra u. Erdnüsse 08-1035.

W 6 6 5 8 : Veränder. d. Unkrautflora durch den Einsatz v. W 6658 in Erdbeerbeständen 07-1074.

W 6 7 3 3 (Prometryn + Simazin): Vorauflaufherbizid im Kartoffelbau unter Berücksichtig. d. Pflege bis z. Applikation 09-1046.

wirk. zw. Reaktorstrahl. u. Wuchsstoffgaben bei So-Gerste 11-0071; Wirk.: v. Maleinsäurehydrazid auf d. Kohlenhydratstoffw. verkümmerter u. saccharose-ernährter etiolierter Blätter 08-0045; - v. Cycocel u. seinen Analogen auf Wachstum u. Geh. an lös. Protein v. jungen Keiml. 11-0075; - v. CCC, Phosphon D u. Phosphon S auf Wachstum 11-0447; - v. CCC auf Wassergehalt u. Wachstumsmerkmale 08-0499.

C h e m i e : Veränderlichk. v. chem. Subst. in d. Körnern 08-0091; sek. gibberellinart. Subst. in unreifen Körnern 07-0082; Eiweißgeh. beim Weltsortiment 12-0099; Fraktionszusammensetz. d. Eiweißstoffe 10-0080; Eiweißveränder. u. Einfl. d. N-Subst. (Verteil. d. Eiweißstoffe im Korn u. ihr Metabolismus während d. Pflanzenwachstums) 10-0078.

G e r s t e u n d B o d e n e i g e n s c h a f t e n : Reakt. v. Sorten auf d. Bodenwasserspann. 08-0498; theoret. Fragen d. Bodenbearbeit. (Einfl. d. Bodenverdicht. auf Wachstum u. Ertrag) 07-0245; Traceruntersuch. d. O_2-Diffusion durch Wurzeln 11-0316; Beweg. v. ^{45}Ca u. ^{89}Sr in Böden u. d. Aufnahme durch Pflanzen, beeinflußt durch Kalziumazetat- u. Strontiumazetat-Behandl. d. Bodens 08-0146; Einfl. d. org. Düng. auf Respirationsaktivität d. Bodens unter Gerste mit Luzerneuntersaat 07-0162.

S o r t e n : Aussichtsreiche Sorten 12-0595; Mälz- u. Brauversuche in industriellem Maßstab mit Sorten d. Ernte 1964 07-0447; Reakt. v. Sorten auf d. Bodenwasserspann. 08-0498.

S a a t g u t : Einfl.: d. Saatgutgröße auf Jugendentwickl. 11-0469; - tiefer Temp. während d. Lager. bestrahlter Samen auf d. Bestrahlungseinwirk. 07-0394; - d. Wachstumsbeding. vor u. nach d. Bestrahl. auf d. Empfindlichkeit v. Samen gegenüber Neutronen 07-0766; Nachwäsche, Rücktrockn. u. Lager. bei ÄMS-behandelten Samen 10-0710.

B e s t e l l u n g : Frostaussaat 11-0446; Einfl. d. Aussaatnorm auf Braueigensch. 10-0406; Verhalten d. Wechselgerste bei verschied. Aussaatterminen 12-0594; Einfl. d. Anbautermins auf d. Resistenz einiger Gerstensorten gegen Gerstenflugbrand 12-0593.

E r n ä h r u n g : Besonderheit d. Stoffwechsels unter Anzuchtbeding. 09-0328; Ionenaufn. durch Wurzeln mit bes. Berücksicht. d. bei geringer Konz. auftretenden Vorgänge 11-0325; Rolle d. CO_2-Fixier. bei d. Akkumulation v. Ionen durch d. Wurzeln 09-0307; Reakt. v. Enzymen in vitro, d. an der CO_2-Fixier. beteiligt sind u. d. Salzaufn. durch d. Wurzeln begleiten 09-0308; Funktion d. freien Raumes d. Pflanzenwurzeln. Aufsaugefähigk. d. epidermalen u. Kortexzellen d. Wurzeln 08-0356; rel. Wachstumsrate unter d. Beding. einer durch Polyäthylenglykol erzeugten Wasserspann. 08-0359; Wirk. kleiner Dosen γ-Strahlen v. ^{60}Co auf Kulturpflanzenarten (Einfl. d. Bestrahl. d. Samen v. d. Aussaat auf d. Nährstoffaufn. durch Pflanzen) 08-0355; N-Ernähr. bei Futtergerste (Gefäßversuche mit verschied. So-Gerstengenotypen) 08-0371; N u. Cu 10-0298; Absorption u. Translokat. v. P durch Pflanzen 07-0312; Einfl. v. Mikroorganismen auf d. Absorpt. anorg. Nährstoffe durch lebende Pflanzen (Aufn. u. Verwert. v. P durch Gerstenpflanzen, d. unter sterilen u. unsterilen Beding. gewachsen sind) 11-0192; Wirk. v. divalenten u. a. Ionen auf K-Aufn. durch Wurzeln 07-0293; Rolle d. Austauschgleichgewichtes bezügl. anfängl. nicht austauschbaren K im Boden bei d. Aufnahmegeschwindigk. durch Pflanzen; Ernähr. d. Pflanzen 10-0292; aktiver Transport d. Na u. K in d. Zellen v. Wurzeln 11-0345; Wirk. v. Kalkstein, sowie v. N-, K- u. Mg-Düngern auf Mg-Absorption 09-0315; Ca- u. Mg-Aufnahme 10-0293; Sortenunterschiede bei d. Anhäuf. v. Sr u. Ca 09-0339; Beweg. v. ^{45}Ca u. ^{89}Sr in Böden u. d. Aufnahme durch Pflanzen, beeinflußt durch Kalziumazetat- u. Strontiumazetat-Behandl. d. Bodens 08-0146; Wachstum u. Cu-Aufnahme bei unterschiedl. Cu-Gabe 08-0387; Beweg. d. Rb durch d. Wurzel 07-0338; Bezieh. v. Si in Gerste z. ihrer Krankheits-, Kälte- u. Schädlingsresistenz 08-0394; Physiol. d. Sulfates bei höheren Pflanzen (Aufn. u. Translokat. v. radioakt. Sulfat in S-Mangel-Pflanzen) 07-0318.

D ü n g u n g : Einfl. d. Formen d. N-Düngemittel auf d. Resorption v. Nährstoffen bei Braugerste 08-0362; Effektivität d. Nitrat- u. Ammoniumform d. N-Düng. auf mächt. Schwarzerdeboden 07-0377; Wert v. flüss., anaerob ausgefaultem Abwasserschlamm (Versuch mit Gerste) 08-0424; Beeinfluss. d. Erträge durch Kalk, auf Solonetz-, Podsol- u. Gleyböden im Geb. d. Peaceflusses, Kanada 10-0341; Wirk. d. Feldapplikat. v. 2,4-D u. Fe-Gaben auf Ertrag u. Proteingeh. 11-0443.

U n k r a u t b e k ä m p f u n g : Konkurrenzwirk. v. Kulturpflanzen u. Unkräutern aufeinander (Schadwirk. v. Samenunkräutern auf Getreide) 10-0991; 2,4-D u. Auxinstoffwechsel 08-1026.

P h y t o p a t h o l o g i e : Saatgutübertrag. d. Streifenmosaikvirus d. Gerste mit Hilfe d. Elektronenmikroskopie 08-0882; Differenzier. d. Agropyron-Mosaikvirus d. Strichelmosaikvirus d. Weizens u. eines bis dahin unbekannten Mosaikvirus d. Gerste in Kanada 07-0909; Abweich. bei Rhopalosiphum padi u. Übertrag. d. Gelbverzwergungsvirus durch Klone v. 4 Aphiden-Arten 07-0910; Vermehr. u. Ausbreit. d. Trespenmosaikvirus (Konzentrationsbestimm. u. Vermehr. in Keimpflanzen) 09-0890; (Abhängigk. d. Virusvermehr. v. d. Konzentrat. d. Inokulums u. v. Pflanzenalter u. -art) 11-0907; (Virusvermehr. bei Lichtmangel u. virusbedingte Veränder. im N-Stoffwechsel) 11-0908; Verändern. d. Atm. v. Pflanzen, d. mit Trespenmosaikvirus infiziert waren 07-0911; Veränder. d. Pilzflora während d. Lager. 08-0934; Verhalten v. Linien gegenüber Wurzelfäule, Blattfleckenkrankh. u. Ährenfäule 09-0929; Blattschorf 10-0865; Einfl.: d. anaeroben Behandl. d. Saatgutes auf Gerstenhartbrand 07-0996; - d. Anbautermins auf d. Resistenz einiger Gerstensorten gegen Gerstenflugbrand 12-0593; Echter Mehltau nach Ausbring. d. system. Verbind. Wepsyn 07-0940; Veränder. d. Proteine u. Enzyme in Blättern, d. mit Echtem Gerstenmehltau infiziert waren 10-0861; Reakt. einer Pflanze auf verschied. Kulturen v. Echtem Gerstenmehltau 10-0862; Entwickl. d. Weizen- u. Gerstenroste auf Keimpflanzen, d. mit Maleinhydrazid behandelt waren 07-0936; Gelbrost in England (1960 bis 1965) 09-0928; Resistenzeigensch. im Sortiment Gatersleben. Prüf. v. Gersten auf ihr Verhalten gegen Gelbrost 09-0758; Infektion v. Cercosporella herpotrichoides 12-1175.

Sonstige Ertragsfaktoren: Erträge (1965) 11-0451; Erträge, Sortenstatistik u. -eigensch. v. So-Gerste 07-0446; Ertragsbild. d. Wi-Gerste 07-0444; Mälz- u. Brauversuche in industriellem Maßstab mit Sorten d. Ernte 1964 07-0447.

Lagerung: Veränder. d. Pilzflora während d. Lager. 08-0934.

Züchtung: Gerste 1956 10-0718; Meth. u. Ergebn. d. Zücht. 11-0777; Einfl. nicht genet. Variation d. Korngröße auf quantitat. Eigensch. 12-1022; Photophosphorylier. 10-0714; diallele Kreuz. 07-0769; Veränderlichk. einer Hybridpopulation v. So-Gerste für Einzelauslese 09-0763; Wirk. einfacher u. wiederholter Röntgenstrahl. auf homözygote Eltern-Variabilität u. Kreuzungspopulationen 08-0752; Vererbungs- u. Kopplungsuntersuch. (Zuordn. v. mehreren neuen Mutanten-Genen zu ihrer jeweil. Kopplungsgruppe durch d. trisomische Analysenmeth.) 12-1019; (Kopplungsuntersuch. bei d. Gen für brüch. Stroh-2 und Aufstell. d. Kopplungskarte d. Gersten-Chromosoms 5 12-1020; Vererb. d. Flugbrand-Resistenz (Bezieh. zw. d. 'Russian'- u. den 'Jet'-Resistenzgrenze u. Genen bei Sorten versch. Herkunft) 07-0768; Resistenzeigensch. im Sortiment Gatersleben (Prüf. auf ihr Verhalten gegen Gelbrost) 09-0758; (Prüf. d. Frostresistenz v. Wi-Gersten im künstl. Gefrierversuch) 09-0759; genet. Analyse d. Resistenz gegenüber Hessenfliege 09-0760; Genetik d. Resistenz gegen DDT (Kopplungsuntersuch. mit diploider Gerste) 11-0775; durch Pestizide induzierte morphol. u. somat. Chromosomenaberrationen 07-0762; Wirk.v. ÄMS auf Fertilität 10-0711; Pollensterilität, Pollenabortion 09-0762; erhöhte Rekombinat. u. Selekt. in Populationen, d. einen Pollensterilitätsfaktor besitzen (Quantitative Variabilität) 08-0751; Ertrag u. Variabilität heterozygoter Chlorophyllmutanten 10-0713; Aleuronfarbe u. quantitative genet. Variabilität in isogenen Linien 07-0767; genet. Untersuch. an erectoides-Mutanten u. ihr Beitrag z. quantitat. Vererb. 12-1021; Mutationsversuche mit So-Gerste (Züchtungs- u. Anbauwert d. Mutante MFB-104) 11-0776; Kultur v. Svalöf's 'Bonus'-Gerste u. ihrer Mutante 'Mari' im Phytotron 10-0715; Ertragsreakt. u. Anteil d. Entstehens v. Chromosomen-Rearrangements und Gen-Mutationen 10-0706; Leistungsprüf. frühreifer Mutanten in Höhenlagen 10-0717; Koppl.-untersuch. an verschied. Mutanten 11-0774; induzierte Bikarpell-Mutation 07-0765; induzierte Zwillingsbild. 10-0716; unterschiedl. Reakt. d. Chromosomen d. Sproß- u. Wurzelmeristems gegenüber mutagener Behandl. 09-0761; Mutation u. Spaltungshäufigk. in d. verschied. Ährenkategorien nach Behandl. v. Samen mit Chemikalien 07-0764; Wirk. variierter Behandlungsmeth. auf Mutationshäufigk. bei Behandl. mit alkylierenden Agenzien 10-0709; mutagene Wirk. v. Alkansulfonestern 10-0712; Nachwäsche, Rücktrockn. u. Lager. bei ÄMS-behandelten Samen 10-0710.

Hormone, Phytohormone: Geschichte, chem. Analyse, Rolle in d. Physiol. 12-0110; hormongerichteter Transport v. Metaboliten u. Rolle beim Altern d. Pflanzen 12-0041; Einfl. d. Häutungshormons Ecdyson auf d. Organentwickl. während d. Verpupp. v. Calliphora vicina 12-1134.

dengenet. Prozessen 12-0183; Nutz. d. N v. Humusverbind. durch Bodenmikroorganismen 08-0229; Gülledüng. beeinflußt d. Humusspiegel d. Grünlandböden 12-0699; Problem d. organ. Substanz in einem viehlos wirtsch. Betrieb 12-0480; Schwierigk. d. viehlosen Wirtsch. unter d. Gesichtspunkt d. organ. Substanz, aus d. Sicht d. Praktikers 12-0479.

B e s t i m m u n g : Spektrophotometr. Bestimm. d. Geh. im Boden 10-0197; spektrophotometr. Analyse v. Humussubst. 08-0265; Meth. d. Huminsäuretrenn. durch Ausfrieren 08-0266; Meth. d. biol. u. chem. Beurteil. d. Humusqualität 07-0214; reduktive Spalt. v. Huminsäuren mit Hilfe v. Natriumamalgam 09-0142; Permanganatoxydation dän. illuvialer org. Subst. im alkal. Medium 11-0170; Bild. v. Komplexen d. Co mit org. Verbind. d. Bodens (potentiometr. Titration d. Humussäuren d. Bodens u. d. Torfes) 08-0163; Extraktion org. Bodensubst. durch Base u. Chelataustauscherharz 12-0302; Soxhlet-Extraktion v. Simazin aus Böden 11-0173; Humusuntersuch. in Grundwässern 08-0165; Gewinn. u. Stabilisier. v. Huminstofffraktionen 07-0216; Fraktionier. d. Huminverbind. d. Böden nach d. Verfahren v. I.W. Tiurin u. nach Pyrophosphat-Verfahren 12-0303; Beschaffenh. v. Aminosäureverbind. im Boden (Isolier. u. Fraktionier.) 10-0129; (Aminosäuren u. Peptide, gebildet nach partieller Hydrolyse.) 11-0171; Verbind. v. Typ des Chlorophylls im Boden (Signifikanz in gepflügten Böden) 11-0172; biochem. Untersuch. u. mikrobiell synthetisierten humusähnl. Subst. in Abhängigk. v. deren Molekulargew. 09-0145; O_2-haltige funktionelle Gruppen in org. Böden u. ihre Bezieh. zum Humifizierungsgrad, d. über d. Löslichk. in einer Natriumpyrophosphatlös. bestimmt wurde 08-0161; Rolle v. austauschbarem Ca auf d. Geh. an org. Subst. u. Gesamt-N in Rohhumushorizonten 09-0143; Oxydation v. aus Danish Illuvialboden isoliertem, org. Material mit Salpetersäure 12-0192.

B i l d u n g : Gegenseitige Bezieh. d. Stoff- u. Energiemetabolismus d. org. Subst. bei d. Humifikation 08-0164; Geh. d. Bodens an Methoxylgruppen als Maß für d. Humifizier. 07-0138; Humifizier. v. ^{14}C-markierter Glukose in Böden d. Sandbornfeldes 12-0189; Einwirk. v. Ligninabbauprodukten auf Pflanzenwachstum 09-0141; biol. gesteuerte Abbauvorgänge im Boden 07-0189; Einfl. v. Regenwürmern auf Streuschicht u. Humushorizont d. Waldböden 09-0183.

Z e r s e t z u n g : Chlorophyllartige Verbind. im Boden (Zersetz.) 09-0140; Cu u. d. Rolle d. Isopoden beim Abbau v. org. Substanz 10-0169.

E i g e n s c h a f t e n : Eigenschaften eines Ortstein-Humuspodsols v. Neufundland 12-0191; Huminstoffe als Bodenkolloide 09-0139; Bild. v. Komplexen d. Co mit org. Verbind. d. Bodens (potentiometr. Titrat. d. Humussäuren d. Bodens u. d. Torfes) 08-0163; Charakterisier. v. ^{90}Sr-^{90}Y-Komplexen mit org. Bodensubst. 12-0186.

Z u s a m m e n s e t z u n g : Einfl. d. verschiedenartigen landwirtsch. Nutz. auf quantitative Veränder. d. Humus im Bodenprofil 12-0193; Gruppen- u. Fraktionszusammensetz. d. Humus in Schwarzerdeböden sowj. Waldsteppe 08-0159; org. Stoffe einzelner granulometr. Fraktionen d. Hauptbodentypen

d. Kaukasusvorlandes 11-0168; Formen d. Huminstoffe in bulgar. Böden 12-0196; Oxydation v. aus Danish Illuvialboden isolierten, org. Material mit Salpetersäure 12-0192; Geh. u. Zusammensetz. d. Humus v. erodierten grauen Waldböden 11-0169; Rückführ. mineral. Elemente mit Bestandabfall u. Zusammensetz. d. Bodenhumus in vorherrschenden Parzellen eines Linden-Eichenwaldes 12-0260; Einfl. d. Winderosion auf d. Veränder. d. Zusammensetz. d. org. Subst. auf leichten Böden 09-0147; Rhizosphärenprodukte v. Sonnenblumen u. Spinat 12-0184; Gruppenzusammensetz. d. Humus u. d. Verhältn. d. C zum Gesamt-N in dunklen Kastanienböden in verschied. Geb. 07-0137; N-Zusammensetz. d. Humus v. mit Tabak bebauten Böden 08-0160; org. C in irischen Weideböden 09-0144; Rolle v. austauschbarem Ca auf d. Geh. an org. Subst. u. Gesamt-N in Rohhumushorizonten 09-0143; Bind. zw. Cu u. org. Material in einem auf Sand entwickelten u. mit Cu angereicherten Podsol 12-0187; Bind. d. Cu durch Huminsäuren 12-0188; Charakterisier. v. Bodenpolysaccharid-^{90}Sr-^{90}Y-Komplexen 12-0185; Charakterisier. d. ^{90}Sr-^{90}Y-Komplexe mit org. Bodensubst. 12-0186; O_2-haltige funktionelle Gruppen in org. Böden u. ihre Bezieh. zum Humifizierungsgrad, d. über d. Löslichk. in einer Natriumpyrophosphatlös. bestimmt wurde 08-0161; Vorkommen v. Aminosäuren u. reduzierenden Zuckern in d. Säurehydrolysaten aus Rajasthan-Böden isoliert. Fulvosäuren 07-0139.

Gehalt im Boden: Feststell. d. Vorräte in Ackerböden 12-0194; Kenntnis d. Bodenbild. 07-0244; org. Subst. als ein Maß für scheinbare Dichte d. Bodens 08-0187; Einfl. d. Winderosion auf d. Veränder. d. Zusammensetz. d. org. Subst. auf leichten Böden 09-0147; Teilergebn. d. 50jähr. Bearbeit. eines Nichttschernosems u. d. Dynamik d. Humusfonds 09-0146; Geh. u. Zusammensetz. d. Humus v. erodierten grauen Waldböden 11-0169; Humus in d. Böden d. CSSR 08-0158; Natur d. Humusstoffe d. Taigaböden auf bas. Gestein in Mittelsibirien 07-0204; org. Stoffe einzelner granulometr. Fraktionen d. Hauptbodentypen d. Kaukasusvorlandes 11-0168; Fixier. v. Ammonium in 2 Böden in Saskatchewan in Bezieh. z. Geh. derselben an austauschbarem K u. org. Subst. 09-0149; Erheb. in Eure-et-Loir: d. organ. Subst. in großen Produktionsräumen 12-0496; Aminosäuren in subtrop. Bodenhydrolysaten 12-0197; Humusdynamik zwecks Charakterisier. v. bodenbiochem. Schwellenwert 12-0167; Kationenaustauschkapazität als Funktion d. Geh. an organ. Substanz, Gesamtton u. verschied. Tonfraktionen in einer Bodentoposequenz 10-0137; Rolle v. austauschbarem Ca auf d. Geh. an org. Subst. u. Gesamt-N in Rohhumushorizonten 09-0143; Geh. an Huminstoffen als Faktor d. agrochem. Charakteristik v. Torfen 12-0195; Wirk. d. Geh. an org. Bodensubst. auf ^{137}Cs-Konz. in Kulturpflanzen 12-0190; Chlorophyll-typ. Verbind. im Boden (Ihre Herkunft) 08-0162; Einfl. d. Düng. auf Ansamml. org. Stoffe in Boden u. Erntegut 10-0319; Wirk. einer Düng. mit Stroh bzw. Stalldung auf Ertrag u. Humusgeh. d. Bodens im Fruchtfolgedüngungsversuch Seehausen 09-0358; Gründüng. u. org. Subst. im Boden 10-0333; Humusversorg. im viehlosen Betrieb 12-0328.

Einfluß von Humus: Dynamik d. Bodenaggregate u. deren Beeinfluss. durch org. Subst. 12-0208; Wirk. d. Geh. an org. Bodensubst. auf

09-0998; Resistenz d. Insekten geg. Insektizide 11-1031, 12-1294; Resistenz d. Insekten als ökol. Erschein. u. Möglichk. zu ihrer Einschränk. 09-0861; Bek. v. Insekten-Vektoren z. Vermeid. v. Virusinfekt. bei Reisbeständen 11-1004; Einfl. einer massenhaften Verwend. auf d. nützl. Entomofauna d. Kartoffelfelder u. Rübenfelder 07-1028; aus d. Anwend. sich ergebender Einfl. auf d. Entomofauna d. Rapses 07-1029; Toleranz d. Champignon-Myzels gegenüber Insektiziden u. Akariziden 11-0994; Bek. v. Heliothis mit einem Kernpolyeder-Virus, EPN u. 2 neueren Insektiziden 08-0978; Kartoffelkäfer-Problem in Virginia u. Bekämpfungsmaßn. 10-0824; oxydative Phosphorylier. u. Glykolyse in Geweben mit Insektiziden behandelter Käfer d. Rübenderbrüßlers 08-1017; granuliertes Präparat gegen Luzerneschädlinge 11-1030; Toxizitätsstudien an zyklodienempfindl. u. resistenten Kohlfliegenstämmen 09-0990; Probeentnahmen z. Verwend. bei d. Bek. v. Trichoplusia ni an Blumenkohl 08-1000.

R ü c k s t ä n d e : Nachweis v. Rückständen auf biol. Wege 10-0910; Rückstände chlorhalt. org. Insektizide in wirbellosen Bodentieren 11-0204; anomale Wirk. P-org. Insektizide auf d. Tributirinase v. Insekten 07-1027; Rückstände org. Insektizide an Früchten u. Blättern v. Tomaten 09-1018; Giftstoffe als Rückstände auf Blatella germanica 08-1015.

C h l o r i e r t e K o h l e n w a s s e r s t o f f e
Einfl. v. chlor. Kohlenwasserstoff-Insektiziden auf Knöllchenbild. v. Luzerne u. Glycine 09-0185; Erbsenschädlinge u. genaue Angaben über Bekämpfungsmaßn. 12-1269; Wirk. verschied. chlor. Kohlenwasserstoff-Insektizide auf d. Springschwänze u. Milben im Boden v. Weideland 12-1267; Kontakttoxizität d. chlororg. Insektizide für d. Rübenderbrüßler Bothynoderes punctiventris u. d. Grauen Rübenrüßler Tanymecus palliatus 08-1019.

O x y d e m e t o n m e t h y l : z. Bek. d. Grünen Pfirsichblattlaus u. z. Minder. d. Kartoffel-Blattrollvirus in Ostwashington 10-0943.

E n d o s u l f a n : Chlororgan. Pestizide auf Blättern 10-0957; Persistenz im pflanzl. u. tier. Organismus 10-0958; z. Bek. d. Grünen Pfirsichblattlaus u. z. Minder. d. Kartoffel-Blattrollvirus in Ostwashington 10-0943.

D D T - M i t t e l (Dichlordiphenyltrichloräthan)
Beeinfl. d. Bodenbiozönose durch Insektizidbehandl. v. Flugzeug aus, im Forst u. auf landwirtsch. genutzten Flächen 11-0205; chlororgan. Pestizide auf Blättern 10-0957; Einfl. chlororgan. Insektizide auf d. Richt. biochem. Prozesse in Pflanzen u. d. Entwickl. v. Blattläusen 12-1276; Genetik d. Resistenz gegen DDT bei Gerste (Koppl.-untersuch. mit diploider Gerste) 11-0775; Infekt. mit Beauveria bassiana u. subletale DDT-Dosis auf Kartoffelkäferlarven 11-0982; Rückstände in Zwiebeln u. Mohrrüben 09-1019; Verhüt. v. Zwiebelschäden durch Larven d. Narzissenfliege 10-0940; Einfl.: v. Spritzprogr. auf d. Fauna in Apfelanlagen in Nova Scotia (chem. Bekämpfungsmaßn. geg. d. Kleinen Frostspanner u. Wirk. auf phytophage Milben u. Nützlingspopulationen) 08-0997; v. Spritzfolgen

auf d. Fauna v. Apfelanlagen in Nova Scotia (Wirk. milder Schädlingsbekämpfungsmittel auf Schädl. u. ihre Räuber) 09-0992; Wirk. gegen Apfelwickler u. Rückstandsmengen auf d. Früchten 09-1014; Kombinat. chem. Bekämpfungsmaßnahmen geg. Blausieb u. Apfelwickler 12-1268; Toxizität v. Schädlingsbekämpfungsmitteln auf räuber. Arthropoden in Pfirsichanlagen in Ontario 08-1008.

P e p e i n G 5 : Wirk. granulierter Insektizide bei d. Bek. d. Maiszünslers 08-0998.

H e x a m i t t e l : Beeinfl. d. Bodenbiozönose durch Insektizidbehandl. v. Flugzeug aus, im Forst u. auf landwirtsch. genutzten Flächen 11-0205; Herstell. v. Insektiziden d. Dien-Gruppe 09-1015.

A l d r i n : 1.2.3.4.10.10-Hexachlor-1.4.4a.5.8.8a-hexahydro-1.4.5.8-dimethanonaphthalin : Verbreit. v. Resistenz gegen Zyklodien-Insektizide im Samenfliegen-Komplex in Bezieh. zu d. Anbauverfahren in Südwestontario 09-0991; Insektizid-Rückstände an So-Weizen im Freiland bei Saatgutbehandl. 11-1000; Restmengen in dän. Feldfrüchten, bes. in Wurzelfrüchten, nach Behandl. mit Aldrin 07-1023; Rückstände im Gemüse 10-0964; Rückstände in Zwiebeln u. Mohrrüben 09-1019; Verhüt. v. Zwiebelschäden durch Larven d. Narzissenfliege 10-0940.

D i e l d r i n 1.2.3.4.10.10-Hexachlor-6.7-epoxy-1.4.4a.5.6.7.8.8a-oktahydro-1.4.5.8-diendomethylennaphthalin : Chlororgan. Pestizide auf Blättern 10-0957; Restmengen in dän. Feldfrüchten, bes. in Wurzelfrüchten nach Behandl. 07-1023; Rückstände im Gemüse 10-0964; Rückstände in Zwiebeln u. Mohrrüben 09-1019; Wirk. d. Behandl. d. Strunkgemüsesaatgutes auf Erdflöhe u. Rübsenblattwespe 08-1003; Vererb. v. Resistenz bei d. Kohlfliege 10-0821; Vererb. d. Dieldrin-Resistenz u. Langlebigk. d. Imagines bei d. Kohlfliege 07-0886; Verhüt. v. Zwiebelschäden durch Larven d. Narzissenfliege 10-0940; Wirk. d. Bodeneigensch. auf d. Toxizität gegenüber Drosophila melanogaster 11-0207.

E n d r i n 1.2.3.4.10.10-Hexachlor-6.7-epoxy-1.4.4a.5.6.7.8.8a-oktahydro-1.4.5.8.-diendomethylennaphthalin : Bek. d. Grünen Pfirsichblattlaus u. z. Minder. d. Kartoffel-Blattrollvirus in Ostwashington 10-0943; Wirk. subletaler Mengen bestimmter Insektizide auf Eier, Larven u. Imagines v. 2 Heliothis-Arten 07-1026.

G a m m a - B e n z o l h e x a c h l o r i d: Wirk. auf d. Mikroflora überflut. Reisböden 11-0190.

H e p t a c h l o r 1.4.5.6.7.8.8-Heptachlor-3a.4.7.7a-tetrahydro-4.7-methanoinden : Bestimm. v. Mikromengen im Boden u. in Nahrungsprodukten durch Dünnschichtchromatographie mit Fluoreszein 10-0911; Insektizid-Rückstände an So-Weizen im Freiland bei Saatgutbehandl. 11-1000; Rückstände v. Heptachlor u. in Weizen, d. z. Bek. d. Getreidehalmwespe behandelt wurde 12-1290; tox. Wirk. auf Drahtwürmer in Abhängigk. v. Temp. u. pH d. Bodens 12-1273.

H e p t a c h l o r e p o x i d : Rückstände in Weizen, d. z. Bek. d.

Getreidehalmwespe behandelt wurde 12-1290.

H e x a c h l o r a n : Tox. Wirk. v. Hexachloran auf Drahtwürmer in Abhängigk. v. Temp. u. pH d. Bodens 12-1273.

H C H (Hexachlorcyclohexan): Kartoffelentwickl. unter d. Wirk. v. Hexachlorzyklohexan 07-1022; Erbsenschädlinge u. genaue Angaben über Bekämpfungsmaßn. 12-1269; Anwend. v. Fenthiuram u. Fenthiuram-Molybdat geg. d. Bohnenfliege d. Gartenbohne 12-1271; Rückstände in Zwiebeln u. Mohrrüben 09-1019; Einfl. auf d. Richt. biochem. Prozesse in Pflanzen u. d. Entwickl. v. Blattläusen 12-1276.

L i n d a n : Synergismus u. additive Wirk. v. Bromophos-Lindan-Misch. 10-0959; Eindringen v. Lindan in Pflanzen verschied. photoperiod. Gruppen u. biol. Aktivität in Abhängigk. v. d. Lichtbeding. 12-1291; Bewert. d. Lindanstaubes als Schutzmittel für Lagergetreide; Wirksamk. u. Rückstände d. verschied. Mischmeth. 08-1022; Wirk. kombinierter Saatgutbeize auf d. Vitalität v. Maissamen 12-1256; Wirk. d. Behandl. d. Strunkgemüsesaatgutes mit Lindan auf Erdflöhe u. Rübsenblattwespe 08-1003; Rübenerdfloh, einer d. gefährl. Keimschädlinge d. Zuckerrübe in Ungarn 12-1136.

T h i o d a n [Hexachlor-bicyclohepten-bis-oxymethylensulfit] : Granulatausbring. v. Hubschrauber aus bei d. Maiszünslerbek. 09-0989.

T o x a p h e n [Oktachlorcamphen]: Karenzzeitfestsetz. nach Großflächenbegift. gegen Nagetiere 09-1016.

Organische Phosphorverbindungen

Dünnschichtchromatograph. Trennungsgang für insektizid-wirksame P-Säureester 11-0975; system. Insektizide (Aufnahme u. Translokation in Pflanzen) 10-0902; Wirk. v. P-Estern auf Arthropoden innerhalb d. Apfelbaum-Biozönose in Abhängigk. v. ihrer Dichte 09-1022; Toxizität P-org. Insektizide für Miniermotten 12-1295.

Wirk. subletaler Mengen bestimmter Insektizide auf Eier, Larven u. Imagines v. 2 Heliothis-Arten 07-1026.

A z i n p h o s m e t h y l : Einfl. v. Spritzprogr. auf d. Fauna in Apfelanlagen in Nova Scotia (chem. Bekämpfungsmaßn. gegen d. Kleinen Frostspanner u. Wirk. auf phytophage Milben u. Nützlingspopulat.) 08-0997; Wirk. subletaler Mengen bestimmter Insektizide auf Eier, Larven, u. Imagines v. 2 Heliothis-Arten 07-1026.

A z o d r i n : Testversuche im Gewächshaus u. in Freilandkäfigen mit system. Insektiziden z. Bek. v. Lygus lineolaris an Baumwolle 12-1274.

A - 1 4 5 8 : Wirk. granulierter Insektizide bei d. Bek. d. Maiszünslers 08-0998.

B r o m o p h o s : Synergismus u. additive Wirk. v. Bromphos-Lindan-Misch. 10-0959.

C h l o r f e n v i n p h o s : Neue Meth. z. Bek. d. Kohlfliege 12-1270.

C h l o r o p h o s : Kombinat. chem. Bekämpfungsmaßn. geg. Blausieb u. Apfelwickler 12-1268.

D i a z i n o n : [2-Isopropyl-4-methyl-pyrimidyl-(7)-thiophosphorsäure]: Verteil. u. Verbleib v. Diazinon, angewandt auf Pflanze u. Boden u. Einfl. auf Rhizosphäre u. Bodenmikroflora 08-0204; Bek. d. Kohlfliege bei ausgesäten Kohlpflanzen 08-1001; Einfl. auf d. Photosynth. v. Apfelblättern d. Sorte 'Red Delicious' 09-1020; Wirk. auf d. Champignonproduktion 07-1024.

D i m e t h o a t [o.o-Dimethyl-S-(N-methylcarbamoylmethyl)-dithiophosphat]: Chem. Mikrometh. z. Aufklär. d. Ab- u. Umbaus v. system. P-Estern 07-0981; Bioteste mit Blattläusen zum Nachweis geringer Insektizidmengen in Zuckerlös. 08-0970; Bek. gewisser Leguminoseninsekten im Verfahren mit geringem Flüssigkeitsaufwand v. Flugzeug aus 07-1007; Wirksamk. bei Bek. v. Schädl. d. Obstbaues 10-0942.

D i s u l f o t o n : Adsorption im Boden 10-0961; Einfl. verschied. Ausbring. eines granulierten Insektizides auf Blattläuse 10-0960; Giftwirk. v. granul. Disulfoton auf Bodenarthropoden 12-1292.

D i s y s t o n [Diäthyl-äthylthioäthyldithiophosphat]: Anwend. u. Wirkungsdauer 10-0963; Anwend. v. system. wirkenden Granulaten im Pflanzenschutz in Kartoffeln 08-1014; Bek. v. Blattläusen u. Spinnmilben im Hopfenbau 09-0996.

E t h i o n [Tetraäthyl-S.S-methylendiphosphordithioat]: Einfl. auf Photosynth. v. Apfelblättern d. Sorte 'Red Delicious' 09-1020.

F e n i t r o t h i o n : Wirksamk. chem. Präp. bei Bek. v. Schädl. d. Obstbaues 10-0942.

F e n t h i o n : Wirksamk. chem. Präp. bei Bek. v. Schädl. d. Obstbaues 10-0942.

F o l i t h i o n : Bek. d. Apfelwicklers u. Schutz v. Obstgärten 11-0999.

F o l i t h i o n M 5 0 : Wirksamk. neuer Insektizide auf Raupen d. Agrotis-Arten 10-0939.

G u t h i o n [O.O-Dimethyl-S-(4-oxy-1.2.3-benzotriazinyl)-3-methylphosphordithioat]: Einfl. auf Photosynth. v. Apfelblättern d. Sorte 'Red Delicious' 09-1020.

M e t a s y s t o x : Auftreten d. Wiesenschaumzikade an Reben 07-0891.

M e t h y l d e m e t o n - m e t h y l : Chem. Mikrometh. z. Aufklär. d. Ab- u. Umbaus v. system. P-Estern 07-0981.

M e t h y l p a r a t h i o n [p-Nitrophenylthiophosphorsäure-Dimethylester]: Nachweis u. Beständigk. in Wasser 10-0962.

P a r a o x o n : Parathionaufnahme, -verteil. u. -umwandl. z. Paraoxon in Bohnenpflanzen 09-1021.

P a r a t h i o n [p-(Nitrophenylthiophosphorsäure-Diäthylester]: Aufn., Verteil. u. Umwandl. z. Paraoxon in Bohnenpflanzen 09-1021; Einfl. v. Spritzfolgen auf d. Fauna v. Apfelanlagen in Nova Scotia (Wirk. milder Schädlingsbekämpfungsmittel auf Schädl. u. ihre Räuber) 09-0992; Toxizität v. Schädlingsbekämpfungsmitteln auf räuber. Arthropoden in Pfirsichanlagen in Ontario 08-1008.

P h o r a t [O.O-Diäthyl-(S-Äthylmercaptoäthyl)-Phosphordithioat]: Wirk. auf d. Eier d. Zikade Macrosteles fascifrons 12-1275.

P h o s p h i n : Wirk. auf Milben, Insekten u. Mikroorganismen 12-1296.

P h o s p h o t i o n : Wirk. auf natürl. Blattlausfeinde 08-1013.

P h o s t o x i n : Phostoxin z. Bek. v. Khaprakäferlarven 08-1020.

R o g o r : Kombinat. chem. Bekämpfungsmaßn. geg. Blausieb u. Apfelwickler 12-1268.

Z i n o p h o s : Integrierte Bek. d. Zyklodienresistenten Möhrenfliege 08-1002.

Urethane (Karbaminsäureester)

C a r b a r y l [N-Methylcarbaminsäure-1-naphthylester, Sevin]: Wirk. auf Keim., Wachstum u. Ertrag v. Baumwollpflanzen 07-0059; Toxizität v. Schädlingsbekämpfungsmitteln auf räuberische Arthropoden in Pfirsichanlagen in Ontario 08-1008; Bek. d. Apfelwicklers mit Präp. d. Sevin-Typs 10-0947; Wirk. gegen Apfelwickler u. Rückstandsmengen auf d. Früchten 09-1014; auf Raupen d. Agrotis-Arten 10-0939; Spritzversuche gegen d. Schwammspinner im Staate New York v. Flugzeug aus 07-1002; Bek. v. Regenwürmern in Fichtenboden u. in vitro 08-0223.

T e m i k [2-Methyl-2-(methylthio)-propionaldehyd o(Methylkarbamoyl) oxim]: Abbau in d. Pflanze u. im Insekt 09-1017; Testversuche im Gewächshaus u. in Freilandkäfigen mit system. Insektiziden z. Bek. v. Lygus lineolaris an Baumwolle 12-1274.

Anorganische Mittel

B l e i a r s e n a t : Einfl. v. Spritzprogrammen auf d. Fauna in Apfelanlagen in Nova Scotia (chem. Bekämpfungsmaßn. gegen d. Kleinen Frostspanner u. Wirk. auf phytophage Milben u. Nützlingspopulationen) 08-0997.

Begasungsmittel

Verwend. v. Plastikfolien bei Begasungsverfahren im Freiland z. Bek. v. Quarantäneschädl. 10-0968; Bek. v. Tabaknematoden durch Begasungsmittel in Süditalien 12-1265.

Ä t h y l e n d i b r o m i d : Bek. d. Pflaumenrüßlers in Obst 07-1005.

M e t h y l b r o m i d : Bek. d. Pflaumenrüßlers in Obst 07-1005; Empfindlichk. d. verschied. Stadien v. Tribolium castaneum gegen bestimmte Begasungsmittel 11-1038; Geschlechtsunterschiede in d. Empfindlichk. d. Puppen v. Trogoderma granarium gegen bestimmte Begasungsmittel 11-1037.

Sonstige Mittel

Bek. d. Apfelwicklers u. Schutz v. Obstgärten 11-0999.

B a y e r 2 5 1 4 1 : Integrierte Bek. d. Zyklodienresistenten Möhrenfliege 08-1002.

B H C : Verhüt. v. Zwiebelschäden durch Larven d. Narzissenfliege 10-0940.

D i t h a n e M 2 2: Düngewert Mn-halt. Bekämpfungsmittel 09-0398.

2 , 4 - D : Wirk. auf d. Getreidehalmwespe 12-1272.

F e n t h i u r a m : Anwend. geg. d. Bohnenfliege d. Gartenbohne 12-1271.
F e n t h i u r a m - M o l y b d a t : Anwend. geg. d. Bohnenfliege d. Gartenbohne 12-1270.
I n t r a t h i o n : Wirk. auf natürl. Blattlausfeinde 08-1013.
K u p f e r : Einfl. v. Komplexverbind. v. Cu-Sulfat auf d. Früchte v. Apfelbäumen verschied. Sorten 10-0954.
L e b a y c i d : Bek. d. Apfelwicklers u. Schutz v. Obstgärten 11-0999.
M e t o x : Bek. d. Apfelwicklers u. Schutz v. Obstgärten 11-0999.
N a l e d: Bek. d. Champignonfliege 07-1003.
Ö l e : Ölsprühmittel in geringen Aufwandmengen im Forstschutz 09-1004; Spritzversuche mit Karbaryl gegen d. Schwammspinner im Staate New York v. Flugzeug aus 07-1002.
P r o t h o a t : Bek. d. Kohlfliege 10-0941.
S o l d e p : Wirk. auf natürl. Blattlausfeinde 08-1013.
S o l v i r e x : Anwend. v. systemisch wirkenden Granulaten im Pflanzenschutz in Kartoffeln 08-1014.
T e l o d r i n : Wirk. auf d. Nitrifikation v. Ammoniak im Boden u. auf N-Ernähr. im Zuckerrohr 09-0200.
T M T D : Wirk. kombinierter Saatgutbeize auf d. Vitalität v. Maissamen 12-1256.

<u>Intrathion</u> s. unter Insektizide - Sonstige Mittel.

<u>Invertase</u> s. unter Enzyme - Saccharasen.

<u>Inzucht</u>, 09-0727; Entwickl. u. Selektion ertragreicher I_1-Inzuchtlinien 10-0731; Umwelt u. Genotyp-Umwelt-Komponenten d. Variabilität (Inzuchtlinien) 08-0732; Heterosis u. Inzuchtdepression bei autotetraploidem Roggen 10-0705; Klassifizier. d. Inzuchtlinien v. Mais nach Länge d. Vegetationsperiode 11-0769; biosymmetr. Verschiedenartigk. v. Inzuchtlinien d. Maises u. Maishybriden 12-1026; Einfl. beständiger Inzucht auf Ertrag v. Inzuchtlinien v. Mais im Samenbau 11-0788; Fettsäurenzusammensetz. v. Maisöl bei elterl. Inzuchtlinien u. ihren reziproken Kreuz. 10-0724; morphol. Differenzier. d. peripheren zungenart. Blüten bei d. Sonnenblume 11-0021; Diallelanalysen d. Vererb. quantitativer Eigensch. bei Körnerhirse. (Heterosis u. Inzuchtdepression) 12-0985; Ertragsvgl. v. Hybriden u. Mischsaaten mit einer ihrer elterl. Inzuchtlinien bei Ackerbohnen 10-0736; Inzucht bei Gurken 09-0830.

<u>Ionen (und Ionenaustausch)</u> s. auch Bodenchemie (Sorption und Ionenaustausch); Ionen spezieller Elemente s. unter dem betreffenden Stichwort. Ionengleichgewicht v. 16 Pflanzenarten 10-0256; Simultanbestimm. von Cd, Co Zn, Ni, Cu durch Verdrängungschromatographie an Ionenaustauscherharzen: Untersuch. d. durch Ionen verursachten Störungen 12-0466; Ionenwege v. Boden in d. Wurzel in Übereinstimm. mit Diffusionsmodellen 07-0289; Doppelmechanismus d. Ionenabsorption in Abhängigk. v. Transp. über größere Entfern. in Pflanzen 11-0324; Ionenaufn. durch Gerstenwurzeln

zen u. Beregn. 08-0098; Migration radioakt. Elemente unter natürl. Beding. u. ihre Verteil. in biot. u. abiot. Komponenten d. Milieus 11-0360.

I s o t o p e i n d e r P h y s i o l o g i e : Anwend. v. Radioisotopen in phytotroph. u. phytophysiol. Versuchen (Kolloquium in Wien 1966) 11-0017; Transp. org. Stoffe in Pflanzen 11-0043; Stärkebild. in Pflanzen (Anwend. radioakt. Daten auf d. Glykogenvorläufer u. auf d. Mechanismus d. Amylosevorläufers) 10-0045.

I s o t o p e i n B o d e n u n d W a s s e r : Natürl. Radioakt. u. chem. Zusammensetz. d. Fe-Mn-Konkretionen in versalzten u. podsolierten Böden 08-0149; Einfl. hydrodynam. Faktoren auf d. Eign. v. Metallradioisotopen in Komplexbind. z. Markier. v. Wasser 10-0233.

I s o t o p e i n d e r P h y t o p a t h o l o g i e : Isotopenanwend. im Pflanzenschutz 11-0967; Übungshandb. für d. Laborarb. mit Isotopen u. Strahl. in d. Entomol. 07-0983.

Kohlenstoff

^{14}C i n d e r P h y s i o l o g i e : Untersuch. d. Photosyntheseprodukte mit Hilfe v. ^{14}C bei Pflanzen verschied. Sorten 08-0040; Einfl. v. Wassermangel auf d. Beweg. v. ^{14}C-Saccharose u. v. ^{3}H-Wasser innerhalb d. Applikationsblattes v. jungen Pflanzen 11-0063; Assimilation u. Translokation v. $^{14}CO_2$ in Ladinoklee (Verteil. v. ^{14}C in verschied. Assimilatfraktionen in Pflanzen) 09-0062; Verteil. v. ^{14}C-markierten Photosyntheseprodukten während d. gärtner. Kultur d. Tomatenpflanze 08-0042; Verlager. v. ^{14}C in d. Blütenständen v. verschied. Blättern in Abhängigk. v. ihrer Anordn. zum Stengel bei Tomaten 08-0043.

^{14}C i m B o d e n : Gasaustausch d. Bodens durch Verwend. v. ^{14}C 07-0163; Humifizier. v. ^{14}C-markierter Glukose in Böden d. Sandbornfeldes 12-0189; Abbau v. ^{14}C-markiert. Atrazin in Bodenproben 11-0209.

Stickstoff

^{15}N i n d e r B o d e n k u n d e : Ausnutz. d. Boden- u. Dünger-N durch Pflanzen 07-0115; Umwandl. v. N-Düngern im Boden u. ihre Verwert. durch d. Pflanze mittels ^{15}N 10-0281; Bewert. v. Harnstoff-Formaldehyd-Düngern unter Verwend. v. ^{15}N-markiertem Material in sandigen Böden 10-0344; N-Bind. durch d. Lupine aus d. Luft unter Verwend. v. molekularem ^{15}N 07-0195.

^{15}N i n d e r P f l a n z e n e r n ä h r u n g : Untersuch. d. Verfügbark. v. Düngemittel-N unter Verwend. v. ^{15}N 07-0344; Aufn. v. Nitrat- u. Ammonium-N durch Maispflanzen bei verschied. pH-Werten d. Mediums 09-0327; Beobacht. d. N-Wechsels bei Leguminosen mittels ^{15}N 07-0306; Untersuch. über N-Umsatz u. -verwert. bei Leguminosen, durchgeführt mit ^{15}N-markierten Verbind. bei Erbsen 08-0374.

Phosphor

Chem. Zusammensetz. u. Beweglichk. v. P in Böden Armeniens unter Verwend. v. ^{32}P 09-0130; physiol. Untersuch. gepfropfter Melonen- u. Kürbispflanzen (P-Geh., Aufn. u. Fortbeweg. v. ^{32}P) 11-0039; Einfl. vesikular-

Geh. im Boden d. "Ewigen Roggenbaues" 08-0155; Haushalt u. Verhalten in tonhalt. Böden 12-0175; Geh. an Gesamt- u. austauschbarem K in mech. Fraktion eines dunklen Serosems 07-0134; Bezieh. zw. Geh. an Gesamt- u. -zitronensäurelösl. P u. K in alluvialen u. Lateritböden 08-0144; Einfl. 50jähr. Anwend. v. Düngemitteln auf Vorräte u. Formen v. K in Tschernosem 12-0159; Geh. in d. oberen Bodenschichten d. Kaukasus 08-0151; Fixier. v. Ammonium in 2 Böden in Saskatchewan in Bezieh. z. Geh. derselben an austauschbarem K u. org. Subst. 09-0149; K-Haushalt einiger Bodentypen d. hum. Tropen (Vietnam u. Nigeria) 07-0135; K-Verhältnisse in Böden Britisch-Kolumbiens 10-0117; Fehlerquellen bei Beratungs-Bodenuntersuch. (zeitl. bedingte Schwank. auf d. Feld) 10-0112; P-Nachliefer. eines Wiesenbodens unter Berücksichtig. d. übrigen Nährstoffe 11-0159; Löslichk. d. Bodenphosphate in Abhängigk. v. d. Zusammensetz. d. absorbierten Alkalien u. d. Aufnehmbark. verschied. Phosphate durch Baumwollstauden 09-0369; Wirk. v. K-Gaben auf Küstenbermudagras in Abhängigk. v. K-Geh. d. Bodens 08-0415; K-Geh. in d. vegetativen u. reproduktiven Organen d. Apfels in Abhängigk. v. Geh. d. Bodens in d. Obstanlage 08-0676.

S o r p t i o n   i m   B o d e n : Rolle d. Austauschgleichgewichtes bezügl. anfängl. nicht austauschbaren K im Boden bei d. Aufnahmegeschwindigk. durch Pflanzen - Ernähr. d. Pflanzen 10-0292; Mineralverwitter. u. K-Fixier. in Anfangsstadien d. Bodenbild. 10-0107; Einfl. v. Kationenaustauschkapazität u. austauschbaren Kationen in Tonsuspensionen auf Wurzel- u. Stengelentwickl. v. Maissäml. 09-0316; K-Zustand u. K-Verhalten in typ. Böden Ostslawoniens u. Baranjas (chem. Eigensch. u. Tonmineralbestand) 09-0136; Ionengleichgewichte in ferrallit. Ton: spezif. Adsorptionsplätze 10-0139; K-Nachliefer., K-Festleg. u. Tonmineralbestand schleswig-holstein. Böden 07-0142; Einfl. d. mineralog. Substrats u. d. bodengenet. Faktoren auf d. K-Beweglichk. in auf Löß entstandenen Böden 10-0136; K-Fixier. in einem ausgelaugten Tschernosem 08-0173; Adsorption v. K an Schwarzerde, Hydrobiotit u. Montmorillonit 12-0203; Adsorption v. K-Ionen durch Montmorillonit-Ton 08-0174.

A u s t a u s c h   i m   B o d e n : Nährstoffpotential u. -kapazität (Bezieh. zw. K-Potential u. Pufferkapazität sowie K-Zuführ. zu Pflanzen) 08-0171; Rolle d. Austauschgleichgewichte bei d. K-Ernähr. v. Kulturpflanzen 10-0347; Fixier. v. Ammonium in 2 Böden in Saskatchewan in Bezieh. z. Geh. an austauschbarem K u. org. Subst. 09-0149; Thermodynamik d. K-Ionenaustausches in Böden 12-0200; Ionenaustausch in Böden durch d. Ionenpaare K-Ca, K-Rb u. K-Na 12-0199; K-Zustand u. K-Verhalten in typ. Böden Ostslawoniens u. Baranjas (chem. Eigensch. u. Tonmineralbestand) 09-0136; Einfl. d. spez. Oberfläche d. Glimmer auf d. austauschbare K in Böden d. USA 11-0178.

V e r f ü g b a r k e i t   i m   B o d e n : Ermittl. d. Wertes v. Kaliummetaphosphat als K-Quelle für Kartoffeln mit bes. Bezugnahme auf Blattdiagnose, Ertrag u. Qualität d. Knollen 09-0335; Nährstoffpotential

u. -kapazität (Minimum d. K-Potentials für d. Verfügbark. z. Bodenfrücht. Klee im Boden u. in Hydrokulturen) 08-0383.

A u f n a h m e : Einfl. v. Nährstoffintensität u. Nährstoffpufferungsvermögen eines Bodens sowie d. Absorptionsvermögens, d. Größe u. d. Wurzelhaare einer Wurzel auf d. Nährstoffabsorption durch Diffusion 07-0122; Nährstoffpotential u. -kapazität (Bezieh. zw. K-Potential u. Pufferkapazität sowie K-Zuführ. zu Pflanzen) 08-0171; Boden-K (Stabilität v. Q/I-Bezieh.) 08-0172; Rolle d. Austauschgleichgew. bezügl. anfängl. nicht austauschbaren K im Boden bei Aufnahmegeschwindigk. durch Pflanzen 10-0292; Wechselbezieh. zw. K u. Mg 09-0336; Aufnahme v. K d. Vermikulits durch d. Pflanzen 07-0385; Faktoren, d. bei d. Absorpt. v. austauschbarem K bei Anwend. d. Neubauer-Roggen-Sämlingsmeth. II wirken: unproportionierter Einfl. v. N u. P 08-0403; Wirk. v. divalenten u. a. Ionen auf K-Aufn. durch Gerstenwurzeln 07-0293; Aufn. u. Wiederabgabe durch Laubblätter d. Sojabohne (Beweis d. gleichzeitigen Aufn. u. Wiederabgabe v. K sowie d. Wirk. d. Köpfens auf d. Abgabe dieses Mineralstoffes durch d. Blätter) 10-0275; N- u. K-Wirk. auf Flächenertrag u. Haltbark. v. Weißkohl 10-0542; Nährstoffversuche mit Tulpen (jahreszeitl. Änder. in d. Aufn. v. 3 Hauptnährstoffen u. Wasser) 11-0730.

E r n ä h r u n g : Physiol. Bedeut. d. K im Kohlenhydratstoffwechsel d. Pflanzen (Wirk. d. K im Kohlenhydratstoffwechsel d. Pflanzen) Wirk. d. K auf Umwandl. u. Abbau v. Zuckern) 11-0344; Rolle d. Austauschgleichgewichte bei d. K-Ernähr. v. Kulturpflanzen 10-0347; Entzug v. K durch d. Erntesubst. verschied. Pflanzen 09-0323; teilweiser Ersatz d. K durch Na in Wasserkulturen 07-0320; aktiver Transp. in d. Zellen v. Gerstenwurzeln 11-0345; Vgl. d. Kationenantagonismus bei Mineralernähr. d. Maises u. d. Tomate 07-0319; Bezieh. v. K-Angebot z. Brennbark. v. Heißlufttabak 10-0280; Wirk. unterschiedl. N:K-Relat. in d. Nährlös. auf Petunien, Chrysanthemen u. Begonien 11-0707.

M a n g e l : Stoffw. v. Pflanzen unter Beding. v. K-Mangel 08-0381; Mangel als Faktor d. enzymat. Schwarzfleckigk. d. Kartoffelknolle 10-0793; Rückwirk. d. K-Mangels auf d. N-Haush. junger Melonenpflanzen 09-0321.

G e h a l t i n P f l a n z e n u n d D ü n g e m i t e l n : Wie d. Veränder. im K-Geh. d. Pflanze d. mineral. Ernähr. unter normalen Verhältnissen widerspiegeln 08-0347; Veränder. d. Geh. d. oberird. Organe d. Wi-Weizens während d. Vegetation 07-0301; Ermittl. d. Wertes v. Kaliummetaphosphat als K-Quelle für Kartoffeln mit bes. Bezugnahme auf Blattdiagnose, Ertrag u. Qualität d. Knollen 09-0335; K-Geh. einiger Gatt., Arten u. Sorten v. Gräsern 09-0337; Wirk. v. K-Düngern auf Ertrag sowie K-Geh. v. Weidegras 08-0604; Ertrag d. Wiesenrispe, gemessen an ihrem N-, P- u. K-Geh. 10-0486; Geh. v. Küstenbermudagras u. Inkarnatklee 07-0302; Einfl. v. Gibberellin auf K-Geh. in Hanfpflanzen 08-0365; Akkumulation v. Tr.-Subst., K in Blütenknospen, Blüten u. Früchten verschied. Alters, verschied. Lage u. verschied. Fruchtzweige v. Baumwolle 08-0368; Abstand v. Tomaten in Bezieh. z. Frühzeitigk., Ertrag, Marktqualität u. Konz. v. K im Stengel 12-0776; Veränder. d. K-Geh. sowie d. K-Verteil. im Apfelbaum im Zusammenhang mit d. Beding. d. Wachstums u. d. Photosyntheseintensität 10-0278; Geh. in vegetativen u. reproduktiven Organen d. Apfels in Abhängigk. v. Geh. d. Bodens in d. Obstanlage 08-0676; Veränder. d. Aschezusammensetz. v. Blättern d. Süßkirsche in Verbind. mit d. Chloroseerkrank. 09-0322; Ursachen u. Bek. v. alternierend tragenden 'Unshu'-Apfelsinenbäumen (jährl. Veränder. d. K-Absorpt. in alternierend u. jährl. tragenden Bäumen) 08-0589; Vergl. d. K-Geh. v. Düngemitteln, ermittelt durch Atomabsorption u. Natriumtetraphenylborat 10-0352.

E i n f l u ß   v o n   K : Einfl. verschied. K-Dosen auf Aufn. durch Pflanzen 07-0321; Einfl. auf d. Ausnutz. v. fixiertem Ammonium durch Pflanzen 08-0139; Bestimm. d. austauschbaren Mg d. Böden durch Flammenphotometrie. Untersuch. d. K-Stör. 10-0200; Einfl. auf d. Kartoffelertrag sowie d. Zusammensetz. u. Aufn. d. Nährstoffe 08-0520; Einfl. auf d. P-Stoffwechsel d. Zuckerrübe bei unterschiedl. P-Ernähr. 12-0444; Geh. einiger Gatt., Arten u. Sorten v. Gräsern 09-0337; Wirk. auf d. Ertrag, d. Ausdauer u. d. Nährstoffgeh. v. Lieschgras 08-0570; Blattanalyse in Bezieh. z. Ernähr. d. Schwarzen Johannisbeere (Haupteinflüsse u. Wechselbezieh. v. K auf Wachstum u. Ertrag) 12-0909.

V e r b i n d u n g e n : Schutz- u. Erholungseffekte v. Chemikalien hinsichtl. Pflanzenwachstum, Chromosomenaberration u. Mutation bei bestrahltem Saatgut v. Getreidepflanzen 08-0737.

S t o f f w e c h s e l : Meth. "Boden-Pflanze" mit Bananen. Funktion d. verschied. Organe bei d. Assimilation v. P, K, Ca, Mg 07-0514. Aufn. v. Aminosäuren durch verschied. Organismen 12-0103;

<u>Kaliummetaphosphat</u> s. unter Düngung - Kalidüngung.

<u>Kaliumnitrat</u> s. unter Düngung - Stickstoffdüngung.

<u>Kalkammonsalpeter</u> s. unter Düngung - Stickstoffdüngung.

<u>Kalkdüngung</u> s. unter Düngung.

<u>Kalksalpeter</u> s. unter Düngung - Stickstoffdüngung (Kalziumnitrat).

<u>Kalkstein</u> s. unter Düngung - Kalkdüngung; unter Gesteine - Karbonate.

<u>Kalorimetrie</u>, Phasenzusammensetz. gefrorener Montmorillonit-Wassermisch., ermittelt aus Wärmekapazitätsmess. 10-0119.

<u>Kaltlagerung</u> s. unter Lagerung.

<u>Kalzium</u> s. auch Düngung - Kalkdüngung.

B e s t i m m u n g : Bestimm. in Pflanzen 08-0402; radiometr. Bestimm. in Pflanzenmaterial 09-0349; quant. Bestimm. v. Kalzit u. Dolomit in Böden 07-0223; Indizes für d. Ca-Verfügbark. u. d. Dispersionsgrad d. Böden 08-0170; flammenphotometr. Bestimm. in unreinen Sukroselös. 12-0119; Beweg. in Haferblättern, gemessen durch Halbleiterdetektoren 11-0362; Nachweis v. Ca-Ablager. im Fruchtstiel d. Erbse mit Röntgenmikrosonde 09-0340.

G e h a l t i m B o d e n : Wechselbezieh. zw. Wirksamk. v. Mg u. Ca auf leichten Rasenpodsolböden 08-0147; austauschbarer Ca-Geh. d. Böden d. USA 07-0238.

S o r p t i o n , A u s t a u s c h i m B o d e n : Thermodynamik d. Ca-Ionenaustausches in Böden 12-0200; Isotopenaustausch v. ^{45}Ca in $CaCO_3$, $Ca_3(PO_4)_2$ u. $CaSo_4 \cdot 2H_2O$ 11-0174; Rolle v. austauschbarem Ca auf d. Geh. an org. Subst. u. Gesamt-N in Rohhumushorizonten 09-0143; austauschbarer Ca-Geh. d. Böden d. USA 07-0238; Verteilungskoeffizient an Wyoming-Bentonit 07-0143; Ionenaustausch in Böden durch d. Ionenpaar K-Ca 12-0199; Einfl. verschied. Anionen auf d. Kationenaustausch v. Ca-Na in Böden 11-0175; Einfl. v. Kationenaustauschkapazität u. austauschbaren Kationen in Tonsuspensionen auf Wurzel- u. Stengelentwickl. v. Maissäml. 09-0316.

A u f n a h m e : Transpiration u. Ca-Aufn. durch d. Pflanzen 07-0324; Ca-Auslaugungsmechanismus aus Blättern 07-0327; Einfl. d. Ionentransportes bei Scenedesmus unter P-Mangel auf Readdition v. P in Licht u. Dunkelh. (Aufn. v. Ca^{2+}) 08-0367; Aufn. durch Gerstenpflanzen 10-0293; Beweg. v. ^{45}Ca in Böden u. d. Aufn. durch Gerstenpflanzen, beeinflußt durch eine Kalziumazetatbehandl. d. Bodens 08-0146; Aufn. u. Wiedergabe durch Laubblätter d. Sojabohne (Beweis d. gleichzeitigen Aufn. u. Wiederabgabe v. Ca sowie d. Wirk. d. Köpfens auf d. Abgabe dieses Mineralstoffes durch d. Blätter) 10-0275; Aufn. in Bezieh. z. Wurzelsaft- u. Stengelexsudat-Zitrat bei Sojabohnen 07-0294; Aufn. in d. Wurzeln d. Gelben Lupine u. d. Pferdebohne 09-0338; Ionenaufn. durch isolierte Mitochondrien aus Kotyledonen v. Bohnen 10-0263.

S t o f f w e c h s e l : Ca-Aufstieg in unversehrten u. abgeschnittenen Bohnenpflanzen 08-0379; Daten z. Stoffw. v. Ca in Endknospen d. Apfelbaumes z. Zt. d. floralen Induktionsperiode 12-0050; Meth. "Boden-Pflanze" mit Bananen. Funktion d. verschied. Organe bei d. Assimilation v. P, K, Ca, Mg 07-0514.

E r n ä h r u n g : Ca-Auslaugungsmechanismus aus Blättern 07-0326; Vgl. d. Kationenantagonismus bei Mineralernähr. d. Maises u. d. Tomate 07-0319; Ca-P-Bezieh. in d. Erdbeere 11-0336; Ca-Na-Interaktion bei d. Hülsenentwickl. d. Erdnuß 11-0346; Wirk. v. Ca-, Mg- u. S-Ernähr. auf Vermehr. u. Konzentration d. Klapperhülsenmosaikvirus 07-0920.

M a n g e l : Wirk. d. Ca-Mangels auf d. symbiot. N-Bind. 07-0196.

G e h a l t i n P f l a n z e n : Ca-Verbind. d. Pflanzen 07-0325; Einfl. d. Kalk. saurer Böden auf Ertrag, Ca-, Mg-, Mn- u. Mo-Geh. v. Kulturpflanzen sowie verfügbare Menge dieser Nährst. im Boden 12-0505; Sortenunterschiede bei d. Anhäuf. v. Ca in Gerstensäml. 09-0339; vergleich. Wirk. v. NH_4 u. Na, d. zu kalkarmen Nährlös. hinzugefügt wurden, auf d. ^{45}Ca-Verteil. in Bodenfrücht. Klee 07-0322; Akkumulation v. Tr.-

Subst., Ca in Blütenknospen, Blüten u. Früchten verschied. Alters, verschied. Lage u. verschied. Fruchtzweige v. Baumwolle 08-0368; Nachweis v. Ca-Ablager. im Fruchtstiel d. Erbse mit Röntgenmikrosonde 09-0340; mineral. Zusammensetz. d. Gartenbohne 10-0277; Verteil. in d. unreifen Tomate 08-0638; Veränder. d. Aschezusammensetz. v. Blättern d. Süßkirsche in Verbind. mit d. Chloroseerkrank. 09-0322.

E i n f l u ß v o n C a : Wirk. verschied. Ca-Formen auf P-Fixier. in ägypt. Böden 11-0387; Rolle d. Nährstoffbase Ca im Stoffw. v. Pflanzen 08-0382; Wirk. d. Ca-Ions u. Schutzwirk. auf Überleben u. gegen Wachstumshemm. v. Pollen 10-0030; Bestimm. d. austauschbaren Mg d. Böden durch Flammenphotometrie. Untersuch. d. Ca-Stör. 10-0200; Einfl. v. Ca auf d. Aufn. v. Halogenionen 12-0432; Regulier. d. Betazyaninefflux es aus d. Rübenwurzel durch Poly-L-Lysin u. a. Subst. 10-0048; Ca-Interaktion bei d. Hülsenentwickl. d. Erdnuß 11-0346; Einfl. v. Ca-Ionen auf Wachstum u. N-Bind. in Kulturen eines N-bindenden Azotobacter chroococcum-Stammes bei verschied. pH-Werten 08-0214.

R a d i o a k t i v e s C a : Isotopenaustausch v. ^{45}Ca in $CaCO_3$, $Ca_3(PO_4)_2$ u. $CaSO_4.2H_2O$ 11-0174; Beweg. v. ^{45}Ca u. ^{89}Sr in Böden u. d. Aufn. durch Gerstenpflanzen, beeinflußt durch eine Kalziumazetat- u. Strontiumazetat-Behandl. d. Bodens 08-0146; vergleich. Wirk. v. NH_4 u. Na, d. zu kalkarmen Nährlös. hinzugefügt wurden, auf d. ^{45}Ca-Verteil. in Bodenfrücht. Klee 07-0322; Bedeut. v. Stengel u. Wurzel bei Bestimm. genotyp. Differenzen bei ^{89}Sr- u. ^{45}Ca-Akkumulation bei Sojabohnen 10-0739.

V e r b i n d u n g e n : Ca-Verbind. d. Pflanzen 07-0325; Beeinfluss. d. Samenkeim. durch Ca-Salze org. Säuren 08-0454; Isotopenaustausch v. ^{45}Ca in $CaCO_3$, $Ca_3(PO_4)_2$ u. $CaSO_4.2H_2O$ 11-0174; Wirk. auf d. Gelingen v. Silagen 08-0462.

Kalziumkarbonat s. unter Düngung - Kalkdüngung (Kalkstein).

Kalziumnitrat s. unter Düngung - Stickstoffdüngung.

Kalziumphosphat s. unter Düngung - Phosphorsäuredüngung.

Kamelie s. Camellia.

Kamille s. Matricaria.

Kammquecke s. Agropyron cristatum.

Kanada, Beeinfluss. d. Gersten- u. Luzerneerträge durch Kalk. auf Solonetz-, Podsol- u. Gleiböden im Geb. d. Peaceflusses 10-0341.

Kanariengras s. Phalaris canariensis.

Kaolinit s. unter Minerale (einschl. Tonminerale) - Tonminerale.

Kapillarwasser s. unter Bodenphysik - Bodenwasserhaushalt.

Kappus s. Brassica oleracea convar. capitata var. capitata.

Kaps s. Brassica oleracea.

Karbamate s. unter Fungizide; unter Molluskizide.

d. Respiration v. Mais-, Weizen-, Hirse- u. Rettichsamen während d. Anfangsstadien d. Keim. in Bezieh. z. folgenden Sämlingswachstum 11-0035; Wirk.: chron. Gamma-Bestrahl. bei Senf 10-0741; v. Bestrahl. v. Erbsensamen auf d. Thiaminbiosynth. in 10 Tage alten Pflanzen 11-0056.

<u>Kodein</u> s. unter Alkaloide.

<u>Körnerhirse</u> s. Sorghum spec.

<u>Körnermais</u> s. Zea mays.

<u>Kohl</u> s. Brassica oleracea; Abessinischer Kohl s. Crambe abyssinica.

<u>Kohlblattlaus</u> s. Brevicoryne brassicae.

<u>Kohlendioxyd</u> s. Kohlensäure.

<u>Kohlenhydrate</u> s. auch Assimilation; Glykoside; Pektine; Stoffwechsel; Zellulose.

B e s t i m m u n g : Isolier. u. Charakterisier. v. Uridindiphosphatfruktose aus Knollen v. Topinambur 11-0097; Stoffwechsel in Apfelsamen während d. Ausreifens nach d. Ernte 09-0050; Einfl. d. Kulturdauer auf d. Kohlenhydrat-Nutz. durch Xanthomonas vesicatoria 12-1093.

S t o f f w e c h s e l : Transp. org. Metaboliten in d. Pflanze 07-0015; Wirk. v. Pflanzenwachstumsregulatoren auf Kohlenhydrate 10-0038; Ablager. 12-0048; Bild. v. org. Säuren beim Umsatz d. Kohlenhydrate durch Knöllchenbakterien 12-0267; Verteil. v. Stengelzucker in Weizen während d. Kornentwickl. 12-0049; Wirk. v. Maleinsäurehydrazid auf d. Kohlenhydratstoffw. verkümmerter u. saccharose-ernährter etiolierter Gerstenblätter 08-0045; biochem. Grundlagen physiol. Prozesse in d. Kartoffelknolle. Veränder. d. Kohlenhydrate in d. keimenden Knolle 08-0047; Einfl. unterschiedl. Wurzeltemp. auf Kohlenhydratveränder. in bewurzelten Blättern d. Bohne 12-0047; Einfl. v. Wassermangel auf d. Beweg. v. ^{14}C-Saccharose u. v. ^{3}H-Wasser innerhalb d. Applikationsblattes v. jungen Bohnenpflanzen 11-0063; Stoffwechsel in Apfelsamen während d. Ausreifens nach d. Ernte 09-0050; Temp.-Verhältn. für d. 2. Schnittphase d. Weinrebe u. d. Veränder. d. Kohlenhydratgeh. bei negativ. Temp. 08-0034.

G e h a l t i n P f l a n z e n : Wirk. einer Rostinfektion auf Hexokinaseaktivität u. Kohlenhydratabbau in Primärblättern v. Weizen 10-0859; Anwend. d. Biochem. in d. Genetik z. Qualitätsverbesser. u. bei d. Pflanzenernähr. (Genmutationen beeinfl. d. Kohlenhydratzusammensetz. im Maisendosperm) 08-0760; Einfl. einer Misch. d. Mikroelemente auf einige Prozesse im Vegetationsverlauf d. Zuckerrübe (Änder. in d. quant. Zusammensetz. d. freien Saccharide) 08-0339; Wachstum subtrop. Gräser (Verhältnis zw. Kohlenhydratspeicher. u. Blattfläche während d. Wachstums) 10-0056; Veränder. in Luzernewurzeln zw. Blütenanlage u. Samenbild. 09-0092; Verwert. v. anorg. oder org. N durch Leguminosen bei unterschiedl. C:N-Verhältnis in Pflanzen (Einfl. d. N-Ernähr. auf d. Verhältnis d. Kohlenhydrate z. N bei Erbsen u. Lupinen) 09-0329; Kohlenhydrate im Wurzelexsudat v. Reissäml. 08-0354; Kohlenhydrate d. Wurzelsysteme d. Baumwolle bei Welkekrankh. 12-0054; Temp.-Verhältn. für d. 2. Schnittphase

d. Weinrebe u. d. Veränder. d. Kohlenhydratgeh. bei negativ. Temp. 08-0034; mikrobiol. Untersuch. pflanzenpathogener Bakterien (Taxonomie d. Gatt. Erwinia u. oxydativer Abbau d. Kohlenhydrate) 08-0849.

Zucker

Zuckerchemie - Einführ. 09-0093; krit. Betracht. d. zuckertechnol. Fachsprache 07-0068; Bedeut. d. Weges d. Zucker in d. Pflanzenphysiol. 12-0057; Wachstum kurzfristig isolierter pflanzl. Gewebe in Abhängigk. v. d. exogenen C-Quelle 09-0045; Wirk. d. Gefrierens auf d. freien Zucker im Boden 12-0264; Vorkommen in d. Säurehydrolysaten aus Rajasthan-Böden isoliert. Fulvosäuren 07-0139; Lokalisier. verschied. lösl. Zucker in Weizenblättern durch Mikroautoradiographie 07-0086; Wirk. d. Kohlenhydratfraktion d. Wurzelausscheid. v. Rotklee auf Fusarium spp. d. Kleewurzel u. Rhizosphäre 08-0205; Stimulier. d. Blattstielabtrenn. durch Zucker u. Gibberellsäure bei Buschbohne 07-0049; Entwickl. eines Botrytis cinerea auf hohen Zuckerkonzentrationen 11-0858; Bioteste mit Blattläusen zum Nachweis geringer Insektizidmengen in Zuckerlös. 08-0970.

B e s t i m m u n g : Prinzipien u. Elemente automat. Zuckerpolarimeter 09-0107; Anwend. v. Diazourazil für d. quantitative Bestimm. v. Zuckern (Bestimm. d. Fruktose, Maltose, Melezytose, Raffinose u. Saccharose) 10-0093; hydrolyt. Extraktion v. Kohlenhydraten mittels Schwefelsäure 07-0217; flammenphotometr. Bestimm. v. K, Na u. Ca in unreinen Sukroselös. 12-0119; Abhängigk. d. Zuckerbild. - charakterisiert durch d. Refraktometerwert - v. d. Witter. bei Zuckerrüben 10-0103; Bestimm. d. Reserven bei 'Midland'-Bermudagras 12-0092.

S t o f f w e c h s e l : Physiol. Bedeut. d. K im Kohlenhydratstoffwechsel d. Pflanzen (Wirk. d. K auf Umwandl. u. Abbau v. Zuckern) 11-0344; Aufn. u. Translokation v. Zucker durch Rizinussäml. (autoradiograph. Untersuch. d. Absorptionsweges) 09-0064; Photosynthese v. Zuckerrohrblättern (neue Karboxylierungsreaktion u. d. Weg d. Zuckerbild.) 08-0057.

G e h a l t i n P f l a n z e n : N-halt. Verbind. in Kompostdüngern 12-0504; Zuckerzusammensetz. d. Embryos u. Endosperms v. Weizensamen unter Beding. langjähr. Düngeranwend. 09-0089; Akkumulation v. Zuckern während d. Härt. d. Wi-Weizens 12-0040; Verteil. v. Stengelzucker in Weizen während d. Kornentwickl. 12-0049; Veränder. physiol.-biochem. Merkmale v. Wi-Weizen bei Frühjahrsaussaat 12-0030; Zuckerstoffw. v. Kartoffelknollen nach Gamma-Bestrahl. Zuckerakkumulation, Hemm. v. Keimwachstum u. Knollenbild. 08-0046; physiol. Grundlagen für Steiger. d. Zuckergeh. v. Zuckerrüben 12-0043; Zuckereinlager. als Funktion d. Wachstumsprozesse bei Zuckerrüben 09-0049; Vererb. d. Zuckergeh. v. Autopolyploiden d. Zuckerrübe 10-0758; Einfl. v. Mikroelementen auf Erhöh. d. Zuckergeh. u. auf technol. Qualität v. Zuckerrüben 10-0437; Einfl. v. Na auf Wachstum, Ertrag u. Zuckergeh. v. Zuckerrüben auf Rasenpodsolböden 10-0295; Nährstoffversorg. v. Zuckerrüben auf Torfböden im Überschwemmungsgeb. d. Flusses Trubesh mit K u. Na sowie deren Einfl. auf d. Zukkergeh. 11-0379; Zuckergeh. in Wiesenpflanzen 10-0076; Kohlenhydrate in Gräsern (Zucker- u. Fruktosanzusammensetz. d. Stengelbasis v. Wehrloser Trespe u. Wiesenlieschgras in verschied. Wachstumsstadien u. in verschied. Pflanzenorganen während d. Anthese) 11-0095; chem. Zusammensetz. v. Gemüse unter Glas 09-056 ; Korrelation zw. Zuckergeh. d. Pollens u. d. Stempels v. Süßkirschen u. d. Winterfestigk. ihrer Blütenknospen 08-0681; Vorhersage d. Zuckergeh. v. Weintrauben 12-0912; Größenzunahme u. Zuckeranreicher. v. Weinbeeren in Abhängigk. v. d. Photosyntheseleist. u. d. sie beeinfluss. Faktoren 08-0691; Kälteschäden an Zitrusbäumen (Bezieh. zw. Frosthärte u. osmot. Konz. sowie Elementgeh. in Blättern u. Stengeln v. 'Satsuma'-Orangenbäumen unter Einfl. v. Kältebehandl.) 12-0038; Einfl. v. Pb-Arsenatspritz. auf Zucker- u. Säuregeh. d. Früchte v. Citrus natsudaidai 12-0113.

P o l y s a c c h a r i d e : Extrazelluläre Polysaccharide v. Rhizobium meliloti 12-0231; Absorption- u. Aggregatbildungsreaktionen v. Bodenpolysacchariden mit Kaolinit 11-0177; Charakterisier. v. Bodenpolysaccharid-^{90}Sr-^{90}Y-Komplexen 12-0185.

S p e z i e l l e Z u c k e r

A m y l o s e : Stärkebild. in Pflanzen (Anwend. radioaktiver Daten auf d. Mechanismus d. Amylosevorläufers) 10-0045; Einfl. d. Reife auf Amylosegeh. d. Endosperms v. Zuckermais 09-0091; Einfl. d. Düng. auf Amylose-Amylopektinverhältnis d. Kartoffelstärke 09-0319.

F r u k t o s a n : Kohlenhydrate in Gräsern (Zucker- u. Fruktosanzusammensetz. d. Stengelbasis v. Wehrloser Trespe u. Wiesenlieschgras in verschied. Wachstumsstadien u. in verschied. Pflanzenorganen während d. Anthese) 11-0095.

F r u k t o s e : Anwend. v. Diazourazil für d. quantitative Bestimm. 10-0093; Geh. d. Zuckerrübe an reduzierenden Stoffen 12-0090.

G l u k o s e : Humifizier. v. ^{14}C-markierter Glukose in Böden d. Sanbornfeldes 12-0189; S-Bedarf für d. Zersetz. v. Glukose im Boden 07-0192; Geh. d. Zuckerrübe an reduzierenden Stoffen 12-0090; Bestimm. d. Reserven bei 'Midland'-Bermudagras 12-0092; Physiol. d. Knöllchenbild. (Einfl. v. Glukose auf d. Wurzelhaarinfektion v. Klee) 09-0038; Glukoseaufn. durch apikale Segmente v. Tomatenwurzeln 10-0265.

G l y k o g e n : Stärkebild. in Pflanzen (Anwend. radioaktiver Daten auf d. Mechanismus d. Glykogenvorläufers) 10-0045.
Glykogenbild. in genet. verschied. Maisendospermen 09-0090; Ursprung d. d. Bakterien u. Bakteroiden umgebenden Membran u. d. Anwesenh. v. Glykogen in Kleewurzelknöllchen 11-0201.

M a l t o s e : Anwend. v. Diazourazil für d. quantitative Bestimm. 10-0093.

M e l e z y t o s e : Anwend. v. Diazourazil für d. quantitative Bestimm. 10-0093.

R a f f i n o s e : Anwend. v. Diazourazil für d. quantitative Bestimm. 10-0093.

S a c c h a r o s e : Anwend. v. Diazourazil für d. quantitative Bestimm. 10-0093; Galaktoside d. Saccharose bei Dikotyledonen 10-0009; reaktionsfähiger N u. sein Einfl. auf Kristallisation d. Saccharose 12-0091; Wirk. v. Maleinsäurehydrazid auf d. Kohlenhydratstoffw. verkümmerter u. saccharose-ernährter etiolierter Gerstenblätter 08-0045; Zuckerstoffw. v. Kartoffelknollen nach Gamma-Bestrahl. Zuckerakkumulation, Hemm. v. Keimwachstum u. Knollenbild. 08-0046; Invertaseaktivität in frischen u. gelagerten Zuckerrüben 12-0109; Einfl. v. Wassermangel auf d. Beweg. v. ^{14}C-Saccharose u. v. ^{3}H-Wasser innerhalb d. Applikationsblattes v. jungen Bohnenpflanzen 11-0063; Saccharoseaufnahme durch apikale Segmente v. Tomatenwurzeln 10-0265; Rhabarberstangenfarbe u. -produktion, beeinflußt durch Saccharose 12-0795.

S t a c h y o s e : Biosynthese d. Stachyose bei Bohnen 10-0077.

U r i d i n d i p h o s p h a t f r u k t o s e : Isolier. u. Charakterisier. aus Knollen v. Topinambur 11-0097.

Z e i n : Meth. z. Bestimm. in Maiskörnern 11-0125.

Stärke

Stärke 12-0093; Stärke-Atlas 07-0074, 11-0096; Stärkebild. in Pflanzen (Anwend. radioakt. Daten auf d. Glykogenvorläufer u. auf d. Mechanismus d. Amylosevorläufers) 10-0045; Färbungsstudien an Kartoffel- u. Weizenstärke 08-0099; Fluorchromier. u. Färb. gereinigter u. ungereinigter Weizen- u. Kartoffelstärke (Verhalten v. Stärkekörnern) 12-0087; Verhalten d. Stärkekomponenten 12-0088; Einfl. d. Düng. auf Amylose-Amylopektin-Verhältnis d. Kartoffelstärke 09-0319; Einfl. v. Düng. auf P-Geh. d. Kartoffelstärke 09-0318; Einfl. d. Mineraldüng. auf d. Korngröße d. Kartoffelstärke 12-0418; Einfl. v. Düng. u. Anbaubeding. auf d. Größe d. Stärkekörner in Kartoffeln 11-0094; Verbesser. mikroskop. Mess. an Zellen u. Stärkekörnern d. frischen Kartoffel 12-0089; Standardisier. d. polarimetr. Bestimm. in verdünnter Salzsäure: Fehlerbestimm. d. Ewers-Meth. u. Reproduzierbark. d. Säureaufschlusses d. Stärke 10-0094.

G e h a l t i n P f l a n z e n : Schwank. d. Stärkegeh. mit Rost- u. Mehltaupilzen befallener Wirtspflanzen 09-0874; Stärkespeicher. u. Tätigk. einiger Fermente bei d. Kartoffel 11-0050; Vererb. d. Stärkegeh. bei d. Zücht. v. Kartoffeln auf d. Frühreife 08-0777; Veränder. im Pigment-, ^{32}P- u. Stärke-Anteil auf gleichen Einzelblättern v. Sojabohnen, infiziert mit Cercospora sojina 12-1195; Kälteschäden an Zitrusbäumen (Bezieh. zw. Frosthärte u. osmot. Konz. sowie Elementgeh. in Blättern u. Stengeln v. 'Satsuma'-Orangenbäumen unter Einfl. v. Kältebehandl.) 12-0038.

Kohlensäure s. auch Düngung - Kohlensäuredüngung; Assimilation; Atmung; Kohlenstoff.

CO_2-Abgabe in Abhängigk. v. Bodenfeuchtezustand 07-0190; Zersetz. v. pflanzl. Material im Boden (partielle Sterilisation d. Bodens u. d. Bodenbiomasse) 07-0188; Bestimm. d. Chitinzersetz. im Boden über CO_2-Freisetz. 09-0194; Rolle d. CO_2-Fixier. bei d. Akkumulation v. Ionen durch Gerstenwurzeln 09-0307; Reakt. v. Enzymen in vitro, d. an d. CO_2-Fixier. beteiligt sind u. d. Salzaufn. durch Gerstenwurzeln begleiten 09-0308; Einfl. einer abgestuften Wasserversorg. auf CO_2-Assimilation, Transpiration, Substanzproduktion u. Wasserverbrauch v. Hafer 09-0043; Assimilation u. Translokation v. $^{14}CO_2$ in Ladinoklee (Verteil. v. ^{14}C in verschied. Assimilatfraktionen in Pflanzen) 09-0062; Ermittl. d. CO_2-Haushaltes eines Salatsortimentes z. Charakterisier. physiol. Anpassungsfähigk. untersuchter Sorten 07-0602; Einfl. d. Lagerbeding. auf d. Atm. v. Äpfeln. (Wirk. v. Temp., CO_2- u. O_2-Konz. auf d. Produkt. v. CO_2 u. d. Verbrauch v. O_2) 11-0672.

E i n f l u ß v o n CO_2: Steigende Produktion durch Zufuhr v. CO_2 z. d. Wurzeln 08-0369; zusätzl. CO_2-Gaben bei gestörten Wachstumsbeding. 10-0527; photosynthet. C-Metabolismus bei CO_2-Defizit 12-0447; Einfl.: v. CO_2-Anreicher. im Verhältnis z. Temp. 10-0575; v. CO_2 auf d. Chemisorption v. Ammoniak durch basengesättigte Tone 10-0130; Strohballen liefern CO_2 ohne Kosten 10-0577; photosynthet. u. Dunkelfixier. v. $^{14}CO_2$ an abgetrennten Sojabohnenkotyledonen 10-0035; zusätzl. CO_2-Gaben z. Treibkopfsalat 08-0648; Wachstum v. Bohnen- u. Tomatenpflanzen, verursacht durch wurzelaufgenommene Wuchsstoffe u. atmosphär. CO_2 07-0045; CO_2 bei Tomaten 08-0640; Einfl. d. CO_2-Begas. auf Tomatenerträge 10-0576; Entwickl. u. Mineralstoffversorg. v. Obstunterlagen unter d. Einfl. v. Hydrogenkarbonaten, Karbonaten u. CO_2 im Substrat (Wirk. v. Karbonat im Vgl. zu Sulfat) 07-0323; Einfl. d. Lagerbeding. auf d. Atm. v. Äpfeln. (Wirk. v. Temp., CO_2- u. O_2-Konz. auf d. Prod. v. CO_2 u. d. Verbrauch v. O_2) 11-0672; Versuche, Birnen mit CO_2 zu lagern (1958-61) 12-0884; Einfl. auf Zierpflanzen im Gewächshaus 07-0686; Anwend. d. CO_2-Begas. im Zierpflanzenbau unter Glas 08-0697; Problem d. Begas. bei Edelnelken 07-0686.

K a r b o n a t e : Zwischenschichtbeleg. u. Expansionsverhalten v. Dreischicht-Tonmin. im $CaCO_3$-gepufferten Hydrogenkarbonatmilieu kalkreicher Lockersedimentböden (Löß) 07-0136; Entwickl. u. Mineralstoffversorg. v. Obstunterlagen unter d. Einfl. v. Hydrogenkarbonaten, Karbonaten u. CO_2 im Substrat (Wirk. v. Karbonat im Vgl. zu Sulfat) 07-0323.

<u>Kohlenstoff</u> s. auch Assimilation; Bodenchemie; Humus; Kohlensäure. Flüssigkeits-Szintillationsmeth. z. Mess. d. ^{14}C-Aufn. bei Photosynth. 09-0110; Zugänglichk. u. Eigensch. v. absorbiertem C in biogenet. Opal 11-0154; photosynthet. C-Metabolismus bei CO_2-Defizit 12-0447; Bestimm. im Boden 09-0242; Bedeut. d. Verhältnisses C/org. P bei d. Mineralisier. d. org. Boden-P 12-0266; org. C in irischen Weideböden 09-0144; Gruppenzusammensetz. d. Humus u. d. Verhältn. d. C zum Gesamt-N in dunklen Kastanienböden in verschied. Geb. 07-0137; Teilergebnisse d. 50jähr. Bearbeit. eines Nichttschernosems u. d. Dynamik d. Humusfonds 09-0146; Bernburger Dauerdüngungsversuch (C-Verhältnisse) 10-0317; C-Haush. v. Weizenkeimpflanzen in Abhängigk. v. Düng. u. Belicht. 09-0324; C- u. N-

Quellen für Proteinsynth. u. Wachstum v. Zuckerrübenblättern 11-0051; Verwert. v. anorg. oder org. N durch Leguminosen bei unterschiedl. C:N-Verhältnis in Pflanzen (Einfl. d. N-Ernähr. auf d. Verhältnis d. Kohlenhydrate z. N bei Erbsen u. Lupinen) 09-0329; Pathogenitätsunterschiede bei Fusarium vasinfectum mit verschied. C-Quellen 11-0861.

R a d i o a k t i v e s C : Flüssigkeits-Szintillationsmeth. z. Mess. d. ^{14}C-Aufn. bei Photosynth. 09-0110; Untersuch. d. Photosyntheseprodukte mit Hilfe v. ^{14}C bei Pflanzen verschied. Sorten 08-0040; Humifizier. v. ^{14}C-markierter Glukose in Böden d. Sanbornfeldes 12-0189; Gasaustausch d. Bodens durch Verwend. v. ^{14}C 07-0163; Abbau v. ^{14}C-markiert. Atrazin in Bodenproben 11-0209; Verteil. v. ^{14}C in d. Kartoffelpflanze in Bezieh. z. Blattinfektion mit Phytophthora infestans 07-0950; Assimilation u. Translokation v. $^{14}CO_2$ in Ladinoklee (Verteil. v. ^{14}C in verschied. Assimilatfraktionen in Pflanzen) 09-0062; Besonderh. v. Tages- u. Saisonveränder. d. Photosyntheseintensität v. Hirse in Abhängigk. v. Bewässerungsregime 11-0045; Wirk. d. Kühlens auf d. physiol. u. d. simulierten Apex v. 2- u. 3-Blattpflanzen v. Erbse auf Seitensproßwachstum, ^{14}C-IES-Beweg. u. ^{32}P-Akkumulation 10-0043; Einfl. v. Wassermangel auf d. Beweg. v. ^{14}C-Saccharose u. v. ^{3}H-Wasser innerhalb d. Applikationsblattes v. jungen Bohnenpflanzen 11-0063; Intensität d. Gesamtverbrauchs v. ^{14}C-Assimilaten auf Atm. u. Abfluß aus d. Blättern verschied. Rüben- u. Tomatensorten 12-0056; Verteil. v. ^{14}C-markierten Photosyntheseprodukten während d. gärtner. Kultur d. Tomatenpflanze 08-0042; Verlager. v. ^{14}C in d. Blütenständen v. verschied. Blättern in Abhängigk. v. ihrer Anordn. zum Stengel bei Tomaten 08-0043; Stoffwechsel v. ^{14}C-markiertem Diphenamid in Erdbeeren 07-1035; Absorption v. N durch mykorrhizabesiedelte Wurzeln d. Buche (Ammoniak u. Nitrat als N-Quelle) 10-0166; Einfl. d. Form d. N-Ernähr. auf d. Stoffwechsel v. Pflanzen (Weg d. ^{14}C in Chlorella vulgaris bei Ernähr. mit Nitrat- oder Ammonium-N) 11-0338.

<u>Kohlenwasserstoffe</u>, v. Blüten einiger Solanum-Arten u. ihre mögl. taxonom. Bedeut. 09-0013.

<u>Kohlerdflöhe</u> s. Phyllotreta.

<u>Kohleule</u> s. Trichoplusia ni.

<u>Kohlfliege</u>, Kleine s. Phorbia brassicae.

<u>Kohlhernie</u> s. Plasmodiophora brassica.

<u>Kohlmotte</u> s. Plutella maculipennis.

<u>Kohlrabi</u> s. Brassica oleracea convar. acephala var. gongylodes.

<u>Kohlraupe</u> s. Trichoplusia ni.

<u>Kohlrübe</u> s. Brassica napus var. napobrassica.

<u>Kohlschabe</u> s. Plutella maculipennis.

<u>Kohlschotengallmücke</u> s. Dasyneura brassicae.

<u>Kohlschotenrüßler</u> s. Ceuthorrhynchus assimilis.

<u>Kohlweißling</u>, Kleiner s. Pieris rapae.

<u>Kohlwurzelfliege</u> s. Erioischia brassicae.

Luzerne 07-0803; Wirk. d. Lebenskraft v. S_1-Linien u. Saatstärken auf Ertrag u. endgült. Stand einer Kombination v. 2 Luzerneklonen bei Zumisch. verschied. Prozentsätze v. S_1-Saatgut 12-1059; Kreuzbestäubungsuntersuch. mit 3 purpurblühenden Luzernen, einer weißblühenden Linie u. 2 Bestäuberarten 11-0812; Kreuz. geograph. entfernter Formen innerhalb d. Art v. Rotklee 12-1061; Selbst- u. Kreuzungsunverträglichk. u. allg. Untersuch. z. Samensatz bei Zickzackklee 11-0815.

S o n s t i g e K u l t u r e n : Fernkreuz. zw. Papaver somniferum u. P. orientale 11-0792; Analyse v. diallelen Kreuz. hinsichtl. d. quantitativen Eigensch. d. Tabaks 07-0815; Zytogenetik - Rückkreuz. einschließl. d. Standard- u. Mutanten-Art v. Nicotiana glauca 10-0766.

G e m ü s e : Salatsorten im Gewächshaus u. ihre Verbesser. 11-0654; Bastardier. zw. Capsicum annuum u. C. pubescens 10-0778; Einfl. reziproker Kreuz. auf d. Heterosiseffekt bei d. Eierfrucht 10-0780.

O b s t : Apfelunterlagenversuche: 15jähr. Ergebnisse mit einigen M-IX-Kreuz. 09-0642.

Kompaßpflanze s. Silphium spec.

Komplexometrie, Vergl. zw. komplexometr. u. atomabsorptionsspektrometr. Mg-Bestimm. im Boden 11-0244; Mg-Bestimm. in naßveraschten Pflanzenproben 09-0350.

Kompost s. unter Düngung - Organische Düngung; unter Erden, gärtnerische.

Kongoerbse s. Cajanus indicus.

Koniferen, Frosttrocknis 10-0031; Zwergkoniferen 10-0668.

Konservierung (und Verwertung) s. auch Fruchtsäfte; Lagerung; Trocknungsmethoden; Weine.

Jahresber. 1965 09-0551; Konservierungsverfahren 11-0426; Kosten d. Rauhfutters je Stärkeeinheit bei verschied. Konservierungsmeth. 08-0460; betriebswirtsch. Untersuch. v. ausgedroschenem Körnermais 12-0609; Anwend. ionisierender Strahl. z. Verlänger. d. Haltbarkeitsdauer v. Kartoffeln u. Gemüse 09-0426; Buschbohnen für industrielle Verarb. 09-0594; tabellar. Zusammenstell. einiger wichtiger Merkmale für Konservenbohnen 08-0637; Eign. einiger Tomatensorten für mechanisiertes Entfernen d. Schale 09-0606; Heterosistomatensorte für mech. Schälen 10-0584; Vorgang d. Nitritbild. im Spinat 12-0802; Obst 09-0627; Experimente z. Trockn. v. Obstarten 08-0657; Wirk. ionisierender Strahlen auf Widerstandsfähigk. gegenüber Mikroorganismen u. Veränder. d. Charakters d. Verderbs v. Früchten 08-0656; Faktoren, d. d. Verfärb. v. konservierten 'Bon Chrétien'-Birnen beeinflussen 10-0625; Eign. v. Pfirsichsorten z. Konservier. in Sirup 07-0653; Konservierungsversuch mit Weintrauben 'Muscat de Hambourg' in Polyäthylenverpack. bei dauernder u. kontrollierter Entwickl. v. SO_2 10-0639.

G e f r i e r e n : Tiefgefrieren u. Gefriertrockn. v. Obst u. Gemüse 12-0722; Gefrierschaden bei Gemüse 11-0609; Erfahr. mit verschied. Obst- u. Gemüsesorten bei Herstell. v. Tiefgefriererzeugnissen 09-0555.

halt. Wasser auf d. Wachstum unter Glas 10-0528; zusätzl. CO_2-Gaben 08-0648; CO_2-Dosier. 07-0552; Einfl. d. CO_2-Konz. (Reaktion d. Sorten) 10-0586; Analyse d. Wachstums in geregelter Umwelt mit zusätzl. CO_2 10-0587; Einfl. v. CO_2-Begas. bei Salat, d. in England u. Wales unter Produktionsbeding. angebaut wurde 11-0611; Einfl. v. Zn u. Mn auf Salat in erdeloser Kultur 11-0613; Reaktion auf eine Zn-Anwend. 10-0589.

P h y t o p a t h o l o g i e : Rolle bestimmter Bodenfaktoren auf Ätiol. d. Korkwurzelfäule 10-0874; phytotox. Subst. aus sich zersetzenden Rückständen in Bezieh. z. Ätiol. d. Korkwurzelfäule 10-0875; braune Nerven im Salat 09-0867; Zelleinschlüsse in kraut. Wirtspflanzen eines Apfelvirus 07-0925.

sativa var. crispa (Pflücksalat), CO_2-Entwickl. u. Temp. im Anfangswachstum plastgemulchter Pflanzen 10-0536.

Ladinoklee s. Trifolium repens.

Lärche s. Larix; Japanische Lärche s. Larix leptolepis.

Lagerung s. auch Trocknungsmethoden.

'Jahresbericht 1965 09-0551; Biochem. d. Aufbewahr. v. flüss. Pflanzenrohstoffen 07-0415; Physiol. d. Früchte nach d. Ernte 07-0018; Lagerverhalten von Äpfeln in Folien aus Polyäthylen verschied. Dichte 08-0670; langfristige Aufbewahr. d. gereinigten Südl. Bohnenmosaikvirus durch Gefriertrockn. unter Zusatz v. Laktose 08-0899; Physiol. d. Uredosporen während d. Lager. 07-0861.

Gaslagerung

Gaschromatograph. Analysen v. mit O_2-Kontrolleuren ausgestatteten Lagern mit kontrollierter Atmosphäre 10-0601; Gaslager. bei Gemüse 10-0533; Lager. d. Apfelsorten 'Golden Delicious', 'Jonathan', 'Kanada Renette' u. 'Stark Delicious' in kontrollierter Atmosphäre 10-0618; Kühllager. v. Äpfeln u. Birnen in Viktoria. (Hauptmerkmale d. CA-Lager.) 11-0668; Kühllager. v. Birnen 12-0883; Einfl. d. Lagerbeding. auf d. Atm. v. Äpfeln. (Wirk. v. Temp., CO_2-Konz. auf d. Prod. v. CO_2 u. d. Verbrauch v. O_2) 11-0672; Systeme u. Kosten d. CO_2-Lager. 09-0626; Versuche, Birnen mit CO_2 z. lagern 12-0884; Aufbewahr. v. 'Passa-Grassana'-Birnen in normaler u. kontrollierter Atmosphäre 12-0885; Konservierungsversuch mit Weintrauben d. Sorte 'Muscat de Hambourg' in Polyäthylenverpack. bei Gegenwart dauernder u. kontrollierter Entwickl. v. SO_2 10-0639.

Kaltlagerung

Kaltlager. v. Grassaatgut 10-0365; Kühl. v. Lagerkohl bei Minustemp. 08-0628; Kühllagerfestigk. v. Blumenkohl 07-0556; v. Gurken 12-0758; Kühllager. v. Äpfeln u. Birnen in Viktoria (Kühllager. v. Birnen) 12-0883.

Lagerung mit Hilfe von Strahlen

Physiol. Untersuch. gammabestrahlter Tomatenfrüchte 10-0571; Bestrahl. v. frisch geernteten Champignons 12-0815; Verlänger. d. Lagerzeit v. Champignons durch Gammastrahl. 10-0595.

Lagerung und Inhaltsstoffe

Chem. Zusammensetz. d. Kartoffel (Bezieh. d. Konzentration an org.

Säuren z. Dichte u. Lagerzeit) 08-0092; Entsteh. v. Säuren während d. Lager. v. Ölpflanzensamen 11-0119; Vorgang d. Nitritbild. im Spinat 12-0802; Geh. an Tr.-Subst. in Zwiebeln in Abhängigk. v. Lagerbeding. 09-0617; N-Stoffwechsel während d. Lager. in Bezieh. z. Verfall v. Äpfeln (Veränder. im Protein-N-Geh. in Bezieh. z. Befall) 12-0856; Bezieh. zw. physiol. Verfall u. Masseverlusten während d Kühllager. v. 'Jonathan' u. 'Delicious' 12-0857.

Saatgut und Pflanzgut

Literaturzusammenstell. zu Problemen d. Lager. landwirtsch. Saat- u. Pflanzgutes 11-0419; Techn. d. Saatgutlager. 11-0418; Wirk. tiefer Temp. während d. Lager. bestrahlter Samen auf d. Bestrahlungsnachwirk. 07-0394; Lager. v. Luzerne-Saatgut 10-0363; physiol.-biochem. Veränder. in Baumwollsamen während d. Lager. bei unterschiedl. Luftfeuchtigk. 07-0404; Veränder. d. Eigensch. v. Gemüsesamen bei Lager. 07-0545; Langlebigk. v. Gemüsesamen bei hoher Temp. u. hoher Feuchtigk. 10-0538; Veränder. d. Mikroflora u. d. Keim. d. Samen v. Gemüsekulturen bei Lager. 12-0742; Wirk. d. Lagerungsbeding. auf Lebensfähigk. v. Bohnensamen 10-0364; Einfl. d. Desikkation auf d. Erhalt. d. Saatguteigensch. bei Radiessamen 11-0624; Wert d. 1959 geernteten Zwiebelsamens 11-0659; Nerinezwiebeln - Temp. v. Roden z. Pflanzen 09-0708.

Getreide

Trockn. u. Lager. v. Mähdruschgetreide 11-0423; verlustlose Getreidelager. unter techn. u. ökon. Beding. d. DDR 10-0377; Bek. d. Getreideverluste bei d. Lager. 07-1031.

Hackfrüchte

Ökonom. Bewert. verschied. Arten v. Kartoffeln 12-0559; Lager. v. Kartoffelpollen für 1 Jahr bei -7 bis -10 °C 12-1050; Ermittl. v. Druckschäden u. Beeinträchtig. d. Pflanzwertes v. Kartoffeln in Abhängigk. v. d. Lagerungshöhe 11-0417; Winterlager. v. Kartoffeln unter Traglufzelt 12-0560; Klimatisier. v. Kartoffellagerräumen 07-0414; chem. Keimhemm. d. Pflanzkartoffeln 12-0631; Einfl. d. Verheilens v. Wunden an Kartoffelknollen auf Lagerfähigk. 09-0466; Lager. v. Kartoffeln mit Befall durch Braunfäule bei Behandl. mit Tetrachlornitrobenzol 11-0985; Kartoffel- u. Gemüselager. bei natürl. u. künstl. Belüft. 07-0407; Änder. d. technol. Eigensch. d. Zuckerrübe während d. Lager. 07-0413; Einfl. d. Frosteinwirk. auf Rüben - ihre Lager. u. ihren Verarbeitungswert 09-0484; Naßentlad. v. Rüben mit fast vollkommener Schwemmwasserrücknahme u. Auswirk. auf belüftete Rübenlager. 10-0378; Lager. v. Zuckerrüben mit Blattstielresten 11-0433; Lager. v. Futterzuckerrüben 10-0379; Atmungsverluste bei d. Stecklingszuckerrübe während d. Überwinter. bei unterschiedl. Meth. d. Einmietens 08-0456.

Sonstige Kulturen

Qualitätsverlust bei Lager. v. Sojabohnen durch Stinkwanzenbefall 10-0367.

Gemüse

Einfl. mineral. Düng. auf Haltbark. u. Verluste während d. Lager. v.

Obst u. Gemüse 07-0534; Verbesser. d. Gemüselager. in Produktionsbetrieben unter Berücksichtig. d. Erweiter. d. Gemüsesortiments 10-0534; Kartoffel- u. Gemüselager. bei natürl. u. künstl. Belüft. 07-0407; Gaslager. bei Gemüse 10-0533; Kühl. v. Lagerkohl bei Minustemp. 08-0628; Kopfkohllager. mit hohem Nutzeffekt 10-0545; Einfl. v. ^{6}N-Benzyladenin auf Lager. v. Kopfkohl nach d. Ernte 12-0750; Fragen d. N- u. K-Wirk. auf Flächenertrag u. Haltbark. v. Weißkohl 10-0542; Lager. v. Blumenkohl 12-0748; Kühllagerfestigk. v. Blumenkohl 07-0556; Einfl. d. Düng. auf Flächenertrag, Qualität u. Verluste bei d. Lager. v. grünen Buschbohnen 11-0637; Lager. v. Gurken 12-0758; künstl. Nachreifen v. Tomaten 12-0782; Untersuch. v. mit Äthylen nachgereiften u. unbehandelten Tomaten 12-0783; Einfl.: d. Aussaat- u. Erntetermins auf Lagerfähigk. d. Möhre 08-0629; d. K-Düng. auf Haltbark. u. Qualitätserhalt. v. Möhren 10-0548; reifeabhängige Lager. v. Möhren 08-0630; Haltbark. d. Möhren bei Lager. in nassem Torf 11-0622; Geh. an Tr.-Subst. in Zwiebeln in Abhängigk. v. d. Lagerbeding. 09-0617; Effektivität d. Maleinsäurehydrazids bei d. Lager. v. Zwiebeln 10-0593; Einfl.: v. Maleinsäurehydrazid auf d. Auswachsen d. Zwiebel bei langfrist. Lager. 09-0618; d. Anwendungstermins u. d. Gabenhöhe auf Wirksamk. v. Maleinhydrazid bei Lager. v. Zwiebeln unter verschied. Beding. 07-0606; Bestrahl. v. frisch geernteten Champignons 12-0815; Verlänger. d. Lagerzeit v. Champignons durch Gammastrahl. 10-0595.

Obst

Einfl. mineral. Düng. auf Haltbark. u. Verluste während d. Lager. v. Obst u. Gemüse 07-0534; Früchtelager. bei subatmosphär. Drücken 09-0625; Einfl. d. Lagerbeding. auf d. Atm. v. Äpfeln. (Wirk. v. Temp., CO_2- u. O_2-Konz. auf d. Prod. v. CO_2 u. d. Verbrauch v. O_2) 11-0672; Lager. d. Apfelsorten 'Golden Delicious', 'Jonathan', 'Kanada Renette' u. 'Stark Delicious' in kontrollierter Atmosphäre 10-0618; Einfl. d. Luftwäsche auf d. Wachstum v. Fruchtfäuleerregern in Apfelfrüchten 08-0950; Wirk. v. N-Dimethylamino -bernsteinamidsäure auf Reife u. Lagerqualität v. Äpfeln 12-0845; N-Stoffwechsel während d. Lager. in Bezieh. z. Verfall v. Äpfeln (Veränder. im Protein-N-Geh. in Bezieh. z. Befall) 12-0856; Bezieh. zw. physiol. Verfall u. Masseverlusten während d. Kühllager. v. 'Jonathan' u. 'Delicious' 12-0857; Bezieh. zw. Erntetermin u. Lagerverhalten bei 'Cox's Orange Pippin' 09-0648; Normallager. d. Apfels mit Hilfe v. Plastfolie 07-0640; Lagerverhalten v. Äpfeln in Folien aus Polyäthylen verschied. Dichte 08-0670; Kühllager. v. Äpfeln u. Birnen in Viktoria. (Hauptmerkmale d. CA-Lager.) 11-0668; Kühllager. v. Birnen 12-0883; Versuche, Birnen mit CO_2 zu lagern 12-0884; Aufbewahr. v. 'Passa-Grassana'-Birnen in normaler u. kontrollierter Atmosphäre 12-0885; Konservierungsversuch mit Weintrauben d. Sorte 'Muscat de Hambourg' in Polyäthylenverpack. bei Gegenwart dauernder u. kontrollierter Entwickl. v. SO_2 10-0639; Reife, verschied. Aufnahmetermine u. hohe Lagertemp.

Entwickl., Stand u. Perspektiven) 12-0011; Betriebsbeschreib. 11-0006; Ceres u. Clio. Geschichte d. Landbaues. Geschrieben anläßl. d. 25jähr. Bestehens d. Stud. Kreises für d. Geschichte d. Landbaues 08-0005; chem. Stoffe für d. Landwirtsch. - Bibliogr. ausländ. Lit. 09-0012; Chemisier. d. Landwirtsch. in d. Nicht-Schwarzerdezone 07-0243; Bilanz d. 6-semestr. Landwirtsch.-Studiums 12-0007; Eidgenöss. Landwirtsch. Versuchsstation Lausanne (Tätigkeitsber. 1963-65) 09-0004; Tätigkeitsber. d. Eidgenöss. Landwirtsch. Versuchsanstalt Zürich-Oerlikon (1963-65) 09-0003; 78. Jahresber. d. New York State College of Agriculture bei d. Cornell-Univ., Ithaca, New York, u. d. landwirtsch. Versuchsstation d. Cornell-Univ. 1965 12-0006; V. Unionskonferenz über d. Anwend. v. Spurenelementen in d. Landwirtsch. 10-0250; Bundesministerium für Ernähr., Landwirtsch. u. Forsten 08-0007; Schlußfolger. aus d. Ergebnissen d. III. Turnus d. systemat. Bodenuntersuch. 09-0252; pflanzl. Indikatoren bei d. Auswert. v. Flugzeugaufnahmen für d. landwirtsch. u. forstl. Bodenkartier. 10-0236; Entwickl.-tendenz in d. Düngemittelind. u. ihre Bezieh. z. d. Forder. d. Landwirtsch. 09-0359; Entwickl.-tendenz d. mineral. Düng. in d. DDR 09-0360; Einführ. industriemäß. Produktionsmeth. in d. Landwirtsch. 10-0353; Intensivier. d. Landwirtsch. unter Berücksichtig. d. pflanzl. Produktion 09-0407; ökon. Einschätz. d. landwirtsch. genutzten Böden 09-0122; Anwend. v. Isotopen u. ionisier. Strahlen in d. Agrarwiss. 08-0018; Anwend. v. Isotopen in landwirtsch. Forsch. - Konf. Budapest (1965) 12-0023; elektron. Datenverarbeit. (EDV) in d. Landwirtsch. d. DDR 09-0005; Heterosis als evolutionäre Erschein. d. Pflanzenwelt u. Probleme ihrer Nutz. 11-0746; Flurholzanbau u. Landwirtsch. 09-0297; Stand u. Aussichten d. Immissionsschutzes 12-0404.

A n b a u g e b i e t e : Landwirtsch. d. Welt 12-0014; Rolle d. Schwed. Saatgutvereinig. in d. Entwickl. d. schwed. Landwirtsch. 07-0004; Syst. d. Böden d. DDR als Grundlage d. land- u. forstwirtsch. Standortkartier. 11-0222; Landwirtsch. d. DBR 09-0009; Selektion u. Kulturpflanzenzücht. d. belg. Landwirtsch. u. Perspektiven 09-0732; Einteil. d. Produktionsfläche Polens in Komplexe nach d. naturwiss. Grundsätzen d. rationellen Nutz. 12-0540; Entwickl. in Rumänien (statist. Datensamml.) 12-0017; Landwirtsch. in Wales während d. Napoleon. Kriege. Untersuch. über geograph. Interpretat. histor. Quellen 08-0003; Wasserresourcen-Gesetz v. 1963 u. d. Landwirtsch. in England u. Wales 10-0226; sowj. Landwirtschaftschemie - Rückschau u. Ausblick 08-0017; Probleme d. Bodenkunde u. Agrochemie in Estland 10-0105; Kartoffelzücht. u. -anbau sowie landwirtsch. Probleme in Sibirien 09-0790; Entwickl. d. Ackerbaues in d. Mongolei 09-0006; Landwirtsch. im alten Indien 08-004; natürl. Quellen, Entwickl. u. Probleme d. Fortschritts d. Wiss. in d. Entwicklungsländern 10-0003; Bedeutung kulturtechn. Faktoren für d. Entwicklungsmöglichk. v. fehnkolonialen Ackerbaubetrieben 12-0406; Landwirtsch. im Sinne d. Landschaftsplan. in Afrika 12-0392; Landschaftsplan. u. landwirtsch.

27 Jahre alten Tulpenbaumbestand u. d. Vorhandensein v. Cylindrocladium scoparium 12-1227.

Lithium, Adsorption v. Li an Schwarzerde, Hydrobiotit u. Montmorillonit 12-0203.

Lobelin s. unter Alkaloide.

Lobesia botrana (Traubenwickler), im Weingebiet d. Tessins 08-0866.

Lößböden s. unter Bodensystematik - Bodentypen (Landböden).

Löwenmaul s. Antirrhinum majus.

Loganbeere s. Rubus loganobaccus.

Lolium (Lolch, Raigras, Weidelgras)

italicum s. Lolium multiflorum.

multiflorum (syn. L. italicum; Welsches Weidelgras, Italienisches Raigras), Blühreaktionen in Australien. Faktoren, welche d. Entwickl. v. Arten auf d. Feld beeinfl. 09-0512; Ertragsleist. u. bot. Zusammensetz. v. Wiesengrünlandflächen in Abhängigk. v. Anteil einjähr. Arten an d. Vegetationsnarbe 09-0536; Verhalten u. Evolution 4 synthet. Sorten 07-0808; Pilzkrankh. auf Neuseeland (Krankh. an Blättern, Wurzeln u. Samen) 07-0956; Wirk. d. Kronenrostes auf d. Wachstum v. 2 Varietäten auf Neuseeland 07-0957.

perenne (Deutsches Weidelgras, Englisches Raigras)

P h y s i o l o g i e : Anfangswachstum bei 1- und mehrjähr. Weidelgras 12-0687; Wechselbezieh. im Wachstum u. in d. Entwickl. (Anzahl d. Triebe u. Trockenmasse bei niedriger Bestandsdichte) 08-0569; Wirk. 5jähr. hohen Schafbesatzes auf Entwickl. u. Ertrag d. Weidenarbe (ökol. Diskuss.) 08-0596; Austrieb. v. Grasnarben aus Dt. Weidelgras 'S 24' nach verschied. Vorbehandl. 08-0568; Blühreaktionen in Australien Faktoren, welche d. Entwickl. v. Arten auf d. Feld beeinfl. 09-0512; Asche u. Energiegeh. in Material 09-0814.

S o r t e n : Haupt- u. Kontrollprüf. v. ausdauerndem Weidelgras 08-0567; Sortenversuch 08-0578; Einfl. d. Sorte bei frühem ausdauerndem Weidelgras auf Ertrag u. bot. Zusammensetz. unter verschied. Bewirtschaft. 09-0513.

E r n ä h r u n g : Wander. u. Einbau v. Blattassimilaten in vegetativen Pflanzen 09-0325; Entsteh. eines zunehmenden Ertragszuwachses 12-0433.

P h y t o p a t h o l o g i e : Virus d. Gelbverzwerg. d. Gerste in Dt. Weidelgras 'S. 24' in England 12-1154; Prüf. v. Proben auf Befall mit Gloeotinia temulenta - "blind seed" 10-0890; "blind seed"-Krankheit 12-1063; Pilzkrankh. auf Neuseeland (Krankh. an Blättern, Wurzeln u. Samen) 07-0956; Wirk. d. Kronenrostes auf d. Wachstum v. 2 Varietäten auf Neuseeland 07-0957.

E r t r a g : Einfl. d. Sorte bei frühem ausdauerndem Weidelgras auf Ertrag u. bot. Zusammensetz. unter verschied. Bewirtschaft. 09-0513; Bestandesdichte u. Ertrag 10-0494.

Z ü c h t u n g : Kolchizininduzierte Polyploide 12-1062; Eign. v. Karyogram-

A n b a u : Großanbau 09-0607; Produktion im Großbetrieb (Arbeitsorg.) 12-0790; Großanbau u. Zücht. dazu geeigneter Sorten 07-0593; Sorten für Anbau im geheizten Gewächshaus 07-0585; Verbesser. im Anbau möglich 12-0788; Irland strebt nach Frühtomaten 07-0584; Anbaukosten v. frühen Treibtomaten 12-0781; Selbstkosten bei d. Produktion v. Konserven 12-0791; Tomatenpflanzen für 1 Acre von einigen Quadratfuß 11-0643; Wirksamk. einiger Anbaumeth. mittelfrüher Stabtomaten 11-0652; Meth. d. Anbaus in Gewächshäusern 11-0648; mehrtrieb. Anbau am Drahtspalier 12-0784; Anbau bei Direktaussaat 07-0588; Anbau auf Beeten 09-0601; Wirk. d. Anbaus in Behältern u. d. Zusatzbelicht. auf d. Ertrag 12-0779; Tomaten in Eimern 12-0780; Produktion in mit Torf gefüllten Gefäßen 07-0583, 10-0583; mineral. Zusammensetz. d. Substrats für Torftöpfe 09-0566; Anbau in Hydrokultur 07-0592; erdelose Kultur unter Glas 09-0602; Tomaten auf Strohballen 08-0643; Strohballen liefern CO_2 ohne Kosten 10-0577; Einfl. d. CO_2-Begas. auf Erträge 10-0576; Anzucht unter Polyäthylenfolie 12-0744; Verwend. v. Polyäthylenfolie z. Mulchen 07-0594; Zusatzlicht durch weiße Plastfolie 09-0600; Anbau v. "Stutztomaten" 12-0778; Temp.-Reakt. v. Stutztomaten 08-0642.

P h y s i o l o g i e : Wachstumskurven v. Pflanzen 10-0268; Verhältnis zwischen Wurzel- u. Sproßwachstum 10-0552; Bezieh. zw. Pflanzenhöhe u. Eigensch. 07-0589; chem. Kontrolle d. vegetativen Wachstums u. d. Fruchtbark. 08-0073; Einfl. verschied. Böden auf vegetative Entwickl., Blüte u. Fruchtbild. 12-0787; Einfl. v. Kulturfiltraten einiger Rhizosphärenpilze auf Wachstum v. Pflanzen 07-0062; Einfl. v. Tomatenpflanzenschäden auf Entwickl. u. Fruchtertrag 11-0642; Defekt d. Keimungsenergie 07-0820; Entwicklungsstör. d. Blattes 08-0807; Untersuch. an stoffwechseldefekten Mutanten (Wirk. v. Ammonium- u. Nitrat-N auf Chlorophyllgeh.) 11-0061; Veränder. im Säuregeh. v. Tomatenfrüchten während d. Wachstums 07-0591; Bezieh. zw. Rhizogenese u. Veränder. im Nukleinsäuregeh. d. Gewebe in Steckl. junger Pflanzen 10-0059; Wirk. blühhemmender Subst. 11-0640; wachsende Blütenanzahl bei eintraub. Tomaten 12-0777; Wirk. d. Blütenstaubes auf Frühreife u. Ertrag v. Freilandtomaten 12-0786; chem. Regulier. d. Blüte 12-0771; Einfl. d. Entlaub. auf vegetative u. Blüten- u. Fruchtentwickl. 11-0641; Einfl. wuchshemmender Mittel auf Blüte, Wachstum u. Qualität 09-0596; Bewurzel. d. Blätter unter Einfl. v. Beta-Indolylessigsäure u. mineral. N-Verbind. 09-0077; Einfl. d. Erdölwuchsstoffes auf Wachstum u. chem. Zusammensetz. 12-0772; Wachstum v. Pflanzen, verursacht durch wurzelaufgenommene Wuchsstoffe u. atmosphär. CO_2 07-0045; kombinierte Wirk. v. Gammastrahl., Kälteschaden u./od. Wachstumsregulatoren auf d. Nacherntereakt. v. Tomatenfrüchten 10-0572; physiol. Untersuch. gammabestrahlter Tomatenfrüchte 10-0571; Einfl. d. Infrarot-Strahl. auf Entwickl. u. Wachstum 07-0039; induzierte transmissible Modifikationen d. Radiosensitivität durch Wärmebehandl. 11-0036; Wachstum unter neuen Leuchtröhren (Frisch- u. Trockenmasse-Ertrag v. Säml.) 09-0074; Wirk. d. Beschatt. u. d. Jahreszeit auf d. Nettoassimilationsraten junger Gewächshauspflanzen 10-0573; Intensität d. Gesamtverbrauchs v. ^{14}C-Assimilaten auf Atm. u. Abfluß aus d. Blättern 12-0056; Verteil. v. ^{14}C-markierten Photosyntheseprodukten während d. gärtner. Kultur d. Pflanze 08-0042; Transport v. Photosyntheseprodukten während d. Fruktifikation 08-0041; Verlager. v. ^{14}C in d. Blütenständen v. verschied. Blättern in Abhängigk. v. ihrer Anordn. zum Stengel 08-0043; Wechselbezieh. v. Temp. u. CO_2-Begas. auf verschied. Qualitätsmerkmale v. Gewächshaustomaten 10-0574; Einfl. v. Bodenwasserpotential u. atmosphär. Saugkraft auf d. Transpiration u. d. Energiezustand d. Wassers in Pflanzen 10-0269; geimpfte Säml. bringen gute Erträge 09-0598; Faktoren, d. d. Frühzeitigk. u. Art d. Vererb. beeinflussen 09-0597; "Weißköpfe" od. Chimären 12-0773.

C h e m i e : Chem. Zusammensetz. 09-0561; mineral. Zusammensetz. marktfäh. Pflanzen im Verhältnis z. Nährstoffangebot 10-0581; gaschromatograph. Untersuch. an feld-, gewächshaus- u. künstl. gereiften Tomaten 09-0105; Zusammensetz. d. Schale (extrahierbare Anteile) 12-0085; Veränder. im Säuregeh. v. Früchten während d. Wachstums 07-0591; chromatograph. Abtrenn. d. Karotins 12-0123; Einfl. v. Boden-P-Geh. auf P-Fraktionen in d. Blättern 10-0288; flücht. Aldehyde u. Ketone 09-0104; interzellulare Verteil. v. Fe, Katalase u. Protein im Gewebe 12-0084; Verteil. v. Ca, Fe, Mn u. B in d. unreifen Frucht 08-0638.

A g r a r m e t e o r o l o g i e : Reakt. auf atmosphär. Beding. 12-0753; Phytoklima beim frühen Freilandanbau 07-0587; Tomaten vertragen Spätfröste 09-0605.

T o m a t e u n d B o d e n e i g e n s c h a f t e n : Einfl. verschied. Böden auf vegetative Entwickl., Blüte u. Fruchtbild. 12-0787; Reakt. d. Pflanze auf O_2-Zufuhr u. Bodenverdicht. im Wurzelbereich 07-0164; Einfl. unterschiedl. Wasserversorg. auf d. Ertrag 12-0741; Torfmull in Gewächshäusern 09-0581.

S o r t e n , S a a t g u t : Sortenprüf. (1966) 07-0590; Sortenversuche unter Glas (1965-66) 07-0586; Entwickl. v. Sorten 12-1076; Sorten für d. Anbau in nichtheizbaren Gewächshäusern 08-0646; Sorten im Gewächshaus u. ihre Verbesser. 11-0649; Anbau v. Sorten, d. z. masch. Ernte geeignet sind 12-0785; Heterosistomatensorte für mech. Schälen 10-0584; Einfl. unterschiedl. Aussaattermine d. Elternsorten auf d. Verhalten d. Hybridsamen in d. F_1-Generation 07-0819; Impulswirk. d. Sonnenenergie u. Steiger. d. Erträge 09-0580; Erhöh. d. Lebendsfähigk. d. Saatgutes für d. Anbau unter Glas 08-0632; Wirk. v. Temp. u. Feuchtigk. auf d. Lebensfähigk. v. gelagerten Samen 10-0539; Behandl. v. Samen z. Beschleunig. d. Keim. u. Auflaufens bei Temp. unter d. Normalwert 10-0578.

A n z u c h t : Einfluß d. Anzuchtbeding. auf Frühzeitigkeit u. Ertragsfähigkeit v. Hybridtomaten 09-0604; Abhängigk. d. Erträge v. d. Qualität d. Jungpflanzen 09-0599; Pflanzenstadium u. Aussaatdaten 11-0646; Traubenverkümmer. u. Wege zur Verhinderung 11-0644; Verkümmern d.

Blütenstände u. Möglichk. d. Vorbeug. 12-0774.

P f l a n z u n g , P f l e g e : Wirk. d. Anbaus in Behältern u. d. Zusatzbelicht. auf d. Ertrag 12-0779; Einfl. d. Pflanztermins auf Ertragshöhe u. Gelderlös 08-0645; Bestimm. d. Pflanzdichte 12-0775; enge Pflanz. in d. Praxis 08-0645; gestutzte Pflanzen unterstützen d. Reife u. Gleichmäßigk. für eine mech. Ernte 08-0647; N u. Abstand in Bezieh. z. Frühzeitigk., Ertrag, Marktqualität u. Konz. v. N, P u. K im Stengel 12-0776; Standweite unter Folie u. im Freiland 11-0653; Wasserverbrauch u. -versorg. 08-0641.

E r n ä h r u n g : Wachstumskurven v. Pflanzen 10-0268; mineral. Zusammensetz. marktfäh. Pflanzen im Verhältnis z. Nährstoffangebot 10-0581; Ertrag u. Einheitlichk. im Wuchs v. Pflanzen im Verhältnis z. Nährstoffangebot 10-0580; Ontogenese d. Mineralnährstoffaufn. bei Gewächshaustomate 10-0551; optimale Nährstoffverhältnisse 07-0299; "Meth. d. syst. Variationen nach Homès" z. Ermittl. eines optimalen Nährstoffverhältnisses für d. Düng. d. Pflanzen 07-0300; Einfl. verschied. Nährstoffgaben auf d. Vorkommen v. "fleckiger Reife" 10-0582; Nährstoffverhältnis bei Freilandtomaten 11-0651; Ernähr. d. Pflanzen bei Hydroponik 11-0371; Hydrokultur in Karelien 09-0603; Saccharose- u. Glukoseaufn. durch apikale Segmente v. Wurzeln 10-0265; Vgl. d. Kationenantagonismus bei Mineralernähr. 07-0319; Ernährungszustand v. Pflanzen, deren Stengel durch Ammonium verletzt wurden 12-0445; Wirk. d. atmosphär. Austrockn. auf d. nachfolgende N- u. P-Aufn. u. d. Exsudat v. dekapitierten Wurzelsystemen 10-0264; Einfl. v. N- u. P-Ernähr. auf d. pH-Wert 08-0364; Qualität d. Früchte in Abhängigk. v. Ernähr. mit P in verschied. Entwicklungsphasen 07-0315; Einfl. d. P-Mangels auf Zusammensetz. d. P-Fraktionen d. Pflanze 07-0314; Aufn. v. ^{32}P durch Wurzeln u. Blätter 08-0352; 09-0309; Ionenaustauscher als Nährstoffquellen; Reaktion d. Tomate auf unterschiedl. Versorg. mit Spurenelementen 09-0342; Cl-Ernähr.: Beobacht. über unbeabsichtigten Zusatz u. Verlust u. deren Auswirk. 07-0337; Co-Überschuß in Pflanzen bei Aufzucht in Wasserkultur 12-0459; Aufn. u. Verlager. v. Fe in Abhängigk. v. Wurzeltemp. u. Mn-Ernähr. 08-0388; Mo-Aufn. bei 2 pH-Werten unter Einfl. d. Anaerobiosis 10-0300; Untersuch. z. Photosynth. u. Atmung d. Blätter v. S-Mangelpflanzen 08-0377.

D ü n g u n g : Düng. im Gewächshaus 11-0612; CO_2 bei Tomaten 08-0640; CO_2-Dosier. 07-0552; Einfl. v. CO_2-Begas. bei Tomaten, d. in England u. Wales unter Produktionsbeding. angebaut wurden 11-0611; Einfl. v. CO_2-Anreicher. im Verhältnis z. Temp. 10-0575; Wechselbezieh. v. Temp. u. CO_2-Begas. auf verschied. Qualitätsmerkmale v. Gewächshaustomaten 10-0574; Einfl. d. CO_2-Begas. auf Erträge 10-0576; Ernährungszustand v. Pflanzen deren Stengel durch Ammonium verletzt wurden 12-0445; Einfl. v. Menge u. Verhältnis v. N, P u. K auf Reife u. Ertrag 11-0650; N u. Abstand in Bezieh. z. Frühzeitigk., Ertrag, Marktqualität u. Konz. v. N, P u. K im Stengel 12-0776; Wirk. verschied. P-Düngerformen auf Gemüsekulturen 12-

0524; Einfl. v. Zn u. Mn auf Tomaten in erdeloser Kultur 11-0613.

S o n s t i g e E r t r a g s f a k t o r e n : Einfl. v. Fruchtmasse u. Fruchtanzahl auf d. Ertrag bei Stabtomate 10-0579; Wirk. v. Trizone-Begas. auf Ertrag 09-0984; Praxiserfahr. beim Trillen 08-0639.

U n k r a u t b e k ä m p f u n g : Herbizide bei Tomaten 11-1079; Analyse v. Rückständen d. 4-Chlorphenoxyessigsäure 07-1048; Leit. u. Abbau v. Pyrazon in toleranten u. empfindl. Arten 10-0979; Aufn. u. Adsorption v. Diquat u. Paraquat 10-0978; Prüf. d. Einfl. v. Licht u. Dunkelh. auf d. Transport v. Diquat in Tomaten über lange Entfern. 08-1027.

P h y t o p a t h o l o g i e : Rückstände org. Insektizide an Früchten u. Blättern 09-1018; Wirk. v. Trizone-Begas. auf Ertrag 09-0984; Übertrag. u. Wirtspflanzenkreis d. Gelben Blattrollvirus 08-0906; Morphol. d. Bronzefleckenvirus 09-0912; Übertrag. v. Kartoffel-M-Virus u. verwandten Isolaten u. serol. Nachweis 08-0907; Milch als Infektionshemmstoff mechan. übertragbarer Viren in Kulturen 08-0900; Quelle d. Toleranz u. Verhalten v. Tomatenarten u. -sorten gegenüber d. Erreger d. bakteriellen Fleckenkrankh. 12-1211; Wirt-Parasit-Bezieh. zu pathogenen Isolaten v. Verticillium 10-0878; Verhalten resistenter u. anfäll. Pflanzen gegenüber Verticillium-Befall 10-0877; Ursache u. Verhinder. d. Fruchtend-Fäule 08-0949; gegenseit. Einwirken niedr. Temp. u. nächtl. Belicht. auf Bek. d. Dörrfleckenkrankh. 10-0879; Identifizier. neuer Rassen v. Cladosporium fulvum u. Selekt. auf Resistenz 11-0956; Vgl. pathogener Isolate v. Fusarium oxysporum f. lycopersici u. verschied. Quellen d. Resistenz in d. Tomate 11-0955; Unwirksamk. d. Gefäße bei d. Fusarium-Welke 07-0961; Fußkranh., verursacht durch 2 Phytophthora-Arten 10-0876; Einfl. d. Temp. auf d. Entwickl. v. Nacobbus serendipiticus in abgeschnitten Wurzeln 11-0869; Entwickl. u. Lebensweise d. Falschen Wurzelgallennematoden, Nacobbus serendipiticus 11-0870; Einfl. d. Umwelt auf Entwickl. u. Geschlechtsdifferenzier. v. Wurzelgallennematoden. (Einfl. v. Infektionsdichte, Alter d. Wirtspflanzen u. Bodentemp.) 11-0877; Mobilisier. v. Mineralien z. Infektionsstelle v. Wurzelgallennematoden 09-0876.

E r n t e , L a g e r u n g : Kultur u. Verwert. in Italien 12-0789; künstl. Nachreifen 12-0782; Untersuch. v. mit Äthylen nachgereiften u. unbehandelten Tomaten 12-0783; Anbau v. Sorten, d. z. masch. Ernte geeignet sind 12-0785; gestutzte Pflanzen unterstützen d. Reife u. Gleichmäßigk. für eine mech. Ernte 08-0647; Eign. einiger Sorten für mechanisiertes Entfernen d. Schale 09-0606; Heterosistomatensorte für mech. Schälen 10-0584.

Z ü c h t u n g : Großanbau u. Zücht. dazu geeigneter Sorten 07-0593; Entwickl. v. Sorten 12-1076; Erfahr. u. Erfolge d. ungarischen Zücht. 12-1073; Einfl. v. Fruchtmasse u. Fruchtanzahl auf d. Ertrag bei Stabtomate 10-0579; Fruchtqualitätseigensch. v. 250 fremden u. eigenen Neuerwerb. 09-0825; weibl. Partner als Tomatenunterlage 08-0809; durch

M a n g e l : Einfl. v. Mg-Mangel auf d. N-Metabolismus d. Blätter v. Buschbohnen 08-0380; Rückwirk. d. Mg-Mangels auf d. N-Haush. junger Melonenpflanzen 09-0321; Entwickl. v. Mg-Mangelsymptomen in Apfelblättern 11-0854; Mangel bei Apfelbäumen. (Injektion u. Blattanwend. für d. Diagnose u. d. Bek. d. Mangels) 12-0456; Physiol. d. Mangels bei Reben (Aktivitäten d. Polyphenoloxydase u. d. Chinonreduktase bei Mangelchlorose) 10-0296.

G e h a l t i n P f l a n z e n : Krit. Betracht. über Mg 10-0294; Einfl. d. Kalk. saurer Böden auf Ertrag, Ca-, Mg-, Mn- u. Mo-Gehalt v. Kulturpflanzen sowie verfügbare Menge dieser Nährstoffe im Boden 12-0505; Wirk. v. Mg-Dünger auf Mg-Absorption durch Hafer u. Gerste 09-0315; Einfl. v. $MgSO_4$-Spray auf d. Kartoffelertrag sowie d. Zusammensetz. u. Aufn. d. Nährstoffe 08-0520; Geh. im Futter 07-0528; Mg-Geh. schweizer. Wiesenfutters 07-0523; mineral. Zusammensetz. marktfäh. Tomatenpflanzen im Verhältnis z. Nährstoffangebot 10-0581; Ernähr. v. Apfelunterlagen (Einfl. d. Niveaus d. Mg-Ernähr. auf Wuchs, Form u. Mineralzusammensetz.) 08-0668; Blattanalyse in Bezieh. z. Ernähr. d. Schwarzen Johannisbeere (Haupteinflüsse u. Wechselbezieh. v. Mg auf Wachstum u. Ertrag) 12-0909; Meth. "Boden-Pflanze" mit Bananen. Funktion d. verschied. Organe bei d. Assimilation v. P, K, Ca, Mg 07-0514.

<u>Magnesiumphosphat</u> s. unter Düngung - Phosphorsäuredüngung.

<u>Magnolia spec.</u>, Stecklingsvermehr. 12-0972.

<u>Maiblume</u> s. Convallaria majalis.

<u>Maikäfer</u> s. Melolontha.

<u>Mairübe</u> s. Brassica rapa var. rapa.

<u>Mais</u> s. Zea.

<u>Maisbeulenbrand</u> s. Ustilago zeae.

<u>Maisbrand</u> s. Ustilago zeae.

<u>Maisrost</u> s. Puccinia maidis.

<u>Maiszünsler</u> s. Ostrinia nubilalis.

<u>Maleindehydrogenase</u> s. unter Enzyme - Dehydrasen.

<u>Maleinhydrazid</u> s. unter Herbizide (MH).

<u>Maleinsäurehydrazid</u> s. unter Wuchsstoffe (und Hemmstoffe).

<u>Malipur</u> s. unter Fungizide.

<u>Maltose</u> s. unter Kohlenhydrate.

<u>Malus</u> (Apfel)

<u>baccata</u>, Wuchs u. Ertrag v. Apfelsorten auf Malus baccata/prunifolia-Unterlagen (Dab-Klone) im Zeitraum d. ansteigenden Ertrages 12-0870.

<u>communis</u> s. Malus domestica.

<u>domestica</u> (syn. M. communis; M. pumila; Pyrus malus; Apfel).

M o r p h o l o g i e : Morphol. Eigensch. d. Jugend- u. Altersform 09-0637; morphol. u. physiol. Eigensch. d. Jugend- u. Altersform 11-0026; wie soll d. ideale Apfel aussehen? 10-0611; Variabilität v. Fruchtgröße u. -farbe an einzelnen Bäumen 12-0844; 5 Kernkammern 08-0672; Altersveränder. d.

Wurzelsystems 12-0858; horizontale Saugwurzelverteil. u. Düngerausbring. in Anlagen 07-0635.

P h y s i o l o g i e : Gravimorphismus junger Bäume u. Empfindlichk. gegen Gravitationsstimulus in d. Perioden v. Ruhe u. Wachstum 09-0069; Fruchtknospenbild. u. Triebwachstum in Bezieh. z. Schwerkraft 12-0066; Morphogenese d. Knospen (Wirk. d. Frucht) 10-0058; physiol. Eigensch. d. Jugend- u. Altersform 09-0637; morphol. u. physiol. Eigensch. d. Jugend- u. Altersform 11-0026; Altersveränder. d. Wurzelsystems 12-0858; Wirk. d. jahreszeitl. Veränder. im Triebwachstum auf d. Menge d. unverkorkten Wurzeln 12-0830; Verträglichk. v. Veredelungskomponenten 08-0659; Verhalten einiger Sorten auf Malus XI u. Säml. 07-0632; Leistungsprüf. d. wichtigsten MM-Unterlagen u. einiger EM-Typen in Kombination mit verschied. Edelsorten am Standort 08-0669; Triebmasse u. Ertrag v. 'Cox Orange Pepping' u. 'Jonathan' auf einigen Malling- u. Malling-Merton-Unterlagen 12-0868; Intensität d. Infloreszenzbild. an einjähr. Okulaten verschied. Edelsorten-Unterlagen-Kombinationen 12-0869; Wuchs u. Ertrag v. Sorten auf Malus baccata/prunifolia-Unterlagen (Dab-Klone) im Zeitraum d. ansteigenden Ertrages 12-0870; Ertragsverhalten in Abhängigk. v. Sorten-Unterlagen-Kombination, Anbausystem u. Kronengestalt. 08-0665; Einfl. v. Klon-Abweich. auf Ertragsfähigk. v. 'Antonovka' 07-0631; Mineralstoffgeh. v. Blättern (Einfl. v. Unterlage, Reis, Jahr, Ertrag u. Niederschlag) 11-0337; Verhalten einiger Apfelstammbildner in d. Baumschulanzucht 10-0616; Wachstum über u. im Boden 11-0678; Bedeut. d. N u. d. N-Düng. für Stoffwechselvorgänge sowie Wuchs- u. Ertragsverhalten 07-0644; Veränder. d. N- u. K-Geh. sowie d. N- u. K-Verteil. im Apfelbaum im Zusammenhang mit d. Beding. d. Wachstums u. d. Photosyntheseintensität 10-0278; photochem. Aktivität d. aus unterschiedl. frostresistenten Sorten isolierten Plastiden 09-0024; Keimfähigk. v. Apfelpollen in vitro im Gebiet v. Skopje 10-0619; Kohlenhydratstoffwechsel im Samen während d. Ausreifens nach d. Ernte 09-0050; Respirationsklimakterium in Früchten - Wirk. hydrolyt. Enzyme im Schalengewebe während d. Klimakteriums in d. geernteten Frucht 10-0044; Anwachsen u. Winterfestigk. bestrahlter Apfelreiser beim Veredeln im Frühjahr 12-0873; Axillarknospen an normalem u. an bestrahltem Apfelholz 11-0037; Bestimm. d. Bewässerungstermins nach d. Saugkraft d. Blätter 07-0638; Wasserverbrauch u. Fragen d. Anbaus v. Gründüngungspflanzen als Zwischenfrucht 07-0639; Vertrockn. d. Triebe u. einige Besonderheiten d. Wasserhaush. 11-0671; Blütenknospendifferenzier. 07-0628; Blütenknospendifferenzier. beim 'Jonathan'-Apfel 10-0620; jahreszeitl. Rhythmus v. Blütenbild. u. Fruchtentwickl. 12-0848; Daten z. Stoffw. v. P, Ca u. N in Endknospen d. Baumes z. Zt. d. floralen Induktionsperiode 12-0050; Eigensch. bei d. Induktion parthenokarper Früchte 09-0633; Geschlechtsprozeß 09-0839; Einfl. d. Entfern. d. Blütenstände, Blüten u. Fruchtknoten auf Geh. an N-Verbind. kurzstämm. Bäume 11-0040; Anlage u. Differenzier. d. Blütenknospen mit verschied.

Neig. z. jährl. Fruchten 09-0635; Differenzier. d. Blütenknospen beim Apfel in Zusammenhang mit d. Alternanz 10-0614; Alternanz u. Rhythmus im Rahmen d. Vorstell. über d. Ertragsverlauf bei Äpfeln 09-0634; Typen d. Fruchtens u. Regelmäßigk. d. Erträge bei verschied. Sorten 09-0636; 2-jährl. Fruchtbark. d. Bäume 12-0847; Rolle d. "Abweichung" beim Ertragsrhythmus d. Äpfel 10-0613; Fakt., d. d. Fruchtfarbe beeinflussen 11-0681; Variabilität v. Fruchtgröße u. -farbe an einzelnen Bäumen 12-0844; Bezieh. zw. Kelchberost. bei 'Golden Delicious', Fruchtgröße u. Lage am Baum 12-0846; Einfl. d. Lagerbeding. auf d. Atm. v. Äpfeln. (Wirk. v. Temp., CO_2- u. O_2-Konz. auf d. Prod. v. CO_2 u. d. Verbrauch v. O_2) 11-0672; N-Stoffwechsel während d. Lager. in Bezieh. z. Verfall v. Äpfeln (Veränder. im Protein-N-Geh. in Bezieh. z. Befall) 12-0856; Bezieh. zw. physiol. Verfall u. Masseverlusten während d. Kühllager. v. 'Jonathan' u. 'Delicious' 12-0857; Wirk. v. 2-Chloräthyltrimethylammoniumchlorid u. Maleinsäurehydrazid auf junge Apfelbäume 07-0629; Einfl. v. Alpha-Naphthylessigsäure u. Maleinsäurehydrazid auf Entwickl. v. Blütenknospen u. d. Blühen beim Apfel 08-0675; gemeinsamer Einfl. d. Naphthylessigsäure u. d. 6-Benzylaminopurins auf d. Knospenentwickl. u. d. Anreg. d. Aktivität d. Kambiums v. Säml. im Ruhezustand 11-0074; Anwend. v. B-9 09-0630; Anwend. v. Alar (B-9) bei jungen Bäumen 12-0843; Wirk. v. Alar (B 995) z. Reduzier. d. Fruchtfalles, Verbesser. d. Fruchtfarbe u. d. Festigk. 12-0853; Wirk. v. N-Dimethylamino-bernsteinamidsäure auf Reife u. Lagerqualität 12-0845; Spritz. z. Verhinder. d. Fruchtfalls bei d. Apfelsorten 'Jonathan' u. 'Delicious' 10-0612; Einfl. einiger Phosphatinsektizide auf d. Photosynth. v. Blättern d. Sorte 'Red Delicious' 09-1020; Einfl. d. Behandl. mit Fungiziden auf physiol. Prozesse 12-1282.

C h e m i e : Veränder. d. N- u. K-Geh. sowie d. N- u. K-Verteil. im Apfelbaum im Zusammenhang mit d. Beding. d. Wachstums u. d. Photosyntheseintensität 10-0278; Einfl. d. Pflanzengröße auf d. N-Geh. d. Laubes 12-0452; N-Stoffwechsel während d. Lager. in Bezieh. z. Verfall (Veränder. im Protein-N-Geh. in Bezieh. z. Befall) 12-0856; Tr.-Subst.-, Säure- u. Vit.-C-Geh. in Früchten d. Sorten 'Freiherr v. Berlepsch' u. 'Roter Berlepsch' 07-0627; Ablager. d. Oberflächenwachses 08-0101.

B l ü t e , F r u c h t , A u s d ü n n u n g : Einfl. v. Unterlagen auf Blütenprod. u. Fruchtansatz 11-0673; Fruchtansatz v. 'Cox Orange Pippin' in Abhängigk. v. Abstand d. Befruchtersorte 12-0855; braucht d. Sorte 'Golden Delicious' Pollenspender? 10-0621; Bestäub. u. Befrucht. d. 'Golden Delicious' 11-0669; Keimfähigk. v. Apfelpollen in vitro im Gebiet v. Skopje 10-0619; natürl. Umschalt. d. Bienen beim Bereich d. Blüten v. sich gegenseitig bestäubenden Sorten in Weit- u. Dichtpflanz. 07-0630; Differenzier. d. Blütenknospen in Zusammenhang mit d. Alternanz 10-0614; Spritz. z. Verhinder. d. Fruchtfalls bei d. Apfelsorten 'Jonathan' u. 'Delicious' 10-0612; Fruchtausdünn. 11-0670; Ergebnisse eines Ausdünnungsversuchs 08-0667; Fruchtgröße bei zeitl. Bestimm. d. chem. Ausdünn. v. Bäumen 12-0849; Handausdünn. bei 'Cox-Orangen-Renette' 12-0850; Wirk. chem. Ausdünnungsmittel bei 'Golden Delicious' auf Berost., Fruchtansatz u. Qualität 12-0851; Carbaryl z. Ausdünn. d. Fruchtbehanges (Ergebnisse mit 'Bramley Seedling', 'Cox Orange Pippin' u. 'Laxton Superb' 1962-64) 12-0852; Fruchtausdünn. mit Sevin 12-0854.

Apfel und Bodeneigenschaften bzw. Bodenpflege: Bodenmüdigk. u. Bek. durch Bodenbegas. 08-0985; N-, P- u. K-Geh. in vegetativen u. reproduktiven Organes d. Apfels in Abhängigk. v. Geh. d. Bodens in d. Obstanlage 08-0676; Eign. verschied. Bodenpflegesysteme z. Leistungssteiger. v. Niederstämmen 07-0637; Einfl. v. Unterkulturen auf d. Wasserhaush. d. Bodens in einem jungen Obstbaumbestand bei dichter Pflanz. d. Bäume 09-0646; kann in Apfelanlagen im Pflanzjahr Gras eingesät werden? 12-0859; Bodenbearb. für d. Anlage v. Obstplantagen 11-0677.

Sorten: 'Cox Orange Pippin' 09-0643; warum hochveredelte 'Cox'? 11-0675; welche Aussichten hat d. 'Boskoop'? 11-0680; 'Mutu' - als Ersatz für 'Golden Delicious' 10-0623; Erfahr. mit 'Rode Boskoop Kalfs' 12-0877; in- u. ausländ. Erfahr. mit "Spur"-Typen 12-0876; neue Sorten 08-0673; 50 neue in d. UdSSR gezüchtete Sorten 07-0626; Sortenbeweg. im holländ. Apfelanbau in d. letzten 15 Jhr. 09-0644; Sortenschutz 09-0645; Lager. d. Apfelsorten 'Golden Delicious', 'Jonathan', 'Kanada Renette' u. 'Stark Delicious' in kontrollierter Atmosphäre 10-0618.

Unterlagen: Auswert. v. Unterlagenversuchen 11-0674; Sortenbeweg. im holländ. Apfelanbau in d. letzten 15 Jhr. 09-0644; Leistungsprüf. d. wichtigsten MM-Unterlagen u. einiger EM-Typen in Kombination mit verschied. Edelsorten am Standort 08-0669; Unterlagenversuche: 15jähr. Ergebnisse mit einigen M-IX-Kreuz. 09-0642; Einfl. eines schwachwüchs. tetraploiden Sports d. Unterlagen M XIII 12-0875; Typenunterlagen für Produktion 07-0642; vegetative Unterlagen 09-0641; vegetative vermehrbare Unterlagen (Variabilität d. Triebproduktion) 12-0871; Verhalten einiger Sorten auf Malus XI u. Säml. 07-0632; Einfl. v. Unterlagen auf Blütenprod. u. Fruchtansatz 11-0673; anatom. Beobacht. über Versagen v. East-Malling-Unterlagen 12-0874; Triebmasse u. Ertrag v. 'Cox Orange Pepping' u. 'Jonathan' auf einigen Malling- u. Malling-Merton-Unterlagen 12-0868; Intensität d. Infloreszenzbild. an einjähr. Okulaten verschied. Edelsorten-Unterlagen-Kombinationen 12-0869; Wuchs u. Ertrag v. Sorten auf Malus baccata/prunifolia-Unterlagen (Dab-Klone) im Zeitraum d. ansteigenden Ertrages 12-0870; Ernähr. v. Apfelunterlagen (Einfl. d. Niveaus d. Mg-Ernähr. auf Wuchs, Form u. Mineralzusammensetz.) 08-0668; Wirk. v. $ZnSO_4$ bei d. Anzucht v. Unterlagen 12-0872; Dichtpflanzen auch in Schalkwijk 10-0617; Unterlagen für masch. Ernte 12-0878.

Saatgut: Stratifikation in Phenpolyurethan 09-0632.

Anzucht, Pflanzung: Anwachsen bestrahlter Apfelreiser

beim Veredeln im Frühjahr 12-0873; Verhalten einiger Apfelstammbildner in d. Baumschulanzucht 10-0616; Ökonomik d. Spindelpflanz. 07-0643; Reihenabstand bei Bandbepflanz. 12-0865; höhere Pflanzdichte 12-0864; Dichtpflanzen auch in Schalkwijk 10-0617; Einfl. v. Unterkulturen auf d. Wasserhaush. d. Bodens in einem jungen Obstbaumbestand bei dichter Pflanz. d. Bäume 09-0646; Standraum, Unterlagen, Sorten u. Schnitt für masch. Ernte 12-0878.

A n b a u f o r m , B a u m f o r m : Einfl. d. Anbausystems auf d. Ertragsverlauf 11-0679; Ertragsverhalten in Abhängigk. v. Sorten-Unterlagen-Kombination, Anbausystem u. Kronengestalt. 08-0665; Intensivkronenformen beim Apfelanbau 11-0676; Bäume mit großem Verzweigungswinkel 12-0866; Verwend. vorzeit. Triebe für Gerüstäste 12-0867; welche Baumform bei Spurtypen v. 'Golden Delicious'? 07-0633; Baumkronen klein halten 09-0640.

P f l e g e : Bestimm. d. Bewässerungstermins nach d. Saugkraft d. Blätter 07-0638; Streifenbewässer. 12-0863; Baumkronen klein halten 09-0640; Einfl.: d. Schnittart auf Produktivität u. Periodizität d. Fruktifikation 09-0639; - d. Schnittmeth. im Ertragsalter auf d. vegetative Wachstum 09-0638; Standraum, Unterlagen, Sorten u. Schnitt für masch. Ernte 12-0878.

E r n ä h r u n g , D ü n g u n g : Mineralstoffgeh. v. Blättern (Einfl. v. Unterlage, Reis, Jahr, Ertrag u. Niederschlag) 11-0337; schwere Mangelerschein. in Richared-Plantagen auf sand. Alluvialboden 09-0647; N-, P- u. K-Geh. in vegetativen u. reproduktiven Organen d. Apfels in Abhängigk. v. Geh. d. Bodens in d. Obstanlage 08-0676; N-Blattanalyse als Richtlinie bei d. Nährstoffversorg. 12-0451; N-Ernähr. 12-0860; Einfl. d. Nitratversorg. z. verschied. Jahreszeiten auf Wuchs, Blühen u. N-Geh. junger Bäume in Sandkultur 12-0861; Unterschiede d. P-Ernähr. in Zusammenhang mit d. Fruchten 10-0615; Besonderh. d. Aufn. u. Verteil. v. ^{32}P im Baum 07-0316; Ernähr. v. Apfelunterlagen (Einfl. d. Niveaus d. Mg-Ernähr. auf Wuchs, Form u. Mineralzusammensetz.) 08-0668; Ernähr. v. Apfelunterlagen. Wirk. auf Wachstum u. Mineralstoffzus. durch Mg-Gabe über d. Blätter 12-0419; Entwickl. v. Mg-Mangelsymptomen in Blättern 11-0854; Mg-Mangel. (Injektion u. Blattanwend. v. Mg für d. Diagnose u. d. Bek. d. Mg-Mangels) 12-0456; Wirk. d. Tiefendüng. auf Wurzelsystem d. Bäume 07-0636; Einfl. steigender N-Gaben auf Wurzelentwickl. v. Bäumen in Großgefäßen 07-0634; Bedeut. d. N u. d. N-Düng. für Stoffwechselvorgänge sowie Wuchs- u. Ertragsverhalten 07-0644; Harnstoffspritz. nach d. Ernte u. im Winter 09-0631; Reaktion junger Bäume v. unterschiedl. N-Ernährungszustand auf eine Harnstoffspritz. im Herbst 12-0862; Wasserverbrauch u. Fragen d. Anbaus v. Gründüngungspflanzen als Zwischenfrucht 07-0639.

U n k r a u t b e k ä m p f u n g : Kurz- u. langfrist. Einfl. v. Herbiziden auf neugepflanzte u. ertragsfäh. Bäume 12-1345; Toleranztest bei

Simazin u. Atrazin nach 3-jähr. Laufzeit 09-1039.

P h y t o p a t h o l o g i e : Berost. durch Pflanzenschutzmittel an d. Sorte 'Golden Delicious' 09-0978; Berost. 09-0944; Bezieh. zw. Kelchberost. bei Golden Delicious', Fruchtgröße u. Lage am Baum 12-0846; weniger Fruchtberost. bei 'Golden Delicious' 08-0674; Berost. bei 'Golden Delicious' 10-0622; Einfl. v. Komplexverbind. v. Cu-Sulfat auf d. Früchte v. Bäumen verschied. Sorten 10-0954; "Kleinblättrigkeit" d. Apfelbaumes 08-0845; biochem. Erklär. d. Fleischbräune bei 'Jonathan' 09-0866; Phlorizingeh. v. Säml. bei Mangel an mineral. Nährstoffen unter Berücksichtig. d. Bodenmüdigkeitsproblems 10-0792; Entwickl. v. Mg-Mangelsymptomen in Blättern 11-0854; Bek. v. Mn-Mangel 10-0926; Chlorose u. ihre Bek. 12-1220; latente Viren in Sorten u. Unterlagen 07-0933; Stammnarbenvirus (stem pitting Virus) 08-0902; Samenübertrag. d. TMV 11-0914; Resistenz d. McDaniel-Spinnmilbe gegen Binapacryl u. Union Carbid 19786 07-1021; Lentizellenfleckenkrankh. d. Sorte 'Golden' 08-0951; Krankheitsresistenz blühender Bäume d. Sorte 'Crab' 09-0948; pilzhemmende Verbind. in d. Frucht nach Infektion mit Sclerotinia fructigena 09-0945; Einfl. d. Luftwässche auf d. Wachstum v. Fruchtfäuleerregern in Früchten 08-0950; Schutz d. Stammgewebes gegen Infektion durch Erwinia amylovora mittels avirulenter Stämme u. 3 anderer Bakterienarten 12-1213; Sortenverhalten gegenüber Gloeosporium perennans im Apfel 12-1217; Spritzversuche geg. Gloeosporium an Äpfeln 12-1260; Feuerbrand in Europa 12-1214; Bezieh. zw. Blasenfüßen u. d. Entfärb. d. Fruchtschale 08-0865; Milben aus d. Familie Tarsonimidae auf Bäumen in Polen. (Tarsonemus stammeri) 12-1124; Paratylenchus nanus. (Populationsschwank. im Wurzelbereich d. Baumes) 12-1113; Resistenz v. Sorten gegen d. Kaliforn. Schildlaus 09-0864; Trapezeule, ungewöhnl. Schädl. 10-0815; Vorkommen u. Wirksamk. v. Praedatoren in Obstanlagen. 2-jähr. Klopffänge an Apfelbäumen 07-0989; Wuchs wärmebehandelter Apfelbäume auf verschied. Unterlagen 07-1009; Bestimm. v. Chlorazetaldehyd-2.4-dinitrophenylhydrazon 08-0974; Spritzversuche gegen Apfelschorf u. Apfelmehltau in Long Ashton 07-0998; Fungizide verringern Arsenschäden 07-1018; Ethoxyquin z. Bek. d. Schalenbräune bei d. Sorte 'Granny Smith' 10-0945; Einfl. v. Spritzprogrammen auf d. Fauna in Apfelanlagen in Nova Scotia (chem. Bekämpfungsmaßnahmen gegen d. Kleinen Frostspanner u. Wirk. auf phytophage Milben u. Nützlingspopulationen) 08-0997; Wirk. milder Schädlingsbekämpfungsmittel auf Schädl. u. ihre Räuber 09-0992; Bek. v. Krankh. u. Insekten mit Boden-Feinsprühgeräten 09-0994; Wirk. v. P-Estern auf Arthropoden innerhalb d. Biozönose in Abhängigk. v. ihrer Dichte 09-1022.

E r n t e : Standraum, Unterlagen, Sorten u. Schnitt für masch. Ernte 12-0878; Veränder. in d. Schalenfärb. während d. Reifens v. 'Golden Delicious' in bezug auf d. Ernte zu verschied. Reifestadien 08-0666; Bezieh. zw. Erntetermin u. Lagerverhalten bei 'Cox's Orange Pippin' 09-0648.

S o n s t i g e E r t r a g s f a k t o r e n : Einfl. d. Anbausystems auf d. Ertragsverlauf 11-0679; Einfl. v. Klon-Abweich. auf Ertragsfähigk. v. 'Antonovka' 07-0631; 2-jährl. Fruchtbark. d. Bäume 12-0847.

V e r m a r k t u n g , L a g e r u n g : Ursachen v. Fruchtbeschädig. an einer Sortiermaschine 08-0671; Normallager. mit Hilfe v. Plastfolie 07-0640; N-Stoffwechsel während d. Lager. in Bezieh. z. Verfall (Veränder. im Protein-N-Geh. in Bezieh. z. Befall) 12-0856; Bezieh. zw. physiol. Verfall u. Masseverlusten während d. Kühllager. v. 'Jonathan' u. 'Delicious' 12-0857; Lagerverhalten in Folien aus Polyäthylen verschied. Dichte 08-0670; Bezieh. zw. Erntetermin u. Lagerverhalten bei 'Cox's Orange Pippin' 09-0648; Einfl. d. Lagerbeding. auf d. Atm. v. Äpfeln. (Wirk. v. Temp., CO_2- u. O_2-Konz. auf d. Prod. v. CO_2 u. d. Verbrauch v. O_2) 11-0672; Systeme u. Kosten d. CO_2-Lager. 09-0626; Lager. d. Apfelsorten 'Golden Delicious', 'Jonathan', 'Kanada Renette' u. 'Stark Delicious' in kontrollierter Atmosphäre 10-0618; Kühllager. in Viktoria. (Hauptmerkmale d. Ca-Lager.) 11-0668.

Z ü c h t u n g : Frühselektionsmerkmale in d. Zücht. 07-0831; Vorselektion auf Jugendperiode, Blüte u. Pflücktermin bei Apfelsäml. 12-1079; Unterlagenversuche: 15jähr. Ergebnisse mit einigen M-IX-Kreuz. 09-0642; Anwend. wiederholter Hybridisier. 11-0841; in- u. ausländ. Erfahr. mit "Spur"-Typen 12-0876; Vererb. d. Mehltauresistenz 10-0782; Färb. 11-0843; Veränder. d. Lebensfähigk. d. Pollens unter d. Einfl. v. äußeren Faktoren u. Gammastrahlen 09-0840; Einfl. d. Gammastrahlen auf d. Befruchtungsfähigk. d. Pollens u. d. Ausbild. morphol. Merkmale bei Hybridapfelsäml. 09-0841; Embryosack-Entwickl. im Verhältnis zu Pollenfertilität u. Samenansatz bei Apfelklonen, deren ruhende Knospen mit ^{60}Co bestrahlt wurden 08-0819; Geschlechtsprozeß 09-0839.

kirhisorum, Anbau in d. Kasach. SSR 12-0835.

pumila s. Malus domestica.

prunifolia, Wuchs u. Ertrag v. Apfelsorten auf Malus baccata/prunofolia-Unterlagen (Dab-Klone) im Zeitraum d. ansteigenden Ertrages 12-0870.

sieversii, Anbau in d. Kasach. SSR 12-0835.

sylvestris, Auftreten v. Lipiden im Verlauf d. Entwickl. d. reproduktiven Organe 12-0096.

Mancozeb s. unter Fungizide.

Mandelbaum s. Prunus amygdalus.

Maneb s. unter Fungizide.

Mangan s. auch Düngung - Spurenelementdüngung.

B e s t i m m u n g : Schnellbestimm. in Pflanzen, Torf u. Böden mit d. Meth. d. oszillograph. Polarographie 12-0307; atomabsorptionsflammenphotometr. Bestimm. in Pflanzenaschen 08-0405; automat. Analyse d. Lös. v. Pflanzenaschen mit d. Auto-Analyzer. (automat. Bestimm.) 12-0464.

G e h a l t i m B o d e n : Versorg. v. Böden u. Pflanzen in d. Nordbezirken d. DDR 10-0215; Mikronährstoffversorg. d. Böden d. Bez.

Rostock, Schwerin, Neubrandenburg (Mn-Versorg.) 10-0315; Versorg. d. Ackerböden d. Bez. Dresden, Leipzig, Karl-Marx-Stadt 10-0316; Geh. in kastanienfarb. Böden d. Wolgograder Geb. 12-0173; Mn-Geh. in Feinschluff-fraktion verschied. Böden 12-0164; Einfl. differenzierter Feuchtigkeits- u. Kalkgaben auf Mn-Löslichk. in Wasser u. in 0,05 n Schwefelsäure eines alluvialen Talsandes 09-0133; natürl. Radioaktivität u. chem. Zusammensetz. d. Mn-Konkretionen in versalzten u. podsolierten Böden 08-0149; Umwandl. d. Mn-Verbind. bei Durchfeucht. u. Austrockn. v. Böden 12-0163; Einfl. d. Kalk. auf d. Beweglichk. d. Nährstoffe im Boden u. d. Veränder. d. natürl. Mn-Geh. 10-0339.

A u f n a h m e , V e r f ü g b a r k e i t : Bindungsverhältn. u. Dynamik v. Mn in typ. mitteldt. Böden als Grundlage für d. Bodenuntersuch. auf pflanzenverfügbares Mn 08-0156; Aufn. durch 3 Zuckerrübensorten 11-0350; Mechanismen für Beweg. aus einem Boden z. Oberfläche v. Sojabohnenwurzeln 07-0290.

M a n g e l : Mn-Bezieh. bei chlorot. Zuckerrohrpflanzen bei Anbau auf einem kalkreichen Boden 08-0386; Bek. v. Mangel bei Apfel u. Birne 10-0926; Mn-Ansprüche u. Mangelsymptome einiger Pilze 07-0859.

G e h a l t i n P f l a n z e n u n d D ü n g e m i t t e l n : Versorg. v. Böden u. Pflanzen in d. Nordbezirken d. DDR 10-0215; Geh. v. Chloroplasten u. Zytoplasten 11-0365; Einfl. d. Kalk. saurer Böden auf Ertrag, Ca-, Mg-, Mn- u. Mo-Geh. v. Kulturpflanzen sowie verfügbare Menge dieser Nährstoffe im Boden 12-0505; Geh. im Futter 07-0528; Verteil. in unreifen Tomaten 08-0638; Aufn. u. Verlager. v. Fe durch Tomatenpflanzen in Abhängigk. v. Mn-Ernähr. 08-0388.

E i n f l u ß v o n M n : Tox. Mn in neutralen Böden 07-0128; Bestimm. d. austauschbaren Mg d. Böden durch Flammenphotometrie; Untersuch. d. Mn-Stör. 10-0200; Einfl. auf Wachstum d. Kartoffel 08-0521; Wirk. v. Mn u. Co auf d. Zuckerrübe auf verschied. Böden im Geb. Swerdlowsk 09-0486; Einfl. auf Salat u. Tomaten in erdeloser Kultur 11-0613.

Mangifera indica, (Mango, Mangobaum), Norm. v. Unterlagen. Wirk. d. Herkunft, Kräftig. u. Etiolier. auf Bewurzel. v. Steckl. 09-0525.

Mango s. Mangifera indica.

Mangobaum s. Mangifera indica.

Marienkäfer s. Coccinellidae.

Marille s. Prunus armeniaca.

Markerbse s. Pisum sativum.

Markkohl s. Brassica oleracea convar. acephala var. medullosa.

Markstammkohl s. Brassica oleracea convar. acephala var. medullosa.

Marschböden s. unter Bodensystematik - Bodentypen.

Marssonia spec., Bek. d. Blattfleckenkrankh. an Pappelwindschutzstreifen 11-0992.

Matricaria chamomilla (Kamille), Trocknungsversuche mit ungar. Sorte 10-0372.

S a a t g u t : Erzeug. v. Saatgut 11-0549; Saatgut-Rayonier. in d. DDR 11-0544; Ertragsbild. sowie prakt. Samenbau in Ungarn 10-0479; Saatguterzeug. im Fränk. Samenbaugeb. 10-0473; Faktoren, d. Samenertrag beeinfl. 10-0469; Saatguterträge in Abhängigk. v. Sorteneigensch. 11-0546; Einfl. d. Aussaatmeth. u. d. Nutzungsweise auf d. Samenertrag 11-0545; Lager. v. Saatgut 10-0363; Mikroflora an Luzerne- u. Rotkleesaatgut 11-0950.

B e s t e l l u n g , P f l e g e : Regionale Anwend. v. Aussaatverfahren 11-0547; Korr. zw. quantitativen Merkmalen v. Sorten als Einzelpflanzen u. bei Breitsaat 07-0805; Anbau u. Pflanzenschutz 09-0506; Anbau im Bez. Suhl 10-0470; Anbau auf leichten Böden im VEG Groß Bäbelin 09-0502, 11-0557; Bewässerungshäufigk. auf flachgründigem Granitsand Rhodesiens 08-0559; Sorten unter Bewässerungsverhältnissen 07-0490; führende Futterpflanze bei Bewässer. mit Abwässern 09-0500.

E r n ä h r u n g : Veränder. im N-Metabolismus unter Einfl. v. K- u. S-Ernähr. 08-0363; Wechselbezieh. zw. K u. Mg 09-0336; Einfl. d. phänol. Phase auf d. Geh. an Spurenelementen u. einigen Nährstoffen 11-0349; Einfl. v. B auf Pollenkeim. u. Länge d. Pollenschläuche 11-0352; Se-Ernähr.: Wirk. d. Se-Versorg. auf Wachstum u. Se-Geh. 10-0305.

D ü n g u n g : Düng. 08-0566; Einfl. v. Photoperiode u. Düng. auf Inhaltsstoffe sowie Ertrag 07-0491; Zusammenh. zw. Bodenbearbeit. u. Düng. hinsichtl. Ertrag auf verschlämmtem Lehm 12-0676; Wasserversorg. 07-0496; Verbesser. d. Blüte u. d. Fruchtbild. durch Laubdüng. u. Bespritz. mit kombinierten Lös. 07-0497; Einfl. v. Getreidestroh, Rübenblatt u. Zuckerrohr-Bagasse auf N-Versorg. in Gefäßdüngungsversuchen 07-0366; P- u. K-Düng. 11-0548; Beeinfluss. d. Erträge durch Kalk. auf Solonetz-, Podsol- u. Gleiböden im Geb. d. Peaceflusses, Kanada 10-0341.

P h y t o p a t h o l o g i e : Anbau u. Pflanzenschutz 09-0506; Mikroflora an Luzerne- u. Rotkleesaatgut 11-0950; Wurzelfäule u. Wurzelmikroflora, beeinflußt durch K-Ernähr., Schnitthäufigk. u. Blattinfektion 12-1200; Bek. d. Mykosen 10-0925; granuliertes Präparat gegen Luzerneschädlinge 11-1030; Bek. gewisser Leguminoseninsekten mit Dimethoat im Verfahren mit geringem Flüssigkeitsaufwand v. Flugzeug aus 07-1007; Resistenzuntersuch. bei Zücht. v. Leguminosen in bezug auf Nematoden, Kleekrebs, Welke, bakterielle Welke sowie Gefäßbrand d. Lupine 09-0964; Populationsanstieg v. Pratylenchus penetrans in Wurzeln bei Bodenverseuch. mit Trichoderma viride 12-1110; Wirk. v. Trichoderma viride, Fusarium oxysporum u. pilzl. Enzyme auf d. Eindringen v. Pratylenchus penetrans in Wurzeln 07-0872; Veränder. d. N-Konz. u. d. Konz. d. freien u. gebundenen Aminosäuren in durch Ditylenchus dipsaci infizierten Pflanzen 07-0873; Isolier. d. Komponenten aus d. Wurzeln, d. für Engerlinge tox. sind 10-0952; Faktoren, d. sich auf d. Resistenz v. Luzerneklonen gegen Imaginalfraß u. Eiablage d. Luzerneblattnagers im Labor auswirken 07-0890.

E r n t e : Wachstum. (Reakt. auf Schnitthöhe u. Schnitthäufigk.) 12-0678; Wirk. d. Schnittnutz. auf Futterertrag u. Auftreten d. Blattstreifenkrankh. bei 5 Knaulgrassorten in Reinsaat u. im Gemisch mit Luzerne 10-0462.

S o n s t i g e   E r t r a g s f a k t o r e n : Voraussage d. Erträge aus miteinander in Bezieh. stehenden Faktoren 07-0489; Einfl. v. Photoperiode u. Düng. auf Inhaltsstoffe sowie Ertrag 07-0491; Ertragsbild. sowie prakt. Samenbau in Ungarn 10-0479; Einfl. v. Wachstumsregulatoren (2,4-DB und 2,4,5 -T) auf d. Samenertrag 08-0561; Zusammenh. zw. Bodenbearbeit. u. Düng. hinsichtl. Ertrag auf verschlämmtem Lehm 12-0676.

Z ü c h t u n g : Kombinationseign. bei 6 Klonen auf uterotrophische Aktivität 12-1058; Wirk. d. Selbstverträglichk. auf reziproke Unterschiede u. Kombinationseign. 07-0803; Wechselwirk. v. Pflanzenabstand u. Kombinationseign. in einer 8-Klon Diallelserie 07-0804; Korr. zw. quantitativen Merkmalen v. Sorten als Einzelpflanzen u. bei Breitsaat 07-0805; zytogenet. Verhalten v. Hybriden aus tetraploid x diploid Kreuz. 08-0788; Wirk. d. Lebenskraft v. S_1-Linien u. Saatstärken auf Ertrag u. endgült. Stand einer Kombination v. 2 Klonen bei Zumisch. verschied. Prozentsätze v. S_1-Saatgut 12-1059; Wirk. d. Klonsubstitution bei Synthetics 07-0802; Kraftmess. bei d. Auslös. v. Luzerneblüten im Hinblick auf Steiger. d. Samenertrages 08-0789; Kreuzbestäubungsuntersuch. mit 3 purpurblühenden Luzernen, einer weißblühenden Linie u. 2 Bestäuberarten 11-0812; rote Wurzel: Vererb. u. Bezieh. z. Blütenfarbe 09-0809; Genetik v. Luzerne (Vererb. d. Merkmals Verzwerg. Dw_2) 08-0787; Vererb. d. Verdaulichk. in vitro u. verwandter Eigensch. 12-1060; tetrasome Vererb. eines Letalfaktors 09-0808; harte Körner. Ist "Härte" eine erbl. Eigensch.? 07-0806.

spec. (Saatluzerne), zytogenet. Verhalten v. Hybriden aus tetraploid x diploid Kreuz. 08-0788.

truncatula, Futter- u. Saatgutproduktion v. 3 Medicago-truncatula-Sorten in Mallco, Victoria 08-0562.

Megoura viciae, phytotox. wirkende Stoffe aus d. Extrakt v. Blattläusen 11-0898.

Mehl, Zusammensetz. freier Aminosäuren v. Mehl aus Weizen verschied. Reifegrades 11-0102; Einfl.: v. unbegrannten u. begrannten Rückkreuzungslinien d. Gemeinen Weizens auf d. Mehlqualität 11-0761; - v. CCC auf Proteingeh., Proteinertrag u. einige qualitative Merkmale d. Körner v. Wi-Weizen 12-0098.

Mehlbeere s. Sorbus aria.

Mehltau, des Reises s. Piricularia oryzae.

E c h t e r   M e h l t a u : s. Erysiphe; des Apfels s. Podosphaera leucotricha; des Getreides s. Erysiphe graminis; des Weizens s. Erysiphe gramins tritici; der Stachelbeere s. Spaerotheca macularis.

F a l s c h e r   M e h l t a u : des Hopfens s. Pseudoperonospora humuli; der Sonnenblume s. Plasmopara halstedii; des Tabaks s. Peronospora tabacina; der Zwiebel s. Peronospora destructor.

metrie) 10-0126; (Hydrothermalsynth. v. Ton-Huminsäure- sowie anderen organomineral. Komplexen: Untersuch. am Röntgengerät, IR-Spektrometer u. Elektronenenmikroskop) 10-0127; Vgl. v. mit Aräometer- u. Pipettmeth. bestimmt. Tongeh. unter Verwend. d. reduzierten Größachsenanalyse 10-0210; Zwischenschichtbeleg. u. Expansionsverhalten v. Dreischicht-Tonmin. im $CaCO_3$-gepufferten Hydrogenkarbonatmilieu kalkreicher Lockersedimentböden (Löß) 07-0136; Größenverteil. d. Mikroporen v. Tonmineralsystemen 12-0176; Oberflächenbeweglichk. v. Kationen in Tonen 08-0175; Isokonduktivitätswert u. Kationenaustauschkapazität v. Tonen 09-0152; Kationenaustauschkapazität als eine Funktion d. Geh. an organ. Substanz, Gesamtton u. verschied. Tonfraktionen in einer Bodentoposequenz 10-0137; Einfl. v. Kationenaustauschkapazität u. austauschbaren Kationen in Tonsuspensionen auf Wurzel- u. Stengelentwickl. v. Maissäml. 09-0316; Ionengleichgewichte in einem ferrallit. Ton: spez. Adsorptionsplätze für K 10-0139; Aktivitäten v. Na- u. Cl-Ionen in einfachen Donnan-Tonsystemen 10-0141; Kinetik d. Cs-Sorption durch Tonminerale 08-0176; Mo u. Mn-Geh. in Feinschlufffraktion verschied. Böden 12-0164; Diffusion v. Salzen in Ton-Wasser-Systemen 09-0137; Einfl. v. Tonmineralen auf Mikroorganismen (Wirk. v. Partikelgröße, Kationenumtauschkapazität u. Oberflächenbeschaffenheit auf Bakterien) 09-0187; Bind. v. zugesetz. Ammonium u. Nitrifikation v. fixiert. Ammonium in Bodentonen 07-0197.

U n t e r s u c h u n g : Meth. z. Bestimm. feindisperser Minerale 11-0249; Bestimm. d. Tonoberflächenazidität durch Infrarotspektroskopie 12-0304; Aufbau u. Bindungsform d. Ton-Huminsäurekomplexe (Hydrothermalsynthese v. Ton-Huminsäure- sowie anderen organomineral. Komplexen: Untersuch. am Röntgengerät, IR-Spektrometer u. Elektronenmikroskop) 10-0127; Fraktionier. u. Charakterisier. natürl. vorkommender Organo-Tonkomplexe 10-0128; Einfl. d. Scherens auf d. Saugvermögen in gesättigten Tonen 10-0120; Beschaffenh. d. Allophans in Böden (Unterschiede in d. Zusammensetz.) 10-0122; (Feld- u. Laboratoriumsschnelltest auf Allophan) 10-0123.

S p e z i e l l e T o n m i n e r a l e

A l l o p h a n : 14-Å-Minerale in einigen Andoböden 12-0180; Vorkommen v. Gibbsit beim Verwittern vulkan. Materials 12-0182; Deuterium-Austausch v. Allophan-Hydroxylgruppen 12-0181; Beschaffenh. d. Allophans in Böden (Bedeut. struktureller Ungleichmäßigk. in d. Pedogenese) 10-0121; (Feld- u. Laboratoriumsschnelltest) 10-0123.

B e n t o n i t : Einfl. d. Scherens auf d. Saugvermögen in gesättigten Tonen 10-0120; osmot. Wirkungskoeffizient für verfestigte Tone 09-0138; Einfl. v. Bentonitbeimisch. auf einige grundlegende Hydrokonstanten d. Sanderde 08-0191; Leitvermögen adsorbierter Alkalikationen in wäßrigen u. alkohol. Bentonitpasten 10-0140; Verteilungskoeffizient d. Ca- u. Mg-Austausches an Wyoming-Bentonit 07-0143; Bentonitwirk. auf mikrobielle Zersetz. d. Eiweißstoffe im Boden 12-0270.

C h l o r i t : 14-Å-Minerale in einigen Andoböden 12-0180.
I l l i t : Illitverwitter.-produkte in Löß- u. Aueböden Südwestdeutschl. unter Einwirk. v. K-Düngern (Mineralumwandl. in geköpften Parabraunerden u. einer Pararendzina) 12-0160; extrahierbares K in Grundit-Illit (Extraktionsmeth.) 09-0234.
K a o l i n i t : Adsorpt. v. Wasser u. Elektrolytlös. durch Kaolintonsyst. 12-0179; Absorptions- u. Aggregatbildungsreakt. v. Bodenpolysacchariden mit Kaolinit 11-0177.
M o n t m o r i l l o n i t : Ionenaustauschgleichgew. 12-0177; Einfl. d. Tontyps u. d. austauschbaren Kationen auf d. Krümelstruktur u. Durchlässigk. v. Solonetzböden 08-0258; Wechselwirk. zwischen Montmorillonit-Ton u. Spurenelement-Kationen (Fixier. u. Freisetz. v. Kationen aus ihren "Tonsalzen") 07-0148; Ni-Ba-Austauschselektivitätskoeffizienten für Montmorillonit 10-0133; Adsorption v. H_2 u. K-Ionen durch Montmorillonit-Ton 08-0174; Adsorption d. Ionen v. Li, Na, K, Rb u. Cs an Montmorillonit 12-0203; Wirk. d. pH auf dessen Adsorption einer Bodenhuminverbind. 10-0125; Einfl. d. Wechselbezieh. zw. Salzen u. Tonen auf ungesättigte Wasserbeweg. 09-0168; Komplexe v. Montmorillonit mit primären, sekundären u. tertiären Amiden (Anordn. d. Amide auf d. Montmorillonit-Oberfläche) 12-0178; (Protonenbeleg. v. Amiden an d. Oberfläche v. Montmorillonit) 10-0124; Phasenzusammensetz. gefrorener Montmorillonit-Wassermisch.. ermittelt aus Wärmekapazitätsmess. 10-0119.
V e r m i k u l i t : Ionenfixier. (beteiligte Kräfte) 10-0138; Anomalien d. Kationenaustausches bei Vermikuliten 07-0141; Ausnutz. d. im Vermikulit fixierten Ammoniums durch d. Pflanzen 07-0381; Aufn. v. K d. Vermikulits durch d. Pflanzen 07-0385; ungewöhnl. Sorption v. Cs 10-0135; Wirksamk. als Mg-Dünger 09-0396.

Mineralische Volldüngung s. unter Düngung.

Mineralogie, Genese, Mineralogie u. Eigensch. westindischer Böden (bauxit. Böden) 10-0179.

Mineralstoffe s. unter Bodenbiologie - Mineralstoffumsatz; unter Pflanzenernährung - Nährstoffe; spezielle Mineralstoffe s. unter dem betreffenden Stichwort.

Miniermotten s. Lyonetiidae.

Minimumbearbeitung s. unter Bodenbearbeitung.

Minze s. Mentha.

Mitomycin C, Faktoren, d. Reunion v. durch Röntgenstrahlen verursachten Chromosomenbrüchen beeinfl. (Wirksamk. v. Desoxyribonukleosid-Triphosphaten für Reduktion v. röntgenstrahleninduzierten Chromosomenaberrationen) 09-0725.

Mitosis, Wirk. mutagener Subst. auf d. Prophase 10-0671; 1. Mitose nach d. Bestrahl. bei Sprossen v. diploidem u. autotetraploidem Roggen 09-0755; gepaarte Chromosomen in 2 mitot. Metaphasen v. diploiden Zuckerrüben 10-0753; Auslös. v. Abnormitäten in bestimm. Gatt. d. Tribus Vicieae durch Paradichlorbenzol 12-1036; Veränder. d. Mitoseindex in d. Wurzeln v.

Monokalziumphosphat s. unter Düngung - Phosphorsäuredüngung.
Monolinuron s. unter Herbizide.
Monstera deliciosa, mehr Schlitze u. Löcher beim Blatt durch erhöhte Mineralsalzgaben 08-0714.
Montmorillonit s. unter Minerale (einschl. Tonminerale) - Tonminerale.
Monuron s. unter Herbizide.
Moorböden s. unter Bodensystematik - Bodentypen.
Moorkultur s. auch Boden - Bodentypen (Moorböden und Niedermoorböden). Urbarmach. v. Moorböden u. ihre landwirtschaftl. Nutz. in d. ČSSR 12-0343; Moorforsch. u. Moornutz. in Gegenwart u. Zukunft 11-0270; Bewirtschaft. u. Leist. d. Grünlandes auf "Deutscher Hochmoorkultur" 09-0534; Dynamik d. Entwickl. d. Pflanzengemeinsch. d. Moors "Bagno Wizna" in Bezieh. z. Standortfaktoren u. Meth. d. Wiesenbewirtsch. 11-0586; Ertragsentwickl. u. Narbenbild. einer Moorwiese bei unterschiedl. Zusammensetz. d. Misch. 11-0587; Bau einer Tonrohrdränage in Torfmoorböden 11-0274; Anwend. d. Maulwurfausschnittdrän. bei d. Hydromelior. tiefgründ. Niedermoorstandorte 12-0359; Heuerträge v. 3 meliorierten Mooren 09-0538; Einfl. steigender Gaben v. P-Düngemitteln auf Ertragsleistung v. Moorwiesengrünland 09-0541.
Moosbeere s. Vaccinium oxycoccos.
Morfamquat s. unter Herbizide.
Morphaktin s. unter Wuchsstoffe (und Hemmstoffe).
Morphologie der Pflanzen s. auch Blatt (und Blattanalysen); Blüten; Chimäre; Embryo; Frucht; Kutikula; Plastiden; Pollen; Samen; Stomata; Wachstum (und Entwicklung); Wuchsstoffe; Wurzelsysteme; Zellen; Zytologie. Landwirtsch. Botanik (Morphol. d. Pflanzen) 09-0011; Besonderh. d. Halmes bei Hartweizen 10-0021; Histol. u. Histochemie d. Kotyledonen d. Felderbse während d. Keim. 11-0025; Proliferation v. Zellen im Zentralzylinder d. reduzierten Mutante bei Tomaten 11-0022; Vorkommen petaloider Stamina bei wilden Möhren aus Schweden 11-0023; Einfl. d. Pflanzengröße auf d. N-Geh. d. Apfellaubes 12-0452.
Morus alba (Weißer Maulbeerbaum), Aminosäuregeh. in Blättern einiger Zuchtstämme u. ihr Nährwert 08-0103.
Motten s. Tineidae.
Müll s. unter Düngung - Organische Düngung.
Müllklärschlammkompost s. unter Düngung - Organische Düngung.
Mulchen s. unter Bodenbedeckung.
Mungobohne s. Phaseolus mungo.
Murbetol s. unter Herbizide.
Musa spec. (Banane), Meth. "Boden-Pflanze" mit Bananen. Funktion d. verschied. Organe bei d. Assimilation v. P, K, Ca, Mg 07-0514; Bananenmosaik; Identifizier. u. Reinig. verschied. Virusstämme 08-0918; Schadinsekten u. Krankh. 09-0954.
Mutation (und Mutationszüchtung) s. auch Chromosomen; Genetik; Polyploidiezüchtung; Strahleneinwirkung.

Mutationszücht. Konferenz 1966 in Prag 10-0682; Mechanismus v. Mutation u. induzierenden Faktoren. Symposium in Prag 1965 09-0728; Natur induzierter Mutationen bei höheren Pflanzen 12-0990; experimentelle Mutagenese bei landwirtsch. Kulturpflanzen u. Ausnutz. in d. Zücht. 10-0681; Mutationstheorie u. d. Entwickl. d. Herstellungsmeth. v. Mutanten 07-0736; Veränderlichk. d. Pflanzen, d. aus unreifen Samen aufwachsen 09-0747; in- u. ausländ. Erfahr. mit "Spur"-Typen 12-0876; Mutationserschein. beim sog. N-Virus 09-0895; Versuche mit So-Gerste (Züchtungs- u. Anbauwert d. Mutante MFB-104) 11-0776; Ertrag u. Variabilität heterozygoter Chlorophyllmutanten bei Gerste 10-0713; Ertragsreakt. u. Anteil d. Entstehens v. Chromosomen-Rearrangements u. Gen-Mutationen bei Gerste 10-0706; Leistungsprüf. frühreifer Gerstenmutanten in Höhenlagen 10-0717; Mutagenese bei Mais 10-0727; infolge spontaner Mutation zustandekommende Zwergbild. als dominante Eigensch. bei Mais 11-0783; Variation d. Paramutabilität d. R^r-Allels bei Mais nach Extraktion d. Allels v. einer gekoppelten reziproken Translokation 08-0758; Paramutabilität v. mutierten R^g- u. r^r-Genen d. R^r-Allels bei Mais 10-0722; Anwend. d. Biochem. in d. Genetik z. Qualitätsverbesser. u. bei d. Pflanzenernähr. (Genmutationen beeinfl. d. Kohlenhydratzusammensetz. im Maisendosperm) 08-0760; induzierte Mutation bei diploidem u. tetraploidem Kanariengras 11-0821; Kopplungsuntersuch. bei Pisum (Koppl. d. Mutante $aurea_{R3}$) 12-1029; (Koppl. d. Mutante $aurea_{R5}$) 12-1030; (Mutante $chlorina_{E01}$ u. d. Koppl. d. determinierenden Gens Ch3) 12-1031; (Mutante $albina_{R2}$) 12-1032; (Mutante luteo-maculata) 12-1033; Proliferation v. Zellen im Zentralzylinder d. reduzierten Mutante bei Tomaten 11-0022; Spontanmutation d. Sesquidiploid. Tomate x L. peruvianum 10-0769; Einfl. eines schwachwüchs. tetraploiden Sports d. Apfelunterlagen M XIII 12-0875; welche Baumform bei Spurtypen v. 'Golden Delicious'? 07-0633; genet. Untersuch. bei Birnen (Rote Mutanten) 08-0820.

Mutationen durch Bestrahlung

Schutz- u. Erholungseffekte v. Chemikalien hinsichtl. Pflanzenwachstum, Chromosomenaberration u. Mutation bei bestrahltem Saatgut v. Getreidepflanzen 08-0737; Neubild. bei So-Weizen unter Einwirk. v. Gammastrahlen u. Äthylenimin 09-0745; durch Bestrahl. induzierte asynapt. Mutationen bei Durum-Weizen 08-0747; Veränder. in Proteingeh. u. -qualität bei Weizen in Verbind. mit einer amberfarbenen Kornmutation 07-0748; phänotyp. Erscheinungsform v. induziertem Grasbüschel-Merkmal bei Weizen unter verschied. Anbaubeding. 10-0689; weißstreif. Mutante bei hexaploidem Weizen 11-0765; Alkaloidgeh. u. Alkaloidtyp auxotropher UV-Mutanten d. Mutterkorns bei parasit. Kultur auf Roggen 11-0114; induzierte Bikarpell-Mutation bei Gerste 07-0765; mutagene Wirk. v. Gammastrahlen auf Mais in Bezieh. z. Kolbensitz 11-0784; Änder. d. quantitativen Eigensch. v. Mais durch induzierte Mutation 07-0775; mutagene Wirk. v. X-Strahlen auf Kartoffeltriebe 11-0801; Auslese tetraploider Formen v. Lupinus

Myzodes persicae s. Myzus persicae.

Myzus

brassicae, Bezieh. zw. Insekt u. Wirtspflanze. Vermehr. an Rosenkohlpflanzen, d. mit verschied. Mengen N u. K versorgt worden waren 07-0897.

persicae (syn. Myzodes persicae; Grüne Pfirsichblattlaus), Nahr. u. Flügel-Determination bei Myzus persicae 07-0896; Bezieh. zw. Vermehrungspotential u. Mineralstoff-Ernähr. d. Wirtspflanze durch Lös. mit Ionen-Gleichgew. 07-0895; Abgrenz. d. für d. Pflanzkartoffelvermehr. geeigneten Anbaulagen in Baden-Württemberg in Bezieh. zu Blattlausbefall u. mittlerer Wertzahl 08-0883; Ansiedlungsverhalten v. Blattläusen an Zukkerrübenpflanzen im Gewächshaus 12-1142; Einfl. d. Populat. auf d. Zukkerrübenertrag im Imperial-Tal, Kalifornien 11-0895; saisonmäß. Abundanz u. geschätzter Schaden d. Larven v. Trichoplusia ni 12-1141; Wirk.: d. Temp. u. d. Länge d. Beladungszeit auf d. Übertrag. nichtpersistenter Viren durch Blattläuse 07-0915; - v. Mineralölen auf d. Übertrag. v. Pflanzenviren durch Blattläuse 12-1158; Übertragungsfähigk. einiger gereinigter Viren u. v. Virus-RNS 09-0888; Reinig. v. Blattrollvirus aus seinem Vektor Myzus persicae 11-0912; Endosulfan, Oxydemetonmethyl u. Endrin z. Bek. u. z. Minder. d. Kartoffel-Blattrollvirus in Ostwashington 10-0943; Übertrag. v. Kartoffel-M-Virus u. verwandten Isolaten u. serol. Nachweis in Tomaten 08-0907; Einfl. d. frühzeitigen Ansteck. durch d. Erbsenmosaikvirus auf d. Wachstum d. Erbse 11-0919.

2M-4Ch s. unter Herbizide - MCPA.

2M-4X s. unter Herbizide.

Na-2.4-D s. unter Herbizide.

NAA s. unter Wuchsstoffe (und Hemmstoffe) - Naphthylessigsäure.

Nachrufe s. Biographien (und Nachrufe).

Nachtschatten s. Solanum.

Nachtschattengewächse s. Solanaceae.

Nacobbus s. unter Nematodes.

Nadelgehölze s. Koniferen.

Na-2,3-Dichlor-2-Methylpropionat, chem. Kontrolle d. vegetativen Wachstums u. d. Fruchtbark. d. Tomate 08-0073.

Nährböden s. unter Pflanzenernährung.

Nährlösungen s. unter Pflanzenernährung.

Nährstoffe s. unter Bodenchemie; unter Pflanzenernährung; spezielle Nährstoffe s. unter dem betreffenden Stichwort.

Nahrungsgüterwirtschaft, Nahrung u. Ernähr. in Japan 10-0005; Lexikon d. trop., subtrop. u. mediterranen Nahrungs- u. Genußmittel 11-0564; gefriergetrocknete Lebensmittel u. ihre Verpack. 12-0723.

Nahrungsmittel, Blattprotein als menschl. Nahrungsmittel 08-0100.

Naled s. unter Insektizide - Sonstige Mittel.

Einfl. verschied. Anionen auf d. Kationenaustausch v. Ca-Na in Böden 11-0175.

Aufnahme: Aufn. durch Maispflanzen bei verschied. pH-Werten d. Mediums 09-0327; Aufn. u. Abgabe in Bezieh. zu einem aktiven Ausscheidungsmech. bei Scenedesmus 07-0286.

Ernährung: Teilweiser Ersatz d. K durch Na in Wasserkulturen 07-0320; aktiver Transp. d. Na u. K in d. Zellen v. Gerstenwurzeln 11-0345; Einfl. v. Na auf Wachstum, Ertrag u. Zuckergeh. v. Zuckerrüben auf Rasenpodsolböden 10-0295; Ca-Na-Interaktion bei d. Hülsenentwickl. d. Erdnuß 11-0346.

Einfluß von Na: Bestimm. d. austauschbaren Mg d. Böden durch Flammenphotometrie. Untersuch. d. Na-Stör. 10-0200; vergleich. Wirk. v. NH_4 u. Na, d. zu kalkarmen Nährlös. hinzugefügt wurden, auf d. ^{45}Ca-Verteil. in Bodenfrücht. Klee 07-0322; Wachstum, chem. Zusammensetz. u. Ertrag v. Saflor unter d. Einfl. v. austauschbarem Na 07-0457; Na-Interaktion bei d. Hülsenentwickl. d. Erdnuß 11-0346; Wirk. u. Nachwirk. hoher isoosmot. Konz. v. NaCl u. Destran auf Ackerbohnenpflanzen 11-0318; Na-Schaden bei Chrysanthemensteckl. 08-0704.

2.3-Natrium-Dichlorisobutyrat s. 2.3-DN.

Natriumnitrat s. unter Düngung - Stickstoffdüngung.

Natriumpyrosulfit, Einfl. auf Gärungsprozeß in d. Silage bei gleichzeit. Anwend. v. Milchsäurebakterien 11-0431.

Nectria galligena (Apfelkrebs, Obstbaumkrebs), Änder. in d. Verbreitungsart u. d. hieran angepaßte Bek. 12-1216.

Nelke s. Dianthus.

Nelkenminierfliege s. Phytagromyza dianthicola.

Nemagon s. unter Nematizide.

Nematizide, Vorprüf. neuer Nematizide 10-0965; Bek. v. Tabaknematoden durch Begasungsmittel u. organ. P-Verbind. in Süditalien 12-1265; Bekämpfungsversuche gegen Wurzelnematoden in Obstbaumschulen 11-0995.

Spezielle Nematizide

Ceresan: Bek. wandernder Wurzelnematoden bei Anbau-Versuchen v. Maiblumenkeimen in Weser-Ems 10-0936.

Diazinon: Wirk. auf d. Schlüpffähigk. d. Eier v. Meloidogyne javanica 09-0985.

1,4-Dichlorbutin-2: Präparate z. Bek. d. Wurzelgallennematoden 11-1033.

DD: Wirk. auf d. Schlüpffähigk. d. Eier v. Meloidogyne javanica 09-0985; Bodenbegas. z. Bek. v. Pratylenchus penetrans in Mais 09-1023.

Fensulfothion: Ditylenchus dipsaci, Schaderreger an Helleborus niger 07-0874.

Methylbromid: Z. Schutz gegen Nematoden in Champignonkulturen 10-0966.

Nemagon: Wirk. auf d. Schlüpffähigk. d. Eier v. Meloidogyne javanica 09-0985.

Blatt- u. s. pflanzenparasit. Nematoden an Azaleen in Florida 12-1108.

Spezielle Fadenwürmer

A p h e l e n c h o i d e s : Blattälchen an Unkräutern u. an Wildpflanzen 12-1122.

A. avenae: Osmoregulat. bei Panagrellus redivivus u. Aphelenchus avenae 11-0883.

A. composticola: Wirk. auf d. Wachstum v. kultiviertem Champignon auf Agarplatten 11-0882; Bek. mykophager Nematoden in Champignonkulturen u. ihr Schwärmen 10-0934.

A. fragariae: Lebensweise in Lorraine-Begonien 11-0881; Vorkommen u. Bek. v. Blattälchen bei Lilien 11-0996.

A. goodeyi: Mykophager Nematode aus Südindien 10-0828.

A. ritzemabosi: Vorkommen u. Bek. v. Blattälchen bei Lilien 11-0996.

D i t y l e n c h u s : Unterschiede d. Spermatheka u. d. Spermzellen 11-0868.

D. dipsaci: (Stock- u. Stengelälchen): Bedeut. biol. Rassen u. ihrer Hybriden 10-0809; chem. Bek. d. Rübenkopfälchens, Lös. d. Problems d. Rübenkopffäule 12-1264; Veränder. d. N-Konz. u. d. Konz. d. freien u. gebundenen Aminosäuren in infizierten Luzerne- u. Erbsenpflanzen 07-0873; Resistenzzücht. bei Kleearten 08-0859; Schaderreger an Helleborus niger 07-0874; Bek. pflanzenparasit. Nematoden mit Nematiziden (Blattbehandl. v. Narzissen u. Tulpen mit Thionazin z. Bek. d. Stengelälchens) 08-0993; Wirk. d. Eintauchens v. Narzissenzwiebeln, d. v. Stengelälchen befallen sind, in Thionazin) 08-0994.

D. myceliophagus: Wirk. auf d. Wachstum v. kultiviertem Champignon auf Agarplatten 11-0882; Bek. mykophager Nematoden in Champignonkulturen u. ihr Schwärmen 10-0934.

D. radicicolus: Befällt Gräser 10-0811.

H e l i c o t y l e n c h u s microlobus: Bezieh. zw. Anzahl u. N-Düng. 09-0181.

H e t e r o d e r a : Einfaches Verfahren z. Gewinn. v. Heterodera-Larven 12-1243.

H. avenae s. Heterodera schachtii var. major.

H. cruciferae: Kohlzystenälchen 11-0874.

H. oryzae: Biol. (Bedeut. d. Eiermassen in d. Populationsdynamik u. für d. Arterhalt.) 11-0876.

H. rostochiensis (Kartoffelnematode): Ökonom. Überleg. z. Kartoffelnematoden-Problem 07-0875; Untersuchungsprojekt "Kartoffelälchen" 07-0876; Verhalten an Wurzeln v. Wirts- u. Nichtwirtspflanzen 12-1118; Vorkommen v. Gemischen mehrerer Pathotypen 11-0875; Feststell. d. Kartoffelnematoden im Boden 11-0969; Wirk. unterschiedl. Trocknungszeiten d. Bodens auf Gewinn. d. Zysten u. Larvenschlupf 10-0810; Pikrolonsäure, ein Schlüpfstoff für d. Kartoffelnematoden 12-1117; Lebenduntersuch. auf Kartoffelnematoden in Einweckgefäßen 10-0893; Kartoffelsorten mit Resistenz gegen d. Kartoffelnematoden 07-0459; Auswirk. d. Anbaues v. Kartoffeln mit Resistenz gegen Rasse B auf eine Nematodenpopulation 08-0861; Peconic, Kartoffelsorte mit Resistenz gegen d. Kartoffelnematoden 10-0422; Einfl. exogener Enzyme auf d. Wurzelgewebe v. Kartoffelpflanzen, d. gegen Vorkommen resistent u. anfällig sind 10-0826; Puffervolumen sowie pH-Wert-Veränder. in d. Wurzelgeweben v. Kartoffelpflanzen, d. gegen d. Befall anfällig u. resistent sind 10-0827.

H. schachtii (Rübennematode): Auftreten u. Schadwirk. v. Heterodera schachtii im rhein. Zuckerrübenanbau 12-1119; Rübenzücht. hinsichtl. d. Toleranz gegen Rübennematoden 11-0809; Einfl. d. Wolfsmilch auf d. Schlüpfen d. Larven aus d. Zysten d. Rübennematoden 12-1120.

H. schachtii var. major (syn. H. avenae, Hafernematode): Biotypen d. Haferzystenälchens im Norden d. DDR 12-1116; Hafernematoden in Rheinhessen u. d. Pfalz 11-0899; Biologie d. Haferzystenälchens in Kanada (Nematodenentwickl. u. anatom. Veränder. in d. Wurzeln v. Hafer u. Mais) 11-0873; Hafernematodenproblem 12-1115; Vererb. d. Resistenz gegen d. Getreidenematoden beim Weizen 11-0872.

H. spec.: Gewinn. v. Heterodera-Zysten aus großen Bodenmengen 11-0970; anorg. Ionen u. d. Schlupf v. Heterodera spp. 08-0862.

L o n g i d o r u s elongatus: Nematizide Wirk. wäßr. Extrakte aus Wurzeln u. Ruten v. Himbeeren 11-0885.

M e l o i d o g y n e

M. hapla: Einfl. d. Umwelt auf Entwickl. u. Geschlechtsdifferenzier. v. Wurzelgallennematoden (Einfl. d. Ernähr. d. Wirtspflanze) 11-0878; Anfälligk. v. Saflorsorten für Wurzelgallennematoden u. d. Rübennematoden 07-0877; Gewebepathol. v. durch Wurzelgallenälchen befallenen Pfingstrosenwurzeln 07-0878.

M. incognita (Wurzelgallennematode): Einfl. d. Umwelt auf Entwickl. u. Geschlechtsdifferenzier. v. Wurzelgallennematoden (Einfl. v. Infektionsdichte, Alter d. Wirtspflanzen u. Bodentemp.) 11-0877; Mobilisier. v. Mineralien z. Infektionsstelle 09-0876; Prüf. knollenbildender Solanaceen auf Resistenz gegenüber Wurzelgallennematoden 08-0775; Rolle v. Auxinen in Stengelstückchen v. Tabak, deren Wachstum durch Nematoden induziert ist 09-0875; Anfälligk. v. Saflorsorten für Wurzelgallennematoden 07-0877; Gewebepathol. v. durch Wurzelgallenälchen befallenen Pfingstrosenwurzeln 07-0878.

M. incognita acrita: Baumwoll-Wurzelgallenälchen an Körnerhirse in West-Texas 12-1121; Wirk. v. Trizone-Begas. auf d. Ertrag v. Zuckermelonen u. Tomaten 09-0984.

M. javanica: Ausscheid. v. Larven 11-0879; Wirk.: stoffwechselhemmender Substanzen auf d. Wachstum 11-0880; - d. Umwelt auf Entwickl. u. Geschlechtsdifferenzier. v. Wurzelgallennematoden (Einfl. v. Infektionsdichte, Alter d. Wirtspflanzen u. Bodentemp.) 11-0877; - bestimmter Chemikalien auf d. Schlüpffähigk. d. Eier 09-0985; Anfälligk. v. Saflorsorten für Wurzelgallennematoden u. d. Rübennematoden 07-0877.

Proteinstoffwechsel d. Blätter höherer Pflanzen (Aminosäurezusammensetz. d. Proteine v. Blättern in verschied. Stadien) 09-0052; (Variation d. Aminosäurezusammensetz. d. Proteins bei Autolyse d. Blätter) 09-0053; Bezieh. zw. Bodenfeuchte u. Wachstum d. Tabakpflanze (Änder. d. Transpirationsrate d. Sorte 'Brigth Yellow') 10-0271; Wasserhaush. (Entwickl. u. Ertragsleist. v. Typ Virginia in Abhängigk. v. Trockenheitsperioden) 11-0531; (Einfl. d. konstanten Feuchtigkeitsspiegel d. Bodens auf Ertragsleist. d. Virginia-Tabaks) 12-0661; Einfl. d. Tages- u. Nachttemp. auf d. Ertragsstruktur d. Sorten 'Hicks', 'Virginia Gold' u. einer blauschimmelresistenten Neuzücht. 07-0485; Bewert. d. Blattbesprüh. z. Verhüt. v. Wetterflecken bei Heißlufttabak 11-0532; Wirk. v. Oxindolen auf d. Wachstum v. Gewebekulturen 12-0072; Einwirk. d. Maleinhydrazids auf d. Geiztriebe, Blütenstände u. Blätter 08-0552.

C h e m i e : Geh. verschied. Pflanzenorgane an natürl. Gibberellinen in Abhängigk. v. Alter 10-0086; Ursachen virusinduzierter Veränder. d. Alkaloidgeh. d. Blätter verschied. Arten u. Sorten 09-0900; Identifizier. z. Scopolin u. Scopoletin in Gewebekulturen u. Veränder. ihrer Mengen im Verlauf d. Wachstums 10-0090; Wirk. d. Spurenelements Mo auf d. Nitratgeh. 11-0366; Ursprung v. ^{210}Pb u. ^{21C}Po in Tabak 11-0093.

T a b a k u n d B o d e n : N-Mineralisation in d. Böden v. Whakatane, Neuseeland, in Hinsicht auf ihre Eignung für d. Anbau v. Tabak 11-0216; N-Zusammensetz. d. Humus v. mit Tabak bebauten Böden 08-0160.

S o r t e n : Einfl. v. Sorte u. Umwelt auf technol. Eigenschaften beim Zigarrengut 08-0550; Einfl. d. Tages- u. Nachttemp. auf d. Ertragsstruktur d. Sorten 'Hicks', Virginia Gold' u. einer blauschimmelresistenten Neuzücht. 07-0485; Charakteristik d. Sorte 'Chaskovo-Charmanli-Balkan' 11-0535; neuere Entwickl. unter Berücksichtig. d. Heißlufttabaks 07-0484; gegen Peronospora immune Tabaksorten 12-0668.

B e s t e l l u n g : Pflanztermine u. d. Wahrscheinlichk. v. Frühjahrs- u. Herbstfrösten in Bezieh. z. Tabakanbau im Westen v. North Carolina 12-0669; Auspflanz. d. Sorte 'Charmanli 163' im Nordosten Bulgariens 11-0534; Notwendigk. d. rechtzeit. Aussaat 11-0536.

D ü n g u n g : Einfl. d. N- u. K-Düng. auf Heißluft-Tabak auf schwarzem Tonboden 10-0457; Bezieh. v. K- u. Cl-Angebot z. Brennbark. v. Heißlufttabak 10-0280; Wirk. d. Spurenelemente auf Qualität u. Blattertrag sowie ihre ökon. Wirksamk. 08-0553; Einfl. v. Wuchsstoff aus Erdöl u. v. Mikrodüngemitteln auf Wachstum d. Tabaksetzlinge u. d. Tabakertrag 08-0551.

U n k r a u t b e k ä m p f u n g : Chem. Unkrautbek. 12-1354; Unkrautbek. bei Tabak in Süditalien 12-0664; Anwend. v. Herbiziden bei d. Jungpflanzenanzucht 11-1070.

P h y t o p a t h o l o g i e : Ursachen virusinduzierter Veränder. d. Alkaloidgeh. d. Blätter verschied. Arten u. Sorten 09-0900; RNS-Umwandl. in mit TMV infizierten Blättern 11-0915; durch Viren verursachte Degenerier., Lubliner Krankh. u. d. Aussichten, Ausgangsmaterial für d. Zücht. resistenter Sorten zu schaffen 11-0916; Echter Mehltau (Wirk. v. Impfmeth. u. Luftfeuchtigk. auf Konidienkeim. u. Hyphenwachstum auf Blättern) 08-0945; ist auf d. Feld eine Frühinfektion durch Peronospora tabacina zu bekämpfen? 12-1259; Wirk. d. Fungizidbehandl. auf d. Sporenausbreit. v. Peronospora tabacina 11-0989; Kontrolle d. Resistenz gegen d. Strichelkrankh. bei Tabakhybriden in Selektionen auf Resistenz gegen Peronospora tabacina 08-0946; Rolle d. P-Düng. bei Erhöh. d. Peronospora-Resistenz 10-0873; Blauschimmelkrankh., Erreger u. Bek. 09-0940; Blauschimmelkrankh. u. Bek. 09-0977; Auftreten, Ausbreit. u. Auswirk. d. Blauschimmelkrankh. in d. DBR 09-0939; Wirtschaftlichk. d. Bek. d. Blauschimmelkrankh. 11-1008; Schäden in Kulturen durch Blauschimmel 09-0942; Ausstreuen v. Sporen d. Tabakblauschimmels (Sporenablös. regulierende Faktoren) 11-0954; N-Stoffwechsel v. Verticillium-Arten (Aminosäuren-Ernähr. v. Verticillium-Isolaten, d. an Tabak u. Hopfen pathogen sind) 10-0797; Rolle v. Auxinen in Stengelstückchen, deren Wachstum durch Wurzelgallennematoden induziert ist 09-0875.

Z ü c h t u n g : Koppl. v. 2 Eigensch., d. durch Doppelgene kontrolliert werden 12-1067; Analyse v. diallelen Kreuz. hinsichtl. d. quantitativen Eigensch. 07-0815; Meth. steriler Kulturen für Zücht. entfernter Hybriden 10-0768; männl. Sterilität 07-0817, 10-0767; durch Viren verursachte Degenerier., Lubliner Krankh. u. d. Aussichten, Ausgangsmaterial für d. Zücht. resistenter Sorten zu schaffen 11-0916; Zücht. blauschimmelresistenter Sorten 11-0824.

<u>tabacum</u>, Geschichte in Cuba 11-0003; Virusaktivität u. Wachstum infizierter u. gesunder Kallusgewebe, gewachsen in vitro 08-0894; Einfl. d. Nachttemp. auf d. Wachstum 12-0663; Einfl. v. Farblicht auf Wachstum u. Zusammensetz. pflanzl. Gewebekulturen 06-0038; induzierte Organogenese in Gewebekulturen u. d. Charakterisier. d. dabei erhaltenen Pflanzen 12-1068; Wirk. v. Kinetin u. IES auf Kalluswachstum u. Organbild. bei 2 Arten 09-0820; Auftreten freier Aminosäuren in wildwachsenden Arten 12-0101; Metabolismus d. aus Ammoniumnitrat u. Ammoniumsulfat absorbierten Nitrat- u. Ammonium-N in d. Pflanze 07-0308; Wachstum v. einzelnen Tabakzellen, d. mit TMV infiziert waren, in Mikrokultur 08-0890; Beweg. v. Einschlußkörpern d. TMV in Kalluszellen 08-0889; Wirk. d. TMV-Infektionen auf d. Konz. v. Nukleinsäure u. Eiweiß in verschied. Zellorganellen d. Blätter d. Sorte 'Harrison's Special' 09-0902; Interferenz mit TMV-Lokalläsionenbild. durch Injektion hitzegetöteter Zellen v. Pseudomonas syringae 09-0903; biochem. Wirk. d. Infektion mit Tabakätzvirus auf d. Tabakblattgewebe (Eiweißsynth. in isolierten Chloroplasten) 07-0917; Reinig. u. Charakterisier. d. kaliforn. Tabakrattlevirus 08-0891; kaliforn. Wintertyp-Rattlevirus in seiner Bezieh. z. infizierten Zelle 10-0843; Wirksamk. mehrmaliger Bestäub. bei Hybridisier. 11-0825; merikline Chlorophyllchimären u. Blattontogenese 12-0064; genet. Varia-

Wirtschaftlichk. d. Obstbaues in d. landwirtsch. Arbeitsgenossensch. Bulgariens 11-0662; Entwickl. in Polen 12-0720; Anbau auf terrassierten Hängen (Studienreise nach Rumänien) 10-0605; neue Meth. d. Intensivobstbaues in Europa u. Ungarn 11-0665; Anbau wertvoller Wildobstarten in d. Kasach. SSR 12-0835; Beispielbetrieb für Weichobst in Kesteren 11-0692; Bedeut. d. Feuchtigk. im Juni u. Juli auf d. Obstbau im südl. Kapland 12-0831; Untersuch. d. Verhaltens v. Obstgehölzen an Standorten über 800 m ü. NN 08-0664.

A n b a u f o r m e n , B a u m f o r m e n : Bandpflanz. v. Zwergobstbäumen 12-0834; Obsthecke - neuer Weg z. intensiven Obstbau 12-0839; Spalierobstbau 12-0842; Obstbau in Hanglagen 12-0890; Anbau auf terrassierten Hängen (Studienreise nach Rumänien) 10-0605; Anlage v. Obstpflanz. auf Terrassen 10-0606; Erosionsschutz in Obstanlagen am Hang 09-0292; Maßnahmen gegen d. Erosion bei d. Nutzbarmach. v. Flächen mit einem Gefälle v. 6-8° für d. Obstbau 11-0305.

P h y s i o l o g i e : Physiol.-biochem. Untersuch. über stoffl. Grundlagen d. Ertragsbild., insbes. d. Blütenbild. bei Obstgehölzen 07-0017; übermäß. Trockenh. u. Feuchtigk. bearbeit. Pseudogleischichten als ein Faktor bei d. Stör. d. physiol. Gleichgew. bei Obstbäumen 10-0607; Ursachen für d. Unverträglichk. v. Veredelungskomponenten u. d. Stör. v. Wachstum u. Entwickl. d. Obstbäume 08-0658; Widerstandsfähigk. bestimmter Obstunterlagen gegen O_2-Mangel d. Wurzeln 09-0838; zykl. Erneuer. d. Wurzeln bei Ontogenese v. Kern- u. Beerenobst 12-0829; Ruheperiode d. Wurzelsystems d. Obstgehölze 10-0603; Ruheperiode d. Samen v. Obstgehölzen 12-0828; quantitative Bestimm. elektr. Lad. d. Samenanlagen v. Obstgehölzen 09-0628; Bestimm. d. Blattfläche bei Obstbäumen 10-0608; Verwend. v. flüss. N in einer Winterhärte-Prüfkabine für Obstbäume 08-0090; Anwend. v. Leitfähigkeitsmeth. z. Bestimm. d. Frostresistenz v. Obstgehölzen 10-0074; Geh. an Polyphenolverbind. in einigen Obstbaumarten in Bezieh. z. ihrer Frosthärte 12-0036; Dürreresistenz v. Obstsorten u. -formen 09-0837; Wachstumsregulatoren im Obstbau 09-0556; Phytohormone u. Hormonpräparate z. Steuer. d. Wachstums u. d. Blütenbild. bei Obstbäumen 12-0827; Lager. u. Mobilisation v. N in Obstbäumen 12-0832; Wirk. v. Prefix u. Casoron auf d. vegetative Entwickl. v. Obstgehölzen 10-0602.

A g r a r m e t e o r o l o g i e : Schutz v. Kulturen gegen Frost durch Hubschrauber 07-0543; Verlauf d. Obstanliefer. unter d. Beding. d. Havelobstbaugeb. 12-0836.

O b s t b a u u n d B o d e n e i g e n s c h a f t e n : Bestimm. bewegl. K-Formen in Böden unter Obstkulturen 09-0235; stimulier. Wirk. d. Siderite auf biol. Aktivität d. Bodens in d. Zwischenräumen d. Reihenpflanzen im Obstgarten 07-0173; Einfl. v. Unterkulturen auf d. Wasserhaush. d. Bodens in einem jungen Obstbaumbestand bei dichter Pflanz. d. Bäume 09-0646; übermäß. Trockenh. u. Feuchtigk. bearbeiteter Pseudogleischichten als ein Faktor bei d. Stör. d. physiol. Gleichgew. bei Obstbäumen 10-0607; Einfl. v. Bodenpflegemaßn. u. v. N-Düng. auf Straßenobstgehölze 11-0664; Bodenbearb. für d. Anlage v. Obstplantagen 11-0677.

S o r t e n , U n t e r l a g e n : Sortenbeschreib. mit Hilfe v. Lochkarten 12-0825; Geschichtliches z. Unterlagenforsch. 11-0661; Baumschulerzeugnisse, Baumschulanerkenn., Obstunterlagen 10-0610; Unterlagenvermehr. durch verholzte Steckl.: Bericht für Baumschuler 12-0833; Entwickl. u. Mineralstoffversorg. v. Obstunterlagen unter d. Einfl. v. Hydrogenkarbonaten, Karbonaten u. CO_2 im Substrat (Wirk. v. Karbonat im Vgl. zu Sulfat) 07-0323; Unterlagen u. Baumformen d. Kern- u. Steinobstes 07-0620; vegetative Apfelunterlagen 09-0641; Selektion v. Steinobstunterlagen - ihre Verbreit. 07-0648.

A n z u c h t , P f l a n z u n g : Erzeug. virusfreien Obstpflanzgutes [Testen u. Vermehren] 08-0663; Baumschulerzeugnisse, Baumschulanerkenn., Obst-Pflanzgut 10-0609; Baumschulerzeugnisse, Baumschulanerkenn., Obstunterlagen 10-0610; Unterlagenvermehr. durch verholzte Steckl.: Bericht für Baumschuler 12-0833; Alginate in d. Baumschule 09-0711; Vorbereit. v. Sandböden z. Obstneupflanz. 07-0616; Einfl. v. Unterkulturen auf d. Wasserhaush. d. Bodens in einem jungen Obstbaumbestand bei dichter Pflanz. d. Bäume 09-0646.

P f l e g e : Obstbaumschnitt in Bildern 09-0629; Wasserverbrauch d. Obstgärten bei Bewässer. 11-0298; Windschutz v. Obstanlagen unter bes. Berücksichtig. d. Bewässer. 07-0618; Entwickl. d. Bewässerungstechn. im Obstbau - Zusatzbewässer. unter Einbezieh. v. Düng. u. Pflanzenschutz sowie Frostschutzbewässer. 08-0661; Verwend. v. Proteinschaum z. Schutze v. Pflanzen gegen Frost 10-0532; Wirk. d. senkrechten Schlitzens d. Bodens in Obstanlagen d. Kamaraerdö 11-0306; Weiterentwickl. d. Auffass. hinsichtl. d. Drän. v. Obstanlagen in d. Niederlanden 07-0617; Drän. v. Obstanlagen in d. Niederlanden 10-0231.

E r n ä h r u n g , D ü n g u n g : Einfl. verschied. Ernährungsbeding. auf Wachstum u. Ertrag v. Obstbäumen 11-0663; Lager. u. Mobilisation v. N in Obstbäumen 12-0832; Entwickl. u. Mineralstoffversorg. v. Obstunterlagen unter d. Einfl. v. Hydrogenkarbonaten, Karbonaten u. CO_2 im Substrat (Wirk. v. Karbonat im Vgl. zu Sulfat) 07-0323; W in pflanzl. Organismen 09-0345; Düngungsprogramm für Obstbäume u. Reben im Winterregengeb. 12-0840; Einfl. v. Bodenpflegemaßn. u. v. N-Düng. auf Straßenobstgehölze 12-0664; Gründüng. in Baumschul- u. Obstbaubetrieben 07-0624; Ersatz v. Stalldünger durch Gründünger 10-0604.

U n k r a u t b e k ä m p f u n g : Obstanlagen ohne Unkraut 11-1080; Wirk. v. Prefix u. Casoron auf d. vegetative Entwickl. v. Obstgehölzen 10-0602.

P h y t o p a t h o l o g i e : Meth. für entomolog. Quantitätsuntersuch. in Obstgärten 11-0974; Schäden durch Industrieabgase 09-0869; Einfl. d. Schädlingsbekämpfungsmittel auf d. Biozönose d. Obstgärten 09-1005; spezif. Bodenmüdigkeitskrankh., d. Wurzelnekrose u. Wachstumsdepression bei Obst- u. Plantagenkulturen verursachen 08-0848; Stammverletz. durch Zirkelmäher 07-0852; Gummifluß bei Obstbäumen 08-0952; Wundbehandlungs- u. Krebsbekämpfungsmittel im Obstbau 10-0948; Obstbaum- u. Beerenobstvirosen in d. DDR 10-0849; Virustest. bei Obst- u. Ziergehölzen in d. DDR 12-1279; Apparatur zur Wärmebehandl. viruskranker Pflanzen 12-1242; Bek. d. Wurzelkropfes d. Obstkulturen, Agrobacterium tumefaciens 08-0976; schädl. Cossidae an Obst- u. Forstgehölzen u. ihre Bek. in Bulgarien 07-0883; Massenwechsel v. Obstschädl. 08-0867; Schadinsekten an Obstbäumen in Jordanien 08-0881; Schadinsekten d. Obstes zw. Mississippi u. Stillem Ozean 12-1149; Bek. d. Apfelwicklers u. Schutz v. Obstgärten 11-0999; Bekämpfungsversuche gegen Wurzelnematoden in Obstbaumschulen 11-0995; Schadbild durch Feldmäuse an Obstbäumen 08-0878; Bek. v. Krankh. u. Schädl. an Obst mit Flugzeugen u. Bodengeräten im Feinsprühverfahren 09-0993.

E r n t e : Punktierapp. z. Beurteil. d. phys. Eigensch. v. Obst 07-0532; Meth. z. Obstertragsschätz. 08-0662; Ernte d. Früchte u. ihre Behandl. in d. Obstanlage 07-0619.

E r t r a g s f a k t o r e n : Ertragsverlauf in älteren Kernobstanlagen u. Faktoren, d. ihn beeinflussen 11-0667; Reduzier. d. Fruchtfalls in Westbengalen 07-0622.

L a g e r u n g , V e r w e r t u n g , V e r m a r k t u n g : Systeme u. Kosten d. CO_2-Lager. 09-0626; gaschromatograph. Analysen v. mit O_2-Kontrolleuren ausgestatteten Lagern mit kontrollierter Atmosphäre 10-0601; Früchtelager. bei subatmosphär. Drücken 09-0625; Einfl. mineral. Düng. auf Haltbark. u. Verluste während d. Lager. v. Obst u. Gemüse 07-0534; Standardisier. v. Obst u. Gemüse in Europa 11-0604; Experimente z. Trockn. v. Obstarten 08-0657; Erfahr. mit verschied. Obstsorten bei Herstell. v. Tiefgefriererzeugnissen 09-0555; Tiefgefrieren u. Gefriertrockn. 12-0722; Wirk. ionisierender Strahlen auf Widerstandsfähigk. gegenüber Mikroorganismen u. Veränder. d. Charakters d. Verderbs v. Früchten 08-0656; Obst im Augenblick 09-0627; Folienverpack. bei Obst u. Gemüse 07-0535.

Z ü c h t u n g : Richtlinien für Versuche 11-0840; Verwend. ionisierender Strahlen; Parameter für mutagene Wirk. 11-0842; Einfl. d. Alters d. Blüte auf d. Erfolg d. Befrucht. u. d. Nachkommensch. 12-1078; Dürreresistenz v. Obstsorten u. -formen 09-0837; Widerstandsfähigk. bestimmter Obstunterlagen gegen O_2-Mangel d. Wurzeln 09-0838.

<u>Obstbaumkrebs</u> s. Nectria galligena.

<u>Obstbaumspinnmilbe</u> s. Metatetranychus ulmi.

<u>Obstgehölze</u> s. Obstbau.

<u>Obstmade</u> s. Carpocapsa pomonella.

<u>Obstsaft</u> s. Fruchtsäfte.

<u>Obstvirosen</u> s. unter Virus (und Viruskrankheiten).

<u>Odontoglossum</u> s. unter Virus (und Viruskrankheiten) - Zierpflanzenvirosen.

<u>Ödlandkultivierung</u> s. unter Bodenmelioration.

Nutzeffekt d. Anwend. d. Herbizide 2,4-D u. 2M-4X bei Körnermais 08-1041; ökon. Probleme d. Anwend. d. chem. Pflanzenschutzes in d. Landwirtsch. 10-0886; ökon. Schwellenwerte für Pflanzenschädlinge unter d. Verhältn. d. nördl. DDR-Bezirke 12-1146; techn. u. ökonom. Aspekte bei d. Sterilisation d. Saatbeete 12-0660; ökon. Nutzen verschied. Ernteverfahren 10-0425; Steiger. d. Kartoffelerträge, Verbesser. d. Speisekartoffelqualität durch Anwend. d. neuen ökon. Systems u. Durchsetz. industriemäß. Produktionsmeth. im Bez. Dresden 11-0505; ökonom. Überleg. z. Kartoffelnematoden-Problem 07-0875; Bewert. verschied. Arten d. Lager. v. Kartoffeln 12-0559; ökon. Zuckerrübenproduktion 09-0480; rationelle Gestalt. d. Futterprod. hinsichtl. Ertrag, Aufwand u. Kosten in d. LPG Typ III d. "Lößbodenzone" d. Bez. Dresden 12-0674; Kosten d. Rauhfutters je Stärkeeinheit bei verschied. Konservierungsmeth. 08-0460; d. Sonnenblumenanbaues 08-0515.

G a r t e n b a u : Gewächshaus aus freitragenden glasfaserverstärkten Polyesterschalen; mikroklimat., pflanzenbaul. u. ökon. Untersuch. 12-0725; Virustest bei Obstgehölzen, Aufgaben u. finanzielle Belast. 07-1008; Systeme u. Kosten d. CO_2-Lager. 09-0626; Einfl. d. Beregn. auf Bewirtschaft. v. Gemüsefeldern 12-0734; Lehren aus d. Gurkenkultur in Kalthäusern 11-0630; Einfl. v. Sorte u. Pflanztermin auf Wirtschaftlichk. d. Paprikaanbaues im Gewächshaus 12-0768; Anbaukosten v. frühen Treibtomaten 12-0781; Einfl. d. Pflanztermins auf Ertragshöhe u. Gelderlös bei Treibtomaten 08-0644; Selbstkosten bei d. Produktion v. Konserventomaten 12-0791; Ökonomik d. Apfelspindelpflanz. 07-0643; Rentabilität d. Pflaume im Küstendiler Bez. 10-0627; Ökonomik d. Erdbeeranbaus 10-0630; Perspektiven d. Gerberakultur (ökon. Probleme) 11-0715; kulturtechn. u. ökon. Probleme d. Gerberakultur 09-0677; Kosten einer Wirkstoffbehandl. z. Blütenverfrüh. v. Vriesea splendens 10-0658.

<u>Öle</u> s. Fette (und Öle); unter Fungizide.

<u>Öle, ätherische</u>, Drogengeschichte, Biol., morphol. u. chem. Charakterisier. d. Pflanze unter Berücksichtig. äther. Öles 09-0498; Einfl. d. Temp. u. d. Lichts auf Keimen d. Samen einiger Pflanzen z. Gewinn. äther. Öle 10-0452; Bedeut. d. Senföles bezügl. d. Kohlhernie bei Kruziferen 12-1210; Bestimm. d. äther. Öle im Hopfen u. Hopfenextrakt sowie ihr Verhalten beim Würzekochen im Brauprozeß 11-0123; Wirk. v. Gammastrahlen auf d. Leist. v. Pfefferminze 08-0548; Treib-Eign. einzelner Herkünfte v. Dill 10-0585; lichtmikroskop. Untersuch. d. Ausscheid. v. flücht. Ölen bei Baldrian 11-0121; Saatkoriander in d. Litauischen SSR (Veränder. d. äther. Öls während d. Vegetationsperiode) 07-0481; (Einfl. mineral. Dünger auf Geh. u. Qualität äther. Öls) 07-0482; Abhängigk. d. chem. Zusammensetz. v. Rosenöl v. d. mineral. Düng. 10-0091.

<u>Ölfrüchte</u> s. auch Arachis; Brassica rapa var. silvestris; Brassica napus var. napus; Carthamus; Cocos; Elaeis guineensis; Helianthus annuus; Linum usitatissimum; Papaver; Ricinus; Sinapis.

Samen aufwachsen 09-0747; Moselweine in röm. Zeit 12-0001; Schadensursachen an Kulturpflanzen in Österreich 1966 09-0856; Einfl. d. Bewässer. auf d. Vorkommen v. Krankh. u. Schädlingen landwirtsch. Nutzpflanzen 12-1172; Biochemie u. Physiol. d. Immunität 09-0862; ernährungsmäß. Wechselbezieh. zw. Pflanzen u. Actinomycetes 07-0174; Bezieh. zw. Nematoden u. Pflanzen 11-0864; Silieren v. Pflanzen mit hohem Eiweißgeh. 10-0373; Ursprung d. Mendelismus 12-0002; Empfindlichk. landwirtsch. Kulturen gegenüber chem. Mutagenzien 10-0680.

Pflanzenanatomie s. Anatomie der Pflanzen.

Pflanzenbau s. auch Ernte (Ernteverfahren); Faserpflanzen; Fruchtfolgen; Futterpflanzenbau; Gartenbau; Gemüsebau; Getreide; Heilpflanzen (und Gewürzpflanzen); Hülsenfrüchte; Knollen- (und Wurzelfrüchte); Konservier.; Lagerung; Obstbau; Ölfrüchte; Pflanzgut; Pflanzverfahren; Saatverfahren; Samen; Sortenwesen; Versuchswesen; Zierpflanzenbau; spezielle Pflanzen (Kulturpflanzen) s. unter dem betreffenden Stichwort.

Lehrbuch d. Acker- u. Pflanzenbaues 11-0402; Karte d. landwirtsch. Bodennutzungssysteme 1960 in d. DBR 08-0443; Einteil. d. landwirtsch. Produktionsfläche Polens in Komplexe nach d. naturwiss. Grundsätzen d. rationellen Nutz. 12-0540; Wichtigk. bes. landwirtschaftl. Maßn. in trop. Kulturen 07-0506; Zücht., Samenanbau u. Anbau landwirtsch. Pflanzen in Australien 11-0444; Zusammenstell. d. Anbauplanes mittels d. Simplexmeth. 12-0539; Intensicier. d. Landwirtsch. unter Berücksichtig. d. pflanzl. Produktion 09-0407; Biol. u. Technologie neuer Industriepflanzen 12-0577; Intensivier. d. Bodennutz. 12-0670; Pflanzenbau auf Sand 09-0406, 12-0572; Anwend. ionisierender Strahlen im Pflanzenbau 09-0436; Verluste d. Pflanzenbaues durch Krankh. u. Schädl. in d. Vereinigten Staaten v. Nordamerika 09-0855; internat. Zusammenarbeit bei d. Standardisier. v. Verfahren z. Ertragsforsch. nach Rekorddaten 12-0541; Verbesser. d. Erträge d. Ackerbaues durch Verwend. ertragsfähigerer Sorten 08-0476; Ertrag landwirtsch. Nutzpflanzen u. Grad d. Bodenkultivier. 12-0538; Heterosis im Pflanzenbau. Bibliograph. Verzeichn. v. 846 Titeln d. einheim. Lit. (1960-66) 12-0988; Heterosis in Pflanzenbau u. Tierzucht. Referateübersicht 12-0989; Heterosisnutz. im Pflanzenbau d. skandinav. Länder 11-0748; Anwend. d. Heterosis 11-0749.

Pflanzenernährung s. auch Blatt (u. Blattanalysen); Bodenchemie (Nährstoffgehalt); Düngung; Ertragsgesetze; Stoffwechsel; Wuchsstoffe; Wurzelsysteme (Wurzelernährung).

Generalversamml. d. internat. Verbandes für Handelsdünger (Sept. 1966 Warschau) 08-0334; aktuelle Fragen - Versuchsresultate v. Kristianstad 10-0251; aktuelle Probleme in d. Agrikulturchemie 08-0333; Mineralstoffernähr. d. Pflanzen 11-0329; d. Leist. d. Pflanzen bei verschied. Beding. d. Mineralernähr. u. Belicht. charakterisierende Größen d. Stoffaustausches 07-0282; biol. Ganzheitsforsch. 08-0332; physiol.-biochem. Grundlagen 09-0301; Qualitätsmerkmale d. Produkte in Abhängigk. v.

natürl. u. ackerbaul. Faktoren 12-0019; Anwend. d. Biochem. in d. Genetik z. Qualitätsverbesser. u. bei d. Pflanzenernähr. (Vererb. d. Aufnahme chem. Elemente bei Mais) 07-0774; (Genmutationen beeinfl. d. Kohlenhydratzusammensetz. im Maisendosperm) 08-0760; künstl. Zellen als Modell z. Stud. v. Ionenwirk. auf Ausbild. v. Membranen 09-0306; Bezieh. zw. Toleranz v. Früchten z. Bodenkapazität u. d. für sie z. niedr. pH (Beschaffenh. v. Fraktion I u. Fraktion II d. aus Wurzeln isolierten Zytoplasmaproteins) 09-0303; (Ursache für d. Nichtauflaufen v. in ungepflügtes Grünland eingesäten Futterpflanzen) 09-0304; Einfl. d. Umwelt auf Entwickl. u. Geschlechtsdifferenzier. v. Wurzelgallennematoden. (Einfl. d. Ernähr. d. Wirtspflanze) 11-0878.

Ernährung

Ernähr. d. Pflanzen bei Hydroponik 11-0371; mineral. Ernähr. v. Mais 12-0602; Versuche mit d. Sauergras Setaria sphacelata 10-0260; Abhängigk. d. Chloroplastenstruktur u. d. Pigmentgeh. v. Nährstoffangebot bei d. Tomatenmutante venosa 09-0035; Ernährungszustand v. Tomatenpflanzen, deren Stengel durch Ammonium verletzt wurden 12-0445; physiol. Aktivität v. Harnstoff, Borsäure u. Karbonsäure 09-0302; Kationenumtauschkapazität v. Wurzelsystemen u. Böden u. Einwirk. auf d. mineral. Ernähr. 12-0425; N-Ernährung d. Pfirsichbaumes. Jahreszeitl. Veränder. d. N-halt. Bestandteile ausgewachsener Bäume 12-0448; (Speicher. u. Mobilisier. d. N in jungen Bäumen) 12-0449; Wirk. d. NP- u. P-Reihendüng. auf Wachstumsverlauf, Mineralstoffernähr. u. Ertrag v. Mais 12-0491; Mechanismus d. P-Zn-Wechselwirk. in d. Maisernähr. 10-0274; Einfl. d. Ernähr. v. Kartoffelpflanzen mit $H_2PO_4^-$ auf d. Blattresistenz gegen Phytophthora infestans 10-0866; Einfl. d. K auf d. P-Stoffwechsel d. Zuckerrübe bei unterschiedl. P-Ernähr. 12-0444; Rolle d. Austauschgleichgewichte bei d. K-Ernähr. v. Kulturpflanzen 10-0347; Wurzelfäule u. Wurzelmikroflora d. Luzerne, beeinflußt durch K-Ernähr., Schnitthäufigk. u. Blattinfektion 12-1200; Ernähr. v. Apfelunterlagen. Wirk. auf Wachstum u. Mineralstoffzus. durch Mg-Gabe über d. Blätter 12-0419; Versorg. d. Pflanzen mit Schwefel 10-0289; Bild. v. freiem Arginin in d. Erdnuß bei S-halt. u. S-freier Ernähr. 12-0455; Einfl. d. Ernähr. auf d. Gesamtgeh. an S u. Sulfat im Reinprotein bei Kartoffeln 10-0291.

Nährstoffe

Spezielle Nährstoffe s. unter dem betreffenden Stichwort; s. auch Bodenchemie - Nährstoffgehalt; unter Pflanzenernährung - Stoffaufnahme; unter Salze.

Optimale Nährstoffverhältnisse für d. Pflanze 07-0299; konstante innere Nährstoffkonzentrationen 12-0442; Einfl. v. Nährstoffen auf d. Salztoleranz v. Feldfrüchten 10-0257; Nährstoffentzüge u. Nährstoffbilanzen bei Ackerkulturen im südhess. Raum 11-0373; Mineralstoffverluste u. Veränder. d. Mineralstoffgeh. bei Heuwerb. 09-0542; Wirk. v. Nähr- u. Wuchsstoffen auf Samenbild. v. Rotklee u. Luzerne 10-0472; Haupt- u.

Wechselwirk. v. Nährstoffen auf d. Wachstum v. bewässerter Luzerne 07-0271; Wirk. v. Nährstoffen auf d. Nematodenaktivität an Azaleen 07-0870; Wechselwirk. zw. N u. P in d. Landwirtsch. (Einfl. auf Pflanzen u. Tiere) 11-0331; Rolle d. Metall-Mikroelemente in d. durch Fermente katalysierten biochem. Prozessen 08-0396; Anwend. d. Spurenelemente in d. Landwirtsch. 07-0328; Spurenstoffe in Ernähr. u. Stoffwechsel d. landwirtsch. Kulturpflanzen Österreichs 07-0329; physiol. Rolle d. B in Pflanzen 09-0346; Ca-Verbind. d. Pflanzen 07-0325; Rolle d. Nährstoffbase Ca im Stoffw. v. Pflanzen 08-0382; Natur, Eigensch. u. Rolle Fe-org. Verbind. d. Bodens in d. Pflanzenernähr. 09-0344; Reduktion v. Mo (VI) in zitronensäurehalt. Medium 08-0398; S in d. landwirtsch. Weltlit. (S in Düngemitteln, Luft u. Wasser) 09-0333; Pflanzennährstoff S 09-0334; W in pflanzl. Organismen 09-0345.

N ä h r s t o f f b e d a r f : Kenntnis d. Bedarfs als Grundl. für d. rationelle Anwend. v. Düngemitteln. Erfahr. d. Landwirtsch. d. DDR 12-0476; "Meth. d. syst. Variationen nach Homès" z. Ermittl. eines optimalen Nährstoffverhältnisses für Düng. d. Pflanzen 07-0300; Mineralstoffbedarf d. Kartoffel in verschied. Entwicklungsphasen 12-0625; Einfl. d. Düng. auf chem. Zusammensetz. u. Höhe d. Nährstoffentzuges bei Erbsen 12-0487; Nährstoffbedarf d. Essigbaums in d. ersten Jahren d. Anbaues 10-0663.

N ä h r s t o f f v e r s o r g u n g : Zusammenhänge zwischen Bodenfeuchtigk. u. Nährstoffversorg. bei d. Ackerpflanzen 12-0441; Entsteh. eines zunehmenden Ertragszuwachses 12-0433; Gesetzmäßigk. d. Pflanzenernähr. während d. Intensivier. d. landwirtsch. Produktion durch Mineraldünger 11-0369; Nährstoffbilanz in d. Fruchtfolge bei verschied. Düngemittelgaben auf mächtigem Tschernosem mit mittlerem Auswaschungsgrad 10-0321; neue Meth. z. automat. Düng. 12-0482; Einfl. d. Nährstoffversorg. auf Eiweißgeh. d. Maises 08-0508; Nährstoffversorg. v. Zuckerrüben auf Torfböden im Überschwemmungsgeb. d. Flusses Trubesh mit K u. Na sowie deren Einfl. auf d. Zuckergeh. 11-0379; Nährstoffversorg. v. Grünspargel 12-0796; N-Blattanalyse als Richtlinie bei d. Nährstoffversorg. d. Apfelbaumes 12-0451.

S t o f f w e c h s e l : Rolle d. transmembran-elektr. Potentials bei Bestimm. d. Absorptionsisotherme für Cl 08-0337; Bezieh. d. Schwellens u. d. Photophosphorylier. z. lichtinduzierten Ionenaufn. durch Chloroplasten in vitro 08-0341; Beschreib. d. Physikochemie d. Systems P-Düngemittel-Boden-Pflanze 07-0119; Wirk. d. Nährstoffaktoren auf d. Reakt. v. Erbsen auf Gibberellsäure 08-0338; Einfl. d. Form d. N-Ernähr. auf d. Stoffwechsel v. Pflanzen (Weg d. ^{14}C in Chlorella vulgaris bei Ernähr. mit Nitrat- oder Ammonium-N) 11-0338.

N ä h r s t o f f m a n g e l : Mangelkrankh. 07-0303; anomale Enzymtätigk. als ein zeitiger Anzeiger v. Nährstoffmangel in Pflanzen 10-0255; Nährstoffmangelsymptome u. entsprechende Gewebezusammensetz. bei Batate

10-0279; schwere Mangelerschein. in Richared-Apfelplantagen auf sand. Alluvialboden 09-0647; Phlorizingeh. v. Apfelsäml. bei Mangel an mineral. Nährstoffen unter Berücksichtig. d. Bodenmüdigkeitsproblems beim Apfel 10-0792; Rückwirk. d. Mangels an Hauptnährstoffen S, Mg, P, K auf d. N-Haush. v. jungen Melonenpflanzen 09-0321; Wachstumsänder. bei Bodenfrüchtigem Klee nach vorausgegangenem P- oder S-Mangel 10-0276; Bedeut. v. Kern- u. Spurennährstoffmangel für Aufgang u. Weiterentwickl. v. Forstpflanzensaaten (Entwickl. im Saatjahr) 09-0714.

N ä h r s t o f f g e h a l t : Bestimm. d. mineral. Bestandteile in Pflanzenstoffen 12-0465; Ionengleichgewicht u. Wachstum v. 16 Pflanzenarten 10-0256; P-Geh. in Pflanzen bei Inokulation mit phosphathalt. Materialien mineralisierenden Mikroorganismen 10-0284; Veränder. d. Masse u. d. NPK-Geh. d. Maisblätter 12-0417; Erntemeth. u. Nährstoffgeh. d. Zukkerrübenblattes 10-0442; chem. Zusammensetz. u. Nährstoffgeh. v. Grünfutter u. Heu angesäter Wiesen u. Weiden 09-0530; Erträge u. Mineralstoffzusammensetz. v. Grasarten, d. auf sauren Grasböden wuchsen 12-0700; Einfl. steigender Salzkonz. d. Bodenlös. auf Wachstum, Ertrag u. Stoffgeh. v. 6 Gräsern 11-0322; Nährstoffgeh. v. Heu aus Heutürmen 12-0711; Einfl. d. phänol. Phase auf d. Geh. an Spurenelementen u. einigen Nährstoffen in d. Luzerne 11-0349; Geh. an Nährstoffen in gesunden u. in v. d. Blattrollkrankh. befallenen Hopfenplantagen 09-0939; Mineralsalze u. Oxalatgehalt in Spinatblättern als Funktion d. Entwicklungsstadiums 12-0420; mineral. Zusammensetz. marktfäh. Tomatenpflanzen im Verhältnis z. Nährstoffangebot 10-0581; Mineralstoffgeh. v. Apfelblättern (Einfl. v. Unterlage, Reis, Ertrag u. Niederschlag) 11-0337.

Nährlösungen (und Nährböden)

Mineralstoffernähr. u. Wasserhaush. v. Pflanzen (Vergl. d. Wirk. v. mineralstofffreiem Wasser u. Nährlös. auf Wasseraufn. u. Transpiration) 10-0253; osmot. Druck u. elektr. Leitfähigk. einiger Salzlös. 07-0298; Bezieh. zw. Vermehrungspotential v. Myzus persicae u. Mineralstoff-Ernähr. d. Wirtspflanze durch Lös. mit Ionen-Gleichgew. 07-0895; teilweiser Ersatz d. K durch Na in Wasserkulturen 07-0320; Richtlinien für d. mineral. Düng. v. Gewächshauskulturen 10-0530; Wachstum u. Ionenaufn. v. Maiskeimpflanzen in Nährlös. unterschiedl. Fließgeschwindigk. u. verschied. K-Geh. 07-0292; vergleich. Wirk. v. NH_4 u. Na, d. z. kalkarmen Nährlös. hinzugefügt wurden, auf d. ^{45}Ca-Verteil. in Bodenfrücht. Klee 07-0322; Zucht v. Boletus edulis auf künstl. Nährboden 12-0817; Selektion v. Sellerie, d. tolerant gegen Schwarzbeinigk. ist, durch Verwend. v. Nährlös. 10-0775; Nährlös. u. Mn-Mengen bei Hydrokultur z. Gurkenanzucht 09-0583; Einfl. v. Zn u. Mn auf Salat u. Tomaten in erdeloser Kultur 11-0613; Wirk. unterschiedl. N:K-Relat. in d. Nährlös. auf Petunien, Chrysanthemen u. Begonien 11-0707; Sterilisation v. Nährböden mit Äthylenoxid für Champignonkultur 12-0807; Kulturchampignons; Nährsubstrate 12-0821.

Stoffaufnahme

Nährstoffaufn., Nährstoffverhältnis u. Nährstoffbilanz im Ackerbau d. Waberner Senke 11-0374; selektive Aufn. v. Mineralelementen durch native Pflanzen 08-0348; Doppelmechanismus d. Ionenabsorption in Abhängigk. v. Transp. über größere Entfern. in Pflanzen 11-0324; Ionenbezieh. v. Boden u. Pflanze 08-0344; Ionenwege v. Boden in d. Wurzel in Übereinstimm. mit Diffusionsmodellen 07-0289; Einfl. v. Mineraldüngern auf Absorptionsfähigk. d. Wurzeln 07-0291; Absorpt. durch d. Blatt. Durchdring. d. Kutikulamembran u. Nährstoffaufn. durch isolierte Blattzellen 08-0345; Einfl. org. Düng. auf Nährstoffaufn. d. Kulturpflanzen u. einige Komponenten d. Bodenfruchtbark. 11-0372; Einfl. v. 2,4-D auf Aufn. u. Nutz. v. Nährstoffen durch Pflanzen verschied. systemat. Gruppen 11-0314; wie d. Veränder. im NPK-Geh. d. Pflanzen d. mineral. Ernähr. unter normalen Verhältnissen widerspiegeln 08-0347; Bezieh. zw. N u. a. Makroelementen in d. Nährstoffaufn. verschied. Kulturpflanzen 08-0346; Einfl. v. Ca auf d. Aufn. v. Halogenionen 12-0432; Mech. d. prim. Salzabsorption durch Pflanzen 07-0288; Aufn. v. ^{90}Sr durch Getreidekulturen 11-0165; Einfl. v. Mikroorganismen auf d. Absorption anorg. Nährstoffe durch lebende Pflanzen (Apparatur u. Kultivierungstechnik) 11-0191; (Aufn. u. Verwert. v. P durch Gerstenpflanzen, d. unter sterilen u. unsterilen Beding. gewachsen sind) 11-0192; Ionenaufn. durch Gerstenwurzeln mit bes. Berücksichtig. d. bei geringer Konz. auftretenden Vorgänge 11-0325; Funktion d. freien Raumes d. Pflanzenwurzeln. Aufsaugefähigk. d. epidermalen u. Kortexzellen d. Gerstenwurzeln 08-0356; Rolle d. CO_2-Fixier. bei d. Akkumulation v. Ionen durch Gerstenwurzeln 09-0307; Aufn. v. Nitrat- u. Ammonium-N durch Maispflanzen bei verschied. pH-Werten d. Mediums 09-0327; Wachstum u. Ionenaufn. v. Maiskeimpflanzen in Nährlös. unterschiedl. Fließgeschwindigk. u. verschied. K-Geh. 07-0202; Analyse vorübergehender Änder. im flüssigen Exsudat aus isolierten Maiswurzeln 08-0349; Einfl. v. K u. $MgSO_4$-Spray auf d. Kartoffelertrag sowie d. Zusammensetz. u. Aufn. d. Nährstoffe 08-0520; Aufn. grundsätzl. Makro- u. Mikronährstoffe durch 3 Sorten d. Zuckerrübe 09-0491; Bezieh. zw. Ionenaufn. u. Eiweißsynth. in Scheiben v. Roten Rüben 07-0021; Ertrag u. Nährstoffaufn. v. Knaulgras in Abhängigk. v. N-, P- u. K-Gaben 10-0502; Aufn. d. Monokieselsäure durch Inkarnatklee 12-0428; Aufn. u. Wiederabgabe v. Mineralstoffen durch Laubblätter d. Sojabohne (Beweis d. gleichzeitigen Aufn. u. Wiederabgabe v. P, K, Ca u. N sowie d. Wirk. d. Köpfens auf d. Abgabe dieser Mineralstoffe durch d. Blätter) 10-0275; Einfl. d. Bodenzustandes u. d. Agrotechnik auf Ertrag d. Buchweizens, chem. Zusammensetz. u. Nährstoffaufn. 12-0485; Aufn. u. Verteil. v. Nährstoffen in Leinpflanzen, d. empfängl. für u. resistent gegen Fusarium-Welke sind 07-0958; Ertragsbild. u. Nährstoffaufn. verschied. Gemüsearten in Abhängigk. v. Jahreszeit u. Nährlös. 12-0739; Ontogenese d. Mineralnährstoffaufn. bei Gewächshaustomate u. -gurke 10-0551; Nährstoffaufn. d. Zuckermelone (Wuchsschäden) 07-0578.

W a s s e r : Mineralstoffernähr. u. Wasserhaush. v. Pflanzen (Vergl. d. Wirk. v. mineralstofffreiem Wasser u. Nährlös. auf Wasseraufn. u. Transpiration) 10-0253; Bestimm. d. Blattwasserpotentials 09-0313; Absorption v. Wasser durch Wurzelhaare 07-0287; Verhalten d. Bodenwassers, dargest. durch Transportkoeffizienten u. Funkt. 10-0151; Wirk. d. äußeren Salzkonz. auf Wasserverhältnisse in Pflanzen (Fehlen eines osmot. Ausgleichs im Wurzelxylem) 09-0310; (Wirk. d. osmot. Differenz zw. äußerem Medium u. Xylem auf Wasserverhältnisse d. intakten Pflanze) 10-0254; Einfl. v. Prolin auf Dürreresistenz v. Weizen 09-0311; Nährstoffversuche mit Tulpen. (jahreszeitl. Änder. in d. Aufn. v. 3 Hauptnährstoffen u. Wasser) 11-0730.

O r g a n i s c h e V e r b i n d u n g e n : Aufn. d. Harnstoffs durch Pflanzen im Vgl. z. Aufn. anderer organ. Verbind. durch Pflanzen 12-0426; steigende Produktion durch Zufuhr v. CO_2 z. d. Wurzeln 08-0369; Einbau verschied. Verbind. in sterile Maiswurzeln 10-0266; Saccharose- u. Glukoseaufn. durch apikale Segmente v. Tomatenwurzeln 10-0265.

S t i c k s t o f f : N-Aufn. v. Pflanzen (Verteil. d. anorg. Hauptformen in d. Nährstoffaufn. verschied. Kulturpflanzen) 08-0350; N-Aufn. (N-Verteil. in d. Nährstoffaufn. verschied. Pflanzen nach älteren dt. Untersuch. u. Diskuss.) 10-0283; Regulier. d. Aktivität d. bei Nitratassimilation durch höhere Pflanzen beteiligten Enzyme 07-0309; Aufn. d. Harnstoffs durch Pflanzen im Vgl. z. Aufn. anderer organ. Verbind. durch Pflanzen 12-0426; Umwandl. v. N-Düngern im Boden u. ihre Verwert. durch d. Pflanze mittels ^{15}N 10-0281; Ausnutzungsgrad v. boden- u. blattappliziertem N u. P, gemessen an d. Knollenproduktion u. Nährstoffaufn. d. Kartoffel 11-0332; Aufn. v. N, P, K, Na, Ca u. Mg durch 3 Zuckerrübensorten 11-0333; N-Aufn. ("Scheinbare N-Verteil." in d. Nährstoffaufn. verschied. Gemüsepflanzen) 10-0282; Wirk. d. atmosphär. Austrock. auf d. nachfolgende N-Aufn. u. d. Exsudat v. dekapitierten Tomaten-Wurzelsystemen 10-0264.

P h o s p h o r : P-Diffusion im Boden u. seine Aufn. durch Pflanzen (Selbstdiffusion in Böden) 10-0285; mikrobiol. Faktoren bei Kurzzeit-P-Aufn.-Untersuch. mit Wurzeln 12-0453; Einfl. v. Nährstoffintensität u. Nährstoffpufferungsvermögen eines Bodens, sowie d. Absorptionsvermögens, d. Größe u. d. Wurzelhaare einer Wurzel auf d. Nährstoffabsorption durch Diffusion 07-0122; P-Einbau durch sterile u. nicht sterile Pflanzenwurzeln 08-0351; P-Diffusion im Boden u. seine Aufn. durch Pflanzen (P-Aufn. durch Weizenpflanzen) 10-0286; Nachweis d. P-Aufn. entlang abgeschnittener u. nicht abgeschnittener Weizenwurzeln unter Verwend. einer automat. Nachweismeth. 12-0429; Einfl. chem. Hemm. d. Nitrifikation auf P-Aufn. durch Weizen 11-0321; Einfl. d. Gamma-Bestrahl. auf d. P-Aufn. durch Mais 12-0430; Ausnutzungsgrad v. boden- u. blattappliziertem N u. P, gemessen an d. Knollenproduktion u. Nährstoffaufn. d. Kartoffel 11-0332; Aufn. v. N, P, K, Na, Ca u. Mg durch 3 Zuckerrübensorten 11-0333;

Aufn. v. ^{32}P durch Wurzeln u. Blätter v. Tomatenpflanzen 09-0309; Wirk.: d. atmosphär. Austrock. auf d. nachfolgende P-Aufn. u. d. Exsudat v. dekapitierten Tomaten-Wurzelsystemen 10-0264; - v. Photoperiode u. Lichtintensität auf d. Aufn. v. ^{32}P durch Chrysanthemum u. Pelargonium 10-0261; - vesikular-arbuskularer Mykorrhizen auf ^{32}P-Aufn. durch Tulpenbaum u. Amberbaum 12-0254.

K a t i o n e n (K, Ca, Mg, Na): Ionenaufn. durch isolierte Mitochondrien aus Kotyledonen v. Bohnen 10-0263; Einfl. v. Nährstoffintensität u. Nährstoffpufferungsvermögen eines Bodens, sowie d. Absorptionsvermögens, d. Größe u. d. Wurzelhaare einer Wurzel auf d. Nährstoffabsorption durch Diffusion 07-0122; Rolle d. Austauschgleichgewichtes bezügl. anfängl. nicht austauschbaren K im Boden bei d. Aufnahmegeschwindigk. durch Pflanzen; Ernähr. d. Pflanzen 10-0292; Einfl. v. Kationen auf d. Aufn. v. Cl 10-0272; Aufn. v. N, P, K, Na, Ca u. Mg durch 3 Zuckerrübensorten 11-0333; Ca- u. Mg-Aufn. durch Gerstenpflanzen 10-0293; Fe- u. Ca-Aufn. in Bezieh. z. Wurzelsaft- u. Stengelexsudat-Zitrat bei Sojabohnen 07-0294.

S p u r e n e l e m e n t e : V. Unionskonf. über d. Anwend. v. Spurenelementen in Landwirtsch. u. Medizin 10-0250; Neutronenaktivierungsprodukte d. Sedan-Projektes in Pflanzen u. Böden 10-0308; Aufn. v. B, Mn, Cu u. Zn durch 3 Zuckerrübensorten 11-0350; Reaktion v. Enzymen in vitro, d. an d. CO_2-Fixier. beteiligt sind u. d. Salzaufn. durch Gerstenwurzeln begleiten 09-0308; Fe- u. Ca-Aufn. in Bezieh. zu Wurzelsaft- u. Stengelexsudat-Zitrat bei Sojabohnen 07-0294; Aufn. u. Abgabe v. Na^+, RB^+ u. Cs^+ in Bezieh. zu einem aktiven Ausscheidungsmech. für Na^+ bei Scenedesmus 07-0286; Mo-Aufn. bei 2 pH-Werten unter Einfl. d. Anaerobiosis 10-0300; Wirk. v. Ausbringungstiefe u. wurzelhemmenden Chemikalien auf d. Aufn. v. ^{85}Sr durch Feldfrüchte 10-0307; Reaktion d. Maises auf Zn in Abhängigk. v. Plazier. u. N-Quelle 10-0332; Spezifität d. Zn-Aufn. durch Chlorella 08-0395.

Stoffausscheidungen

Wurzeldruckexsudation v. apikalen Wurzelabschnitten 10-0262; Entzug v. N, P u. K durch d. Erntesubst. verschied. Pflanzen 09-0323.

Untersuchungsmethodik

Bestimm. d. mineral. Bestandteile in Pflanzenstoffen 12-0465; Bestimm. d. mineral. Elemente in Pflanzen durch Röntgenfluoreszenz (Einfl. d. Stoffmenge) 08-0406; P- u. K-Bestimm. in Pflanzen 08-0402; spektrometr. Meth. z. Bestimm. einiger Mikroelemente in Böden, Pflanzen u. Wässern 08-0404; Bestimm. v. Mikroelementen in Böden u. Pflanzen mit d. Meth. d. akkumulierenden Amalgampolarographie 07-0346; B-Bestimm. in Pflanzenmaterialien mit u. ohne Zusatz v. CaO v. d. Veraschen 10-0311; atomabsorptionsflammenphotometr. Mn-Bestimm. in Pflanzenaschen 08-0405; rationelle Meth. für Erfass. u. Vgl. d. Konz. wasserlösl. Pflanzeninhaltsstoffe unter bes. Berücksichtig. d. Cl u. K 07-0345; Reproduzierbark. v. Evapotranspirationsmess. mit Schwimm-Lysimetern 08-0400; präparative Laboruntersuch. v. Proben 08-0401; Interpretation d. Blattanalysen 07-0343; Einfl. v. Mikroorganismen auf d. Absorption anorg. Nährstoffe durch lebende Pflanzen (Apparatur u. Kultivierungstechnik) 11-0191; anomale Enzymtätigk. als ein zeitiger Anzeiger v. Nährstoffmangel in Pflanzen 10-0255; Faktoren, d. bei d. Absorpt. v. austauschb. K bei Anwend. d. Neubauer-Roggen-Sämlingsmeth. II wirken: unproportionierter Einfl. v. N u. P 08-0403; Erfah. mit Nährstoffanalysen für Grünflächen 12-0944; Pflanzenernähr. bei Anlage u. Pflege städt. Grünflächen 12-0945.

S t i c k s t o f f : Mikroparzellenmeth. z. Untersuch. v. Verlusten an gasförmigem Ammoniak aus zugegebenen N-Verbind. unter Feldbeding. 08-0399; Mikrometh. für d. Bestimm. d. Gesamt- u. d. Eiweiß-N in Pflanzen u. Boden mit Chloramin 10-0310; Gasumformer z. Aufbereit. v. N-Proben für massenspektrometr. Analyse 10-0309; automat. Analyse d. Lös. v. Pflanzenaschen mit d. Auto-Analyzer (automat. Ammoniakbestimm. in Kjedahlaufschlüssen u. automat. Bestimm. v. P, K u. Na in Pflanzenaschen) 09-0347; Untersuch. d. Verfügbark. v. Düngemittel-N unter Verwend. v. ^{15}N 07-0344.

P h o s p h o r : Abhängigk. d. Extraktion v. bewegl. P aus d. Boden v. d. Zeit d. Herstell. d. Aufgusses, d. Temp. u. d. Form d. Gefäße 09-0348; Nachweis d. P-Aufn. entlang abgeschnittener u. nicht abgeschnittener Weizenwurzeln unter Verwend. einer automat. Nachweismeth. 12-0429.

K a t i o n e n (K, Ca, Mg): Radiometr. Bestimm. v. Ca-Fraktionen in Pflanzenmaterial 09-0349; mikroautoradiograph. Untersuch. d. Verteil. v. ^{45}Ca u. ^{35}S in d. intakten Bohnenwurzel 12-0446; Meth. d. Verdräng. v. adsorbiertem Na durch flammenphotometr. Bestimm. 09-0351.

S c h w e f e l : Mikroautoradiograph. Untersuch. d. Verteil. v. ^{45}Ca u. ^{35}S in d. intakten Bohnenwurzel 12-0446.

S p u r e n e l e m e n t e : Anwend. eines biochem. Indikators z. Diagnostizier. v. Mikronährstoffmangel bei Grapefruitbäumen auf d. Felde 11-0364; Nachweis v. Ca- u. Sr-Ablager. im Fruchtstiel d. Erbse mit Röntgenmikrosonde 09-0340.

<u>Pflanzengeographie</u> s. Geographie der Pflanzen.

<u>Pflanzenmorphologie</u> s. Morphologie der Pflanzen.

<u>Pflanzenökologie</u> s. Ökologie der Pflanzen.

<u>Pflanzenphysiologie</u> s. Physiologie der Pflanzen.

<u>Pflanzenschutz</u> s. auch Akarizide; Antibiotika; unter Bodendesinfektion; Fungizide; Herbizide; Insekten; Insektizide; Mikroorganismen; Molluskizide; Nematizide; Nematodes; Phytopathologie; Samen (Saatgutbeizung); Schädlingsbekämpfung, biologische; Vorratsschutz; spezielle Krankheitserreger und Schädlinge s. unter dem betreffenden Stichwort.

Deutsche Pflanzenschutztag. 08-0838; Grundriß 11-0850; Lehrbuch d. Pflanzenschädl. 07-0904; Parasiten, Zwischenwirte u. Überträger. Interamtl. Republiksammelband 09-0922; Entwickl. d. Pflanzenschutzes in Polen 11-0966; Organisat. d. Pflanzenschutzdienstes in d. europäischen Ländern

11-1039; Aufbau d. Beratungsdienstes für d. integrierten Pflanzenschutz 09-1030; chem. Pflanzenschutz 10-0888; ökon. Probleme d. Anwend. d. chem. Pflanzenschutzes in d. Landwirtsch. 10-0886; ökon. Schwellenwerte für Pflanzenschädlinge unter d. Verhältn. d. nördl. DDR-Bez. 12-1146; neue Wege im Pflanzenschutz? 09-0956; Pflanzenschutz beim Übergang z. industriemäß. Organisation u. Leit. d. Feldwirtsch. 09-0957; Verbreit. v. Schädl. u. Krankh. landwirtsch. Kulturen (1965) 09-0920; Schädlings-, Krankh.- u. Unkrautbek. für wachsende Nahrungsmittelproduktion 08-0963; wiss. Grundlagen d. Pflanzenschutzes 12-1232; Gleichgew. d. Natur u. a. Grundbegriffe 09-0859; biochem. Grundlagen 08-0966; Biochemie u. Physiol. d. Immunität bei Pflanzen 09-0862; Anwend. biophysikal. Meth. 12-1231; biol. Meth. 08-0984; Karenzzeiten u. Schlußfolger. für d. prakt. Pflanzenschutz 09-1007; Veränder. in d. Karenzzeitliste 07-1014; Höchstmengen-Verordn. 10-0970; radioaktive Nuklide in d. Chemie d. Pestizide 11-1016; Wirk. phytosanitärer Maßnahmen auf d. Erträge 10-0887; sind Pflanzen gegen Viren wehrlos? 10-0898; für d. Saatenanerkenn. bedeutsame Krankh. u. Schädlinge 08-0924; Anbau u. Pflanzenschutz d. Luzerne 09-0506; Pflanzenschutz im Gemüsebau unter Glas 08-0964.

H y g i e n e : Gesundheitszustand u. Auftreten neuer Viruskrankh. bei höheren Anbaustufen d. Kartoffeln 10-0897; künstl. Infektionsmeth. für Resistenzprüf. gegen Kartoffelfäulen unter Berücksichtig. ihrer Bedeut. im internat. Warenverkehr 10-0892.

S c h ä d l i n g s b e k ä m p f u n g : Schädlinge u. Bek. 08-0962; Schädlingsbek. durch chem., biol., genet. u. phys. Maßnahmen 09-0999; Strahlensterilisation in d. Schädlingsbek. 09-0970; Insekten-Chemosterilantien 11-1018; Bek. v. Krankh. u. Schädl. an Obst mit Flugzeugen u. Bodengeräten im Feinsprühverfahren 09-0993; Bek. v. Krankh. u. Insekten an Äpfeln u. Kirschen mit Boden-Feinsprühgeräten 09-0994; Vorkommen u. Wirksamk. v. Praedatoren in Obstanlagen. 2-jähr. Klopffänge an Apfelbäumen 07-0989; Einfl. v. Spritzfolgen auf d. Fauna v. Apfelanlagen in Nova Scotia (Wirk. milder Schädlingsbekämpfungsmittel auf Schädl. u. ihre Räuber) 09-0992; Bek. d. Apfelwicklers u. Schutz v. Obstgärten 11-0999; Bek. parasitärer Nematoden in d. Rebschule 07-1011; Naled z. Bek. d. Champignonfliege 07-1003; Hamsterbek. im Bez. Halle 12-1277.

P r o g n o s e u n d W a r n d i e n s t : Stand u. Entwicklungstendenzen d. Warndienstes d. Pflanzenschutzes in d. DDR 12-1298; Schädlingsdiagnose u. pflanzenschutzl. Warndienst 09-1029; zeitl. Bezieh. zw. pflanzenphänolog. Daten u. Auftreten v. Schadinsekten 07-1033; Ausbring. v. Mitteln gegen Pflanzenkrankh. nach Warndienstmeth. 08-1023; mathemat.-statist. Lös. d. Problems d. Prognose v. Epidemien mit Hilfe meteorol. Parameter, dargestellt am Beispiel d. Kartoffelkrautfäule 09-0119; Prognose d. Zuckerrüben-Großschädlinge in Ungarn 12-1297; Leimringe bei d. Abundanz-Bestimm. v. Frostspannern (Frostspanner-Prognose) 10-0814; Prognose z. Massenwechsel d. Maikäfers 08-1024.

P f l a n z e n s c h u t z m i t t e l : Verordn. über Pflanzenschutz-, Schädlingsbekämpfungs- u. Vorratsschutzmittel in oder auf Lebensmitteln pflanzl. Herkunft v. 30. Nov. 1966 09-1031; Verordn. über Pflanzenschutz-, Schädlingsbek.- u. Vorratsschutzmittel in od. auf Lebensmitteln pflanzl. Herkunft (Höchstmengen-VO-Pflanzenschutz) 12-1299; Anwend. v. Pflanzenschutz- u. Schädlingsbekämpfungsmitteln 09-0955; Schädlingsbekämpfungsmittel, Herstell., Eigensch. u. Anwend. 10-0951; techn. Fortschritt in d. chem. Pflanzenschutzmittelind. 10-0950; techn.-chem. Fragen d. Produktion 09-1002; Beeinfl. v. ernährungsphysiol. bedeutsamen Inhaltsstoffen u. Pflanzenenzymen durch Pestizide 11-1021; Ausbring. v. Mitteln gegen Pflanzenkrankh. nach Warndienstmeth. 08-1023; Kombination v. Pestiziden (außer Herbiziden) mit Düngemitteln (T.2-4) 11-1023; aromatische Derivate d. Chormethylsulfon für d. Synthese v. Pestiziden 11-1020; Dithiokarbamat-Fungizide z. Bek. v. Krankh. wachsender Pflanzen 08-1010; amtliche FDA Toleranzen 11-1014; Wirksamk. v. Pflanzenschutzmittel-Wirkstoffen 11-1019; Wirk. 09-1006; durch Pestizide bei Gerste induzierte morphol. u. somat. Chromosomenaberrationen 07-0763; Anwend. v. systemisch wirkenden Granulaten im Pflanzenschutz in Kartoffeln 08-1014; Einfl. d. Schädlingsbekämpfungsmittel auf d. Biozönose d. Obstgärten 09-1005; Berost. durch Pflanzenschutzmittel an Äpfeln d. Sorte 'Golden Delicious' 09-0978; Phytotoxizität an Schwarzen Johannisbeeren bei Behandl. mit schwefelhalt. Mitteln 11-1024; Rebschutzmittel-Verzeichnis 11-1022; Vermehr. v. Milben als Folge d. Verwend. v. Pflanzenschutzmitteln u. biochem. Veränder., d. diese auf d. Pflanze ausüben 10-0812; chem. Pflanzenschutzmittel geg. Viruskrankh. 12-1285; Standardisier. v. Bacillus-thuringiensis-Präparaten 11-0977; Chemosterilantien bei Insekten 12-1286; Giftigk. u. Annahme einiger Schädlingsbekämpfungsmittel, an parasit. Hymenoptera u. räuberische Coccinellidae verfüttert 08-1016; Rattenbekämpfungsmittel (Auszug aus d. Pflanzenschutzmittel-Verzeichnis) 09-1025.

Rückstände: Pflanzenschutzmittel-Rückstände 11-1012; Rückstandsforsch. im Pflanzenschutz 09-1003; chromatograph. Techn. z. Bestimm. v. Pestizid-Rückständen 10-0901; Faktoren, d. d. Anfangsspritzablager. u. d. Abbau v. Pestizid-Rückständen beeinflussen 11-1013; Bodenverunreinig. u. ihr Einfl. auf d. Pflanzenqualität 11-1011.

Untersuchsmethodik

Trägheitsfallen für mikrobiol. Untersuch. d. Atmosphäre 09-0249; UV-Bestimm. v. Pival u. seines Na-Salzes in Nagetiergiften 07-0982.

P f l a n z e n s c h u t z m i t t e l : Säulen- u. Dünnschichtchromatographie z. Bestimm. v. Pestizid-Rückständen 11-0973; Blattscheiben-Techn. für Akarizid-Teste 10-0903; Verwend. v. Tracer-Meth., bes. d. Autoradiographie, z. Untersuch. v. Bezieh. d. Herbizide z. Bodenbiol. 07-1049.

Fungizide: Prüf. v. Systemfungiziden (Sandröhrcnenmeth.) 07-0979; Nebenwirk.

verschied. Fungizide in einem Dauerversuch 12-1289; Vgl. eines getrockneten Rohfiltrats, d. d. Antibiotikum P-9 enthält, mit einer Nickel-Zineb-Misch. u. Dichlortetrafluorazeton z. Bek. d. Getreiderostes 07-0994; Saatgutbeizmittel für Wi-Weizen 07-0995; Prüf. einiger Präparate für d. gleichzeit. Bek. v. Oidium u. Mehltau bei d. Weinrebe 11-0991.

Insektizide: Meth., um Insektizide aus d. Boden auszuziehen 09-0966; chem. Mikrometh. z. Aufklär. d. Ab- u. Umbaus v. system. P-Estern 07-0981; kolorimetr. Meth. z. Bestimm. geringer Dipterex-Konz. 07-0980; Bewert. d. Lindanstaubes als Schutzmittel für Lagergetreide; Wirksamk. u. Rückstände d. verschied. Mischmeth. 08-1022; Testversuche im Gewächshaus u. in Freilandkäfigen mit system. Insektiziden z. Bek. v. Lygus lineolaris an Baumwolle 12-1274.

V i r e n : Virus "ratoon stunting"-Krankh., Prüftechn. u. partielle Reinig. 09-0915; Einfl. d. Antikörpervirus-Konz. auf d. Ergebnisse serol. Reakt. 09-0962; Immunodiffusion in Gelen z. Isolier. pflanzenpathogener Viren aus ihren Gemischen 09-0961; kontinuierl. Immunisier. v. Kaninchen - wirksame Herstellungsmeth. v. Antiseren z. Diagnose d. Pflanzenviren 11-0972; serol. Nachweis pflanzenpathogener Viren mit d. Bentonit-Flokkungstest, d. Latex-Test u. d. Bariumsulfat-Test 10-0895; Nachweis d. Kartoffelviren X,M u. S in ruhenden Kartoffelknollen durch d. Bentonitflockungstest 12-1240; Virustest. bei Obst- u. Ziergehölzen in d. DDR 12-1279; Virustest. bei Obstgehölzen, Aufgaben u. finanzielle Belast. 07-1008; serolog. Nachweis d. nekrot. Ringfleckenvirus d. Sauerkirsche bei Steinobst 07-0984, 08-0971; Methodik d. experimentellen Virusinfektion v. Reben 07-0934.

B a k t e r i e n : Vergl. v. Meth. z. Bestimm. v. Pseudomonas solanacearum in künstl. infizierten Böden 12-1234; v. Schaf gebildete Antikörper z. Nachweis v. pflanzenpathogenen Bakterien 12-1233.

P i l z e : Vgl. d. Analysenmeth. für Feldkollektionen v. Puccinia recondita f. sp. tritici 07-0977; Gewächshaustest für d. Untersuch d. Fusarium-Welke an Baumwolle 12-1236.

T i e r i s c h e S c h ä d l i n g e : Verwend. v. Gelbschalen zu Blattlausfängen 10-0899; quantitative Untersuch. an Schadinsekten 10-0905; neue Fang- u. Registrierverfahren z. Erforsch. d. Migrationserschein. virusübertragender Insekten 12-1238; Methodik quantitativer Untersuch. d. Insekten in Lagerräumen 10-0909; Methodik quantitativer entomol. Untersuch.: auf Feldern 10-0907; - auf Wiesengrünlandflächen 10-0906; - in Obstgärten 11-0974; Meth. z. Gewinn. v. Nematoden aus d. Boden 12-1237; Feststell. d. Kartoffelnematoden im Boden 11-0969; Lebenduntersuch. auf Kartoffelnematoden in Einweggefäßen 10-0893; Gewinn. v. Heterodera-Zysten aus großen Bodenmengen 11-0970; einfaches Verfahren z. Gewinn. v. Heterodera-Larven 12-1243.

Pflanzensoziologie s. Soziologie der Pflanzen.

10-0426; Erzeug., Mechanisier., Anbau u. Lager. v. Kartoffeln in d. DDR 12-0637; Kartoffelpflanzguterzeug. u. -gesund. 10-0427; Anwend. einer Feldbonitier. bei Erzeug. v. Pflanzkartoffeln 11-0501; Pflanzgutgröße u. Pflanzweite z. Pflanz- u. Speisekartoffelerzeug. 07-0461; Einfl. unterschiedl. Aussaatzeiten u. Saatmengen auf Wert u. Vermehrungskoeffizienten d. Rübensteoklinge 08-0533.

S o n s t i g e K u l t u r e n : Vegetative Vermehr. v. Ackergänsedistel u. Kratzdistel 07-1052.

G e m ü s e : Verwend. verschied. Torfe z. Anzucht nichtpikierter Gemüsepflanzen mit Wurzelballen 08-0621; mineral. Zusammensetz. d. Substrats für Torftöpfe 09-0566; Eign. v. Hg-Dampf-Hochdrucklampen für Zusatzbeleucht. v. Gemüsejungpflanzen 08-0615; Anzucht v. Tomaten- u. Kohljungpflanzen unter Polyäthylenfolie 12-0744; schnelle vegetative Vermehr. v. Chicorée durch Schößl., Wurzel- u. Blattsteckl. 07-0597; virusfreier Rhabarber könnte Kulturproblem lösen 10-0591; vegetative Vermehr. v. Melonen u. Wassermelonen 09-0587; Anzuchtmeth. bei Freilandgurken 12-0760; Abhängigk. d. Tomatenerträge v. d. Qualität d. Jungpflanzen 09-0599; Tomatenpflanzen für 1 Acre v. einigen Quadratfuß 11-0643; Einfl. d. Anzuchtbeding. auf Frühzeitigk. u. Ertragsfähigk. v. Hybridtomaten 09-0604.

O b s t : Arb. d. Inst. für Obstbau d. TH München in Weihenstephan 07-0615; Baumschulerzeugnisse, Baumschulanerkenn., Obstunterlagen 10-0609, 10-0610; Unterlagenvermehr. durch verholzte Steckl.: Bericht für Baumschuler 12-0833; Erzeug. virusfreien Obstpflanzgutes [Testen u. Vermehren] 08-0663; Wirk. v. $ZnSO_4$ bei d. Anzucht v. Apfelunterlagen 12-0872; Verhalten einiger Apfelstammbildner in d. Baumschulanzucht 10-0616; Bewurzel. v. Grünsteckl. d. Sorte 'Williams' 07-0646; generative u. vegetative Vermehrbark. v. Sauerkirschsorten 11-0689; Selektion neuer vegetativer u. generativ vermehrter P. mahaleb- u. P. avium-Unterlagen für 'Schattenmorelle' 11-0688; Vermehr. v. Kirsche u. Pflaume durch Steckl. u. Wurzelschößl. 09-0652; Viruswirk. auf Veredl. u. Wachstum v. Pfirsichreisern auf Prunus-besseyi u. P.-tomentosa-Unterlagen 10-0626; Beding. d. Bewurzel. v. Pfirsichsteckl. bei Sprühnebelvermehr. 11-0691; Organisation d. Erdbeervermehr. 10-0631; Baumschulerzeugnisse, Baumschulanerkenn., Erdbeerpflanzgut 10-0632; Verwend. v. Gibberellin bei Vermehr. v. Schwarzen Johannisbeeren durch Steckholz, Steckl. u. Abrisse 12-0910; Vermehr. d. 'highbush'-Heidelbeere durch Steckl. 07-0661; vegetative Vermehr. d. amer. Kulturheidelbeere 11-0698; Situation d. Rebenveredl. 12-0920; dt. Rebenveredlungswesen in d. EWG 12-0937; Anbau u. Vermehr. v. Weinreben, hohe u. qualitative Erträge u. Lebensdauer d. Rebanlagen 12-0938; Meth. d. Veredl. d. Rebe mit nicht verholzten Reisern 12-0935; Paraffinieren d. Pfropfrebe, Maßnahmen z. Verminder. d. Ausfallrisikos 12-0917; Stratifikation v. Rebveredl. ohne feuchtigkeitshaltendes Material in Kammern aus Polyäthylenfolie 12-0918; Anzucht v. Pfropfreben ohne Stratifizier. 08-0690.

Z i e r p f l a n z e n : Pfropf. v. Gartenpflanzen mit nicht verholzten Reisern (histol. Beobacht. über Verwachsungsprozeß bei Pfropf. mit nicht verholzten Reisern u. einjähr. verholzten Reisern) 12-0970; Vermehr. unter Nährstoffnebel 09-0710; Zusatzbeleucht. z. Stecklingsbewurzel. unter Sprühnebel im Winter 11-0708; Einführ. d. Sprühverfahrens im VEG Saatzucht-Baumschulen Dresden 12-0971; Alginate in d. Baumschule 09-0711; Anzucht winterharter Stauden in Engl. 08-0712; neuer Torfanzuchttopf unter d. Lupe 10-0524; pH-Wert im Aussaat- u. Stecklingssubstrat 12-0965; vegetative Vermehr. v. Rosen in Kirgisien 12-0979; Klon- oder Sämlingspflanzen z. Gerberakultur 09-0676; Fairfields virusfreie Nelken bringen früheren Flor 07-0690; Anzucht v. Cyclamen 09-0694; Meristemkultur bei Orchideen 09-0679; Bewurzel. v. Azaleensteckl. 08-0700; Vermehr. v. pont. Azaleen durch Steckl. 07-0684; Ganzjahreskultur v. Elatior-Begonien 10-0659; Bild. v. Blattknospen bei Blattstecklingen v. Begonia rex 10-0653; Euphorbia fulgens 10-0657; Stecklingsvermehr. v. Magnolien 12-0972; Vermehr. d. Clematis durch Veredl. oder Steckl. 12-0973; Sukkulenten. Anzucht u. Kultur sukkulenter Pflanzen mit Ausnahme d. Kakteen 07-0683; Wechselbezieh. zw. Größe u. Ursprung d. Steckl. u. d. Adventivtriebentwickl. v. Sansevieria trifasciata 12-0961; Vermehr. v. Ficus elastica 'Decora' 10-0654; Wirk. d. Hormonanwend. auf Wurzelbild. v. Steckl. bei Gummibaum 'Dekora' 07-0703.

Pflanzgutuntersuchung

Kartoffelbeschädigungsgerät 09-0788.

Pflanzgutvorbehandlung

Pflanzgutvorbehandl. im VEG Saatzucht Gransebieth 08-0523; Saat- u. Pflanzgutbeize u. -behandl. im Zierpflanzenbau 10-0933; Vorkeimen v. Pflanzkartoffeln 09-0458; Treiben v. Frühkartoffeln unter Folie 08-0516; Plastabdeck. u. Bewässer. v. Frühkartoffeln 08-0525.

M i t p h y s i k a l. M i t t e l n : Bewert. d. Gamma-Bestrahl. d. Kartoffelpflanzguts v. d. Aussaat 08-0451; Behandl. d. Knollen mit Röntgenstrahlen als Sanierungsmeth. für Kartoffeln 11-1001.

M i t c h e m. M i t t e l n : Einfl.: v. Monoglykoläther u. seiner Derivate auf d. Keimen v. Kartoffelknollen 07-0399; - d. Thioharnstoffs mit anschließender Jarowisation auf Kartoffelernte 09-0463; Beiz. v. Gladiolenpflanzgut z. Bek. d. Trockenfäule (Stromatinia gladioli) u. a. pflanzgutübertragbarer Krankh. 07-1013.

Lagerung

Überwinter. v. Buschrosenpflanzgut 11-0732.

Pflanzverfahren s. auch Saatverfahren.

Pflanzen v. Paprika mit oder ohne Ballen 07-0580; Einfl. v. Unterkulturen auf d. Wasserhaush. d. Bodens in einem jungen Obstbaumbestand bei dichter Pflanz. d. Bäume 09-0646; Bandpflanz. v. Zwergobstbäumen 12-0834.

P f l a n z w e i t e : Dichtpflanzen auch in Schalkwijk 10-0617; Techn. u. Standraumbemess. am Beisp. d. Kartoffel 09-0464; Pflanzgutgröße u.

Pflanzweite z. Pflanz- u. Speisekartoffelerzeug. 07-0461; Wirk. v. Reihenentfern. u. Pflanzenzahl auf Ertrag u. Knollengröße v. Kartoffeln 12-0624; Pflanzabstand-Versuche mit 'Waltham Cross' u. 'Alphonse Lavallée' 07-0671; Einfl. v. Standweite, Pflanzenknollengröße, Dammkultur u. Mulchen auf Entwickl. u. Ertrag v. Cocoyam 09-0522; Reihenabstand u. Pflanzenhöhe bei Gurken im Gewächshaus 10-0556; Auswirk. d. Bewässer. auf d. Zunahme d. Erbsenerträge bei unterschiedl. Pflanzenabständen 10-0569; eng gepflanzte Tomaten in d. Praxis 08-0645; Bestimm. d. Pflanzdichte bei Tomaten 12-0775; Standweite v. Tomaten unter Folie u. im Freiland 11-0653; N u. Abstand v. Tomaten in Bezieh. z. Frühzeitigk., Ertrag, Marktqualität u. Konz. v. N, P u. K im Stengel 12-0776; höhere Pflanzdichten in Apfelanlagen 12-0864; Reihenabstand bei Bandbepflanz. v. Apfelbäumen 12-0865; Pflanzsysteme u. Abstände bei d. Erdbeere 10-0629; amerikan. Nelken (Veränder. d. Kulturmeth.) 09-0675.

P f l a n z t e r m i n e : Einfl. d. Pflanztermins auf Ertrag u. Qualität d. Kartoffeln 09-0469; Auspflanz. d. Tabaksorte 'Charmanli 163' im Nordosten Bulgariens 11-0534; Pflanztermine u. d. Wahrscheinlichk. v. Frühjahrs- u. Herbstfrösten in Bezieh. z. Tabakanbau im Westen v. North Carolina 12-0669; Meth. d. Tomatenanbaus in Gewächshäusern 11-0648; Pflanzstadium u. Aussaatdaten bei Tomaten 11-0646; Einfl. d. Pflanztermins auf Ertragshöhe u. Gelderlös bei Treibtomaten 08-0644; Einfl. v. Sorte u. Pflanztermin auf Wirtschaftlichk. d. Paprikaanbaues im Gewächshaus 12-0768; Einfl. d. Pflanzverbandes u. d. Pflanzzeit auf Ertrag d. Erdbeere 'Senga Sengana' 07-0660; Pflanzzeitenversuch zu Edelnelken 12-0954; Versuche mit Legeterminen bei Tulpen (1960-65) 09-0706.

Pflaume s. Prunus domestica.

Pflaumenmade s. Laspeyresia funebrana.

Pflaumenrotfleckigkeit s. Polystigma rubrum.

Pflaumenrüßler s. Conotrachelus nenuphar.

Pflaumenwickler s. Laspeyresia funebrana.

Pflückbohne s. Phaseolus vulgaris.

Pflücksalat s. Lactuca sativa var. crispa.

Pflügen s. unter Bodenbearbeitung.

Pfropfung s. auch Chimären; Hybridisation, vegetative; Veredelungsmethoden. Pflanzenpfropf. vegetativer Hybridisation 10-0678; Einfl. auf Blütenbild. u. Abwerfen v. Blüten u. Früchten bei 'Russet-Burbank'-Kartoffeln 11-0797; Verwend. v. Sproß-Wurzel-Pfropf. z. Untersuch. über d. Ort d. o-Hydroxyzimtsäure-Synthese v. Bokharaklee 09-0060; spez. Einfl. d. Unterlage auf d. Reis 08-0725; physiol. Untersuch. gepfropfter Melonen- u. Kürbispflanzen (Untersuch. einiger Erschein. d. Unvereinbark. d. Wachstums) 11-0038; (P-Geh., Aufn. u. Fortbeweg. v. ^{32}P) 11-0039; durch Pfropfen ausgelöste phänotyp. Veränder. bei Tomatenmutanten 10-0771.

pH-Wert, Montmorillonit: Wirk.d. pH auf dessen Adsorption einer Bodenhuminverbind. 10-0125; Mo-Aufn. bei 2 pH-Werten unter Einfl. d.

Schnittbohne, Speisebohne, Stangenbohne, Wachsbohne), Produktion in Nebraska 11-0488; Gewächshausbohne 11-0636; Anbaubeding. z. Konservier. 08-0633; Ertragssteiger. bei Buschbohnen 10-0564; Windschutz bei Buschbohnen 11-0638; Mikroklima, Luftaustausch u. physiol. Regulation d. Transpiration unter d. Einfl. eines Windschutzes auf bewässertem Feld 07-0098; symbiot. N-Bind. (Vergl. d. Bindungsaktivität verschied. Rhizobiumstämme) 12-0273; Einfl. v. Hypokotyl u. Vit. B_{12} auf N-Bind. isolierter Wurzeln 08-0237; ökol. Bedeut. v. Anthozyanen in Samenschalen 10-0095; Toxinbild. bei d. Fettfleckenkrankh. 10-0869.

P h y s i o l o g i e : Physiol. Ursachen v. Ertragsdifferenzen (Änder. d. Tr.-Subst.-Verteil. in oberird. Organen) 09-0034; Transpiration u. Wachstum unter Einfl. v. Windgeschwindigk. 08-0360; Wachstum v. Pflanzen, verursacht durch wurzelaufgenommene Wuchsstoffe u. atmosphär. CO_2 07-0045; Wachstum d. Hülsen, ein wichtiger Faktor für d. Grünpflücke 10-0565; Wirk. d. Entfern. d. Kotyledonen, d. apikalen Wachstumsregion oder dreigeteilter Blätter auf Wachstum u. Wuchsstoffgeh. 07-0033; Rolle d. Auxins bei UV-bedingter Ausdehn. etioliert. Blattstücke 08-0080; Wirk. v. Dezenylbernsteinsäure auf Permeabilität u. Wachstum v. Wurzeln 07-0013; Naphthylessigsäure: Lokalisier. in d. Trennungszone 07-0051; Bewurzel. d. Blätter unter Einfl. v. Beta-Indolylessigsäure u. mineral. N-Verbind. 09-0077; Stimulier. d. Blattstielabtrenn. durch Zucker u. Gibberellsäure 07-0049; morphol. Änder. u. Wasserverlust mit Gibberellin behandelter Bohnen 07-0053; Einfl.: v. Wassermangel auf d. Beweg. v. ^{14}C-Saccharose u. v. ^{3}H-Wasser innerhalb d. Applikationsblattes v. jungen Pflanzen 11-0063; - unterschiedl. Wurzeltemp. auf Tr.-Subst.- u. Kohlenhydrat-Veränder. in bewurzelten Blättern 12-0047; - v. Temp. auf quantitative Unterschiede v. Ausscheid. aus keim. Samen 08-0052; Keim. (Stimulier. d. Achsenwachstums durch DL-Fluorphenylalanine) 10-0071; Samenkeim. 12-0743.

C h e m i e : Mineral. Zusammensetz. 10-0277; Biosynthese d. Stachyose 10-0077; Fraktionen u. Aminosäurezusammensetz. v. Bohneneiweiß bei verschied. Aussaatterminen 08-0102; Bestimm. v. Peroxydase-Isozymen in d. Blättern durch präparative Scheibenelektrophorese 09-0099; Veränder. d. endogenen Gibberellins während d. Entwickl. v. Samen (Vorhandensein neutraler u. saurer Subst.) 07-0081; (durch GS_1 hervorgerufene Änder. in sauren u. neutralen Fraktionen) 08-0107.

S o r t e n , S a a t g u t : Haupt- u. Kontrollprüf. 1965 10-0414; Sortenversuch (1962-64) 10-0567; Prüf. grüner Sorten 10-0566; neue Sorten unter Glas 11-0639; technol. Eign. einiger ausländ. Sorten für d. industrielle Verarbeit. 08-0636; tabellar. Zusammenstell. einiger wichtiger Merkmale für Konservenbohnen 08-0637; Wachstum d. Hülsen, wichtiger Faktor für d. Grünpflücke 10-0565; Bestimm. d. Reinheit u. Gesundheit d. Samens 12-0754; Keimfähigk. 07-0400; Wirk. d. Saatgutalters auf Keim. u. Ertrag 09-0454; Wirk. d. Lagerungsbeding. auf Lebensfähigk. v. Samen

10-0364; anomale Keimpflanzen u. Bestimm. v. Keimlingsschädig. 07-0397; Fraktionen u. Aminosäurezusammensetz. v. Bohneneiweiß bei verschied. Aussaatterminen 08-0102.

E r n ä h r u n g , D ü n g u n g : Ionenaufn. durch isolierte Mitochondrien aus Kotyledonen 10-0263; Transpiration u. Wachstum unter Einfl. v. Windgeschwindigk. 08-0360; Ca-Aufstieg in unversehrten u. abgeschnittenen Pflanzen 08-0379; mikroautoradiograph. Untersuch. d. Verteil. v. ^{45}Ca u. ^{35}S in d. intakten Wurzel 12-0446; Wirk. v. Co auf Hülsenfrüchte 12-0460; Aufn. u. Verteil. v. blattappliziertem ^{134}Cs durch Pflanzen 07-0341; Einfl.: v. Mg-Mangel auf d. N-Metabolismus d. Blätter 08-0380; - v. B-Düngemitteln, d. tox. auf Bohnen wirken, im vulkan. Tokachi-Oberland auf Hokkaido 10-0303; - d. Düng. auf Flächenertrag, Qualität u. Verluste bei d. Lager. 11-0637; N-Düng. 07-0582; N-Düngungsversuch (Alnarp 1963-65) 09-0593.

U n k r a u t b e k ä m p f u n g : Herbizide für d. Unkrautbek. 10-0988; Wirk. d. Wassermangels auf Absorpt. u. Transport v. Picloram u. 2,4,5-T 11-1048.

P h y t o p a t h o l o g i e : Parathionaufn., -verteil. u. -umwandl. z. Paraoxon in Pflanzen 09-1021; Aktivier. d. Ektodesmata nach d. Infektion 07-0865; Identifizier. d. gewöhnl. Mosaiks in d. Ukraine 09-0918; Krankh., d. durch d. Virus d. Stauchekrankh. d. Bodenfrücht. Klees verursacht wird 09-0907; Quellen d. Toleranz u. d. Verhaltens gegenüber verschied. Rassen u. Stämmen v. Fettfleckenkrankheitsbakterien 12-1190; durch Ramularia phaseoli verursachte Blattfleckenkrankh. 11-0946; Zunahme d. Zytokinin-Aktivität bei rostinfizierten Blättern 11-0941; Läsionsentwickl., Pilzwachstum u. Verteil. v. Endopolygalakturonase u. Zellulase in Rhizoctonia-infizierten Hypokotylgeweben 12-1191; Atmungsverteil. in Rhizoctonia-infizierten Hypokotylen in Bezieh. z. Läsionsentwickl. 12-1192; Aktivitätsänder. einiger Oxydasen in Extrakten v. Rhizoctonia-infizierten Hypokotylen in Bezieh. z. Entwickl. d. Läsionen 12-1193; Anwend. v. Fenthiuram u. Fenthiuram-Molybdat geg. d. Bohnenfliege 12-1271.

E r n t e , V e r w e r t u n g : Wachstum d. Hülsen, ein wichtiger Faktor für d. Grünpflücke 10-0565; Wirk. d. Feldapplikat. v. 2,4-D u. Fe-Gaben auf Ertrag 11-0443; industrielle Verarb. 09-0594; weiße Bohnen aus USA für dt. Verarbeitungsind. 09-0565.

Z ü c h t u n g : Diallele Analyse v. 7 wirtsch. wichtigen Merkmalen 12-1035; Proteinmerkmale bei Arthybriden d. Gatt. durch serolog. Meth. 07-0789.

<u>Phenole (und Derivate)</u>, chemotaxonom. phenol. Bestandteile v. Pflanzen 10-0008; Interaktionen zw. Phenolsäuren, Metallionen sowie Chelatstoffen u. d. auxininduzierten Wachstum 10-0070; Einfl. d. Pflanzenknollenalters u. d. Kulturbeding. auf phenol. Bestandteile bei Kartoffeln 12-0114; Geh. an Polyphenolverbind. in einigen Obstbaumarten in Bezieh. z. ihrer Frosthärte 12-0036; z. Resistenzproblem: Wechselwirk. v. IES u. phenolart.

Medien 09-0233; Meth. z. Bestimm. v. bewegl. P in nicht karbonat. Schwarzerden 07-0229; Bestimm.: v. bewegl. P in Rasenkarbonatböden durch d. Meth. v. Mačigin u. Kirsanov 11-0242; - in bewässerten Böden 09-0232.

G e h a l t i m B o d e n : Bedeut. d. Verhältnisses C/org. P bei d. Mineralisier. d. org. Boden-P 12-0266; Bezieh. zw. Intensitätsspiegel u. Menge d. Boden-P u. seiner Verfügbark. 08-0141; Bezieh. zw. Geh. an Gesamt- u. -zitronensäurelösl. P in alluvialen u. Lateritböden 08-0144; Verfügbark. u. Fraktionier. v. Rückstands-P in Böden mit hohem Al- u. Fe-Geh. 07-0118; effektive Bodenvol. um Pflanzenwurzeln, bestimmt durch P-Diffusion 09-0150; biol. Umwandl. v. P während d. Inkubation eines mit lösl. anorg. P u. frischen sowie gerotteten org. Subst. versorgten Bodens 08-0239; Einfl. d. Kalk. auf d. Beweglichk. d. Nährstoffe im Boden u. d. Veränder. d. natürl. P-Geh. 10-0339; P-Nachliefer. eines Wiesenbodens unter Berücksichtigung d. übrigen Nährstoffe 11-0159; in Böden d. Tambower Geb. 12-0168; P-Fixier. u. -freisetz. sowie P-Formen in österreich. Salz- u. Steppenböden 10-0115; chem. Zusammensetz. u. Beweglichk. v. P in Böden Armeniens unter Verwend. v. ^{32}P 09-0130; Einfl. natürl. Drän. auf Verteil. u. Formen in einigen Prärieböden 09-0129; org. P in kalkhalt. Böden v. Colorado 12-0158; P-Haushalt nigerian. Böden 10-0116; Boden-P u. seine Rolle bei Form. v. Segmenten in austral. Flora u. Vegetation mit bes. Berücksichtig. d. Xeromorphie u. Sklerophyllie 11-0134; Bodenfaktoren, d. d. Aufn. v. P durch Pflanzen beeinflussen 12-0157; P-Diffusion im Boden u. seine Aufn. durch Pflanzen (Selbstdiffusion in Böden) 10-0285; (P-Aufn. durch Weizenpflanzen) 10-0286; Rolle d. anorg. Phosphate im Boden bei P-Zufuhr z. Weizenpflanze 07-0311; Geh. im Boden d. "ewigen Roggenbaues" 08-0155; Wirk. v. P-Gaben auf Küstenbermudagras in Abhängigk. v. P-Geh. d. Bodens 08-0415; Kapazität d. P-Angebots v. Sumpfreisböden 07-0354; P-Versorg. d. Böden im intensiven Gemüsebau 07-0237; Einfl. v. Boden-P-Geh. auf P-Fraktionen in Tomatenblättern 10-0288; P-Geh. in d. vegetativen u. reproduktiven Organen d. Apfels in Abhängigk. v. Geh. d. Bodens in d. Obstanlage 08-0676.

S o r p t i o n i m B o d e n : Absorption v. Phosphaten bei verschied. Bodenfeuchtigk. 12-0201; Oberflächenaktivität v. anorg. Boden-P 08-0142; Gleichgew. zw. Böden u. Lös. bestimmter P-Verbind. 12-0156; P-Fixier. u. -freisetz. sowie P-Formen in österreich. Salz- u. Steppenböden 10-0115; Herabsetzen d. hohen P-Fixier. hawaiischer Latosols 07-0132; Bestimm. d. P-Adsorption durch Bodenbestandteile einschl. Korrektur für d. Anionenabgabe 08-0168; Pyrophosphat im Boden; physikochem. Aspekte 09-0151; Aspekte zu d. Bezieh. Bodenphosphat 08-0167; Wirk. einer 30jähr. Mineral- u. Stallmistdüng. auf d. P-Bindungszustand eines Filderlehmbodens 07-0121.

V e r f ü g b a r k e i t : Bezieh. zw. Intensitätsspiegel u. Menge d. Boden-P u. seiner Verfügbark. 08-0141; photometr. A.O.A.C.-Phosphomolybdovanadatmeth. z. Bestimm. d. direkt verfügbaren P 09-0403; Wechselwirk. zw. N u. P in d. Landwirtsch. (Wechselwirkungstypen) 11-0330; Pflanzenverfügbark. u. Form. v. Rückstands-P in Davidson-Tonlehm 07-0133; Verfügbark. u. Fraktionier. v. Rückstands-P in Böden mit hohem Al- u. Fe-Geh. 07-0118; Einfl.: d. Trockn. an d. Luft auf d. Löslichk. d. Boden-P 07-0117; - d. Dampfbehandl. v. Boden auf P-Verfügbark. 09-0128; Bestimm. d. verfügbaren P in Düngemitteln 09-0402; Nachwirk. hoher P-Gaben auf Böden mit starker P-Festleg. 11-0160; Wechsel d. anorg. P-Formen d. Bodens in einem stein., schluff. Lehm nach Düng. d. Weide mit Superphosphat 07-0120; Wirk. einer 30-jähr. Mineral- u. Stallmistdüng. auf d. P-Bindungszustand eines Filderlehmbodens 07-0121; Wasserversorg. v. Luzerne 07-0496.

A u f n a h m e : P-Diffusion im Boden u. seine Aufn. durch Pflanzen (Selbstdiffusion in Böden) 10-0285; Bodenfaktoren, d. d. Aufn. v. P durch Pflanzen beeinflussen 12-0157; P-Einbau durch sterile u. nicht sterile Pflanzenwurzeln 08-0351; effektive Bodenvol. um Pflanzenwurzeln, bestimmt durch P-Diffusion 09-0150; Einfl. d. Ionentransportes bei Scenedesmus unter P-Mangel auf Readdition v. P in Licht u. Dunkelh. (Aufn. u. Abgabe v. Cl u. Mess. d. O_2-Verbrauchs) 08-0366; (Aufn. v. Rb^+, Cs^+, Ca^{2+} u. Sr^{2+}) 08-0367; mikrobiol. Faktoren bei Kurzzeit-Aufn.-Untersuch. mit Pflanzenwurzeln 12-0453; Einfl.: v. Nährstoffintensität u. Nährstoffpufferungsvermögen eines Bodens sowie d. Absorptionsvermögens, d. Größe u. d. Wurzelhaare einer Wurzel auf d. Nährstoffabsorption durch Diffusion 07-0122; - d. Standortes auf d. P-Wirk. 12-0520; P-Diffusion im Boden u. seine Aufn. durch Pflanzen (P-Aufn. durch Weizenpflanzen) 10-0286; Nachweis d. Aufn. entlang abgeschnittener u. nicht abgeschnittener Weizenwurzeln unter Verwend. einer automat. Nachweismeth. 12-0429; Einfl. chem. Hemm. d. Nitrifikation auf P-Aufn. durch Weizen 11-0321; Absorption u. Translokation durch Gerstenpflanzen 07-0312; Einfl. v. Mikroorganismen auf d. Absorption anorg. Nährstoffe durch lebende Pflanzen. (Aufn. u. Verwert. v. P durch Gerstenpflanzen, d. unter sterilen u. unsterilen Beding. gewachsen sind) 11-0192; Einfl. d. Gamma-Bestrahl. auf d. Aufn. durch Mais 12-0430; Aufn. durch d. Kartoffelpflanze in Abhängigk. v. d. Einbringungsmeth. d. Düngemittel 09-0330; Verwend. v. rotem P als Düngemittel. (Ertrag an Weißklee sowie d. P-Aufn. aus rotem P u. Monokalzium-P) 12-0521; Aufn. u. Wiederabgabe durch Laubblätter d. Sojabohne (Beweis d. gleichzeitigen Aufn. u. Wiederabgabe v. P sowie d. Wirk. d. Köpfens auf d. Abgabe dieses Mineralstoffes durch d. Blätter) 10-0275; Löslichk. d. Bodenphosphate in Abhängigk. v. d. Zusammensetz. d. absorbierten Alkalien u. d. Aufnehmbark. verschied. Phosphate durch Baumwollstauden 09-0369; Bezieh. d. Apikaldominanz z. Schema d. Nährstoffakkumulation bei Erbsen 08-0075; Ionenaufn. durch isolierte Mitochondrien aus Kotyledonen v. Bohnen 10-0263; Vergleichsuntersuch. d. für Futterbohnen zugängl. P aus Superphosphat u. Phosphoritmehl mit Hilfe v. ^{32}P 09-0390; Einfl. v. Feuchtigk. u. Düng. auf Wachstum sowie P-Aufn. durch Paprika 12-0766; Aufn. v. ^{32}P durch Wurzeln u. Blätter v. Tomatenpflanzen 08-0352, 09-0309; Besonderh. d. Aufn. u. Verteil. v. ^{32}P im Apfelbaum 07-0316; Dynamik d. Aufn. bei Düng. z. Pflanz. v. Quittenbäumen 11-0335; Nährstoffversuche mit Tulpen (jahreszeitl. Änder. in d. Aufn. v. 3 Hauptnährstoffen u. Wasser) 11-0730; Einfl. vesikular-arbuskularer Mykorrhizen auf ^{32}P-Aufn. durch Tulpenbaum u. Amberbaum 12-0254.

S t o f f w e c h s e l : Beschreib. d. Physikochemie d. Systems P-Düngemittel-Boden-Pflanze 07-0119; Veränder. d. P-Stoffwechsels bei herabgesetzter Temp. in d. Wurzelzone 07-0310; Wirk. d. Kühlens auf d. physiol. u. d. simulierten Apex v. 2- u. 3-Blattpflanzen v. Erbse auf Seitensproßwachstum, ^{32}P-Akkumulation u. ^{14}C-IES-Beweg. 10-0043; Absorption u. Translokation durch Gerstenpflanzen 07-0312; P-Metabolismus in keimenden Hafersamen 10-0287; Einfl. d. K auf d. Stoffwechsel d. Zuckerrübe bei unterschiedl. Ernähr. 12-0444; Einbau v. $H_3{}^{32}PO_4$ u. ^{32}P-markierter RNS in verschied. Zellfraktionen v. Reissäml. 07-0317; Daten z. Stoffw. v. P in Endknospen d. Apfelbaumes z. Zt. d. floralen Induktionsperiode 12-0050; Meth. "Boden-Pflanze" mit Bananen. Funktion d. verschied. Organe bei d. Assimilation v. P, K, Ca, Mg 07-0514.

E r n ä h r u n g : Phosphat-Bezieh. in Böden 09-0314; Unterschiede d. P-Ernähr. in Zusammenhang mit d. Fruchten 10-0615; Entzug v. P durch d. Erntesubst. verschied. Pflanzen 09-0323; Besonderh. d. Haushaltes d. P-Ernähr. v. Pflanzen bei Verwend. v. Nitrophoska 08-0375; phosphatlösende Bakterien d. Rhizosphäre u. ihre Bedeut. für P-Ernähr. v. Pflanzen 12-0247; P-Toxizität bei Getreidekulturen 08-0376; Mechanismus d. P-Zn-Wechselwirk. in d. Maisernähr. 10-0274; RNS, DNS u. a. P-Fraktionen in Sojabohnen unter d. Einfl. hoher Ernähr. 07-0313; Qualität d. Früchte v. Tomaten in Abhängigk. v. d. Ernähr. mit P in verschied. Entwicklungsphasen 07-0315; Einfl. v. P-Ernähr. auf d. pH-Wert d. Tomate 08-0364; Ca-P-Bezieh. in d. Erdbeere 11-0336.

M a n g e l : Einfl. d. Ionentransportes unter P-Mangel auf Readdition v. P in Licht u. Dunkelh. (Aufn. u. Abgabe v. Cl u. Mess. d. O_2-Verbrauchs) 08-0366; (Aufn. v. Rb^+, Cs^+, Ca^{2+} u. Sr^{2+}) 08-0367; Wachstumsänder. bei Bodenfrüchtigem Klee nach vorausgegangenem P-Mangel 10-0276; Rückwirk. d. P-Mangels auf d. N-Haush. junger Melonenpflanzen 09-0321; Einfl. auf Zusammensetz. d. Fraktionen d. Tomatenpflanze 07-0314.

G e h a l t i n P f l a n z e n : Wie d. Veränder. im P-Geh. d. Pflanze d. mineral. Ernähr. unter normalen Verhältnissen widerspiegeln 08-0347; P-Geh. in Pflanzen bei Inokulation mit phosphathaltigen Materialien mineralisierenden Mikroorganismen 10-0284; Veränder. d. Geh. d. oberird. Organe d. Wi-Weizens während d. Vegetation 07-0301; Färbungsstudien an Kartoffel- u. Weizenstärke 08-0099; Einfl. v. Düng. auf P-Geh. d. Kartoffelstärke 09-0318; Wirk. v. P-Düngern auf Ertrag sowie

P-Geh. v. Weidegras 08-0604; Ertrag d. Wiesenrispe, gemessen an ihrem N-, P- u. K-Geh. 10-0486; Geh. v. Küstenbermudagras u. Inkarnatklee 07-0302; RNS, DNS u. a. P-Fraktionen in Sojabohnen unter d. Einfl. hoher Ernähr. 07-0313; Einfl. v. Gibberellin auf P-Geh. in Hanfpflanzen 08-0365; Akkumulation v. Tr.-Subst., P in Blütenknospen, Blüten u. Früchten verschied. Alters, verschied. Lage u. verschied. Fruchtzweige v. Baumwolle 08-0368; mineral. Zusammensetz. d. Gartenbohne 10-0277; Wirk. d. Beta-Indolylessigsäure auf P in Linsenwurzeln 08-0343; physiol. Untersuch. gepfropfter Melonen- u. Kürbispflanzen (P-Geh., Aufn. u. Fortbeweg. v. ^{32}P) 11-0039; vergleich. Prüf. d. P-Geh. mit Kolchizin behandelter polyploider Paprikapflanze 09-0836; Einfl.: d. Mangels auf Zusammensetz. d. Fraktionen d. Tomatenpflanze 07-0314; - v. Boden-P-Geh. auf P-Fraktionen in Tomatenblättern 10-0288; Abstand v. Tomaten in Bezieh. z. Frühzeitigk., Ertrag, Marktqualität u. Konz. v. P im Stengel 12-0776; Geh. in vegetativen u. reproduktiven Organen d. Apfels in Abhängigk. v. Geh. d. Bodens in d. Obstanlage 08-0676; Ursachen u. Bek. v. alternierend tragenden 'Unshu'-Apfelsinenbäumen (jährl. Veränder. d. P-Absorption in alternierend u. jährl. tragenden Bäumen) 08-0589.

E i n f l u ß v o n P : Wechselwirk. zw. N u. P in d. Landwirtsch. (Einfl. auf Pflanzen u. Tiere) 11-0331; Wirk. v. Oberflächenhüllen auf Löslichkeitsrate v. Kalksteinpartikeln 09-0131; Wirk. zw. natürl. Phosphaten u. Bodenmikroflora 08-0240; Faktoren, d. bei d. Absorpt. v. austauschbarem K bei Anwend. d. Neubauer-Roggen-Sämlingsmeth. II wirken: unproportionierter Einfl. v. P 08-0403; Wirk. v. P auf d. Ertrag, d. Ausdauer u. d. Nährstoffgeh. v. Lieschgras 08-0570; Blattanalyse in Bezieh. z. Ernähr. d. Schwarzen Johannisbeere (Haupteinflüsse u. Wechselbezieh. v. P auf Wachstum u. Ertrag) 12-0909.

V e r b i n d u n g e n : Vorkommen hochmolekularer org. P-Verbind. im Boden 11-0237; Gleichgew. zw. Böden u. Lös. bestimmter P-Verbind. 12-0156; chem. Zusammensetz. u. Beweglichk. v. P in Böden Armeniens unter Verwend. v. ^{32}P 09-0130; Fähigk. d. Knöllchenbakterien, sich schwerlösl. Kalziumphosphate anzueignen 09-0201; Einfl. d. Ernähr. v. Kartoffelpflanzen mit $H_2PO_4^-$ auf d. Blattresistenz gegen Phytophthora infestans 10-0866.

R a d i o a k t i v e r P : Chem. Zusammensetz. u. Beweglichk. v. P in Böden Armeniens unter Verwend. v. ^{32}P 09-0130; Charakteristik schnell markierter Nukleinsäuren in Geweben v. Pflanzensäml. 07-0022; Veränder. im Pigment-, ^{32}P- u. Stärke-Anteil auf gleichen Einzelblättern v. Sojabohnen, infiziert mit Cercospora sojina 12-1195; Einbau v. $H_3{}^{32}PO_4$ u. ^{32}P-markierter RNS in verschied. Zellfraktionen v. Reissäml. 07-0317; Vergleichsuntersuch. d. für Futterbohnen zugängl. P aus Superphosphat u. Phosphoritmehl mit Hilfe v. ^{32}P 09-0390; Wirk. d. Kühlens auf d. physiol. u. d. simulierten Apex v. 2- u. 3-Blattpflanzen v. Erbse auf Seitensproßwachstum, ^{32}P-Akkumulation u. ^{14}C-IES-Beweg. 10-0043; physiol.

P h o t o p e r i o d i s m u s u n d W a c h s t u m : Korrelation d. Reaktionen d. Photomorphogenese als Faktor d. generativen Entwickl. bei Pflanzen 10-0050; Reaktion d. Weizenpflanzen auf Tageslänge 07-0035; Jarowisationsstadium v. Hartweizen bei unterschiedl. Lichtbeding. 07-0034; Photoperiode-Temperatur-Licht-Bezieh. bei d. Entwickl. v. Weizen u. Steinbrand 12-1178; Wirk. v. Tageslänge u. Lichtintensität auf d. Wachstum v. Gerste (Reaktion v. Pflanzen im Freiland auf eine Unterbrech. d. Nacht) 08-0067; photoperiod. Reaktion d. Maispflanzen bei hohen Temp. 08-0068; Induktion d. Knollenbild. u. Knospenhemm. bei Kartoffeln 08-0069; Einfl. v. Photoperiode u. Düng. auf Inhaltsstoffe sowie Ertrag d. Luzerne 07-0491; Physiol. d. Knöllchenbild. (Einfl. v. kombinierten Gaben v. N, Glukose, Lichtintensität u. Tageslänge auf Wurzelhaarinfektion v. Klee) 09-0038; Reaktion einiger Knaulgraspopulationen auf Temp. u. Tageslänge 09-0070; in Verbind. mit d. Konstruktion d. Strauches v. Baumwolle 11-0571; Wirk. auf Zwiebelbild. d. Küchenzwiebel 12-0803; Treiben v. Aster savatieri Makino var. hortorum Makino. (Wirk. v. Nachttemp., Tageslänge, Lichtintensität u. Lichtqulität auf Treiben, Wachstum u. Blüte) 11-0716; Wirk. v. Nacht-Unterbrech. auf Blattfläche u. Blatt-Trockenmasse bei d. Sommeraster 07-0698; Reaktion v. Astern u. Antirrhinum auf d. Tageslänge in Verbind. mit d. Ort d. Samenherkunft 12-0958; Blühbeeinfluss. v. Dahlia (Wirk. v. Tageslänge im Frühstadium d. Sproßwachstums auf Blütezeit u. Qualität d. Schnittblumen) 11-0728.

P h o t o p e r i o d i s m u s u n d B l ü t e : Neue Meth. d. Kurztag-Behandl. 07-0508; Wirk. v. Tageslänge, Vernalisation u. Gibberellsäure auf d. Blühen v. Weißer Lupine 11-0083; Einfl. v. Umweltfaktoren auf Ausbild. d. Sexualität d. monözischen Hanfs (Wechselwirk. zw. photoperiod. Zyklus u. N-Ernähr.) 08-0076; Einfl. auf Wachstum u. Entwickl. v. Spinatsorten 12-0799; durch Photoperiode beeinflußte Blühreaktion v. Azaleen 10-0644; Treiben v. Aster savatieri Makino var. hortorum Makino (Wirk. v. Nachttemp., Tageslänge, Lichtintensität u. Lichtqualität auf Treiben, Wachstum u. Blüte) 11-0716; Reaktion v. Astern u. Antirrhinum auf d. Tageslänge in Verbind. mit d. Ort d. Samenherkunft 12-0958; Kalanchoe nach nicht unterbrochener u. unterbrochener Kurztagsperiode 09-0699; Kurztagbehandl. durch Dunkeltage unterbrechen? Weitere Versuchserfahr. mit Topfchrysanthemen 07-0704; Blühkontrolle bei Dahlien (Wirk. d. Tageslänge auf Bild. u. Entwickl. d. Blütenknospe) 07-0708; Blühbeeinfluss. v. Dahlia (Wirk. v. Tageslänge im Frühstadium d. Sproßwachstums auf Blütezeit u. Qualität d. Schnittblumen) 11-0728.

P h o t o p e r i o d i s m u s u n d I n h a l t s s t o f f e : Rolle d. Gibberelline bei Photoperiodismus u. Jarowisation d. Pflanzen 10-0064; Einfl. v. Photoperiode u. Düng. auf Inhaltsstoffe sowie Ertrag d. Luzerne 07-0491; physiol. u. ökol. Untersuch. über östrogene Isoflavone in Bodenfrüchtigem Klee (Einfl. v. Licht) 09-0059; Wirk. v. exogenen Faktoren auf d. Fettsäurebild. in reifenden Leinsamen 11-0100.

Photosynthese s. Assimilation.
Phycomycetes s. unter Bodenbiologie - Pilze.
Phyllotreta (Kohlerdflöhe),
spec., Kohlerdflöhe u. Zuckerrübe 10-0822; Wirk. d. Behandl. d. Strunkgemüsesaatgutes mit Dieldrin u. Lindan auf Erdflöhe 08-1003.
striolata (Gestreifter Erdfloh), Resistenz v. 30 Handelssorten v. Kruziferen gegen d. gestreiften Erdfloh 07-0889.
Phylloxera vitifoliae s. Viteus vitifolii.
Physiologie der Pflanzen s. auch Äthylen; Alkaloide; Aminosäuren; Antibiotika; Assimilation; Atmung; Belichtung; Blatt (und Blattanalysen); Blüte; Embryo; Enzyme; Farbstoffe (und Pigmente); Fette (und Öle); Frosteinwirkung; Frucht (Reifevorgänge); Gibberellin; Kälteeinwirkung; Kohlenhydrate; Kumarin; Pflanzenernährung; Pfropfung; Photoperiodismus; Plastiden; Pollen; Proteine; Protoplasma; Resistenz (und Resistenzzüchtung); Samen (Samenkeimung); Stoffwechsel; Stomata; Strahleneinwirkung; Temperatur; Transpiration; Trockensubstanz; Vitamine; Wachstum (und Entwicklung); Wasser; Wuchsstoffe; Wurzelsysteme; Zellen; Physiologie spezieller Pflanzen s. unter dem betreffenden Stichwort der Pflanze.
Physiol. d. Pflanzen 10-0024; Forsch. über angewandte Pflanzenphysiol.- Vergangenh., Gegenwart u. Zukunft 11-0019; angewandte Pflanzenphysiol. als Grundlage für d. Gartenbau 10-0525, 11-0029; physiol.-biochem. Grundlagen d. Pflanzenwachstums 08-0036; Optimier. d. physiol. Prozesse bei Pflanzen 08-0032; Einführ. in d. theoret. Biophysik 07-0008; Biochemie u. Physiol. d. Immunität bei Pflanzen 09-0862; physiol.-biochem. Grundlagen d. Pflanzenernähr. 09-0301; Symposium über Pflanzenstimulation 12-0079; Phýtohormone: Geschichte, chem. Analyse, Rolle in d. Physiol. 12-0110; physiol. Reaktionen auf D,L-Abszisin (Dormin) 09-0082; Physiol d. Früchte nach d. Ernte 07-0018; Licht als Faktor d. Pflanzenproduktion u. Wachstumsregulation 07-0036; "Endeffekt" d. spektralen Lichtwirk. 09-0021; welches Kunstlicht entspricht d. Bedürfnissen d. Pflanze? 09-0560; Wachstum kurzfristig isolierter pflanzl. Gewebe in Abhängigk. v. d. exogenen C-Quelle 09-0045; Faktoren, d. d. Strahlenempfindlichk. d. Pflanzen modifizieren 09-0025; Richt. bei d. Untersuch. d. Winterfestigk. v. Pfl. 08-0035; Kälteresistenz d. Pflanzen u. therm. Verfahren z. ihrer Steiger. 12-0042.
Stoffwechsel
Stoffverlagerungsvorgänge bei Pflanzen in Abhängigk. v. Umweltbeding. 07-0016; Abtrenn. als Mobilisierungsphänomen 08-0051; Transport org. Metaboliten in d. Pflanze 07-0015; Transport org. Stoffe in Pflanzen 11-0043; Tagesrhythmus v. N-Austausch in Pflanzen 12-0055; Charakteristik schnell markierter Nukleinsäuren in Geweben v. Pflanzensäml. 07-0022; Bedeut. d. Weges d. Zucker 12-0057; experiment. u. theoret. Vergl. d. viskosen u. diffusiven Widerstandes eines Gasflusses durch amphistomatöse Blätter 08-0031; Gaswechselprobleme: Beweisführ. z. gravierenden Bedeut.

d. Temp. für Transpiration u. Respiration 08-0054; Chlorophyllgeh. u. Wasserhaush. d. Blattes 08-0063; Heterogenität anatom. Merkmale u. Kennwerte d. Wasserbilanz d. Pflanze in bezug auf Photosynthese 10-0033; Photosynthese u. Ertrag 12-0059; photosynth. Heterogenität d. Pflanze 08-0038; theoret. Untersuch. d. Brutto-Assimilation d. Blattes 08-0055; Untersuch. d. Photosyntheseprodukte mit Hilfe v. ^{14}C bei Pflanzen verschied. Sorten 08-0040; Wege z. Steiger. d. Intensität u. Produktivität d. Photosynthese 09-0065; Stoffproduktion u. Assimilationsleist. in d. Evolution d. Kulturpflanzen (Versuchsergebn. u. zusammenfassende Diskussionen) 08-0037; Kultur isolierter pflanzl. Organe, Gewebe u. Zellen 11-0027; Einfl. d. Lichtes auf d. Katalaseaktivität d. Blätter 11-0062; hormongerichteter Transport v. Metaboliten u. seine mögl. Rolle beim Altern d. Pflanzen 12-0041; mathemat. Modell d. polaren Auxintransports 10-0047; Kinetik d. polaren Auxintransports 10-0046; Aufrechterhalt. d. Polarität d. Auxinstroms durch basipetalen Transp. 07-0023; Auswirk. d. Auxins auf Verbreitungsmöglichk. d. Kinetins in Pflanzen 07-0024; Wirk. v. Pflanzenwachstumsregulatoren auf Kohlenhydrate 10-0038; Wirk. v. CCC auf Produktion u. Austritt gibberellinähnl. Subst. durch d. Wurzelsystem 09-0057; Hemm. d. durch Gibberellsäure induzierten Bild. v. Alpha-Amylase durch Abszisin 11-0059; Abbau v. Chlorcholinchlorid in d. Pflanze 07-0028.

Wachstum und Entwicklung

Stud. d. Physiologie d. Wachstums u. d. Entwickl. v. Pflanzen 08-0088; Stand d. Forschungsarbeiten u. Perspektiven d. prakt. Anwend. v. Wuchsstoffen 10-0061; pflanzl. Wachstumsregulatoren: Spiel- u. Werkzeuge 10-0060; Problematik d. Phytokinin-Wirk. 07-0044; Tokopherole im Wachstums- u. Entwicklungsprozeß d. Pflanzen 12-0053; natürl. u. synthet. Regler d. Wachstums u. d. Entwickl. d. Pflanzen (Mechanism. d. Einwirkens v. Kumarin auf Samenkeim.) 12-0077; Einfl. d. Orientier. d. Samen nach d. Himmelsricht. auf Keimgeschwindigk. u. Wachstumscharakter d. Keiml. 12-0076; Impulsbestrahl. v. Samen u. Knollen mit konz. Licht 12-0067; Vorhersage d. Wachstumsrate bei verschied. Lichtintensitäten aus gemessenen Photosynth.- u. Atmungsraten 07-0037; Aufstell. eines Modells d. photoperiod. Reaktion d. Pflanze 11-0070; Konzentrationsabhängigk. v. auxininduzierten Gewebeveränder. 07-0046; Interaktionen zw. Phenolsäuren, Metallionen sowie Chelatstoffen u. d. auxininduzierten Wachstum 10-0070; Auxingeh. u. Auxinkatabolismus in Bezieh. z. Wachstumspolarität 12-0078; Rolle d. Gibberelline bei Photoperiodismus u. Jarowisation d. Pflanzen 10-0064; Bezieh. zw. Expansion d. Pflanzenorgane u. d. Redoxpotentialen 11-0078.

Bewegungsphysiologie

Wirk. v. Morphaktin auf negativen Geotropismus u. Altern d. Blätter 10-0072; Orientier. v. Weizensämlingsorganen in Bezieh. z. Schwerkraft 07-0064.

biologische; Virus; spezielle Krankheitserreger und Schädlinge s. unter dem betreffenden Stichwort; Krankheiten v. speziellen Pflanzen s. unter dem Kapitel "Phytopathologie" bei der betreffenden Pflanze.
Grundriß d. Phytopathol. u. d. Pflanzenschutzes 11-0850; Forschungsergebnisse u. Probleme d. Phytopathologie. Institut für Phytopathologie Aschersleben d. DAL 08-0837; bakterielle Pflanzenkrankh.; Lehre v. d. Pflanzenbakteriosen 08-0926; internat. Kolloquium über Insektenpathologie u. mikrobiol. Bek. in Wageningen (1966) 08-0839; 17. Internat. Symposium über Phytopharmazie u. Pflanzenkrankh. (1965 in Gent) 11-0851; Bestimmungsbuch d. Pflanzenkrankh. 08-0925; Bedeut. d. physikal.-chem. Eigensch. d. Protoplasten für d. Immunität d. Pflanze 07-0849; Wirt-Parasit-Bezieh. in d. Phytopathol. 10-0789; phytosanitäre Maßnahmen in Europa 10-0960; Pflanzenkrankh. in Dänemark 1965. - Jahresübersicht d. Staatl. Pflanzenpathol. Versuchsanstalt Lyngby 08-0923; Schadensursachen an Kulturpflanzen in Österreich 1966 09-0856; Antibiotika in d. ČSSR 11-1035; Verluste d. Pflanzenbaues durch Krankh. u. Schädl. in d. Vereinigten Staaten v. Nordamer. 09-0855.

Phytophaga destructor s. Mayetiola destructor.

Phytophthora s. auch Bodenbiologie - Pilze (Phycomycetes).

arecae, Fußkrankh. d. Tomaten, verursacht durch 2 Arten 10-0876.

cactorum (Kragenfäule d. Apfels), Einfl. d. Luftwäsche auf d. Wachstum v. Fruchtfäuleerregern in Apfelfrüchten 08-0950.

cinnamoni, Ericasterben u. Erica-Wurzelsterben 09-0949; Bild. v. Oosporen u. Chlamydosporen in Wurzeln u. im Boden 07-0856.

infestans (Kraut- und Knollenfäule der Kartoffel), mathemat.-statist. Lös. d. Problems d. Prognose v. Epidemien mit Hilfe meteorol. Parameter, dargestellt am Beispiel d. Kartoffelkrautfäule 09-0119; Physiol. u. Biochemie d. Erregers u. d. Wirt/Pathogen-Verhältnisses bei d. Kraut- u. Knollenfäule d. Kartoffel 11-0938; Aggressivität. Virulenz u. a. Eigensch. 07-0855; reduzierende Verbind. u. Wachstum 08-0850; Bild. v. Kumarinen durch P. infestans 08-0851; Ultrastruktur d. Hyphen u. Haustorien v. P. infestans u. v. P. parasitica 09-0872; Mutationen 09-0873; Bild. v. Pektin-Enzymen 10-0795; Wetterkriterien für Infektionsperioden 08-0842; frühzeit. Krautabtöt. bei starkem Befall 11-0504; Rolle d. R-Gene u. Polygene bei Resistenz v. Kartoffelknollen gegenüber Phytophthora 09-0789; Charakteristik d. Ausgangsmaterials für Zücht. v. resistenten Kartoffeln im Fernöstl. Küstenland 09-0785; Ausgangsmaterial für d. Zücht. einer Phytophthora-resistenten Kartoffel in Primorje 11-0800; Laborprüfmeth. zwecks Feststell. d. Knollenresistenz gegenüber Phytophthora infestans 08-0967; Verteil. v. ^{14}C in d. Kartoffelpflanze in Bezieh. z. Blattinfektion mit Phytophthora infestans 07-0950; Schwarzbeinigk. u. Knollennaßfäule 07-0955; "Dosis-Erfolg"-Bezieh. bei d. Infektion v. Kartoffelblättern durch Zoosporen 09-0932; Einfl. d. Ernähr. v. Kartoffelpflanzen mit $H_2PO_4^-$ auf d. Blattresistenz 10-0866; Wirk. v. Cu u. Cu-

Schwank. in d. Inokulum-Potentialen spermosphärer Pilze 10-0806; ungeschlechtl. Kernverhalten pflanzen-pathogener Pilze 12-1094; Pilze an Getreidekörnern u. ihre Bedeut. für Getreidekrankh. in d. VAR 12-1174; Befall v. durum-Weizen durch Lagerpilze 12-1184; Veränder. d. Pilzflora v. Gerstenkörnern während d. Lager. 08-0934; Pilzkrankh. an Lolium auf Neuseeland (Krankh. an Blättern, Wurzeln u. Samen) 07-0956; Wirk. d. Saatgutbeiz. mit Granosan auf d. Vorherrschen d. Pilze in d. Wurzelzone v. Baumwollpflanzen 12-1263; Ursache v. Rinden- u. Holzschäden im dt. Kern- u. Steinobstbau 08-0956; Gummifluß bei Obstbäumen 08-0952; Pfirsichholz. Prinzipielle Änder. pilzl. oder traumat. Ursprungs 11-0957; Wirk. v. Pilztoxinen auf verschied. Organe d. Weinrebe 08-0957.

Pimpinella anisum (Anis), chem. Unkrautbek. in Beständen 11-1089.

Pinus (Kiefer)

patula, Plan für Nachkommenschaftsprüf. in Rhodesien 08-0830.

ponderosa, Keim. d. Pollens nach 11-jähr. Lager. bei 0° bis 4° C 08-0831.

radiata, Versuche z. Übertrag. v. Mykorrhiza 07-0182.

silvestris (Gemeine Kiefer), Wasserhaush. unter d. Beding. Sewaner Böden 09-0312.

Piper spec. (Pfeffer), Entwickl. u. Lage d. Pfeffermarktes in d. Welt u. in d. französisch sprechenden Gebieten [Analyse d. Produktion, d. Handels u. d. Preise] 08-0585.

Piricularia oryzae (Mehltau des Reises), Einfl. gewisser Umweltfaktoren auf d. Infekt. d. Reises mit P. oryzae im Freiland 11-0965.

Pirus s. Pyrus.

Pisum (Erbse)

arvense (syn. P. sativum var. arvense; Felderbse, Futtererbse, Peluschke), Histol. u. Histochemie d. Kotyledonen während d. Keim. 11-0025; Aussaatnorm d. So-Futtersorten beim Anbau z. Grünfutter- u. Körnergewinn. 12-0615; Agrotechn. d. Samenbaus 10-0412; Prüf. v. 8 Sommersorten z. Grünfutter- u. Körnergewinn. 11-0485; internat. Sortenprüf. in Bulgarien 10-0413.

sativum (Garten-, Gemüse-, Grün-, Kiefel-, Mark-, Pal-, Saat-, Schal-, Trockenspeise- u. Zuckererbse), Anbaubeding. z. Konservier. 08-0633.

M o r p h o l o g i e , P h y s i o l o g i e : Fälle v. anormaler Blütenbild. 12-0028; Großkörnigk. u. a. Kennzeichen d. Ertragsaufbaus 08-0510; Einfl. verschied. Kulturbeding. auf Wachstum, Entwickl., O_2-Verbrauch u. a. Eigensch. d. Wurzeln 10-0029; Wirk. d. Kühlens auf d. physiol. u. d. simulierten Apex v. 2- u. 3-Blattpflanzen auf Seitensproßwachstum, ^{14}C-IES-Beweg. u. ^{32}P-Akkumulation 10-0043; Zusammenh. zwischen photosynthet. Tätigk. sowie Ertrag u. d. Absorptionsfähigk. d. Wurzelsystems 12-0421; potentielle Intensität d. Photosynthese verschied. ökol. Herkünfte 12-0045; Bezieh. d. Apikaldominanz z. Schema d. Nährstoffakkumulation 08-0075; Oxydationsmetabolismus d. Wurzeln unter d. Beding. unterschiedl. Fe-Versorg. 07-0342; Veränder. d. Metabolismus v. Keimpflanzen bei veränderten äußeren Beding. 11-0055; Wirk. v. Temp. auf quantitative Unterschiede v. Ausscheid. aus keim. Samen 08-0052; Veränder. bei einigen N-Verbind. während d. Keim. v. Samen 11-0052; metabol. Veränder. in d. Keimpflanzen beim Wechsel d. äußeren Verhältnisse 12-0046; Strahlenempfindlichk. 09-0028; Reaktion v. Erbsen auf Gibberellsäure 08-0082; Einfl. v. Gibberellsäure auf verzwergte u. normale Pflanzen 12-0080; Einfl. v. Epikotylamputation auf d. Spiegel d. endogenen Gibberelline in d. Wurzeln v. Keimpflanzen 10-0042; Indolylessigsäure umwandelndes Enzym v. Erbsenwurzeln u. seine Bezieh. z. Geotropismus, Streckungswachstum u. Zellwandeigensch. 09-0085; Einfl. v. Chlorcholinchlorid in einer nicht inhibierenden Dosis auf Niveau endogener Gibberelline in d. Epikotylen 12-0051; Wirk. v. 1-Amino-2-nitrozykopentan-1-karboxylsäure auf blühende Pflanzen 07-0060.

C h e m i e : Variationen im Geh. an freien Aminosäuren, bes. im Geh. an Homoserin während Blüten- u. Fruchtbild. 07-0079; Nachweis v. Ca- u. Sr-Ablager. im Fruchtstiel mit Röntgenmikrosonde 09-0340; Wirkstoffgeh. verbänderter u. unverbänderter Formen (method. Voruntersuch.) 07-0085.

Ö k o l o g i e , A g r a r m e t e o r o l o g i e : Potentielle Intensität d. Photosynthese verschied. ökol. Herkünfte 12-0045; Anwend. v. Wärmesummen z. Erntezeitbestimm. 10-0568.

S o r t e n , S a a t g u t : Sorten mit bes. Berücksichtig. d. Kornsortier., Entwicklungszeit u. Kornfarbe 09-0595; Sorten v. niedr. Markerbsen (1963-65) 10-0570; Bestimm. d. Sortenechtheit v. Saatgut nach anatom. Merkmalen 08-0458; Bestimm. d. Reinheit u. Gesundheit d. Samens 12-0754.

E r b s e u n d B o d e n : H_2-Aufnahme u. Austausch durch Wurzelknöllchen 12-0229; Chlamydosporenkeim. u. Überleben d. Keimhyphen v. Fusarium solani f. pisi im Boden in Abhängigk. v. Bodenfeuchtigk. u. Erbsensamenexsudation 12-1100.

B e s t e l l u n g , P f l e g e : Gemengesaat v. Ackerbohnen mit Erbsen z. Silieren 12-0681; gleichzeit. Aussaat v. Wicken u. Erbsen mit Ackerbohnen 12-0683; Auswirk. d. Bewässer. auf d. Zunahme d. Erträge bei unterschiedl. Pflanzenabständen 10-0569.

E r n ä h r u n g , D ü n g u n g : Besonderheit d. Stoffwechsels unter Anzuchtbeding. 09-0328; Wirk. d. Nährstoffaktoren auf d. Reaktion v. Erbsen auf Gibberellsäure 08-0338; Verwert. v. anorg. oder org. N durch Leguminosen bei unterschiedl. C:N-Verhältnis in Pflanzen (Einfl. d. N-Ernähr. auf d. Verhältnis d. Kohlenhydrate z. N bei Erbsen) 09-0329; physiol. Aktivität v. Harnstoff, Borsäure u. Karbonsäure 09-0302; K u. Ertrag 07-0452; Einfl. d. Düng. auf chem. Zusammensetz. u. Höhe d. Nährstoffentzuges 12-0487; Wurzelsystem u. Ertrag bei Einbring. d. Düngemittel unter d. Beding. d. Wolga-Achtubiner Aue 11-0486; Wirk. v. Co auf Hülsenfrüchte 12-0460; Einfl. v. Mo: auf Ertrag u. Qualität d. Korns

09-0453; - auf Ertrag 10-0411; - auf d. Entwickl. d. Leguminosen 12-0533; - auf Ertrag u. Qualität 12-0616; Aufnahme v. Sr 08-0353.

U n k r a u t b e k ä m p f u n g : Herbizide z. verschied. Sorten 11-1076; Anwend. einiger Herbizide in Gemüseerbsenbeständen 11-1077.

P h y t o p a t h o l o g i e : Widerstandsfähigk. v. Erbsenherkünften d. Kollektion d. Unionsinstituts für Pflanzenzücht. gegen d. Erreger d. Brennfleckenkrankh. 12-1189; Cu, Al u. Fe als krankheitshemmende Faktoren bei d. Fußkrankh. 10-0867; Einfl. v. keimenden Samen u. sich entwickelnden Wurzeln auf d. Rekolonisation v. Mikroorganismen in begastem Boden 08-0992; Elektronenmikroskopie d. Enationenmosaikvirus in Pflanzenzellkernen 09-0906; "erneute Belad." d. Blattläuse mit d. Enationenmosaikvirus 09-0889; Einfl. d. frühzeitigen Ansteck. durch d. Erbsenmosaikvirus auf d. Wachstum d. Erbse 11-0919; Faktoren, d. d. Resistenz gegen Ascochyta erhöhen 10-0868; Test. v. Dampf/Luft-Gemischen v. Ascochyta pisi u. Mycosphaerella pinodes auf Samen 11-0988; Unterdrück. d. Aphanomyces-Wurzelfäule durch Einbring. v. Kruziferen in d. Boden 10-0914; Variabilität d. Pathogenität bei Aphanomyces euteiches 11-0939; Wirk. einiger Wuchsstoffe auf d. Entwickl. d. Achselknospen bei mit Corynebacterium fascians infizierten Erbsen d. Sorte 'Express Alaska' 08-0940; Einfl. v. Gibberellsäure auf d. Entwickl. v. Erbsenpflanzen, Sorte 'Annonay', d. mit Corynebacterium fascians infiziert waren 08-0941; Chlamydosporenkeim. u. Überleben d. Keimhyphen v. Fusarium solani f. pisi im Boden in Abhängigk. v. Bodenfeuchtigk. Samenexsudation 12-1100; Erbsenschädlinge u. genaue Angaben über Bekämpfungsmaßn. 12-1269; Bek. gewisser Leguminoseninsekten mit Dimethoat im Verfahren mit geringem Flüssigkeitsaufwand v. Flugzeug aus 07-1007; Faktoren d. Widerstandsfähigk. v. Erbsen gegen Sitona sp. 11-0893; Veränder. d. N-Konz. u. d. Konz. d. freien u. gebundenen Aminosäuren in durch Ditylenchus dipsaci infizierten Pflanzen 07-0873.

E r n t e : Reifegradmess. 12-0770; Einfl. d. Reifegrades z. Zeitpunkt d. Ernte auf Ertrag u. Qualität v. Samen 11-0487; Mähdrusch 07-0406.

Z ü c h t u n g : Entwickl., Stand u. Aufgaben d. Trockenspeiseerbsenzücht. 07-0788; Genetik 11-0789; Polyploidie 09-0772; mutagene Wirk. v. Gamma-Strahlen bei Behandl. unreifer Samen 08-0768; Chromosomenverteil. in Reduktionsgruppen, erzeugt durch Kolchizinbehandl. 08-0726; Kopplungsuntersuch. (Koppl. d. Mutante aurea$_{R3}$) 12-1029; (Koppl. d. Mutante aurea$_{R5}$) 12-1030; (Mutante chlorina$_{E01}$ u. d. Koppl. d. determinierenden Gens Ch3) 12-1031; (Mutante albina$_{R2}$) 12-1032; Mutante luteo-maculata) 12-1033.

<u>sativum var. arvense</u> s. Pisum arvense.

<u>spec.</u>, Wechselwirk. kurzwell. u. langwell. Strahl. bei d. Photomorphogenese 08-0072.

<u>Pival</u> (2-Pivalyl-1,3-indandion), UV-Bestimm. v. Pival u. seines Na-Salzes in Nagetiergiften 07-0982.

K e i m u n g , W a c h s t u m : Wirk. d. Ca-Ions u. Schutzwirk. auf Überleben u. gegen Wachstumshemm. 10-0030; Einfl. v. B auf Pollenkeim. u. Länge d. Pollenschläuche bei Luzerne u. Esparsette 11-0352; Begrenz. d. Samenansatzes nach Keim. d. Pollens bei d. Batate 08-0776; Keimporenzahl bei Pollenkörnern als Selektionsbasis bei Produktion v. tetraploidem Klee 11-0822; Keimfähigk. v. Apfelpollen in vitro im Geb. v. Skopje 10-0619; Einfl. eines Extraktes v. Blütenteilen auf d. Keimen d. Pfirsichpollens d. Sorte 'Karman' 09-0655; Keim. d. Pollens v. Picea pungens u. Pinus ponderosa nach 11-jähr. Lager. bei 0° bis 4° C 08-0831; Entwickl. v. Embryo u. Endosperm, produziert nach Pollenbestrahl. bei Tradescantia 07-0842; Einfl. d. Temp. auf verträgl. u. unverträgl. Pollenschlauchwachstum bei Lilium longiflorum 10-0784.

F e r t i l i t ä t : Einfl. verschied. Bestäubungsarten u. d. Wurzelernähr. d. Eltern auf Vitalität u. Befruchtungsfähigk. d. Pollens bei d. Nachkommensch. 10-0787; Embryosack-Entwickl. im Verhältnis zu Pollenfertilität u. Samenansatz bei Apfelklonen, deren ruhende Knospen mit ^{60}Co bestrahlt wurden 08-0819.

S t e r i l i t ä t : zytoplasmat. Sterilität u. Anwend. in d. Pflanzenzücht. auf Heterosis 11-0787; Pollensterilität u. Bedeut. für Gewinn. v. Hybridsaatgut (Getreidearten) 07-0735; erhöhte Rekombination u. Selektion in Gerstepopulationen, d. einen Pollensterilitätsfaktor besitzen (quantitative Variabilität) 08-0751; Pollensterilität d. Gerste. Pollenabortion 09-0762; Fixatoren-Linien für zytoplasmatisch bedingte Pollensterilität bei Zuckerrüben 08-0780; zytoplasmat. Pollensterilität in d. Rübenzücht. 08-0783; Verwend. v. pollensterilen Pflanzen in d. Beta-Rüben-Zücht. 12-1052; Pollensterilität u. Bedeut. bei Gewinn. v. Hybridsaatgut (Zuckerrübe u. Gemüsearten) 10-0754; Zücht. pollensteriler monokarper Zuckerrüben in Ungarn 09-0799; O-Typen bei Zücht. pollensteriler monokarper Zuckerrüben 09-0801; Zücht. pollensteriler monokarper Zuckerrüben 09-0802; Koppl. d. genet. bedingten Pollensterilität mit einem Sämlingssignalfaktor u. deren Ausnutz. bei d. Erzeug. v. F_1-Saatgut v. Brassica oleracea 08-0815.

P o l l e n g e m i s c h e : Bestäub. mit Pollenmisch. u. d. Geh. an Vit. in Maiskörnern 12-0607.

L a g e r u n g : Lager. v. Kartoffelpollen für 1 Jahr bei -7 bis -10 °C 12-1050.

I n h a l t s s t o f f e : Korrelation zw. Zuckergeh. d. Pollens u. d. Stempels v. Süßkirschen u. d. Winterfestigk. ihrer Blütenknospen 08-0681.

<u>Pollenmutterzellen</u> s. unter Pollen.

<u>Polonium</u>, Ursprung v. ^{210}Pb u. ^{210}Po in Tabak 11-0093.

<u>Polyäthylen</u> s. unter Kunststoffe.

<u>Polycarpicae</u>, Flavonoidmuster d. Polycarpicae als systemat. Merkmal (Übersicht über d. Fam.) 09-0018.

<u>Polyester</u> s. unter Kunststoffe.

körnern u. -mutanten 10-0081; Zusammensetz. in Zahn-, Wachs- u. Stärkemais 12-0104; Inhalt u. qualitative Zusammensetz. d. Eiweißstoffe verschied. Sorten v. Kichererbsen in Abhängigk. v. verschied. Reifephasen 10-0082.

S y n t h e s e : Biosynthese v. Protein-Aminosäuren in Pflanzengewebekultur (Isotopenkonkurrenz unter Anwend. v. Protein-Aminosäuren) 10-0084 hemmende Wirk. spezif. Inhibitoren d. Eiweißsynthese auf d. durch IES u. Kumarin angeregte Wachstum 09-0080; C- u. N-Quellen für Proteinsynth. u. Wachstum v. Zuckerrübenblättern 11-0051; durch Inhibitoren d. Synth. induzierte Salatkeim. 11-0072; Bezieh. zw. Ionenaufnahme u. Eiweißsynth. in Scheiben v. Roten Rüben 07-0021; Eiweiß- u. RNS-Synth. in d. mit 2-Thiouracil stimulierten Pollensäcken 07-0814; biochem. Wirk. d. Infektion mit Tabakätzvirus auf d. Tabakblattgewebe (Eiweißsynth. in isolierten Chloroplasten) 07-0917.

S t o f f w e c h s e l : Eiweißveränder. u. Einfl. d. N-Subst. in Gerste (Verteil. d. Eiweißstoffe im Korn u. ihr Metabolismus während d. Pflanzenwachstums) 10-0078; Proteinstoffwechsel d. Blätter höherer Pflanzen (Aminosäurezusammensetz. d. Proteins v. Tabakblättern in verschied. Stadien) 09-0052; (Variation d. Aminosäurezusammensetz. d. Proteins bei Autolyse d. Tabakblätter) 09-0053; Ertrag u. Eiweißstoffwechsel d. Sojabohne bei verschied. Arten d. Einbringens v. Mo-Dünger 11-0401; Veränder. im Eiweißstoffwechsel ausgereifter Kürbissamen 09-0056; Dynamik d. Geh. an Gesamt- u. Eiweiß-N bei wurzelechten u. veredelten Sauerkirschbäumen in Verbind. mit d. Wuchs d. Wurzeln u. Triebe 12-0889.

Z u s a m m e n s e t z u n g : Bezieh. d. Aminosäurezusammensetz. einiger pflanzl. Eiweiße zu ihrem biol. Wert 07-0076; Einfl. verschied. Düng. auf Aminosäuren d. Weizenkorns u. d. Mohrrübe 08-0370; Einfl. d. N-Düng. auf Eiweißzusammensetz. d. Weizenkorns 09-0326; Zusammensetz. in Zahn-, Wachs- u. Stärkemais 12-0104; Einfl. d. Ernähr. auf d. Gesamtgeh. an S u. Sulfat im Reinprotein bei Kartoffeln 10-0291; Fraktionen u. Aminosäurezusammensetz. v. Bohneneiweiß bei verschied. Aussaatterminen 08-0102; Proteinstoffwechsel d. Blätter höherer Pflanzen (Aminosäurezusammensetz. d. Proteine v. Tabakblättern in verschied. Stadien) 09-0052; (Variation d. Aminosäurezusammensetz. d. Proteins bei Autolyse d. Tabakblätter) 09-0053.

G e h a l t i n P f l a n z e n : Chem. Analyse v. Samen (Öl- u. Eiweißgeh. v. 739 Arten) 12-0094.

Getreide

Einfl. ionisierender Strahl. auf Eiweißgeh. in Getreidekörnern v. Kulturen unter verschied. agrobiol. Beding. 09-0439; ernährungsphysiol. Wert d. Roggens u. Weizens mit spez. Berücksichtig. d. Eiweißes u. d. Vit. 07-0761; Wirk. d. Feldapplikation v. 2,4-D u. Fe-Gaben auf Ertrag u. Proteingeh. v. Weizen u. Gerste sowie d. Ertrag v. Bohnen 11-0443; Einfl. v. Bodenfeuchte, Temp. u. N auf Proteingeh. bei Weizen 08-0483; Wirk. v. N auf Proteingeh. u. Schüttdichte 08-0486; Auswirk. frühzeit. Schwadmähens auf d. Eiweißgeh. d. So-Weizens 08-0494; Weizenproteine - Einfl. genet., ackerbaul. u. technol. Faktoren 12-0097; Zusammensetz. u. Eigensch. d. Eiweißkomplexes v. Weizenkörnern 10-0079; lösl. Proteine u. mannigfalt. Enzymformen im frühen Wachstumsstadium v. Weizen 11-0091; Wirk. v. CCC auf Proteingeh., Proteinertrag u. einige qualitative Merkmale d. Körner v. Wi-Weizen 12-0098; Veränder. in Proteingeh. u. -qualität bei Weizen in Verbind. mit einer amberfarbenen Kornmutation 07-0748; durch Röntgenstrahlen induzierte Variabilität d. Geh. bei Brotweizen 12-1000; Einfl. d. Schwarzrostinfektion auf lösl. Proteine d. Weizenblätter 07-0949; Eiweißgeh. beim Wi-Gersten-Weltsortiment 12-0099; Eiweißveränder. u. Einfl. d. N-Subst. in Gerste (Verteil. d. Eiweißstoffe im Korn u. ihr Metabolismus während d. Pflanzenwachstums) 10-0078; Wirk. v. blauem, rotem u. grünem Licht auf Eiweiß-, Nukleinsäure- u. Chlorophyllgeh. in jungen Gerstenpflanzen 11-0042; Wirk. v. Cycocel u. seinen Analogen auf Wachstum u. Geh. an lösl. Protein v. jungen Gerstenkeiml. 11-0075; Veränder. in Gerstenblättern, d. mit Echtem Mehltau infiziert waren 10-0861; Bedeut. d. Einquellens v. Maissaatgut u. d. Kopfdüng. v. wachsendem Mais mit Spurenelementen für d. Erhöh. d. Geh. an Eiweißstoffen u. essentiellen Aminosäuren 08-0504; Einfl. d. Aufzuchtbeding. auf d. Eiweißgeh. d. Maises 08-0507; Einfl. d. Nährstoffversorg. auf Eiweißgeh. d. Maises 08-0508; Einfl. v. Amitrol, Simazin u. d. Virus d. Zwergmosaikkrankh. auf d. Geh. an Zn, Ribonuklease, Eiweißstoffen u. RNS in d. Pflanzen v. Mais 11-0058; Entwickl. v. Maishybriden mit größerem Eiweiß- u. Ölgeh. 07-0782; Einfl. v. 2,4-D u. Streptomyzin auf d. N-Stoffwechsel in Keimpflanzen d. Buchweizens u. sein Zusammenhang mit d. Biosynth. d. Anthozyane 11-0053.

Hackfrüchte

Einfl. d. N-Düng. auf d. Proteingeh. d. Kartoffeln 11-0315; Kartoffeln mit hohem Eiweißgeh. 12-0630.

Futterpflanzen

Silieren v. Pflanzen mit hohem Eiweißgeh. 10-0373; Erhöh. d. Geh. in Futterpflanzen 10-0083; Eiweiß, freie Aminosäuren u. Peptide vegetativer Organe einiger Leguminosen 07-0007; Biochemie d. Leguminosenpflanzen. Eiweißstoffe d. Samen u. Systematik d. Leguminosen 12-0686; Verwert. v. anorg. oder org. N durch Leguminosen bei unterschiedl. C:N-Verhältnis in Pflanzen (Einfl. d. N-Ernähr. auf d. Verhältnis d. Kohlenhydrate z. N bei Erbsen u. Lupinen) 09-0329; Einfl. d. Spurenelemente auf d. Entwickl. d. Lupine sowie auf d. Speicher. v. Alkaloiden u. Eiweißstoffen 08-0564; Einfl. v. Spurenelementen auf Qualität d. Saatgutes. Anreicher. v. Eiweiß u. Ertrag bei Ackerbohnen 10-0415; biochem. Charakteristik v. Samen u. Fett einiger Sojabohnensorten 11-0090; Untersuch. d. Legoglobine aus Soja-Futterbohnen- u. Lupinenknöllchen durch Scheibenelektrophorese in Polyakrylamid-Gel 11-0103; biochem. Gesichtspunkte bei d. Erhöh. d. Eiweißgeh. durch züchter. Maßnahmen bei Dt. Weidelgras 08-0796; Geh. v. Küstenbermudagras u. Inkarnatklee 07-0302; N-Düng. im Frühjahr auf Grünland; Einfl. d. Zeitpunktes d. N-Anwend. auf Roheiweißgeh. v. Weidegras im Frühjahr 11-0598; Einfl. v. Schnitt u. N-Düng. auf Ertrag, Proteingeh. u. morphol. Merkmale v. Wiesenlieschgras u. Wehrloser Trespe 12-0689.

Sonstige Kulturen

Inhalt u. qualitative Zusammensetz. d. Eiweißstoffe verschied. Sorten v. Kichererbsen in Abhängigk. v. verschied. Reifephasen 10-0082; Wirk. d. TMV-Infektionen auf d. Konz. v. Nukleinsäure u. Eiweiß in verschied. Zellorganellen d. Tabakblätter 'Harrisons Special' 09-0902.

Gemüse

Chem. Zusammensetz. v. Gemüse unter Glas 09-0561; mineral. Zusammensetz. d. Gartenbohne 10-0277; interzellulare Verteil. im Tomatenpflanzengewebe 12-0084.

Obstgehölze

Dynamik d. Geh. an Gesamt- u. Eiweiß-N bei wurzelechten u. veredelten Sauerkirschbäumen in Verbind. mit d. Wuchs d. Wurzeln u. Triebe 12-0889; serol. Reaktion als Gradmesser d. Affinität zw. Edelsorten u. Unterlagen bei Rebveredl. 09-0662.

Gehalt im Boden: Bentonitwirk. auf mikrobielle Zersetz. d. Eiweißstoffe im Boden 12-0270; Abbau v. Proteinen im Boden 08-0233; Rekonstitution d. RNS d. Wasserrübengelbmosaikvirus mit TMV-Proteinuntereinheiten 08-0895.

Gehalt in Mikroorganismen: Proteine u. Enzymverteil. in Uredosporen v. Weizenschwarzrost 12-1096.

Rohprotein

Einfl. d. N-Düng. auf Rohproteingeh. u. -ertrag sowie andere Qualitätseigensch. d. Ernteprodukte 11-0396.

Spezielle Proteine

Albumin: Isolier. durch Elektrophorese an Akrylamidgel mit bes. Berücksicht. v. milchig. u. glasig. Weizen 09-0094.

Aleuron: Elektronenmikroskop. Struktur d. Aleuronzellen v. Gerste während d. Keim. 12-0039.

Gliadin: Weizenproteine - Einfl. genet., ackerbaul. u. technol. Faktoren 12-0097.

Globulin: Isolier. durch Elektrophorese an Akrylamidgel mit bes. Berücksicht. v. milchig. u. glaisg. Weizen 09-0094; Untersuch. d. Globulinproteine v. Leguminosensamen mittels Scheibenelektrophorese u. Bezieh. z. ihrer Systematik 09-0014; "Fingerabdruckmuster" d. Globulinfraktionen aus Samen verschied. Spez. v. Fabaceae 09-0016.

Gluten: Isolier. durch Elektrophorese an Akrylamidgel mit bes. Berücksicht. v. milchig. u. glasig. Weizen 09-0094.

Proteinschaum, Verwend. z. Schutze d. Pflanzen gegen Frost 10-0532.

Bakterium, mit d. eine Krankh. verbunden ist 12-1218.
cerasus (syn. Cerasus vulgaris; Amarelle, Sauerkirsche), Eign. für obstbaul. Nutz. landwirtsch. weniger geeigneter Standorte 12-0891; Produktion in Südaustralien 07-0652; Formstabilität v. Steinen 09-0654; Befruchtungsverhältnisse 07-0651; Samenausbildung v. Sorten 11-0687; Resistenz d. Blütenknospen gegen Fröste u. Spätfröste 12-0888; Dynamik d. Geh. an Gesamt- u. Eiweiß-N bei wurzelechten u. veredelten Bäumen in Verbind. mit d. Wuchs d. Wurzeln u. Triebe 12-0889; Vermehr. durch Steckl. u. Wurzelschößl. 09-0652; generative u. vegetative Vermehrbark. v. Sorten 11-0689; Selektion neuer vegetativer u. generativ vermehrter P. mahaleb- u. P. avium Unterlagen für 'Schattenmorelle' 11-0688; Bestimm. v. Chlorazetaldehyd-2.4-dinitrophenylhydrazon 08-0974; Viruserkrank. v. Samen ausgelesener 'Montmorency' Bäume 07-0926; Einfl. d. Virus d. nekrot. Ringfleckigk. d. Sauerkirsche auf Pollen 12-1169; Resistenz v. Sorten gegen Monilia 09-0946; Bek. v. Krankh. u. Insekten mit Boden-Feinsprühgeräten 09-0994.
communis s. Prunus amygdalus.
domestica (Hauspflaume, Pflaume, Zwetsche),Rentabilität d. Pflaume im Küstendiler Bez. 10-0627; Wirk. d. jahreszeitl. Veränder. im Triebwachstum auf d. Menge d. unverkorkten Wurzeln 12-0830; Beobacht. verschied. Typen v. Alternanz 07-0654; Struktur d. Ertragskapazität v. Sorten als Grundlage d. Anbaugestalt. 08-0683; Selekt. in Bulgarien (neue Sorten) 12-1081; Vermehr. durch Steckl. u. Wurzelschößl. 09-0652; Sämlingsunterlagen für 'Kjustendiler Blaue Zwetsche' 12-0898; Einfl. v. Harnstoffspritz. auf 'Early-Laxton' 12-0897; Düngungsversuche mit K u. N an Bäumen 07-0655; Einfl. d. Obstbaumschnittes auf Wachstum u. Reproduktion bei d. Sorte 'Küstendiler Blauzwetsche' während d. Wachstums- u. Ertragsperiode 08-0684; Nachwirk. d. mech. Ernte auf Wachstum u. Fruchtbark. 12-0899; Ortsveränder. 12 fungizider Verbind. nach Injektion in Bäume 07-1019; Resistenz v. Sorten gegen d. Kaliforn. Schildlaus 09-0864; Züchtungsforsch. (Frostresistenz an Pflaumenklonen u. -unterlagen) 08-0821; Vererb. d. Resistenz gegen d. Rotfleckenkrankh. bei d. Kreuz. verschied. Pflaumensorten 07-0828.
insititia, Sämlingsunterlagen für 'Kjustendiler Blaue Zwetsche' 12-0898.
laurocerasus, gasstoffwechselphysiol. u. biochem. Verhalten bei Frostbelast. unter Freilandbeding. 09-0036.
mahaleb (Steinweichsel, Weichselkirsche), heutiger Stand bei Unterlagen 12-0887; Selektion neuer vegetativer u. generativ vermehrter P. mahaleb- u. P. avium Unterlagen für 'Schattenmorelle' 11-0688; Wuchsbeding. (Wuchs im Tal d. Ibar) 12-0892.
mugus, heutiger Stand bei Unterlagen 12-0887.
myrobalana s. Prunus cerasifera.
persica (syn. P. persica vulgaris; Pfirsich), Nektarinen. Bemerk. über Stand u. Perspektive d. Anbaues 08-0682; Einfl. eines Extraktes v. Blüten-

teilen auf d. Keimen d. Pollens d. Sorte 'Karman' 09-0655; Ultrastruktur d. Sproß-Apices u. d. Blätter normaler u. physiol. verzweigter Säml. 11-0024; Einfl. d. Behandl. mit Fungiziden auf physiol. Prozesse 12-1282; Ruheregulation in Samen 11-0067; wachstumsfördernde Stoffe in d. sich entwickelnden Frucht 07-0043; physiol. Besonderh. in Zusammenhang mit Verjüngungsschnitt 12-0895; Affinität 12-0894; Samenkeim. u. Sämlingswachstum nach Einwirk. verschied. Faktoren 12-0893; biochem. Besonderh. in Zusammenhang mit Verjüngungsschnitt 12-0895; Merkmale u. Eigensch. v. F_1-Hybriden zw. 'Hale' u. a. Sorten 12-1082; Sorte 'Cervena Kurtovka' 12-0896; Samenkeim. u. Sämlingswachstum nach Einwirk. verschied. Faktoren 12-0893; Viruswirk. auf Veredl. u. Wachstum v. Pfirsichreisern auf Prunus-besseyi- u. P.-tomentosa-Unterlagen 10-0626; Beding. d. Bewurzel. v. Steckl. bei Sprühnebelvermehr. 11-0691; Einteil. d. Bodens u. Einfl. auf d. Ernähr. 08-0660; N-Ernähr. d. Pfirsichbaumes (jahreszeitl. Veränder. d. N-halt. Bestandteile ausgewachsener Bäume) 12-0448; (Speicher. u. Mobilisier. d. N in jungen Bäumen 12-0449; (Stoffwechsel u. Verlager. d. L-[guanido-^{14}C]-Arginin-hydrochlorids u. d. L-[U-^{24}C]-Asparagins in jungen Bäumen, während d. Vegetationsruhe) 12-0450; optimales Verhältnis zw. Laub u. Früchten beim Ausdünnen v. Bäumen d. Sorten 'Redhaven' u. 'Dixired' 11-0690; kurz- u. langfrist. Einfl. v. Herbiziden auf neugepflanzte u. ertragsfäh. Bäume 12-1345; Symptome d. Virus d. Warzenkrankh. d. Pfirsichs auf einigen Arten sowie auf Pfirsich u. Prunus persica var. nectarina 09-0908; Viruswirk. auf Veredl. u. Wachstum v. Pfirsichreisern auf Prunus-besseyi- u. P.-tomentosa-Unterlagen 10-0626; Isolier. d. latenten Erdbeerringfleckenvirus aus stauchekranken Pfirsichbäumen 11-0926; Erzeug. v. Bakterienkrebs im Freiland 07-0964; Bezieh. zw. durch Pythium-Arten verursachten Wurzelnekrosen u. Pfirsichverfall 08-0953; Pfirsichholz. Prinzipielle Änder. pilzl. oder traumat. Ursprungs 11-0957; Veränder. einiger physiol. u. biochem. Prozesse in v. Mehltau befallenen Bäumen (biochem. Veränder.) 11-0958; (Einfl. auf d. Atmungsintensität u. Aktivität einiger Atmungsfermente 12-1219; Bestimm. v. Chlorazetaldehyd-2.4-dinitrophenylhydrazon 08-0974; Toxizität v. Schädlingsbekämpfungsmitteln auf räuberische Arthropoden in Pfirsichanlagen in Ontario 08-1008; Bek. v. Kräuselkrankh. u. Bleiglanz an Pfirsichen 12-1261; Wirk. zweier Karbamate auf Pfirsichschädl. 08-1012; Eign. v. Sorten z. Konservier. in Sirup 07-0653; Anzahl v. Elternpaaren für d. Zücht. früher Sorten 09-0843; Vererb. einiger Merkmale 09-0847; Merkmale u. Eigensch. v. F_1-Hybriden zw. 'Hale' u. a. Sorten 12-1082.

persica vulgaris s. Prunus persica.

pseudocerasus, heutiger Stand bei Unterlagen 12-0887.

sibirica (Sibirische Aprikose), Untersuch. im Norden d. Mongolei 08-0680.

spec., Symptome d. Virus d. Warzenkrankh. auf einigen Arten sowie auf Pfirsich u. Prunus var. nectarina 09-0908; Überkreuz-Übertragungsversuche mit Viren 09-0909.

Pyramin s. unter Herbizide.
Pyrausta nubilalis s. Ostrinia nubilalis.
Pyrazon s. unter Herbizide - Pyramin.
Pyrenophora semeniperda, pleomorpher Parasit d. Getreidekörner 08-0927.
Pyrogallol, mutagener Effekt v. Pyrogallol in bezug auf verschied. Frequenzen natürl.-mutierender Zellen 08-0727.
Pyrus (syn. Pirus; Birne)
communis, Ertragsverhalten in Abhängigk. v. Sorten-Unterlagen-Kombination, Anbausystem u. Kronengestalt. 08-0665; Dichtpflanzen auch in Schalkwijk 10-0617.

Physiologie, Chemie: Resistenz gegen Spätfrost u. Ansatz parthenokarper Früchte in einem Sortiment 09-0650; Termine d. Anlage u. Differentiation d. Blütenknospen 09-0649; Einfl. d. Blätter auf d. Wachstum d. Früchte bei 'Passa Crassana' 11-0683; was beeinflußt d. Reifeprozeß bei 'Williams Christ' 12-0882; physiol. Unverträglichk. zw. Birnensorten u. d. Unterlage Quitte A 12-0880; Ertragsverhalten in Abhängigk. v. Sorten-Unterlagen-Kombination, Anbausystem u. Kronengestalt. 08-0665; Axillarknospen an normalem u. an bestrahltem Birnenholz 11-0037; Versuchserfahr. mit Gibberellsäure (1966) 07-0645; Anwend. v. B-9 09-0630; Anwend. v. Alar (B-9) bei jungen Bäumen 12-0843; Wirk. v. 2.4.5-TP auf Fruchtansatz u. Ertrag bei 'Packhams Triumph'-Birnen 12-0879; Faktoren, d. d. Verfärb. v. konservierten 'Bon Chrétien'-Birnen beeinflussen 10-0625.

Sorten, Unterlagen, Anzucht: 50 neue in d. UdSSR gezüchtete Sorten 07-0626; südl. Sortenzücht. 12-1083; Resistenz gegen Spätfrost u. Ansatz parthenokarper Früchte in einem Sortiment 09-0650; Einfl. d. Blätter auf d. Wachstum d. Früchte bei 'Passa Crassana' 11-0683; Blattanalyse unter bes. Berücksichtig. d. Sorte 'Passa Crassana' 11-0682; physiol. Unverträglichk. zwischen Birnensorten u. d. Unterlage Quitte A 12-0880; Unterlagenversuch bei Bewässer. 12-0881; Bewurzel. v. Grünsteckl. d. Sorte 'Williams' 07-0646.

Ernährung, Düngung: Einteil. d. Bodens u. Einfl. auf d. Ernähr. 08-0660; Blattanalyse unter bes. Berücksichtig. d. Sorte 'Passa Crassana' 11-0682; Verteil. v. ^{65}Zn in Bäumen nach Injektion in d. Rinde 08-0392; Harnstoffspritz. nach d. Ernte u. im Winter 09-0631; Blattdüng. mit Harnstoff im Frühjahr 09-0651.

Pflege: Schnitt nach Guilliams bei 'Doyenné du Comice' u. 'Beurré Hardy' 08-0677; Fruchtholzschnitt bei 'Abate Fétel' 10-0624; Unterlagenversuch bei Bewässer. 12-0881.

Phytopathologie: Bek. v. Mn-Mangel 10-0926; Wachstum junger Birnbäume nach Entfern. einiger Viren durch Wärmebehandl. 07-1010; viröser Birnenverfall, Rindenrissigk. u. Rindennekrose 08-0903; Nachweis d. virösen Birnenverfalls 11-0924; Verfall u. Absterben v. Birne auf Quittenunterlagen, hervorgerufen durch Virusinfekt. 11-0925; Samenübertrag. d. TMV 11-0914; Fruchtsterben an Birnbäumen durch Pseudomonas mors-prunorum 07-0963; Feuerbrand in Europa 12-1214.

L a g e r u n g : Kühllager. in Viktoria 12-0883; (Hauptmerkmale d. CA-Lager. 11-0668; Versuche z. Lager. mit CO_2 (1958-61) 12-0884; Aufbewahr. v. 'Passa-Grassana'-Birnen in normaler u. kontrollierter Atmosphäre 12-0885.

Z ü c h t u n g : genet. Untersuch. (Rote Mutanten) 08-0820; Versuche mit Unterlagen 09-0842; südl. Sortenzücht. 12-1083.

malus s. Malus domestica.

Pythium

aphanidermatum, Infekt. d. Primärwurzeln v. Straußgras durch Zoosporen v. P. aphanidermatum 11-0948.

ultimum, Synergismus zw. P. ultimum u. d. Gurkenmosaikvirus 09-0910; Bek. d. Umfallkrankh. an Erbse durch Zykloheximid 07-1030.

spec., nach 12 Jahren in lufttrockenem, org. Boden noch lebensfäh. Arten 10-0804; Bezieh. zw. durch Pythium-Arten verursachten Wurzelnekrosen u. Pfirsichverfall 08-0953.

P-9 s. unter Antibiotika.

Quadraspidiotus perniciosus (syn. Aspidiotus perniciosus; Kalifornische Schildlaus, San-José-Schildlaus), Verhältnis überwinternder San-José-Schildlaus-Weibchen u. ihrer Larven z. Temp. 11-0894; Resistenz gegen Vorkommen bei Apfel- u. Pflaumensorten 09-0864; biol. Bek. d. San-José-Schildlaus 07-0993; Parasitenfauna unter Berücksichtig. d. importierten Prospaltella perniciosi 08-0982; 9-jähr. Erfahr. mit P. perniciosi, eines Parasiten d. San-José-Schildlaus 12-1250; Bek. d. San-José-Schildlaus mit Hilfe d. Aphelinide Prospaltella perniciosi 12-1251.

Qualität (und Qualitätsbeurteilung), Bundesanst. f. Qualitätsforsch. pflanzl. Erzeugnisse (BAQ) in Geisenheim/Rheingau (Jahresber. 1966) 11-0600; Bodenverunreinig. u. ihr Einfl. auf d. Pflanzenqualität 11-1011; Einfl. d. N-Düng. auf d. Erntequalität 09-0384; über d. Einfl. d. N-Düng. auf Rohproteingeh. u. -ertrag sowie andere Qualitätseigensch. d. Ernteprodukte 11-0396; Qualitätsmerkmale d. Produkte in Abhängigk. v. natürl. u. ackerbaul. Faktoren 12-0019.

B e i G e t r e i d e : Chromosomensubstitution- u. Monosomen-Meth. für Untersuch. z. Qualität d. Weizens 07-0749; Qualitäts- u. Ertragsuntersuch. bei Hybridweizen 07-0750; Anwend. d. Biochem. in d. Genetik z. Qualitätsverbesser. u. bei d. Pflanzenernähr. (Vererb. d. Aufnahme chem. Elemente bei Mais) 07-0774; (Genmutationen beeinfl. d. Kohlenhydratzusammensetz. im Maisendosperm) 08-0760.

B e i H a c k f r ü c h t e n : Einfl. d. Düng. auf Ertrag u. Qualität bei frühen u. späten Kartoffelsorten 07-0463; Einfl. mineral. Düngemittel auf Qualitätsmerkmale d. Kartoffel 07-0467; Qualität v. Speisekartoffeln (chem. Beigeschmack v. Kartoffeln) 08-0097; Ermittl. d. Wertes v.

Kaliummetaphosphat als K-Quelle für Kartoffeln mit bes. Bezugnahme auf Qualität d. Knollen 09-0335.

B e i F u t t e r p f l a n z e n : Qualitätsprobleme in d. Grünlandwirtsch. 07-0515; Zücht. auf bessere Qualität bei Futterpflanzen mit Hilfe d. Verdaulichkeitsuntersuch. "in vitro" 08-0786; Heuqualitätsuntersuch. 1963-65 im Bez. Suhl 11-0592; Heuproben aus d. Oberpfalz 11-0593; Bestimm. d. Qualität v. Wiesenrispengras u. Rasenschmiele nach d. mikroskop. Meth. 08-0592; Qualität v. Harvestore-Silagen 08-0461; Qualität d. Sojabohnensamen 11-0098.

B e i s o n s t i g e n K u l t u r e n : Saatkoriander in d. Lit. SSR (Einfl. mineral. Dünger auf Geh. u. Qualität äther. Öls) 07-0482; Einfl. d. Bewässer. auf Ertrag u. Qualität bei Pfefferminz 07-0483.

B e i G e m ü s e : Qualitätserzeug. v. Gemüse nach ernährungsphysiol. Gesichtspunkten 09-0562; Qualität im Gemüsebau 12-0730; umwelt- u. sortenbedingte Qualitätsbeeinfluss. v. Gemüsearten u. d. Problem d. Einführ. v. Gemüsesorten mit bestimmten Qualitätseigensch. in d. Praxis 07-0551, 08-0617; Einfl. v. ^{6}N-Benzyladenin auf Lager., Marktwert u. Chlorophyllgeh. v. Kopfkohl nach d. Ernte 12-0750; Einfl. d. Aussaat- u. Erntetermins auf Qualität d. Möhre 08-0629; Möhrenwachstum u. Möhrenqualität, beeinflußt durch Beregn. u. Umweltfaktoren 10-0547; Einfl. d. K-Düng. auf Haltbark. u. Qualitätserhalt. bei d. Lager. v. Möhren 10-0548; Qualitätsschwierigk. bei Gurken 09-0585; Einfl. d. Düng. auf Flächenertrag, Qualität u. Verluste bei d. Lager. v. grünen Buschbohnen 11-0637; Einfl. wuchshemmender Mittel auf Qualität v. Tomaten 09-0596; Wechselbezieh. v. Temp. u. CO_2-Begas. auf verschied. Qualitätsmerkmale v. Gewächshaustomaten 10-0574; N u. Abstand v. Tomaten in Bezieh. z. Marktqualität 12-0776; radioaktive Dekontamination v. Speisepilzen durch Blanchieren 08-0619.

B e i O b s t : Meth. für entomolog. Quantitätsuntersuch. in Obstgärten 11-0974; Wirk. chem. Ausdünnungsmittel bei 'Golden Delicious' auf d. Qualität 12-0851; Wirk. v. Alar (B 995) z. Reduzier. d. Fruchtfalles, Verbesser. d. Fruchtfarbe u. d. Festigk. v. Äpfeln 12-0853; Wirk. v. N-Dimethylamino -bernsteinamidsäure auf Lagerqualität v. Äpfeln 12-0845; Qualität u. Resistenz (Biostatica in d. Gatt. Vitis u. ihren Bastarden) 11-0846.

B e i Z i e r p f l a n z e n : Blühbeeinfluss. v. Dahlia (Wirk. v. Tageslänge im Frühstadium d. Sproßwachstums auf Blütezeit u. Qualität d. Schnittblumen) 11-0728.

<u>Quecke</u> s. Agropyron.

<u>Queckentrespe</u> s. Bromus inermis.

<u>Quecksilbermittel</u> s. unter Fungizide.

<u>Quercus spec.</u> (Eiche), Rückführ. mineral. Elemente mit Bestandsabfall u. Zusammensetz. d. Bodenhumus in vorherrschenden Parzellen eines Linden-Eichenwaldes 12-0260; Translokation v. trägerfreiem ^{85}Sr nach Auf-

Pflanzen 08-0035; Kälteresistenz d. Pflanzen u. therm. Verfahren z. ihrer Steiger. 12-0042; Torsometh. Nachwuchslängen als Indikator für Frostschäden u. Frostresistenz 10-0697; Permeabilität d. Protoplasmas d. Blattgewebes als Kennzahl d. Spätfrostresistenz d. Pflanzen 10-0749; Klima u. Winterfestigk. d. Wi-Weizens in d. UdSSR 07-0443; Studien über Frostresistenz v. Weizen 12-0034; Akkumulation v. Zuckern während d. Härt. d. Wi-Weizens 12-0040; Veränder. d. Aktivität einiger oxydierender Fermente in Weizenkeiml. bei ihrer Abhärt. gegen niedr. Temp. 12-0035; Zustand d. Katalase beim Weizen im Zusammenhang mit Frostresistenz 07-0010; Bestimm. d. Frostresistenz v. Weizenhybriden bei Keim. d. Samen unter natürl. Beding. 10-0698; Frostresistenz u. Leist. v. Wi-Weizen in Abhängigk. v. Alter u. Sortencharakter d. Pflanze 09-0023; Einfl. d. Gaszusammensetz. d. Atmosphäre auf Frostresistenz v. Wi-Weizenpflanzen 11-0031; Winterfestigk. v. Wi-Weizen in Abhängigk. v. d. Düng. nach reiner Brache 09-0444; Einfl. v. K-Düng. auf d. Frosthärte v. Wi-Weizen 08-0496; Einfl. d. Behandl. v. unterschiedl. altem Weizensaatgut mit Röntgenstrahlen auf d. Lebensfähigk. u. Winterfestigk. d. Pflanzen 08-0493; Resistenzeigensch. im Gersten- u. Weizensortiment Gatersleben. Prüf. d. Frostresistenz v. Wi-Gersten im künstl. Gefrierversuch 09-0759; Winterhärte d. Gerste in Wyoming 09-0449; Intensität d. Photosynth. v. Wi-Gerste im Herbst 09-0047; Bezieh. v. Si in Gerste z. ihrer Kälteresistenz 08-0394; Suche nach super-winterhartem Hafer 11-0780; morphol.-physiol. Kennwerte d. Kälteresistenz beim Mais 08-0026; Resistenz v. Mais gegen d. "Kälte-Test" 10-0734; mehrfache Resistenz gegen Hitze, Dürre, Frost, Charcoal Rot u. Nematoden bei Kulturkartoffeln 07-0798; Invertaseaktivität bei in d. Frostresistenz unterschiedl. Kartoffelproben 08-0027; Beurteil. v. Luzernesorten auf Kälteresistenz durch Keim. in Lös. mit unterschiedl. osmot. Werten 11-0412; frostempfindl. Stadien bei Luzerne 08-0028; Faktoren, d. Überleben v. Rot- u. Weißkleepflanzen im Gefrierraum bei niedr. Temp. beeinfl. 07-0011; Winterfestigk. bei Bleichsellerie 11-0836; Anwend. v. Leitfähigkeitsmeth. z. Bestimm. d. Frostresistenz v. Obstgehölzen 10-0074; Geh. an Polyphenolverbind. in einigen Obstbaumarten in Bezieh. z. ihrer Frosthärte 12-0036; Verwend. v. flüss. N in einer Winterhärte-Prüfkabine für Obstbäume 08-0090; photochem. Aktivität d. aus unterschiedl. frostresistenten Apfelsorten isolierten Plastiden 09-0024; Anwachsen u. Winterfestigk. bestrahlter Apfelreiser beim Veredeln im Frühjahr 12-0873; Resistenz gegen Spätfrost in einem Birnensortiment 09-0650; Züchtungsforsch. an Pflaumen (Frostresistenz an Pflaumenklonen u. -unterlagen) 08-0821; Korrelation zw. Zuckergeh. d. Pollens u. d. Stempels v. Süßkirschen u. d. Winterfestigk. ihrer Blütenknospen 08-0681; d. Blütenknospen gegen Fröste u. Spätfröste bei Sauerkirschsorten 12-0888; Winter-Phytoklima u. Frostfestigk. d. Rebtriebe 07-0665; Redoxpotential u. pH-Ionenkonz. d. Blutungssaftes v. Reben 12-0037; Frostbeständigk. bei Zitrusfrüchten 09-0527; Kälteschäden an Zitrusbäumen (Bezieh. zw. Frosthärte u. osmot. Konz. sowie Elementgeh. in Blättern u. Stengeln v. 'Satsuma'-Orangebäumen unter Einfl. v. Kältebehandl.) 12-0038; Jugendwuchsleist., Dürre- u. Frostresistenz verschied. Provenienzen d. japanischen Lärche 07-0843.

G e g e n D ü r r e : Wasserretention durch Zellwände u. Folger. für Dürreresistenz 10-0270; Hitzestabilität v. Maleindehydrogenase aus hitze-abgehärteten Pflanzen 11-0110; Schädig. d. Weizenpflanzen durch Trockenh. u. Möglichk. ihrer Wiederherstell. 11-0032; anatom. Veränder. im Weizenblatt auf Grund inneren Wassermangels 10-0026; Einfl. v. Prolin auf Dürreresistenz v. Weizen 09-0311; mehrfache Resistenz gegen Hitze, Dürre, Frost, Charcoal Rot u. Nematoden bei Kulturkartoffeln 07-0798; Jungpflanzen trockenresistenter u. nicht-trockenresistenter Sorten v. Beta-Rüben bei unterschied. Wasserversorg. 10-0759; Dürreresistenz v. Obstsorten u. -formen 09-0837; Jugendwuchsleist., Dürre- u. Frostresistenz verschied. Provenienzen d. japanischen Lärche 07-0843.

G e g e n b a k t e r i e l l e u n d p i l z l i c h e K r a n k h e i t e n : Bezieh. v. Si in Gerste z. ihrer Krankheitsresistenz 08-0394; d. Pflanzen geg. Bakteriosen 12-1087; Rolle d. Glykoalkaloide bei d. Resistenz d. Kartoffel gegen bakterielle Ringfäule 09-0930; warum hochveredelte 'Cox'? 11-0675; chromosomale Verteil. d. Resistenz d. Roggens gegen Pathogene d. Weizens 10-0692; Resistenz u. Qualität (Biostatica in d. Gatt. Vitis u. ihren Bastarden) 11-0846; Zücht. v. Wi-Weizen auf Resistenz gegen Braunrost 10-0699; Vererb. d. Resistenz gegen Braunrost bei d. Weizensorten 'Exchange' u. 'Frontana' 10-0694; chromosomale Lokalisation d. Feldresistenz gegen Braunrost bei dem Weizen 'Chinese Spring' 07-0744; Rolle d. Antibiotika u. a. Stoffe bei Steiger. d. Resistenz v. Wi-Weizen gegen Braunrost 10-0920; Bezieh. zw. überempfindl. Gewebe u. Resistenz bei Weizenkeimpflanzen, d. mit Weizenschwarzrost infiziert sind 08-0932; Genetik d. Rostresistenz in tetraploiden Weizen (Genetik d. Schwarzrostresistenz bei einigen Hartweizen) 12-1005; Vernstein - ein Triticum-aestivum-Abkömml. mit Schwarzrostresistenz v. 'Vernal'-Emmer 11-0760; Vererb. d. Schwarzrostresistenz u. a. Merkmale bei diploidem Hafer 07-0771; Resistenzeigensch. im Gersten- u. Weizensortiment Gatersleben; Prüf. v. Gersten auf ihr Verhalten gegen Gelbrost 09-0758; Steinbrandresistenz d. Weizens 09-0925; Resistenz v. Weizenpflanzen gegen Weizenflugbrand 09-0742; Schnellmeth. z. Bestimm. d. Flugbrandresistenz d. Weizens unter Verwend. d. Spektrofluoreszenzanalyse 09-0958; Flugbrandresistenz d. Weizens u. d. Gerste 09-0959; Vererb. d. Flugbrand-Resistenz (Bezieh. zw. d. 'Russian'- u. d. 'Jet'-Resistenzgrenzen u. Genen bei Gerstensorten verschied. Herkunft) 07-0768; Einfl. d. Anbautermins auf d. Resistenz einiger Gerstensorten gegen Gerstenflugbrand 12-0593; Resistenzerhöh. gegen Maisbeulenbrand durch Einwirk. mutagener Faktoren 10-0728; 3 Loci bei Weizen mit Resistenzcharakter gegen Weizenmehltau 07-0743; Koppl. d. Mehltauresistenz u. d.

Spelzenbehaar. auf d. Weizenchromosom 1 A 09-0741; Übertrag. d. Resistenz gegen Weizenmehltau v. 'Khapli' Emmer u. 'Yuma' Durum auf hexaploiden Weizen 07-0742; Resistenz gegen Getreidemehltau u. Selektion bei Hafer 09-0767; Genetik d. Resistenz v. Erysiphe polygoni bei Rotklee 11-0814; Unterschiede im Verhalten gegenüber Erysiphe-polygoni-resistenten u. -anfäll. Rotklee 12-1204; monogen bestimmte Resistenz gegenüber Amerikan. Stachelbeermehltau bei Schwarzen Johannisbeeren 08-0823; Erhöh. d. Resistenz v. Wi-Weizen gegen Wurzelfäule 12-1176; wiederkehrende Selektion z. Schaff. synthet. Maissorte, d. gegen Fusarium-Stengelfäule resistent ist 08-0765; Aufnahme u. Verteil. v. Nährstoffen in Leinpflanzen, d. empfängl. für u. resistent gegen Fusarium-Welke sind 07-0958; Vgl. pathogener Isolate v. Fusarium oxysporum f. lycopersici u. verschied. Quellen d. Resistenz in d. Tomate 11-0955; Selektion v. Zuckerrübenkeimpflanzen auf Resistenz gegenüber Aphanomyces cochlioides 11-0806; Laborprüfmeth. zwecks Feststell. d. Knollenresistenz gegenüber Phytophthora infestans 08-0967; künstl. Infektionsmeth. für Resistenzprüf. gegen Kartoffelfäulen unter Berücksichtig. ihrer Bedeut. im internat. Warenverkehr 10-0892; Charakteristik d. Ausgangsmaterials für Zücht. v. phytophthoraresistenten Kartoffeln im fernöstl. Küstenland 09-0785; Rolle d. R-Gene u. Polygene bei Resistenz v. Kartoffelknollen gegenüber Phytophthora 09-0789; Schorfresistenzprüf. v. Kulturkartoffeln u. Kartoffelzücht. 12-1047; Kontrolle d. Resistenz gegen d. Strichelkrankh. bei Tabakhybriden in Selektionen auf Resistenz gegen Peronospora tabacina 08-0946; Zücht. blauschimmelresistenter Tabaksorten 11-0824; Resistenz d. Sonnenblumensorten gegen d. Sklerotienkrankh. 11-0947; Steiger. d. Peroxydase-Aktivität u. d. Resistenz bei d. Batate gegen Ceratocystis durch flücht. Stoffe 09-0953; Resistenzzücht. gegen physiol. Rassen v. Plasmodiophora brassicae 08-0771; Faktoren, d. Resistenz d. Erbse gegen Ascochyta erhöhen 10-0868; Identifizier. neuer Rassen v. Cladosporium fulvum u. Selekt. auf Resistenz bei Tomaten 11-0956; Vererb. d. Resistenz gegen d. Rotfleckenkrankh. bei d. Kreuz. verschied. Pflaumensorten 07-0828; Resistenz v. Sauerkirschsorten gegen Monilia 09-0946; Einfl. d. Schnittes d. Schwarzen Johannisbeere auf d. Resistenz gegen Septoria u. auf d. Ertrag 08-0954; Didymella-Anfälligk. v. Himbeersorten u. Wild-Himbeerarten in d. Resistenzzücht. 07-0829.

G e g e n V i r e n : Immunität gegen Pflanzenviren 09-0863; Resistenzprüf. u. -verhalten v. Kultur- u. Wildkartoffeln gegenüber Kartoffelvirosen 11-0796; Selektion d. Kartoffeln auf Virusresistenz 10-0750; Eign. einiger Kartoffelsorten für Zücht. auf Feldresistenz gegen Viruskrankh. 09-0786; Überempfindlichkeitsresistenz einiger Kartoffelsorten gegen X- u. B-Virus u. züchter. Ausnütz. 10-0751; Zücht. auf Vergilb.- u. Nematodenresistenz bei Zuckerrüben in England 09-0795; Zücht. auf Vergilb.-Resistenz bei Zuckerrüben in d. Niederlanden 09-0796; Zücht. v. Rotklee auf Virusresistenz 11-0820; Resistenz gegen Tomatenmosaikvirus bei

Lycopersicon 10-0772; geimpfte Tomatensäml. bringen gute Erträge 09-0598; Resistenz v. Paprika 'Italian El' gegen Infektion mit d. Kartoffel-Y-Virus 10-0838.

G e g e n t i e r i s c h e S c h ä d l i n g e : Resistenz d. Pflanzen gegen Insektenbefall bei Handelssorten v. Kopfkohl 07-0887; Resistenz gegen Insektenbefall bei 3 Kopfkohlsorten in verschied. Wachstumsstadien 10-0817; jahreszeitl. Veränder. in d. rel. Resistenz gegen Insektenbefall bei 8 Handelssorten v. Kopfkohl 09-0878; verschiedenart. Resistenz gegen Insektenbefall bei verschied. Kruziferen 07-0888; Bezieh. v. Si in Gerste z. ihrer Schädlingsresistenz 08-0394; Vererb. d. Resistenz geg. d. Getreidenematoden beim Weizen 11-0872; Prüf. knollenbildender Solanaceen auf Resistenz gegenüber Wurzelgallennematoden 08-0775; Kartoffelsorten mit Resistenz gegen d. Kartoffelnematoden 07-0459; mehrfache Resistenz gegen Hitze, Dürre, Frost, Charcoal Rot u. Nematoden bei Kulturkartoffeln 07-0798; Auswirk. d. Anbaues v. Kartoffeln mit Resistenz gegen Rasse B auf eine Nematodenpopulation 08-0861; Zücht. auf Vergilb.- u. Nematodenresistenz bei Zuckerrüben in England 09-0795; Resistenz d. Sojabohne gegen Nematoden 10-0417; Bewert. v. Tomatensorten für Resistenz gegen 2 Spinnmilben 11-0830; Resistenz v. Apfel- u. Pflaumensorten gegen d. kaliforn. Schildlaus 09-0864; Resistenz v. 30 Handelssorten v. Kruziferen gegen d. gestreiften Erdfloh 07-0889; genet. Analyse d. Resistenz v. Gerste gegenüber d. Hessenfliege 09-0760; physiol. Resistenz d. Maises gegen d. Fritfliege 10-0894; Bewert. v. Selektionsmaterial im Hinblick auf Resistenz gegen Gräserfliegen 11-0753; Resistenz gegen d. Maiszünsler 08-0841; Mechanismus v. Zahnmais geg. d. Maiszünsler 12-1127; Genorte, d. Resistenz gegen Blattfraß d. Maiszünslers bedingen 10-0729; Überleben d. Larven d. Maiszünslers an resistentem, mit Nährsubstrat behandeltem Mais 07-0881; Resistenztesten bei Wildkartoffelarten gegen d. Kartoffelkäfer 09-0780; Faktoren, d. sich auf d. Resistenz v. Luzerneklonen gegen Imaginalfraß u. Eiablage d. Luzerneblattnagers im Labor auswirken 07-0890; Resistenz gegen d. Roten Kürbiskäfer bei Kürbissen 07-0823; Faktoren d. Widerstandsfähigk. v. Erbsen gegen Sitona sp. 11-0893.

Rettich s. Raphanus sativus var. niger.

Rhabarber s. Rheum.

Rhabditis oxycerca s. unter Nematodes.

Rhagoletis cerasi (Kirschfruchtfliege), Wirksamk. chem. Präp., d. Fenthion, Fenitrothion u. Dimethoat als Wirkstoffe enthalten, bei Bek. v. Schädl. d. Obstbaues 10-0942.

Rhenaniaphosphat s. unter Düngung - Phosphorsäuredüngung.

Rheum rhabarbarum (Rhabarber), Stangenfarbe u. -produktion, beeinfl. durch Gibberellin u. Saccharose 12-0795; physiol. Ruhe bei Treibrhabarber 10-0590; virusfreier Rhabarber könnte Kulturproblem lösen 10-0591; Raupen d. Ampfereule als Schädlinge 11-0902.

Rhicoecus pritchardi, Biol. u. Bek. einer an d. Wurzeln v. Saintpaulia

Feldfuttergräser 12-0693; Korr. zw. quantitativen Merkmalen v. Luzernesorten als Einzelpflanzen u. bei Breitsaat 07-0805; Wirk.: v. Abstand u. Schneiden auf d. Blühen v. Wicken 08-0707; v. N-Düng. u. Standraum auf Ertrag u. Zusammensetz. v. Napiergras in trop. Trockenzonen 09-0521; d. Reihenabstandes u. d. Aussaatmenge auf Ertrag u. Qualität d. Strohs u. d. Faser bei Lein 10-0449; Abstand zw. d. Pflanzen in d. Reihe bei Möhrensamenträgern 07-0566.

Saattermine
Einfl.: d. Aussaattermine auf Samenqualität 11-0410; unterschiedl. Aussaattermine d. Elternsorten auf d. Verhalten d. Hybridsamen in d. F_1-Generation 07-0819; Frost-Aussaat 11-0446; Frostresistenz u. Leist. v. Wi-Weizen in Abhängigk. v. Alter u. Sortencharakter d. Pflanze 09-0023; Veränder. einiger physiol.-biochem. Merkmale v. Wi-Weizen bei Frühjahrsaussaat 12-0030; Ertragsqualität v. So-Weizensamen Kasachstans in Abhängigk. v. Aussaatterminen 08-0495; Wirk. v. Pflug- u. Aussaatdaten auf Verhalten v. bodenbürt. Krankheitserregern d. So-Weizens 10-0912; Verhalten d. Wechselgerste bei verschied. Aussaatterminen 12-0594; Einfl. d. Anbautermins auf d. Resistenz einiger Gerstensorten gegen Gerstenflugbrand 12-0593; Ertrag u. Entwicklungsverschieb. bei Futterroggen in Abhängigk. v. Saatzeit u. Höhe d. N-Düng. 09-0509; Bezieh. zw. Aussaatterminen u. Ertrag bei Zuckerrüben 08-0531; Blattlausbek. u. Aussaatzeit z. Bek. d. Vergilbungskrankh. bei Zuckerrübe 11-1002; Einfl. unterschiedl. Aussaatzeiten u. Saatmengen auf Wert u. Vermehrungskoeffizienten d. Rübensteckl. 08-0533; Einfl. d. Saatzeit: (genet. Parameter) 10-0735; auf d. Grünmasseertrag u. auf d. Futterwert d. Wi-Rapses 12-0619; Notwendigk. d. rechtzeit. Aussaat für Tabak 11-0536; Einfl. d. Saattermins auf d. Ertrag d. Zichorie 'Zuckerhut' 09-0610; Spätherbstaussaat v. Gemüsekulturen 11-0618; Aussaatdaten bei Tomaten 11-0646; Einfl. d. Aussaattermins auf Qualität u. Lagerfähigk. d. Möhre 08-0629; Jarowisation und Herbstaussaat einiger Sorten d. Futtermöhre 12-0652; Kruziferen für späten Stoppelfruchtbau auf Grund v. Saatzeitversuchen 10-0504; Versuch mit Sorten u. Stämmen v. Weißkohl mit Frühjahrsaussaat (1965-66) 09-0572; Höhe d. N-Düng. in ihrer Wirk. auf d. Ertrag u. Tr.-Subst.-Geh. v. Markstammkohl bei verschied. Aussaatterminen 08-0574; Aussaatzeitversuch zu verschied. Radiessorten 07-0568; Saatterminversuch z. Cyclamen 09-0693.

Saatweite s. unter Saatverfahren.

Saatwicke s. Vicia sativa.

Saatzeiten s. unter Saatverfahren - Saattermine.

Saccharomyces s. unter Bodenbiologie - Pilze (Ascomycetes).

Saccharose s. unter Kohlenhydrate - Zucker.

Saccharum officinarum (Zuckerrohr), Photosynth. d. Blätter (neue Karboxylierungsreaktion u. d. Weg d. Zuckerbild.) 08-0057; Fe-Mn-Bezieh. bei chlorot. Pflanzen bei Anbau auf einem kalkreichen Boden 08-0386; Wirk. v. Telodrin auf d. N-Ernähr. 09-0200; Gibberelline 08-0109.

Sadoplon s. unter Fungizide.

Säckelblume s. Ceanothus velutinus.

Säulenchromatographie s. unter Chromatographie.

Saatguterzeugung

Saatgutproduktion u. Saatgutuntersuch. 11-0409; Perspektiven d. Zusammenarb. in d. Saatguterzeug. 08-0447; 100 Jahre Samen- und Pflanzenzuchtbetrieb N.L. Chrestensen, Erfurt 11-0602; Rolle d. Schwed. Saatgutvereinig. in d. Entwickl. d. schwed. Landwirtsch. 07-0004; System d. Sortenprüf. u. d. Samenbaues in Ungarn 12-0544; Zücht., Samenanbau u. Anbau landwirtsch. Pflanzen in Australien 11-0444.

G e t r e i d e : Befruchtungsbiol. Beobacht. im Zusammenhang mit Saatguterzeug. v. Hybridweizen 09-0746; Produktivität d. Samenausbild. d. So-Weizens in d. Trockensteppenzone Nordkasachstans 12-0589; Einfl. beständ. Inzucht auf Ertrag v. Inzuchtlinien v. Mais im Samenbau 11-0788.

H a c k f r ü c h t e : Terminol. "Beta-Rüben-Saatgut" 09-0415; Auswirk. monokarper Zuckerrüben auf d. nationalen u. internat. Zuckerrübensaatgut-Handel 09-0414; direkter Zuckerrüben-Saatgutanbau in Grusinien 11-0521; Samenbau bei monogermen Zuckerrüben 11-0518; Einfl. d. N-Ernähr. auf Samenertrag d. Zuckerrübe 09-0488; Schneiden d. Steckl. bei Zuckerrüben-Saatguterzeug. 09-0474; Erzeug. v. Zuckerrübensaatgut durch Frühjahrsaussaat d. Elitesaatgutes unter Deckfrucht u. Überwinter. d. "Pflanzlinge" auf ihrem Standort - Jenaer Meth. 09-0494.

F u t t e r p f l a n z e n : Futterpflanzen-Saatguterzeug. 4. Leipziger Grünlandsymposium 1966 10-0467; Futterpflanzen-Saatgutproduktion: in Österreich 10-0459; in Großbritannien 10-0458; in Polen 10-0460; Einfl. d. Saatguterzeug. auf d. Bodenfruchtbark. 07-0389; Erzeug. v. Grassaatgut 10-0493; rationelle Grassamenerzeug. in d. DBR 10-0500; Bedeut. d. Grassamenbaus für d. niederländ. Ackerbaubetriebe 10-0492; Erfahr. ungar. Großbetriebe in d. Erzeug. v. Grassaatgut 10-0499; Saatguterzeug. bei mehrjähr. Gräsern in d. Estn. SSR 10-0489; Organisation d. Samenbaues mehrjähr. Gräser u. Erziel. hoher Saatguterträge im nordwestl. Geb. d. RSFSR 10-0498; Saatgutmengen für Weiden, Wiesen, perennierende Ackerfutterpflanzen u. sonst. Grünland sowie d. Organisier. ihrer Saatguterzeug. 07-0488; Bestimm. d. Samenertrages für d. Feststell. d. oberirdischen Masse einer Wiesengemeinsch. 07-0519; kontrollierte Bestäub. bei d. Grassamenerzeug. 08-0794; Einsatz v. CCC im Grassamenbau 12-0691; Wirk. eines Wachstumsregulators auf d. Saatgutproduktion u. d. Kornsitz bei Phalaris tuberosa 08-0448; Samenbau v. Rot- u. Schwedenklee 10-0483; Erziel. hoher Rotkleesamenerträge im eur. Teil d. UdSSR 10-0476; Einfl. d. Aussaatmeth. u. -stärke d. Rotklees auf d. Saatgutertrag 11-0550; schwache Samenbild. bei tetraploidem Rotklee im Blickpunkt zytol.-embryol. Analysen 08-0790; Samenerzeug. v. Rotkleeklonen u. ihren Polycross-Nachkommen an 2 verschied. Orten 09-0810; Weißklee-Untersuch. (Wirk. d. Bewässer. auf Samenproduktion) 09-0505; Anwend. v. Herbiziden in Weißkleebeständen z. Samengewinn. 11-1067; Samenproduktion v. Mattenkleeherkünften in bestimmten Lagen 07-0493; Erzeug. v. Luzerne- u. Rotkleesaatgut 11-0549; Luzernesaatgut-Rayonier. in d. DDR 11-0544; Luzernesaatguterzeug. im fränk. Luzernesamenbaugeb. 10-0473; Ertragsbild. sowie prakt. Luzernesamenbau in Ungarn 10-0479; Futter- u. Saatgutproduktion v. 3 Medicago-truncatula-Sorten

u. Medicago littoralis in Mallee, Victoria 08-0562; Einfl. d. Aussaatmeth. u. d. Nutzungsweise v. Luzerne auf d. Samenertrag 11-0545; Kraftmess. bei d. Auslös. v. Luzerneblüten im Hinblick auf Steiger. d. Samenertrages 08-0789; Serradellasamenbau in soz. Landwirtschaftsbetrieben 11-0558; Agrotechn. d. Samenbaus d. Wi-Futtererbse 10-0412; anbautechn. Meth. beim Samenbau d. Futterkohls 11-0559; Wirk. d. Selektionsintensität während aufeinanderfolgender Generationen d. Samenvermehr. auf Anbauleist. v. Rosenkohl 09-0832; Phazeliasamenbau 07-0505.

G e m ü s e : Saatgutproduktion bei Gemüse 12-0745; neues Verfahren z. Saatguterzeug. an Dauerweißkraut 09-0571; Weißkohlsamenproduktion im Banater Geb. 12-0751; Schnitt d. Samenträger bei Blumenkohl 11-0619; unterschiedl. Samenqualität bei Paprika 07-0581; Erhöh. d. Lebensfähigk. d. Saatgutes v. Gurken u. Tomaten für d. Anbau unter Glas 08-0632; Zücht. u. Samenbau v. Kürbisgewächsen 12-1077; Abstand zw. d. Pflanzen in d. Reihe bei Möhrensamenträgern 07-0566; Einfl. d. Desikkation auf d. Erhalt. d. Saatguteigensch. bei Radies 11-0624; Samenbau d. Speisezwiebel 11-0660; biol. Besonderh. in d. Entwickl. d. Zwiebelsamenträger 12-0804; nachteil. Einfl. d. Fungizide auf Wachstum u. Ertrag v. Zwiebeln z. Saatgutgewinn. 07-0607.

O b s t : Samenausbild. v. Sauerkirschensorten 11-0687.

Z i e r p f l a n z e n : Probleme d. Samenansatzes 09-0705; Einfl. d. Entspritzens d. Chabaud-Nelke auf ihren Samenertrag 07-0691; Reaktion v. Astern u. Antirrhinum auf d. Tageslänge in Verbind. mit d. Ort d. Samenherkunft 12-0958.

Samenmorphologie

Einfl. d. Reifestadiums auf d. äußeren wertbestimm. Merkmale v. Getreide 12-0545; Einfl. d. Saatgutgröße auf Jugendentwickl. d. Gerste 11-0469; harte Körner in Luzerne. Ist "Härte" eine erbl. Eigensch.? 07-0806; morphol. Besonderh. an Samen d. verbreitetsten Wickenarten 08-0459; "in vitro"-Kultur v. Embryonen d. Ölpalme (Wirk. v. Größe u. Alter d. Samen) 07-0511.

Samenphysiologie

Veränderlichk. d. Pflanzen, d. aus unreifen Samen aufwachsen 09-0747; Wirk. v. γ-Strahlen u. Maleinsäurehydrazid auf d. Enzymsystem v. Maiskörnern 09-0058; Abort bei Körnerleguminosen 09-0072; qualitative Unterschiede v. Kleesamen auf einer Mutterpflanze 08-0558; Samenschaleneffekt in Bezieh. z. Photoinduktion d. Keim. bei Stechapfel 11-0081.

Samenkeimung bzw. Samenkeimfähigkeit

Keimfähigk. v. Samen 10-0360; Einfl. d. Orientier. d. Samen nach d. Himmelsricht. auf Keimgeschwindigk. u. Wachstumscharakter d. Keiml. 12-0076; Erhöh. d. Keimfähigk. durch Beizen 11-1006; Einfl. v. Osterluzei auf d. Keimen u. Entwickl. einiger Kulturpflanzen 11-1058; elektronenmikroskop. Struktur d. Aleuronzellen v. Gerste während d. Keim. 12-0039; biol. Wirk. v. Schallschwing. auf Wachstum u. Amylaseaktivität v. Maiskeimpflanzen 10-0055; Zukkerrübenkeim. bei hohen Temp. 08-0535; Einfl. v. Polieren u. Fungizidanwend. auf d. Leistungsfähigk. d. Saatguts v. Roten Rüben 10-0550; Beurteil. v. Luzernesorten auf Kälteresistenz durch Keim. in Lös. mit unterschiedl. osmot.

K e i m u n g u n d B e s t r a h l u n g bzw. B e l i c h t u n g : Induzierte transmissible Modifikationen d. Radiosensitivität durch Wärmebehandl. 11-0036; Wechselwirk. zw. Reaktorstrahl. u. Wuchsstoffgaben bei So-Gerste 11-0071; durch Strahl. induzierte Änder. d. Respiration v. Mais-, Weizen-, Hirse- u. Rettichsamen während d. Anfangsstadien d. Keim. in Bezieh. z. folgenden Sämlingswachstum 11-0035; Einfl.: v. ^{60}Co-γ-Bestrahl. v. Erbsensamen auf d. Thiaminbiosynth. in 10 Tage alten Pflanzen 11-0056; d. Temp. u. d. Lichts auf Keimen d. Samen einiger Pflanzen z. Gewinn. äther. Öle 10-0452; γ-Bestrahl. für d. Gemüselager. (Kartoffeln) 07-0412. - Wechselwirk. Licht/Gibberellin auf Keim. v. Kartoffelsamen 10-0063; Wesen d. Keimruhe bei Phacelia 12-0062.

K e i m u n g u n d c h e m . S u b s t a n z e n : Natürl. u. synth. Regler d. Wachstums u. d. Entwickl. d. Pflanzen (Mechanismus d. Einwirkens v. Kumarin auf Samenkeim.) 12-0077; Beeinfluss. d. Samenkeim. durch Salze org. Säuren, Gibberellinsäure u. CCC 08-0454; Wirk. d. Morphaktins auf negativen Geotropismus u. Altern d. Blätter 10-0072; Wirk. v. CCC auf Keim. bei Weizen 12-0073; Wechselwirk. zw. Reaktorstrahl. u. Wuchsstoffgaben bei So-Gerste 11-0071; Wechselwirk. Licht/Gibberellin auf Keim. v. Kartoffelsamen 10-0063; chem. Keimhemm. d. Pflanzkartoffeln bei d. Lager. 12-0631; äußere u. innere Keime bei Kartoffeln, d. in CIPC-Wasser getaucht wurden 12-0063; Wirk. v. Fluorid auf Nukleinsäuren u. Wurzelwachstum keimender Maispflanzen 09-0039; Wirk. einiger Wachstumsregulatoren auf Keimungsrate u. Prozentsatz v. Ackerbohne 07-0042; Wirk. d. 1-Naphthyl-n-methylkarbamates "Sevin" auf Keim., Wachstum. u. Ertrag v. Baumwollpflanzen 07-0059; synergist. Hemm. d. Samenkeim. v. Kohl durch Kumarin u. 2-Chloräthyl-trimethyl-ammoniumchlorid u. ihre Aufheb. durch Kinetin u. Gibberellsäure 09-0081; durch Inhibitoren d. Proteinsynth. induzierte Keim. d. Salats 11-0072; Wirk. v. Humus- u. Naphthensäure auf d. Keim. d. Petersiliensamen 07-0402; Experimentalbiol. ammoniakreicher Umweltbeding. Keim. v. Allium-Samen, eine ungewöhnl. Fähigk. unter d. Angiospermen 08-0121; Faktoren, d. d. Keim. v. Orchideensamen beeinflussen 11-0718; Biol. d. Unkräuter u. Herbizidwirk. 07-1051.

K e i m u n g u n d S t o f f w e c h s e l bzw. I n h a l t s s t o f f e : "Anlaß"-Mechanismus d. keimenden Samen (Ribonuklease-Aktivität während d. Erwachens) 08-0060; C-Haush. v. Weizenkeimpflanzen in Abhängigk. v. Düng. u. Belicht. 09-0324; Veränder. d. Aktivität einiger oxydierender Fermente in Weizenkeiml. bei ihrer Abhärt. gegen niedr. Temp. 12-0035; Isolier. v. Weizenprotein durch Elektrophorese an Akrylamidgel mit bes. Berücksichtg. v. milchig. u. glasig. Weizen 09-0094; Produktion einer gibberellinähnl. Subst. im Gerstenembryo während d. Keim. 07-0026; P-Metabolismus in keimenden Hafersamen 10-0287; Einfl. v. 2,4-D u. Streptomyzin auf d. N-Stoffwechsel in Keimpflanzen d. Buchweizens u. sein Zusammenhang mit d. Biosynth. d. Anthozyane 11-0053; rel. Salztoleranz d. Reises während d. Keim. u. früher Sämlingsentwickl. 08-0342; Mineralstoffhaushalt d. keimenden Maises 09-0317; Wirk. v. Temp. auf quantitative Unterschiede v. Ausscheid. aus keim. Samen v. Bohne, Erbse u. Baumwolle 08-0052; Entwickl. d. Photosynth. in Keimpflanzen v. Baumwolle 11-0047; qualitative u. quantitative Veränder. d. Stoffe bei Keim. v. Leinsamen 07-0029; metabol. Veränder. in Keimpflanzen v. Erbsen beim Wechsel d. äußeren Verhältnisse 12-0046; Veränder. bei einigen N-Verbind. während d. Keim. v. Erbsensamen 11-0052; Einfl. d. Düng. auf d. Samenkeim. einiger Unkräuter 08-1034.

K e i m r u h e : Gemeinsamer Einfl. d. Naphthylessigsäure u. d. 6-Benzylaminopurins auf d. Knospenentwickl. u. d. Anreg. d. Aktivität d. Kambiums v. Säml. im Ruhezustand 11-0074; Ruheregulation in Pfirsichsamen 11-0067; Wesen d. Keimruhe bei Phacelia 12-0062.

Samenuntersuchung (einschl. chem. Zusammensetzung)

Siehe auch Samen - Samenkeimung (Bestimmung der Keimfähigkeit).

Internat. Vorschriften für Prüf. v. Saatgut 09-0416, 09-0417; Saatgutproduktion u. Saatgutuntersuch. 11-0409; Einfl. d. Trocknungsparameter auf Merkmale d. Saatgutes 12-0551; Bestimm. d. Lebensfähigk. v. Getreidesaatgut mit Hilfe v. Tetrazol 11-0413; Saatgutqualität monokarper Zuckerrüben 11-0805; Einfl. einer Infektion auf Keim. v. Zuckerrübensaatgut 09-0934; Kaltprüf. d. Maissaatgutes 07-0395; Erde-Keimrollentest 07-0396; Saatgutwert v. Mais in verschied. Reifestadien 12-0605; Wirk. d. Alters auf Keim. u. Triebkraft v. 'Russian Wild Ryegrass'-Samen, geerntet in verschied. Reifestadien 12-0688; Wirk. d. Reifestadiums u. d. Lager. auf d. Samenqualität v. Hornklee 08-0446; biochem. Eigensch. d. Saatgutes als Merkmal d. Herbizidresistenz d. Faserflachssorten 08-1029, 11-1050; Bestimm. d. Reinh. u. Gesundh. d. Samens v. Gemüseleguminosen 12-0754; Wirk. d. Saatgutalters auf Keim. u. Ertrag v. Buschbohnen 09-0454; Viruserkrank. v. Samen ausgelesener 'Montmorency'-Kirschenbäume 07-0926; Einfl. d. Schwemmistes auf Unkrautverbreit. u. Anwend. d. Tetrazolium-Meth. bei Unkrautsamen 07-1054.

I n h a l t s s t o f f e : Bezieh. zw. Wassergeh. u. Strahlenempfindlichk. bei trockenen Samen 08-0029; Geh. an Aminosäuren u. biol. Wertigk. v. Körnern, Samen u. Früchten 10-0085; Prüf. d. Samen u. ihrer Öle v. Sorten bzw. Stämmen 11-0491; Entwickl. d. oberird. Pflanzenteile u. d. Wurzelsystems v. Brotgetreide unter Einbezieh. v. Reservestoffen d. Samen 09-0066; Zuckerzusammensetz. d. Embryos u. Endosperms v. Weizensamen unter Beding. langjähr. Düngeranwend. 09-0089; lösl. Proteine u. mannigfalt. Enzymformen im frühen Wachstumsstadium v. Weizen 11-0091; Einfl. v. Reifegrad u. N-Düng. auf Fettbild. u. Fettsäurezusammensetz. in Haferkörnern 07-0075; Mo-Mangel bei Mais 10-0301; histochem. Charakteristik d. Samen polyploider Zuckerrüben 08-0096; chem. Analyse v. Samen (Öl- u. Eiweißgeh. v. 759 Arten) 12-0094; Untersuch. d. Globulinproteine v. Leguminosensamen mittels Scheibenelektrophorese u. Bezieh. z. ihrer Systematik 09-0014; Biochemie d. Leguminosenpflanzen. Eiweißstoffe d. Samen u. Syst. d. Leguminosen 12-0686; "Fingerabdruckmuster" d. Globulinfraktionen aus Samen verschied. Spez. v. Fabaceae 09-0016; ökol. Bedeut. v. Anthozyanen in Samenschalen d. Phaseoleae 10-0095; Qualität d. Sojabohnensamen 11-0089; biochem. Charakteristik v. Samen u. Fett einiger Sojabohnensorten 11-0090; Inhalt u. qualitative Zusammensetz. d. Eiweißstoffe verschied. Sorten v. Kichererbsen in Abhängigk.

v. verschied. Reifephasen 10-0082; Bezieh. zw. Ertrag u. Fettgeh. bei Sonnenblumenkernen 11-0101; Reinig. u. Eigensch. v. Uridin aus Säml. d. Mungobohne 11-0104; Entsteh. v. Säuren während d. Lager. v. Ölpflanzensamen 11-0119; Wirk. v. exogenen Faktoren auf d. Fettsäurebild. in reifenden Leinsamen 11-0100; Veränder. d. Zusammensetz. d. Wi-Rapsöls beim Reifen d. Samen 11-0099; Variabilität v. Fettsäure-Bausteinen einiger Cruciferen-Ölsamen 08-0770; Zücht. v. Sinapis juncea auf Ölhaltigk. 12-1042; elektrophoret. Untersuch. d. Samenproteine v. Brassica- u. Sinapisspezies 10-0007; Veränder. im N- u. Eiweißstoffwechsel ausgereifter Kürbissamen 09-0056; Kohlenhydratstoffwechsel in Apfelsamen während d. Ausreifens nach d. Ernte 09-0050; Reduktion d. Gibberellingeh. v. Pharbitis-Samen durch CCC u. Nachwirk. auf Nachzucht 07-0055; Glykoside aus d. Samen v. Strophantus gratus 11-0122.

Saatgutbehandlung

Optimale Behandl. d. Saatguts u. Erhalt. d. maximalen biol. Wertes 08-0455; Einfl. unterschiedl. Saatgutvorbehandl. auf Entwickl. u. Ertrag bei Silomais 07-0398.

L a g e r u n g : Techn. d. Lager. 11-0418; Behälter für Saatgut 10-0366; langjähr. Aufbewahr. bei Getreide 09-0422; Nachwäsche, Rücktrockn. u. Lager. bei ÄMS-behandelten Gerstensamen 10-0710; Lager. v. Luzerne-Saatgut 10-0363; Wirk. d. Lagerungsbeding. auf Lebensfähigk. v. Bohnensamen 10-0364; Kaltlager. v. Grassaatgut 10-0365; Langlebigk. v. Gemüsesamen bei hoher Temp. u. hoher Feuchtigk. 10-0538; Veränder.: d. Eigensch. v. Gemüsesamen bei Lager. 07-0545; d. Mikroflora u. d. Keim. d. Samen v. Gemüsekulturen bei Lager. 12-0742; Wirk. v. Temp. u. Feuchtigk. auf d. Lebensfähigk. v. gelagerten Salat-, Zwiebel- u. Tomatensamen 10-0539; Wert d. 1959 geernteten Zwiebelsamens 11-0659; Einfl. d. Desikkation auf d. Erhalt. d. Saatguteigensch. bei Radiessamen 11-0624.

C h e m i s c h e S a a t g u t b e h a n d l u n g : Siehe auch Samen - Saatgutbehandlung (Saatgutbeizung).

Chem. Trocknung d. Samen 07-0403; Beiz. u. Behandl. mit Insektiziden 09-0998; Insektizid-Rückstände an So-Weizen im Freiland bei Saatgutbehandl. mit Aldrin u. Heptachlor 11-1000; Nachwäsche, Rücktrockn. u. Lager. bei ÄMS-behandelten Gerstensamen 10-0710; Mutation u. Spaltungshäufigk. in d. verschied. Ährenkategorien nach Behandl. v. Gerstensamen mit Chemikalien 07-0764; Einfl. d. Eintauchens v. Samen in eine H_2O_2-Lös. auf d. Zuckerrübenertrag 09-0490; Meth. z. Induzier. v. Autopolyploidie bei Zuckerrüben durch Saatgutbehandl. 09-0803; Vorbehandl. v. Sojasaatgut mit Bernsteinsäure 10-0361; Wirk. d. Behandl. d. Strunkgemüsesaatgutes mit Dieldrin u. Lindan auf Erdflöhe u. Rübsenblattwespe 08-1003; wechselseit. Unabhängigk. v. M_1-Fertilität u. Mutantenausbeute bei ÄMS-behandelten Tomaten 09-0828; Vorbereit. d. Gurken- u. Kürbissamen vor d. Aussaat 11-0626; Prüf. d. Keimenergie v. Petersiliensamen bei Behandl. mit Stimulatoren 07-0401.

M i t N ä h r s t o f f e n : Wirk.: d. Saatgutvorquellens mit Spurenelementen 09-0341; v. Spurenelementen auf Qualität d. Saatgutes, Anreicher. v. Eiweiß u. Ertrag bei Ackerbohnen 10-0415; d. Behandl. d. Samen vor d. Aussaat durch

Mikroelemente auf d. Faserleinertrag 08-0546; v. $ZnSO_4$ bei d. Anzucht v. Apfelunterlagen 12-0872.

M i t W u c h s s t o f f e n : Einfl.: v. 2-Chloräthyl-trimethyl-ammoniumchlorid auf Weizen bei Anwend. als Saatgutbehandl. 08-0491; v. Ultraschall u. Gibberellin auf Samen v. Solanum demissum 09-0420; v. Gibberellin auf Wachstum, Entwickl. u. Geschlechtsausbild. bei Hanf 10-0065; Anwend. v. Wuchsstoffen z. Ertragssteiger. v. Gemüsekulturen 12-0738; Wirk. d. Samenbehandl. mit verschied. NES-Konz. u. verschieden langen Behandlungszeiten auf Wachstum u. chem. Zusammensetz. v. Bohnenpflanzen 07-0050.

M i t S ä u r e n u n d s o n s t i g e n C h e m i k a l i e n : Wirk.: v. Streptomyzin auf Weizenkeiml. 07-0061; v. Mo auf Ertrag v. Erbsen u. Wicken 10-0411; v. Co, Cu u. Mo bei d. Erhöh. d. Hydrogenaseaktivität in Knöllchen v. Futterbohnen 08-0385; d. 1-Naphthyl-n-methylkarbamates "Sevin" auf Keim., Wachstum u. Ertrag v. Baumwollpflanzen 07-0059.

P h y s i k a l i s c h e S a a t g u t b e h a n d l u n g : Siehe auch Samen - Saatgutbehandlung (Jarowisation).
Wirk.: elektr. Felder im UKW-Bereich auf saatgutübertragbare Mikroorganismen 11-0993; v. Ultraschall u. Gibberellin auf Samen v. Solanum demissum 09-0420; v. Ultraschall auf Veränder. d. physiol. Kennwerte v. Zuckermelonenpflanzen u. ihre Ertragsfähigk. 09-0588.

T r o c k n u n g : Chem. Trockn. v. Saatgut 12-0553; Einfl. d. Temp. u. d. Durchström. d. Trocknungsmediums auf d. Kornqualität 12-0554; Warmlufttrockn. v. Rizinussamenkapseln 12-0659.

T e m p e r a t u r b e h a n d l u n g : Einfl.: verschied. Meth. d. Saatgutbehandl. vor d. Aussaat auf Ertrag u. Qualität d. Zuckerrüben 08-0534; therm. Behandl. v. Maisfrüchten auf Entwickl. u. Kornertrag 11-0414; Vorbereitung d. Gurken- u. Kürbissamen vor d. Aussaat 11-0626; Behandl. v. Tomatensamen z. Beschleunig. d. Keim. u. Auflaufens bei Temp. unter d. Normalwert 10-0578; Einfl. d. Anzuchtbeding. auf Frühzeitigk. u. Ertragsfähigk. v. Hybridtomaten 09-0604; Ruheperiode d. Samen v. Obstgehölzen 12-0828.

B e s t r a h l u n g : Bezieh. zw. Wassergeh. u. Strahlenempfindlichk. bei trockenen Samen 08-0029; Saatgutbehandl. mit UV-Strahlen 08-0452; Impulsbestrahl. v. Samen u. Knollen mit konz. Licht 12-0067; Anwend. von Neutronen für d. Bestrahl. v. Saatgut 12-0550; Radiostimulier. d. Wachstums d. Pflanzen 11-0610; Schutz- u. Erholungseffekte v. Chemikalien hinsichtl. Pflanzenwachstum, Chromosomenaberration u. Mutation bei bestrahltem Saatgut v. Getreidepflanzen 08-0737; Einfl.: d. Behandl. v. unterschiedl. altem Weizensaatgut mit Röntgenstrahlen auf d. Lebensfähigk. u. Winterfestigk. d. Pflanzen 08-0493; d. Samenbestrahl. v. Gerste mit Licht verschied. Spektralbereiche auf Entwickl. u. Wachstum 12-0068; d. Wachstumsbeding. vor u. nach d. Bestrahl. auf d. Empfindlichk. v. Gersten- u. Hafersamen gegenüber Neutronen 07-0766; kleiner Dosen γ-Strahlen v. ^{60}Co auf einigen Kulturpflanzenarten (Einfl. d. Bestrahl. d. Samen v. Weizen u. Gerste v. d. Aussaat auf d. Nährstoffaufnahme durch Pflanzen) 08-0355; Fremdbestäub. v. Haferpflanzen, d. aus Saatgut, d. mit Mutagenen behandelt wurde, aufwuchsen 07-0772; biol.

Effekt bei Bestrahl. v. Kartoffelsamen 10-0362; Korr. zw. chromosomalen Stör. u. morphol.-physiol. Veränder. bei Mais in M_1 nach Samenbestrahl. 12-1023; Einfl.: einer Vorsaatbestrahl. v. Maissaatgut auf d. Reifen u. d. Erträge 08-0506; d. Saatgutbehandl. mit UV-Strahlen auf Wachstum u. Erträge bei Mais 08-0453; Impulswirk. d. Sonnenenergie u. Steiger. d. Gemüseerträge 09-0580; Gemüsepflanzen durch Samen- u. Samenträgerbehandl. mit ^{60}Co-γ-Strahlen 09-0823; mutagene Wirk. v. γ-Strahlen bei Behandl. unreifer Erbsensamen 08-0768.

M e c h a n i s c h e S a a t g u t b e h a n d l u n g : Sortieren v. Samengemischen in schwebendem Zustand 09-0421; Herstell. standortgerechter Saatgutmisch. mit Hilfe d. Gunson elektron. Mischapp. 10-0359; Hinweise z. Erziel. unterschiedl. Feldaufgänge mit einem einzelnen Saatgutposten 11-0421; Einfl. d. anaeroben Behandl. d. Gerstensaatgutes auf Gerstenhartbrand 07-0996; Einfl. verschied. Meth. d. Saatgutbehandl. vor d. Aussaat auf Ertrag u. Qualität d. Zuckerrüben 08-0534; Wert d. polierten Rübensaatgutes in biol. u. pflanzenhygien. Hinsicht 11-0415; Einfl. d. Polierens: auf Knäuelgröße u. Anteil an triploiden hybriden Zuckerrübensamen 11-0416; u. d. Fungizidanwend. auf d. Leistungsfähigk. d. Saatguts v. Roten Rüben 10-0550; Einfl.: d. Kalibrier. d. Maissaatgutes auf Qualität d. Aussaat 09-0450; v. Kalk, Pillier. mit Kalk u. Saatmeth. auf Knöllchenbild. u. Wachstum v. Bodenfrüchtigem Klee 08-0563.

B i o l o g i s c h e S a a t g u t b e h a n d l u n g : Stratifikation in Phenpolyurethan 09-0632; Überleben v. Rhizobien auf pelletierten Samen v. Bodenfrücht. Klee 11-0202; Samenkeim. u. Sämlingswachstum bei Pfirsich nach Einwirk. verschied. Faktoren 12-0893.

J a r o w i s a t i o n : Rolle d. Gibberelline bei Photoperiodismus u. Jarowisation d. Pflanzen 10-0064; Reaktion d. Weizenpflanzen auf Tageslänge 07-0035; Wirk. tägl. Temp.-Veränder. auf d. Vernalisation v. Weizen 10-0052; Unterschiede im Vernalisationseffekt bei Weizen unter verschied. Temp. 10-0053; Jarowisationsstadium v. Hartweizen bei unterschiedl. Lichtbeding. 07-0034; histochem. Unterschiede d. Vegetationskegel bei Wi- u. So-Weizen 09-0029; Änder. d. freien Aminosäuren im Zusammenhang mit d. Vernalisation v. Weizen 09-0051; Verhalten v. Sulfhydryl u. Disulfid im Zusammenhang mit d. Vernalisation v. Weizen 09-0061; Koppl. v. Faktoren für d. Reaktion gegenüber Mehltau u. d. Länge d. Vernalisationsbedarfes bei Weizen 08-0746; Einfl. verschied. Meth. d. Saatgutbehandl. vor d. Aussaat auf Ertrag u. Qualität d. Zuckerrüben 08-0534; Abort bei Körnerleguminosen 09-0072; Wirk. v. Tageslänge, Vernalisation u. Gibberellsäure auf d. Blühen v. Weißer Lupine 11-0083; Pflanzenmorph. u. Vernalisierbark. bei Markstammkohl 10-0054; Jarowisation u. Herbstaussaat einiger Sorten d. Futtermöhre 12-0652; Jarowisation zweier Zichoriensorten 12-0549.

S a a t g u t b e i z u n g : Erhöh. d. Keimfähigk. durch Beizen 11-1006; Prüfmeth. d. Samenbeiz. 12-1235; Beiz. u. Behandl. mit Insektiziden 09-0998; Saatgutbeizmittel für Wi-Weizen 07-0995; Bewert. v. fungiziden Saat-

untersucht in d. Meiose bei Weizen-, Roggen- u. unvollständ. Weizen-Quecken-Amphidiploiden 09-0737; chromosomale Verteil. d. Resistenz gegen Pathogene d. Weizens 10-0692; Klone bei d. Zücht. 09-0757; Heterosis u. Inzuchtdepression bei autotetraploidem Roggen 10-0705; Heterosis u. Homeostasis (Individ. Pflanzenleist. v. Sorten u. zwischensortl. Kreuz.) 07-0760; (Leist. v. Sorten, zwischensortl. Kreuz. u. zusammengesetzten Populationen unter verschied. Populationsdichten) 10-0704; Wirk. v. induzierter Mutation auf d. Verhalten bei d. meiot. Chromosomenpaar. bei Triticum aestivum 08-0742; Anbau v. M_1 u. Variabilität d. Pflanzen 09-0756.

Seeschlamm s. unter Düngung - Organische Düngung.

Seide s. Cuscuta.

Seinura variobulbosa s. unter Nematodes.

Selektion s. Auslesemethoden (und Auslesezüchtung).

Selen s. auch Düngung - Spurenelementdüngung.

Bestimm. in Boden u. biol. Material 09-0240; Reaktionen v. zugeführtem Se als Selenit in Böden, d. Futter mit niedr. Se-Geh. produzieren 12-0534; Se-Ernähr. v. Grünlandpflanzen; Wirk. d. Se-Versorg. auf Wachstum u. Se-Geh. v. Luzerne u. Bodenfrüchtigem Klee 10-0305; Aufnahme v. nativem u. zugeführtem Se durch Weidepflanzenarten (Einfl. v. Sulfat u. Bodentyp auf Aufnahme durch Klee 07-0339; Freigabe flücht. Selenverbind. durch Pflanzen. Verfahren z. Auffangen u. vorläuf. Beobacht. 07-0073.

Sellerie s. Apium.

Semeron s. unter Herbizide.

Senf s. Sinapis; Indischer Senf s. Hibiscus cannabis; Schwarzer Senf s. Brassica nigra.

Sequoia, Mitwirk. d. Gibberellins bei Apikaldominanz 07-0047.

Septoria spec. (Braunfleckigkeit), Einfl. d. Schnittes d. Schwarzen Johannisbeere auf d. Resistenz gegen Septoria u. auf d. Ertrag 08-0954.

Serosem s. unter Bodensystematik - Landböden (Grauerden).

Serpentinit s. unter Gesteine - Silikate.

Serradella s. Ornithopus sativus.

Setaria (Borstenhirse)

faberii, Höhendifferenz in Abhängigk. v. d. Unkrautbek. im Nachauflaufverfahren 12-1322.

italica (Kolbenhirse), Leit. u. Abbau v. Pyrazon in toleranten u. empfindl. Arten 10-0979.

sphacelata, Versuche 10-0260.

Sevin s. unter Insektizide - Urethane (Carbaryl).

Sickerwasser s. unter Bodenphysik - Bodenwasserhaushalt.

Siduron s. unter Herbizide.

Silage s. unter Konservierung.

Silberschorf der Kartoffel s. Helminthosporium atrovirens.

Silikagel, chem. Trockn. d. Samen 07-0403.

Silikatbakterien s. unter Düngung - Organische Düngung - Bakteriendünger.

spiegel 11-0133; Keimwachstum an Knollen (Anatomie d. Augen in Bezieh. z. Keimruhe u. Korrelativ-Inhibition) 11-0065; (Modell d. Sproßwachstums) 11-0066; Wirk. v. wässr. Extrakt d. Grundblätter v. Kartoffelpfl., d. Knollen gebildet haben, auf d. Knollenbild. in vitro kultivierter Keime 08-0084; Induktion v. Stolonen u. Knollen durch d. Blätter 09-0067; Induktion d. Knollenbild. u. Knospenhemm. 08-0069; Wirk. v. Vit B_{12} auf Wachstum, Entwickl. u. Ertrag 09-0076; anomales Wachstum d. Wurzelsystems u. Knollenbild. 07-0030; Veränder. d. Wuchsform d. Sorte 'Majestic' durch Wachstumsregulatoren bei zeitl. differenzierter Anwend. 07-0041; Einfl. v. Wachstumsregulatoren bei Pflanzen auf Virusausbreit. u. Chlorophyllgeh. in Blättern 10-0028; Einfl. d. Hemmstoffs B 995 auf d. Wachstum 08-0522; Klär. d. Funktionsmechanism. d. Maleinsäurehydrazids 08-0077; Zuckerstoffw. v. Knollen nach γ-Bestrahl. Zuckerakkumulation, Hemm. v. Keimwachstum u. Knollenbild. 08-0046; biochem. Grundlagen physiol. Prozesse in d. Knolle. Veränder. d. Kohlenhydrate in d. keimenden Knolle 08-0047; Wechselwirk. Licht/Gibberellin auf Keim. v. Samen 10-0063; Impulsbestrahl. v. Samen u. Knollen mit konz. Licht 12-0067; äußere u. innere Keime, d. in CIPC-Wasser getaucht wurden 12-0063; chem. Keimhemm. d. Pflanzkartoffeln bei d. Lager 12-0631; Stomataapertur u. Evapotranspiration v. auf d. Felde wachsenden Kartoffeln 11-0328; Einfl. v. Co auf Wassergeh., Wasserhaltevermögen u. Transpiration v. Blättern 11-0356; Einfl. v. Pfropf. u. Unterlagen auf Blütenbild. u. Abwerfen v. Blüten u. Früchten bei 'Russet-Burbank' 11-0797; Wirk. v. Reifegrad, Lagerungstemp. u. Lagerzeit auf d. Ergrünen 12-0552.

C h e m i e : Biol. Bewert. 09-0101; Qualität (chem. Beigeschmack) 08-0097; quantitative Mess. d. Verfärb. an beschädigtem Gewebe durch ein Densitometer 09-0088; Veränder. d. Farbe v. Kartoffelchips 08-0093; Färbungsstudien an Stärke 08-0099; Einfl. d. Düng.: auf Amylose-Amylopektin-Verhältnis d. Stärke 09-0319; auf P-Geh. d. Stärke 09-0318; auf d. Größe d. Stärkekörner 11-0094; Fluorchromier. u. Färb. gereinigter u. ungereinigter Stärke (Verhalten v. Stärkekörnern) 12-0087; (Verhalten d. Stärkekomponenten) 12-0088; Verbesser. mikroskop. Mess. an Zellen u. Stärkekörnern 12-0089; Kart. mit hohem Eiweißgeh. 12-0630; Einfl.: d. N-Düng. auf d. Proteingeh. 11-0315, 11-0396; d. Ernähr. auf d. Gesamtgeh. an S u. Sulfat im Reinprotein 10-0291; Geh. an Mikroelementen in verschied. Pflanzenteilen in verschied. Entwicklungsphasen 10-0297; chem. Zusammensetz. (Bezieh. d. Konz. an org. Säuren z. Dichte u. Lagerzeit) 08-0092; Vorkommen v. Kininen im Periderm 09-0096; Einfl. d. Pflanzenknollenalters u. d. Kulturbeding. auf phenol. Bestandteile 12-0114.

Ö k o l o g i e , A g r a r m e t e o r o l o g i e : Knollenbild. in Abhängigk. v. Boden- u. Lufttemp. bei verschied. Höhen über d. Meeresspiegel 11-0133; Abhängigk. d. Stoffproduktion v. meteorol. Faktoren 12-0137; meteorol. Möglichk. für d. Wachstum d. Kartoffel 11-0145.

S o r t e n : Sortenversuch (1953-65) 11-0499; Sortenschutz in d. DBR 11-0008; Sorten in Indien 08-0526; Sortenwahl im Anbau 12-0621; Sortenwahl bei Früh- u. Speisekartoffeln 12-0634; Einfl. v. Sorte u. Anbauort auf d. Eign. v. Knollen für d. Chipsherstell. 07-0466; Beurteil. d. Sorten 'Primura' u.

'Radosa' 10-0431; 'Mariline', neue belg. Sorte mit guten Konservierungseigensch. 12-0622; 'Hokkaiaka', neue Stärkekartoffelsorte 09-0470; Sorte 'Stolovyj 19' 09-0467; Resistenz einiger Sorten d. Weltsortiments gegen Stolbur u. d. Krankheitssymptome 09-0891; Sorten mit Resistenz gegen d. Kartoffelnematoden 07-0459, 10-0422; Empfindlichk. v. Sorten gegenüber Ontario-Isolaten v. Verticillium albo-atrum 11-0937.

P f l a n z g u t : Italien. Saatkartoffeln 11-0500; Pflanzguterzeug. u- -gesund. 10-0427; Pflanzgutgröße u. Pflanzweite z. Pflanz- u. Speisekartoffelerzeug. 07-0461; Vermehrungsrate. Pflanzguteinspar. 10-0426; Verbesser. d. Qualität d. Pflanzkartoffelknollen beim Anbau auf lehm. Rasen-Podsolböden durch Anwend. mineral. Düngemittel 10-0424; Anwend. einer Feldbetonier. bei Erzeug. v. Pflanzkartoffen 11-0501; Ermittl. v. Druckschäden u. Beeinträchtig. d. Pflanzwertes in Abhängigk. v. d. Lagerungshöhe 11-0417; Pflanzgutvorbehandl. im VEG Saatzucht Gransebieth 08-0523; Bodenbearbeit., Düng. u. Pflanzgutvorbehandl. 11-0494; Vorkeimen v. Pflanzkartoffeln 09-0458; Treiben unter Folie 08-0516; Einfl. d. Thioharnstoffs mit anschließender Jarowisation auf d. Ernte 09-0463; biol. Effekt bei Bestrahl v. Samen 10-0362; Einfl. v. Monoglykoläther u. seiner Derivate auf d. Keimen v. Knollen 07-0399.

B e s t e l l u n g : Einfl. d. Pflanztermins auf Ertrag u. Qualität 09-0469; Techn. u. Standraumbemess. am Beispiel d. Kartoffel 09-0464; Wirk. v. Reihenentfern. u. Pflanzenzahl auf Ertrag u. Knollengröße 12-0624.

P f l e g e : Bodenbearbeit. 10-0428, 11-0495; Pflege unter Berücksichtig. d. Traktoreneinsatzes 07-0469.

E r n ä h r u n g , D ü n g u n g : Mineralstoffbedarf in verschied. Entwicklungsphasen 12-0625; Einfl. v. Düng.: auf P-Geh. d. Stärke 09-0318; auf Amylose-Amylopektin-Verhältnis d. Stärke 09-0319; Wirk. differenzierter N-Düng. zu Kartoffeln in Gefäß- u. Feldversuchen 07-0305; Ausnutzungsgrad v. boden- u. blattappliziertem N u. P, gemessen an d. Knollenproduktion u. Nährstoffaufnahme 11-0332; Ermittl. d. Wertes v. Kaliummetaphosphat als K-Quelle mit bes. Bezugnahme auf Blattdiagnose, Ertrag u. Qualität d. Knollen 09-0335; Einfl. v. K u. $MgSO_4$-Spray auf d. Ertrag sowie d. Zusammensetz. u. Aufnahme d. Nährstoffe 08-0520; Einfl. d. Cu auf Chlorophyllgeh. in Blättern 07-0332; Rolle d. transmembran-elektr. Potentials bei Bestimm. Absorptionsisotherme für Cl 08-0337.

Düng. 08-0517; Bernburger Dauerdüngungsversuch (Ertragsentwickl.) 09-0355; 20jähr. Ergebnisse d. Ackerbau-Versuchsstation d. Landwirtsch. Timirjazev-Akad. 07-0458; Düngungsversuche in d. Geb. Troms u. Finnmark 07-0462; Einfl. einer langjähr. unterschiedl. Düng. auf d. Qualität 07-0351; Verbesser. d. Qualität d. Pflanzknollen beim Anbau auf lehm. Rasen-Podsolböden durch Anwend. mineral. Düngemittel 10-0424; Einfl. d. Düng. auf Ertrag u. Qualität bei frühen u. späten Sorten 07-0463; Effektivität verschied. Formen d. Düngerausbring. 12-0626; Bodenbearbeit., Düng. u. Pflanzgutvorbehandl. 11-0494; Düng.: nach Verwendungszweck 09-0468; unter Berücksichtig. ihrer Nutzungsricht. 10-0423; Stärkespeicher. u. Tätigk. einiger Fermente 11-0050; Einfl.: örtl. Einbringens mineral. u. org. Düngemittel auf d. Ertrag bei Bewässer.

11-0375; d. Mineraldüng. auf d. Korngröße d. Kartoffelstärke 12-0418; Einfl. d. N-Düng.: auf d. Proteingeh. 11-0315; auf Rohproteingeh. u. -ertrag sowie andere Qualitätseigensch. 11-0396; Wirk. d. Naßkopfdüng. auf Stoffwechsel u. Ertrag 11-0497; Aufnahme v. P in Abhängigk. v. d. Einbringungsmeth. d. Düngemittel 09-0330; optimale Meth. z. Düng. mit Nitrophoska 08-0524; K-Düng. 07-0468; Einfl.: v. Meliorationskalk. auf d. Qualität d. Erntegutes 08-0426; v. Spurenelementen auf Ertrag u. Qualität 12-0627; v. Cu u. Mn auf d. Wachstum 08-0521; v. Co auf Wassergeh., Wasserhaltevermögen u. Transpiration v. Blättern 11-0356; Gründüng. 07-0464; Wirk. d. Rapsgründüng. auf d. Ertrag in Abhängigk. v. d. mineral. N-Düng. 08-0519; Vgl. v. Stalldung, Klärschlamm u.a. zu Kartoffeln u. einer nachfolgenden Getreidefrucht geprüften org. Düngemitteln 09-0377; Einfl. v. Humophos u. Huminsäure beim Anbau auf Grauerden 08-0518; Anwend. v. Erdölwuchsstoffen u. Mikrodüngemitteln 09-0357.

U n k r a u t b e k ä m p f u n g : Zeitgemäße Unkrautbek. 10-0994; chem. Unkrautbek. 09-1047, 10-1003; (mit Linuron) 10-1002; Vorauflauf-Herbizde in d. Ardennen 11-1062; Vorauflaufherbizide unter Berücksichtig. d. Pflege bis z. Applikation 09-1046; Einfl. d. Applikation v. Herbiziden auf Sorten u. Pflanzgutwert 08-1030; Prüf. v. Prometryn u. Trietazin 12-1328.

P h y t o p a t h o l o g i e : Krankh. u. Schädig. 12-1188; Abbauuntersuch. an Sorten 12-1155; Behandl. d. Knollen mit Röntgenstrahlen als Sanierungsmeth. 11-1001; Bewert. d. γ-Bestrahl. d. Pflanzguts vor d. Aussaat 08-0451; Anwend. v. systematisch wirkenden Granulaten im Pflanzenschutz 08-1014; Jozite, Zn enthaltende Misch. als Beigabe zu Kartoffelspritz. 12-1288; Kartoffelentwickl. unter d. Einwirk. v. Hexachlorzyklohexan 07-1022; Phytoalexine: Begriff u. method. Fragen. Phytoalexin-Theorie v. K.O. Müller 07-0848; analyt. Meth. für o-Isopropoxyphenylmethylkarbamat (Bayer 39007), aphizider Wert u. Persistenz in Kartoffeln 11-1032; Gewinn. u. Anwend. d. Seren, d. eine Spezifität gegenüber Erregern d. Bakteriosen aufweisen 09-0960; Auftreten u. chem. Bek. d. Acarose im Bez. Leipzig 07-0879; Rolle d. Glykoalkaloide bei d. Resistenz gegen bakterielle Ringfäule 09-0930; Resistenz einiger Sorten d. Weltsortiments gegen Stolbur u. d. Krankheitssymptome 09-0891; Bewert. v. Tetrachlorisophthalonitril z. Bek. d. Dürrfleckenkrankh. 09-0974; Wirk. v. Hydrokortison auf Übertrag. d. Hexenbesenkrankh. 10-0840; Seidebefall 09-0870; Einfl. d. Behandlungszeitpunktes bei d. Bek. d. Tüpfelfleckenkrankh. 09-0975; Ökologie d. Kartoffelkrebses als Objekt d. Pflanzenquarantäne 07-0951; Viruskrankh. 08-0921; v. d. Anfängen d. Kartoffelvirol. in Deutschland 11-0931; Kartoffelkrankh. mit Berücksichtig. d. virösen Abbaues d. Kartoffel. - Forschungsarbeiten d. Bundesanstalt für Pflanzenschutz 08-0887; Gesundheitszustand u. Auftreten neuer Viruskrankh. bei höheren Anbaustufen 10-0897; Viruskrankh. im Gebirge u. in Vorgebirgslagen 09-0893; Resistenzprüf. u. -verhalten v. Kultur- u. Wildkartoffeln gegenüber Kartoffelvirosen 11-0796; Blattläuse u. Verbreit. v. Viruskrankh. in Pflanzguterzeugungsgeb. 09-0894; Erfolge d. Zucht- u. Versuchsstation IHAR Stare Olešno bei d. Zücht. gegen Blattrollvirus resistente Sorten

11-0798; Wirk. d. Blattrollvirus auf d. Knollenbild. 08-0885; X-Virus-freie Wurzeln v. infizierten Pflanzen 11-0911; X-Virushemmstoff im Blattsaft d. Pflanze 10-0837; Bestimm. d. X-Virus-Hemmstoffmenge im Blattsaft mittels d. serolog. Meth. 11-0971; Wirk. d. Hemmstoffe aus Kartoffelblättern auf lokale Infektion mit d. Kartoffel-X-Virus 08-0884; Überempfindlichkeitsresistenz einiger Sorten gegen X- u. B-Virus u. züchter. Ausnütz. 10-0751; Nachweis d. Viren X, M u. S in ruhenden Knollen durch d. Bentonitflockungstest 12-1240; Y-Virus auf neuseeländ. Heißlufttabak 10-0842; Einfl. v. 3 Viruskrankh. auf Erträge, Dichte u. Chipfarbe in Maine 09-0892; Feinstruktur u. intrazellulare Lage d. Gelbverzwergungsvirus 07-0914; Empfindlichk. v. Sorten gegenüber Ontario-Isolaten v. Verticillium albo-atrum 11-0937; Wirk. d. Bodenfeuchte z.Z. d. Knollenansatzes auf d. Befall mit Gewöhnl. Schorf 09-0931; Schorfresistenzprüf. v. Kulturkartoffeln u. Kartoffelzücht. 12-1047; Fehlen d. Erregers v. Silberschorf d. Kartoffel in urbargemachten Böden 09-0933; Rhizoctonia-Bek. im niederländ. Pflanzkartoffelbau 08-0986; Vorkommen d. Wurzeltöterkrankh., durch Rhizoctonia solani verursacht, u. gewöhnl. Schorf, durch Streptomyces scabies hervorgerufen 08-0937; chem. Bek. d. Wurzeltöters oder d. Rhizoktoniose u. d. gewöhnl. Kartoffelschorfs an Knollen 11-0984; mathemat.-statist. Lös. d. Problems d. Prognose v. Epidemien mit Hilfe meteorol. Parameter, dargestellt am Beispiel d. Kartoffelkrautfäule 09-0119; Verteil. v. ^{14}C in d. Pflanze in Bezieh. z. Blattinfektion mit Phytophthora infestans 07-0950; Physiol. u. Biochemie d. Erregers u. d. Wirt/Pathogen-Verhältnisses bei d. Kraut- u. Knollenfäule 11-0938; Laborprüfmeth. zwecks Feststell. d. Knollenresistenz gegenüber Phytophthora infestans 08-0967; Ausgangsmaterial für d. Zücht. einer Phytophthora-resistenten Kartoffel in Primorje 11-0800; "Dosis-Erfolg"-Bezieh. bei d. Infektion v. Kartoffelblättern durch Zoosporen v. Phytophthora infestans 09-0932; Einfl. d. Ernähr. v. Pflanzen mit $H_2PO_4^-$ auf d. Blattresistenz gegen Phytophthora infestans 10-0866; künstl. Infektionsmeth. für Resistenzprüf. gegen Kartoffelfäulen unter Berücksichtig. ihrer Bedeut. im internat. Warenverkehr 10-0892; Einfl. d. Düng. auf d. Befall mit parasitären Krankh. d. Krautes 07-0954; Auftreten d. Schwarzbeinigk. 11-0935; Frühgeschichte d. Schwarzbeinigkeit 11-0936; Schwarzbeinigk. u. Knollennaßfäule 07-0955; K-Mangel als Faktor d. enzymat. Schwarzfleckigk. d. Knolle 10-0793; ökonom. Überleg. zum Kartoffelnematoden-Problem 07-0875; Untersuchungsprojekt "Kartoffelälchen" 07-0876; Wirk. unterschiedl. Trocknungszeiten d. Bodens auf Gewinn. d. Zysten u. d. Larvenschlupf d. Kartoffelnematoden 10-0810; Sorten mit Resistenz gegen d. Kartoffelnematoden 07-0459; mehrfache Resistenz gegen Hitze, Dürre, Frost, Charcoal Rot u. Nematoden bei Kulturkartoffeln 07-0798; Einfl. exogener Enzyme auf d. Wurzelgewebe v. Pflanzen, d. gegen d. Kartoffelnematoden anfällig u. resistent sind 10-0826; Puffervolumen sowie pH-Wert-Veränder. in d. Wurzelgeweben v. Pflanzen, d. gegen d. Befall durch Kartoffelnematoden anfällig u. resistent sind 10-0827; Peconic, Sorte mit Resistenz gegen d. Kartoffelnematoden 10-0422; Einfl. einer massenhaften Verwend. v. Insektiziden auf d. nützl. Entomofauna d. Felder

07-1028; Rolle d. Raubinsekten bei d. Verminder. v. 2 Kartoffelblattlausarten: Aphis nasturtii u. Aphis frangulae 11-0981; Abgrenz. d. für d. Pflanzkartoffelvermehr. geeigneten Anbaulagen in Baden-Württemberg in Bezieh. zu Blattlausbefall u. mittlerer Wertzahl 08-0883; Bek. v. Tetranychus urticae mit Azodrin 08-0996; Pestizide z. Bek. v. Tetranychus urticae u. d. Tabakblasenfußes 10-0937.

E r n t e : Zweiphasenernte 09-0465; Ertragsstruktur bei Frührod. u. im Nachbau 12-0629; konventionelle Ernteverfahren u. Staudenziehroden. Verfahren für erschwerte Erntebeding. 07-0470; Anbau- u. Erntetechn. im Stärkekartoffelbau 12-0633; Einfl. d. Thioharnstoffs mit anschließender Jarowisation auf d. Ernte 09-0463; Defoliation 09-0424; Wirksamk. d. Präparates Reglone zur Defoliation 12-0628; späte Krautabtöt. z. Ernte 10-0429; Verbesser. d. Pflanzkartoffelqualität durch Krautabtöt., Zusammenstell. v. Chemikalien u. deren Wirk. 09-0459; Wirk. d. Krautabtötens auf Dichte v. Knollen d. Sorten 'Kennebec' u. 'Sebago' 09-0460.

S o n s t i g e E r t r a g s f a k t o r e n : Widerstandsfähigk. gegen Feuchtigk. u. Ertragssteiger. auf zu feuchten Böden 09-0462; Ertragsstruktur bei Frührod. u. im Nachbau 12-0629; Einfl.: d. Pflanztermins auf Ertrag u. Qualität 09-0469; v. Reihenentfern. u. Pflanzenzahl auf Ertrag u. Knollengröße 12-0624; d. Hemmstoffs B 995 auf d. Ertrag 08-0522; Steiger. d. Erträge, Verbesser. d. Qualität durch Anwend. d. neuen ökon. Systems u. Durchsetz. industriemäß. Produktionsmeth. im Bez. Dresden 11-0505; Wachstumsanalyse als Meth. d. Bewert. d. Leist. v. Pflanzen bei Bild. ihres biol. u. wirtsch. Ertrages 11-0498; Einfl. v. Viruskrankh.: auf Erträge, Dichte u. Chipfarbe in Maine 09-0892; auf Knollen- u. Stärkeertrag bei 3 Sorten 'Epoka', 'Flisak' u. 'Wyszoborskie' 1963 10-0430.

L a g e r u n g , V e r w e r t u n g : Versuchsmethodik für Lager. 11-0502; ökonom. Bewert. verschied. Arten d. Lager. 12-0559; Pflanzguterzeug., Mechanisier., Anbau u. Lager. in d. DDR 12-0637; Verfahren d. Produktion 12-0561; Kartoffelsortier. u. d. sie beeinflussenden Faktoren 07-0465; Winterlager. unter Tragluftzelt 12-0560; Qualitäts-Speisekartoffeln in sauberen Papiersäcken 09-0471; Wirk. v. Reifegrad, Lagerungstemp. u. -zeit auf d. Ergrünen 12-0552; Einfl. d. Verheilens v. Wunden an Knollen auf deren Lagerfähigk. 09-0466; Ermittl. v. Druckschäden u. Beeinträchtig. d. Pflanzwertes in Abhängigk. v. d. Lagerungshöhe 11-0417; Anwend. ionisierender Strahl. z. Verlänger. d. Haltbarkeitsdauer 09-0426; γ-Bestrahl. für d. Gemüselager. 07-0412; Klimatisier. v. Lagerräumen 07-0414; Lager. bei natürl. u. künstl. Belüft. 07-0407; Veränder. d. Farbe v. Kartoffelchips 08-0093; Einfl. v. Sorte u. Anbauort auf d. Eign. v. Knollen für d. Chipsherstell. 07-0466; Schwarzverfärb. nach d. Kochen 11-0503.

Z ü c h t u n g : Selektion auf Virusresistenz 10-0750; Resistenzprüf. u. -verhalten v. Kultur- u. Wildkartoffeln gegenüber Kartoffelvirosen 11-0796; Eign. einiger Sorten für Zücht. auf Feldresistenz gegen Viruskrankh. 09-0786; Überempfindlichkeitsresistenz einiger Sorten gegen X- u. B-Virus u. züchter. Ausnütz. 10-0751; Erfolge d. Zucht- u. Versuchsstation IHAR Stare

Feldfrüchten 1966 12-0576; Einführ. v. Feldversuchen in d. System d. Sortenbewert. u. d. agrotechn. Maßnahmen 12-0564; System d. Sortenprüf. u. d. Samenbaues in Ungarn 12-0544; Sorten landwirtsch. Nutzpflanzen in Rumänien 09-0435; Organisation u. Methodik d. staatl. Sortenwertprüf. landwirtschaftl. Kulturen in d. UdSSR 07-0423.

Getreide

Handb. z. Sortenanerkenn. landwirtsch. Kulturen. Getreide u. Grützekulturen 12-0574; Erträge, Sortenstatistik u. -eigensch. v. So-Gerste (1965) 07-0446; Eiweißgeh. beim Wi-Gersten-Weltsortiment 12-0099; Anbau u. Sortenstruktur d. Hafers im Weltausmaß 11-0472.

Hackfrüchte

Sortenschutz in d. DBR (Kartoffel) 11-0008.

Gemüse

Gemüsesortenkunde 12-0737; Entwickl. d. Gemüsesorten im Hinblick auf gesteigerte Marktanforder. 07-0544; Sortiment v. Kohlarten 09-0570; Sortenprüf. mit Weißkohl (1966, Frühanbau) 07-0559; (1966, mittelfrühe u. mittelspäte Sorten) 07-0560; Versuch mit Sorten u. Stämmen v. Weißkohl mit Frühjahrsaussaat (1965-66) 09-0572; 'Inter' - eine neue Weißkohlsorte für d. Sommeranbau 10-0546; Sortenprüf.: mit Rotkohl (1966, Frühanbau) 07-0562; mit Wirsingkohl (1966, Frühanbau) 07-0561; mit Blumenkohl (1966, Sommeranbau) 07-0557; (1966, Herbstanbau) 07-0558; Sortenfrage bei Blumenkohl 12-0749; Fragen d. Rohstoffproduktion für d. Industrie. (Rosenkohlsorten) 11-0621; Versuch mit Sorten u. Stämmen v. Freilandmöhren (1965-66) 09-0574; Sortenprüf. mit Speisemöhren (1966, Herbsternte) 07-0565; Versuch mit Sorten u. Stämmen v. Wurzelpetersilie (1965-66) 09-0575; Sortenprüf. Rote Rüben (1966) 07-0569; Versuch mit Sorten u. Stämmen v. Roten Rüben (1965-66) 09-0577; Sortenprüf. mit Einlegegurken (1966) 07-0576; Untersuch. d. frühen großfrüchtigen Paprikasorten im Nordosten Bulg. 08-0635; Tafelpaprika 12-0769; Sortenversuch mit Gemüsepaprika unter Glas 10-0561; Überlegenh. d. Heterosishybriden v. Paprika im Vgl. z. Standardsorten in Versuchen in ČSSR, DDR u. Polen 09-0590; neue Bohnensorten unter Glas 11-0639; Sortenversuch mit Wachsbohnen (1962-64) 10-0567; Prüf. grüner Buschbohnensorten 10-0566; Sorten v. niedr. Markerbsen (1963-65) 10-0570; Markerbsensorten mit bes. Berücksichtig. d. Kornsortier., Entwicklungszeit u. Kornfarbe 09-0595; Sortenversuche bei Tomaten unter Glas (1965-66) 07-0586; Tomatensorten im Gewächshaus u. ihre Verbesser. 11-0649; Sortenprüf.: mit Buschtomaten (1966) 07-0590; mit Kopfsalat (1966, Frühfreilandanbau) 07-0600; mit Bleichspargel in Gotland (1959-64) 08-0650; Spargel masch. sortieren 12-0798; Spinatsorten für erfolgreichen Anbau 09-0616; besserer Spinat mit anderen Sorten 09-0615; Sortenprüf. mit Porree (1966, Sommeranbau) 07-0603; (1965-66, Herbsternte u. Überwinter.) 07-0604; Sorten- u. Stammversuch bei Säzwiebeln (1962-64) 10-0594; Sortenprüf. mit Saatzwiebeln (1966) 07-0608; Lagerprüf. mit Saatzwiebeln (1965-66) 07-0609.

Obst

Sortenschutz - auch beim Apfel? 09-0645; neue Apfelsorten 08-0673; Sortenbeweg. im holländ. Apfelanbau in d. letzten 15 Jhr. 09-0644; Ursachen v. Fruchtbeschädig. an einer Apfelsortiermaschine 08-0671; Erfahr. mit 'Rode Boskoop Kalfs' 12-0877; 'Mutu' - als Ersatz für 'Golden Delicious' 10-0623; 50 neue in d. UdSSR gezüchtete Apfel- u. Birnensorten 07-0626; Pfirsichsorte 'Cervena Kurtovka' 12-0896; Erdbeeren 12-0905; hat 'Clasa' noch Zukunft? 11-0697; Sortenversuche mit Stachelbeeren (1961-65) 07-0663; Johannisbeeren. Bestimmungsbuch - Sortenbeschreib. 07-0662; Sortenkunde im Weinbau 12-0930; Bestimmungsschlüssel für Rebsorten 09-0668.

Zierpflanzen

Garten d. Gartenpflanzen in Weihenstephan 10-0651; Sortenbeschreib. mit Hilfe v. Lochkarten 12-0825; neue Sorten helfen ein schnelles Winterprogramm z. entwickeln 10-0647; neue Poinsettien, kritisch betrachtet 10-0656; Paeonia-lactiflora-Sortiment in Weihenstephan 09-0687; Neuheiten b. Rosen 09-0715; Cyclamensortiment um 5 neue Sorten bereichert 09-0695; Sicht. d. Sortimentes d. Teppich-Phloxe 08-0709, 09-0688; neue Gloxinien-F_1-Hybriden 'Enzett-Roter Samt' 09-0697; Prüf. d. Sortimente v. Usambaraveilchen u. Gloxinien 12-0963; Knollenfreesien (Sortenvergl.) 12-0955; Sortenversuch bei Saatfreeesien 07-0692.

Soziologie der Pflanzen, physiol.-biochem. Grundlagen d. gegenseit. Beeinfluss. d. Pflanzen in d. Phytozönose; Material d. 1. Unionssymposiums über physiol.-biochem. Grundlagen d. Bild. pflanzl. Assoziation (Phytozönosen) (Moskau 1965) 09-0113; Phytozönose als selbstregulierendes System 11-0137; 2 Modifikationen photograph. Vegetationskartier. 08-0125; Erläuter. z. Karte d. potentiell natürl. Vegetation d. DBR 1:200 000 Blatt 85 Minden 08-0126; agglomerative Meth. z. Glieder. v. Pflanzengesellsch. 12-0131; naturräuml. Glieder. im "Elbe-Mulde-Winkel" 12-0133; Verbreit. einiger Ruderalpflanzengesellsch. in d. weiteren Umgeb. Leipzigs 12-0132; Kationenaustauschkapazität d. Wurzeln u. Nährstoffpotential d. Bodens in psammophilen u. halophilen Pflanzenges. d. niederländ. Meeresküste 07-0091; multivariate Meth. in d. Pflanzenökol. (Vgl. v. Informations- u. Assoziationsanalyse) 07-0092; Berechn. d. Ähnlichk. florist. Aufnahmen 11-0136; Nachweis versalzter oberer Bodenhorizonte durch d. Vegetation 07-0205; Standraum d. Pflanzen 08-0124; Besonderh. d. Bild. u. Tätigk. d. photosynth. App. v. Mais- u. Sojabohnenpflanzen bei künstl. Mischanbau 11-0141; Rasenflora d. löß. Schluchten u. Hänge in Anlehn. an d. Geländestruktur u. mikroklimat. Differenzier. 11-0139; Dynamik d. Pflanzengemeinsch. auf dauernden u. neuangelegten Waldwiesen 11-0140; typolog. Wiesenaufteil. u. phytosoziolog. Aufteil. d. Wiesenkomplexe 11-0138; Gesetzmäßigk. d. Verbreit. v. Trifolium montanum in einigen Wiesen- u. Steppenphytozönosen 09-0114.

Spätkohl s. Brassica oleracea.

Spargel s. Asparagus.

Spargelkohl s. Brassica oleracea convar. botrytis var. italica.

Spartein s. unter Alkaloide.

Speisebohne s. Phaseolus vulgaris.

Speisechampignon s. Agaricus bisporus.

E r n ä h r u n g : Entwickl. d. Düngerverbrauchs in d. Welt u. in Österreich 12-0506; Fähigk. org. Verbind., d. Pflanzen als allein. N-Quelle für d. Wachstum zu dienen 08-0230; Mineralisier. u. Verwert. v. N in Harnstoff-Formaldehyd-Verbind. 12-0508; Entzug v. N durch d. Erntesubst. verschied. Pflanzen 09-0323; N u. Gerste 10-0298; N-Ernähr. bei Futtergerste (Gefäßversuche mit verschied. So-Gerstengenotypen) 08-0371; Verwert. v. anorg. oder org. N durch Leguminosen bei unterschiedl. C:N-Verhältnis in Pflanzen (Einfl. d. N-Ernähr. auf d. Verhältnis d. Kohlenhydrate z. N bei Erbsen u. Lupinen) 09-0329; Einfl.: v. Umweltfaktoren auf Ausbild. d. Sexualität d. monözischen Hanfs (Wechselwirk. zw. photoperiod. Zyklus u. N-Ernähr.) 08-0076; v. Telodrin auf N-Ernähr. v. Zuckerrohr 09-0200; v. Getreidestroh, Rübenblatt u. Zuckerrohr-Bagasse auf N-Versorg. in Gefäßdüngungsversuchen 07-0366; v. N-Ernähr. auf d. pH-Wert d. Tomate 08-0364; N-Ernähr. d. Äpfel 12-0860; Blattanalyse als Richtlinie bei d. Nährstoffversorg. d. Apfelbaumes 12-0451; Reakt. junger Apfelbäume v. unterschiedl. N-Ernährungszustand auf eine Harnstoffspritz. im Herbst 12-0862; Ernähr. d. Pfirsichbaumes. Jahreszeitl. Veränder. d. N-halt. Bestandteile ausgewachsener Bäume 12-0448; (Speicher. u. Mobilisier. in jungen Bäumen) 12-0449; (Stoffwechsel u. Verlager. d. L-[guanido-^{14}C]-Arginin-hydrochlorids u. d. L-[U-^{24}C]-Asparagins in jungen Bäumen, während d. Vegetationsruhe) 12-0450; Wirk. unterschiedl. N:K-Relat. in d. Nährlös. auf Petunien, Chrysanthemen u. Begonien 11-0707; Einfl. d. Form d. N-Ernähr. auf d. Pflanzenstoffwechsel; ^{14}C in Chlorella vulgaris bei Ernähr. mit Nitrat- oder Ammonium-N 11-0338.

A u s n u t z u n g : Fähigk. org. N-Verbind., d. Pflanzen als allein. N-Quelle für d. Wachstum zu dienen 08-0230; Fixier. d. mineral. N-Formen im Boden in für d. Pflanzen nicht verfügbaren Verbind. 08-0231; Ausnutz. d. Boden- u. Dünger-N durch Pflanzen 07-0115; C- u. N-Quellen für Proteinsynth. u. Wachstum v. Zuckerrübenblättern 11-0051.

G e h a l t i n P f l a n z e n : Wie d. Veränder. im NPK-Geh. d. Pflanzen d. mineral. Ernähr. unter normalen Verhältnissen widerspiegeln 08-0347; N-halt. Verbind. u. Kohlenhydrate in Kompostdüngern 12-0504; S-Bedarf d. Pflanzen als Beweis für d. S-N-Verhältnis in org. Materie - Überblick 10-0290; Veränder. d. Geh. d. oberird. Organe d. Wi-Weizens während d. Vegetation 07-0301; Einlager. in Korn u. oberird. Pflanzenmasse v. d. Blüte bis zur Vollreife bei So-Weizen 12-0590; Verteil. v. Nitrat-N in Blättern u. Stielen v. Zuckerrüben nach schwacher u. nach ausreichender N-Düngung 11-0340; Einfl. d. Schäden, d. durch Larven d. Graurüsselkäfers verursacht werden, auf Wachstum d. Leguminosenkulturen sowie auf Anreicher. v. N u. Aminosäuren im Boden u. in d. Pflanzen 09-0881; Verwert. v. anorg. oder org. N durch Leguminosen bei unterschiedl. C:N-Verhältnis in Pflanzen (Einfl. d. N-Ernähr. auf d. Verhältnis d. Kohlenhydrate z. N bei Erbsen u. Lupinen) 09-0329; Veränder. d. N-Konz. u. d. Konz. d. freien u. gebundenen Aminosäuren in durch Ditylenchus dipsaci infizierten Luzerne- u. Erbsenpflanzen 07-0873; Wirk. v. N-Düngern auf Ertrag sowie N-Geh. v. Weidegras 08-0604; Ertrag d. Wiesenrispe, gemessen an ihrem N-, P- u. K-Geh. 10-0486; Versuche mit d. Sauergras Setaria sphacelata 10-0260; Reakt. v. Glycine auf Versalz. (Untersuch. zw. Glycine-Sorten in Trockensubstanzmasse sowie N- u. Wassergeh.) 07-0285; Einfl. v. Gibberellin auf N-Geh. in Hanfpflanzen 08-0365; N-Mineralisation in Böden v. Whakatane, Neuseeland, in Hinsicht auf ihre Eignung für d. Anbau v. Tabak 11-0216; Akkumulation v. Tr.-Subst., N in Blütenknospen, Blüten u. Früchten verschied. Alters, verschied. Lage u. verschied. Fruchtzweige v. Baumwolle 08-0368; Einfl. v. Unkrautbek. u. Höhe d. N-Gabe auf Ertrag u. N-Geh. v. Markstammkohl 10-0998; Einfl. v. S-Mangel auf N-Verbind. d. Linse in d. 1. Entwicklungsstadien 09-0332; Rückwirk. d. Mangels an Hauptnährstoffen S, Mg, P, K auf d. N-Haush. junger Melonenpflanzen 09-0321; vergleich. Prüf. d. N-Geh. mit Kolchizin behandelter polyploider Paprikapflanze 09-0836; N u. Abstand v. Tomaten in Bezieh. z. Frühzeitigk., Ertrag, Marktqualität u. Konz. v. N im Stengel 12-0776; Lager. u. Mobilisation in Obstbäumen 12-0832; Veränder. d. N-Geh. sowie d. N-Verteil. im Apfelbaum im Zusammenhang mit d. Beding. d. Wachstums u. d. Photosyntheseintensität 10-0278; Geh. in vegetativen u. reproduktiven Organen d. Apfels in Abhängigk. v. Geh. d. Bodens in d. Obstanlage 08-0676; Einfl.: d. Entfern. d. Blütenstände, Blüten u. Fruchtknoten auf Geh. an N-Verbind. kurzstämm. Apfelbäume 11-0040; d. Pflanzengröße auf d. Geh. d. Apfellaubes 12-0452; d. Nitratversorg. z. verschied. Jahreszeiten auf d. N-Geh. junger Apfelbäume in Sandkultur 12-0861; N-Stoffwechsel während d. Lager. in Bezieh. z. Verfall v. Äpfeln (Veränder. im Protein-N-Geh. in Bezieh. z. Befall) 12-0856; Affinität beim Pfirsich 12-0894; Dynamik d. Geh. an Gesamt- u. Eiweiß-N bei wurzelechten u. veredelten Sauerkirschbäumen in Verbind. mit d. Wuchs d. Wurzeln u. Triebe 12-0889; Ursachen u. Bek. v. alternierend tragenden 'Unshu'-Apfelsinenbäumen (jährl. Veränder. d. N-Absorption in alternierend u. jährl. tragenden Bäumen) 08-0589.

E i n f l u ß v o n N : Wechselwirk. zw. N u. P in d. Landwirtsch. (Einfl. auf Pflanzen u. Tiere) 11-0331; N als Ursache v. Vorfruchtwirk. außerhalb d. phytopatholog. Genese 08-0445; Wirk. v. N auf Proteingeh. u. Schüttdichte 08-0486; Einfl. v. N auf Ertrag u. Proteingeh. bei Weizen d. Sorte 'Thatcher' 08-0483; Faktoren, d. bei d. Absorpt. v. austauschbarem K bei Anwend. d. Neubauer-Roggen-Sämlingsmeth. II wirken: unproportionierter Einfl. v. N 08-0403; Erweiter. d. Spaltöffn. v. Vicia faba durch N 09-0041; Physiol. d. Knöllchenbild. (Einfl. v. N-Gaben auf d. Wurzelhaarinfektion v. Klee) 09-0038; N-Anwend. auf Grünland (Einfl. d. angewendeten N auf d. tier. Produktion auf alten Dauerweiden) 12-0718; Na- u. K-Geh. einiger Gatt., Arten u. Sorten v. Gräsern 09-0337; Wirk. v. N auf d. Ertrag, d. Ausdauer u. d. Nährstoffgeh. v. Lieschgras 08-0570; Bedeut. d. N u. d. N-Düng. für Stoffwechselvorgänge sowie Wuchs- u. Ertragsverhalten d. Apfels 04-0644; Blattanalyse in Bezieh. z. Ernähr. d. Schwarzen Johannisbeere (Haupteinflüsse u. Wechselbezieh. v. N auf Wachstum u. Ertrag) 12-0909.

B i n d u n g , Z e r s e t z u n g : Biochem. Aspekte bei d. biol. Bind. molekularen N 10-0172; Fixier. d. mineral. N-Formen im Boden in für d. Pflanzen nicht verfügbaren Verbind. 08-0231; Erzeug. v. $^{13}N_2$ durch 50-MeV-Protonen

z. Anwend. bei biol. N-Fixier. 12-0324; Wirk. d. Ca-Mangels auf d. symbiot. N-Bind. 07-0196; Wirk. verschied. gelagerter Stallmiste auf Pflanzenertrag u. Bodeneigensch. (Erträge u. N-Entzüge) 12-0497; ammonisierter Torf als Träger 12-0502; Rolle d. Temperaturfaktors in d. Mobilisier. d. Torfs 12-0503; Verbreit. freilebender N-Binder in Roterden Grusiniens 08-0213; ernährungsmäß. Wechselbezieh. zw. Pflanzen u. Actinomycetes 07-0174; Wirk. d. Humus v. Tankschlamm auf N-Bind. v. Azotobacter 08-0236; Einfl. v. Ca-Ionen auf Wachstum u. N-Bind. in Kulturen eines N-bindenden Azotobacter chroococcum-Stammes bei verschied. pH-Werten 08-0214; z. Erzeug. v. Impfstoffen in d. ČSSR benutzte Rhizobiengruppe u. ihre teilweise Charakteristik (Aktivität d. N-Fixation u. Wirk. d. Inokulation) 07-0175; symbiot. Eigensch. v. Rhizobium meliloti: systemat. Einteil. nach d. Bezieh. in d. Knöllchenbild. u. N-Bind. zw. Wirtspflanzen u. Rhizobien verschied. Herkunft 09-0186; N-Bindungsvermögen einiger blaugrüner Algen 12-0271; Bind. v. atmosphär. N durch Blaualgen 12-0272; Bedeut. d. Blaugrünalgen für d. Anreicher. d. Bodens mit N 07-0194; Verteil. v. in Wüsten-Algenkrusten fixiertem N 09-0198; Best. d. tatsächl. N-Bind. durch Leguminosen 11-0211; Aufn. v. N aus d. Atmosphäre durch Leguminosen 09-0199; N-Wechsel bei Leguminosen mittels ^{15}N 07-0306; Rolle d. Co bei d. N-Akkumulation durch Hülsenfrüchte 08-0391; N-Bezieh. v. 3 trop. Futterleguminosen in Reinsaaten u. Gräsergemischen 11-0572; N-Bind. durch d. Lupine aus d. Luft unter Verwend. v. molekularem ^{15}N 07-0195; symbiot. N-Bind. bei Bohnen (Vergl. d. Bindungsaktivität verschied. Rhizobiumstämme) 12-0273; Einfl. v. Hypokotyl u. Vit. B_{12} auf d. N-Bind. isolierter Bohnenwurzeln 08-0237; N-Bind. durch Sanddorn im Freiland 12-0240; Absorption v. N durch mykorrhiza-besiedelte Wurzeln d. Buche (Ammoniak und Nitrat als N-Quelle) 10-0166; N-Bind. durch knöllchentragende Alnus rugosa 11-0212; N-Fixier. in Wurzelknöllchen v. Alnus jorullensis 08-0238.

R a d i o a k t i v e r N : Ausnutz. d. Boden- u. Dünger-N durch Pflanzen 07-0115; Rückgewinn. v. Düngemittel-N unter Feldbeding. bei Verwend. v. ^{15}N 12-0155; N-Wechsel bei Leguminosen mittels ^{15}N 07-0306; N-Bind. durch Lupine aus d. Luft unter Verwend. v. molekularem ^{15}N 07-0195; N-Umsatz u. -verwert. bei Leguminosen, durchgeführt mit ^{15}N-markierten Verbind. bei Erbsen 08-0374.

V e r b i n d u n g e n : Fähigk. org. Verbind., d. Pflanzen als allein. N-Quelle für d. Wachstum zu dienen 08-0230; Ernähr. u. Desinfekt. mit Kalziumzyanamid geg. Gemüsekrankh. im Gewächshaus, d. durch d. Boden übertragen werden 12-1262; Veränder. bei einigen N-Verbind. während d. Keim. v. Erbsensamen 11-0052; Einfl. v. S-Mangel auf N-Verbind. d. Linse in d. 1. Entwicklungsstadien 09-0332; Einfl. d. Entfern. d. Blütenstände, Blüten u. Fruchtknoten auf Geh. an N-Verbind. kurzstämm. Apfelbäume 11-0040; Kälteschäden an Zitrusbäumen (Bezieh. zw. Frosthärte u. osmot. Konz. sowie Elementgeh. in Blättern u. Stengeln v. 'Satsuma'-Orangenbäumen unter Einfl. v. Kältebehandl.) 12-0038; Einfl. v. unter d. Wirk. v. Erle angereichert. N-Verbind. u. v. Ammoniumnitratgaben auf andere Pflanzenarten 07-0200.

Stipa spec., chem. Zusammensetz. u. Verdaulichk. in vitro v. Huntungs-Futterpflanzen d. Stipa-Prärie 12-0086.

Mineralstoffwechsel

Wirk. d. äußeren Salzkonz. auf Wasserverhältnisse in Pflanzen (Fehlen eines osmot. Ausgleichs im Wurzelxylem) 09-0310; Mineralstoffhaush. d. keimenden Maises 09-0317; Zusammenhänge d. Wasser- u. Nährstoffversorg. bei Gemüsekulturen 12-0733.

K o h l e n s t o f f : C-Haush. v. Weizenkeimpflanzen in Abhängigk. v. Düng. u. Belicht. 09-0324.

S t i c k s t o f f : Einfl. d. Keimungsmediums auf N-Stoffwechsel 07-0307; N-Stoffwechsel d. Pflanzen bei starker Azidität d. Nährmediums 07-0304; Tagesrhythmus v. N-Austausch in Pflanzen 12-0055; Reutilisier. v. N in Wi- u. So-Weizenpflanzen 10-0273; Besonderh. bei Gerste u. Erbse unter gleichen Anzuchtbeding. 09-0328; Veränder.: im N-Metabolismus bei Luzerne u. Knaulgras unter Einfl. v. K- u. S-Ernähr. 08-0363; im Gesamt-N, im Nichtprotein-N u. im Amid-N-Geh. d. Blätter v. Straußgras in Bezieh. z. verschied. Umweltfaktoren 12-0102; Metabolismus d. aus Ammoniumnitrat u. Ammoniumsulfat absorbierten Nitrat- u. Ammonium-N in d. Tabakpflanze 07-0308; N-Metabolismus u. d. Lebensfähigk. v. Baumwollkeimlingen 08-0062; Veränder. im N-Stoffwechsel ausgereifter Kürbissamen 09-0056; metabol. Veränder. in Keimpflanzen v. Erbsen beim Wechsel d. äußeren Verhältnisse 12-0046; Lager. u. Mobilisation v. N in Obstbäumen 12-0832; Daten z. Stoffw. d. N in Endknospen d. Apfelbaumes z.Zt. d. floralen Induktionsperiode 12-0050; N-Stoffwechsel während d. Lager. in Bezieh. z. Verfall v. Äpfeln (Veränder. im Protein-N-Geh. in Bezieh. z. Befall) 12-0856; Dynamik d. Geh. an Gesamt-N bei wurzelechten u. veredelten Sauerkirschbäumen in Verbind. mit d. Wuchs d. Wurzeln u. Triebe 12-0889; Problem d. N-Aufn. u. d. N-Stoffw. im Wurzelsystem d. Rebe 08-0373; Einfl. d. Form d. N-Ernähr. auf d. Stoffwechsel v. Pflanzen (Weg d. ^{14}C in Chlorella vulgaris bei Ernähr. mit Nitrat- oder Ammonium-N) 11-0338.

P h o s p h o r : Veränder. d. P-Stoffwechsels bei herabgesetzter Temp. in d. Wurzelzone 07-0310; Charakteristik schnell markierter Nukleinsäuren in Geweben v. Pflanzensäml. 07-0022; Reutilisier. v. P in Wi- u. So-Weizenpflanzen 10-0273; Absorption u. Translokation v. P durch Gerstenpflanzen 07-0312; P-Metabolismus in keimenden Hafersamen 10-0287; Einbau v. $H_3{}^{32}PO_4$ u. ^{32}P-markierter RNS in verschied. Zellfraktionen v. Reissäml. 07-0317; physiol.-biochem. Untersuch. über stoffl. Grundlagen d. Ertragsbild., insbes. d. Blütenbild. bei Obstgehölzen 07-0017; Daten z. Stoffw. v. P in Endknospen d. Apfelbaumes z.Zt. d. floralen Induktionsperiode 12-0050.

K a t i o n e n : Aufnahme v. Aminosäuren durch verschied. Organismen 12-0103; Ca-Aufstieg in unversehrten u. abgeschnittenen Bohnenpflanzen 08-0379; Daten z. Stoffw. in Endknospen d. Apfelbaumes z.Zt. d. floralen Induktionsperiode 12-0050.

S p u r e n e l e m e n t e : Spurenstoffe in Ernähr. u. Stoffwechsel d. landwirtsch. Kulturpflanzen Österreichs 07-0329; B-Mangel u. Verlagerungsmodus in d. Sonnenblume 07-0333; Metabolismus d. Fe-Porphyrin-Verbind. in d. Wurzeln 08-0397; Beweg. d. Rb durch d. Wurzel v. Gerste 07-0338; Physiol. d. Sulfates bei höheren Pflanzen (Aufnahme u. Translokation v. radioaktivem

Sulfat in S-Mangel-Pflanzen) 07-0318; Verteil. v. ^{65}Zn in Birnbäumen nach Injektion in d. Rinde 08-0392.

Stoffwechsel organischer Verbindungen

K o h l e n h y d r a t e : Bedeut. d. Weges d. Zucker in d. Pflanzenphysiol. 12-0057; Transp. org. Metaboliten in d. Pflanze 07-0015; Wirk. v. Maleinsäurehydrazid auf d. Kohlenhydratstoffw. verkümmerter u. saccharose-ernährter etiolierter Gerstenblätter 08-0045; biochem. Grundlagen physiol. Prozesse in d. Kartoffelknolle. Veränder. d. Kohlenhydrate in d. keimenden Knolle 08-0047; Zuckerstoffw. v. Kartoffelknollen nach γ-Bestrahl. Zuckerakkumulation, Hemm. v. Keimwachstum u. Knollenbild. 08-0046; Aufn. u. Translokation v. Zucker durch Rizinussäml. (Autoradiograph. Untersuch. d. Absorptionsweges) 09-0064; metabol. Veränder. in Keimpflanzen v. Erbsen beim Wechsel d. äußeren Verhältnisse 12-0046; Kohlenhydratstoffwechsel in Apfelsamen während d. Ausreifens nach d. Ernte 09-0050; Temp.-Verhältn. für d. 2. Schnittphase d. Weinrebe u. d. Veränder. d. Kohlenhydratgeh. bei negativ. Temp. 08-0034.

P r o t e i n e : Änder. d. freien Aminosäuren im Zusammenhang mit d. Vernalisation v. Weizen 09-0051; Translokation v. Aminosäuren in Zuckerrüben 08-0049; Proteinstoffwechsel d. Blätter höherer Pflanzen (Aminosäurezusammensetz. d. Proteins v. Tabakblättern in verschied. Stadien) 09-0052; (Variation d. Aminosäurezusammensetz. d. Proteins bei Autolyse d. Tabakblätter) 09-0053; Veränder. im Eiweißstoffwechsel ausgereifter Kürbissamen 09-0056; metabol. Veränder. in Keimpflanzen v. Erbsen beim Wechsel d. äußeren Verhältnisse 12-0046; N-Ernähr. d. Pfirsichbaumes (Stoffwechsel und Verlager. d. L-guanido-^{14}C-Arginin-hydrochlorids u. d. L-U-^{14}C-Asparagins in jungen Bäumen, während d. Vegetationsruhe) 12-0450; jährl. Schwank. d. Prolingeh. beim Pfirsichbaum 09-0054; Dynamik d. Geh. an Eiweiß-N bei wurzelechten u. veredelten Sauerkirschbäumen in Verbind. mit d. Wuchs d. Wurzeln u. Triebe 12-0889; Tryptophanstoffwechsel u. Alkaloidbild. bei Mutterkorn in saprophyt. Submerskultur (Änder. d. Tryptophanstoffwechsels u. d. Alkaloidbild. mit d. Entwicklungszustand d. Mutterkornmyzels) 11-0057.

E n z y m e : Wirk. v. γ-Strahlen u. Maleinsäurehydrazid auf d. Enzymsystem v. Maiskörnern 09-0058.

W u c h s s t o f f e : Abbau v. Chlorcholinchlorid in d. Pflanze 07-0028; Aufrechterhalt. d. Polarität d. Auxinstromes durch basipetalen Transp. 07-0023.

F a r b s t o f f e : Einwirk. v. Licht verschied. Intensität auf d. Metabolismus d. Chlorophylls in d. Blättern v. Pelargonium 11-0064.

S ä u r e n : Nukleinsäure-Stoffwechsel u. photoperiod. Induktion 12-0060; Stoffwechsel einiger Phenoxyessig- u. Benzoesäuren in Pflanzen 10-0985; Verwend. v. Sproß-Wurzel-Propf. z. Untersuch. über d. Ort d. o-Hydroxy-zimtsäure-Synthese v. Bokharaklee 09-0060; Assimilation u. Translokation v. $^{14}CO_2$ in Ladinoklee (Verteil. v. ^{14}C in verschied. Assimilatfraktionen in d. Pflanzen) 09-0062.

durch Pflanzen) 08-0355; durch Behandl. mit γ-Strahlen hervorgerufene quantitative Variabilität in d. Filialgenerationen (quantitative Variabilität in d. 2., u. 3. Generation v. So-Weizen) 09-0027; (quantitative Variabilität in d. 2. 3. u. 4. Generation v. So-Gerste) 09-0026; induzierte Bikarpell-Mutation bei Gerste 07-0765; Mitose nach d. Bestrahl. bei Sprossen v. diploidem u. autotetraploidem Roggen 09-0755; Wirk. akuter u. chron. γ-Bestrahl auf Maiskörner 07-0776; Variabilität quantitativer Eigensch. v. Mais unter Einfl. v. γ-Strahlen 11-0785; Änder. d. quantitativen Eigensch. v. Mais durch induzierte Mutation 07-0775; Korr. zw. chromosomalen Stör. u. morphol.-physiol. Veränder. bei Mais in M_1 nach Samenbestrahl. 12-1023; Wirk. v. γ-Strahlen auf d. Enzymsystem v. Maiskörnern 09-0058; mutagene Wirk. auf Mais in Bezieh. z. Kolbensitz 11-0784; Einfl. einer Vorsaatgutbestrahl. v. Maissaatgut auf d. Reifen u. d. Erträge 08-0506; Einfl. d. γ-Bestrahl. auf d. P-Aufn. durch Mais 12-0430; biol. Effekt bei Bestrahl v. Kartoffelsamen 10-0362; Zuckerstoffw. d. Kartoffelknollen nach γ-Bestrahl. Zuckerakkumulation, Hemm. v. Keimwachstum u. Knollenbild. 08-0046; Bewert. d. γ-Bestrahl. d. Kartoffelpflanzgutes vor d. Aussaat 08-0451; Anwend. ionisierender Strahl. z. Verlänger. d. Haltbarkeitsdauer v. Kartoffeln 07-0412, 09-0426; Wirk. chron. γ-Bestrahl. v. ^{60}Co bei Senf 10-0741; Verwend. v. Strahlen u. chem. Mutagenen z. Gewinnen neuer wirtsch. wertvoller Formen d. Baumwollpflanze 09-0853; Wirk. v. γ-Strahlen auf d. Leist. v. Pfefferminze 08-0548; Zücht. d. Vogelnachtschattens mit Strahlenbehandl. 11-0826; induzierte Chromosomenaberrationen u.a. Abnormalitäten im Embryosack nach Pollenbestrahl. bei Melandrium rubrum 08-0829; Gemüsepflanzen durch Samen- u. Samenträgerbehandl. mit ^{60}Co γ-Strahlen 09-0823; mutagene Wirk. v. γ-Strahlen bei Behandl. unreifer Erbsensamen 08-0768; Einfl. v. ^{60}Co-γ-Bestrahl. v. Erbsensamen auf Thiaminbiosynth. in 10 Tage alten Pflanzen 11-0056; Auswirk. einer chronischen γ-Bestrahl. bei Tomaten 08-0806; physiol. Untersuch. gammabestrahlter Tomatenfrüchte 10-0571; kombinierte Wirk. v. Gammastrahl., Kälteschaden u./od. Wachstumsregulatoren auf d. Nacherntereaktion v. Tomatenfrüchten 10-0572; Einfl. auf d. Befruchtungsfähigk. d. Pollens u. d. Ausbild. morphol. Merkmale bei Hybridapfelsäml. 09-0841; Embryosack-Entwickl. im Verhältnis zu Pollenfertilität u. Samenansatz bei Apfelklonen, deren ruhende Knospen mit ^{60}Co bestrahlt wurden 08-0819; Anwachsen u. Winterfestigk. bestrahlter Apfelreiser beim Veredeln im Frühjahr 12-0873; Axillarknospen an normalen u. an bestrahltem Apfel- u. Birnenholz 11-0037; Einführ. v. durch γ-Strahlen bestrahlten Mutanten u. ihre Nutzbarmach. in d. Zierpflanzenzücht. (artspezif. Unterschiede d. Strahlenempfindlichk. u. Varianten bei 1- u. 2-jähr. Zierpflanzen) 08-0826; induzierte Mutation bei d. Gladiole 07-0837; genet. Veränder. bei Larix leptolepis durch Bestrahl. v. Pollenmutterzellen mit semiakuten γ-Strahlen 08-0832; Strahlensterilisation in d. Schädlingsbek. 09-0970; Wirk. auf Rhyzopertha dominica, Sitophilus oryzae, Tribolium confusum u. Lasioderma serricorne 09-1028; Verlänger. d. Lagerzeit v. Champignons durch Gammastrahl. 10-0595.

Neutronenstrahlen

Anwend. v. Neutronen für d. Bestrahl. v. Saatgut 12-0550; Wechselwirk. zw. Reaktorstrahl. u. Wuchsstoffgaben bei So-Gerste 11-0071; Einfl. d. Wachstumsbeding. vor u. nach d. Bestrahl. auf d. Empfindlichk. v. Gersten- u. Hafersamen gegenüber Neutronen 07-0766; Korrelat. zw. chromosomalen Stör. u. morpholog.-physiolog. Veränder. bei Mais in M_1 nach Samenbestrahl. 12-1023; Wirk. v. Bestrahl. mit Neutronen auf quantitative Merkmale v. Sojabohnen 11-0791.

Röntgenstrahlen

Radiostimulier. d. Wachstums d. Pflanzen 11-0610; quantitative Modelle d. Radioempfindlichk. d. Pflanzen 11-0034; Strahlenempfindlichk. v. Pollen im Hinblick auf d. Frucht- u. Samenbild. 08-0738; Bezieh. zw. Wassergeh. u. Strahlenempfindlichk. bei trockenen Samen 08-0029; Bestrahlungsreparatur v. Chromosomenbrüchen bewirkt durch Bestandteile d. Nukleinsäure 10-0674; Wirk. tiefer Temp. während d. Lager. bestrahlter Samen auf d. Bestrahlungsnachwirk. 07-0394; induzierte transmissible Modifikationen d. Radiosensitivität durch Wärmebehandl. 11-0036; Faktoren, d. Reunion v. durch Röntgenstrahlen verursachten Chromosomenbrüchen beeinfl. (Wirk. v. Mitomycin C, Chloramphenikol, ATP u. Nukleosiden auf d. Ausmaß v. röntgenstrahleninduzierten Chromosomenaberrationen) 09-0724; (Wirksamk. v. Desoxyribonukleosid-Triphosphaten für Reduktion v. röntgenstrahleninduzierten Chromosomenaberrationen) 09-0725; Einfl. ionisierender Strahl. auf Eiweißgeh. in Getreidekörnern v. Kulturen unter verschied. agrobiol. Beding. 09-0439; genet. Effekte rekurrenter Bestrahl. bei diploiden u. polyploiden Triticum-Arten 10-0688; Einfl. d. Behandl. v. unterschiedl. altem Weizensaatgut mit Röntgenstrahlen auf d. Lebensfähigk. u. Winterfestigk. d. Pflanzen 08-0493; durch Röntgenstrahlen induzierte Variabilität d. Proteingeh. bei Brotweizen 12-1000; Wirk. einfacher u. wiederholter Röntgenbestrahl. auf homozygote Eltern-Variabilität u. Kreuzungspopulationen an So-Gerste 08-0752; Bestrahl. bei aufeinanderfolgenden Generationen: Wirk. auf ruhende Embryonen bei Gerste 10-0708; Einfl. v. Temp. d. Kultur auf d. Röntgenstrahlenempfindlichk. v. Gerstenwurzeln 08-0033; Änder. d. quantitativen Eigensch. v. Mais durch induzierte Mutation 07-0775; Einfl. einer Vorsaatbestrahl. v. Maissaatgut auf d. Reifen u. d. Erträge 08-0506; mutagene Wirk. v. X-Strahlen auf Kartoffeltriebe 11-0801; Behandl. d. Knollen mit Röntgenstrahlen als Sanierungsmeth. 11-1001; wirtsch. wertvolle Formen d. Sonnenblume durch Bestrahl. mit Röntgenstrahlen 11-0793; Auslese tetraploider Formen v. Lupinus angustifolius nach Röntgenbestrahl. u. diploide Ausgangsformen 07-0792; induzierte Chromosomenaberrationen u.a. Abnormalitäten im Embryosack nach Pollenbestrahl. bei Melandrium rubrum 08-0829; Axillarknospen an normalem u. an bestrahltem Apfel- u. Birnenholz 11-0037; Schaff. v. Sproßvarianten bei Azaleen durch Behandl. mit Röntgenstrahlen 12-1085.

Ultraviolettstrahlen

Saatgutbehandl. mit UV-Strahlen 08-0452; Einfl. d. Saatgutbehandl. mit UV-Strahlen auf Wachstum u. Erträge bei Mais 08-0453; Rolle d. Auxins bei UV-bedingter Ausdehn. etioliert. Blattstücke v. Bohnen 08-0080; Einfl. d. UV-Lichtes auf Echten Gerstenmehltau 10-0801.

Veränder. auf d. Vernalisation v. Weizen 10-0052; Unterschiede im Vernalisationseffekt bei Weizen unter verschied. Temp. 10-0053; Wirk. einer z. verschied. Zeiten vorgenommenen Temp.-Variation auf Wachstum u. Ertrag v. Zukkerrüben u. Gerste 12-0032; photoperiod. Reakt. d. Maispflanzen bei hohen Temp. 08-0068; Wirk. auf vegetatives Wachstum bei klimat. Var. v. Knaulgras unter kontrollierten Beding. 12-0128; Reakt. einiger Knaulgraspopulationen auf Temp. u. Tageslänge 09-0070; Wirk.: v. exogenen Faktoren auf d. Fettsäurebild. in reifenden Leinsamen 11-0100; d. Nachttemp. auf d. Wachstum v. Tabak 12-0663; d. Tages- u. Nachttemp. auf d. Ertragsstruktur d. Tabaksorten 'Hicks', 'Virginia Gold' u einer blauschimmelresistenten Neuzücht. 07-0485; d. Temp. d. Bewässerungswassers auf d. Wachstum v. Sumpfreis im wärmeren Geb. (Einfl. d. Tag- u. Nacht-Wassertemp. auf d. vegetative Wachstum in Bezieh. z. Änder. d. Lufttemp. mit fortschreitender Vegetationsperiode) 08-0582; v. Temp., Wachstum, Sorte u. N-Düng. auf Frühzeitigk. u. Qualität d. Blumenkohls 07-0554; d. Boden- u. Lufttemp. auf d. Auflaufen v. Paprika 11-0635; d. Temp. auf d. Wirksamk. d. Zusatzbeleucht. bei d. Paprikajungpflanzenanzucht 11-0634; Anwend. v. Wärmesummen z. Erntezeitbestimm. bei Erbsen 10-0568; Wechselbezieh. v. Temp. u. CO_2-Begas. auf verschied. Qualitätsmerkmale v. Gewächshaustomaten 10-0574; physiol. Ruhe bei Treibrhabarber 10-0590; Wirk. auf Zwiebelbild. d. Küchenzwiebel 12-0803; Wachstum d. Aprikosenfrucht (Wirk. v. Temp.) 09-0078; Verhältnis v. Tages- u. Nachttemp., Auxin u. Hemmstoffe auf d. vegetative Wachstum u. d. Blühen v. Chrysanthemum 10-0646; Kultur v. Aster savatieri var. hort. (Wirk. v. Temp., Tageslänge u. verschied. Wachstums- u. Blühregulatoren) 07-0699; Treiben v. Aster savatieri var. hortorum (Wirk. v. Nachttemp., Tageslänge, Lichtintensität u. Lichtqualität auf Treiben, Wachstum u. Blüte 11-0716; Nerinezwiebeln - Temp. v. Roden z. Pflanzen 09-0708.

Temperatur und Blüte

Zeit- u. Temp.-Faktoren bei Blütenbild. v. Kohl (Ort d. Vernalisation u. Natur d. Vernalisationsempfindlichk.) 08-0071; Temp.-Reakt. v. Stutztomaten 08-0642; Wirk. v. Temperaturvorbehandl. bei Frühkultur v. Erdbeerpflanzen 07-0659; Verhältnis v. Tages- u. Nachttemp., Auxin u. Hemmstoffe auf d. vegetative Wachstum u. d. Blühen v. Chrysanthemum 10-0646; Kultur v. Aster savatieri var. hort. (Wirk. v. Temp., Tageslänge u. verschied. Wachstums- u. Blühregulatoren) 07-0699; Treiben v. Aster savatieri var. hortorum (Wirk. v. Nachttemp., Tageslänge, Lichtintensität u. Lichtqualität auf Treiben, Wachstum u. Blüte.) 11-0716; Zusammenhang zw. Licht u. Temp. beim Wachsen u. Blühen d. Aphelandra 12-0968.

Temperatur und Stoffwechsel

Gaswechselprobleme: Beweisführ. zur gravierenden Bedeut. d. Temp. für Transpiration u. Respiration 08-0054; Veränder. d. P-Stoffwechsels bei herabgesetzter Temp. in d. Wurzelzone 07-0310; Wirk. auf quantitative Unterschiede v. Ausscheid. aus keim. Samen v. Bohne, Erbse u. Baumwolle 08-0052; Einfl. unterschiedl. Wurzeltemp. auf Tr.-Subst.- u. Kohlenhydrat-Veränder. in bewurzelten Blättern d. Bohne 12-0047; Wirk. d. Kühlens auf d. physiol. u. d. simulierten Apex v. 2- u. 3-Blattpflanzen v. Erbse auf Seitensproßwachstum, ^{14}C-IES-Beweg. u. ^{32}P-Akkumulation 10-0043; Einfl. d. Lagerbeding. auf d. Atm. v. Äpfeln. (Wirk. v. Temp., CO_2- u. O_2-Konz. auf d. Prod. v. CO_2 u. d. Verbrauch v. O_2) 11-0672; Temp.-Verhältn. für d. 2. Schnittphase d. Weinrebe u. d. Veränder. d. Kohlenhydratgeh. bei negativ. Temp. 08-0034.

Temperatur und Lagerung
Wirk.: tiefer Temp. während d. Lager. bestrahlter Samen auf d. Bestrahlungsnachwirk. 07-0394; d. Temp. u. d. Durchström. d. Trocknungsmediums auf d. Kornqualität 12-0554; v. Reifegrad, Lagerungstemp. u. Lagerzeit auf d. Ergrünen d. Kartoffeln 12-0552.

Temperatur und Phytopathologie
Wirk. d. Temp. auf Überempfindlichkeitsreakt. gewisser Wirtspflanzen im Hinblick auf d. TMV 09-0917; Apparatur zur Wärmebehandl. viruserkrankter Obstpflanzen 12-1242; Wuchs wärmebehandelter Apfelbäume auf verschied. Unterlagen 07-1009; Einfl. auf Lebensfähigk., Virulenz u. physiol. Eigensch. v. Xanthomonas phaseoli var. fuscans in vivo u. in vitro 09-0935; Wirk. hoher Temp. auf bestimmte Wurzelknöllchenbakterien 12-0239; Photoperiode-Temp.-Licht-Bezieh. bei d. Entwickl. v. Weizen u. Steinbrand 12-1178; Wirk.: einer hohen Nachbeimpfungstemp. auf d. Besiedl. v. Limabohnenstengeln durch Phytophthora phaseoli 11-0945; d. Temp. auf d. Inkubationszeit v. Peronospora tabacina 08-0947; v. Temp. u. rel. Feuchtigk. auf d. Sporulationsprozeß bei Peronospora tabacina 12-0662; v. Temp. u. Feuchtigk. auf d. Entwickl. v. Erysiphe polygoni an Rotklee 12-1203; hoher Feuchtigk. u. verschied. Temp. auf d. Biol. v. Tyrophagus putrescentiae 11-0887; gegenseit. Einwirken niedr. Temp. u. nächtl. Belicht. auf Bek. d. Dörrfleckenkrankh. d. Tomate 10-0879; Einfl. d. Temp. auf d. Entwickl. v. Nacobbus serendipiticus in abgeschnittenen Tomatenwurzeln 11-0869; Einfl. 6 verschied. Bodentemp. auf Infekt. u. Entwickl. v. Nacobbus batatiformis in Zuckerrüben 11-0871; Verhältnis überwinternder San-José-Schildlaus-Weibchen u. ihrer Larven z. Temp. 11-0894; Einfl. d. Temp. auf d. Entwickl. d. Schwarzschuppen-Symptome d. Osterlilien-Zwiebeln 07-0970.

Temperatur und Unkrautbekämpfung
Einfl.: d. Temp. u.a. Faktoren auf d. Verlust v. CDEC auf d. Bodenoberfläche 07-1040; v. Temp. u. Bodenfeuchtigk. auf d. Phytotoxizität v. Dicamba, Picloram, Bromocynil u. 2,4-D-Ester 07-1038.

Temperatur und Pflanzenzüchtung
Temp. als Ursache spontaner Chromosomenaberrationen 10-0673; Selbstverträglichkeitsreakt. auf Temp. u. Vererb. dieser Reakt. in tetraploidem Schwedenklee 08-0791; Einfl. auf verträgl. u. unverträgl. Pollenschlauchwachstum bei Lilium longiflorum 10-0784.

Tenoran s. unter Herbizide.

Tenysan s. unter Fungizide.

Tepa, Chemosterilisation d. Larven u. Imagines d. Ägypt. Baumwollraupe durch Tepa 08-0999.

TEPP s. unter Akarizide.

Rotklee 07-0492; Arbeitsleist. d. Honigbiene u. d. Hummelarten beim Beflug 10-0482; Einfl. v. Cu-Zustand d. Bodens auf d. Cu-Geh. v. Gras u. Klee 07-0331; Einfl. d. Mo auf d. Heuertrag 12-0679.

Physiologie, Chemie: Wirk. v. Nähr- u. Wuchsstoffen auf Samenbild. 10-0472; Faktoren, d. Überleben v. Pflanzen im Gefrierraum bei niedr. Temp. beeinfl. 07-0011; Nektarsekretion in Abhängigk. v. d. Düng. 10-0475; Papierchromatographie d. Isoflavon-Phytoöstrogene 10-0089; Einfl. d. Düngemittel auf Geh. an mineral. u. org. Stoffen in Grün- u. Wurzelmasse 09-0503.

Sorten, Saatgut: Internat. Sortenprüf. in d. DDR 09-0504; Samenernte in d. ČSSR 10-0477; Erziel. hoher Rotkleesamenerträge im eur. Teil d. UdSSR 10-0476; Samenbau 10-0483, 10-0484; Erzeug. v. Saatgut 11-0549; Samenproduktion v. Mattenkleeherkünften in bestimmten Lagen 07-0493; qualitative Unterschiede v. Samen auf einer Mutterpflanze 08-0558; Ertragspotential u. Verlustquellen im Samenbau 10-0478; Einfl. d. Aussaatmeth. u. -stärke auf d. Saatgutertrag 11-0550; Einfl. v. Witter. nach d. Schnitt d. Samenklees auf Saatgutqualität 10-0480; Bieneneinsatz z. Steiger. d. Erträge 11-0555; Mikroflora an Luzerne- u. Rotkleesaatgut 11-0950.

Phytopathologie: Mikroflora an Luzerne- u. Rotkleesaatgut 11-0950; saftübertragbare Viren d. Rotklees in England u. Wales 11-0921; Wirk. v. Blütenextrakt u. Glukose auf d. Infektion v. Gomphrena globosa durch d. Rotkleeadernmosaikvirus 08-0897; bakterielle Blattflecke, verursacht durch Pseudomonas syringae in Großbritannien 11-0949; Identifizier. u. Erhalt. v. Erysiphe-polygoni-Rassen 12-1202; Wirk. v. Temp. u. Feuchtigk. auf d. Entwickl. v. Erysiphe polygoni 12-1203; Unterschiede im Verhalten gegenüber Erysiphe-polygoni-resistentem u. -anfälligem Rotklee 12-1204; Auftreten d. Spitzmausrüssler in Samenbeständen u. Bek. 10-0823.

Ertrag: Samenernte in d. ČSSR 10-0477; Ertragspotential u. Verlustquellen im Samenbau 10-0478; Bieneneinsatz z. Steiger. d. Erträge 11-0555; Einfl. d. Mo auf d. Heuertrag 12-0679.

Züchtung: Anbau. Ausgangsmaterial für d. Zücht. 10-0764; Häufigk. u. Vitalität Aneuploider in einer Population v. tetraploidem Rotklee 10-0761; schwache Samenbild. bei tetraploidem Rotklee im Blickpunkt zytolog.-embryolog. Analysen 08-0790; Samenerzeug. v. Klonen u. ihren Polycross-Nachkommen an 2 verschied. Orten 09-0810; Kreuz. geograph. entfernter Formen 12-1061; Zücht. auf Virusresistenz 11-0820; Genetik d. Resistenz v. Erysiphe polygoni 11-0814.

pratense var. spontaneum, Prüf. v. Populationen v. Gesichtspunkt d. Zücht. aus 11-0813.

repens (Ladinoklee, Weißklee), 11-0556; Assimilation u. Translokation v. $^{14}CO_2$ (Verteil. v. ^{14}C in verschied. Assimilatfraktionen in Pflanzen 09-0062; Bezieh. zw. d. Blattflächenindex u. d. apparenten Photosynth. 11-0046; Nichtexistenz eines optimalen Blattflächenindexes für d. Produktionsrate v. unter konstanten Beding. gewachsenem Weißklee 12-0033; Wachstum v. Blättern nach vollständ. oder teilweiser Entfern. d. Blätter 07-0032; Physiol. d. Knöllchenbild. (Einfl. v. kombinierten Gaben v. N, Glukose, Lichtintensität u.

Tageslänge auf d. Wurzelhaarinfektion d. Klees) 09-0038; Faktoren, d. Überleben v. Pflanzen im Gefrierraum bei niedr. Temp. beeinfl. 07-0011; Papierchromatographie d. Isoflavon-Phytoöstrogene 10-0089; (Regeneration unter d. Einfl. v. Düngemenge u. Schnittzeiten) 08-0565; Reakt. verschied. Grasarten auf N-Dünger u. d. Wachstum in Gemeinsch. mit Weißklee (Ertrag d. N) 12-0672; Verwend. v. rotem P als Düngemittel (Ertrag sowie d. P-Aufn. aus rotem P u. Monokalzium-P in 3 Jahren 12-0521; quantitative spektrophotometr. Bestimm. von Fe, Mn, Cu, Zn, Ni, Mo, Cr u. V 12-0463; B-Mangel in auf org. Böden gewachsenen Säml. 10-0302; Untersuch. (Wirk. d. Bewässer. auf Samenproduktion) 09-0505; Anwend. v. Herbiziden in Weißkleebeständen z. Samengewinn. 11-1067; Anwend. v. Herbiziden im Samenbau 12-1327; Viren auf Dauerweiden in Britannien 07-0924; virogeograph. Studien über d. Kleeverlaubungsvirus u. seine Vektoren 12-1165; Rhizobium-Leguminosen-Symbiose bei Infektion durch d. Kleevergrünungsvirus 08-0896; Einfl. d. Genomverdoppel. auf Ertragsfähigk. 09-0811.

resupinatum (Persischer Klee), Herkunftsbestimm. 11-0420; Anbau als Untersaat 12-0696.

spec., Versuchsergebnisse mit Perserklee 07-0494; di- u. tetraploider 'Alike'-Klee (Blütenmorphol. u. Fertilität) 07-0811; Samenproduktion v. Mattenkleeherkünften in bestimmten Lagen 07-0493; Keimporenzahl bei Pollenkörnern als Selektionsbasis bei Produktion v. tetraploidem Klee 11-0822; Vorkommen v. östrogenen Isoflavonen 09-0098; Vorkommen u. Verbreit. d. Isoflavone als Glykoside 09-0102; Ursprung d. d. Bakterien u. Bakteroiden umgebenden Membran u. d. Anwesenh. v. Glykogen in Kleewurzelknöllchen 11-0201; Säurebild. durch Rhizobien v. d. Gatt. Trifolium 11-0200; Einfl. v. in verschied. Tiefen eingebrachtem $CaCO_3$ auf d. Ertrag 10-0340; Einfl. v. Mo auf d. Entwickl. d. Leguminosen 12-0533; Aufn. v. nativem u. zugeführtem Se durch Weidepflanzenarten (Einfl. v. Sulfat u. Bodentyp auf Aufn. durch Klee) 07-0339; Resistenzzücht. 08-0859; Vorkommen v. Mikroorganismen, welche Rhizobium trifolii im Boden u. in d. Wurzelregion v. Klee stimulieren 07-0178.

subterraneum (Bodenfrüchtiger Klee), physiol. u. ökol. Untersuch. über östrogene Isoflavone (Einfl. v. Zn-Mangel auf Säml.) 09-0097; physiol. u. ökol. Untersuch. über östrogene Isoflavone (Einfl. v. Licht) 09-0059; Knöllchenbild. u. Wachstum in Agarkultur 11-0079; vergleich. Wirk. v. NH_4 u. Na, d. zu kalkarmen Nährlös. hinzugefügt wurden, auf d. ^{45}Ca-Verteil. 07-0322; Wachstumsänder. nach vorausgegangenem P- oder S-Mangel 10-0276; Nährstoffpotential u. -kapazität (Minimum d. K-Potentials für d. Verfügbark. zu Bodenfrüchtigem Klee im Boden u. Hydrokulturen) 08-0383; Einfl. v. Kalk, Pillier. mit Kalk u. Saatmeth. auf Knöllchenbild. u. Wachstum 08-0563; Wirk. d. Ca-Mangels auf d. symbiot. N-Bind. 07-0196; Se-Ernähr.: Wirk. d. Se-Versorg. auf Wachstum u. Se-Geh. 10-0305; Krankh. d. Gartenbohne, d. durch d. Virus d. Stauchekrankh. verursacht wird 09-0907; mikrobiol. Antagonismus bei d. Anlage v. Kleeweide (Zahl d. Arten u. d. prozentuale Häufigk. d. Vorkommens d. wichtigsten Pilze) 08-0218; Überleben v. Rhizobien auf pelletierten Samen 11-0202; mikrobieller Antagonismus bei d. Anlage v. Kleeweide (Wirk. v. saprophyt. Bodenpilzen auf Rhizobium trifolii u. subterranen Klee) 08-0219.

beding. 07-0034; Nachreifen neuer Sorten nach d. Ernte 10-0396; Verhalten gegenüber d. Astervergilbungsvirus 12-1153; Befall durch Lagerpilze 12-1184; Übertrag. d. Resistenz gegen Weizenmehltau v. 'Khapli' Emmer u. 'Yuma' Durum auf hexaploiden Weizen 07-0742; Genetik d. Rostresistenz in tetraploiden Weizen (Genetik d. Schwarzrostresistenz) 12-1005; Vernstein - ein Triticum-aestivum-Abkömml. mit Schwarzrostresistenz v. 'Vernal'-Emmer 11-0760; Pollenmißbild. bei männl. sterilen hexaploiden Weizen, d. Aegilops ovata Zytoplasma besitzt 09-0738; zytoplasmat. männl. Sterilität bei Hartweizen 11-0766; genet. Effekte rekurrenter Bestrahl. bei diploiden u. polyploiden Arten 10-0688; gekoppelte Vererb. v. Reife u. Qualitätsfaktoren in einer Kreuz. v. hartem, rotem Wi-Weizen 11-0762; durch Bestrahl. induzierte asynapt. Mutationen 08-0747.

imereticum, Abstamm. v. T. macha 11-0756.

macha, Abstamm. v. T. imereticum v. T. macha 11-0756; Abstamm. (Karyotyp. v. Varietäten) 10-0685.

monococcum, genet. Effekte rekurrenter Bestrahl. bei diploiden u. polyploiden Arten 10-0688.

palaeo-colchicum, Abstamm. v. T. macha 11-0756.

persicum, ^{137}Cs-Aufn. aus verschied. Böden durch Pflanzen 07-0340.

sativum s. Triticum aestivum.

spec. (Winter- u. Sommerweizen), Weizen 07-0442; Unterscheid. v. Wi- u. So-Weizen 08-0457; Agrotechn. 10-0401; technol. Eigensch. v. kanad. Weizen 11-0463; Weizen in Rumänien, Ungarn u. in d. ČSSR 11-0462; Verbreit. v. Wildformen 11-0742; Farbe u. Behaar. als ökol. Faktoren 12-0127; Faktoren, d. d. Sensibilität gegen Äthylenimin u. Äthylmethansulfonat beeinflussen 12-1013; Wirk. v. Luzerne-Weizen-Fruchtfolgen auf Ertrag u. Qualität nachfolgender Ernten in Queensland 10-0357; Wechselbezieh. zw. Hartweizen u. gewöhnl. Weizen im gemischten Bestand 10-0394; Wirk. eines Windschutzes auf Windström., Verdunst. u. Ertrag 12-0139; Erosionsbek. im Anbaugeb. d. Nordwestens am Pazifik 10-0240.

M o r p h o l o g i e : Photosynth. tätige Gewebe in d. Blättern v. Getreidepflanzen (Einfl. d. Beschatt. auf d. Mesophyllstruktur d. Weizenblätter) 08-0030; Veränder. d. Korns infolge d. Verkürz. d. Ähre während d. Blüte 12-0592; gerichtete Kornvergrößer. 08-0065; Zusammenhang zw. Korngröße u. Merkmalen d. Kornentwicklungsperiode 07-0437; Einfl. v. CCC auf Länge u. Breite v. Blättern 11-0076.

P h y s i o l o g i e : Wirk. d. Tageslänge auf d. Wachstum 07-0035, 10-0051; Korrelation d. Reakt. d. Photomorphogenese als Faktor d. generativen Entwickl. bei Pflanzen 10-0050; photosynth. tätige Gewebe in d. Blättern v. Getreidepflanzen (Einfl. d. Beschatt. auf d. Mesophyllstruktur d. Blätter) 08-0030; Bedeut. d. Grannen für d. Kornentwickl. (Photosyntheseintensität d. Ähren) 09-0048; Aktivität u. Produktivität d. Photosynth. bei So-Weizenpflanzen in d. Zeit vor u. nach d. Ährenschieben 11-0044; Abhängigk. d. Höhe d. Kornertrages v. d. Größe d. Blattoberfläche u. d. Akkumulation d. Trockenmasse während Ontogenese v. So-Saatweizen 09-0032; Akkumulation v.

Zuckern während d. Härt. 12-0040; Wachstumsintensität d. Wurzelsystems v. So-Weizensorten 08-0497; Entwicklungsgrad d. 1. u. 2. Wurzelsystems bei So-Weizen unter d. Beding. d. Aktjubinsker Geb. 11-0458; Entwickl. d. So-Ähren in Süd- u. Nordkasachstan 12-0587; physiol. Regeneration u. Wachstumsgradienten 10-0049; Regeneration nach d. Anwelken, Wachstum u. Ertrag v. Weizenpfl. nach Darbiet. v. 2 wachstumsverzög. Verbind. 08-0085; Veränder. einiger physiol.-biochem. Merkmale bei Frühjahrsaussaat 12-0030; histochem. Unterschiede d. Vegetationskegel 09-0029; Bestimm. d. Respirationsquotienten an Vegetationskegeln v. Pflanzen auf verschied. Entwicklungsstufen d. Pflanzen 11-0049; durch Strahl. induzierte Änder. d. Respiration v. Samen während d. Anfangsstadien d. Keim. in Bezieh. z. folgenden Sämlingswachstum 11-0035; Keimfähigk. u. deren Beurteil. auf katalyt. Grundlage mit Hilfe v. Fe - oder Co-Promotorionen 12-0547; Orientier. v. Weizensämlingsorganen in Bezieh. z. Schwerkraft 07-0064; Zusammenhang zw. Korngröße u. Merkmalen d. Kornentwicklungsperiode 07-0437; Einfl. d. Saatgutherkunft auf d. Termin d. Ährenschiebens bei Brotweizen 08-0481; Kornreife bei Wi-Weizen 12-0588; Einfl. d. Wasserpotentiale auf Keimen d. Sorten 10-0402; Wirk. v. Wassermangel auf Translokation in Bezieh. z. Photosynthese u. Wachstum (Wirk. während d. Kornentwickl.) 10-0036; anatom. Veränder. im Blatt auf Grund inneren Wassermangels 10-0026; Schädig. d. Pflanzen durch Trockenh. u. Möglichk. ihrer Wiederherstell. 11-0032; Klima u. Winterfestigk. d. Wi-Weizens in d. UdSSR 07-0443; (Studien über Frostresistenz) 12-0034; Erkältungsschäden (Frostschäd. im Stadium d. Ährenschiebens) 09-0022; Frostresistenz u. Leist. v. Wi-Weizen in Abhängigk. v. Alter u. Sortencharakter d. Pflanze 09-0023; Einfl. d. Gaszusammensetz. d. Atmosphäre auf Frostresistenz v. Wi-Weizenpflanzen 11-0031; Zustand d. Katalase im Zusammenhang mit Frostresistenz 07-0010; Nachwirk. v. atmosphär. Zusammensetz. auf d. Wachstum 09-0033; quantitative Modelle d. Radioempfindlichk. d. Pflanzen 11-0034; Dynamik d. elektr. Widerstandes u. d. Zellenpermeabilität im Zusammenhang mit Unterbrech. d. Ruhezustandes 12-0031; durch Behandl. mit γ-Strahlen hervorgerufene quantitative Variabilität in d. Filialgenerationen (quantitative Variablität in d. 2. u. 3. Generation) 09-0027; Veränder. d. Aktivität einiger oxydierender Fermente in Keiml. bei ihrer Abhärt. gegen niedr. Temp. 12-0035; Unterschiede im Vernalisationseffekt unter verschied. Temp. 10-0053; Wirk. tägl. Temp.-Veränder. auf d. Vernalisation 10-0052; Änder. d. freien Aminosäuren im Zusammenhang mit d. Vernalisation 09-0051; Verhalten v. Sulfhydryl u. Disulfid im Zusammenhang mit d. Vernalisation 09-0061; Wirk.: eines neuen Wuchsstoffes auf Wi-Weizen 08-0489; v. CCC auf Wi-Weizen 11-0455; v. Chlorcholinchlorid auf Wachstum u. Entwickl. v. Keiml. 12-0075; v. CCC auf Keim., Zellteil. u. -streck. 12-0073; v. CCC auf Länge u. Breite v. Blättern 11-0076; v. CCC-Blattspritz. auf Ertragsbild. u. Kornqualität 11-0456; Beeinfluss. d. Wurzelsystems durch CCC 08-0490; Einfl.: hypogener u. epigener Behandl. v. 'Ancona'-Weizen mit CCC 12-0074; d. Hemmstoffs Bromcholinbromid auf Wachstumsprozesse u. Standfestigk. gegen d. Lagern 09-0079; wachstumsregulierende Wirk. v. Hydrazoniumverbind. 10-0397; Wirk. v. Streptomyzin auf Keiml. 07-0061; Verzöger. d. Alterns v. Blättern durch Zytokinine, Ni u.a. Subst. 09-0075.

W e i z e n u n d B o d e n e i g e n s c h a f t e n : Einfl. v. Bodenkatena u. P auf d. Ertrag 10-0219; Mykobakterien d. Rhizosphäre 12-0248; Rhizosphärebodenpilze 12-0252; Wechselbezieh. zw. Bodenaktinomycetes u. Pflanzen 10-0164; Wirk. d. Wurzelexkret. v. Weizen auf Actinomycetes im Boden 07-0172.

C h e m i e : Histochem. Unterschiede d. Vegetationskegel 09-0029; Änder. d. Schalenanteils in Bezieh. zu Sorte u. Umwelt 07-0069; Veränder. d. Korns infolge d. Verkürz. d. Ähre während d. Blüte 12-0592; Schnellfeuchtigkeitsbestimm. 12-0118; Aufn. v. Aminosäuren durch verschied. Organismen 12-0103; Gesetzmäßigk. d. Variabilität d. Aminosäuregeh. im Korn 08-0104; Aminosäurezusammensetz.: v. reifendem Weizen 07-0078; v. Wi-Weizenkörnern, d. unter dauernder Düngeranwend. gewachsen sind 10-0258; Zusammensetz. freier Aminosäuren v. Mehl aus Weizen verschied. Reifegrades 11-0102; Proteine - Einfl. genet., ackerbaul. u. technol. Faktoren 12-0097; Zusammensetz. u. Eigensch. d. Eiweißkomplexes in Abhängigk. v. Wachstumsbeding. 10-0079; Isolier. v. Weizenprotein durch Elektrophorese an Akrylamidgel mit bes. Berücksichtig. v. milchig. u. glasig. Weizen 09-0094; ernährungsphysiol. Wert mit spez. Berücksichtig. d. Eiweißes u. d. Vit. 07-0761; Einfl.: d. Kornhärte auf d. Extrahierbark. d. Proteins 12-0106; v. Bodenfeuchte, Temp. u. N auf Proteingeh. bei Weizen d. Sorte 'Thatcher' 08-0483; d. Feldapplikat. v. 2,4-D u. Fe-Gaben auf Ertrag u. Proteingeh. 11-0443; frühzeit. Schwadmähens auf d. Eiweißgeh. d. So-Weizens 08-0494; v. CCC auf Proteingeh., Proteinertrag u. einige qualitative Merkmale d. Körner 12-0098; v. N auf Proteingeh. u. Schüttdichte 08-0486; N-Einlager. in Korn u. oberird. Pflanzenmasse v. d. Blüte bis zur Vollreife bei So-Weizen 12-0590; Lokalisier. verschied. lösl. Zucker in Blättern durch Mikroautoradiographie 07-0086; Zuckerzusammensetz. d. Embryos u. Endosperms v. Samen unter Beding. langjähr. Düngeranwend. 09-0089; Färbungsstudie an Stärke 08-0099; Fluorchromier. u. Färb. gereinigter u. ungereinigter Stärke (Verhalten v. Stärkekörnern) 12-0087; (Verhalten d. Stärkekomponenten 12-0088; Veränderlichk. v. Klebergeh. u. Kleberqualität, hervorgerufen durch Strahl. 12-0107; histochem. Nachweis d. nichtspezif. Esterase in Wurzeln 10-0087; biochem. Charakteristik d. Adenosintriphosphatase-Aktivität in d. Wurzeln v. Keiml. 11-0109; Verteil. v. Spermin u. Spermidin in verschied. Entwicklungsstadien 09-0103.

S o r t e n : Sorten 1967 10-0403; Sortenversuch bei So-Weizen 09-0445; So-Weizensorten u. Meth. ihrer Herstell. 07-0757; So-Weizensorten für d. Bewässer. 11-0459; Nachreifen neuer Sorten nach d. Ernte 10-0396; wirtsch. Bedeut. v. Sortenverunreinig. bei Zulass. 09-0443; Backfähigk. d. in d. Ukraine gezüchteten Wi-Sorten 11-0461; Wi-Sorte 'Kalužskaja 9' 10-0392.

S a a t g u t : Produktivität d. Samenausbild. d. So-Weizens d. Trockensteppenzone Nordkasachstans 12-0589; Einfl. d. Bewässer. auf Ertragsqualität d. Sommersaatgutes 11-0460; Einfl. d. Behandl. v. unterschiedl. altem Saatgut mit Röntgenstrahlen auf d. Lebensfähigk. u. Winterfestigk. d. Pflanzen 08-0493; Saatgutbeizmittel für Wi-Weizen 07-0995; Bewert. d. Saatgutes, d. durch Eurygaster u. spitzköpf. Getreidewanzen befallen war 09-0886.

B e s t e l l u n g : Agrotechn. d. Anbaus v. Weizen nach Weizen 12-0582; Frost-Aussaat 11-0446; Wirk. d. Pflugtiefe auf Schwarzbeinigk. u. Wurzelfäule bei So-Weizen 12-0584; Ertragsqualität v. So-Weizensamen Kasachstans in Abhängigk. v. Aussaatterminen 08-0495; Aussaatnorm für 'Bezostaja 1' u. 'Jubilejna III' bei verschied. Tausendkornmasse 08-0492; technolog. Wert d. Kornes in Abhängigk. v. Düng. u. Aussaatdichte 12-0579; Konkurrenz d. Pflanzen bei Aussaat in verschied. Bestandesdichten 12-0583.

A n b a u , P f l e g e : Anbau in Nord-Kasachstan 12-0586; Agrotechn. d. Anbaus v. Weizen nach Weizen 12-0582; Anbau nach Rüben 09-0411; Effekt d. Tiefe d. Bodenbearbeit. zu Wi-Weizen in Abhängigk. v. d. Düng. u. d. Vorfrucht 08-0485; Weizenbewässer. im Süden d. Ukraine 12-0384; Einfl. d. Bewässer. auf Ertragsqualität d. Sommersaatgutes 11-0460; Lagerfestigk. v. Sorten unter Bewässerungsbeding. 11-0456.

E r n ä h r u n g : Ernähr. abgeschnittener Wurzeln 12-0422; Wirk. kleiner Dosen Gamma-Strahlen v. ^{60}Co auf einige Kulturpflanzenarten (Einfl. d. Bestrahl. d. Samen v. Weizen v. d. Aussaat auf d. Nährstoffaufn. durch Pflanzen) 08-0355; relative Wachstumsraten unter d. Beding. einer durch Polyäthylenglykol erzeugten Wasserspann. 08-0359; Einfl. v. Prolin auf Dürreresistenz 09-0311; Sorte, Boden u. Mineralstoffe im Weizen 07-0753; C-Haush. in Abhängigk. v. Düng. u. Belicht. 09-0324; Aminosäurezusammensetz. v. Wi-Weizenkörnern, d. unter dauernder Düngeranwend. gewachsen sind 10-0258; Einfl. verschied. Düng. auf Aminosäuren d. Weizenkorns 08-0370; Veränder. d. N-, P- u. K-Geh. d. oberird. Organe d. Wi-Weizens während d. Vegetation 07-0301; Reutilisier. v. N u. P in Wi- u. So-Weizenpflanzen 10-0273; Nachweis d. P-Aufn. entlang abgeschnittener u. nicht abgeschnittener Wurzeln unter Verwend. einer automat. Nachweismeth. 12-0429; Rolle d. anorg. Phosphate im Boden bei P-Zufuhr z. Pflanze 07-0311; Einfl. chem. Hemm. d. Nitrifikation auf P-Aufn. 11-0321; Cu-Mangel im Rift Valley, Kenya 12-0458; Dynamik d. Cu- u. Zn-Geh. in Abhängigk. v. Entwicklungsphasen 09-0343.

D ü n g u n g : Anwend. d. Produktionsfunktionsanalyse z. Abschätz. d. Düngemittelbedarfs in Neu-Süd-Wales 08-0410; Nährstoffbilanz in d. Fruchtfolge bei verschied. Düngemittelgaben auf mächtigem Tschernosem mit mittlerem Auswaschungsgrad 10-0321; quantitatives Nährstoffverhältnis bei d. Düng. 07-0439; Anwend. d. Düng. zu verschied. Wi-Weizensorten 12-0585; Einfl. v. Kopfdüng. auf Ertrag u. Qualität d. Wi-Weizens bei Bewässer. 09-0442; Nutz. v. Mineraldünger durch So-Weizen unter d. Beding. eines trockenen Sommers 07-0440; Winterfestigk. v. Wi-Weizen in Abhängigk. v. d. Düng. nach reiner Brache 09-0444; Ährenausbild. bei unterschiedl. gedüngtem Weizen 07-0441; Einfl. mineral. Düngemittel auf Entwickl. d. Wurzelsystems u. Ertrag v. Wi-Weizen 11-0457; technol. Wert d. Roggen- u. Weizenkorns in Abhängigk. v. Düng. u. Aussaatdichte 12-0579; Effekt d. Tiefe d. Bodenbearbeit. zu Wi-Weizen in Abhängigk. v. d. Düng. 08-0485; Einfl. d. unterschiedl. Termins u. Meth. d. Einpflügens mehrjähr. Pflanzen auf einige physik. u. biol. Eigensch. d. Bodens u. auf d. Ertrag d. Nachfrucht 12-0495; Düngereinsatz bei Bewässer. 09-0356; N-haltige Düngemittel für austral. Getreidearten (prakt.

Anwend.) 10-0343; Effektivität d. Nitrat- u. Ammoniumform d. N-Düng. auf mächt. Schwarzerdeboden 07-0377; Ammoniakinjektion als Meth. d. N-Düng. (Versuche mit Wi-Weizen) 11-0394; Wirk. v. N auf Proteingeh. u. Schüttdichte 08-0486; N-Düng. bei Getreide (Einfl. d. Spritztermins v. CCC auf Standfestigk. u. Ertrag bei steigenden N-Mengen) 11-0454; Kombinationsmöglichk. d. Halmverkürzers CCC mit Herbiziden u. N-Düngemitteln 10-0324; Wirk.: d. Nitrophoskadünger in Versuchen mit Getreidekulturen im mittl. Ural 10-0329; einer N- u. P-Düng. auf biol. u. technol. Eigensch. d. Sorte 'Bezostaja 1' 10-0400; v. Bodenkatena u. P auf d. Ertrag 10-0219; direkte Wirk. granulierten u. pulverförm. Superphosphats 09-0388; Einfl.: v. K-Düng. auf d. Frosthärte v. Wi-Weizen 08-0496; v. Mikroelementen auf Krankheitsresistenz u. Ertrag v. So-Weizen 08-0487; v. Meliorationskalk. auf d. Qualität d. Erntegutes 08-0426; kumulative Wirk. einer mineral. oder org. Düng. sowie Kombination beider auf Ertrag u. Inhaltsstoffe auf Kalkbodenanbau 07-0359; Gipsanwend. auf schwer bearbeitbaren tonigen Weizenböden 12-0391; Wirksamk. bakterieller Düngemittel in d. unzureichend feuchten Zone 08-0488.

U n k r a u t b e k ä m p f u n g : Ackerfuchsschwanzbek. im Wi-Weizen 07-1055; 2,4-D u. Auxinstoffwechsel 08-1026; Stoffwechsel v. Dicamba 07-1037; Unkrautbek. mit Picloram in Wi-Weizen 08-1040.

P h y t o p a t h o l o g i e : Phytopathol. Beurteil. v. krankheitsresistenten Weizen im Neulandgeb. 11-0763; Wirk. v. Pflug- u. Aussaatdaten auf Verhalten v. bodenbürt. Krankheitserregern d. So-Weizens 10-0912; Braunfleckigk. 10-0858; Verluste bei Wi-Weizen durch Strichelmosaik 11-0764; Differenzier. d. Agropyron-Mosaikvirus d. Strichelmosaikvirus d. Weizens u. eines bis dahin unbekannten Mosaikvirus d. Gerste in Kanada 07-0909; Weizenbestandsuntersuch. in New South Wales (Befall mit Schwarzbeinigk.) 07-0935; Wirk. d. Pflugtiefe auf Schwarzbeinigk. u. Wurzelfäule bei So-Weizen 12-0584; Erhöh. d. Resistenz gegen Wurzelfäule 12-1176; Reakt. auf 3 Stämme d. Echten Mehltaus [Erysiphe graminis var. tritici] 07-0948; Resistenz v. Weizensorten gegen Schorf, Gibberella zeae (Inokulat. d. Blattes) 11-0968; Infektion v. Cercosporella herpotrichoides 12-1175; Entwickl. d. Weizen- u. Gerstenroste auf Keimpflanzen, d. mit Maleinhydrazid behandelt waren 07-0936; Wirk. einer Rostinfektion auf Hexokinaseaktivität u. Kohlenhydratabbau in Primärblättern 10-0859; Rolle d. Antibiotika u.a. Stoffe bei Steiger. d. Resistenz v. Wi-Weizen gegen Braunrost 10-0920; Wi-Weizen-Fusariosen 08-0933; Calonectria nivalis, Hauptfruchtstadium v. Fusarium nivale, auf Feldern Nordamerikas 07-0939; Spezialisier. u. artspez. Veränderlichk. d. Flugbrandes 09-0926; Schnellmeth. z. Bestimm. d. Flugbrandresistenz unter Verwend. d. Spektrofluoreszenzanalyse 09-0958; Gerstenflugbrand auf d. Wi-Weizensorte 'Capelle-Deprez' 07-0938; Resistenz v. Pflanzen gegen Flugbrand 09-0742; Photoperiode-Temperatur-Licht-Bezieh. bei d. Entwickl. v. Weizen u. Steinbrand 12-1178; Fungizide bei Bek. d. Steinbrandes 10-0919; Steinbrandresistenz 09-0925; Schwarzrost u. Braunrost - Biol. u. Schutzmaßnahmen 09-0923; physiol. Spezialisier. d. Schwarzrostes 09-0924; Nachweis pathogen abweichender Biotypen in Weizenschwarzrostrassen u. Folger. 12-1177; Infektionsquelle für den d. neuseeländ. Bestände infizierenden Schwarzrost 10-0860; Bezieh. zw. überempfindlichem Gewebe u. Resistenz bei Weizenkeimpflanzen, d. mit Weizenschwarzrost infiziert sind 08-0932; Bezieh. zw. Schwarzrostresistenz u. Konz. eines Glukosids 07-0937; Einfl. d. Schwarzrostinfektion auf lösl. Proteine d. Blätter 07-0949; Vererb. d. Resistenz geg. d. Getreidenematoden 11-0872; Wirk. d. Engl. Getreidelaus auf Ertrag u. Qualität 09-0882; Bewert. d. Saatgutes, d. durch Eurygaster u. spitzköpf. Getreidewanzen befallen war 09-0886; larvales Wachstum als Meth. z. Auswahl v. gegen Oulema melanopus resistentem Weizen 08-0969; Saatgutbeizmittel für Wi-Weizen 07-0995; Insektizidrückstände an So-Weizen im Freiland bei Saatgutbehandl. mit Aldrin u. Heptachlor 11-1000; Rückstände v. Heptachlor u. Heptachlorepoxid in Weizen, d. z. Bekämpf. d. Getreidehalmwespe behandelt wurde 12-1290.

Ernte, sonstige Ertragsfaktoren: Struktur d. Wi-Roggen u. Wi-Weizenerträge unter d. Einfl. d. Bodenprofils 07-0436; Erträge (1965) 11-0451; Weizenertrag Usbekistans 08-0482; Ertragsqualität v. So-Weizensamen Kasachstans in Abhängigk. v. d. Aussaatterminen 08-0495; Wirk. v. Luzerne-Weizen-Fruchtfolgen auf Ertrag u. Qualität nachfolgender Ernten in Queensland 10-0357; Wi-Weizenertrag in Abhängigk. v. d. Vorfrüchten 10-0399; Einfl. v. Bodenfeuchte, Temp. u. N auf Ertrag bei Weizen d. Sorte 'Thatcher' 08-0483; Ertragsfähigk. v. Hybriden d. Wi-Weizens in Abhängigk. v. d. Bestäubungsmeth. bei kastrierten Blüten 09-0751; Proteine - Einfl. genet., ackerbaul. u. technol. Faktoren 12-0097; Wirk. v. CCC auf Ertrag u. Lager. 10-0398; Auswirk. frühzeit. Schwadmähens auf d. Eiweißgeh. d. So-Weizens 08-0494; Kornschnitt z. Bestimm. d. Glasigk. d. Korns 11-0770; Nachreifen neuer Sorten nach d. Ernte 10-0396.

Verwertung: Wirk. v. CCC auf Ertrag u. Lager. 10-0398; Mahlfähigk. 07-0751; Bestimm. d. Mahl- u. Backeigensch. in frühen Stadien d. Züchtungsvorganges 09-0750; Vervollkommn.d. Polytestographen z. Serienbestimm. d. Backqualität 11-0771.

Standfestigkeit: CCC-Wirk. gegen Lager u. Beding. d. rationellen Anwend. 12-0591; Einfl. d. Hemmstoffs Bromcholinbromid auf Wachstumsprozesse u. Standfestigk. gegen d. Lagern v. Weizen 09-0079; Lagerfestigk. v. Sorten unter Bewässerungsbeding. 11-0465; lagerfeste Sorten aus Italien u. San-Marino 11-0466.

Züchtung: Zücht. 10-0701; Züchtungsarbeiten mit Wi-Sorten in Anlehnung an eigene Ausgangsmaterialien 12-1009; Abstamm. (Karyotyp v. macha-Varietäten) 10-0685; (Karyotyp einiger spelta-Varietäten) 10-0686; Artkreuz. ökol.-geograph. verschied. Formen u. Probleme d. Nutz. d. Heterosis 11-0767; elektrophoret. Untersuch. d. Art-Verwandtschaften 08-0741; alte Arten v. Gotland 09-0748; züchter. Verwend. italien. Weizen z. Sortenverbesser. 12-1011; So-Weizensorten u. Meth. ihrer Herstell. 07-0757; selektiver Wert bei verschied. Wi-Sorten 12-1003; Qualitätserhöh. d. Kornes von So-Weizen durch Selektion 12-1008; Bestimm. d. Mahl- u. Backeigensch. in frühen Stadien d. Züchtungsvorganges 09-0750; Veränder. in Proteingeh. u. -qualität in Verbind. mit einer amberfarbenen Kornmutation 07-0748; Sorte, Boden u. Mineralstoffe

07-0753; Morphologie u. Zellsedimentation v. sporenbild. Gewebe u. Tapetum in d. frühen Periode d. Mikrogenese bei Weizen-Queckenbastarden 12-0997; Genomanalyse d. Weizen-Quecken-Hybriden 10-0703; befruchtungsbiol. Beobacht. im Zusammenhang mit Saatguterzeug. v. Hybridweizen 09-0746; Ertragsfähigk. v. Hybriden d. Wi-Weizens in Abhängigk. v. d. Bestäubungsmeth. bei kastrierten Blüten 09-0751; Einfl. d. Pollenqualität auf d. Kornansatz bei Pärchenkreuz. 12-1004; Hybridweizen - Probleme, Erfolge u. Perspektiven d. Zucht 12-1010; Interspezies u. Intergattungs-Hybridisation 12-1015; Hybridweizen 07-0755, 08-0748, 12-1014; Hybridweizenbau 07-0756; Hybrid-Nekrose bei Brotweizen 10-0691; entfernte Hybridisation bei Wi-Weizenzücht. 12-1002; Ergänzungsliste d. Genotypen für Hybridnekrosis 11-0759; Einfl. v. unbegrannten u. begrannten Rückkreuzungslinien d. Gemeinen Weizens auf d. Mehlqualität 11-0761; Gewinn. v. Hybridweizen durch Ausnutz. d. männl. zytoplasmat. Sterilität 09-0754; zytoplasmat. Sterilität 08-0744; Erzeug. u. Verwend. einer aneuploiden Pflanze v. männl. sterilem 'Chinese spring'-Weizen in Triticum timopheevi Zytoplasma 07-0740; theoret. Aspekte bei d. Verwend. polyploider Formen 12-1012; Bestimm. d. Genzahl, d. an d. genet. Unterdrück. d. zytolog. Diploidisation beteiligt sind 12-0998; Aufspalt. v. gefüllten u. hohlen Halmen u.a. Merkmalen bei 5 Kreuz. zw. hexa- u. tetraploidem Triticum 10-0696; weißstreif. Mutante bei hexaploidem Weizen 11-0765; geograph. Lokalisation u. Genzentren hexaploiden Weizens in Transkaukasien 07-0738; geograph. Verteil. der d. Hybridnekrose d. Weizens verursachenden Gene 08-0743; Chromosomensubstitution- u. Monosomen-Meth. für Untersuch. z. Qualität 07-0749; Verwandtschaft d. Chromosomen d. Weizens u. verwandter Gatt. 11-0757; Kontrolle d. Glutensynthese bei gleichen Genom- u. Chromosomenzahlen 12-0999; durch ein Aegilops umbellulata-Chromosomensegment, d. in Weizen eingelagert wurde, induzierte Variation 10-0687; Verwend. ionisierender Strahlen bei Zücht. v. Hybriden durch entfernte Hybridisation 09-0744; Wirk. d. γ-Strahlen u. chem. Stoffe auf Wi-Weizen 09-0743; durch Röntgenstrahlen induzierte Variabilität d. Proteingeh. bei Brotweizen 12-1000; Wirk. ionisierender Strahlen auf konst. intermediäre Weizen-Quecken-Hybriden 09-0736; Neubild. bei So-Weizen unter Einwirk. v. γ-Strahlen u. Äthylenimin 09-0745; Frostschäd. v. Pflanzen. Meth. z. zeit. Auffind. v. Sterilität durch Frostschäden u. Maßnahmen z. Verhüt. v. Frostschäden 09-0749; Bestimm. d. Frostresistenz v. Hybriden bei Keim. d. Samen unter natürl. Beding. 10-0698; phytopathol. Beurteil., Ergebnisse u. Meth. d. Zücht. v. krankheitsresistentem Weizen im Neulandgeb. 11-0763; Rostresistenzzücht. 12-1016; Ertragsfähigk. v. ind. Zuchtsorten unter natürl. Rostbefall u. unter Beding. chemotherapeut. Rostbek. 10-0695; Halmrost u. Ausgangsmaterial für Zücht. eines halmrostresistenten Se-Weizens 09-0752; Zücht. auf Resistenz gegen Braunrost 10-0699; Vererb. d. Resistenz gegen Braunrost bei d. Weizensorten 'Exchange' u. 'Frontana' 10-0694; chromosomale Lokalisation d. Feldresistenz gegen Braunrost bei dem Weizen 'Chinese spring' 07-0744; Resistenz v. Pflanzen gegen Weizenflugbrand 09-0742; 3 Loci bei Weizen mit Resistenzcharakter gegen Weizenmehltau 07-0743; Übertrag. d. Resistenz gegen Weizenmehltau v. 'Khapli' Emmer u. 'Yuma' Durum auf hexaploidem Weizen 07-0742; Lage genet. Faktoren für Mehltauresistenz u. Zeitpunkt d. Ährenschiebens auf Chromosomen 7 B 07-0745; Koppl. d. Mehltauresistenz u. Spelzenbehaar. auf d. Weizenchromosom 1 A 09-0741; Koppl. v. Faktoren für d. Reakt. gegenüber Mehltau u. d. Länge d. Vernalisationsbedarfes 08-0746.

spelta (Dinkelweizen, Spelzweizen), Abstamm. (Karyotyp v. Varietäten) 10-0685; (Karyotyp einiger spelta-Varietäten) 10-0686.

timopheevi, Wiederherstell. d. Fertilität bei einigen Linien v. männl. sterilem hexaploiden Weizen 12-1001; zytoplasmat. männl. Sterilität bei Hartweizen 11-0766; morphol. u. zytol. Charakteristik einiger Hybridsorten v. T. timopheevi 07-0759; Erzeug. u. Verwend. einer aneuploiden Pflanze v. männl. sterilem 'Chinese spring'-Weizen in Triticum timopheevi Zytoplasma 07-0740; Vererb. d. Reakt. gegen Weizenschwarzrostrasse 15 B in Abkömml. v. 'Frontana' 10-0693.

tubalicum, Abstamm. v. T. macha 11-0756.

turgidum (Weichweizen), Wechselbezieh. zw. vegetativen u. reproduktiven Pflanzenteilen 09-0031; histochem. Charakteristik d. generativen Organe 09-0030; Wechselbezieh. v. Weichweizensorten u. Hartweizen in einem gemischten Bestande 08-0484; Eintritt "plastischer" Stoffe in sich entwicklenden Samen 09-0044; technol. Eigensch. v. Wintersorten d. 'VIR'-Kollektion 11-0464; Chromosomen-Translokationen, d. bei Weichweizensorten festgestellt wurden 07-0752.

vulgare s. Triticum aestivum.

Tritium s. Wasserstoff.

Trizone s. unter Nematizide.

Trockenspeiseerbse s. Pisum sativum.

Trockensubstanz, Abhängigk. d. Höhe d. Kornertrages v. d. Größe d. Blattoberfläche u. d. Akkumulation d. Trockenmasse während Ontogenese v. So-Saatweizen 09-0032; Wirk. 5jähr. hohen Schafbesatzes auf Entwickl. u. Ertrag d. Weidenarbe (Ertrag u. Qualität d. Tr.-Subst.) 08-0609; Trockensubstanzveränder. in d. einzelnen Sproßteilen bei halbaufrechten Kuhbohnen während d. vegetativen Entwickl. 08-0984; Reakt. v. Glycine auf Versalz. (Untersuch. zw. Glycine-Sorten in Trockensubstanzmasse sowie N- u. Wassergeh.) 07-0285; Akkumulation, N, P, K u. Ca in Blütenknospen, Blüten u. Früchten verschied. Alters, verschied. Lage u. verschied. Fruchtzweige v. Baumwolle 08-0368; Stud. d. Trocknungsart bei Bestimm. d. Tr.-Subst. einiger Gemüsearten 08-0118; chem. Zusammensetz. v. Gemüse unter Glas 09-0561; Einfl. unterschiedl. Wurzeltemp. auf Tr.-Subst.-Veränder. in bewurzelten Blättern d. Bohne 12-0047; physiol. Ursachen v. Ertragsdifferenzen (Änder. d. Tr.-Subst.-Verteil. in oberird. Organen bei einigen Bohnensorten) 09-0034; Pflanzenwachstum unter neuen Leuchtröhren (Frisch- u. Trockenmasse-Ertrag v. Tomatensäml.) 09-0074; Nettoproduktion v. Trockenstoff bei Salatpflanzen im Freiland u. unter verschied. Arten v. Plastikdecken 12-0794; Geh. in Zwiebeln in Abhängigk. v. Lagerbeding. 09-0617; Tr.-Subst.-, Säure- u. Vit.-C-Geh. in Früchten d. Sorten 'Freiherr v. Berlepsch' u.'Roter Berlepsch' 07-0627.

in Vermehrungsbeständen v. Markstammkohl u. Grobkohlarten 12-1332; vermeidet Prefix für d. selektive Unkrautbek. in Pflanz. 12-1355; Bedeut. d. Granulier. v. Dichlobenil für d. Bek. in mehrjähr. Kulturen 12-1307; Anwend. gesteigerter Simazinmengen geg. mehrjähr. Unkräuter auf brachem Boden 12-1348.

I n G e t r e i d e : Andere Bekämpfungsmittel - neue Unkrautflora. Schwer bekämpfbare Unkräuter in Getreide 11-1059; Bek. in So-Getreide 10-1001; Akkerfuchsschwanzbek. im Wi-Weizen 07-1055; Unkrautbek. mit Picloram in Wi-Weizen 08-1040; Wildhaferbek. ist Pflicht 09-1044; Wirk. chem. u. mechan. Meth. auf d. Bek. d. Unkrauts im Mais 07-1060; chem. Unkrautbek. in Mais u. Sorghum u. phytotox. Rückstände im Boden 12-1311; Höhendifferenz v. Mais u. Borstenhirse in Abhängigk. v. d. Unkrautbek. im Nachauflaufverfahren 12-1322.

I n H a c k f r ü c h t e n : Zeitgemäße Unkrautbek. im Kartoffelbau 10-0994; chem. Bek. in Kartoffeln 09-1047, 10-1003; chem. Unkrautbek. in Kartoffeln mit Linuron 10-1002; internat. wiss. Tag. über Versuche z. selekt. Unkrautbek. in Betarübenkulturen in Marly-le-Roi 12-1315; Bek. im Rübenbau 09-1048, 10-0441; chem. Bek. im Zuckerrübenbau 09-1034; selekt. chem. Unkrautbek. in Zukkerrüben 12-1331; Einfl. d. Striegelns auf Unkrautvernicht. u. Phytotoxizität verschied. Herbizide für Beta-Rüben 10-0996; chem. Unkrautbek. in Rüben u. Pyramin-Einsatz 1966 im Bez. Rostock 08-1036; Dalapon u. Natriumtrichlorazetat bei d. Unkrautbek. in Zuckerrübenbeständen 08-1037.

I m F u t t e r b a u : Stand d. chem. Unkrautbek. im Gras- u. Leguminosensamenbau 12-1326; chem. Unkrautbek. im Grassamenbau 11-1072; Bek. v. einjähr. Unkräutern in Grasansaaten 07-1065; Einfl. v. Unkrautbek. u. Höhe d. N-Gabe auf Ertrag u. N-Geh. v. Markstammkohl 10-0998; Bek. mit Topusyn im gedrillten Futterkohl 12-1333; Wirk. v. Beweid. u. Mähen auf d. Bek. d. wilden Möhre 07-1066; mit Unkrautbek. erzielte Erfolge auf natürl. Grünlandflächen 11-0589; Biol. u. Bek. wicht. Unkräuter d. Niedermoorgrünlands 12-1336; chem. Bekämpfungsmeth. z. Vernicht. v. Bromus tectorum u. d. Durchsetz. v. mehrjähr. Gräsern auf Hutungen 12-0713.

I n s o n s t i g e n K u l t u r e n : Chem. Bek.: bei Tabak in Süditalien 12-0664; in Tabak 12-1354; in Sorghum-Beständen 07-1057; in Mais u. Sorghum u. phytotox. Rückstände im Boden 12-1311; Höhendifferenz v. Mais u. Borstenhirse in Abhängigk. v. d. Unkrautbek. im Nachauflaufverfahren 12-1322; chem. Bek. in Sojabohnen 11-1061; chem. Unkrautbek. in Anis- u. Fenchelbeständen 11-1089; Herbizide bei d. Unkrautbek. in Pfefferminzplantagen 11-1091; Einfl. d. Herbizidpräp. Gesagard 50 auf Unkräuter u. d. Samenertrag d. Kümmels 07-1076; Pflege u. Bek. in Schutzpflanz. u. Feldgehölzen in Flurbereinig. in Bayern 12-0399; Unkrautbek. in Kruziferen-Kulturen mit 2-Chlor-N-isopropylazetanilid 11-1074.

I m G e m ü s e b a u : Schutz d. Gemüsekulturen gegen Schädlinge, Krankh. u. Unkräuter 08-0965; chem. Bek. im Freilandgemüsebau 07-1071; Bek. mit chem. Mitteln 12-1349; Unkrautbek. z. Brassica-Arten in Nord-Irland 11-1075; chem. Bek. in Kopfkohlbeständen 12-1338; Semeron, neues Selektivherbizid z. Unkrautbek. in Kohl 12-1350; chem. Bek. in Gemüsekulturen (Möhre, Sellerie, Petersilie, Rote Rübe) 12-1340; Herbizide für d. Bek. in Buschbohnen 10-0988;

dahliae, N-Stoffwechsel v. Arten (Aminosäuren-Ernähr. v. Isolaten, d. an Tabak u. Hopfen pathogen sind) 10-0797; Bodenbegas. z. Bek. d. Verticillium-Welke an Eierfrucht 11-0990; Verticilliose d. Edelpelargonien, neue Krankh. 12-1225.
malthousei, eine häufige Champignonkrankh. 12-1212.
spec., Verticillium-Welke d. Nelken 08-0961; Verticillium-Welke d. Hopfens, "Fluktuierende Welke" bei welkeresistenten Sorten 08-0944; Kohlenhydrate u. freie Aminosäuren d. Wurzelsystems d. Baumwolle bei Welkekrankh. 12-0054; Wirt-Parasit-Bezieh. zw. Tomate u. pathogenen Isolaten 10-0878.
Verwertung s. Konservierung.
Verwitterung, geochem.-mineralog. Untersuch. an 2 aus Sandsteinen entstandenen Böden 12-0150; geomikrobiol. Untersuch. (Verhalten v. Bakterien auf d. Oberfläche v. Gesteinen u. Mineralien u. ihre Rolle bei d. Verwitterung) 11-0155; Verwitter. in d. Oberflächenhorizonten v. Böden in Illinois 09-0125; Illitverwitt.-produkte in Löß- u. Aueböden Südwestdeutschl. unter Einwirk. v. K-Düngern (Mineralumwandl. in geköpften Parabraunerden u. einer Pararendzina) 12-0160; Vorkommen v. Gibbsit beim Verwittern vulkan. Materials 12-0182; Mineralverwitt. u. K-Fixier. in Anfangsstadien d. Bodenbild. 10-0107; Besonderh. d. Bodenbild. auf Kalkgesteinen u. Grundlagen ihrer Klassifizier. 10-0108; Herkunft u. Entwickl. d. Feuersteintons u. damit verbundener Bodenhorizonte 12-0278; Stud. d. Genese Mg-reicher Böden; chem. Verwitter. ultrabas. Gesteine (Serpentinite) 09-0124.
Vicia (Wicke) s. auch Futterpflanzenbau - Gras-Leguminosengemische (Wickhafer).
atropurpurea, Nachwirk. granulierten u. pulverförm. Superphosphats 09-0388.
faba (Ackerbohne, Feldbohne, Pferdebohne, Puffbohne, Saubohne), biol. u. wirtschaftl. Eigensch. 08-0511; Untersuch. d. Legoglobine aus Knöllchen durch Scheibenelektrophorese in Polyakrylamid-Gel 11-0103; Wirk. v. Cu u. Co auf Hämoglobingeh. d. Knöllchen 12-0233; Wirk. u. Nachwirk. hoher isoosmot. Konz. v. NaCl u. Dextran auf Pflanzen 11-0318; Besonderh. morphol. u. physiol. Typen 12-0029; Sorten am Institut für Futtermittel in Pleven 12-0682; Bestimm. d. Reinheit u. Gesundheit d. Samens 12-0754; Einfl. verschied. Aussaatformen auf Standfestigk. v. Ackerbohnen 10-0416; Flächen- u. Ertragsentwickl. in d. Bez. Rostock u. Schwerin sowie günstigster Standort d. Anbaus mit Empfehl. z. Erntetechn. 11-0489.
M o r p h o l o g i e , P h y s i o l o g i e : Besonderh. physiol. Typen 12-0029; Einfl. d. Ionenzusammensetz. d. äußeren Milieus auf Ruhepotential d. Wurzelzellen 11-0319; Lage u. Ausmaß d. Streckungszone in d. Wurzelspitze 10-0022; Erweiter. d. Spaltöffn. durch N 09-0041; Wirk.: v. Vit. B_{12} auf Wachstum, Entwickl. u. Ertrag 09-0076; einiger Wachstumsregulatoren auf Ertrag u. chem. Zusammensetz. 07-0025; einiger Wachstumsregulatoren auf Keimungsrate u. Prozentsatz 07-0042; d. Samenbehandl. mit verschied. NES-Konz. u. verschieden langen Behandlungszeiten auf Wachstum u. chem. Zusammensetz. v. Pflanzen 07-0050; Samenabort 09-0072.
B e s t e l l u n g : Einfl. verschied. Aussaatformen auf Standfestigk. 10-0416; Meth. d. Aussaat mit Mais in Abhängigk. v. d. Bodenart 09-0501;

Gemengesaat v. Ackerbohnen mit Erbsen z. Silieren 12-0681; gleichzeit. Aussaat v. Wicken u. Erbsen mit Ackerbohnen 12-0683.

E r n ä h r u n g , D ü n g u n g : Einfl. d. Düng. auf d. Ertrag 12-0486; Einfl. v. Getreidestroh, Rübenblatt u. Zuckerrohr-Bagasse auf N-Versorg. in Gefäßdüngungsversuchen 07-0366; Vergleichsuntersuch. d. zugängl. P aus Superphosphat u. Phosphoritmehl mit Hilfe v. ^{32}P 09-0390; Einfl. v. Spurenelementen auf Qualität d. Saatgutes, Anreicher. v. Eiweiß u. Ertrag 10-0415; Aufn. v. Ca in d. Wurzeln 09-0338; Rolle v. Co, Cu u. Mo bei d. Erhöh. d. Hydrogenaseaktivität in Knöllchen 08-0385; Wechselwirk. v. Mo u. P auf Höhe u. Qualität d. Ertrages 07-0352.

P h y t o p a t h o l o g i e : Ackerbohnengelbmosaikvirus 11-0920; Scheckungsvirus im Blattgewebe 10-0845; Virus, d. eine Mosaikkrankh. an Ackerbohnen verursacht, u. sein Vektor, Aphis crassivora, in Ägypten 08-0916; bakterielle Infektion d. Samen 09-0936; bakterielle Fleckigk. d. Ackerbohne 11-0942; Zunahme d. Zytokinin-Aktivität bei rostinfizierten Blättern 11-0941; Wechsel in d. Anfälligk. gegenüber Botrytis fabae durch verschied. Vorbehandl. d. Blätter 12-1194; Ernähr. v. Empoasca fabae auf Kallus in Gewebekultur 07-0892; Natur u. Ursachen d. jährl. Schwankungen in d. Zahlen v. Schwarzer Bohnenblattlaus 12-1143.

Z ü c h t u n g : Vielsträngige Chromosomen 11-0790; Chromosomen-Aberrationen, hervorgerufen durch Ultraschall in Meristemzellen 11-0752; chromosomale Umbauten u. ihre Induktion durch Chemomutagentien 11-0740; Wirk. v. Adeninnukleosiden auf Chromosomen, Zellteil. u. Nukleinsäuresynthese 08-0769; Veränder. d. Mitoseindex in d. Wurzeln (Langzeiteffekte v. Kolchizin u. IES) 09-0773; mutagener Effekt v. Pyrogallol in bezug auf verschied. Frequenzen natürl.-mutierender Zellen 08-0727; Ertragsvgl. v. Hybriden u. Mischsaaten mit einer ihrer elterl. Inzuchtlinien 10-0736; Blüte u. Fruchtbild. u. ihre Anwend. in d. Zücht. 07-0790.

<u>sativa</u> (Futterwicke, Saatwicke), gleichzeit. Aussaat v. Wicken u. Erbsen mit Ackerbohnen 12-0683; Einfl. d. Anbaumeth. u. d. Defoliation auf Saatgutqualität 10-0481; Ertrag, chem. u. botan. Zusammensetz. d. Wickhafers bei Harnstoffdüng. 12-0673; Einfl. v. Mo auf Ertrag 10-0411; Herbizide in Kulturen 07-1059; zytosystemat. Untersuch. in d. Artengruppe 09-0017; Zücht. durch genealog. Selektion 07-0791.

<u>spec.</u>, morphol. Besonderh. an Samen d. verbreitetsten Arten 08-0459; Menge d. chem. Zusammensetz. d. Wurzeln in gemischten Beständen u. Reinsaat 10-0320.

<u>Vicieae</u>, Auslös. v. mitot. Abnormitäten in bestimm. Gatt. durch Paradichlorbenzol 12-1036.

<u>Vigna sinensis</u> (Kuhbohne), Hitze-induzierte Überempfindlichk. gegen Erysiphe polygoni 12-1196; Einfl. v. Nährstoffen auf d. Salztoleranz 10-0257.

<u>unguiculta</u>, Trockensubstanzveränder. in d. einzelnen Sproßteilen bei halbaufrechten Kuhbohnen während d. vegetativen Entwickl. 08-0584.

<u>Vinca minor</u> (Wintergrün), Kultur u. Wirk. d. Mineraldüngers 10-0454; Veränder. d. Vinkamin-Wirkstoffgeh. nach Standort u. Jahrgang 11-0120.

<u>rosea</u> (Immergrün), Blütenmißbild. unter d. Einfl. eines Virus 09-0914.

zwergungsvirus d. Gerste durch Klone v. 4 Aphiden-Arten 07-0910; Virus d. Gelbverzwerg. d. Gerste in Dt. Weidelgras 'S 24' in England 12-1154; serol. Vgl. v. Isolaten d. Verzwergungsmosaikvirus d. Maises 10-0836; mutagene Aktivität d. Verzwergungsmosaikvirus d. Maises bei Mais 07-0912; Einfl. v. Amitrol, Simazin u. d. Virus d. Zwergmosaikkrankh. auf d. Geh. an Zn, RN-ase, Eiweißstoffen u. RNS in d. Pflanzen v. Mais 11-0058; Übertrag. d. Virus d. Maisverkümmerungskrankh. durch d. Zikade Graminella nigrifrons 07-0913.

Futterpflanzenvirosen

Wasser- u. Kohlrübenmosaik 12-1166; Ackerbohnengelbmosaikvirus an Ackerbohne 11-0920; Ackerbohnenscheckungsvirus im Blattgewebe 10-0845; Vermehr. u. Ausbreit. d. Trespenmosaikvirus in Gerste (Konzentrationsbestimm. u. Vermehr. in Keimpflanzen) 09-0890; (Abhängigk. d. Virusvermehr. v. d. Konzentrat. d. Inokulums u. v. Pflanzenalter u. -art) 11-0907; (Virusvermehr. bei Lichtmangel u. virusbedingte Veränder. im N-Stoffwechsel) 11-0908; Bedeut. v. Viruskrankh. für d. Ertragsfähigk. d. Grünlandes 07-0921; Rhizobium-Leguminosen-Symbiose bei Infektion v. Klee durch d. Kleevergrünungsvirus 08-0896; virogeograph. Studien über d. Kleeverlaubungsvirus u. seine Vektoren 12-1165; Viren an Weißklee auf Dauerweiden in Britannien 07-0924; saftübertragbare Viren d. Rotklees in England u. Wales 11-0921; Wirk. v. Rotklee-Blütenextrakt u. Glukose auf d. Infektion v. Gomphrena globosa durch d. Rotkleeadernmosaikvirus 08-0897; Krankh. d. Gartenbohne, d. durch d. Virus d. Stauchekrankh. d. Bodenfrücht. Klees verursacht wird 09-0907; Eigensch. d. Knaulgrasscheckungsvirus 11-0909.

Kartoffelvirosen

Anfänge d. Kartoffelvirologie in Deutschland 11-0931; Viruskrankh. d. Kartoffel 08-0921; Artenzusammensetz. v. Viren an Kartoffelpflanzen 12-1156; Viruskrankh. im Gebirge u. in Vorgebirgslagen 09-0893; Gesundheitszustand u. Auftreten neuer Krankh. bei höheren Anbaustufen d. Kartoffeln 10-0897; Einfl. v. 3 Viruskrankh. auf Erträge, Dichte u. Chipfarbe d. Kartoffeln in Maine 09-0892; Einfl. wicht. Viruskrankh. auf Knollen- u. Stärkeertrag bei 3 Kartoffelsorten 'Epoka', 'Flisak' u. 'Wyszoborskie' 1963 10-0430; Einfl. v. Wachstumsregulatoren bei Pflanzen auf Virusausbreit. u. Chlorophyllgeh. in Kartoffelblättern 10-0028; Resistenzprüf. u. -verhalten v. Kultur- u. Wildkartoffeln gegenüber Kartoffelvirosen 11-0796; Resistenz einiger Kartoffelsorten d. Weltsortiments gegen Stolbur u. Krankheitssymptome 09-0891; Selektion d. Kartoffeln auf Virusresistenz 10-0750; Abgrenz. d. für d. Pflanzkartoffelvermehr. geeigneten Anbaulagen in Baden-Württemberg in Bezieh. zu Blattlausbefall u. mittlerer Wertzahl 08-0883; Blattläuse u. Verbreit. v. Viruskrankh. bei Kartoffeln in Pflanzguterzeugungsgeb. 09-0894; Erfolge d. Zucht- u. Versuchsstation IHAR Stare Oleśno bei d. Zücht. gegen Blattrollvirus-resistenter Kartoffelsorten 11-0798; Wirk. d. Blattrollvirus auf d. Knollenbild. v. Kartoffeln 08-0885; Reinig. v. Blattrollvirus aus seinem Vektor Myzus persicae 11-0912; Endosulfan, Oxydemetonmethyl u. Endrin z. Bek. d. Grünen Pfirsichblattlaus u. z. Minder. d. Kartoffel-Blattrollvirus in Ostwashington 10-0943; Stoffwechselstör. bei Nicotiana glauca, einem symptomlosen Träger d.

Hexenbesenkrankh. d. Kartoffel 12-1157; Wirk. v. Hydrokortison auf Übertrag. d. Hexenbesenkrankh. 10-0840; Feinstruktur u. intrazellulare Lage d. Gelbverzwergungsvirus d. Kartoffel 07-0914; Kartoffel mop-top, bodenübertragbares Virus 08-0886; Übertrag. v. Kartoffel-M-Virus u. verwandten Isolaten u. serol. Nachweis in Tomaten 08-0907; Mutationserschein. beim sog. N-Virus 09-0895; Überempfindlichkeitsresistenz einiger Kartoffelsorten gegen X- u. B-Virus u. züchter. Ausnütz. 10-0751; Nachweis d. Kartoffelviren X, M u. S in ruhenden Kartoffelknollen durch d. Bentonitflockungstest 12-1240; X-Virushemmstoff im Blattsaft d. Kartoffelpflanze 10-0837; Bestimm. d. X-Virus-Hemmstoffmenge im Blattsaft d. Kartoffel mittels d. serolog. Meth. 11-0971; Wirk. d. Hemmstoffe aus Kartoffelblättern auf lokale Infektion mit d. Kartoffel-X-Virus 08-0884; X-Virus-freie Wurzeln v. infizierten Kartoffelpflanzen 11-0911; Kartoffel-Y-Virus auf neuseeländ. Heißlufttabak 10-0842; Chenopodium quinoa, Lokalläsionswirt für Kartoffel-Y-Virus 10-0839.

Rübenvirosen

Schädlichk. d. Virosen bei diploider u. polyploider Zuckerrübe 10-0841; Bek. v. Viruskrankh. bei Rüben 12-1280; ökol. Grundlagen z. Bek. d. Viruskrankh. d. Rüben u. ihrer Vektoren 09-0899; Wirk. v. Mineralölen auf d. Übertrag. v. Pflanzenviren durch Blattläuse 12-1158; Maleinsäurehydrazid u. Köpfen d. überwinternden Zückerrüben - Verminder. d. Reservoirs d. Rübenviren 11-1003; schwere nekrot. Erkrank. d. Zuckerrübe, verursacht durch einen Stamm Rübenmosaikvirus 12-1163; Einschlußkörper in Verbind. mit d. Zuckerrübenmosaik 12-1162; Toleranz d. Stämme d. Sorte 'Dobrovická C' gegen d. Rübenmosaik unter Berücksichtig. d. Leist. d. Nachkommensch. 09-0897; Rekonstitution d. RNS d. Wasserrübengelbmosaikvirus mit TMV-Proteinuntereinheiten 08-0895; künstl. Windschutz u. Verteil. d. milden Wasserrübenvergilbungsvirus sowie v. Scaptomyza apicalis in einem Wasserrübenbestand 10-0844; offensichtl. Nichtvorhandensein d. Prämunität zwischen Stämmen d. Kräuselschopfvirus in d. Rübenblattzikade 12-1161; Rübenkräuselvirus u. Rübenblattwanze 12-1160; Beta virus 4 09-0898; Einfl. d. blattlausübertragenden Vergilbungskrankh. d. Rübe u. d. westl. Rübenvergilb. auf d. Zuckerrüben-Saatgutprod. bei verschied. Düng. 12-1159; Bezieh. jährl. Auftretens d. Rübenvergilbungsviren in Zuckerrüben zu Witterungsabweich. 10-0791; Geh. an Phenolverbind. als Indikator d. Empfindlichk. d. Rüben geg. d. Vergilbungsvirus 12-1241; Wirk. d. Inokulation mit Vergilbungsviren auf Anfälligk. d. Zuckerrübe gegenüber pilzl. Schaderregern. Anfälligk. gegenüber Erysiphe-Arten 09-0896; Wirk. d. Inokulation mit Vergilbungsviren auf d. Anfälligk. d. Zuckerrübe gegenüber pilzl. Schaderregern 08-0888.

Tabakvirosen

Virusaktivität u. Wachstum infizierter u. gesunder Kallusgewebe v. Nicotiana tabacum, gewachsen in vitro 08-0894; durch Viren verursachte Degenerier. d. Tabaks, Lubliner Krankh. u. d. Aussichten, Ausgangsmaterial für d. Zücht. resistenter Sorten z. schaffen 11-0916; Ursachen virusinduzierter Veränder. d. Alkaloidgeh. d. Blätter verschied. Nicotiana-Arten u. Sorten 09-0900; Wachstum v. einzelnen Tabakzellen, d. mit TMV infiziert waren, in Mikrokultur

08-0890; RNS-Umwandl. in mit TMV infizierten Tabakblättern 11-0915; Hemmwirk. d. Anthozyane auf Vermehr. d. TMV 09-0916; Rolle d. Chloroplasten bei d. Vermehr. d. TMV 12-1171; Beweg. v. Einschlußkörpern d. TMV in Kalluszellen v. Tabak 08-0889; Inaktivier. d. TMV im Boden 07-0916; Wirk. d. TMV-Infektionen auf d. Konz. v. Nukleinsäuren u. Eiweiß in verschied. Zellorganellen d. Blätter v. Nicotiana tabacum Sorte 'Harrison's Special' 09-0902; Wirk. d. Temp. auf d. Überempfindlichkeitsreakt. gewisser Wirtspflanzen im Hinblick auf d. TMV 09-0917; Interferenz mit TMV-Lokalläsionenbild. im Tabak durch Injektion hitzegetöteter Zellen v. Pseudomonas syringae 09-0903; Läsionenentwickl. u. Verteil. d. TMV in Datura stramonium 09-0901; Chromatographie eines Gemisches v. TMV u. Ribonuklease 09-0965; Elektronenmikroskopie d. TMV in Blättern v. Chenopodium amaranticolor 09-0904; zylindr. Einschlüsse im Zytoplasma v. Blattzellen, d. v. Tabakätzvirus befallen sind 12-1164; biochem. Wirk. d. Infektion mit Tabakätzvirus auf d. Tabakblattgewebe (Eiweißsynth. in isolierten Chloroplasten) 07-0917; Übertrag. eines Tabaknekrosevirus durch Olpidium brassicae 07-0919; Reinig. d. "red node"-Bohnenstammes d. Tabakstrichelvirus 07-0918; Kontrolle d. Resistenz gegen d. Strichelkrankh. bei Tabakhybriden in Selektionen auf Resistenz gegen Peronospora tabacina 08-0946; Reinig. u. Charakterisier. d. kaliforn. Tabakrattlevirus 08-0891; kaliforn. Tabakrattlevirus, Aussehen in d. Zelle u. Zytol. d. infizierten Zelle 08-0892; kaliforn. Wintertyp-Tabakrattlevirus in seiner Bezieh. z. infizierten Zelle 10-0843; Bezieh. zw. Länge u. Sedimentationskoeffizienten für Partikeln d. Tabakrattleviren 09-0905.

Gemüsevirosen

Wasser- u. Kohlrübenmosaik 12-1166; Eigenschaften v. 2 gestreckten Sellerieviren 08-0911; Viruspartikel im Siebröhrensaft v. Gurke nach Infektion durch Cucumis virus 2 A 09-0911; Übertrag. d. Gurkenmosaikvirus 10-0846; Einfl. d. Blattlaus auf Auftreten u. Verbreit. d. Gurkenmosaikvirus bei Paprika 11-0928; reflektierende Oberflächen z. Abschreck. d. Aphiden u. verminderten Ausbreit. d. blattlausübertragbaren Gurkenmosaikvirus in Gladiolenbeständen 11-1005; Synergismus zw. Pythium ultimum u. d. Gurkenmosaikvirus 09-0910; Milch als Infektionshemmstoff mechan. übertragbarer Viren in Tomaten- u. Gurkenkulturen 08-0900; Beeinfluss. v. Wachstum u. Mineralstoffzusammensetz. d. Kürbis durch Tabakringfleckenvirus 12-0763; Virosen an Ölkürbis 10-0848; Verbreit. d. Wassermelonenmosaikvirus in Europa u. Bild. v. Zelleinschlußkörpern 08-0908; Nachweis d. spezif. Wassermelonenmosaik-Virus in Kuba 08-0909; Resistenz v. 'Italian El'-Paprika gegen Infektion mit d. Kartoffel-Y-Virus 10-0838; Reinig. u. Eigenschaften zweier Isolate d. Tabakrattlevirus v. Paprika in Kalifornien 08-0893; Identifizier. d. Gewöhnl. Mosaiks d. Bohnen in d. Ukraine 09-0918; Aminosäure- u. Nukleotidzusammensetz. d. Bohnen- u. Kundebohnenstämme d. Südl. Bohnenmosaikvirus 08-0917; langfristige Aufbewahr. d. gereinigten Südl. Bohnenmosaikvirus durch Gefriertrockn. unter Zusatz v. Laktose 08-0899; Elektronenmikroskopie d. Enationenmosaikvirus d. Erbse in Pflanzenzellkernen 09-0906; Bezieh. zw. Nahrungsaufn. d. Erbsenblattlaus u. Inokulation d. Erbsenenationenmosaikvirus 08-0898; "erneute Belad." d. Erbsenblattläuse mit d. Enationenmosaikvirus d. Erbse 09-0889; Einfl. d. frühzeitigen Ansteck. durch d. Erbsenmosaikvirus auf d. Wachstum d. Erbse 11-0919; Virus, d. eine Mosaikkrankh. an Ackerbohnen verursacht, u. sein Vektor, Aphis crassivora, in Ägypten 08-0916; geimpfte Tomatensäml. bringen gute Erträge 09-0598; Auftreten eines Faktors im Körper v. Bemisia tabaci, d. offenbar in Bezieh. steht z. Erschein. d. "Period. Aufnahme" d. gelben Blattkräuselvirus d. Tomate 10-0847; Übertrag. u. Wirtspflanzenkreis d. Gelben Blattrollvirus d. Tomate 08-0906; Übertrag. v. Kartoffel-M-Virus u. verwandten Isolaten u. serol. Nachweis in Tomaten 08-0907; Morphol. d. Bronzefleckenvirus d. Tomate 09-0912; Virus d. Bronzefleckenkrankh. d. Tomate an Erdnuß 09-0919; Lokalisier. u. Wiedererlang. d. nekrot. Vergilbungsvirus d. Salates aus Xylemgeweben v. Nicotiana glutinosa 08-0910; Reakt. d. Färberdistel gegenüber d. Salatmosaikvirus 09-0913; virusfreier Rhabarber könnte Kulturproblem lösen 10-0591; Verteil. d. Gelbstreifigkeitsvirus d. Zwiebel 11-0929.

Obstvirosen

Obstbaum- u. Beerenobstvirosen in d. DDR 10-0849; Virustest. bei Obst- u. Ziergehölzen in d. DDR 12-1279; Virustest. bei Obstgehölzen, Aufgaben u. finanzielle Belast. 07-1008; Ermittl. u. Bek. d. Obstvirosen 07-1012; Apparatur zur Wärmebehandl. viruskranker Obstpflanzen 12-1242; mechan. isolierte Stämme eines Virus d. Obstgehölze 08-0901; Übertrag. d. X-Virus-Krankh. d. Steinobstes durch Zikaden im Staate New York 11-0927; Ausbruch d. Arabis-Mosaikvirus u. Xiphinema diversicaudatum in Schottland 10-0850; Stammnarbenvirus (stem pitting virus) 08-0902; Zelleinschlüsse in kraut. Wirtspflanzen eines Apfelvirus 07-0925; latente Viren in Apfelsorten u. -unterlagen 07-0933; Samenübertrag. d. TMV bei Apfel u. Birne 11-0914; Wachstum junger Birnbäume nach Entfern. einiger Viren durch Wärmebehandl. 07-1010; Nachweis d. virösen Birnenverfalls 11-0924; viröser Birnenverfall, Rindenrissigk. u. Rindennekrose 08-0903; Verfall u. Absterben v. Birne auf Quittenunterlagen, hervorgerufen durch Virusinfekt. 11-0925; Viruserkrank. v. Samen ausgelesener 'Montmorency -Kirschenbäume 07-0926; Einfl. d. Virus d. nekrot. Ringfleckigk. d. Sauerkirsche auf Pollen 12-1169; serol. Nachweis d. Nekrotischen Ringfleckenvirus d. Sauerkirsche bei Steinobst 07-0984, 08-0971; Symptome d. Virus d. Warzenkrankh. d. Pfirsichs auf einigen Prunus-Arten sowie auf Pfirsich u. Prunus persica var. nectarina 09-0908; Viruswirk. auf Veredl. u. Wachstum v. Pfirsichreisern auf Prunus-besseyi- u. P.-tomentosa-Unterlagen 10-0626; Überkreuz-Übertragungsversuche mit Citrus- u. Prunus-Viren 09-0909; Isolier. d. Latenten Erdbeerringfleckenvirus aus stauchekranken Pfirsichbäumen 11-0926; Kräuselkrankh. d. Erdbeere in Jugoslawien 07-0927; Vektorleist. d. Erdbeerblattlaus. Übertragungsversuche mit d. strawberry mottle 12-1170; mechan. Übertrag. v. aphidenübertragenem Himbeervirus auf kraut. Wirte 07-0928; Isolier. d. Himbeerringfleckenvirus auf Roter Johannisbeere 08-0905; Ausbreit. d. Virus d. virösen Atavismus d. Schwarzen Johannisbeere u. seines Vektors 08-0904; Viren in reisigkranken Reben 08-0929; Methodik d. experimentellen Virusinfektion v. Reben 07-0934; Bananenmosaik; Identifizier. u. Reinig. verschied. Virusstämme 08-0918.

bark. d. Rebenknospen beeinflussen 11-0700; Einfl. verschied. Faktoren auf d. Fruchtansatz 12-0914; Kallusbild. 11-0701; Kallusbild. bei Unterlagensorten in Ruhezeit 12-0933; Einfl. d. Chlorophylls auf Kallusbild. u. Bewurzel. bei Veredl. 07-0674; Holzreifeprüf. v. Europäer Reben 07-0668; Wachstumsregulatoren 09-0556; Einfl. v. Gibberellin u. Heteroauxin auf Wuchs u. Entwickl. v. Setzl. 07-0675; Wirk. v. 2.4-D auf geschnittene u. ungeschnittene 'Tokayer'-Reben bei Anwend. während d. Ruheperiode 12-0913.

C h e m i e : Einfl. d. Augenzahl auf Ertrag u. Mineralstoffgeh. d. Blätter 09-0664; Einfl. d. Traubenentfernens auf quantitative u. qualitative Ertragseigensch. bei 'Riesling' u. 'Müller-Thurgau' 08-0689; korr. Bezieh. zw. Triebzahl, Ertrag, Mostgew. u. Gesamtsäure bei Geisenheimer Rieslingklonen 64, 198, 237 u. 239 12-0915; Wirk. mineral. Ernähr. auf d. Geh. auf kontrollierter Lös. kultivierter Weinrebe an org. Säuren 07-0284; Vorhersage d. Zuckergeh. 12-0912; Verhältnis zw. Geh. an gebundenem u. freiem Wasser bei früh-, mittelfrüh- u. spätreifenden Tafeltraubensorten 11-0699; Bestimm. d. Cu im Weinbau u. in Produkten d. Weinbaus 07-0088; gibberellinart. Subst. im Wurzelexsudat 11-0113.

A g r a r m e t e o r o l o g i e : Abwendbark. d. Hochkultur unter günst. Umweltbeding. 11-0702; Weinbau in d. DBR (1964-66) 09-0667; reaktionskinet. Temperaturmess. in d. weinbaul. Ökol. 07-0102; Winter-Phytoklima u. Frostfestigk. d. Triebe 07-0665; Klima-Diagramme z. Charakterisier. unterschiedl. Witter., als Hilfsmittel d. Zücht. u. Auslese sowie z. Erkennen d. Beregnungsbedürftigk., veranschaulicht anhand d. Witter. d. J. 1964 07-0677; Auswirk. d. Dürreperiode 1964 auf d. Entwickl. d. Rieslings auf verschied. Unterlagen 09-0665; Einfl. d. Düng. auf Regeneration d. Rebe u. Ertrag nach Beschäd. durch Hagel 12-0936; Einfl. verschied. Faktoren auf d. Fruchtansatz 12-0914; Phänol. d. Blüte 07-0105.

R e b e u n d B o d e n e i g e n s c h a f t e n : Erhalt. d. Bodenfruchtbark. im Weinbau 12-0926; Bodenbearbeitungsgeräte u. Bodenabtrag. 12-0928; harmon. Düng. sichert Höchstleist. 10-0638; Einfl. P abbauender Bakterien auf Wuchs u. Entwickl. v. Setzl. 07-0676.

S o r t e n , U n t e r l a g e n : Sortenkunde 08-0693, 12-0930; Bestimmungsschlüssel 09-0668; vergl. Morphologie v. 3 Sorten 10-0641; 'Riesling' und seine Weine 09-0666; Bewurzel. v. Ertragsreben in Normal- u. Weitraumerzieh. u. v. Unterlagsreben 12-0919; Einfl. v. Unterlagen auf Ertrag u. Qualität v. 'Cardinal'-Trauben 12-0934.

A n z u c h t , P f l a n z u n g : Dt. Rebenveredlungswesen in d. EWG 12-0937; Anbau u. Vermehr., hohe u. qualitative Erträge u. Lebensdauer d. Rebanlagen 12-0938; Rebschutz in d. Rebschule 12-0927; Paraffinieren d. Pfropfrebe, Maßnahmen z. Verminder. d. Ausfallrisikos 12-0917; Anzucht v. Pfropfreben ohne Stratifizier. 08-0690; Stratifikation v. Rebveredl. ohne feuchtigkeitshaltendes Material in Kammern aus Polyäthylenfolie 12-0918; Situation d. Rebenveredl. 12-0920; Meth. d. Veredl. d. Rebe mit nicht verholzten Reisern 12-0935; Einfl. d. Chlorophylls auf Kallusbild. u. Bewurzel. bei Veredl. 07-0674; Pflanzabstand-Versuche mit 'Waltham Cross' u. 'Alphonse Lavallée' 07-0671.

P f l e g e : Blattgröße, Wachstum, Holzreife u. Austrieb in Abhängigk. verschied. Triebbehandl. 09-0663; Einfl. d. Augenzahl auf Ertrag u. Mineralstoffgeh. d. Blätter 09-0664; Effekt d. Schnittes bei Hochkultur 11-0703; Einfl. v. Unterlagen u. Schnittmeth. auf Ertrag u. Qualität v. 'Cardinal'-Trauben 12-0934; Wirk. v. 2.4-D auf geschnittene u. ungeschnittene 'Tokayer'-Reben bei Anwend. während d. Ruheperiode 12-0913; Ausdünn. v. 'Thompson Seedless' vor d. Blüte in Kombination mit Gibberellinspritz. z. Blütezeit 07-0664.

E r n ä h r u n g , D ü n g u n g : Einfl. mineral. Ernähr. auf Größe d. Weinbeeren bei Kultivier. in Nährlös. 07-0669; Wirk. mineral. Ernähr. auf d. Geh. auf kontrollierter Lös. kultivierter Weinrebe an org. Säuren 07-0284; Einfl. mineral. Ernähr. auf Fruchtbark. d. Knospen bei d. Sorte Merlau' in Nährlös. 07-0678; Problem d. N-Aufn. u. d. N-Stoffw. im Wurzelsystem 08-0373; Physiol. d. Mg-Mangels (Aktivitäten d. Polyphenoloxydase u. d. Chinonreduktase bei Mg-Mangelchlorose) 10-0296; Versorg. mit Hauptnährstoffen 12-0921; harmon. Düng. sichert Höchstleist. 10-0638; Untersuch. v. Düng.-Normen 08-0692; Preisvergl. zw. Einzel- u. Mehrnährstoffdünger 12-0923; Düngungsprogramm im Winterregengeb. 12-0840; Einfl. d. Düng. auf Regeneration d. Rebe u. Ertrag nach Beschäd. durch Hagel 12-0936; PK-Blattdüng. 07-0670; Ersatz v. Stalldünger durch Gründünger 10-0604; Versuch z. Gründüng. im Weinbau 10-0642; Müllklärschlammkompost u. seine Bedeut. für d. Weinbau 12-0922.

U n k r a u t b e k ä m p f u n g : Chem. Unkrautbek. im Weinbau 11-1084, 12-1351; chem. Bek. im Weinbau aus arbeits- u. betriebswirtschaftl. Sicht 12-1352; chem. Unkrautbek. im Weinbau. Spritzen oder streuen 11-1086; verschied. Herbizide im Weinbau in Friuli 12-1344; Anwend. v. Simazin z. Unkrautbek. in Ertragsanlagen 07-1068; Versuche mit Prefix z. Unkrautbek. 12-1342; Drieschbeseitig. mit 2,4,5-T in Dieselöl 12-1343.

P h y t o p a t h o l o g i e : Rebschutzmittel-Verzeichnis 11-1022; Schädlingsbek. im Anbau 10-0944; Bek. d. Schwarzfleckenkrankh. 10-0932; organ. Spritzfolge Polyram-Combi-Basfungin 11-1026; Viren in reisigkranken Reben 07-0929; Methodik d. experimentellen Virusinfektion 07-0934; Prüf. einiger Präparate für d. gleichzeit. Bek. v. Oidium u. Mehltau bei d. Weinrebe 11-0991; Botrytis-Bek. in d. Rebenveredl. 08-0991; Botrytis u. Rebenveredl. 07-0967; Wirk. v. Pilztoxinen auf verschied. Organe d. Rebe 08-0957; Bek. parasitärer Nematoden in d. Rebschule 07-1011; Auftreten d. Wiesenschaumzikade an Reben 07-0891; Fundatrix-Auftreten v. Dactylosphaera vitifolii 08-0875; Traubenwickler im Weinbaugebiet d. Tessins 08-0866; jahreszeitl. Entwickl. d. Blattbefalls v. Weinrebe durch Reblaus in Ontario 07-0901.

Z ü c h t u n g : Wildreben v. Nordamerika als Genreservoir für d. Rebenzücht. 07-0830; Eigensch. d. Hybridpopulationen - Grundlage d. Erblichk. 10-0783; Blüte u. Bestäub. 08-0824.

<u>vinifera</u>, Kallusbild. 11-0701; Kallusbild. bei Unterlagensorten in Ruhezeit 12-0933; Geschlechtsumwandl. bei einer männl. Rebpflanze durch Kinine 08-0083.

<u>Vogelkirsche</u> s. Prunus avium.

Fruchtbild. v. Tomaten 12-0787; wovon hängt ein guter Ertrag bei Forsythien ab? 09-0713; Ursachen v. Wachstumsschäden bei mehrjähr. Durchführung d. Kieskultur u. deren Beheb. 11-0606; Durchlüft. d. Bodens u. Pflanzenwachstum 10-0147; Wirk. v. appliziertem Al auf bodenmikrobiol. Prozesse u. auf Wachstum v. Hafer 12-0223.

W a c h s t u m u n d B o d e n d i c h t e : Versuche mit unterschiedl. Bodendichten in d. Kulturschicht u. im oberen Teil d. Untergrundes 09-0171; theoret. Fragen d. Bodenbearbeit. (Einfl. d. Bodenverdicht. auf d. Wachstum u. d. Ertrag d. So-Gerste) 07-0245.

W a c h s t u m u n d B o d e n f e u c h t e : Bedeut. d. Grundwassers für d. Wachstum landwirtsch. Nutzpflanzen 11-0271; Feuchtigkeitsmenge zur Wachstumsstock. u. Welkeerschein. bei Kohl in Torfböden 11-0620; Wasserdefizit und Wachstum junger Kulturpflanzen. Einfl. d. Bodenwassergehaltsänder. auf Keimpflanzen v. Kohl 12-0437; Einfl. v. Feuchtigk. auf Wachstum sowie N- und P-Aufnahme durch Paprika 12-0766.

Wachstum und meteorologische Faktoren

Einfl. v. Klimafaktoren auf Wachstums- u. Entwicklungsverlauf sowie Ertrags- u. Qualitätsleist. d. Braugerste 08-0130; Abhängigk. d. Stoffproduktion landwirtsch. Kulturpflanzen, bes. Kartoffel u. Mais, v. meteorol. Faktoren 12-0137; Abschätz. agrarmeteorol. Möglichk. für Wachstum d. Kartoffel 11-0145; Auswirk. d. Dürreperiode 1964 auf d. Entwickl. d. Rieslings auf verschied. Unterlagen 09-0665.

T e m p e r a t u r : Aufheb. d. Triebruhe bei Wurzeln 09-0073; Unterschiede im Vernalisationseffekt bei Weizen unter verschied. Temp. 10-0053; Wirk. tägl. Temp.-Veränder. auf d. Vernalisation v. Weizen 10-0052; Abhängigk. d. Stoffproduktion landwirtsch. Kulturpflanzen, bes. Kartoffeln u. Mais, v. meteorol. Faktoren 12-0137; Abhängigk. d. Höhe d. Kornertrages v. d. Größe d. Blattoberfläche u. d. Akkumulation d. Trockenmasse während Ontogenese v. So-Saatweizen 09-0032; Nachwirk. v. atmosphär. Zusammensetz. auf d. Wachstum v. Wi-Weizen 09-0033; Wirk. d. Temp. in d. Wurzelzone auf d. Morphologie d. Maisblattes 08-0066; photoperiod. Reaktion d. Maispflanzen bei hohen Temp. 08-0068; Wirk. einer z. verschied. Zeiten vorgenommenen Temp.-Variation auf Wachstum u. Ertrag v. Zuckerrüben u. Gerste 12-0032; Reaktion einiger Knaulgraspopulationen auf Temp. u. Tageslänge 09-0070; Wirk. d. Temp. auf vegetatives Wachstum bei klimat. Var. v. Knaulgras unter kontrollierten Beding. 12-0128; Einfl. d. Nachttemp. auf d. Wachstum v. Tabak 12-0663; CO_2-Entwickl. u. Temp. im Anfangswachstum plastgemulchter Pflanzen 10-0536; Einfl. v. Temp., Wachstum, Sorte u. N-Düng. auf Frühzeitigk. u. Qualität d. Blumenkohls 07-0554; Möhrenwachstum u. Möhrenqualität, beeinflußt durch Beregn. u. Umweltfaktoren 10-0547; Anwend. v. Wärmesummen z. Erntezeitbestimm. bei Erbsen 10-0568; Wechselbezieh. v. Temp. u. CO_2-Begas. auf verschied. Qualitätsmerkmale v. Gewächshaustomaten 10-0574; Einfl. v. CO_2-Anreicher. im Verhältnis z. Temp. 10-0575; physiol. Ruhe bei Treibrhabarber 10-0590; Einfl. äußerer Faktoren auf Wachstum u. Entwickl. v. Spinatsorten 12-0799; Wirk. v. Temp. auf Zwiebelbild. d. Küchenzwiebel 12-0803; Wirk. v. Temperaturvorbehandl. bei

Frühkultur v. Erdbeerpflanzen 07-0659; Wachstum d. Aprikosenfrucht (Wirk. v. Temp.) 09-0078; Beeinfluss. d. Mutterpflanzen z. Steiger. d. Stecklingsproduktion 09-0670; Verhältnis v. Tages- u. Nachttemp., Auxin u. Hemmstoffen auf d. vegetative Wachstum u. d. Blühen v. Chrysanthemum 10-0646; Kultur v. Aster savatieri var. hort. (Wirk. v. Temp., Tageslänge u. verschied. Wachstums- u. Blühregulatoren) 07-0699; Treiben v. Aster savatieri Makino var. hortorum Makino (Wirk. v. Nachttemp., Tageslänge, Lichtintensität u. Lichtqualität auf Treiben, Wachstum u. Blüte) 11-0716; Zusammenhang zw. Licht u. Temp. beim Wachsen u. Blühen d. Aphelandra 12-0968; Untersuch. über Reife, verschied. Aufnahmetermine u. hohe Lagertemp. bei d. Tulpe 10-0661; Nerinezwiebeln - Temp. v. Roden z. Pflanzen 09-0708.

Wachstum und Belichtung bzw. Beschattung

Licht als Faktor d. Pflanzenproduktion u. Wachstumsregulation 07-0036; Vorhersage d. Wachstumsrate bei verschied. Lichtintensitäten aus gemessenen Photosynth.- u. Atmungsraten 07-0037; Korrelation d. Reaktionen d. Photomorphogenese als Faktor d. generativen Entwickl. bei Pflanzen 10-0050; Impulsbestrahl. v. Samen u. Knollen mit konzentr. Licht 12-0067; Einfl. v. Kulturbeding. auf Wachstum isolierter Getreideembryonen in vitro 09-0084; Wirk. v. Tageslänge u. Lichtintensität auf d. Wachstum v. Gerste (Reaktion v. Pflanzen im Freiland auf eine Unterbrech. d. Nacht) 08-0067; Einfl. d. Samenbestrahl. v. Gerste mit Licht verschied. Spektralbereiche auf Entwickl. u. Wachstum 12-0068; Induktion d. Knollenbild. u. Knospenhemm. bei Kartoffeln 08-0069; Wechselwirk. Licht/Gibberellin auf Keim. v. Kartoffelsamen 10-0063; Wirk. d. Beschatt. auf Überleben junger Pflanzen v. Agropyron desertorum 07-0012; Pflanzenmorph. u. Vernalisierbark. bei Markstammkohl 10-0054; Einfl. v. Farblicht auf Wachstum u. Zusammensetz. pflanzl. Gewebekulturen (Tabak) 06-0038; Einfl. d. Infrarot-Strahl. auf Entwickl. u. Wachstum v. Tomaten 07-0039; Pflanzenwachstum unter neuen Leuchtröhren (Frisch- u. Trockenmasse-Ertrag v. Tomatensäml.) 09-0074; Licht u. Ertrag v. Hausrosen 09-0674; Rosenkultur jenseits d. Polarkreises bei künstl. Beleucht. 09-0712; Treiben v. Aster savatieri Makino var. hortorum Makino (Wirk. v. Nachttemp., Tageslänge, Lichtintensität u. Lichtqualität auf Treiben, Wachstum u. Blüte) 11-0716.

Wachstum und Bestrahlung

Radiostimulier. d. Wachstums d. Pflanzen 11-0610; Einfl. d. Saatgutbehandl. mit UV-Strahlen auf Wachstum u. Erträge bei Mais 08-0453; Zuckerstoffwechsel nach Gammabestrahl. Zuckerakkumulation, Hemm. v. Keimwachstum u. Knollenbild. 08-0046; Wechselwirk. kurzwell. u. langwell. Strahl. bei d. Photomorphogenese v. Erbse u. Senf 08-0072; Anwachsen bestrahlter Apfelreiser beim Veredeln im Frühjahr 12-0873.

Wachstum und Photoperiodismus

Korrelation d. Reaktionen d. Photomorphogenese als Faktor d. generativen Entwickl. bei Pflanzen 10-0050; Wirk. d. Tageslänge auf d. Wachstum v. Weizen 10-0051; Jarowisationsstadium v. Hartweizen bei unterschiedl. Lichtbeding. 07-0034; Reaktion d. Weizenpflanzen auf Tageslänge 07-0035; Wirk. v. Tageslänge u. Lichtintensität auf d. Wachstum v. Gerste (Reaktion v. Pflanzen im Freiland auf eine Unterbrech. d. Nacht) 08-0067; photoperiod. Reaktion d. Maispflanzen bei hohen Temp. 08-0068; Induktion d. Knollenbild. u. Knospenhemm. bei Kartoffeln 08-0069; Reaktion einiger Knaulgraspopulationen auf Temp. u. Tageslänge 09-0070; Wirk. v. Tageslänge, Vernalisation u. Gibberellsäure auf d. Blühen v. Weißer Lupine 11-0083; Samenschaleneffekt in Bezieh. z. Photoinduktion d. Keim. bei Stechapfel 11-0081; Einfl. äußerer Faktoren auf Wachstum u. Entwicklung v. Spinatsorten 12-0799; Wirk. v. Photoperiode auf Zwiebelbild. d. Küchenzwiebel 12-0803; Wirk. v. Nacht-Unterbrech. auf Blattfläche u. Blatt-Trockenmasse bei d. Sommeraster 07-0698; Treiben v. Aster savatieri Makino var. hortorum Makino (Wirk. v. Nachttemp., Tageslänge, Lichtintensität u. Lichtqualität auf Treiben, Wachstum u. Blüte.) 11-0716; Blühbeeinfluss. v. Dahlia (Wirk. v. Tageslänge im Frühstadium d. Sproßwachstums auf Blütezeit u. Qualität d. Schnittblumen) 11-0728.

Wachstum und Inhaltsstoffe

Einfl. d. Erdölwuchsstoffes auf Wachstum u. chem. Zusammensetz. v. Tomaten 12-0772; histochem. Unterschiede d. Vegetationskegel bei Wi- u. So-Weizen 09-0029; wachstumsfördernde Stoffe in d. sich entwickelnden Pfirsichfrucht 07-0043; Einfl. v. S-Mangel auf N-Verbind. d. Linse in d. 1. Entwicklungsstadien 09-0332; Schwank. bei Aminosäuren u. Harnstoff d. Kulturchampignons in Abhängigk. v. Nährstoffnachliefer. d. Substrates während d. Wachstumsperiode 08-0372; Eiweißveränder. u. Einfl. d. N-Subst. in Gerste (Verteil. d. Eiweißstoffe im Korn u. ihr Metabolismus während d. Pflanzenwachstums) 10-0078; Veränder. d. N-, P- u. K-Geh. d. oberird. Organe d. Wi-Weizens während d. Vegetation 07-0301; lösl. Proteine u. mannigfalt. Enzymformen im frühen Wachstumsstadium v. Weizen 11-0091; Zuckereinlager. als Funktion d. Wachstumsprozesse bei Zuckerrüben 09-0049; Veränder. u. Säuregeh. v. Tomatenfrüchten während d. Wachstums 07-0591; Verteil. v. Spermin u. Spermidin in Weizen in verschied. Entwicklungsstadien 09-0103; Identifizier. z. Scopolin u. Scopoletin in Gewebekulturen v. Tabak u. Veränder. ihrer Mengen im Verlauf d. Wachstums 10-0090.

Wachstum und chemische Substanzen

W a c h s t u m u n d P f l a n z e n s c h u t z m i t t e l : Wirk. v. Prefix u. Casoron auf d. vegetative Entwickl. v. Obstgehölzen 10-0602; Wirk. v. 2.4-D auf geschnittene u. ungeschnittene 'Tokayer'-Reben bei Anwend. während d. Ruheperiode 12-0913; nachteil. Einfl. d. Fungizide auf Wachstum u. Ertrag v. Zwiebeln z. Saatgutgewinn. 07-0607; Einwirk. v. Hg-Phenylazetat auf Transpiration kleiner Grasbestände 12-0436; Wirk. v. 4 Herbiziden auf d. Wachstum v. Rhizoctonia solani 08-0852.

W a c h s t u m u n d P u r i n e : Stand. d. Forschungsarbeiten u. Perspektiven d. prakt. Anwend. v. Wuchsstoffen 10-0061; vergl. Wirk. v. Indol-3-Essigsäure u. Kinetin auf d. Wachstum isolierter Kotyledonen v. Kürbis 08-0074; Wirk. v. Kinetin auf ruhende Terminalknospen v. Flieder 10-0662; Bild. v. Blattknospen bei Blattstecklingen v. Begonia rex 10-0653.

G i b b e r e l l i n : Wechselwirk. v. Auxin u. Gibberellin in d. Morphogenese 10-0062; Geh. verschied. Pflanzenorgane an natürl. Gibberellinen in Abhängigk.

v. Alter 10-0086; Stand d. Forschungsarbeiten u. Perspektiven d. prakt. Anwend. v. Wuchstoffen 10-0061; Mitwirk. d. Gibberelline bei Apikaldominanz 07-0047; Wirk. d. Ca-Ions u. Schutzwirk. auf Überleben u. gegen Wachstumshemm. v. Pollen 10-0030; Wirk. v. Gibberellin auf Geh. an Nukleinsäuren in Halmen v. Hafer in Verbind. mit d. Standfestigk. d. Pflanzen 10-0027; Aminosäureumsatz bei Mais in Abhängigk. v. d. Stimulier. d. Wachstums 08-0048; Wirk. v. wässr. Extrakt d. Grundblätter v. Kartoffelpfl., d. Knollen gebildet haben, auf d. Knollenbild. in vitro kultivierter Keime 08-0084; Wechselwirk. Licht/Gibberellin auf Keim. v. Kartoffelsamen 10-0063; Einfl. v. Gibberellin auf Wachstum, Entwickl. u. Geschlechtsausbild. bei Hanf 10-0065; morphogenet. Interaktion zw. angewandtem Gibberellin, Chlorcholinchlorid u. Kinetin bei Circaea intermedia 08-0089; Wechselwirk. zw. Kolchizin u. Gibberellsäure bei Kontrolle d. Streck. d. Hypokotyls bei d. Melone 07-0056; vergleich. Wirk. v. Indol-3-Essigsäure u. Gibberellsäure auf d. Wachstum isolierter Kotyledonen v. Kürbis 08-0074; Reaktion v. Erbsen auf Gibberellsäure 08-0082; Einfl. v. Gibberellsäure auf verzwergte u. normale Erbsenpflanzen 12-0080; Stimulier. d. Blattstielabtrenn. durch Gibberellsäure bei Buschbohne 07-0049; Eigensch. v. Gibberellinen bei d. Induktion parthenokarper Apfelfrüchte 09-0633; Wachstum d. Aprikosenfrucht (Wirk. v. Gibberellsäure) 09-0078; Einfl. v. Gibberellin auf Wuchs u. Entwickl. v. Rebsetzl. 07-0675; Wachstumsreaktion v. Salvia splendens auf Blattapplikation v. Gibberellsäure 08-0708; Wirk. v. Gibberellsäure auf ruhende Terminalknospen v. Flieder 10-0662.

W a c h s t u m u n d W u c h s t o f f e bzw. H e m m s t o f f e : Stand d. Forschungsarbeiten u. Perspektiven d. prakt. Anwend. v. Wuchsstoffen 10-0061; Einfl. v. Wachstumsregulatoren auf Leist. landwirtsch. Kulturen 07-0040; pflanzl. Wachstumsregulatoren: Spiel- u. Werkzeuge 10-0060; Wachstumsaktivität u. chem. Bau (Bedeut. d. richtigen Auswahl d. Tests bei Beurteil. wachstumsstimulierender Verbind.) 12-0227; Aminosäureumsatz bei Mais in Abhängigk. v. d. Stimulier. d. Wachstums 08-0048; Veränder. d. Wuchsform v. Kartoffeln d. Sorte 'Majestic' durch Wachstumsregulatoren bei zeitl. differenzierter Anwend. 07-0041; Induktion v. Stolonen u. Knollen durch d. Blätter d. Kartoffelpflanze 09-0067; Einfl. v. Wachstumsregulatoren auf Ertrag u. Qualität v. Zuckerrüben 08-0544; Wirk. v. Wachstumsstimulatoren auf Wachstum, physiol. Prozesse u. Leist. v. Zuckerrübenjungpflanzen 12-0070; Wirk. eines Wachstumsregulators auf d. Saatgutproduktion u. d. Kornsitz bei Phalaris tuberosa 08-0448; Wachstum v. Bohnen- u. Tomatenpflanzen, verursacht durch wurzelaufgenommene Wuchsstoffe u. atmosphär. CO_2 07-0045; Bezieh. zw. Rhizogenese u. Veränder. im Nukleinsäuregeh. d. Gewebe in Steckl. junger, etiolierter Tomatenpflanzen 10-0059; Phytohormone u. Hormonpräparate z. Steuer. d. Wachstums bei Obstbäumen 12-0827; Wirk. d. Ca-Ions u. Schutzwirk. auf Überleben u. gegen Wachstumshemm. v. Pollen 10-0030; Regeneration nach d. Anwelken, Wachstum u. Ertrag v. Weizenpfl. nach Darbiet. v. 2 wachstumsverzög. Verbind. 08-0085; Einfl. wuchshemmender Mittel auf Wachstum v. Tomaten 09-0596; Hemmstoffwirk. bei Poinsettien 12-0966; Poinsettien unter Höhenkontrolle 10-0655; physiol. Reaktionen auf D,L-Abszisin (Dormin) 09-0082; Hemm. d.

phytochrominduzierten Photomorphogenese d. Senfkeiml. durch Aktinomyzin D u. Puromyzin 08-0086; Einfl. v. Aktinomyzin D u. Puromyzin auf d. phytochrominduzierte Wachstumshemm. d. Hypokotyls beim Senfkeiml. 08-0087; Auxingeh. u. Auxinkatabolismus in Bezieh. z. Wachstumspolarität 12-0078; Konzentrationsabhängigk. v. auxininduzierten Gewebeveränder. 07-0046; Rolle d. Auxins beim Wachstum hemmstoffbehandelten Haferkoleoptilgewebes 07-0048; Reaktion isoliert. Blätter v. knollenbild. Solanum-Spez. auf Auxine 08-0079; auxininduziertes Expansionswachstum in Scheiben d. Zichorienwurzel 10-0068; Rolle d. Auxins bei UV-bedingter Ausdehn. etioliert. Blattstücke v. Bohnen 08-0080; Verhältnis v. Tages- u. Nachttemp., Auxin u. Hemmstoffe auf d. vegetative Wachstum u. d. Blühen v. Chrysanthemum 10-0646; Einfl. d. Hemmstoffs Bromcholinbromid auf Wachstumsprozesse u. Standfestigk. gegen d. Lagern v. Weizen 09-0079; Wirk. v. Bromcholinbromid auf Nukleinsäuregeh, in Haferhalmen in Verbind. mit d. Veränder. d. Standfestigk. d. Pflanzen 10-0027; Einfl. d. Hemmstoffs B 995 auf Wachstum u. Ertrag v. Kartoffeln 08-0522; Anwend. v. B-9 bei Apfel- u. Birnbäumen 09-0630; Wirk. v. Alar (B 995) z. Reduzier. d. Fruchtfalles, Verbesser. d. Fruchtfarbe u. d. Festigk. v. Äpfeln 12-0853; Einfl. hypogener u. epigyner Behandl. v. 'Ancona'-Weizen mit CCC 12-0074; Wirk. v. Chlorcholinchlorid auf Wachstum u. Entwickl. v. Weizenkeiml. 12-0075; Einfl. v. CCC auf Wachstumsmerkmale d. Gerste 08-0499; Wirk. v. CCC, Phosphon D u. Phosphon S auf Wachstum v. So-Gerste u. Roggen 11-0447; Wirk. v. CCC auf Gibberellingeh. isolierter Sonnenblumenorgane 07-0054; Wirk. v. CCC, 2,4-D u. N-Dimethylaminobernsteinsäure auf d. durch IES u. Kumarin stimuliertes Wachstum v. Hypokotylabschnitten d. Sonnenblume 11-0073; morphogenet. Interaktion zw. angewandtem Gibberellin, Chlorcholinchlorid u. Kinetin bei Circaea intermedia 08-0089; Einfl. v. [2-chloroethyl] trimethyl-Ammonium-Chlorid auf Wachstum u. Alkaloid-Synthese bei Gemeinem Stechapfel 12-0656; synergist. Hemm. d. Samenkeim. v. Kohl durch Kumarin u. 2-Chloräthyl-trimethyl-ammoniumchlorid u. ihre Aufheb. durch Kinetin u. Gibberellsäure 09-0081; Wirk. v. 2-Chloräthyltrimethylammoniumchlorid u. Maleinsäurehydrazid auf junge Apfelbäume 07-0629; Wirk. v. Dezenylbernsteinsäure auf Permeabilität u. Wachstum v. Bohnenwurzeln 07-0013; Wirk. v. 2,4-D u. Metallionen auf d. Morphol. d. Kartoffelblattes 08-0081; Bezieh. zw. 2,4-D-induzierten Wachstumsabweich. u. Veränder. d. Nukleinsäurebild. bei Sojabohnen-Säml. 07-0057; Einfl. d. Erdölwuchsstoffes auf Wachstum u. chem. Zusammensetz. v. Tomaten 12-0772; gibberellinähnl. Aktivität v. Helminthosporol, Helminthosporsäure u. Dihydrohelminthosporsäure beim Längenwachstum d. Blattscheiden v. Zwerg-[d-5] Mutanten v. Mais 10-0066; hemmende Wirk. spezif. Inhibitoren d. RNS- u. Eiweißsynthese auf d. durch IES u. Kumarin angeregte Wachstum 09-0080; Wirk. v. Indolylessigsäure auf Haferkoleoptilen im Went-Test unter Überdrukken verschied. Gase 08-0078; Wirk. v. Kinetin u. IES auf Kalluswachstum u. Organbild. bei 2 Arten v. Nicotiana 09-0820; vergleich. Wirk. v. Indol-3-Essigsäure, Kinetin u. Gibberellsäure auf d. Wachstum isolierter Kotyledonen v. Kürbis 08-0074; Bewurzel. d. Blätter v. Bohnen- u. Tomatenpflanzen unter Einfl. v. β-Indolylessigsäure u. mineral. N-Verbind. 09-0077; Einfl. v.

Gibberellin u. Heteroauxin auf Wuchs u. Entwickl. v. Rebsetzl. 07-0675; z. Resistenzproblem: Wechselwirk. v. IES u. phenolart. Verbind. im Zusammenhang mit d. durch Taphrina hervorgerufenen krankhaften Wachstumserschein. 09-0860; Klär. d. Funktionsmechanism. d. Maleinsäurehydrazids auf Pflanzen 08-0077; Einfl. v. Maleinsäurehydrazid auf d. Auswachsen d. Zwiebel bei langfrist. Lager. 09-0618; Wirk. v. Morphaktin auf negativen Geotropismus u. Altern d. Blätter 10-0072; Wirk. d. Samenbehandl. mit verschied. NES-Konz. u. verschieden langen Behandlungszeiten auf Wachstum u. chem. Zusammensetz. v. Bohnenpflanzen 07-0050; Naphthylessigsäure: Lokalisier. in d. Trennungszone v. Bohnen 07-0051; Einfl. v. L-Naphthylessigsäure u. 2,3,5-Trijodbenzoesäure auf Ertragsleist. bei Freilandgurken 09-0586; Einfl. v. α-Naphthylessigsäure u. Maleinsäurehydrazid auf Entwickl. v. Blütenknospen u. d. Blühen beim Apfel 08-0675; gemeinsamer Einfl. d. Naphthylessigsäure u. d. 6-Benzylaminopurins auf Knospenentwickl. u. Anreg. d. Aktivität d. Kambiums v. Apfelbaumsäml. im Ruhezustand 11-0074; Wirk. v. 2.4.5-TP auf Fruchtansatz u. Ertrag bei 'Packhams Triumph'-Birnen 12-0879.

W a c h s t u m u n d s o n s t i g e c h e m i s c h e S u b s t a n z e n: Einwirk. chem. Antitranspirationsmittel auf d. Transpiration u. d. Wachstum v. Gras 12-0435; physiol. Untersuch. über Zwiebelbild. u. Ruheperiode d. Zwiebelpflanze (Wirk. einiger Umweltfaktoren u. Chemikalien auf Ruheprozesse d. Zwiebeln) 07-0605; chem. Kontrolle v. vegetativem Wachstum u. Fruchtbark. d. Tomate 08-0073; Wirk. v. 1-Amino-2-nitrozyklopentan-1-karboxylsäure auf blühende Pflanzen 07-0060; Wachstum kurzfristig isolierter pflanzl.Gewebe in Abhängigk. v. d. exogenen C-Quelle 09-0045; Wirk. d. Ca-Ions u. Schutzwirk. auf Überleben u. gegen Wachstumshemm. v. Pollen 10-0030; Keim. v. Bohnen (Stimulier. d. Achsenwachstums durch DL-Fluorphenylalanine) 10-0071; Einfl. d. Präparate 2.3 DN und MG-T auf d. Wachstum generativer Organe bei Zuckerrüben 11-0807; Gerbstoffe u. Wachstum (Analyse d. IES/Tannin-Antagonismus bei Haferkoleoptilzylindern) 12-0071; physiol. Aktivität v. Harnstoff, Borsäure u. Karbonsäure 09-0302; wachstumsregulierende Wirk. v. Hydrazoniumverbind. bei Weizen 10-0397; Problematik d. Phytokinin-Wirk. 07-0044; Verzöger. d. Alterns v. Weizenblättern durch Zytokinine, Ni u.a. Subst. 09-0075; Geschlechtsumwandl. bei einer männl. Rebpflanze durch Kinine 08-0083; Ablager. v. Kohlenhydraten u. Austriebskraft 12-0048; Stimulier. d. Blattstielabtrenn. durch Zucker bei Buschbohne 07-0049; Einwirk. v. Ligninabbauprodukten auf Pflanzenwachstum 09-0141; Wirk. v. Oxindolen auf Wachstum v. Tabakgewebekulturen 12-0072; Indolylessigsäure umwandelndes Enzym v. Erbsenwurzeln u. seine Bezieh. z. Streckungswachstum 09-0085; Wirk. v. Vit. B_{12} auf Wachstum, Entwickl. u. Ertrag landwirtsch. Pflanzen 09-0076; Einfl. v. Kulturfiltraten einiger Rhizosphärenpilze auf Wachstum v. Tomatenpflanzen 07-0062.

Wachstum und Phytopathologie

Emissionsbedingte Eisenstäube u. ihre Auswirk. auf Wachstum u. Ertrag landwirtsch. Kulturen 12-1092; Wuchs wärmebehandelter Apfelbäume auf verschied. Unterlagen 07-1009; Wachstum v. einzelnen Tabakzellen, d. mit TMV infiziert waren, in Mikrokultur 08-0890; Virusaktivität u. Wachstum infizierter u.

gesunder Kallusgewebe v. Nicotiana tabacum, gewachsen in vitro 08-0894; Einfl. d. frühzeitigen Ansteck. durch d. Erbsenmosaikvirus auf d. Wachstum d. Erbse 11-0919; Beeinfluss. v. Wachstum u. Mineralstoffzusammensetz. d. Kürbis durch N,P,K u. Tabakringfleckenvirus 12-0763; Wachstum junger Birnbäume nach Entfern. einiger Viren durch Wärmebehandl. 07-1010; Einfl. d. Befalls durch Lipaphis erysimi auf Wachstum u. Ertrag zweier Sorten v. Rübsen 09-0887; Wirk. d. Kronenrostes auf d. Wachstum v. 2 Lolium-Varietäten auf Neuseeland 07-0957; Einfl. d. Schäden, d. durch Larven d. Graurüsselkäfers verursacht werden, auf Wachstum d. Leguminosenkulturen sowie auf Anreicher. v. N u. Aminosäuren im Boden u. in d. Pflanzen 09-0881; Rolle v. Auxinen in Stengelstückchen v. Tabak, deren Wachstum durch Wurzelgallennematoden induziert ist 09-0875.

Wachstum und Ernährung bzw. Düngung

Ionengleichgewicht u. Wachstum v. 16 Pflanzenarten 10-0256; Zusammensetz. u. Eigensch. d. Eiweißkomplexes v. Weizenkörnern in Abhängigk. v. Wachstumsbeding. 10-0079; Wachstum u. Ionenaufnahme v. Maiskeimpflanzen in Nährlös. unterschiedl. Fließgeschwindigk. u. verschied. K-Geh. 07-0292; Kali u. 'Japonica-Reis'; 25jähr. Untersuch.- Wirk. v. K auf Wachstum, Ertrag, histol. Struktur u. Stoffwechsel v. Reispflanzen 11-0568; Änder. bei Bodenfrüchtigem Klee nach vorausgegangenem P- oder S-Mangel 10-0276; Wert. d. flüss., anaerob ausgefaulten Abwasserschlamms (Wirk. d. flüss. Abwasserschlamms auf Wachstum u. Zusammensetz. v. Kleegrasgemischen) 09-0375; Einfl. steigender Salzkonz. d. Bodenlös. auf Wachstum, Ertrag u. Stoffgeh. v. 6 Gräsern 11-0322; Pflanzenmorph. u. Vernalisierbark. bei Markstammkohl 10-0054; Einfl. d. Düng. bei Aussaat auf Wachstum u. Chemismus einiger Organe d. Sonnenblume 09-0457; Einfl. d. Spurenelemente auf Wachstum d. Leins 09-0497; Einfl. d. Bodenreaktion auf d. Wachstum v. jungen Zitruspflanzen (Formen d. N- u. K-Dünger) 08-0587; Bezieh. d. Apikaldominanz zum Schema d. Nährstoffakkumulation bei Erbsen 08-0075; Ontogenese d. Mineralstoffaufnahme bei Gewächshaustomate u. -gurke 10-0551; Beeinfluss. v. Wachstum u. Mineralstoffzusammensetz. d. Kürbis durch N, P, K u. Tabakringfleckenvirus 12-0763; Wachstumskurven v. Tomatenpflanzen 10-0268; Einfl. verschied. Ernährungsbeding. auf Wachstum u. Ertrag v. Obstbäumen 11-0663; Einfl. d. in Mineraldüngemitteln enthaltenen Cl auf Wachstum u. Ertrag v. Johannisbeeren, Stachelbeeren u. Himbeeren 10-0628; Blattanalyse in Bezieh. z. Ernähr. d. Schwarzen Johannisbeere (Haupteinflüsse u. Wechselbezieh. v. N, P, K u. Mg auf Wachstum u. Ertrag) 12-0909; Einfl. v. Mineraldüng. auf Wachstum v. Gladiolen 09-0707; Bedeut. v. Kern- u. Spurennährstoffmangel für Aufgang u. Weiterentwickl. v. Forstpflanzensaaten (Entwickl. im Saatjahr) 09-0714.

Wachstum und Kohlensäuredüngung: Zusätzl. CO_2-Gaben bei gestörten Wachstumsbeding.? 10-0527; Wachstum v. Bohnen- u. Tomatenpflanzen, verursacht durch wurzelaufgenommene Wuchsstoffe u. atmosphär. CO_2 07-0045; Wechselbezieh. v. Temp. u. CO_2-Begas. auf verschied. Qualitätsmerkmale v. Gewächshaustomaten 10-0574; Einfl. v. CO_2-Anreicher. im Verhältnis z. Temp. bei Tomaten 10-0575; Analyse d. Salatwachstums in geregelter Umwelt mit zusätzl. CO_2 10-0587; Einfl. v. intermittierendem Besprühen mit kohlensäurehalt. Wasser auf d. Wachstum v. Chrysanthemen u. Salat unter Glas 10-0528; vorläufige Ergebnisse v. CO_2-Versuchen mit Sommeraster u. Chrysanthemum 12-0942; Nelkenqualität, beeinflußt durch CO_2-angereicherte Atmosphäre 12-0953; CO_2-Begas. bei verschied. Stadien d. Pflanzenwachstums 12-0949.

W a c h s t u m u n d N - E r n ä h r u n g : Wirk. d. NP- und P-Reihendüng. auf Verlauf, Mineralstoffernähr. u. Ertrag v. Mais 12-0491; Wachstum, Ertrag u. Ertragskomponenten v. Saflor unter d. Einfl. v. Art, Menge u. Zeitpunkt d. Anwend. d. N 11-0493; Einfl. v. Temp., Wachstum, Sorte u. N-Düng. auf Frühzeitigk. u. Qualität d. Blumenkohls 07-0554; Bewurzel. d. Blätter v. Bohnen- u. Tomatenpflanzen unter Einfl. v. β-Indolylessigsäure u. mineral. N-Verbind. 09-0077; Bedeut. d. N u. d. N-Düng. für Stoffwechselvorgänge sowie Wuchs- u. Ertragsverhalten d. Apfels 07-0644; Einfl. d. Nitratversorg. z. verschied. Jahreszeiten auf Wuchs, Blühen u. N-Geh. junger Apfelbäume in Sandkultur 12-0861; Einfl. verschied. N-Arten auf Entwickl. u. Blumenertrag v. Gerbera-Säml. 12-0957.

W a c h s t u m u n d P - E r n ä h r u n g : Wirk. d. NP- u. P-Reihendüng. auf Verlauf, Mineralstoffernähr. u. Ertrag v. Mais 12-0491; P-Gabe u. Wuchsrate bei Arten v. Agrostis 12-0706; Einfl. v. P-Düng. auf Wuchs u. Anteil d. verschied. Holzarten in Mischkulturen 09-0391.

W a c h s t u m u n d S p u r e n e l e m e n t e : Einfl. einer Misch. d. Mikroelemente auf einige Prozesse im Vegetationsverlauf d. Zuckerrübe (Änder. in d. quant. Zusammensetz. d. freien Saccharide) 08-0339; Wirk. v. Spurenelementen auf Wachstum, physiol. Prozesse u. Leist. v. Zuckerrübenjungpflanzen 12-0070; Einfl. v. Mikrodüngemitteln auf Wachstum d. Tabaksetzlinge u. d. Tabakertrag 08-0551; Einfl. v. Spurenelementen auf d. Wachstum d. Zwiebel 08-0652; Einfl. v. Butylurethan-Spurenelementverbind. auf Entwickl. u. Stoffw. v. Pflanzen 08-0438; Entwickl. d. männl. Sporangiums bei Anwesenh. v. B 08-0390; Ersatz v. B durch Ge während d. Pflanzenwachstums 08-0389; Einfl. d. Naßkopfdüng. mit B u. Mn auf Wachstum u. Ertrag d. Zuckerrübe 08-0540; Wachstum u. Cu-Aufnahme v. Reis- u. Gerstenpflanzen bei unterschiedl. Cu-Gabe 08-0387; Einfl. d. Spurenelemente Cu u. Mn auf Wachstum d. Kartoffel 08-0521; Dynamik d. Cu- u. Zn-Geh. in So-Weizen in Abhängigk. v. Enwicklungsphasen 09-0343; Ernähr. v. Apfelunterlagen (Einfl. d. Niveaus d. Mg-Ernähr. auf Wuchs, Form u. Mineralzusammensetz.) 08-0668; Einfl. v. Mo auf d. Entwickl. d. Leguminosen 12-0533; Einfl. v. S-Mangel auf N-Verbind. d. Linse in d. 1. Entwicklungsstadien 09-0332.

Wachstum und sonstige agrotechnische Maßnahmen

Wirk. v. Wassermangel auf Translokation in Bezieh. z. Photosynthese u. Wachstum (Wirk. während d. Kornentwickl. bei Weizen) 10-0036; Einfl. d. Meth. d. Aussaat u. Ausdünnens d. Zuckerrübe 12-0640; Bezieh. zw. Restassimilationsfläche u. Nachschnittwachstum bei Gramineen 11-0575; Gefäßversuche über Zuwachsverlauf verschied. Gräser nach einer Nutz. 11-0576; Wirk. v. Schnittiefe u. N-Düng. v. Phalaris tuberosa 12-0690; Wirk. d. Entfern. d. oberird. Masse auf d. Sämlingsentwickl. v. 'cane bluestem' 12-0714; Wachstum subtrop. Gräser

(Verhältnis zw. Kohlenhydratspeicher. u. Blattfläche während d. Wachstums) 10-0056; Einfl. d. Schnitthöhe auf Verteil. d. Blattmasse u. Nachwuchs beim Pensacola Bahiagras 12-0697; Wachstum v. Hornklee u. Luzerne (Reaktionen auf Schnitthöhe u. Schnitthäufigk.) 12-0678; physiol. Untersuch. gepfropfter Melonen- u. Kürbispflanzen (Untersuch. einiger Erschein. d. Unvereinbark. d. Wachstums) 11-0038; Möhrenwachstum u. Möhrenqualität, beeinflußt durch Beregn. u. Umweltfaktoren 10-0547; Faktoren, die d. Frühzeitigk. u. Art d. Vererb. bei d. Tomate beeinflussen 09-0597; Möglichk. z. Verfrüh. d. Spargelernte 09-0613; Wirk. d. jahreszeitl. Veränder. im Triebwachstum auf d. Menge d. unverkorkten Wurzeln v. Apfel- u. Pflaumenbäumen 12-0830; Verhalten einiger Apfelstammbildner in d. Baumschulanzucht 10-0616; Verhalten einiger Apfelsorten auf Malus XI u. Säml. 07-0632; Triebmasse u. Ertrag v. 'Cox Orange Pippin' u. 'Jonathan' auf einigen Malling- u. Malling-Merton-Unterlagen 12-0868; Wuchs v. Apfelsorten auf Malus baccata/prunifolia-Unterlagen (Dab-Klone) im Zeitraum d. ansteigenden Ertrages 12-0870; Apfelbäume mit großem Verzweigungswinkel 12-0866; Verwend. vorzeit. Triebe für Gerüstäste bei Apfelbäumen 12-0867; Einfl. d. Schnittermine bei Apfelbäumen im Ertragsalter auf d. vegetative Wachstum 09-0638; warum hochveredelte 'Cox' 11-0675; kann in Apfelanlagen im Pflanzjahr Gras eingesät werden? 12-0859; Unterlagenversuch mit Birne bei Bewässer. 12-0881; Samenkeim. u. Sämlingswachstum beim Pfirsich nach Einwirk. verschied. Faktoren 12-0893; Viruswirk. auf Veredl. u. Wachstum v. Pfirsichreisern auf Prunus-besseyi- u. P.-tomentosa-Unterlagen 10-0626; Einfl. d. Obstbaumschnittes auf Wachstum u. Reproduktion bei d. Sorte 'Küstendiler Blauzwetsche' während d. Wachstums- u. Ertragsperiode 08-0684; Nachwirk. d. mech. Ernte auf Wachstum bei Pflaumen 12-0899; Zweigtreiberei v. Blütengehölzen 11-0717; Pfropf. v. Gartenpflanzen mit nicht verholzten Reisern (histol. Beobacht. über Verwachsungsprozeß bei Pfropf. mit nicht verholzten Reisern u. einjähr. verholzten Reisern) 12-0970.

Wachstum spezieller Pflanzen

G e t r e i d e : Einfl. v. Kulturbeding. auf Wachstum isolierter Getreideembryonen in vitro 09-0084; Entwickl. d. oberird. Pflanzenteile u. d. Wurzelsystems v. Brotgetreide unter Einbezieh. v. Reservestoffen d. Samen 09-0066; Aufheb. d. Triebruhe bei Getreidewurzeln 09-0073; physiol. Regeneration u. Wachstumsgradienten 10-0049; gerichtete Kornvergrößer. beim Weizen 08-0065; Dynamik d. elektr. Widerstandes u. Zellpermeabilität d. Wi-Weizens im Zusammenhang mit Unterbrech. d. Ruhezustandes 12-0031; Entwickl. d. So-Weizenähren in Süd- u. Nordkasachstan 12-0587; Wirk. v. Cycocel u. seinen Analogen auf Wachstum u. Geh. an lösl. Protein v. jungen Gerstenkeiml. 11-0075; Einfl. d. Saatgutgröße auf Jugendentwickl. d. Gerste 11-0469; Wirk. d. Gravitation auf Wachstum u. Entwickl. d. Weißen Lupine u. d. Hafers 11-0080; Einfl. v. Kationenaustauschkapazität u. austauschbaren Kationen in Tonsuspensionen auf Wurzel- u. Stengelentwickl. v. Maissäml. 09-0316; Einwirk. d. Wachstumsbeding. auf Wiederherstell. d. Fertilität d. Maises 11-0746; tägl. Variation d. Wachstumsrate bei Körnerhirse 11-0484; v. Reispflanzen bei Anbau in verschied. Jahreszeiten (Abhängigk. d. Reispflanzen in verschied. Jahreszeiten v. d. Düng.) 08-0581; Pseudogibberellin A_1 als Inhibitor d. GS_3-induzierten Wachstums

v. Reissäml. 11-0082.

H a c k f r ü c h t e : Wachstum u. Knollenbild. bei Kartoffeln 08-0070; anomales Wachstum d. Wurzelsystems u. Knollenbild. d. Kartoffel 07-0030; Wachstumsanalyse als Meth. d. Bewert. d. Leist. v. Kartoffelpflanzen bei Bild. ihres biol. u. wirtsch. Ertrages 11-0498; Keimwachstum an Kartoffelknollen (Anatomie d. Augen in Bezieh. z. Keimruhe u. Korrelativ-Inhibition) 11-0065; (Modell d. Sproßwachstums) 11-0066; Förder. v. Aufgang, Jugendwachstum u. Ertragsbild. bei Zuckerrüben 11-0526; Korr. d. Fläche u. Lebensdauer v. Blättern mit Dickenwachstum d. Zuckerrübenkörpers 11-0519; Zuckerrübenanbau nach Futtergräsern (Wirk. eingepflügter Grasrückstände auf Zuckerrübenwachstum) 10-0434; C- u. N-Quellen für Proteinsynth. u. Wachstum v. Zuckerrübenblättern 11-0051.

F u t t e r p f l a n z e n : Samenabort bei Körnerleguminosen 09-0072; photoperiod. Reaktion bei einigen Arten u. Sorten v. Leguminosen 09-0071; Knöllchenbild. u. Wachstum in Agarkultur 11-0079; Wachstum v. Kleeblättern nach vollständ. oder teilweiser Entfern. d. Blätter 07-0032; Einfl. v. Kalk, Pillier. mit Kalk u. Saatmeth. auf Knöllchenbild. u. Wachstum v. Bodenfrücht. Klee 08-0563; Entwicklungsstufen einzelner Pflanzen in Populationen v. Hornschotenklee 11-0068; Wirk. d. Gravitation auf Wachstum u. Entwickl. d. Weißen Lupine 11-0080; schlechter Wuchs v. Luzerne auf Böden in Alberta 12-0677; Entwickl. d. Esparsette 12-0680; Pflanzenmorph. u. Vernalisierbark. bei Markstammkohl 10-0054; Wachstum u. Ertragsleist. d. Krambe bei unterschiedl. Bestell., Düng. u. Feuchtigk. 10-0421; Gesetzmäßigk. d. Wachstums d. Blätter u. vegetativen Triebe d. Wiesengräser 09-0068; Physiol. d. Blütenbild. bei Futtergräsern 10-0057; Anfangswachstum bei 1- und mehrjähr. Weidelgras 12-0687; Wachstum v. Naturweiden in verschied. Höhenlagen 08-0594; Reaktion verschied. Grasarten auf N-Dünger in Gemeinsch. mit Weißklee (Ertrag d. N) 12-0672; Bezieh. zw. Wachstumsrate v. Säml. u. geograph. Breite d. Herkunftsortes v. Knaulgraspopulationen 09-0111; Wechselbezieh. im Wachstum u. in d. Entwickl. v. Lolium (Anzahl d. Triebe u. Trockenmasse bei niedriger Bestandsdichte) 08-0569; Bezieh. innerhalb d. Pflanze bei Rohrglanzgras 07-0031; Wachstum subtrop. Gräser (Verhältnis zw. Kohlenhydratspeicher. u. Blattfläche während d. Wachstums) 10-0056.

S o n s t i g e K u l t u r e n : Reaktion v. Hanfpflanzen auf photoperiod. Einflüsse 11-0077; Einfl. v. Gibberellin auf Wachstum, Entwickl. u. Geschlechtsausbild. bei Hanf 10-0065; gelenktes Wachstum u. Entwickl. d. Leins in d. Ontogenie 11-0528; Bezieh. zw. Bodenfeuchte u. Wachstum d. Tabakpflanze (Änder. d. Transpirationsrate d. Sorte 'Brigth Yellow') 10-0271; Wachstum, chem. Zusammensetz. u. Ertrag v. Saflor unter d. Einfl. v. austauschbarem Na 07-0457; Zellteil. u. Differenzier. v. Embryonen in Pollenkörnern v. Stechapfel 11-0069; Bezieh. zw. vegetativem u. reproduktivem Wachstum v. Steckl. d. 'Washington-Navel'-Orange 09-0528; physiol. Untersuch. an verschied. Guajava-Sorten während d. Wachstums 09-0524.

G e m ü s e : Verhältnis zwischen Wurzel- u. Sproßwachstum einiger Gemüsearten unter Glas 10-0552; Zeit- u. Temp.-Faktoren bei Blütenbild. v. Kohl (Ort

d. Vernalisation u. Natur d. Vernalisationsempfindlichk.) 08-0071; morphol.-anatom. Besonderh. d. Kallusbild. u. somat. Embryogenese bei Blätter- u. Stengelexplantaten v. Kohl 12-0065; Wachstum v. Blumenkohl im Verhältnis z. Markverfärb. u. Markzersetz. 10-0541; Ertragsbild. bei frühem Weißkohl in Abhängigk. v. Boden- u. Luftfeuchtigk. 10-0543; Möhrenwachstum u. Möhrenqualität, beeinflußt durch Beregn. u. Umweltfaktoren 10-0547; Bezieh. d. Apikaldominanz zum Schema d. Nährstoffakkumulation bei Erbsen 08-0075; Einfl. verschied. Kulturbeding. u. a. Eigensch. d. Wurzeln v. Erbse 10-0029; Wachstum d. Hülsen v. Buschbohnen, ein wichtiger Faktor für d. Grünpflücke 10-0565; Bezieh. zw. Rhizogenese u. Veränder. im Nukleinsäuregeh. d. Gewebe in Steckl. junger, etiolierter Tomatenpflanzen 10-0059; Einfl. v. Wasserextrakten u. Wurzelsekreten d. Tomate auf Keim. u. Wachstum einiger Gemüsearten 10-0067; Einfl. verschied. Böden auf vegetative Entwickl., Blüte u. Fruchtbild. v. Tomaten 12-0787; Analyse d. Salatwachstums in geregelter Umwelt mit zusätzl. CO_2 10-0587; auxininduziertes Expansionswachstum in Scheiben d. Zichorienwurzel 10-0068; Einfl. d. Wachstumsgeschwindigk. u. -dauer auf d. Faserigk. v. grünen Spargeltrieben 11-0655; Einfl. äußerer Faktoren auf Wachstum u. Entwickl. v. Spinatsorten 12-0799; physiol. Untersuch. über Zwiebelbild. u. Ruheperiode d. Zwiebelpflanzen (Wirk. einiger Umweltfaktoren u. Chemikalien auf Ruheprozesse d. Zwiebeln) 07-0605.

O b s t : Ruheperiode d. Wurzelsystems d. Obstgehölze 10-0603; zykl. Erneuer. d. Wurzeln bei Ontogenese v. Kern- u. Beerenobst 12-0829; Wirk. d. jahreszeitl. Veränder. im Triebwachstum auf d. Menge d. unverkorkten Wurzeln v. Apfel- u. Pflaumenbäumen 12-0830; Gravimorphismus junger Apfelbäume u. Empfindlichk. gegen Gravitationsstimulus in d. Perioden v. Ruhe u. Wachstum 09-0069; Fruchtknospenbild. u. Triebwachstum beim Apfel in Bezieh. z. Schwerkraft 12-0066; Wachstum über u. im Boden 11-0678; jahreszeitl. Rhythmus v. Blütenbild. u. Fruchtentwickl. beim Apfel 12-0848; vegetative vermehrbare Apfelunterlagen (Variabilität d. Triebproduktion) 12-0871; gemeinsamer Einfl. d. Naphthylessigsäure u. d. 6-Benzylaminopurins auf d. Knospenentwickl. u. d. Anreg. d. Aktivität d. Kambiums v. Apfelbaumsäml. im Ruhezustand 11-0074; Wuchsbeding. v. Prunus mahaleb (Wuchs im Tal d. Ibar) 12-0892; Wachstum d. Aprikosenfrucht (Wirk. v. Temp. u. Gibberellsäure) 09-0078; Steuer. d. Hemm. d. Seitenknospen, d. Entfalt. d. Blütenknospen u. d. Ruheperiode bei Schwarzen Johannisbeeren 10-0635; Wachstum bei Reben in Abhängigk. verschied. Triebbehandl. 09-0663.

Z i e r p f l a n z e n , F o r s t g e h ö l z e : Ontogenese d. Dahlie 10-0069; Knospenbild. bei einigen Akeleiarten 12-0959; Wechselbezieh. zw. Größe u. Ursprung d. Steckl. u. d. Adventivtriebentwickl. v. Sansevieria trifasciata 12-0961; Jugendwuchsleist., Dürre- u. Frostresistenz verschied. Provenienzen d. japanischen Lärche 07-0843; Zuwachs u. Entwickl. junger Lärchenbestände verschied. Herkunft 07-0845; Einfl. v. Erbgut u. Umwelt auf d. Entwickl. d. Koniferen-Jungpflanzen 07-0846.

Wachstum von Mikroorganismen

Ökol. d. Bodenmikroben 12-0242; unterschiedl. Wachstum u. Überleben v. Rhizobiumarten in d. Rhizosphäre verschied. Pflanzen u. Bodenarten (ökol. Untersuch. auf Wurzelknöllchenbakterien im Boden) 08-0210; amylolyt. Mikroflora v. Waldböden 09-0188; Wirk. v. Mikroorganismen auf d. Pflanzenwachstum (Entgift. hitzesterilis. Böden durch Pilze u. Bakterien) 07-0169; Einfl. v. Ca-Ionen auf Wachstum u. N-Bind. in Kulturen eines N-bindenden Azotobacter chroococcum-Stammes bei verschied. pH-Werten 08-0214; reduzierende Verbind. u. Wachstum v. Phytophthora infestans 08-0850; chem. Erfordernisse für Wachstum u. Sporulation v. Alternaria-Arten 08-0855; vegetatives Wachstum v. Weizenschwarzrost in vitro 10-0802; Wachstum v. Pseudomonas phaseolicola u. verwandten Pflanzenkrankheitserregern in vivo 11-0856; Entwickl. u. Lebensweise d. Falschen Wurzelgallennematoden, Nacobbus serendipiticus 11-0870; Biol. d. Haferzystenälchens in Kanada (Nematodenentwickl. u. damit in Bezieh. stehende anatom. Veränder. in d. Wurzeln v. Hafer u. Mais) 11-0873; Wirk. stoffwechselhemmender Substanzen auf d. Wachstum v. Meloidogyne javanica 11-0880; Wirk. v. Ditylenchus myceliophagus u. Aphelenchoides composticola auf d. Wachstum v. kultivierten Agaricus bisporus auf Agarplatten 11-0882; Läsionsentwickl., Pilzwachstum u. Verteil. v. Endopolygalakturonase u. Zellulase in Rhizoctonia-infizierten Hypokotylgeweben d. Bohne 12-1191; u. Sporenbild. v. Helminthosporium vagans begünstigende Umweltbeding. sowie Pathogenität gegenüber Wiesenrispengras 08-0942; Echter Mehltau bei Tabak (Wirk. v. Impfmeth. u. Luftfeuchtigk. auf Konidienkeim. u. Hyphenwachstum auf Blättern) 08-0945; Einfl. d. Luftwäsche auf d. Wachstum v. Fruchtfäuleerregern in Apfelfrüchten 08-0950.

Waldböden s. unter Bodensystematik - Bodentypen (Landböden); Braune Waldböden und Graue Waldböden s. unter Bodensystematik -Bodentypen (Landböden).

Waldrebe s. Clematis.

Walnuß s. Juglans regia.

Wanzen s. Heteroptera.

Warndienst s. unter Pflanzenschutz.

Wasser s. auch Bewässerung; unter Bodenmelioration (Entwässerung und Wasserwirtschaft); unter Bodenphysik (Wasserhaushalt); Transpiration.
Einfl. hydrodynam. Faktoren auf d. Eign. v. Metallradioisotopen in Komplexbind. z. Markier. v. Wasser 10-0233; Mess. d. elektr. Leitfähigk. bei hydropedolog. Feststell. 08-0325; Bezieh. d. Bodenkunde z. Entwickl. v. Wasserhilfsquellen (Stromgebietsschutz u. Überflutungsverminder.) 07-0275; Dynamik d. Zahl d. denitrifizierenden Bakterien d. Wassers u. Untergrundes gedüngter, eingedämmter Flußstellen 12-0245; Dynamik d. Zahl u. Biomasse d. bakteriellen Flora d. Wassers u. Untergrundes v. gedüngten, eingedämmten Flußstellen 12-0246.

W a s s e r b e s t i m m u n g : Probleme d. Wassergehaltsbestimm. im Grüngut 11-0124; Bestimm. in Mineraldüngemitteln 09-0401; Kalibrier. d. Blöcke z. Mess. d. Leitfähigk. 08-0326; thermodynam. Meth. z. Untersuch. d. Bodenwassers im System Boden-Pflanze 07-0295; Wasserstandsregistrier. auf Lochstreifen u. deren automatische Verarbeit. 12-0412.

W a s s e r u n d S t o f f w e c h s e l : Einfl. v. Bernsteinsäure auf Wasseraustausch bei Mais 10-0037; Einfl. v. Wassermangel auf d. Beweg. v. ^{14}C-Saccharose u. v. ^{3}H-Wasser innerhalb d. Applikationsblattes v. jungen Bohnenpflanzen 11-0063.

Tages- u. Nachttemp. u. Hemmstoffen auf d. vegetative Wachstum u. d. Blühen v. Chrysanthemum 10-0646; Dünnschichtchromatographie v. Hemmstoffen in Nicotiana glauca, N. langsdorfii u. 3 ihrer tumorbild. Hybriden 08-0108; Identifizier. eines Selbst-Hemmstoffes d. Uredosporenkeim. d. Maisrostes 07-0944; Wirk. d. Hemmstoffe aus Kartoffelblättern auf lokale Infektion mit Kartoffel-X-Virus 08-0884; X-Virushemmstoff im Blattsaft d. Kartoffelpflanze 10-0837; Bestimm. d. X-Virus-Hemmstoffmenge im Blattsaft d. Kartoffel mittels d. serolog. Meth. 11-0971; Hemmwirk. d. Anthozyane auf d. Vermehr. d. TMV 09-0916; Vorhandensein einer Subst. in d. weißen Haut d. jungen Tulpenzwiebeln, d. d. Wachstum v. Fusarium oxysporum hemmt 07-0971.

W u c h s s t o f f e u n d W a c h s t u m : Wirk. v. Cycocel u. seinen Analogen auf Wachstum u. Geh. an lösl. Protein v. jungen Gerstenkeiml. 11-0075; Keimwachstum an Kartoffelknollen (Modell d. Sproßwachstums) 11-0066; Einfl. v. Wuchsstoffen auf Zuckerrüben 08-0543; Steiger. d. Ertrages u. d. Qualität d. Zuckerrüben im Zusammenhang mit d. Anwend. v. Spurenelementen u. Wuchsstoffen 11-0516; Wirk. v. CCC, 2,4-D u. N-Dimethylaminobernsteinsäure auf d. durch IES u. Kumarin stimulierte Wachstum v. Hypokotylabschnitten d. Sonnenblume 11-0073; Anwend. z. Ertragssteiger. d. Gemüsekulturen 12-0738; Einfl. wuchshemmender Mittel auf Blüte, Wachstum u. Qualität v. Tomaten 09-0596; Ruheregulation in Pfirsichsamen 11-0067; Verhältnis v. Tages- u. Nachttemp., Auxin u. Hemmstoffen auf d. vegetative Wachstum u. d. Blühen v. Chrysanthemum 10-0646.

W u c h s s t o f f e u n d S t o f f w e c h s e l : Aufrechterhalt. d. Polarität d. Auxinstromes durch basipetalen Transport 07-0023; Kinetik d. polaren Auxintransports 10-0046; mathemat. Modell d. polaren Auxintransportes 10-0047; Wirk. v. Pflanzenwachstumsregulatoren auf Kohlenhydrate 10-0038; Ablager. v. Kohlenhydraten u. Austriebskraft 12-0048.

G e h a l t i n P f l a n z e n : Abhängigk. zw. Geh. an Wuchsstoffen im Maisgewebe u. d. Reaktion verschied. Sorten auf d. Düng. 09-0305; Wirk. d. Entfern. d. Kotyledonen, d. apikalen Wachstumsregion oder dreigeteilter Blätter auf Wachstum u. Wuchsstoffgeh. v. Buschbohnen 07-0033; Wirkstoffgeh. verbänderter u. unverbänderter Formen bei d. Erbse (method. Voruntersuch.) 07-0085; wachstumsfördernde Stoffe in d. sich entwickelnden Pfirsichfrucht 07-0043; IES-Bestimm. in Maiskörnern v. 4 Maislinien u. ihren Hybriden 07-0080; Geh. an β-Indolylessigsäure in d. Karyopsen reiner Maislinien u. ihrer Hybriden 08-0105; Dynamik d. gibberellinähnl. Subst. u. Wachstumsinhibitoren im Entwicklungsprozeß d. Samen d. Esche 09-0095.

<u>Spezielle Wuchs- und Hemmstoffe</u>

A k t i n o m y z i n : durch Inhibitoren d. Proteinsynth. induzierte Salatkeim. 11-0072; hemmende Wirk. spezif. Inhibitoren d. RNS- u. Eiweißsynthese auf d. durch IES u. Kumarin angeregte Wachstum 09-0080.

A m o 1 6 1 8 : Wirk. v. Morphaktin auf negativen Geotropismus u. Altern d. Blätter 10-0072.

A u x i n e : Kinotik d. polaren Auxintransports 10-0046; mathemat. Modell d. polaren Auxintransports 10-0047; Aufrechterhalt. d. Polarität d. Auxinstromes durch basipetalen Transp. 07-0023; Auswirk. auf Verbreitungsmöglichk. d.

Kinetins in Pflanzen 07-0024; Auxingeh. u. Auxinkatabolismus in Bezieh. z. Wachstumspolarität 12-0078; Konzentrationsabhängigk. v. auxininduzierten Gewebeveränder. 07-0046; Wechselwirk. v. Auxin u. Gibberellin in d. Morphogenese 10-0062; Interaktionen zw. Phenolsäuren, Metallionen sowie Chelatstoffen u. d. auxininduzierten Wachstum 10-0070; Dünnschichtchromatographie v. Auxin in Nicotiana glauca, N. langsdorfii u. 3 ihrer tumorbild. Hybriden 08-0108; Auxinstoffwechsel bei Gerste u. Weizen 08-1026; Rolle beim Wachstum hemmstoffbehandelten Haferkoleoptilgewebes 07-0048; Förder. d. Auxinfestleg. in Avena-Koleoptilen durch Trijodbenzoesäure 12-0058; Reaktion isoliert. Blätter v. knollenbild. Solanum-Spez. auf Auxine 08-0079; Rolle in Stengelstückchen v. Tabak, deren Wachstum durch Wurzelgallennematoden induziert ist 08-0875; auxininduziertes Expansionswachstum in Scheiben d. Zichorienwurzel 10-0068; auxininduzierte Äthylenbild.: ihre Bezieh. z. Blühen bei Ananas 07-0063; Rolle d. Auxins bei UV-bedingter Ausdehn. etioliert. Blattstücke v. Bohnen 08-0080; Verhältnis v. Tages- u. Nachttemp., Auxin u. Hemmstoffen auf d. vegetative Wachstum u. d. Blühen v. Chrysanthemum 10-0646.

^{6}N - B e n z y l a d e n i n : Einfl. auf Lager., Marktwert u. Chlorophyllgeh. v. Kopfkohl nach d. Ernte 12-0750; Hemm. d. Alterns u. d. Atm. 09-0037.

B r o m c h o l i n b r o m i d (BCB) : Einfl. auf Wachstumsprozesse u. Standfestigk. gegen d. Lagern v. Weizen 09-0079; Wirk. auf Geh. an Nukleinsäuren in Halmen v. Hafer in Verbind. mit d. Veränder. d. Standfestigk. d. Pflanzen 10-0027.

C C C (2-Chloräthyl-trimethylammoniumchlorid, Chlorcholinchlorid, Cycocel): Perspektiven d. Anwend. v. CCC im Pflanzenbau 12-0535; Hemm. d. Alterns u. d. Atm. durch Wachstumshemmstoffe 09-0037; Beeinfluss. d. Samenkeim. durch CCC 08-0454; Wirk. v. CCC auf Produktion u. Austritt gibberellinähnl. Subst. durch d. Wurzelsystem 09-0057; Einfl. auf d. Wasserhaush. d. Pflanzen 12-0439; Abbau in d. Pflanze 07-0028; Einsatz v. Wachstumsregulatoren im Getreidebau 11-0453; Erhöh. d. Standfestigk. v. Getreide. Feldversuche mit CCC 09-0448; Behandl. v. Getreide mit CCC 10-0391; Wirk. v. CCC auf Redox-Potential d. Getreides unter Umwelteinflüssen 07-0027; N-Düng. u. CCC-Anwend. im Getreidebau 12-0515; Kombinationsmöglichk. d. Halmverkürzers CCC mit Herbiziden u. N-Düngemitteln 10-0324; Einfl. geteilter N-Düng. u. Anwend. v. CCC auf Ertrag bei Getreide im Östl. Flevoland 11-0449; Wirk. v. CCC: auf Weizen 11-0455;-auf Länge u. Breite v. Weizenblättern 11-0076;-auf Wachstum u. Entwickl. v. Weizenkeiml. 12-0075;-auf Keim., Zellteil. u. Zellstreck. bei Weizen 12-0073;-auf Weizen bei Anwend. als Saatgutbehandl. 08-0491;-auf Proteingeh., Proteinertrag u. einige qualitative Merkmale d. Körner v. Wi-Weizen 12-0098;-auf Ertrag u. Lager. v. Weizen 10-0398;-auf d. Wurzelsystem bei Weizen 08-0490; Regeneration nach d. Anwelken, Wachstum u. Ertrag v. Weizenpfl. nach Darbiet. v. 2 wachstumsverzög. Verbind. 08-0085; Einfl. hypogener u. epygener Behandl. v. 'Ancona'-Weizen mit CCC 12-0074; Wirk. v. CCC gegen Lager. bei Weizen u. Beding. d. rationellen Anwend. 12-0591; N-Düng. bei Getreide (Einfl. d. Spritztermins auf Standfestigk. u. Ertrag v. Wi-Weizen bei steigenden N-Mengen 11-0454; Einfl. v. Blattspritz. mit CCC auf Ertragsbild. u. Kornqualität bei Weizen 11-0456; Einfl. v. CCC:-auf Wassergehalt u. Wachstumsmerkmale d. Gerste 08-0499;- auf Wachst. u. Geh. an lösl. Protein v. jungen Gerstenkeiml. 11-0075;-auf Wachstum v. So-Gerste u. Roggen 11-0447; Verzöger. d. Chlorophyllabbaues bei Mais durch CCC 12-0044; Veränder. d. Wuchsform v. Kartoffeln d. Sorte 'Majestic' durch CCC bei zeitl. differenzierter Anwend. 07-0041; Einsatz v. CCC im Grassamenbau 12-0691; Wirk. v. Nähr- u. Wuchsstoffen auf Samenbild. v. Rotklee u. Luzerne 10-0472; Wirk. v. CCC auf d. Knöllchenbild. bei Alexandrinerklee 12-0234; Wirk. v. CCC: auf Gibberellgeh. isolierter Sonnenblumenorgane 07-0054;- auf d. durch IES u. Kumarin stimulierte Wachstum v. Hypokotylabschnitten d. Sonnenblume 11-0073;-auf Wachstum u. Alkaloid-Synthese bei Gemeinem Stechapfel 12-0656; durch CCC beschleunigte Blattstielabtrenn. an Baumwollpflanzen 09-0083; morphogenet. Interaktion v. angewendetem Chlorcholinchlorid bei Circaea intermedia 08-0089; Reduktion d. Gibberellingeh. v. Pharbitis-Samen durch CCC u. Nachwirk. auf Nachzucht 07-0055; synergist. Hemm. d. Samenkeim. v. Kohl durch 2-Chloräthyl-trimethyl-ammoniumchlorid u. ihre Aufheb. durch Kinetin u. Gibberellsäure 09-0081; Einfl. v. CCC: auf Wachstum, Entwickl., O_2-Verbrauch u. a. Eigensch. d. Wurzeln v. Erbse 10-0029;-in einer nicht inhibierenden Dosis auf Niveau endogener Gibberelline in Erbsenepikotylen 12-0051;-auf Blüte, Wachstum u. Qualität v. Tomaten 09-0596; chem. Regulier. d. Blüte bei Tomaten 12-0771; Phytohormone u. Hormonpräparate z. Steuer. d. Wachstums u. d. Blütenbild. bei Obstbäumen 12-0827; Wirk. v. CCC auf junge Apfelbäume 07-0629; Cycocel als Verzwergungsmittel bei Süßkirsche 11-0685; Ergebnisse mit Hemmstoffen bei Azaleen 10-0645; Poinsettien unter Höhenkontrolle 10-0655; Hemmstoffwirk. bei Poinsettien 12-0966.

C h l o r a m p h e n i k o l : Durch Inhibitoren d. Proteinsynth. induzierte Salatkeim. 11-0072.

C h l o r o m y z e t i n : Hemmende Wirk. spezif. Inhibitoren d. RNS- u. Eiweißsynthese auf d. durch IES u. Kumarin angeregte Wachstum 09-0080.

D e z e n y l b e r n s t e i n s ä u r e : Wirk. auf Permeabilität u. Wachstum v. Bohnenwurzeln 07-0013.

D i a z o u r a z i l : Hemmende Wirk. spezif. Inhibitoren d. RNS- u. Eiweißsynthese auf d. durch IES u. Kumarin angeregte Wachstum 09-0080.

2 . 4 - D i c h l o r b e n z y l - t r i b u t y l p h o s p h o n i u m - c h l o r i d : Wirk. auf d. durch IES u. Kumarin stimulierte Wachstum v. Hypokotylabschnitten d. Sonnenblume 11-0073.

2 . 4 - D i c h l o r p h e n o x y b u t t e r s ä u r e (2.4-DB): Einfl. auf d. Bestäubungsvorgang u. Samenertrag d. Luzerne 08-0561.

2 . 4 - D i c h l o r p h e n o x y e s s i g s ä u r e (2.4-D): Einfl. auf d. N-Stoffwechsel in Keimpflanzen d. Buchweizens u. sein Zusammenhang mit d. Biosynth. d. Anthozyane 11-0053; Wirk. auf d. Morphol. d. Kartoffelblattes 08-0081; Einfl. auf Wachstum, Entwickl., O_2-Verbrauch u.a. Eigensch. d. Wurzeln v. Erbse 10-0029.

D i h y d r o h e l m i n t h o s p o r s ä u r e : Gibberellinähnl. Aktivität beim Längenwachstum d. Blattscheide v. Zwerg-d-5 Mutanten v. Mais 10-0066.

N - D i m e t h y l a m i n o b e r n s t e i n a m i d s ä u r e (Alar, B-nine, B-9, B 995): Regeneration nach d. Anwelken, Wachstum u. Ertrag v. Weizenpfl. nach Darbiet. v. 2 wachstumsverzög. Verbind. 08-0085; Einfl. v. B 995 auf Wachstum u. Ertrag v. Kartoffeln 08-0522; Einfl. v. B 9 auf Wachstum, Entwickl., O_2-Verbrauch u.a. Eigensch. d. Wurzeln v. Erbse 10-0029; Einfl. v. Alar auf Blüte, Wachstum u. Qualität v. Tomaten 09-0956; Wirk. auf Reife u. Lagerqualität v. Äpfeln 12-0845; Wirk. v. Alar (B 995) z. Reduzier. d. Fruchtfalles, Verbesser. d. Fruchtfarbe u. d. Festigk. v. Äpfeln 12-0853; Anwend. bei Apfel- u. Birnbäumen 09-0630, 12-0843; Ergebnisse mit Hemmstoffen bei Azaleen 10-0645; Poinsettien unter Höhenkontrolle 10-0655; Hemmstoffwirk. bei Poinsettien 12-0966; gesteuerte Topfchrysanthemen u. B-9-Behandl. 08-0715.

N - D i m e t h y l a m i n o b e r n s t e i n s ä u r e : Veränder. d. Wuchsform v. Kartoffeln d. Sorte 'Majestic' durch Wachstumsregulatoren bei zeitl. differenzierter Anwend. 07-0041; Wirk. auf d. durch IES u. Kumarin stimulierte Wachstum v. Hypokotylabschnitten d. Sonnenblume 11-0073; Prüf. v. Hornklee auf Sortenreinh. (Anwend. z. Ermittl. v. Sortenunterschieden) 09-0812.

E r d ö l : Einfl. eines aus Erdöl gewonnenen Wuchsstoffes auf Erträge 08-0477; Produktion d. Erdölwuchsstoffes 08-0110; Anwend. v. Erdölwuchsstoffen bei Kartoffeln, Rüben u. Gemüsepflanzen 09-0357; Einfl. v. Wuchsstoff aus Erdöl auf Wachstum d. Tabaksetzlinge u. d. Tabakertrag 08-0551; Einfl. v. Wuchsstoffen aus Erdöl auf Ertragsfähigk. v. Melonen u. Gemüsearten 08-0624; Einfl. d. Erdölwuchsstoffes auf Wachstum u. chem. Zusammensetz. v. Tomaten 12-0772.

H e l m i n t h o s p o r o l : Gibberellinähnl. Aktivität 07-0083; (beim Längenwachstum d. Blattscheiden v. Zwerg- [d-5] Mutanten v. Mais) 10-0066.

H e t e r o a u x i n (β-Indolessigsäure, Indol-3-essigsäure, Indolylessigsäure, β-Indolylessigsäure, 3-Indolylessigsäure, IES, IAA): Einfl. v. Wachstumsregulatoren auf Leist. landwirtsch. Kulturen 07-0040; hemm. Wirk. spezif. Inhibitoren d. RNS- u. Eiweißsynthese auf d. durch IES angeregte Wachstum 09-0080; bakterieller Abbau im Boden 10-0159; Wirk. v. Indolylessigsäure auf Haferkoleoptilen im Went-Test unter Überdrucken verschied. Gase 08-0078; Geh. an β-Indolylessigsäure in d. Karyopsen reiner Maislinien u. ihrer Hybriden 08-0105; Gerbstoffe u. Wachstum (Analyse d. IES/Tannin-Antagonismus bei Haferkoleoptilzylindern) 12-0071; weißes Licht, Hauptprüfungsanlaß u. Versuchsmeth. im Avena-Segmenttest 12-0082; Bestimm. in Maiskörnern v. 4 Maislinien u. ihren Hybriden 07-0080; Heteroauxingeh. im Gewebe v. mit Maisbeulenbrand infizierten Maisblättern 10-0863; Wirk. v. IES auf Ertrag u. chem. Zusammensetz. v. Ackerbohne 07-0025; auf Keimungsrate u. Prozentsatz v. Ackerbohne 07-0042; Veränder. d. Mitoseindex in d. Wurzeln v. Ackerbohne (Langzeiteffekte) 09-0773; Wirk. auf Kalluswachstum u. Organbild. bei 2 Arten v. Nicotiana 09-0820; Rolle in Stengelstückchen v. Tabak, deren Wachstum durch Wurzelgallennematoden induziert ist 09-0875; Einfl. v. Heteroauxin auf Bild. org. Säuren in Sonnenblumenpflanzen unter verschied. Belichtungsbeding. 11-0054; Wirk. auf d. durch IES u. Kumarin stimulierte Wachstum v. Hypokotylabschnitten d. Sonnenblume 11-0073; vergleich. Wirk. v. Indol-3-Essigsäure, Kinetin u. Gibberellsäure auf d. Wachstum isolierter Kotyledonen v. Kürbis 08-0074; Bewurzel. d. Blätter

v. Bohnen- u. Tomatenpflanzen unter Einfl. d. β-Indolylessigsäure 09-0077; Wirk. d. β-Indolylessigsäure auf P in Linsenwurzeln 08-0343; Indolylessigsäure umwandelndes Enzym v. Erbsenwurzeln u. seine Bezieh. z. Geotropismus, Streckungswachstum u. Zellwandeigensch. 09-0085; Wirk. d. Kühlens auf d. physiol. u. d. simulierten Apex v. 2- u. 3-Blattpflanzen v. Erbse auf Seitensproßwachstum, ^{14}C-IES-Beweg. u. ^{32}P-Akkumulation 10-0043; Einfl. v. Gibberellin u. Heteroauxin auf Wuchs u. Entwickl. v. Rebsetzl. 07-0675; Wirk. d. Hormonanwend. auf Wurzelbild. v. Steckl. bei Gummibaum 'Dekora' 07-0703; z. Resistenzproblem: Wechselwirk. zu phenolart. Verbind. im Zusammenhang mit d. durch Taphrina hervorgerufenen krankhaften Wachstumserschein. 09-0860; morphol. u. anatom. Effekte d. IES auf parasitierende u. in vitro kultivierte Cuscuta lupuliformis 10-0794; Wirk. d. Blattrollvirus auf d. Knollenbild. v. Kartoffeln 08-0885.

I n d o l - 3 - a z e t y l - 2 - O - m y o i n o s i t o l : Isolier. aus Mais 08-0113.

I n d o l b u t t e r s ä u r e (Indol-3-buttersäure, Indolylbuttersäure, β-Indolylbuttersäure, 3-Indolylbuttersäure; IBS, IBA): Pflanzl. Wachstumsregulatoren: Spiel- u. Werkzeuge 10-0060; Induktion v. Stolonen u. Knollen durch d. Blätter d. Kartoffelknolle 09-0067; Bezieh. zw. Rhizogenese u. Veränder. im Nukleinsäuregeh. d. Gewebe in Steckl. junger, etiolierter Tomatenpflanzen 10-0059; Apfelbäume mit großem Verzweigungswinkel 12-0866; Wirk. d. Hormonanwend. auf Wurzelbild. v. Steckl. Gummibaum 'Dekora' 07-0703.

I s o p r o p y l - n - (3 - c h l o r p h e n y l) - k a r b a m a t (IPC): Äußere u. innere Keime bei Kartoffeln, d. in CIPC-Wasser getaucht wurden 12-0063.

K i n i n e : Einfl. auf Wachstum, Entwickl., O_2-Verbrauch u.a. Eigensch. d. Wurzeln v. Erbse 10-0029.

M a l e i n s ä u r e h y d r a z i d (MH): Klär. d. Funktionsmechnism. d. Maleinsäurehydrazids auf Pflanzen 08-0077; pflanzl. Wachstumsregulatoren: Spiel- u. Werkzeuge 10-0060; Wirk. auf d. Kohlenhydratstoffw. verkümmerter u. saccharose-ernährter etiolierter Gerstenblätter 08-0045; Wirk. auf d. Enzymsystem v. Maiskörnern 09-0058; Einwirk. auf d. Geiztriebe, Blütenstände u. Blätter d. Tabaks 08-0552; Bezieh. zw. Rhizogenese u. Veränder. im Nukleinsäuregeh. d. Gewebe in Steckl. junger, etiolierter Tomatenpflanzen 10-0059; Einfl. d. Anwendungstermins u. d. Gabenhöhe auf Wirksamk. v. Maleinsäurehydrazid bei d. Lager. v. Zwiebeln unter verschied. Beding. 07-0606; Einfl. auf d. Auswachsen d. Zwiebel bei langfrist. Lager. 09-0618; Effektivität d. Maleinsäurehydrazids bei d. Lager. v. Zwiebeln 10-0593; Wirk. auf junge Apfelbäume 07-0629; Einfl. auf Entwickl. v. Blütenknospen u. d. Blühen beim Apfel 08-0675; Einsatz bei Grünanlagen, Rasenflächen u. Ziergehölzen 11-1085; Entwickl. d. Weizen- u. Gerstenroste auf Keimpflanzen, d. mit Maleinhydrazid behandelt waren 07-0936; Wirk. d. Blattrollvirus auf d. Knollenbild. v. Kartoffeln 08-0885; Maleinsäurehydrazid u. Köpfen d. überwinternden Zuckerrüben - Verminder. d. Reservoirs d. Rübenviren 11-1003.

M o r p h a k t i n : Wirk. v. Morphaktin auf negativen Geotropismus u. Altern d. Blätter 10-0072.

hältnis zw. Wurzel- u. Sproßwachstum einiger Gemüsearten unter Glas 10-0552; Einfl. verschied. Kulturbeding. auf Wachstum, Entwickl., O_2-Verbrauch u.a. Eigensch. d. Wurzeln v. Erbse 10-0029; Wurzelwachstum d. Gewächshausgurke 12-0755; Ruheperiode d. Wurzelsystems d. Obstgehölze 10-0603; zykl. Erneuer. d. Wurzeln bei Ontogenese v. Kern- u. Beerenobst 12-0829; Wirk. d. jahreszeitl. Veränder. im Triebwachstum auf d. Menge d. unverkorkten Wurzeln v. Apfel- u. Pflaumenbäumen 12-0830; Altersveränder. d. Wurzelsystems v. Apfel 12-0858; Wachstum über u. im Boden 11-0678; Bewurzel. v. Grünsteckl. d. Sorte 'Williams' 07-0646; Dynamik d. Geh. an Gesamt- u. Eiweiß-N bei wurzelechten u. veredelten Sauerkirschbäumen in Verbind. mit d. Wuchs d. Wurzeln u. Triebe 12-0889; Beding. d. Bewurzel. v. Pfirsichsteckl. bei Sprühnebelvermehr. 11-0691; Einfl. d. Chlorophylls auf Kallusbild. u. Bewurzel. bei Rebveredl. 07-0674; Bewurzel. v. Ertragsreben in Normal- u. Weitraumerzieh. u. v. Unterlagsreben 12-0919; Bewurzel. v. Azaleensteckl. 08-0700; kulturtechn. Untersuch. z. Frage d. autogenen Bewurzel. v. Rhododendron-Triebsteckl. 08-0718.

W a c h s t u m u n d B o d e n : Bezieh. v. Bodenverdicht. - Wurzeldurchdring. für mittel- bis grobgekörnte Böden 08-0181; Reaktion d. Pflanze auf O_2-Zufuhr u. Bodenverdicht. im Wurzelbereich 07-0164; Entwickl. beim Honigklee auf versalzten Böden Zentral-Jakutiens 11-0553; Einfl. v. keimenden Samen u. sich entwick. Wurzeln auf d. Rekolonisation v. Mikroorganismen in begastem Boden 08-0992.

W a c h s t u m u n d c h e m i s c h e S u b s t a n z e n : Beeinfluss. d. Wurzelsystems v. Weizen durch CCC 08-0490; pflanzl. Wachstumsregulatoren: Spiel- u. Werkzeuge 10-0060; Wirk. v. Chlorcholinchlorid auf Wachstum u. Entwickl. v. Weizenkeiml. 12-0075; Wirk. v. Fluorid auf d. Wachstum keimender Maispflanzen 09-0039; Einfl. verschied. Kulturbeding. auf d. Wachstum d. Wurzeln v. Erbsen 10-0029; Wirk. v. Dezenylbernsteinsäure auf Permeabilität u. Wachstum v. Bohnenwurzeln 07-0013; Wachstum v. Bohnen- u. Tomatenpflanzen, verursacht durch wurzelaufgenommene Wuchsstoffe u. atmosphär. CO_2 07-0045; Bewurzel. d. Blätter v. Bohnen- u. Tomatenpflanzen unter Einfl. v. β-Indolylessigsäure u. mineral. N-Verbind. 09-0077; Bezieh. zw. Rhizogenese u. Veränder. im Nukleinsäuregeh. d. Gewebe in Steckl. junger, etiolierter Tomatenpflanzen 10-0059; Wirk. d. Hormonanwend. auf Wurzelbild. v. Steckl. bei Gummibaum 'Dekor' 07-0703.

W a c h s t u m u n d D ü n g u n g : Einfl. mineral. Düngemittel auf Entwickl. d. Wurzelsystems u. Ertrag v. Wi-Weizen 11-0457; Bewurzel. d. Blätter v. Bohnen- u. Tomatenpflanzen unter Einfl. d. β-Indolylessigsäure u. mineral. N-Verbind. 09-0077; Wurzelsystem u. Ertrag d. Erbsen bei Einbring. d. Düngemittel unter d. Beding. d. Wolga-Achtubiner Aue 11-0486; Einfl. steigender N-Gaben auf Wurzelentwickl. v. Apfelbäumen in Großgefäßen 07-0634.

W a c h s t u m u n d a g r o t e c h n i s c h e M a ß n a h m e n : Bearb. landwirtsch. Böden unter Berücksichtig. d. Wurzelentwickl. v. Nutzpflanzen 12-0332.

Inhaltsstoffe

Bezieh. zw. Toleranz v. Früchten z. Bodenkapazität u. d. für sie zu niedr. pH

(Beschaffenh. v. Fraktion I u. Fraktion II des aus Wurzeln isolierten Zytoplasmaproteins) 09-0303; histochem. Nachweis d. nichtspezif. Esterase in Weizenwurzeln 10-0087; biochem. Charakteristik d. Adenosintriphosphatase-Aktivität in d. Wurzeln v. Weizenkeiml. 11-0109; durch Salz verursachte Veränder. in d. Zusammensetz. d. Lipidklassen in Gerstenwurzeln 07-0020; Veränder. im Geh. u. im quantitativen Verhältnis d. freien Aminosäuren in d. Wurzeln, im Wurzelsaft u. in d. Blättern v. Mais innerhalb 24 Std. 10-0040; Kohlenhydrate u. Aminosäuren im Wurzelexsudat v. Reissäml. 08-0354; Veränder. d. Kohlenhydrate in Luzernewurzeln zw. Blütenanlage u. Samenbild. 09-0092; Einfl. d. Düngemittel auf Geh. an mineral. u. org. Stoffen in Grün- u. Wurzelmasse blaublühender Luzerne u. Rotklee 09-0503; Wirk. d. β-Indolylessigsäure auf P in Linsenwurzeln 08-0343; Indolylessigsäure umwandelndes Enzym v. Erbsenwurzeln u. seine Bezieh. z. Geotropismus, Streckungswachstum u. Zellwandeigensch. 09-0085; Einfl. v. Epikotylamputation auf d. Spiegel d. endogenen Gibberelline in d. Wurzeln v. Erbsenkeimpflanzen 10-0042; Bezieh. zw. Rhizogenese u. Veränder. im Nukleinsäuregeh. d. Gewebe in Steckl. junger, etiolierter Tomatenpflanzen 10-0059; interzellulare Verteil. v. Fe, Katalase u. Protein in Tomatenpflanzengewebe 12-0084; Lager. u. Mobilisation v. N in Obstbäumen 12-0832

Wurzelernährung

Ionenwege v. Boden in d. Wurzel in Übereinstimm. mit Diffusionsmodellen 07-0289; Aufnahme u. Transp. über lange Entfern. durch isolierte Zentralzylinder v. Maiswurzeln in Bezieh. zu dualen Mechanismen d. Ionenabsorption 11-0323; Größe d. aktiven Sorptionsoberfläche d. Wurzeln bei einigen Sorten d. So-Gerste 07-0009; Bestimm. d. absorbierenden Oberfläche d. Wurzelsysteme v. Pflanzen 07-0066; Einfl. v. Nährstoffintensität u. Nährstoffpufferungsvermögen eines Bodens, sowie d. Absorptionsvermögens, d. Größe u. d. Wurzelhaare einer Wurzel auf d. Nährstoffabsorption durch Diffusion 07-0122; Einfl. v. Mineraldüngern auf Absorptionsfähigk. d. Wurzeln 07-0291; Funktion d. freien Raumes d. Pflanzenwurzeln. Vergl. Untersuch. d. Aufsaugefähigk. d. epidermalen u. Kortexzellen d. Gerstenwurzeln 08-0356; Wurzeldruck u. Wasserpotential d. Blätter 08-0358; Mech. d. prim. Salzabsorption durch Pflanzen 07-0288; Reaktion v. Enzymen in vitro, d. an der CO_2-Fixier. beteiligt sind u. d. Salzaufnahme durch Gerstenwurzeln begleiten 09-0308; Wirk. d. äußeren Salzkonz. auf Wasserverhältnisse in Pflanzen (Fehlen eines osmot. Ausgleichs im Wurzelxylem) 09-0310; Einfl. äußerer Salzkonz. auf d. Wasserbezieh. in Pflanzen (Wirk. d. osmot. Differenz zw. äußerem Medium u. Xylem auf Wasserverhältnisse d. intakten Pflanze) 10-0254; Kationenaustauschkapazität d. Wurzeln u. Nährstoffpotential d. Bodens in psammophilen u. halophilen Pflanzenges. d. niederländ. Meeresküste 07-0091; Absorption v. Wasser durch Wurzelhaare 07-0287; Einfl. verschied. Bestäubungsarten u. d. Wurzelernähr. d. Eltern auf Vitalität u. Befruchtungsfähigk. d. Pollens bei d. Nachkommensch. 10-0787; Ernähr. abgeschnittener Weizenwurzeln 12-0422; Analyse vorübergehender Änder. im flüssigen Exsudat aus isolierten Maiswurzeln 08-0349; Einbau verschied. Verbind. in sterile Maiswurzeln 10-0266; Menge d. chem. Zusammensetz. d. Wurzeln v. Wicke u. Hafer in gemischten Beständen u. Reinsaat 10-0320; Bezieh. zw. Ionenauf-

Wurzelausscheidungen

Rhizosphäre

Wurzeln 09-0073; Pigmentgeh., Struktur u. photosynth. Leist. d. Chloroplasten in Blättern v. Mutanten 11-0030; Besonderh. d. Bild. u. Tätigk. d. photosynth. App. v. Pflanzen bei künstl. Mischanbau 11-0141; photoperiod. Reakt. d. Pflanzen bei hohen Temp. 08-0068; Korrelation zw. Aufgang u. Wachstum einerseits u. d. Bodentemp. andererseits 12-0597; Wirk. d. Temp. in Wurzelzone auf d. Morphologie d. Blattes 08-0066; Einfl. therm. Behandl. v. Früchten auf Entwickl. u. Kornertrag 11-0414; physiol. Kennwerte d. Kälteresistenz 08-0026; Einwirk. d. Wachstumsbeding. auf Wiederherstell. d. Fertilität 11-0476; Versuch, d. Bewässer. nach d. Konz. d. Zellsaftes zu bemessen 11-0477; Einfl. v. Bernsteinsäure auf Wasseraustausch 10-0037; Aminosäureumsatz in Abhängigk. v. d. Stimulier. d. Wachstums 08-0048; Veränder. im Geh. u. im quantitativen Verhältnis d. freien Aminosäuren in d. Wurzeln, im Wurzelsaft u. in d. Blättern innerh. 24 Std. 10-0040; physiol. Besonderh. d. Assimilationsapp. u. d. Wurzelsysteme verschied., gegenüber saurem pH-Wert unterschiedl. resistenter Sorten 08-0039; Veränder. im Aminosäurebestand durch Amitrol 10-0041; Einfl. v. Amitrol, Simazin u. d. Virus d. Zwergmosaikkrankh. auf d. Geh. an Zn, RN-ase, Eiweißstoffen u. RNS in d. Pflanzen 11-0058; Einfl. v. Wachstumsregulatoren auf Leist. 07-0040; Verzöger. d. Chlorophyllabbaues durch Kumarin, Phosfon D u. CCC 12-0044; gibberellinähnl. Aktivität v. Helminthosporol, Helminthosporsäure u. Dihydrohelminthosporsäure beim Längenwachstum d. Blattscheiden v. Zwerg-[d-5] Mutanten 10-0066; Wirk. v. Fluorid auf Nukleinsäuren u. Wurzelwachstum 09-0039; durch Strahl. induzierte Änder. d. Respiration v. Samen während d. Anfangsstadien d. Keim. in Bezieh. z. folgenden Sämlingswachstum 11-0035; Korr. zw. chromosomalen Stör. u. morphol.-physiol. Veränder. in M_1 nach Samenbestrahl. 12-1023; Wirk. v. γ-Strahlen u. Maleinsäurehydrazid auf d. Enzymsystem v. Körnern 09-0058; Einfl. v. Rot- u. Blaulicht auf d. Öffnungs- u. Schließgeschwindigk. d. Stomata 09-0040; biol. Wirk. v. Schallschwing. auf Wachstum u. Amylaseaktivität 10-0055.

C h e m i e : Proteinzusammensetz. in Zahn-, Wachs- u. Stärkemais 12-0104; Einfl. d. Aufzuchtbeding. auf d. Eiweißgehalt 08-0507; vergl. Untersuch. über d. Proportionen u. Bestände an Aminosäuren d. Eiweißfraktionen d. Körner 10-0081; Einfl. d. Nährstoffversorg. auf d. Eiweißgeh. 08-0508; Zusammensetz. d. Aminosäuren im Extrakt 07-0077; Meth. z. Bestimm. v. Zein in Körnern 11-0125; Glykogenbild. in genet. verschied. Endospermen 09-0090; Geh. an β-Indolylessigsäure in d. Karyopsen reiner Linien u. ihrer Hybriden 08-0105; IES-Bestimm. in Körnern v. 4 Linien u. ihren Hybriden 07-0080; Isolier. v. Indol-3-azetyl-2-O-myoinositol 08-0113; Bestäub. mit Pollenmisch. u. d. Geh. an Vit. in Körnern 12-0607; Wirk. d. Kornposition auf Ölgeh. 12-0095; Abhängigk. zw. Geh. an Wuchsstoffen im Gewebe u. d. Reakt. verschied. Sorten auf d. Düng. 09-0305; Veränder. d. Masse u. d. NPK-Geh. d. Blätter 12-0417; Dynamik d. Geh. an N-Verbind. in Blättern einheim. Sorten 12-0100; ^{65}Zn-Lokalisier. im Gewebe v. Keimpflanzen 10-0304; Wirk. d. Düng. u. Hybridform auf d. Dynamik d. Ansamml. v. Karotinoiden im gelben Maiskorn 12-0423.

A g r a r m e t e o r o l o g i e , Ö k o l o g i e : Abhängigk. d. Stoffproduktion v. meteorol. Faktoren 12-0137; Berechnungsmeth. für photosynthet.

Reakt. auf Lichtintensität u. Blattemp. durch eine Energiestromanalyse mittels meteorol. Parameter 10-0102; morphol. Untersuch. verschied. Ökotypen 11-0132; Auswirk. jahreszeitl. bedingter Variation d. Strahl. u. Temp. auf Netto-Assimilation u. Zuwachsraten in aridem Klima 12-0138; Aufbau u. Stoffproduktion v. Maisbeständen sowie über d. im Innern herrschenden Lichtverhältnisse 08-0123; Umwelteinfl. auf erbl. bedingte Ertragspotentiale 12-0126; Besonderh. d. Bild. u. Tätigk. d. photosynth. App. v. Pflanzen bei künstl. Mischanbau 11-0141.

Mais und Bodeneigenschaften: N-Haushalt grauer Waldböden beim Anbau v. Mais 11-0213; Traceruntersuch. d. O_2-Diffusion durch Wurzeln 11-0316; Wirk. d. Wurzelexkret. v. Mais auf Actinomycetes im Boden 07-0172; Wechselbezieh. zw. Bodenaktinomycetes u. Pflanzen 10-0164; Verdicht. d. Bodens durch d. Räder d. Maisvollerntemaschine 10-0225.

Sorten, Saatgut: Entwickl. synth. Sorten für hohe Erträge 10-0730; Zusammenhang zw. Nährstoffanhäuf. bei Silomais u. Sortenprüf. 07-0498; Saatgutwert in verschied. Reifestadien 12-0605; Kaltprüf. d. Maissaatgutes 07-0395; Erde-Keimrollentest, Kaltprüfungsmeth. 07-0396; Einfl. d. bei d. Aufbereit. entstandenen Beschäd. auf d. Keimfähigk. v. Saatgut 08-0450; Einfl. unterschiedl. Saatgutvorbehandl. auf Entwickl. u. Ertrag bei Silomais 07-0398; Einfl. einer Vorsaatbestrahl. v. Saatgut auf d. Reifen u. d. Erträge 08-0506; Einfl. d. Kalibrier. d. Saatgutes auf Qualität d. Aussaat 09-0450; Einfl. d. Saatgutbehandl. mit UV-Strahlen auf Wachstum u. Erträge 08-0453; Bedeut. d. Einquellens v. Saatgut v. wachsendem Mais mit Spurenelementen für d. Erhöh. d. Geh. an Eiweißstoffen u. essentiellen Aminosäuren 08-0504.

Bestellung, Pflege: Aussaatnorm bei d. Gemischen Mais u. Soja z. Silagegewinn. 11-0540; Meth. d. Aussaat mit Ackerbohnen in Abhängigk. v. d. Bodenart 09-0501; Standraum bei weitreih. Aussaat auf bewässerten Flächen d. Vorgebirgszone d. Geb. Ošsk 12-0600; Ertragsfähigk. u. Bestandesdichte einiger Linienhybriden 12-0599; Einfl. d. Reihenweiten u. Bestandesdichte auf d. Futterwert 12-0598; Einfl. v. Dünger u. Saatdichte auf Erzeug. v. Silo-Doppelhybridmais auf nassem Tonboden 12-0608; optimale Reihenentfern. u. Bestandesdichte auf Bewässerungsböden 12-0601; Dichte d. Pflanzen beim Anbau mit Bewässer. 08-0502; Bewässerungshaushalt bei Beregn. 08-0503; Versuch, d. Bewässer. nach d. Konz. d. Zellsaftes zu bemessen 11-0477; Anforder. an d. Beregn. v. Frühmais u. günstigste Beregnungshäufigk. mit Prüf. d. Pflanzenansprüche v. Früh- u. Spätmais in Mittelägypten 12-0603; Bewässerungsverhältnisse im Geb. Lugansk 11-0296; Düng. bei Bewässer. im Wolgadelta 11-0297.

Ernährung: Mineral. Ernähr. 12-0602; Mineralstoffhaush. 09-0317; Zusammenhang zw. Nährstoffanhäuf. bei Silomais u. Sortenprüf. 07-0498; Einfl. v. Nährstoffen auf d. Salztoleranz 10-0257; Aufn. u. Transp. über lange Entfern. durch isolierte Zentralzylinder v. Wurzeln in Bezieh. zu dualen Mechanismen d. Ionenabsorption 11-0323; Analyse vorübergehender Änder. im flüssigen Exsudat aus isolierten Wurzeln 08-0349; Einbau verschied. Verbind. in sterile Wurzeln 10-0266; Veränder. d. Masse u. d. NPK-Geh. d. Blätter 12-0417; N-Stoffwechsel d. Pflanzen bei starker Azidität d. Nährmediums 07-0304; Exkretion u. Reduktion v. Nitraten durch Wurzeln unter Beding. d. Wurzel-Anaerobiose 11-0339; Aufn. v. Nitrat- u. Ammonium-N bei verschied. pH-Werten d. Mediums 09-0327; Wirk. d. NP- u. P-Reihendüng. auf Wachstumsverlauf, Mineralstoffernähr. u. Ertrag 12-0491; Einfl. d. γ-Bestrahl. auf d. P-Aufn. 12-0430; Mechanismus d. P-Zn-Wechselwirk. in d. Ernähr. 10-0274; Wachstum u. Ionenaufn. v. Keimpflanzen in Nährlös. unterschiedl Fließgeschwindigk. u. verschied. K-Geh. 07-0292; Vgl. d. Kationen-Antagonismus bei Mineralernähr. 07-0319; Einfl. v. Kationenaustauschkapazität u. austauschbaren Kationen in Tonsuspensionen auf Wurzel- u. Stengelentwickl. 09-0316; Einfl. v. Metallkationen auf Aldolase in Blättern v. Säml. 08-0340; Wirk. d. Co auf Ertrag u. einige biochem. Eigensch. 07-0336; Oxydationsmetabolismus d. Wurzeln unter d. Beding. unterschiedl. Fe-Versorg. 07-0342; Mo-Aufn. bei 2 pH-Werten unter Einfl. d. Anaerobiosis 10-0300; Mo-Mangel 10-0301; Aufn. v. Sr 08-0353; Reakt. auf Zn in Abhängigk. v. Plazier. u. N-Quelle 10-0332.

D ü n g u n g : Rationelle Anwend. v. Düngern 10-0331; Einfl. v. Mineraldüngern auf Ertrag u. Qualität 07-0365; Düng. in Monokultur 07-0451; Abhängigk. zw. Geh. an Wuchsstoffen im Gewebe u. d. Reakt. verschied. Sorten auf d. Düng. 09-0305; Wirk. d. Düng. u. Hybridform auf d. Dynamik d. Ansamml. v. Karotinoiden im gelben Maiskorn 12-0423; Erträge d. Hybriden bei verschied. Aussaatdichten u. Düngermengen im peruan. Küstengeb. 11-0480; Zusammensetz. d. Startdüng. in d. Zone unzureichender Feuchtigk. 11-0370; Düngereinsatz bei Bewässer. 09-0356; Düng. bei Bewässer. im Wolgadelta 11-0297; Wirk. unterschiedl. geteilter N-Gaben 09-0508; Einfl. d. Höhe d. N-Düng. auf d. Empfindlichk. gegen 2,4-D in verschied. Wachstumsphasen 10-0259; Wirk. d. Blattdüng. mit Karbamid auf Nährstoffhaush., Ertrag u. Qualität 11-0563; N- u. P-Düng. (Reakt. v. 'Texas 26' auf N- u. P-Düng.) 11-0478; Wirk. d. NP- u. P-Reihendüng. auf Wachstumsverlauf, Mineralstoffernähr. u. Ertrag 12-0491; Nachwirk. hoher P-Gaben auf Böden mit starker Festlegung 11-0160; Einfl. v. Superphosphat auf d. Ertrag in Abhängigk. v. d. Versorg. bewässerter Böden mit bewegl. P 09-0370; Einfl. v. in verschied. Tiefen eingebrachtem $CaCO_3$ auf d. Ertrag 10-0340; Ertrag u. Qualität in Abhängigk. v. d. Düngemittel- u. Kalknorm 08-0411; Bedeut. d. Einquellens d. Kopfdüng. v. wachsendem Mais mit Spurenelementen für d. Erhöh. d. Geh. an Eiweißstoffen u. essentiellen Aminosäuren 08-0504; Einfl. v. S-Gaben auf Verfügbark. v. Bodennährstoffen 10-0349; Verfügbark. v. Zn in Abhängigk. v. d. Quelle u. Konzentration in Makronährstoffträgern 08-0436; Einfl. v. org. Düngern auf d. Maisertrag in ausgelaugten Schwarzerden d. Kaukasusvorlandes 10-0330; Nachwirk. v. Gründüng. u. Stalldung auf d. Ertrag bei Bewässer. auf hellkastanienfarbigen Böden 08-0420; ökon. Nutzeffekt d. Anwend. bakterieller Düngemittel 11-0481; Einfl. gemahlener Ölschieferasche u. Zementofenflugasche auf Pflanzenertrag bei Böden aus kalkhalt. Moräne 07-0376.

U n k r a u t b e k ä m p f u n g : Wirk. chem. u. mechan. Meth. auf d. Bek. d. Unkrauts 07-1060; chem. Unkrautbek. u. phytotox. Rückstände im Boden 12-1311; Höhendifferenz in Abhängigk. v. d. Unkrautbek. im Nachauflaufverfahren 12-1322; 2-malige Behandl. d. Bestände mit Herbiziden 11-1060; ökon. Nutzeffekt

d. Anwend. d. Herbizide 2,4-D u. 2M-4X 08-1041; Einfl. d. Höhe d. N-Düng. auf d. Empfindlichk. gegen 2,4-D in verschied. Wachstumsphasen 10-0259; biol. Wirk. u. Rückstandswirk. v. Herbiziden auf d. Basis v. Triazin u. Phenoxyessigsäure auf Unkräuter auf Tschernosem in Südbacka (Einfl. v. Herbiziden auf d. Basis v. 2,4-D u. Chloraminotriazin auf Unkräuter) 07-1061; Verlust v. Atrazin im Boden durch Mais, Hirse u. Johnsongras 07-1045; Atrazin gegen Flughafer in Kulturen 07-1058; Bek. v. Sorghum halepense 12-1321.

P h y t o p a t h o l o g i e : Wuchsrisse, neues Schadbild 11-0853; Hitzeschäden bei Sorten v. argentin. Herkunft 09-0771; Wirk. kombinierter Saatgutbeize auf d. Vitalität v. Samen 12-1256; serol. Vgl. v. Isolaten d. Verzwergungsmosaikvirus 10-0836; mutagene Aktivität d. Verzwergungsmosaikvirus d. Maises 07-0912; Einfl. v. Amitrol, Simazin u. d. Virus d. Zwergmosaikkrankh. auf d. Geh. an Zn, RN-ase, Eiweißstoffen u. RNS in d. Pflanzen 11-0058; Auftreten einer durch Helminthosporium pedicellatum verursachten Wurzelfäule 12-1181; lokalisierte Infektion an Blättern durch Helminthosporium turcicum 07-0946; Fusarium culmorum u.a. Fusariumarten als Erreger einer Stengelfäule an reifenden Maispflanzen 07-0947; Bezieh. zw. jahreszeitl. bedingter Beschaffenh. d. Stengelmarkes u. Ausbreit. d. Gibberella-Stengelfäule 07-0945; Bek. d. Braunstengelfäule durch Mais-Sojabohnen-Rotationen 12-1244; Vererb. d. Verhaltens v. Inzuchtlinien aus Zentral- u. Südamerika gegen Puccinia sorghi 08-0935; Wirt-Parasit-Bezieh. v. Maisrost in genet. annähernd gleichartig resistenten u. anfäll. Keimpflanzen 07-0943; Fungizide z. Bek. d. Curvularia-Blattfleckenkrankh. 12-1281; Resistenzerhöh. gegen Maisbeulenbrand durch Einwirk. mutagener Faktoren 10-0728; Heteroauxingeh. im Gewebe v. mit Beulenbrand infizierten Blättern 10-0863; Veränder. d. mit Beulenbrand infizierten vegetativen Organe 10-0864; Bild. v. Wucher. bei Befall durch d. Beulenbrand 08-0936; Einfl. v. Tylenchus agricola u. Tylenchorhynchus claytoni auf Wurzeln unter gnotobiot. Beding. 12-1114; Vgl. d. Populationsanstieges v. Pratylenchus brachyurus u. P. zeae 12-1111; Bodenbegas. mit DD z. Bek. v. Pratylenchus penetrans 09-1023; Biol. d. Haferzystenälchens in Kanada (Nematodenentwickl. u. damit in Bezieh. stehende anatom. Veränder. in d. Wurzeln) 11-0873; Verteil. v. 3 Coccinellidae-Arten in Maisfeldern 07-0990; Resistenzmechanismus v. Zahnmais gegen d. Maiszünsler 12-1127; Überleben d. Larven d. Maiszünslers an resistentem, mit Nährsubstrat behandeltem Mais 07-0881; Einfl. d. Umwelt auf d. Schaden durch d. Maiszünsler 12-1126; Vermehr. d. Maiszünslers auf verschied. Sorten 11-0889; Auftreten u. Bek. d. Fritfliege an Silomais in NW-Deutschl. (1966) 12-1130; sog. "Maisfliege" ist Oscinella frit 12-1131; physiol. Resistenz gegen d. Fritfliege 10-0894.

E r t r a g , E r n t e , V e r w e r t u n g : Einfl. d. Fertilitäts-Wiederherstell. mit dem "Texas"-Typ d. zytoplasmat. Sterilität auf d. Pflanzenertrag 07-0781; Mikroelemente erhöhen Erträge v. Mais 08-0505; Narbenfäden u. Ertragsfähigk. 11-0479; Ertragsfähigk. u. Bestandesdichte einiger Linienhybriden 12-0599; Vorhersage d. Ertragsfähigk. v. Doppel-Hybriden 07-0780; Entwickl. v. Hybriden mit größerem Eiweiß- u. Ölgeh. 07-0782; Erträge d. Hybriden bei verschied. Aussaatdichten u. Düngermengen im peruan. Küstengeb. 11-0480; Einfl. d. Entfernens d. oberen Teils d. Stengels auf d. Kornertrag in einer bewässerten Kultur 12-0604; Einfl. therm. Behandl. v. Früchten auf Entwickl. u. Kornertrag 11-0414; Mechanisierungstechnologien für Ernte u. Verarbeit. 08-0509; Verdicht. d. Bodens durch d. Räder d. Maisvollerntemaschine 10-0225; Anbau u. Verwert. 12-0611; betriebswirtsch. Untersuch. z. Konservier. v. ausgedroschenen Körnern 12-0609; Prüf. einiger Sojasorten für d. gemeinsamen Anbau mit Mais z. Silagegewinn. 08-0557.

Z ü c h t u n g : Zücht. in d. SU 07-0779; Symposium über Zücht. u. Produktion in Martonvásár 09-0452; Sektion 11-0782; Produktionsversuche 12-1025; Anwend. d. Biochem. in d. Genetik z. Qualitätsverbesser. u. bei d. Pflanzenernähr. (Vererb. d. Aufn. chem. Elemente) 07-0774; Variation d. Paramutabilität d. R^r-Allels nach Extraktion d. Allels v. einer gekoppelten reziproken Translokation 08-0758; Koppl. d. Rf_1-Gens im T-Zytoplasma mit Genen d. 3. Chromosoms 10-0723; Meth. d. Pachytän-Analyse bei Mais-Chromosomen 08-0755; Einfl. d. Saatzeit (genet. Parameter) 10-0735; Doppelreduktion bei autotetraploidem Mais 08-0756; Gewinn. tetraploiden Maises mit Hilfe v. Kolchizin 08-0759; physiol. u. biochem. Einfl. d. Geschlechtsmentors 07-0778; Nukleinsäuren u. genet. Übertragungsversuch 08-0757; zytoplasmat. männl. Sterilität 08-0766; Reakt. verschied. geselbsteter Linien z. Erziel. zytoplasmat. männl. Sterilität 11-0786; Veränderlichk. beim Auftreten männl. Sterilität in Abhängigk. v. Umweltfaktoren u. Genotyp 10-0733; Einfl. d. Fertilitäts-Wiederherstell. mit d. "Texas"-Typ d. zytoplasmat. Sterilität auf d. Pflanzenertrag 07-0781; biometr.-genet. Untersuch. bei 4 offenbestäubenden Sorten u. Kreuz. 12-1028; Bedeut. d. Griffellänge auf Befrucht. u. Kornbild. 07-0777; Sexualisier. d. Maistriebes als Kennzahl d. Länge d. Vegetationsperiode 08-0767; Geschichte d. Hybridmaises in Italien 07-0786; Vererbungsforsch. über Einfach- u. Doppellinienhybriden im Hinblick auf Auswahl d. Komponenten bei d. Hybridisier. 10-0732; Hybriden aus direkten Kreuz. u. aus Rückkreuz. 12-1027; genet. Varianz u. Verwandtschaft v. Merkmalen einer Hybridpopulation 08-0761; Schaff. einer Polycross-Hybride 08-0763; F_2 u. "Polycross" v. Hybriden bei Futtermais 07-0784; Vorhersage d. Ertragsfähigk. v. Doppel-Hybriden 07-0780; Entwickl. v. Hybriden mit größerem Eiweiß- u. Ölgeh. 07-0782; Selekt. kältetoleranter Hybriden 07-0783; biosymmetr. Verschiedenartigk. v. Inzuchtlinien u. Hybriden 12-1026; genet. Variabilität quantitativer Merkmale in einer Inzuchtlinie 08-0762; Klassifizier. d. Inzuchtlinien nach Länge d. Vegetationsperiode 11-0769; Einfl. beständiger Inzucht auf Ertrag v. Inzuchtlinien im Samenbau 11-0788; Entwickl. u. Selektion ertragreicher I_1-Inzuchtlinien 10-0731; Fettsäurezusammensetz. v. Maisöl bei elterl. Inzuchtlinien u. ihren reziproken Kreuz. 10-0724; Vererb. d. Verhaltens v. Inzuchtlinien aus Zentral- u. Südamerika gegen Puccinia sorghi 08-0935; Heterosiserschein. 10-0726; biochem. Untersuch. d. Heterosis 07-0785; Einfl. verschied. Generationen v. Einfachhybriden auf Heterosis v. Doppelhybriden 09-0769; Geschlechtsunterschiede generativer Organe u. Heterosis d. Pflanzen 10-0725; Mutagenese 10-0727; Paramutabilität v. mutierten R^g- u. r^r-Genen d. R^r-Allels 10-0722; Anwend. d. Biochem. in d. Genetik z. Qualitätsverbesser. u. bei d. Pflanzenernähr. (Genmutationen beeinfl. d. Kohlenhydratzusammensetz. im Maisendosperm) 08-0760; Änder. d. quantitativen